"十四五"国家重点出版物出版规划项目

基础科学基本理论及其热点问题研究

基础科学
Basic Science

徐世民　　徐兴磊　　李洪奇◎著

量子力学算符排序方法

Methods for Ordering Quantum Mechanical Operators

中国科学技术大学出版社

内 容 简 介

　　量子力学算符的有序化排列是一个颇具"魔幻力"的重要物理问题,可应用于量子计算、量子信息的有效处理.本书主要阐述量子力学算符的正规乘积排序、反正规乘积排序、坐标-动量乘积排序、动量-坐标乘积排序以及外尔编序,费米体系的 IWOP 技术及其应用,广义坐标表象中的动量算符与动能算符,复合算符(矩阵)函数的微商法则及其应用,光分束器的算符理论.针对有序算符内的积分会遭遇积分发散等数学困难,本书另辟蹊径,引入了算符的参数微商法、参数跟踪法、微分算子等新方法与数学手段,解决了这一系列数学难题,创新性地使得有序算符乘积内的积分技术进阶为有序算符乘积内的微积分理论,解析地导出了各种有序排列算符的普适的乘法定理、互换法则等.这在一定程度上拓展了量子物理数理基础,为量子计算和量子信息处理提供了新思路、新方法.

　　本书适合高等学校物理学专业高年级本科生、研究生阅读,亦可供量子物理及其相关专业的科研工作者参考.

图书在版编目(CIP)数据

量子力学算符排序方法/徐世民,徐兴磊,李洪奇著. —合肥:中国科学技术大学出版社,2023.9

(基础科学基本理论及其热点问题研究)

"十四五"国家重点出版物出版规划项目

ISBN 978-7-312-05731-1

Ⅰ. 量… 　Ⅱ.①徐… ②徐… ③李… 　Ⅲ.量子力学—算符—排序 　Ⅳ.O413.1

中国国家版本馆 CIP 数据核字(2023)第 124477 号

量子力学算符排序方法

LIANGZI LIXUE SUANFU PAIXU FANGFA

出版	中国科学技术大学出版社
	安徽省合肥市金寨路 96 号,230026
	http://press.ustc.edu.cn
	https://zgkxjsdxcbs.tmall.com
印刷	安徽国文彩印有限公司
发行	中国科学技术大学出版社
开本	787 mm×1092 mm　1/16
印张	24.5
字数	506 千
版次	2023 年 9 月第 1 版
印次	2023 年 9 月第 1 次印刷
定价	108.00 元

序

　　徐世民、徐兴磊和李洪奇三位教授积累了十多年学研成果并撰写了《量子力学算符排序方法》,请我写序,读了他们的初稿我很乐意为之.

　　徐世民教授长期在山东菏泽学院讲授"量子力学"课程,在课余时间钻研量子力学的数学物理.他数学推导能力强,能根据物理要求设想新的思路,如利用算符排序法导出新的特殊函数和不少新的算符恒等公式,我十分赞赏,他的治学精神值得我学习.

　　本书中的不少内容与结论是结合有序算符乘积内的微积分理论和相干态表象运用规范而又巧妙的数学方法严密推导出来的,且具有普适性,在量子光学中有着广泛的应用,如其中基于多模相干态建立的光分束器的系统理论.本书充分体现了他们十多年来研学的毅力和踏实的研风,他们一旦认定了有序算符乘积内的积分理论的正确和优美,便不遗余力地去发展和推广,为广大物理学人做出了表率.

著书立作是一件既艰难又辛苦的事情,首先要立意创新、富有逻辑性,其次内容要正确无误.而有关物理理论的书更要求有前瞻性,数学方法规范巧妙,理论推导简明便利,物理结论明晰普适.欣慰的是,这些都在本书中得到了很好的体现,特此写序推崇之.

范洪义

2022 年 10 月 10 日于中国科学技术大学

前言

量子力学算符的有序化排列是量子物理学中一个颇为重要的问题,也是有效进行诸多量子计算的基础,它主要研究算符的正规乘积排序、反正规乘积排序、坐标-动量排序、动量-坐标排序以及外尔(Weyl)编序(完全对称编序),探讨各种算符排序的性质及其应用等.

为了发展狄拉克用以阐述量子力学的符号法,更为了能够从数学上解析地处理右矢-左矢(ket-bra)型积分,理论物理学家、中国科学技术大学范洪义教授经过潜心研究,于20世纪80年代创造性地发明了有序算符乘积内的积分技术(the technique of integration within an ordered product of operators,IWOP技术),成功地实现了对算符的积分,使人们知道,原来狄拉克(Dirac)发展的符号也是可以积分的,这就为牛顿-莱布尼茨(Newton-Leibniz)积分开拓了一个新的发展方向,并且也为实现经典变换到量子力学幺正变换的自然过渡提供了一条直接寻找显式形式的 q 数的新途径,搭起了一座从经典变换过渡为其量子映射的便捷"桥梁".在此基础上理解量子力学可谓实现了"欲穷千里目,更上一层楼".

从实质上讲,有序算符乘积内的积分技术是把牛顿-莱布尼茨积分法则直接地施用于由狄拉克符号构成的 ket-bra 投影算符积分.此方法的提出不仅能方便寻找新的量子力学态和新的光场量子态,而且还使量子力学的表象理论得到了别开生面的发展,尤其是由此提出的连续变量纠缠态表象,在量子光学与量子信息学中有着广泛且重要的应用.笔者研读了有序算符乘积内的积分技术数年,受益匪浅,收获颇丰,对符号法有了更深刻的理解,更取得了一些理论成果.这些工作在一定程度上进一步发展了有序算符乘积内的积分技术,丰富了量子力学的数理基础.为了让读者较好地理解有序算符乘积内的积分技术的要点和深切感受量子力学数理基础的内在美,笔者在介绍学研成果时,始终秉承由浅入深、由简至繁的原则,努力让初具量子力学基本知识的人都能够顺利阅读此书.

近代美学家朱光潜先生在总结治学美学的经验时曾指出:"不通一艺莫谈美."有序算符乘积内的积分技术使狄拉克的符号法更完美、更具体,能更多更好地表达物理规律.其不但具有物理上直观、内涵丰富、数学简捷的特点,能解决一些悬而未决的问题,开拓一些新的研究课题,而且能强烈而深刻地体现量子理论数理结构内在的美.掌握和发展该技术才能更深入地欣赏狄拉克符号法蕴含的数学美和物理美.

全书共9章.第1章预备知识,包括一些数学内容、狄拉克符号以及相干态基本知识等;第2章阐述算符的正规乘积排序理论及其应用;第3章阐述算符的反正规乘积排序理论与应用以及正规乘积算符与反正规乘积算符的互换法则等;第4章阐述算符的坐标-动量和动量-坐标排序理论等;第5章阐述算符的外尔编序理论及其应用;第6章阐述费米体系的 IWOP 技术及其应用;第7章阐述广义坐标表象中的动量算符与动能算符;第8章阐述复合算符(矩阵)函数的微商法则及其应用;第9章阐述基于多模相干态的光分束器理论及应用分析.徐世民撰写了第1~3章以及第7~9章,徐兴磊撰写了第4章和第5章,李洪奇撰写了第6章.全书由徐世民统稿.本书的完成得到了山东省自然科学基金委员会的支持,还得到了菏泽学院物理与电子工程学院李玉山、王磊和张运海等几位博士的帮助,在此一并表示感谢.范洪义先生对本书初稿再三审阅并作序,在此特别表示衷心的感谢.

著 者

2022 年 10 月于菏泽学院

目录

绪 论

从牛顿-莱布尼茨积分谈起

现代科学始于 17 世纪牛顿（Newton）和莱布尼茨（Leibniz）创立的微积分,尤其是莱布尼茨发明的微分符号 $\dfrac{\mathrm{d}}{\mathrm{d}x}$ 与积分符号 $\int \cdots \mathrm{d}x$,极大地简化了数学的表达方式,节约了人们的脑力.数学家黎曼曾说:"只有在微积分发明之后,物理学才成为一门科学."牛顿-莱布尼茨积分推动了经典物理的发展,这是毋容置疑的.量子力学是从经典力学"脱胎"而出的,其虽与经典力学大相径庭,却又与之有着千丝万缕的联系.量子力学中的许多物理概念跟经典力学中的截然不同,如量子力学中力学量用厄米算符（通过其本征值）表示,体系的运动状态用波函数表示等.表示微观粒子位置的坐标算符 $\hat{x}$（x 分量）与表示微观粒子动量的动量算符 $\hat{p}_x$（x 分量）是不可对易的,即 $[\hat{x}, \hat{p}_x] = \hat{x}\hat{p}_x - \hat{p}_x\hat{x} = \mathrm{i}\hbar$.狄拉克把

量子力学算符称为 q 数（queer numbers），把包括实数与虚数在内的复数称为 c 数（common numbers）. 量子力学理论处理的就是算符，算符在其自身表象中才转化为普通数，算符之间大多是不对易的，排列时有先后次序. 所以在处理量子力学问题时，一旦出现了不对易的算符，人们必须考虑它们的次序，否则会犯严重错误.

下面就以外尔对应规则（Weyl correspondence rule）为例来阐明这一问题. 由于同一分量方向上的坐标算符和动量算符是不对易的，而不同分量方向上的坐标算符和动量算符是对易的，所以在本书的叙述中主要涉及同一分量方向上的坐标算符和动量算符，并且约定一般情况下用 x 和 p_x 分别表示这一对同一分量方向上的坐标和动量，用 X 和 P_x 分别表示这一对同一分量方向上不对易的坐标算符和动量算符.

因为在经典力学中系统的其他物理量 h 都可以表示为 x 和 p_x 的函数 $h(x, p_x)$，所以似乎容易写出这些物理量在量子力学中的算符，只要将 x 和 p_x 分别置换成 X 和 P_x 即可得到一个算符，轨道角动量算符就是这样得出的. 然而，这样对应得出的算符不一定对，问题在于 X 和 P_x 两个算符是不对易的，而经典量 x 和 p_x 则不然. 算符式 $X^2 P_x$ 和 $XP_x X$ 及 $\frac{1}{2}(X^2 P_x + P_x X^2)$ 都对应于经典式 $x^2 p_x$，其中第一个不厄米，后两个虽厄米，但哪一个是 $x^2 p_x$ 的正确的量子力学对应呢？

人们希望找到一种从物理量的经典式（经典函数）求其量子力学对应的算符式的办法，并希望用这种办法所得出的算符式是唯一的、厄米的，而且能正确地描写该物理量. 目前有两种对应规则，都能给出唯一的结果，但二者所得结果有时不同. 哪一种规则正确至今尚无定论，因为判断所得算符式是否正确，需要将其推论与实验结果比较.

1. 玻姆（Bohm）对应规则

将物理量的经典式 $h(x, p_x)$ 写成 x 和 p_x 的多项式，每一项写成 $f(x)g(p_x)$ 的形式，则这一项的相应算符式规定为

$$\frac{1}{2}\left[f(X)g(P_x) + g(P_x)f(X)\right] \tag{X1}$$

2. 外尔对应规则

将物理量的经典式 $h(x, p_x)$ 写成以实参数 u 和 v 为变量的傅里叶（Fourier）积分，即

$$h(x, p_x) = \iint_{-\infty}^{\infty} f(u, v)\exp(iux + ivp_x)\,du\,dv \tag{X2}$$

然后将积分中指数上的 x 和 p_x 改为对应的算符 X 和 P_x，所得结果即为与 $h(x, p_x)$ 对应

的算符式,即

$$H(X, P_x) = \iint_{-\infty}^{\infty} f(u, v) \exp(iuX + ivP_x) du dv \qquad (X3)$$

(X2)式是相空间傅里叶变换,其逆变换为

$$f(u, v) = \frac{1}{4\pi^2} \iint_{-\infty}^{\infty} h(x, p_x) \exp(-iux - ivp_x) dx dp_x \qquad (X4)$$

把(X4)式代入(X3)式,便得到

$$H(X, P_x) = \iint_{-\infty}^{\infty} h(x, p_x) \Delta(x, p_x) dx dp_x \qquad (X5)$$

式中

$$\Delta(x, p_x) = \frac{1}{4\pi^2} \iint_{-\infty}^{\infty} \exp[iu(X - x) + iv(P_x - p_x)] du dv \qquad (X6)$$

是维格纳(Wigner)算符.注意,在上式中被积函数指数上含有不对易的坐标算符和动量算符.如果忽视这一点,直接按照牛顿-莱布尼茨法则完成该积分,便会得出

$$\Delta(x, p_x) = \delta(X - x) \delta(P_x - p_x)$$

或者

$$\Delta(x, p_x) = \delta(P_x - p_x) \delta(X - x)$$

坐标算符和动量算符不对易,故知这两个结果是不相等的,至少有一个是不对的,事实上两个都不正确.导致错误的原因是忽视了坐标算符和动量算符的次序问题.

　　以上分析表明,为了能够正确地实现上述积分运算,必须创造出适用于这类积分的特殊数学,丰富微积分理论,发展量子力学的数理基础.

牛顿-莱布尼茨积分之于狄拉克符号

　　量子力学中许多物理概念跟经典力学中的截然不同,因此量子力学需要有自己的符号,或者说是"语言".狄拉克符号法(Dirac symbolic method)已成为量子力学的标准"语言",自20世纪初量子力学萌芽,就有了对其数学符号的需求,于是狄拉克符号应运而

生.而牛顿和莱布尼茨发明微积分时并无狄拉克符号,牛顿-莱布尼茨积分法是否直接适用于狄拉克符号? 这个问题在量子力学建立后相当长的一段时间内没有得到解决,也没有得到足够的重视.

符号是一门科学的"元胞",是人们用以思考的"神经元",是反映物理概念的数学记号.思想是没有声音的语言,当人们在思考时,心目中的符号便在脑海这张无形无边的"纸"上被书写,例如,人们在心算时,就是在脑海里对阿拉伯数字符号进行演算,因此,一套好的记号可以使头脑摆脱不必要的约束和负担,使精神集中.实际上这就极大地增强了人们的脑力,使人们的思考容易引入深处和关注问题的症结.这正如音乐有五线谱和简谱两种记录方式,但前者比后者要直观、方便和科学得多,所以国际上普遍采用五线谱.诚如海森伯(Heisenberg)在 1926 年所说:"在量子论中出现的最大困难……是有关语言运用问题.首先,我们在使用数学符号与用普通语言表达的概念相联系方面无先例可循;我们从一开始就知道的只是不能把日常的概念用到原子结构上."爱因斯坦(Einstein)也十分重视物理学中符号的正确运用,他说:"任何写出的、讲过的词汇或语言在我思考的结构中似乎不起任何作用,作为思维元素存在的物质实体似乎是某些符号和一些或明或暗的想象,这些想象被'随心所欲'地再生和组合……这些组合性的思维活动似乎是创造性思维的基本特征——这种思维活动产生于存在一种能用文字或其他符号与其他人交流的逻辑结构之前."正是狄拉克奠定了量子力学的符号法,他引入了右矢(ket)$|\ \rangle$ 和左矢(bra)$\langle\ |$ 记号,在此基础上又建立了表象及相应的变换理论,解决了量子力学的语言问题.但是,如果仅仅把狄拉克符号法理解为一种数学方法,那实际上就没有理解狄拉克在物理观念上对量子力学所做的革命性的贡献.狄拉克曾说:"关于新物理的书如果不是纯粹描述实验工作的,就必须从根本上是数学性的.虽然如此,数学毕竟是工具,人们应当学会在自己的思想中不参考数学形式而把握住物理概念."狄拉克的符号法更能深入事物的本质,由他搭好的这个符号法框架多年来被认为简明扼要而又深刻形象地反映了物理概念和物理规律.诚然,初学者在开始接触狄拉克符号时会感到抽象.关于抽象,基本粒子物理学家盖尔曼(Gell-Mann)曾这样说过:"在我们的工作中,我们总是处于进退两难的窘境之中.我们可能会不够抽象,并错失了重要的物理学;我们也可能过于抽象,结果把我们模型中假设的目标变成了吞噬我们的真实的怪物."现在看来,狄拉克为我们抽象出的并不是一个"怪物",而是物理学中的"天使".

正如阿拉伯数字符号 $0,1,2,\cdots,9$ 被发明后需要引入相应的加、减、乘、除运算法则,而它们又是不断发展的,从平方、乘方、取对数……到牛顿和莱布尼茨发明的微分、积分.因此,对量子力学也应发展相应的运算法则,特别是对由连续态右矢和左矢"相摄"而成的投影算符 $|\ \rangle\langle\ |$ 的积分运算.但事实是,从 1930 年狄拉克的《量子力学原理》问世以来如何真正解析地实现这类积分并未受到人们的关注,为什么会这样呢? 其主要的两个原

因可能是：① 天才狄拉克所创造的这套符号比较抽象，人们不知道它是怎么被想出来的，也没有真正地、完全地理解它，因而也提不出对由连续态右矢和左矢"相揖"而成的投影算符$|\ \rangle\langle\ |$实现积分的问题.② 一般认为，狄拉克深入研究过的课题别人很难再有所作为.尽管狄拉克在该书中对符号法预言："……在将来当它变得更为人们所了解，而且它本身的数学得到发展时，它将更多地被人们所采用."但是从1930年到1980年的半个世纪中，我们没有看到一篇真正、直接发展狄拉克符号法的文献，因此人们慢慢遗忘了狄拉克的这种期望.

范洪义先生在1967年前后研读狄拉克的《量子力学原理》一书时就意识到牛顿-莱布尼茨积分法则对由狄拉克符号组成的算符的积分存在困难，原因是在以往的微积分理论中未曾见到过作为被积函数的ket-bra，并且这些算符蕴含着不可对易的成分.例如，但凡学习过量子力学的人都已熟知福克（Fock）表象、坐标表象、动量表象的完备性，即

$$\sum_{n=0}^{\infty}|n\rangle\langle n|=1, \quad \int_{-\infty}^{\infty}\mathrm{d}x|x\rangle\langle x|=1, \quad \int_{-\infty}^{\infty}\mathrm{d}p_x|p_x\rangle\langle p_x|=1 \quad\quad (\text{X7})$$

如何解析地计算出结果等于单位算符"1"的$\int_{-\infty}^{\infty}\mathrm{d}x|x\rangle\langle x|$？如果我们对坐标表象的完备性稍加修改，即

$$S=\sqrt{\kappa}\int_{-\infty}^{\infty}\mathrm{d}x|\kappa x\rangle\langle x|, \quad \kappa>0 \quad\quad (\text{X8})$$

那么这个积分的结果又是什么呢？有着什么样的物理意义？当$\kappa=1$时其积分值等于单位算符"1"；当$\kappa\neq1$时我们又感到迷茫了，这是一个非对称型ket-bra积分.它作用于本征值为x'的坐标本征态$|x'\rangle$上，则有

$$S|x'\rangle=\sqrt{\kappa}\int_{-\infty}^{\infty}\mathrm{d}x|\kappa x\rangle\langle x|x'\rangle=\sqrt{\kappa}\int_{-\infty}^{\infty}\mathrm{d}x|\kappa x\rangle\delta(x-x')=\sqrt{\kappa}|\mu x'\rangle \quad\quad (\text{X9})$$

由此可推测S代表从$|x'\rangle$到$|\mu x'\rangle$的压缩变换.再如非对称型ket-bra积分

$$\Pi=\int_{-\infty}^{\infty}\mathrm{d}x|-x\rangle\langle x| \quad\quad (\text{X10})$$

如何解析地实现积分？其积分值等于什么？又有着什么样的物理意义？

还可以列举出很多这样的积分型的投影算符式，问题的关键在于要能简捷地、解析地完成积分.由此看来，狄拉克表象理论的确需要发展，我们对符号法的理解确实应该更深入，也就是说，必须创造出适用于狄拉克符号法的特殊数学，以此来发展量子力学的数理基础.于是，范洪义先生的有序算符乘积内的积分技术于20世纪80年代应时而出.

物理概念的创新与数学的发展往往是齐头并进的，爱因斯坦曾指出："在物理中，通

向更深入的基本知识的道路是与最精密的数学方法相联系的."IWOP 技术的出现不但革新了量子力学的数理基础,极大地丰富了量子光场的内容,扩展了量子光学与傅里叶光学的联系,而且促进了量子力学纠缠态理论的发展,而后者又是量子信息论的基础.所以,研读与掌握 IWOP 技术对于把握量子力学的理论十分有益,也是学习和研究量子光学理论的基础.

笔者在研读了 IWOP 技术的基础上,通过引入并充分利用算符的参数微商法克服了积分发散的数学困难,导出了维格纳算符、典型玻色算符函数 $F(\lambda a + \upsilon a^\dagger)$ 以及形如 $(aa^\dagger)^n$ 算符的简洁普适的有序算符乘积微分式,并进一步便捷地导出了不同算符排序之间普适的互换法则;通过使用带有指向的偏微商符号,给出了有序算符乘积的乘法定理;还解析地导出了曲线坐标系中广义动量算符、动能算符的微分式和复合算符(矩阵)函数的微商法则等.这些工作使得有序算符乘积内的积分技术进阶为有序算符乘积内的微积分理论,并在一定程度上丰富和发展了量子物理学的数理基础.

第 1 章

预备知识

本章扼要回顾一下预备知识,如单(双)变量厄米多项式、贝尔多项式与伽玛函数,又如狄拉克符号、福克空间等,尤其是与相干态有关的基本知识.

1.1 几个特殊函数

1. 单(双)变量厄米多项式

作为一维谐振子能量本征解的单变量厄米多项式,它的第一种微分表示是

$$H_n(\xi) = e^{\xi^2} \left(-\frac{d}{d\xi} \right)^n e^{-\xi^2} \tag{1.1.1}$$

当 $n=0$ 时，有 $H_0(\xi)=1$，$\dfrac{dH_0(\xi)}{d\xi}=0$；

当 $n \geqslant 1$ 时，有

$$\frac{dH_n(\xi)}{d\xi} = 2\xi H_n(\xi) - 2e^{\xi^2}\left(-\frac{d}{d\xi}\right)^n \xi e^{-\xi^2}$$

$$= 2\xi H_n(\xi) - 2(-1)^n e^{\xi^2} \sum_{m=0}^{n} \frac{n!}{m!(n-m)!} \frac{d^m \xi}{d\xi^m} \frac{d^{n-m} e^{-\xi^2}}{d\xi^{n-m}}$$

$$= 2\xi H_n(\xi) - 2(-1)^n e^{\xi^2}\left(\xi \frac{d^n}{d\xi^n} e^{-\xi^2} + n \frac{d^{n-1}}{d\xi^{n-1}} e^{-\xi^2}\right)$$

亦即

$$\frac{dH_n(\xi)}{d\xi} = 2n H_{n-1}(\xi) \tag{1.1.2}$$

这是单变量厄米多项式的一种递推关系，显然 $n=0$ 的情况可以纳入到该递推关系中．进一步，可得

$$H_{n+1}(\xi) = e^{\xi^2}\left(-\frac{d}{d\xi}\right)^{n+1} e^{-\xi^2} = e^{\xi^2}\left(-\frac{d}{d\xi}\right)e^{-\xi^2} e^{\xi^2}\left(-\frac{d}{d\xi}\right)^n e^{-\xi^2}$$

$$= e^{\xi^2}\left(-\frac{d}{d\xi}\right)e^{-\xi^2} H_n(\xi) = 2\xi H_n(\xi) - \frac{dH_n(\xi)}{d\xi}$$

$$= 2\xi H_n(\xi) - 2n H_{n-1}(\xi)$$

或写成

$$H_{n+1}(\xi) - 2\xi H_n(\xi) + 2n H_{n-1}(\xi) = 0 \tag{1.1.3}$$

这是单变量厄米多项式的又一种递推关系．

利用导数关系

$$\frac{\partial f(x+y)}{\partial x} = \frac{\partial f(x+y)}{\partial y}, \quad \frac{\partial f(x-y)}{\partial x} = -\frac{\partial f(x-y)}{\partial y}$$

可得

$$H_n(\xi) = e^{\xi^2} \frac{\partial^n}{\partial t^n} e^{-(\xi-t)^2}\bigg|_{t=0} = \frac{\partial^n}{\partial t^n} e^{-t^2+2t\xi}\bigg|_{t=0} \tag{1.1.4}$$

这是单变量厄米多项式的参数微商形式，是第二种微分表示．$e^{-t^2+2t\xi}$ 叫作 $H_n(\xi)$ 的母函数，或称生成函数．把该母函数展开为 t 的幂级数，则有

$$e^{-t^2+2t\xi} = \sum_{n=0}^{\infty} \frac{H_n(\xi)}{n!} t^n \tag{1.1.5}$$

如果我们利用指数微分算子方法进一步改写(1.1.4)式,还可得到 $H_n(\xi)$ 的一种新的微商形式,也就是第三种微分表示,即

$$H_n(\xi) = \frac{\partial^n}{\partial t^n} e^{-t^2+2t\xi}\Big|_{t=0} = \frac{\partial^n}{\partial t^n} e^{-\frac{1}{4}\frac{\partial^2}{\partial \xi^2}} e^{2t\xi}\Big|_{t=0} = e^{-\frac{1}{4}\frac{d^2}{d\xi^2}}(2\xi)^n \tag{1.1.6}$$

利用这种微分式很容易得到它的通项式,即

$$H_n(\xi) = \sum_{m=0}^{[n/2]} (-1)^m \frac{n!}{m!(n-2m)!}(2\xi)^{n-2m} \tag{1.1.7}$$

若用指数微分算子 $e^{\frac{1}{4}\frac{d^2}{d\xi^2}}$ 从左侧作用于(1.1.6)式,则可得到

$$e^{\frac{1}{4}\frac{d^2}{d\xi^2}} H_n(\xi) = (2\xi)^n \tag{1.1.8}$$

(1.1.6)式和(1.1.8)式互为逆关系,这表明单变量厄米多项式 $H_n(\xi)$ 与单项式 $(2\xi)^n$ 通过指数微分算子 $e^{\pm\frac{1}{4}\frac{d^2}{d\xi^2}}$ 相关联. 事实上,利用(1.1.6)式可更方便地导出递推关系 (1.1.2)式,即

$$\frac{dH_n(\xi)}{d\xi} = e^{-\frac{1}{4}\frac{d^2}{d\xi^2}} \frac{d}{d\xi}(2\xi)^n = 2n e^{-\frac{1}{4}\frac{d^2}{d\xi^2}}(2\xi)^{n-1} = 2n H_{n-1}(\xi)$$

另外,单变量厄米多项式还有一种微分表示,就是

$$H_n(\xi) = e^{\xi^2/2}\left(\xi - \frac{d}{d\xi}\right)^n e^{-\xi^2/2} \tag{1.1.9}$$

可以用数学归纳法证明它与(1.1.1)式是等价的,这里不再赘述.

双变量厄米多项式[1-2]的第一种微分式是

$$H_{m,n}(x,y) = e^{xy}\left(-\frac{\partial}{\partial y}\right)^m\left(-\frac{\partial}{\partial x}\right)^n e^{-xy} \tag{1.1.10}$$

通过改写可得到 $H_{m,n}(x,y)$ 的参数微商形式,也就是第二种微分式,即

$$H_{m,n}(x,y) = e^{xy}\frac{\partial^m}{\partial t^m}\frac{\partial^n}{\partial \tau^n}e^{-(x-\tau)(y-t)}\Big|_{t=\tau=0}$$

$$= \frac{\partial^m}{\partial t^m}\frac{\partial^n}{\partial \tau^n}e^{-t\tau+tx+\tau y}\Big|_{t=\tau=0} \tag{1.1.11}$$

其中 $e^{-t\tau+tx+\tau y}$ 是 $H_{m,n}(x,y)$ 的母函数,有

$$e^{-t\tau+tx+\tau y} = \sum_{m,n=0}^{\infty} \frac{t^m \tau^n}{m!n!} H_{m,n}(x,y) \tag{1.1.12}$$

如果我们进一步改写(1.1.11)式,还可得到第三种微分式,即

$$H_{m,n}(x,y) = \frac{\partial^m}{\partial t^m} \frac{\partial^n}{\partial \tau^n} e^{-\frac{\partial^2}{\partial x \partial y}} e^{tx+\tau y}\bigg|_{t=\tau=0} = e^{-\frac{\partial^2}{\partial x \partial y}} x^m y^n \tag{1.1.13}$$

并由此容易得到它的通项式,即

$$H_{m,n}(x,y) = \sum_{k=0}^{\min(m,n)} (-1)^k \frac{m!n!}{k!(m-k)!(n-k)!} x^{m-k} y^{n-k} \tag{1.1.14}$$

用微分算子 $e^{\frac{\partial^2}{\partial x \partial y}}$ 从左侧作用于(1.1.13)式,则得到

$$e^{\frac{\partial^2}{\partial x \partial y}} H_{m,n}(x,y) = x^m y^n \tag{1.1.15}$$

(1.1.13)式和(1.1.15)式互为逆关系,这表明双变量厄米多项式 $H_{m,n}(x,y)$ 与双变量单项式 $x^m y^n$ 通过指数微分算子 $e^{\pm\frac{\partial^2}{\partial x \partial y}}$ 相关联,通过指数微分算子的作用单项式可以生成多项式,多项式也可退化成单项式.

另外,此双变量厄米多项式还有一种等价的微分形式,即

$$H_{m,n}(x,y) = e^{xy/2} \left(\frac{1}{2}x - \frac{\partial}{\partial y}\right)^m \left(\frac{1}{2}y - \frac{\partial}{\partial x}\right)^n e^{-xy/2} \tag{1.1.16}$$

2. 图查德多项式

图查德(Touchard)多项式[3] $T_n(x)$ 是由母函数 $e^{x(e^t-1)}$ 生成的,即

$$T_n(x) = \frac{\partial^n}{\partial t^n} e^{x(e^t-1)}\bigg|_{t=0} \tag{1.1.17a}$$

它的前几项如下所示:

$$n = 0, \quad T_0(x) = 1$$
$$n = 1, \quad T_1(x) = x$$
$$n = 2, \quad T_2(x) = x^2 + x$$
$$n = 3, \quad T_3(x) = x^3 + 3x^2 + x$$
$$n = 4, \quad T_4(x) = x^4 + 6x^3 + 7x^2 + x$$
$$n = 5, \quad T_5(x) = x^5 + 10x^4 + 25x^3 + 15x^2 + x$$
$$\cdots$$

在 $t = 0$ 的邻域上，级数 $\sum\limits_{n=0}^{\infty} \dfrac{t^n}{n!} T_n(x)$ 是收敛的，即有

$$e^{x(e^t-1)} = \sum_{n=0}^{\infty} \frac{t^n}{n!} T_n(x) \tag{1.1.17b}$$

由(1.1.17a)式可得

$$T_n(x) = \frac{\partial^n}{\partial t^n} e^{x(e^t-1)} \bigg|_{t=0} = e^{-x} \frac{\partial^n}{\partial t^n} e^{xe^t} \bigg|_{t=0}$$

做参数替换 $e^t = \tau$，则有

$$
\begin{aligned}
T_n(x) &= e^{-x} \left(\frac{\partial \tau}{\partial t} \frac{\partial}{\partial \tau} \right)^n e^{x\tau} \bigg|_{\tau=1} = e^{-x} \left(\tau \frac{\partial}{\partial \tau} \right)^n e^{x\tau} \bigg|_{\tau=1} \\
&= e^{-x} \left(\tau \frac{\partial}{\partial \tau} \right)^{n-1} \left(\tau \frac{\partial}{\partial \tau} \right) e^{x\tau} \bigg|_{\tau=1} \\
&= e^{-x} \left(\tau \frac{\partial}{\partial \tau} \right)^{n-1} (\tau x) e^{x\tau} \bigg|_{\tau=1} \\
&= e^{-x} \left(\tau \frac{\partial}{\partial \tau} \right)^{n-1} \left(x \frac{\partial}{\partial x} \right) e^{x\tau} \bigg|_{\tau=1} \\
&= e^{-x} \left(x \frac{\partial}{\partial x} \right) \left(\tau \frac{\partial}{\partial \tau} \right)^{n-1} e^{x\tau} \bigg|_{\tau=1} \\
&= \cdots = e^{-x} \left(x \frac{\partial}{\partial x} \right)^n e^{x\tau} \bigg|_{\tau=1} \\
&= e^{-x} \left(x \frac{d}{dx} \right)^n e^x \tag{1.1.18}
\end{aligned}
$$

这就是图查德多项式的微分式. 由(1.1.18)式可得

$$
\begin{aligned}
T_{n+1}(x) &= e^{-x} \left(x \frac{d}{dx} \right)^{n+1} e^x = e^{-x} \left(x \frac{d}{dx} \right) e^x e^{-x} \left(x \frac{d}{dx} \right)^n e^x \\
&= e^{-x} \left(x \frac{d}{dx} \right) e^x T_n(x) = e^{-x} x \left[e^x T_n(x) + e^x \frac{dT_n(x)}{dx} \right] \\
&= x T_n(x) + x \frac{dT_n(x)}{dx} \tag{1.1.19}
\end{aligned}
$$

这就是图查德多项式的递推公式. 还可导出图查德多项式的通项式，即

$$T_n(x) = \sum_{k=0}^{n} x^k \sum_{l=0}^{k} (-1)^l \frac{(k-l)^n}{l!(k-l)!} = \sum_{k=0}^{n} S(n,k) x^k \tag{1.1.20}$$

其中 $S(n,k) = \sum_{l=0}^{k} (-1)^l \dfrac{(k-l)^n}{l!(k-l)!}$ 是第二类斯特林(Stirling)数[3].

事实上,图查德多项式还可表示为

$$T_n(x) = e^{-x/2} \left(\frac{1}{2}x + x\frac{\mathrm{d}}{\mathrm{d}x} \right)^n e^{x/2}$$

这是 $T_n(x)$ 的另一种微分式,可用归纳法并结合递推公式予以证明.

3. 贝尔多项式

贝尔(Bell)多项式分为两类,这里仅简单介绍完全型贝尔多项式 $B_n(y_1, y_2, \cdots, y_n)$,其定义为[3-4]

$$\exp\left(\sum_{m \geqslant 1} y_m \frac{t^m}{m!} \right) = \sum_{n \geqslant 0} B_n(y_1, y_2, \cdots, y_n) \frac{t^n}{n!} \tag{1.1.21}$$

其中 $y_1, y_2, y_3, \cdots$ 是相互独立或不独立的宗量.(1.1.21)式也可写成

$$B_n(y_1, y_2, \cdots, y_n) = \frac{\partial^n}{\partial t^n} \exp\left(\sum_{m \geqslant 1} y_m \frac{t^m}{m!} \right)\Bigg|_{t=0} \tag{1.1.22}$$

显然 $B_0 = 1$.若取 $y_1 = y_2 = y_3 = \cdots = y_m = x$,则(1.1.21)式约化为

$$e^{x(e^t - 1)} = \sum_{n \geqslant 0} B_n(x, x, \cdots, x) \frac{t^n}{n!} \tag{1.1.23}$$

比较(1.1.17b)式和(1.1.23)式可知图查德多项式是完全型贝尔多项式的一个特例,即 $T_n(x) = B_n(x, x, \cdots, x)$.

若取 $y_1 = 2x$,$y_2 = -2$,$y_{m \geqslant 3} = 0$,则(1.1.21)式约化为

$$e^{-t^2 + 2tx} = \sum_{n \geqslant 0} B_n(2x, -2, 0, \cdots, 0) \frac{t^n}{n!} \tag{1.1.24}$$

比较(1.1.5)式和(1.1.24)式可知单变量厄米多项式亦是完全型贝尔多项式的一个特例,即 $H_n(x) = B_n(2x, -2, 0, \cdots, 0)$.由此可见,完全型贝尔多项式是复杂的多宗量特殊函数,若对 $y_1, y_2, y_3, \cdots$ 加上一定的条件则可派生出某种具体的多项式.从此意义上来说,贝尔多项式是一个多项式家族.

4. 德尔塔函数

为了突出主要因素,在物理学中常常运用质点、点电荷、瞬时力等抽象概念.质点的体积为零,所以它的密度(质量/体积)为无限大,但密度的体积积分(总质量)却又是有限

的.点电荷的体积为零,所以它的电荷密度(电量/体积)为无限大,但电荷密度的体积积分(总电荷)却又是有限的.瞬时力的延续时间为零,而力的大小为无限大,但力的时间积分(冲量)是有限的.为了描写这一类抽象概念,狄拉克创造性地引入了德尔塔函数,并用 δ 表示之,定义如下(一维情形):

$$\delta(x - x_0) = \begin{cases} 0 & (x - x_0 \neq 0) \\ \infty & (x - x_0 = 0) \end{cases} \tag{1.1.25}$$

$$\int_a^b \delta(x - x_0)\mathrm{d}x = \begin{cases} 0 & (x_0 < a \text{ 或 } x_0 > b) \\ 1 & (a < x_0 < b) \end{cases} \tag{1.1.26}$$

(1.1.26)式也可改为

$$\int_{-\infty}^{\infty} \delta(x - x_0)\mathrm{d}x = 1 \tag{1.1.27}$$

(1.1.27)式规定了 δ 函数的量纲$[\delta(x - x_0)] = 1/[x]$.图 1.1.1 是 δ 函数的示意图.曲线的"峰"无限高,但是无限窄,曲线下的"面积"是有限值 1.那么,对三维位置空间来说,位于 r_0 而质量为 m 的质点的密度可记作 $m\delta(x - x_0)\delta(y - y_0)\delta(z - z_0)$ 或简写为 $m\delta(r - r_0)$;位于 r_0 而电量为 q 的点电荷的电荷密度可记作 $q\delta(x - x_0)\delta(y - y_0)\delta(z - z_0)$ 或简写为 $q\delta(r - r_0)$;作用于瞬时 t_0 而冲量为 K 的瞬时力可记作 $K\delta(t - t_0)$.

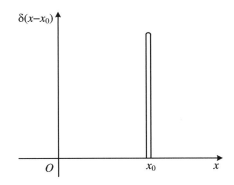

图 1.1.1 δ 函数的示意图

$\delta(x - 0)$ 可简单地记作 $\delta(x)$.由德尔塔函数的定义或图 1.1.1 易知 $\delta(x)$ 是偶函数,它的导数(微商)则是奇函数,即

$$\delta(-x) = \delta(x), \quad \delta'(-x) = -\delta'(x) \tag{1.1.28}$$

另外,德尔塔函数还具有许多性质,仅列举如下三条:

(1) 若 $f(x)$ 是一个连续函数,则

$$f(x)\delta(x - x_0) = f(x_0)\delta(x - x_0) \tag{1.1.29}$$

（2）若 $f(x)$ 是一个连续函数,则

$$\int_{-\infty}^{\infty} f(x)\delta(x - x_0)\mathrm{d}x = f(x_0) \tag{1.1.30}$$

这意味着 δ 函数具有挑选功能,因此有利于点源的讨论.

（3） $\delta(ax) = \dfrac{1}{|a|}\delta(x)$.

至于 $\delta(x)$ 的导数是奇函数,可以从(1.1.29)式进一步予以说明.由(1.1.29)式可得到

$$x\delta(x) = 0$$

对此式求导数,得

$$x\delta'(x) + \delta(x) = 0 \quad \Rightarrow \quad \delta'(x) = -\frac{1}{x}\delta(x)$$

显然 $\delta'(x)$ 是奇函数.以此法可依次得到

$$\delta''(x) = \frac{2}{x^2}\delta(x), \quad \delta'''(x) = -\frac{6}{x^3}\delta(x), \quad \cdots, \quad \delta^{(n)}(x) = (-1)^n \frac{n!}{x^n}\delta(x)$$

德尔塔函数有着多种形式的表达式,下面就给出几个例子.

第一种极限形式为

$$\delta(x - x_0) = \lim_{\tau \to 0_+} \frac{1}{\pi} \frac{\tau}{(x - x_0)^2 + \tau^2} \tag{1.1.31}$$

证明 $\dfrac{1}{\pi} \dfrac{\tau}{(x - x_0)^2 + \tau^2}$ 的图像如图 1.1.2 所示.当 $x = x_0$ 时,显然有

$$\lim_{\tau \to 0_+} \frac{1}{\pi} \frac{\tau}{(x - x_0)^2 + \tau^2}\bigg|_{x = x_0} = \lim_{\tau \to 0_+} \frac{1}{\pi\tau} \to \infty \tag{1.1.32}$$

当 $x \neq x_0$ 时,显然有

$$\lim_{\tau \to 0_+} \frac{1}{\pi} \frac{\tau}{(x - x_0)^2 + \tau^2} \to 0 \tag{1.1.33}$$

又有

$$\int_{-\infty}^{\infty} \lim_{\tau \to 0_+} \frac{1}{\pi} \frac{\tau}{(x-x_0)^2 + \tau^2} dx = \lim_{\tau \to 0_+} \frac{1}{\pi} \int_{-\infty}^{\infty} \frac{\tau}{(x-x_0)^2 + \tau^2} dx$$

$$= \lim_{\tau \to 0_+} \frac{1}{\pi\tau} \int_{-\infty}^{\infty} \frac{dx}{[(x-x_0)/\tau]^2 + 1}$$

$$= \lim_{\tau \to 0_+} \frac{1}{\pi} \arctan[(x-x_0)/\tau] \Big|_{-\infty}^{\infty}$$

$$= 1 \tag{1.1.34}$$

(1.1.32)式~(1.1.34)式表明(1.1.31)式右端的极限式符合德尔塔函数的定义.

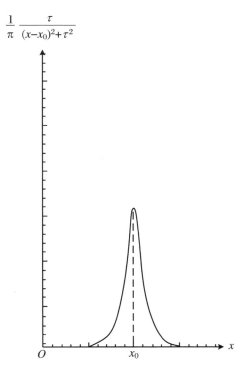

图 1.1.2 函数 $\dfrac{1}{\pi} \dfrac{\tau}{(x-x_0)^2 + \tau^2}$ 的图像

第二种极限形式为

$$\delta(x) = \lim_{D \to \infty} \frac{1}{\pi} \frac{\sin(Dx)}{x} \tag{1.1.35}$$

严格来说这个极限并不存在,但由于其在积分上的意义,还是常常被引用. 函数 $\dfrac{1}{\pi} \dfrac{\sin(Dx)}{x}$ 的图像如图 1.1.3 所示,即

$$\int_{-\infty}^{\infty} \lim_{D \to \infty} \frac{1}{\pi} \frac{\sin(Dx)}{x} dx = \lim_{D \to \infty} \frac{1}{\pi} \int_{-\infty}^{\infty} \frac{\sin(Dx)}{(Dx)} d(Dx)$$

$$= \lim_{D \to \infty} \frac{1}{\pi} \int_{-\infty}^{\infty} \frac{\sin y}{y} dy = \lim_{D \to \infty} \frac{1}{\pi} \cdot \pi = 1$$

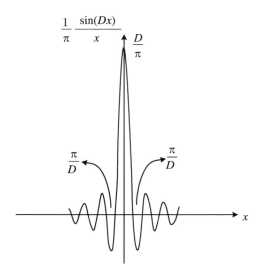

图 1.1.3　函数 $\frac{1}{\pi} \frac{\sin(Dx)}{x}$ 的图像

计算中利用了定积分公式,即 $\int_{-\infty}^{\infty} \frac{\sin y}{y} dy = \pi$. 当 $x \to 0$ 时,显然有

$$\lim_{D \to \infty} \frac{1}{\pi} \frac{\sin(Dx)}{x} \xrightarrow{\text{洛必达法则}} \lim_{D \to \infty} \frac{D}{\pi} \frac{\cos(Dx)}{1} = \lim_{D \to \infty} \frac{D}{\pi} \to \infty$$

也就是说,$D \to \infty$ 时,在 $x = 0$ 处的"尖峰"的高度 D/π 无限增高,"尖峰"可视为底边边长 $2\pi/D$ 无限变窄的等腰三角形,"峰"下的面积为 $\frac{1}{2}(2\pi/D)(D/\pi) = 1$. 在 $x \neq 0$ 处,曲线正负振荡的间距无限缩短,从而在任一有限区间(不包含已视为等腰三角形的"峰")上的积分等于零. 可见,在 $D \to \infty$ 时,这个曲线的积分性质符合德尔塔函数的定义.

第三种极限形式为

$$\delta(x) = \lim_{t \to 0_+} \frac{1}{\sqrt{\pi t}} \exp\left(-\frac{x^2}{t}\right) \tag{1.1.36}$$

其二维形式为

$$\delta^{(2)}(z) \equiv \delta(z)\delta(z^*) = \lim_{t \to 0_+} \frac{1}{\pi t} \exp\left(-\frac{1}{t}zz^*\right)$$

$$= \lim_{t \to 0_+} \frac{1}{\pi t} \exp\left[-\frac{1}{t}(x^2 + y^2)\right] = \delta(x)\delta(y) \qquad (1.1.37)$$

这里 $z = x + \mathrm{i}y$ 是复数,实数 x 和 y 分别是 z 的实部和虚部.

德尔塔函数 $\delta(x)$ 可表示为傅里叶积分,即

$$\delta(x) = \frac{1}{2\pi} \int_{-\infty}^{\infty} \mathrm{e}^{\mathrm{i}ux} \mathrm{d}u \qquad (1.1.38)$$

事实上

$$\frac{1}{2\pi} \int_{-\infty}^{\infty} \mathrm{e}^{\mathrm{i}ux} \mathrm{d}u = \lim_{D \to \infty} \frac{1}{2\pi} \int_{-D}^{D} \mathrm{e}^{\mathrm{i}ux} \mathrm{d}u = \lim_{D \to \infty} \frac{1}{2\pi} \frac{1}{\mathrm{i}x} \mathrm{e}^{\mathrm{i}ux} \Big|_{u=-D}^{u=D} = \lim_{D \to \infty} \frac{1}{\pi} \frac{\sin(Dx)}{x}$$

这正是(1.1.35)式.基于 $z\zeta - z^*\zeta^*$ 和 $\mathrm{i}z\zeta + \mathrm{i}z^*\zeta^*$ 都是纯虚数,双模德尔塔函数有以下表达式:

$$\delta^{(2)}(z) \equiv \delta(z)\delta(z^*) = \int \frac{\mathrm{d}^2\zeta}{\pi^2} \mathrm{e}^{z\zeta - z^*\zeta^*} \qquad (1.1.39)$$

和

$$\delta^{(2)}(z) \equiv \delta(z)\delta(z^*) = \int \frac{\mathrm{d}^2\zeta}{\pi^2} \mathrm{e}^{\mathrm{i}z\zeta + \mathrm{i}z^*\zeta^*} \qquad (1.1.40)$$

式中 $\zeta = \zeta_1 + \mathrm{i}\zeta_2$,$\mathrm{d}^2\zeta = \mathrm{d}\zeta_1 \mathrm{d}\zeta_2$,$\zeta_1$ 和 ζ_2 都是实数,$\mathrm{i}^2 = -1$.

5. 伽玛函数

作为特殊函数的伽玛(Gamma)函数在一般的《高等数学》和《热力学与统计物理》上都要讲到.那么,伽玛函数是如何产生的呢? 作为一位喜欢研究数学却不是职业数学家的富家子弟哥德巴赫(C. Goldbach)于 1728 年考虑阶乘问题时,提出了一个颇有趣味的数学问题.他发现,$1! = 1, 2! = 2, 3! = 6, 4! = 24, 5! = 120, 6! = 720, 7! = 5040,$ $8! = 40320, \cdots$,并且 $n!$ 与 n 的关系可以用平滑的曲线描绘出来,如图 1.1.4 所示.那么非正整数的阶乘等于多少? 譬如,$1.5! = ?, 2.5! = ?$,等等.尼古拉斯·伯努利和他弟弟丹尼尔·伯努利都没能给出答案.欧拉听说后,于 1729 年通过定义伽玛函数解决了这个难题.实变数 x 的伽玛函数的定义为

$$\Gamma(x) = \int_0^{\infty} \mathrm{e}^{-t} t^{x-1} \mathrm{d}t \quad (x > 0) \qquad (1.1.41)$$

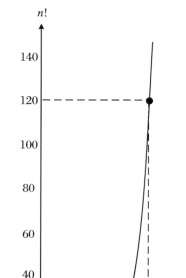

图 1.1.4 $n!$ 与 n 的关系曲线

上式右边的积分收敛条件是 $x>0$,所以(1.1.41)式只定义了 $x>0$ 的 Γ 函数.

在上述定义中,令 $t=u^2$,可把(1.1.41)式改写成

$$\Gamma(x) = 2\int_0^\infty \mathrm{e}^{-u^2} u^{2x-1}\mathrm{d}u \quad (x>0) \tag{1.1.42}$$

根据 Γ 函数的定义,可算出

$$\Gamma(1) = \int_0^\infty \mathrm{e}^{-t}\mathrm{d}t = 1$$

$$\Gamma\left(\frac{1}{2}\right) = \int_0^\infty \mathrm{e}^{-t}t^{-1/2}\mathrm{d}t = 2\int_0^\infty \mathrm{e}^{-(\sqrt{t})^2}\mathrm{d}(\sqrt{t}) = \sqrt{\pi} \tag{1.1.43}$$

对 $\Gamma(x+1) = \int_0^\infty \mathrm{e}^{-t}t^x\mathrm{d}t$ 进行分部积分,可得如下递推公式:

$$\Gamma(x+1) = x\Gamma(x) \quad \text{或} \quad \Gamma(x) = \frac{1}{x}\Gamma(x+1) \tag{1.1.44}$$

如果 x 为正整数 n,则从递推公式可得到

$$\Gamma(n+1) = n\Gamma(n) = n(n-1)\Gamma(n-1) = \cdots = n!\Gamma(1) = n! \qquad (1.1.45)$$

这样看来,Γ 函数是阶乘的推广.换言之,当 n 为非整数时,其阶乘的定义仍为

$$n! = \Gamma(n+1) = n\Gamma(n)$$

例如:

$$1.5! = \Gamma(2.5) = 1.5\Gamma(1.5) = 1.5 \times 0.5\Gamma(0.5) = 0.75\sqrt{\pi} \approx 1.3293$$

$$2.5! = 2.5\Gamma(2.5) \approx 2.5 \times 1.3293 = 3.32325$$

现在我们来计算一下 $\Gamma(n+1/2)$,其中 $n = 0, 1, 2, 3, \cdots$. 当 $n = 0$ 时,已知有 $\Gamma(1/2) = \sqrt{\pi}$;当 $n \geqslant 1$ 时,按照 (1.1.42) 式可得

$$
\begin{aligned}
\Gamma\left(n+\frac{1}{2}\right) &= 2\int_0^\infty \mathrm{e}^{-u^2} u^{2n}\,\mathrm{d}u = 2\int_0^\infty \mathrm{e}^{-\lambda u^2} u^{2n}\,\mathrm{d}u\Big|_{\lambda=1} \\
&= (-1)^n\, 2\frac{\partial^n}{\partial\lambda^n}\int_0^\infty \mathrm{e}^{-\lambda u^2}\,\mathrm{d}u\Big|_{\lambda=1} = (-1)^n\sqrt{\pi}\frac{\partial^n}{\partial\lambda^n}\frac{1}{\sqrt{\lambda}}\Big|_{\lambda=1} \\
&= (-1)^n\sqrt{\pi}\left(-\frac{1}{2}\right)\left(-\frac{3}{2}\right)\left(-\frac{5}{2}\right)\cdots\left(-\frac{2n-1}{2}\right) \\
&= \sqrt{\pi}\frac{(2n-1)!!}{2^n} = \sqrt{\pi}\frac{(2n+1)!!}{2^n(2n+1)} \\
&= \sqrt{\pi}\frac{(2n+1)!!(2n)!!}{(2n)!!\,2^n(2n+1)} = \sqrt{\pi}\frac{(2n)!}{n!\,4^n} \qquad (1.1.46\mathrm{a})
\end{aligned}
$$

或

$$
\begin{aligned}
\Gamma\left(n+\frac{1}{2}\right) &= \left(n-\frac{1}{2}\right)\Gamma\left(n-\frac{1}{2}\right) = \left(n-\frac{1}{2}\right)\left(n-\frac{3}{2}\right)\Gamma\left(n-\frac{3}{2}\right) = \cdots \\
&= \left(n-\frac{1}{2}\right)\left(n-\frac{3}{2}\right)\cdots\left(n-\frac{2n-1}{2}\right)\Gamma\left(\frac{1}{2}\right) \\
&= \sqrt{\pi}\frac{(2n-1)!(2n-3)!(2n-5)!\cdots1!}{2^n} \\
&= \sqrt{\pi}\frac{(2n-1)!!}{2^n} = \sqrt{\pi}\frac{(2n+1)!!}{2^n(2n+1)} = \sqrt{\pi}\frac{(2n)!}{n!\,4^n} \qquad (1.1.46\mathrm{b})
\end{aligned}
$$

显然,$n = 0$ 的情形可以纳入 (1.1.46a) 式和 (1.1.46b) 式中.

尽管只定义了 $x > 0$ 的 Γ 函数,但可以令 x 无限逼近零,或者说令 $x = 0$. 利用递推公式得

$$\Gamma(0) = \frac{1}{0}\Gamma(1) = \infty$$

由此类推，$\Gamma(-1),\Gamma(-2),\cdots$全都是$\infty$.总之，凡$x$为0或负整数，$\Gamma(x)$就是$\infty$.

　　递推公式本来是在$x>0$的情况下推导出来的，通常又用它把Γ函数向$x<0$的区域以及整个复平面延拓.Γ函数的性质和公式有很多，并且在一些专业文献中都有详细分析，这里不再赘述.

1.2　几个算符公式

　　对于两个线性算符A和B，有以下算符恒等式成立：

$$e^{A}Be^{-A} = B + [A,B] + \frac{1}{2!}[A,[A,B]] + \frac{1}{3!}[A,[A,[A,B]]] + \cdots$$

$$= \sum_{n=0}^{\infty}\frac{1}{n!}[A^{(n)},B] \tag{1.2.1}$$

其中$[A^{(n)},B]$是多重对易子记号，其定义如下：

$$[A^{(0)},B] = B, \quad [A^{(1)},B] = [A,B], \quad [A^{(2)},B] = [A,[A,B]]$$
$$[A^{(n+1)},B] = [A,[A^{(n)},B]]$$
$$[A,B^{(0)}] = A, \quad [A,B^{(1)}] = [A,B], \quad [A,B^{(2)}] = [[A,B],B]$$
$$[A,B^{(n+1)}] = [[A,B^{(n)}],B]$$

　　证明　构造算符函数$f(x) = e^{xA}Be^{-xA}$，x是一参变量.显然有

$$f(0) = B$$
$$f'(x)\big|_{x=0} = e^{xA}[A,B]e^{-xA}\big|_{x=0} = [A,B]$$
$$f''(x)\big|_{x=0} = \cdots = [A,[A,B]]$$
$$\cdots$$
$$f^{(n)}(x)\big|_{x=0} = \cdots = [A^{(n)},B]$$
$$\cdots$$

于是得到$f(x) = e^{xA}Be^{-xA}$的泰勒（Taylor）展开式

$$e^{xA}Be^{-xA} = \sum_{n=0}^{\infty} \frac{f^{(n)}(x)\big|_{x=0}}{n!}x^n = \sum_{n=0}^{\infty} \frac{1}{n!}\left[A^{(n)},B\right]x^n$$

取 $x=1$ 便得到(1.2.1)式.

若线性算符 A 和 B 的对易式跟 A 和 B 都对易,即$[A,[A,B]]=[[A,B],B]=0$,则有

$$\left[A,f(B)\right] = c\frac{\partial f(B)}{\partial B}, \quad \left[f(A),B\right] = c\frac{\partial f(A)}{\partial A} \tag{1.2.2}$$

和

$$e^{A+B} = e^A e^B e^{-\frac{1}{2}c} = e^B e^A e^{\frac{1}{2}c} \tag{1.2.3}$$

其中 $c \equiv [A,B]$. (1.2.3)式常称作 Baker-Campbell-Hausdorff 公式,这是因为 Baker、Campbell 和 Hausdorff 等人较早研究过该公式.

证明 基于$[A,B]=AB-BA\equiv c$ 和$[A,[A,B]]=[[A,B],B]=0$,我们有

$$[A,B^2] = AB^2 - B^2 A = (BA+c)B - B^2 A = B(BA+c) + cB - B^2 A = 2cB$$

$$[A,B^3] = AB^3 - B^3 A = (B^2 A + 2cB)B - B^3 A$$
$$= B^2(BA+c) + 2cB^2 - B^3 A = 3cB^2$$

由此可推断出$[A,B^n] = AB^n - B^n A = ncB^{n-1} = c\dfrac{\partial B^n}{\partial B}$. 这一结果的正确性可用归纳法予以证明. 于是,对任何一个可以展开为 B 的幂级数的算符函数 $f(B) = \sum\limits_{n=0}^{\infty} f_n B^n$,有

$$\left[A,f(B)\right] = \sum_{n=0}^{\infty} f_n [A,B^n] = c\sum_{n=0}^{\infty} f_n n B^{n-1} = c\frac{\partial}{\partial B}\sum_{n=0}^{\infty} f_n B^n = c\frac{\partial f(B)}{\partial B}$$

同理可得$[f(A),B] = c\dfrac{\partial f(A)}{\partial A}$,这样就证明了(1.2.2)式.

事实上,算符不是变量,严格地讲在数学上不能直接定义对算符的微商.为了需要,这里对算符的微商其实是通过对参数的微商来定义的,即

$$\frac{\partial f(A_1,A_2,\cdots,A_n,\cdots)}{\partial A_n}$$

$$= \frac{\partial f(A_1,A_2,\cdots,A_n+t,\cdots)}{\partial t}\bigg|_{t=0}$$

$$= \lim_{\Delta t \to 0} \frac{f(A_1,A_2,\cdots,A_n+t+\Delta t,\cdots) - f(A_1,A_2,\cdots,A_n+t,\cdots)}{\Delta t}\bigg|_{t=0}$$

式中 $A_1,A_2,\cdots,A_n,\cdots$ 是线性算符,t 是一个普通参数.可见,$\dfrac{\partial}{\partial A_n}$ 不是量子力学算符,

仅是数学上的微商运算,也就是说是一个微分算子.

为了证明(1.2.3)式,令

$$e^{x(A+B)} = e^{xA}e^{xB}F(x) \tag{1.2.4}$$

于是得到 $F(x) = e^{-xB}e^{-xA}e^{x(A+B)}$,显然有 $F(0)=1$,$F(1)=e^{-B}e^{-A}e^{A+B}$.将 $F(x)$ 对参变量 x 求导数,可得

$$\frac{\mathrm{d}F}{\mathrm{d}x} = -BF - e^{-xB}e^{-xA}Ae^{x(A+B)} + e^{-xB}e^{-xA}(A+B)e^{x(A+B)}$$

$$= -BF + e^{-xB}e^{-xA}Be^{x(A+B)}$$

$$= -BF + e^{-xB}(B-cx)e^{-xA}e^{x(A+B)} = -cxF \tag{1.2.5a}$$

在上面的推导中利用了(1.2.2)式.因为 c 跟 A 和 B 都对易,所以(1.2.5a)式也可以写成

$$\frac{\mathrm{d}F}{\mathrm{d}x} = -Fcx \tag{1.2.5b}$$

用 F 的逆 $F^{-1} \equiv \dfrac{1}{F}$ 从右侧作用于(1.2.5a)式,得

$$\frac{\mathrm{d}F}{\mathrm{d}x}\frac{1}{F} = -cx \tag{1.2.6a}$$

用 F 的逆 $F^{-1} = \dfrac{1}{F}$ 从左侧作用于(1.2.5b)式,得

$$\frac{1}{F}\frac{\mathrm{d}F}{\mathrm{d}x} = -cx \tag{1.2.6b}$$

(1.2.6a)式和(1.2.6b)式意味着

$$\frac{\mathrm{d}F}{F} = -cx\,\mathrm{d}x \tag{1.2.7}$$

积分得 $\ln F(x) = -c\displaystyle\int_0^x x\,\mathrm{d}x = -\frac{1}{2}cx^2$,于是得到 $F(x) = e^{-\frac{1}{2}cx^2}$.代入(1.2.4)式,并令 $x=1$ 得 $e^{A+B} = e^A e^B e^{-\frac{1}{2}c}$.同理可证 $e^{A+B} = e^B e^A e^{\frac{1}{2}c}$.并由此还可得到 $e^A e^B = e^B e^A e^c$.

这里需要强调的是,在一些文献中,单方面从(1.2.6a)式或(1.2.6b)式就直接得到(1.2.7)式,这是不严谨的.如果放宽了 A 和 B 的对易式跟 A 和 B 都对易的条件,那么极有可能得到错误的结果[5].至于在放宽了 A 和 B 的对易式跟 A 和 B 都对易的条件下,如何证明此类算符公式,参见第 8 章.

1.3 狄拉克符号法与相干态

1. 狄拉克符号法回顾

量子力学中描写态和力学量时,撇开具体表象的抽象描写方式是狄拉克最先引用的.**这样的一套符号及其运算法则称为狄拉克符号法.**

(1) 右矢和左矢

撇开具体表象,态矢量也就没有了具体形式,只能表示为抽象的态矢量.用符号$|\ \rangle$表示态矢量,称作**右矢**或 ket.右矢相当于一个**列矩阵**,但其元素未定,因为没有具体表象.若要表示某一确定的态,可以在符号$|\ \rangle$内插入一个表示该确定态的记号,如动量算符 P_x 的本征态用$|p_x\rangle$表示,又如一维谐振子的能量本征态用$|E_n\rangle$或$|n\rangle$表示等.

对于每一个右矢,我们引入一个相对应的**左矢**或 bra,用符号$\langle\ |$表示之.左矢相当于一个**行矩阵**,其元素依次是**相应右矢元素的复共轭**.根据右矢和左矢的定义,显然有

$$|\ \rangle^{\dagger} = \langle\ |, \quad \langle\ |^{\dagger} = |\ \rangle \tag{1.3.1}$$

在量子力学中,微观体系的所有态右矢或者以某一力学量算符的所有本征右矢作为基右矢均构成一个**右矢空间**;微观体系的所有态左矢或者以某一力学量算符的所有本征左矢作为基左矢均构成一个**左矢空间**.右矢空间和左矢空间是两个互为对偶的空间,是同一内容改变了一个表现方式.现在我们有了两套数学工具可供量子力学选用,且它们是互相等价的.由于这两种数学表现形式之间的转换是明显而自然的,人们很容易从一种空间的表现形式得到另一种空间的表现形式.

(2) 内积

内积用$\langle\ |\ \rangle \equiv \langle\ |\cdot|\ \rangle$表示,也可称为标积、bra-ket,由**左矢在左、右矢在右**"相拥"而成,**相当于一个行矩阵乘以一个列矩阵**,结果是一个**普通的数**(c 数).注意,左矢与右矢可以是不对应的,如$\langle A|B\rangle$.显然有$\langle A|B\rangle^{\dagger} = \langle B|A\rangle = \langle A|B\rangle^{*}$.

(3) 外积

外积用$|\ \rangle\langle\ |$表示,也可称为 ket-bra,由**右矢在左、左矢在右**"相揖"而成,**相当于一个列矩阵乘以一个行矩阵**,结果是一个**矩阵,也就是算符**.注意,左矢与右矢可以是不对应的,如$|A\rangle\langle B|$、$|p\rangle\langle p'|$、$|p\rangle\langle p|$、$|p\rangle\langle x|$等.根据外积的定义,显然有

$$(\,|\,A\,\rangle\langle\,B\,|\,)^{\dagger} = |\,B\,\rangle\langle\,A\,| \tag{1.3.2}$$

狄拉克符号法把波函数解释为表象基左矢与态右矢的内积. 如我们熟知的坐标表象中的波函数 $\psi(x, t)$, 它的狄拉克符号表示为

$$\psi(x, t) = \langle x\,|\,\psi(t)\rangle \tag{1.3.3}$$

再如, 坐标表象中的动量本征函数为

$$\psi_{p_x}(x) = \langle x\,|\,p_x\rangle = \frac{1}{\sqrt{2\pi\hbar}} e^{\frac{i}{\hbar}xp_x} \tag{1.3.4}$$

撇开具体表象, 算符也没有了具体形式, 是抽象的, 只能用相应的字母表示量子力学算符. **规定**: 量子力学算符只能从右矢或左矢的"直边"一侧作用之, 如 $X|\psi\rangle$、$\langle x|P_x$. 这是因为量子力学算符是一个抽象的方矩阵, 右矢是一个抽象的列, 而左矢是一个抽象的行.

使用狄拉克符号, 一维谐振子能量本征态、坐标表象、动量表象的正交归一完备性分别表示为

$$\langle n\,|\,n'\rangle = \delta_{n,n'}, \quad \sum_{n=0}^{\infty} |\,n\,\rangle\langle\,n\,| = 1 \tag{1.3.5}$$

$$\langle x\,|\,x'\rangle = \delta(x - x'), \quad \int_{-\infty}^{\infty} \mathrm{d}x\,|\,x\rangle\langle\,x\,| = 1 \tag{1.3.6}$$

$$\langle p_x\,|\,p'_x\rangle = \delta(p_x - p'_x), \quad \int_{-\infty}^{\infty} \mathrm{d}p_x\,|\,p_x\rangle\langle\,p_x\,| = 1 \tag{1.3.7}$$

设坐标算符 X 的属于本征值 x 的本征右矢为 $|x\rangle$, 则坐标算符 X 的本征方程用狄拉克符号表示为

$$X|\,x\rangle = x\,|\,x\rangle \tag{1.3.8}$$

其厄米共轭式为

$$\langle x\,|\,X = x\langle\,x\,| \tag{1.3.9}$$

同样地, 动量标算符 P_x 的本征方程用狄拉克符号表示为

$$P_x\,|\,p_x\rangle = p_x\,|\,p_x\rangle \tag{1.3.10}$$

其厄米共轭式为

$$\langle p_x\,|\,P_x = p_x\langle\,p_x\,| \tag{1.3.11}$$

用动量标算符的本征左矢 $\langle p_x |$ 左乘(1.3.8)式,可得

$$\langle p_x | X | x \rangle = x \langle p_x | x \rangle = x \psi_{p_x}^*(x) = x \frac{1}{\sqrt{2\pi\hbar}} e^{-\frac{i}{\hbar}x p_x}$$

$$= i\hbar \frac{\partial}{\partial p_x} \frac{1}{\sqrt{2\pi\hbar}} e^{-\frac{i}{\hbar}x p_x} = i\hbar \frac{\partial}{\partial p_x} \psi_{p_x}^*(x)$$

亦即有

$$\langle p_x | X | x \rangle = i\hbar \frac{\partial}{\partial p_x} \langle p_x | x \rangle$$

注意到坐标表象的完备性关系 $\int_{-\infty}^{\infty} dx |x\rangle\langle x| = 1$,用坐标本征左矢 $\langle x|$ 右乘上式并对 dx 积分,便得到

$$\langle p_x | X = i\hbar \frac{\partial}{\partial p_x} \langle p_x | \tag{1.3.12}$$

这就是坐标算符 X 在动量左矢空间的规范表示,这意味着坐标算符 X 对动量本征左矢 $\langle p_x |$ 的作用,其结果等价于一种微商运算.对(1.3.12)式取厄米共轭得到坐标算符 X 在动量右矢空间的规范表达为

$$X | p_x \rangle = -i\hbar \frac{\partial}{\partial p_x} | p_x \rangle \tag{1.3.13}$$

同样地,利用(1.3.10)式可得到动量算符 P_x 在坐标表象的规范表示如下:

$$P_x | x \rangle = i\hbar \frac{\partial}{\partial x} | x \rangle, \quad \langle x | P_x = -i\hbar \frac{\partial}{\partial x} \langle x | \tag{1.3.14}$$

(4) 福克空间

将组成正交归一完备系的一维谐振子(经典势能函数为 $U = \frac{1}{2} m\omega^2 x^2$)的能量本征矢作为基矢张开的希尔伯特(Hilbert)空间称为福克空间(Fock space),也叫福克表象(Fock representation).定义两个无量纲的非厄米算符:

$$a = \frac{\alpha X + i\beta P_x}{\sqrt{2}}, \quad a^\dagger = \frac{\alpha X - i\beta P_x}{\sqrt{2}} \tag{1.3.15}$$

其逆关系为

$$X = \frac{a + a^\dagger}{\alpha\sqrt{2}}, \quad P_x = \frac{a - a^\dagger}{i\beta\sqrt{2}} \tag{1.3.16}$$

其中 $\alpha = \sqrt{m\omega/\hbar}, \beta = 1/\sqrt{\hbar m\omega}, \alpha\beta = \hbar^{-1}$. 易得 $a|0\rangle = 0$ 以及

$$a|n\rangle = \sqrt{n}|n-1\rangle, \quad a^\dagger|n\rangle = \sqrt{n+1}|n+1\rangle \tag{1.3.17}$$

因此，a 和 $a^\dagger$ 分别称为湮灭算符和产生算符. 利用(1.3.17)式可以得到

$$|n\rangle = \frac{a^{\dagger n}}{\sqrt{n!}}|0\rangle \tag{1.3.18}$$

下面导出坐标本征矢在福克空间的展开式. 利用福克表象的完备性，我们有

$$
\begin{aligned}
|x\rangle &= \sum_{n=0}^{\infty} |n\rangle\langle n|x\rangle = \sum_{n=0}^{\infty} N_n \mathrm{e}^{-\frac{1}{2}\alpha^2 x^2} \mathrm{H}_n(\alpha x) \frac{a^{\dagger n}}{\sqrt{n!}}|0\rangle \\
&= \sqrt{\frac{\alpha}{\sqrt{\pi}}} \mathrm{e}^{-\frac{1}{2}\alpha^2 x^2} \sum_{n=0}^{\infty} \mathrm{e}^{-\frac{1}{4\alpha^2}\frac{\partial^2}{\partial x^2}} (2\alpha x)^n \frac{1}{n!} \left[\frac{a^\dagger}{\sqrt{2}}\right]^n |0\rangle \\
&= \sqrt{\frac{\alpha}{\sqrt{\pi}}} \mathrm{e}^{-\frac{1}{2}\alpha^2 x^2} \mathrm{e}^{-\frac{1}{4\alpha^2}\frac{\partial^2}{\partial x^2}} \mathrm{e}^{\sqrt{2}\alpha a^\dagger}|0\rangle \\
&= \sqrt{\frac{\alpha}{\sqrt{\pi}}} \exp\left(-\frac{1}{2}\alpha^2 x^2 + \sqrt{2}\alpha x a^\dagger - \frac{1}{2}a^{\dagger 2}\right)|0\rangle
\end{aligned} \tag{1.3.19}
$$

在上面的计算过程中我们使用了厄米多项式的第三种微分形式(1.1.6)式.

进一步利用坐标表象的完备性关系式，还可以得到动量本征矢在福克空间的展开式，即

$$
\begin{aligned}
|p_x\rangle &= \int_{-\infty}^{\infty} \mathrm{d}x |x\rangle\langle x|p_x\rangle = \frac{1}{\sqrt{2\pi\hbar}}\sqrt{\frac{\alpha}{\sqrt{\pi}}} \int_{-\infty}^{\infty} \mathrm{d}x \mathrm{e}^{-\frac{1}{2}\alpha^2 x^2 + \frac{\mathrm{i}}{\hbar}x p_x + \sqrt{2}\alpha x a^\dagger - \frac{1}{2}a^{\dagger 2}}|0\rangle \\
&= \sqrt{\frac{\beta}{\sqrt{\pi}}} \exp\left(-\frac{1}{2}\beta^2 p_x^2 + \mathrm{i}\sqrt{2}\beta p_x a^\dagger + \frac{1}{2}a^{\dagger 2}\right)|0\rangle
\end{aligned} \tag{1.3.20}
$$

在上面的计算中使用了定积分公式

$$\int_{-\infty}^{\infty} \exp(-\sigma x^2 + \tau x)\mathrm{d}x = \sqrt{\frac{\pi}{\sigma}}\exp\left(\frac{\tau^2}{4\sigma}\right)$$

其收敛条件为 $\mathrm{Re}(\sigma) > 0$.

由(1.3.20)式可以给出

$$\int_{-\infty}^{\infty} \frac{\mathrm{d}p_x}{\sqrt{2\pi\hbar}}|p_x\rangle = |x = 0\rangle \tag{1.3.21}$$

这意味着所有动量本征态的线性叠加(以相同的概率参与,意味着动量值最不确定)的效果等同于坐标值为零(确定的坐标值)的坐标本征态.类似地,有

$$\int_{-\infty}^{\infty} \frac{\mathrm{d}x}{\sqrt{2\pi\hbar}} |x\rangle = |p_x = 0\rangle \tag{1.3.22}$$

这意味着所有坐标本征态的线性叠加(以相同的概率参与,意味着坐标值最不确定)的效果等同于动量值为零(确定的动量值)的动量本征态.这是符合不确定性原理的.

现在,我们引入无量纲的坐标算符和动量算符,即

$$Q = \alpha X = \frac{a + a^{\dagger}}{\sqrt{2}}, \quad P = \beta P_x = \frac{a - a^{\dagger}}{\mathrm{i}\sqrt{2}} \tag{1.3.23}$$

同时引入无量纲的坐标和动量,即

$$q = \alpha x = \frac{z + z^*}{\sqrt{2}}, \quad p = \beta p_x = \frac{z - z^{\dagger}}{\mathrm{i}\sqrt{2}} \tag{1.3.24}$$

那么,Q 和 P 的本征矢分别表达为

$$|q\rangle = \pi^{-1/4} \exp\left(-\frac{1}{2}q^2 + \sqrt{2}qa^{\dagger} - \frac{1}{2}a^{\dagger 2}\right)|0\rangle \tag{1.3.25}$$

和

$$|p\rangle = \pi^{-1/4} \exp\left(-\frac{1}{2}p^2 + \mathrm{i}\sqrt{2}pa^{\dagger} + \frac{1}{2}a^{\dagger 2}\right)|0\rangle \tag{1.3.26}$$

亦即有

$$Q|q\rangle = q|q\rangle, \quad P|p\rangle = p|p\rangle$$

以及

$$P|q\rangle = \mathrm{i}\frac{\partial}{\partial q}|q\rangle, \quad Q|p\rangle = -\mathrm{i}\frac{\partial}{\partial p}|p\rangle, \quad \langle q|p\rangle = \frac{1}{2\pi}\mathrm{e}^{\mathrm{i}qp}$$

容易验证 $|q\rangle$ 和 $|p\rangle$ 都满足正交完备性关系,即

$$\langle q|q'\rangle = \delta(q - q'), \quad \int_{-\infty}^{\infty} \mathrm{d}q |q\rangle\langle q| = 1$$
$$\langle p|p'\rangle = \delta(p - p'), \quad \int_{-\infty}^{\infty} \mathrm{d}p |p\rangle\langle p| = 1 \tag{1.3.27}$$

为了计算方便,许多文献都采用了这种无量纲的表达形式,需要时再恢复量纲.譬如,维格纳算符[6]和外尔对应规则[7]可分别表示成

$$\Delta(x, p_x) \rightarrow \Delta(q, p) = \frac{1}{4\pi^2\hbar} \iint_{-\infty}^{\infty} \exp[i\eta(Q - q) + i\xi(P - p)] d\eta d\xi$$

和

$$H(X, P_x) \rightarrow H(Q, P) = \hbar \iint_{-\infty}^{\infty} h(q, p)\Delta(q, p) dq dp$$

其中 $\eta = \dfrac{u}{\alpha}$，$\xi = \dfrac{v}{\beta}$，$d\eta d\xi = \hbar du dv$，$q = \alpha x$，$p = \beta p_x$，$dq dp = \dfrac{1}{\hbar} dx dp_x$.

为了简化表示，还可令

$$\Delta(q, p) = \frac{1}{4\pi^2} \iint_{-\infty}^{\infty} \exp[i\eta(Q - q) + i\xi(P - p)] d\eta d\xi \tag{1.3.28}$$

从而有

$$H(Q, P) = \iint_{-\infty}^{\infty} h(q, p)\Delta(q, p) dq dp \tag{1.3.29}$$

2. 相干态

受不确定性原理的制约，坐标本征态 $|x\rangle$ 和动量本征态 $|p_x\rangle$ 都只是理想的量子态，它们都归一化为 δ 函数，因此其物理应用也有限. 而相干态在近代物理中的应用要广泛得多，它不但是一个重要的物理概念，而且是理论物理中的一种有效方法[8]. 例如，它可以非常自然地解释一个微观量子系统怎样才能够表现出宏观的集体模式，从而给出量子力学的经典对应. 在量子光学中，相干态是激光理论的重要支柱[9]. 相干态可以用来发展群表示论. 目前，在物理的很多领域都广泛地应用相干态.

相干态这一物理概念，最初是由薛定谔（Schrödinger）提出的. 他指出，要在一个给定位势下找某个量子力学态，这个态遵从与经典粒子类似的规律. 对于谐振子位势，他找到了这样的状态. 但直到 20 世纪 60 年代初，Glauber 和 Klauder 等才系统地建立谐振子相干态（或称为正则相干态），证明了它是谐振子湮灭算符的本征态，而且是使坐标-动量不确定关系取极小值的态. 相干态有着它的固有特点，例如，它是一个非正交的态；再如，它是一个量子力学态，又最接近于经典情况. 因此，人们对相干态的研究与应用的兴趣与日俱增，详见文献[8-10].

下面我们就来导出这个相干态. 设一维谐振子湮灭算符 a 属于本征值 z（复数）的本征态为 $|z\rangle$，即

$$a|z\rangle = z|z\rangle \tag{1.3.30}$$

将 $|z\rangle$ 在福克空间展开

$$|z\rangle = \sum_{n=0}^{\infty} c_n |n\rangle \qquad (1.3.31)$$

为了求出展开系数,将上式代入(1.3.30)式左端,得到

$$a|z\rangle = \sum_{n=0}^{\infty} c_n a|n\rangle = \sum_{n=1}^{\infty} c_n \sqrt{n}|n-1\rangle = \sum_{n=0}^{\infty} c_{n+1}\sqrt{n+1}|n\rangle \qquad (1.3.32)$$

将其代入(1.3.30)式,得到

$$\sum_{n=0}^{\infty} c_{n+1}\sqrt{n+1}|n\rangle = z\sum_{n=0}^{\infty} c_n|n\rangle \qquad (1.3.33)$$

由 $|n\rangle$ 的正交归一性得到展开系数的递推关系式

$$c_{n+1} = \frac{z}{\sqrt{n+1}} c_n \qquad (1.3.34)$$

将这一递推关系式逐一写出,就是

$$c_1 = zc_0, \quad c_2 = \frac{z}{\sqrt{2}}c_1 = \frac{z^2}{\sqrt{2}}c_0, \quad c_3 = \frac{z}{\sqrt{3}}c_2 = \frac{z^3}{\sqrt{3!}}c_0, \quad \cdots$$

$$c_n = \frac{z}{\sqrt{n}}c_{n-1} = \frac{z^n}{\sqrt{n!}}c_0, \quad \cdots$$

将这些系数代入(1.3.31)式,有

$$|z\rangle = c_0\sum_{n=0}^{\infty} \frac{z^n}{\sqrt{n!}}|n\rangle = c_0\sum_{n=0}^{\infty} \frac{(za^{\dagger})^n}{n!}|0\rangle = c_0 e^{za^{\dagger}}|0\rangle \qquad (1.3.35)$$

将(1.3.35)式归一化,即

$$\langle z|z\rangle = |c_0|^2\langle 0|e^{z^* a}e^{za^{\dagger}}|0\rangle = |c_0|^2 e^{zz^*}\langle 0|e^{za^{\dagger}}e^{z^* a}|0\rangle = |c_0|^2 e^{zz^*} = 1$$

取 $c_0 = \exp\left(-\dfrac{1}{2}zz^*\right)$,最后得到湮灭算符归一化的本征态

$$|z\rangle = \exp\left(-\frac{1}{2}zz^* + za^{\dagger}\right)|0\rangle \qquad (1.3.36)$$

将线性谐振子产生算符作用在相干态上,其结果为

$$a^{\dagger}|z\rangle = \left(\frac{\partial}{\partial z} + \frac{1}{2}z^*\right)|z\rangle \qquad (1.3.37a)$$

这就是产生算符在相干态右矢空间的函数形式,其厄米共轭式是

$$\langle z|\dot a = \left(\frac{\partial}{\partial z^*} + \frac{1}{2}z\right)\langle z| \tag{1.3.37b}$$

现在我们来计算两个相干态的内积,即

$$\begin{aligned}
\langle z|z'\rangle &= \mathrm{e}^{-\frac{1}{2}zz^* - \frac{1}{2}z'z'^*}\langle 0|\mathrm{e}^{z^*a}\mathrm{e}^{z'a^\dagger}|0\rangle \\
&= \mathrm{e}^{-\frac{1}{2}zz^* - \frac{1}{2}z'z'^* + z^*z'}\langle 0|\mathrm{e}^{z'a^\dagger}\mathrm{e}^{z^*a}|0\rangle \\
&= \mathrm{e}^{-\frac{1}{2}zz^* - \frac{1}{2}z'z'^* + z^*z'}
\end{aligned} \tag{1.3.38}$$

在上面的计算中使用了 Baker-Campbell-Hausdorff 公式. 显然,在任何情况下上式都不会等于零,也就是说,相干态不满足正交性关系.

再来考察相干态是否满足完备性关系,也就是计算

$$\begin{aligned}
\int \frac{\mathrm{d}^2 z}{\pi}|z\rangle\langle z| &= \int \frac{\mathrm{d}^2 z}{\pi}\mathrm{e}^{-zz^*}\mathrm{e}^{za^\dagger}|0\rangle\langle 0|\mathrm{e}^{z^*a} \\
&= \int \frac{\mathrm{d}^2 z}{\pi}\mathrm{e}^{-zz^*}\sum_{n=0}^{\infty}\frac{z^n}{n!}(a^\dagger)^n|0\rangle\sum_{m=0}^{\infty}\langle 0|a^m\frac{z^{*m}}{m!} \\
&= \int \frac{\mathrm{d}^2 z}{\pi}\mathrm{e}^{-zz^*}\sum_{n=0}^{\infty}\frac{z^n}{\sqrt{n!}}|n\rangle\sum_{m=0}^{\infty}\langle m|\frac{z^{*m}}{\sqrt{m!}} \\
&= \int \frac{\mathrm{d}^2 z}{\pi}\mathrm{e}^{-zz^*}\sum_{m,n=0}^{\infty}\frac{z^n z^{*m}}{\sqrt{n!m!}}|n\rangle\langle m| \\
&= \sum_{m,n=0}^{\infty}\frac{1}{\sqrt{n!m!}}\int \frac{\mathrm{d}^2 z}{\pi}z^n z^{*m}\mathrm{e}^{-zz^*}|n\rangle\langle m| \\
&= \sum_{m,n=0}^{\infty}\frac{1}{\sqrt{n!m!}}\frac{\partial^n}{\partial t^n}\frac{\partial^m}{\partial \tau^m}\int \frac{\mathrm{d}^2 z}{\pi}\mathrm{e}^{-zz^* + tz + \tau z^*}|n\rangle\langle m|\Big|_{t=\tau=0} \\
&= \sum_{m,n=0}^{\infty}\frac{1}{\sqrt{n!m!}}\frac{\partial^n}{\partial t^n}\frac{\partial^m}{\partial \tau^m}\mathrm{e}^{t\tau}|n\rangle\langle m|\Big|_{t=\tau=0} = \sum_{m,n=0}^{\infty}\delta_{mn}|n\rangle\langle m| \\
&= \sum_{n=0}^{\infty}|n\rangle\langle n| = 1
\end{aligned} \tag{1.3.39}$$

在上面的计算中我们利用了如下两个公式:

$$\int \frac{\mathrm{d}^2 z}{\pi}\mathrm{e}^{-\zeta zz^* + \eta z + \xi z^*} = \frac{1}{\zeta}\mathrm{e}^{\eta\xi/\zeta}, \quad \mathrm{Re}(\zeta) > 0$$

$$\frac{1}{\sqrt{n!m!}}\frac{\partial^n}{\partial t^n}\frac{\partial^m}{\partial \tau^m}\mathrm{e}^{t\tau}\Big|_{t=\tau=0} = \frac{1}{\sqrt{n!m!}}\frac{\partial^n}{\partial t^n}t^m\Big|_{t=0} = \delta_{mn} \tag{1.3.40}$$

(1.3.39)式表明,该相干态满足完备性关系.通常把这种相互不正交,但却是完备的矢量集合称为超完备的.这里需要说明的是,在下一章中使用 IWOP 技术将使此证明过程大大简化.

基于 $a|0\rangle = 0$,我们有

$$|z\rangle = \exp\left(-\frac{1}{2}zz^* + za^\dagger\right)|0\rangle = \exp\left(-\frac{1}{2}zz^* + za^\dagger\right)e^{-z^*a}|0\rangle$$
$$= \exp(za^\dagger - z^*a)|0\rangle = D(z,z^*)|0\rangle \tag{1.3.41}$$

其中

$$D(z,z^*) = \exp(za^\dagger - z^*a) \tag{1.3.42}$$

是一个幺正算符.利用算符恒等公式(1.2.1)可得

$$D(z,z^*)aD^{-1}(z,z^*) = a - z$$
$$D(z,z^*)a^\dagger D^{-1}(z,z^*) = a^\dagger - z^* \tag{1.3.43}$$

故称 $D(z,z^*)$ 为位移算符.(1.3.41)式意味着任意一个相干态都可以利用位移算符对基态作用而得到.进一步利用

$$a = \frac{\alpha X + \mathrm{i}\beta P_x}{\sqrt{2}} = \frac{Q + \mathrm{i}P}{\sqrt{2}} \quad \text{和} \quad z = \frac{\alpha x + \mathrm{i}\beta p_x}{\sqrt{2}} = \frac{q + \mathrm{i}p}{\sqrt{2}}$$

还可以将位移 $D(z,z^*)$ 表示为

$$D = \exp\left[\frac{\mathrm{i}}{\hbar}(p_x X - xP_x)\right] = \exp[\mathrm{i}(pQ - qP)] \tag{1.3.44}$$

另外,利用变换关系

$$x = \frac{z + z^*}{\alpha\sqrt{2}}, \quad p_x = \frac{z - z^*}{\mathrm{i}\beta\sqrt{2}} \tag{1.3.45}$$

还可以将外尔对应规则和维格纳算符表示成

$$H(a,a^\dagger) = 2\hbar\int d^2z\, h(z,z^*)\Delta(z,z^*) \tag{1.3.46}$$

和

$$\Delta(z,z^*) = \frac{1}{2\pi\hbar}\int\frac{d^2\zeta}{\pi}\exp[\mathrm{i}\zeta(a^\dagger - z^*) + \mathrm{i}\zeta^*(a - z)] \tag{1.3.47}$$

式中 $\zeta \equiv \dfrac{u}{\alpha\sqrt{2}} + \mathrm{i}\,\dfrac{v}{\beta\sqrt{2}}$，$\mathrm{d}^2\zeta \equiv \mathrm{d}\left(\dfrac{u}{\alpha\sqrt{2}}\right)\mathrm{d}\left(\dfrac{v}{\beta\sqrt{2}}\right) = \dfrac{\hbar}{2}\,\mathrm{d}u\,\mathrm{d}v.$

若省略掉归一化因子，那么未归一化的相干态可表示成

$$\| z \rangle = \mathrm{e}^{za^\dagger}\,|\,0\rangle$$

于是(1.3.30)式和(1.3.37a)式分别约化为

$$a\| z \rangle = z\| z \rangle, \qquad a^\dagger \| z \rangle = \frac{\partial}{\partial z}\| z \rangle$$

它们的共轭式分别为

$$\langle z \| a^\dagger = z^*\langle z \|, \qquad \langle z \| a = \frac{\partial}{\partial z^*}\langle z \|$$

内积(1.3.38)式也简化成

$$\langle z \| z' \rangle = \mathrm{e}^{z^* z'}, \qquad \langle z \| z \rangle = \mathrm{e}^{zz^*}$$

完备性关系式(1.3.39)式用未归一化的相干态表示，就是

$$\int \frac{\mathrm{d}^2 z}{\pi}\,\mathrm{e}^{-zz^*}\,\| z \rangle\langle z \| = 1$$

1.4 傅里叶变换

数学物理方法这门学科起源于傅里叶变换. 若函数 $f(x)$ 连续且在 $(-\infty, \infty)$ 上有界，当 $|x| \to \infty$ 时 $f(x) \to 0$，且积分 $\int_{-\infty}^{\infty} f(x)\mathrm{d}x$ 收敛，则可引入如下积分：

$$g(u) = \frac{1}{\sqrt{2\pi}}\int_{-\infty}^{\infty} f(x)\mathrm{e}^{\mathrm{i}ux}\mathrm{d}x \tag{1.4.1}$$

其中 $g(u)$ 是 $f(x)$ 的傅里叶变换. 用 $(\mathrm{e}^{\mathrm{i}ux'}/\sqrt{2\pi})^* = \mathrm{e}^{-\mathrm{i}ux'}/\sqrt{2\pi}$ 乘以上式并对变量 u 积分，便得到

$$\frac{1}{\sqrt{2\pi}}\int_{-\infty}^{\infty} g(u)\mathrm{e}^{-\mathrm{i}ux'}\mathrm{d}u = \frac{1}{2\pi}\iint_{-\infty}^{\infty} f(x)\mathrm{e}^{\mathrm{i}u(x-x')}\mathrm{d}u\,\mathrm{d}x = \int_{-\infty}^{\infty} f(x)\delta(x-x')\mathrm{d}x = f(x')$$

亦即

$$f(x) = \frac{1}{\sqrt{2\pi}}\int_{-\infty}^{\infty} g(u)\mathrm{e}^{-\mathrm{i}ux}\mathrm{d}u \tag{1.4.2}$$

这是(1.4.1)式的逆变换,也就是函数 $g(u)$ 的傅里叶变换. 当 $f(x) = f^*(x)$ 时,有

$$f(x) = \frac{1}{2\pi}\int_{-\infty}^{\infty}\mathrm{d}u\int_{-\infty}^{\infty}\mathrm{d}x'f(x')\mathrm{e}^{\mathrm{i}u(x'-x)}$$

$$= \frac{1}{\pi}\int_{0}^{\infty}\mathrm{d}u\int_{-\infty}^{\infty}\mathrm{d}x'f(x')\cos[u(x'-x)]$$

进一步,当 $f(x)$ 为偶函数时,$f(-x) = f(x)$,鉴于

$$\cos[u(x'\pm x)] = \cos(ux')\cos(ux)\mp\sin(ux')\sin(ux)$$

便得到

$$f(x) = \frac{2}{\pi}\int_{0}^{\infty}\mathrm{d}u\cos(ux)\int_{0}^{\infty}\mathrm{d}x'f(x')\cos(ux') \tag{1.4.3}$$

当 $f(x)$ 为奇函数时,$f(-x) = -f(x)$,有

$$f(x) = \frac{2}{\pi}\int_{0}^{\infty}\mathrm{d}u\sin(ux)\int_{0}^{\infty}\mathrm{d}x'f(x')\sin(ux') \tag{1.4.4}$$

对于研究量子力学的人来说,熟悉以下黎曼-勒贝格引理是有帮助的:

若 $f(x)$ 在 $(-\infty,\infty)$ 上绝对可积分,即 $\int_{-\infty}^{\infty}\mathrm{d}x|f(x)| < \infty$,则有

$$\lim_{u\to\infty}\int_{-\infty}^{\infty}\mathrm{d}xf(x)\mathrm{e}^{\mathrm{i}ux} = 0 \tag{1.4.5}$$

此式意味着高速振荡下 $f(x)$ 的平均值为零.

最基本的是"1"的傅里叶变换,即狄拉克的 δ 函数. 下面我们就从量子力学的观点来重新审视 δ 函数的傅里叶变换.

一般认为牛顿力学与量子力学的区别是后者所描述的原子辐射的能量是不连续的,粒子的坐标和动量不能同时精确测定,是概率性的. 范洪义先生认为牛顿力学与量子力学的另一个区别是前者不能描写自然界个体的产生和湮灭现象,至于统计力学,尽管可以用来讨论这类现象,也只是涉及大量产生和湮灭事件的概率. 普朗克的贡献——发现能量子 h,才是描写个体产生和湮灭机制的"绝唱". 一般叙述量子力学都是从坐标-动量的基本对易关系 $[X,P_x] = \mathrm{i}\hbar$ 出发,范洪义先生认为量子力学的出发点也可以是产生算符和湮灭算符的对易关系 $[a,a^\dagger] = aa^\dagger - a^\dagger a = 1$. 下面对 $a^\dagger a$ 和 $aa^\dagger$ 的功能进行举例分析.

湮灭算符 a 操作表示从口袋里掏出 1 元钱. 之后, 看了一眼又放回去, 这对于口袋意味着产生算符 $a^\dagger$ 操作. 那么, 口袋里仍然是 1 元钱. 所以 $a^\dagger a$ 就表示"数"钱的操作(算符). 再分析 $aa^\dagger$, $a^\dagger$ 表示口袋里生出 1 元钱, 从口袋里取出它(以 a 表示), 则手里有了 1 元钱, 所以 $aa^\dagger - a^\dagger a = [a, a^\dagger] = 1$. 俗语"不生不灭"也许可以验证 $[a, a^\dagger] = 1$, 生和灭是有顺序的.

注意, $a^\dagger + a$ 表示产生与湮灭共存, 在实数轴上有"逗留"于某处的意思, 故称

$$X = \frac{1}{\alpha\sqrt{2}}(a^\dagger + a)$$

为坐标算符. 而 $a^\dagger - a$ 在虚数轴上有"脱离"某处的意思, 故引入

$$P_x = \frac{\mathrm{i}}{\beta\sqrt{2}}(a^\dagger - a)$$

为动量算符, 正如天上的云有聚有散. 由 $[a, a^\dagger] = 1$ 得坐标-动量的基本对易关系 $[X, P_x] = \mathrm{i}\hbar$. 可见, 介绍量子力学的基本知识可从俗语"不生不灭"开始, 这样读者易于接受.

历史上, 继 1900 年普朗克发现能量子之后, 出现了爱因斯坦的光量子说、玻尔-索末菲的原子定态轨道理论(圆满解释了氢光谱线, 但此理论与加速电子的辐射理论相抵触)、泡利的不相容原理(每个量子态不可能存在多于一个的费米子)、德布罗意的波粒二象性理论. 直到 1926 年海森伯放弃研究电子轨道理论而从实验所能观察到的光谱线的频率和强度为研究起点, 才与玻恩等"触摸"到了量子力学的本质, 揭示了坐标-动量的基本对易关系 $[X, P_x] = \mathrm{i}\hbar$. 该对易关系不但是量子力学的基础, 而且是不确定关系的理论源头. 坐标与动量是不能同时被精确测定的, 先测定坐标与先测定动量的两个结果不同. 这样一来, 处于坐标本征态(精确测量坐标得到的 x 值)和处于动量本征态(精确测量动量得到的 p_x 值)都只是理想的情形, 而不能实现. 这种情形下, 在使用数学符号与用普通语言表达的概念相联系方面无先例可循, 狄拉克发明的符号法应运而生, 成为了量子力学的语言, 能统一海森伯的矩阵力学和薛定谔的波动力学; 而在处理连续变量量子力学表象时狄拉克又发明了 δ 函数.

范洪义先生认为德布罗意的波粒二象性可以用 δ 函数的傅里叶变换来说明. 理想情况下, 动量 p_x 值确定的波是单色平面波 $\mathrm{e}^{\mathrm{i}xp_x/\hbar}$, 弥散在空间中, 所以其坐标值难以确定; 反之, 当弥散的波收敛于一个点 x 时, 如同一个经典意义下的有确定位置的质点, 就无谓奢谈动量 p_x 的确定值, 只能用 $\delta(x)$ 表示之. 从德布罗意的波粒二象性观点看, 这两种情形是同一个客体的两个"象", 如何把 δ 函数与单色平面波 $\mathrm{e}^{\mathrm{i}xp_x/\hbar}$ 联系起来呢? 这还要靠傅里叶变换

$$\delta(x) = \frac{1}{2\pi\hbar}\int_{-\infty}^{\infty} \mathrm{d}p_x \mathrm{e}^{\mathrm{i}xp_x/\hbar} \tag{1.4.6}$$

该等式右端是无穷多单色平面波的叠加,也可以看作是"1"的傅里叶变换,左端是收敛于点 x 的波 $\delta(x)$.介于这两种理想情况之间的就是一个**波包**,它是若干个不同动量 p_x 值的平面波的叠加.所以从量子力学观点看,傅里叶变换是德布罗意的波粒二象性的体现.

范洪义先生认为狄拉克创造的 δ 函数是数学物理方法中最能体现物理直觉的范例.狄拉克在 16 岁时进入了一个工科学校,学习如何计算固态结构的应力,并由此萌发了创造 δ 函数的想法.有些情况下工程中结构负载是分布型的,又有些情况下负载只是集中在一个点上.这两种情况下数学方程不同,从本质上讲,要把这两种情况统一起来就导致了 δ 函数的产生.

参考文献

[1] Erdélyi A. Higher transcendental functions:Vol. I:Bateman manuscript project[M]. New York:McGraw-Hill Book Company,1953.

[2] Rainville E D. Special functions[M]. New York:MacMillan,1960.

[3] Mansour T,Schork M. Commutation relations,normal ordering, and Stirling numbers[M]. Boca Raton:CRC Press,2016.

[4] Lambert F,Springael J. Soliton equations and simple combinatorics[J]. Acta Applicandae Mathematicae,2008,102:147-178.

[5] 徐世民,王保松,徐兴磊. 谈算符公式证明的严谨性[J]. 大学物理,2013,32(12):1-3.

[6] Wigner E. On the quantum correction for thermodynamic equilibrium[J]. Physical Review, 1932,40(5):749-759.

[7] Weyl H. The theory of group and quantum mechanics[M]. New York:Dover Publisher,1931.

[8] Klauder J R,Skagerstam B S. Coherent states[M]. Singapore:World Scientific Publishing Co.,1985.

[9] Glauber R J. Coherent and incoherent states of the radiation field[J]. Physical Review,1963, 131(6):2766.

[10] Glauber R J. The quantum theory of optical coherence[J]. Physical Review,1963, 130(6):2529.

第 2 章

算符的正规乘积排序

算符的有序化排列包括正规乘积排序、反正规乘积排序、坐标-动量排序、动量-坐标排序和外尔编序等.本章阐述玻色产生算符 $a^\dagger$ 和湮灭算符 a 的正规乘积排序及其性质,并探讨其应用,如构造新的量子力学表象、经典变换的量子映射以及处理外尔对应规则等.

2.1 算符的正规乘积排序及其性质

现在讨论算符的正规乘积排序及其性质.湮灭算符 a 与产生算符 $a^\dagger$ 的任何函数不失一般性可写为

$$F(a,a^\dagger) = \sum_i \sum_j \cdots \sum_l f_{i,j,k,\cdots,l} a^{\dagger i} a^j a^{\dagger k} \cdots a^l$$

式中 $i,j,k,\cdots,l$ 是正整数或零. 利用 $[a,a^\dagger]=aa^\dagger-a^\dagger a=1$, 原则上总可以将所有的产生算符 $a^\dagger$ 都移到所有的湮灭算符 a 的左边, 这时我们说算符 $F(a,a^\dagger)$ 已被排列成正规乘积排序形式, 并用符号：：标记之[1], 即

$$F(a,a^\dagger)=\sum_{m,n}c_{mn}(a^\dagger)^m a^n=\sum_{m,n}c_{mn}:(a^\dagger)^m a^n:=:\sum_{m,n}c_{mn}(a^\dagger)^m a^n:$$

譬如, $F(a,a^\dagger)=aa^\dagger=a^\dagger a+1=:a^\dagger a:+1=:a^\dagger a+1:$.

约定: 在正规乘积排序记号内玻色算符可对易, 亦即可直接交换次序, 即

$$(a^\dagger)^m a^n=:(a^\dagger)^m a^n:=:a^n(a^\dagger)^m:$$

尽管 $[a,a^\dagger]=aa^\dagger-a^\dagger a=1$. 若要脱去 $:a^n(a^\dagger)^m:$ 的正规乘积记号, 必须先把该记号内的算符整理成所有 $a^\dagger$ 在左、所有 a 在右的形式, 即

$$:a^n(a^\dagger)^m:=:(a^\dagger)^m a^n:=(a^\dagger)^m a^n \tag{2.1.1}$$

基于上面正规乘积排序算符的定义、记号与约定, 正规乘积也就具有了如下若干性质:

(1) 普通数(c 数)可以自由出入正规乘积记号, 即

$$c:F(a,a^\dagger):=:cF(a,a^\dagger):, \quad c+:F(a,a^\dagger):=:c+F(a,a^\dagger):$$

(2) 可对正规乘积记号内的 c 数直接进行牛顿-莱布尼茨积分和微商运算, 前者要求积分收敛, 后者要求微商存在.

(3) 正规乘积记号内的正规乘积记号可以取消.

(4) 加减法运算, 即 $:F:\pm:G:=:F\pm G:$.

(5) 正规乘积算符 $:F(a,a^\dagger):$ 的相干态矩阵元为 $\langle z|:F(a,a^\dagger):|z'\rangle=F(z',z^*)\langle z|z'\rangle$.

(6) 厄米共轭操作可以直接进入正规乘积记号内, 即 $(:F\cdots G:)^\dagger=:(F\cdots G)^\dagger:$.

(7) 正规乘积内部以下两个等式成立:

$$[a,:F(a,a^\dagger):]=:\frac{\partial F(a,a^\dagger)}{\partial a^\dagger}: \tag{2.1.2}$$

$$[:F(a,a^\dagger):,a^\dagger]=:\frac{\partial F(a,a^\dagger)}{\partial a}: \tag{2.1.3}$$

对于多模情况, 可进行相应推广, 这里不再写出. 事实上, 这两个等式就是(1.2.2)式.

一旦把算符排列成了正规乘积并加上了：：记号, 按照约定在该记号内玻色算符可视为普通数, 因此在此记号内各种原有的关于普通数的数学运算规则都成立. 但又要求脱去正规乘积记号前将此记号内的算符排列成正规乘积形式, 这样就保证了计算结果的

正确性.

由正规乘积的性质(2)可以想到只要把(X5)式和(X6)式中的被积函数化成正规乘积内的形式,因为所有玻色算符在记号: :内部可对易,故可将它们视为普通数,从而积分就可以顺利进行.当然,在整个积分过程中和积分后的结果中都有记号: :存在.如果想最后取消记号: :,只要把积分得到的算符排列成正规乘积便可.我们称此技术为正规乘积内的积分技术(technique of integration within normal ordered product of operators)[2-3].它是 IWOP 技术的一种,除了这种正规乘积内的积分技术,后面还要讲反正规乘积、外尔编序乘积、坐标-动量排序乘积、动量-坐标排序乘积算符内的积分技术.而对于费米算符,则要另想办法,参见第 6 章.

尽管原则上总可以利用$[a,a^\dagger]=aa^\dagger-a^\dagger a=1$将算符函数$F(a,a^\dagger)$整理成所有产生算符$a^\dagger$都位于所有湮灭算符$a$的左边,即重置为正规乘积排序.但在实际中算符函数有简有繁,形式各异,对于给定的算符函数还要根据其特点采用不同的方法予以处理.

现在就来导出一个典型的 ket-bra 型算符的正规乘积形式,即由谐振子真空态(基态)$|0\rangle$与$\langle 0|$"相揖"而成的真空投影算符$|0\rangle\langle 0|$的正规乘积排序式.显然,对于这个真空投影算符,利用$[a,a^\dagger]=aa^\dagger-a^\dagger a=1$的方法将其整理成正规乘积排序是不太可行的.如何导出其正规乘积排序呢? 注意到上述性质(5),设真空投影算符的正规乘积排序形式为: $f(a,a^\dagger)$: ,即

$$|0\rangle\langle 0| = :f(a,a^\dagger): \tag{2.1.4}$$

用相干态左矢$\langle z|$和右矢$|z\rangle$夹乘此等式两边,并注意到

$$\langle z|:f(a,a^\dagger):|z\rangle = f(z,z^*)\langle z|z\rangle = f(z,z^*)$$

和

$$\langle 0|z\rangle = \langle 0|\exp\left(-\frac{1}{2}zz^* + za^\dagger\right)|0\rangle = \exp\left(-\frac{1}{2}zz^*\right)\langle 0|0\rangle = \mathrm{e}^{-\frac{1}{2}zz^*}$$

便得到$f(z,z^*)=\langle z|0\rangle\langle 0|z\rangle = \mathrm{e}^{-zz^*}$.将其代入(2.1.4)式并做置换$z\rightarrow a$、$z^*\rightarrow a^\dagger$,可得

$$|0\rangle\langle 0| = :\mathrm{e}^{-aa^\dagger}: \tag{2.1.5}$$

这一结果是很重要的,以后会经常用到(在范洪义先生的文献中将此结果列为正规乘积的一条性质)[4].**事实上,这也是导出已知算符的正规乘积形式的一种有效的方法.**

利用真空投影算符的正规乘积排序(2.1.5)式,容易得到坐标投影子$|x\rangle\langle x|$的正规乘积形式,即

$$|x\rangle\langle x| = \frac{\alpha}{\sqrt{\pi}}\exp\left(-\frac{1}{2}\alpha^2 x^2 + \sqrt{2}\alpha x a^\dagger - \frac{1}{2}a^{\dagger 2}\right)|0\rangle\langle 0|\exp\left(-\frac{1}{2}\alpha^2 x^2 + \sqrt{2}\alpha x a - \frac{1}{2}a^2\right)$$

$$= \frac{\alpha}{\sqrt{\pi}}\exp\left(-\frac{1}{2}\alpha^2 x^2 + \sqrt{2}\alpha x a^\dagger - \frac{1}{2}a^{\dagger 2}\right):\mathrm{e}^{-aa^\dagger}:\exp\left(-\frac{1}{2}\alpha^2 x^2 + \sqrt{2}\alpha x a - \frac{1}{2}a^2\right)$$

注意到该式中所有产生算符 $a^\dagger$ 和湮灭算符 a 分别位于正规乘积算符 $:\mathrm{e}^{-aa^\dagger}:$ 的左边和右边,依据正规乘积的定义可将 $:\mathrm{e}^{-aa^\dagger}:$ 中左侧的 $:$ 直接向左移动,右侧的 $:$ 直接向右移动,即

$$|x\rangle\langle x| = \frac{\alpha}{\sqrt{\pi}}:\exp\left(-\frac{1}{2}\alpha^2 x^2 + \sqrt{2}\alpha x a^\dagger - \frac{1}{2}a^{\dagger 2}\right)\mathrm{e}^{-aa^\dagger}\exp\left(-\frac{1}{2}\alpha^2 x^2 + \sqrt{2}\alpha x a - \frac{1}{2}a^2\right):$$

$$= \frac{\alpha}{\sqrt{\pi}}:\exp\left[-\alpha^2\left(x - \frac{a+a^\dagger}{\alpha\sqrt{2}}\right)^2\right]: = \frac{\alpha}{\sqrt{\pi}}:\exp\left[-\alpha^2(x-X)^2\right]: \tag{2.1.6}$$

这样一来,我们就把坐标投影算符 $|x\rangle\langle x|$ 纳入到了正规乘积排序的范畴了.

对于由无量纲坐标算符的本征右矢与本征左矢"相揖"的 ket-bra 投影算符 $|q\rangle\langle q|$,其正规乘积形式则为

$$|q\rangle\langle q| = \pi^{-1/2}:\mathrm{e}^{-(q-Q)^2}: \tag{2.1.7}$$

同样地,还可得到如下动量投影子、相干态投影子的正规乘积排序式:

$$|p_x\rangle\langle p_x| = \frac{\beta}{\sqrt{\pi}}:\exp\left[-\beta^2(p_x-P_x)^2\right]:$$

$$|p\rangle\langle p| = \frac{1}{\sqrt{\pi}}:\exp\left[-(p-P)^2\right]: \tag{2.1.8}$$

$$|z\rangle\langle z| = :\exp\left[-(z-a)(z^*-a^\dagger)\right]:$$

这里

$$\alpha \equiv \sqrt{m\omega/\hbar}, \quad \beta \equiv 1/\sqrt{m\omega\hbar}, \quad \alpha\beta = \frac{1}{\hbar}$$

其中 m 和 ω 是势能函数为 $U(x) = \frac{1}{2}m\omega^2 x^2$ 的谐振子的质量和角频率.

现在我们利用正规乘积内的积分技术讨论维格纳算符和外尔对应规则.利用

$$X = \frac{a+a^\dagger}{\alpha\sqrt{2}}, \quad P_x = \frac{a-a^\dagger}{\mathrm{i}\beta\sqrt{2}}$$

改写(X6)式所示的维格纳算符,得到

$$\Delta(x, p_x) = \frac{1}{4\pi^2}\iint_{-\infty}^{\infty} e^{iu(X-x)+iv(P_x-p_x)} du\, dv$$

$$= \frac{1}{4\pi^2}\iint_{-\infty}^{\infty} \exp\left[\frac{a^{\dagger}}{\sqrt{2}}\left(\frac{iu}{\alpha} - \frac{v}{\beta}\right) + \frac{a}{\sqrt{2}}\left(\frac{iu}{\alpha} + \frac{v}{\beta}\right) - iux - ivp_x\right] du\, dv$$

进一步利用 Baker-Campbell-Hausdorff 公式,可得

$$\Delta(x, p_x) = \frac{1}{4\pi^2}\iint_{-\infty}^{\infty} \exp\left[\frac{a^{\dagger}}{\sqrt{2}}\left(\frac{iu}{\alpha} - \frac{v}{\beta}\right)\right]$$

$$\cdot \exp\left[\frac{a}{\sqrt{2}}\left(\frac{iu}{\alpha} + \frac{v}{\beta}\right) - \frac{u^2}{4\alpha^2} - \frac{v^2}{4\beta^2} - iux - ivp_x\right] du\, dv$$

这样就把所有产生算符排列在了所有湮灭算符的左边,也就是排成了正规乘积排序形式,于是就可以加上正规乘积记号了,即

$$\Delta(x, p_x) = \frac{1}{4\pi^2} :\iint_{-\infty}^{\infty} \exp\left[\frac{a^{\dagger}}{\sqrt{2}}\left(\frac{iu}{\alpha} - \frac{v}{\beta}\right)\right]$$

$$\cdot \exp\left[\frac{a}{\sqrt{2}}\left(\frac{iu}{\alpha} + \frac{v}{\beta}\right) - \frac{u^2}{4\alpha^2} - \frac{v^2}{4\beta^2} - iux - ivp_x\right] du\, dv: \qquad (2.1.9a)$$

由于在正规乘积记号内玻色算符可对易,所以两个指数函数的乘积可以直接进行指数上相加,得

$$\Delta(x, p_x)$$

$$= \frac{1}{4\pi^2} :\iint_{-\infty}^{\infty} \exp\left[\frac{a^{\dagger}}{\sqrt{2}}\left(\frac{iu}{\alpha} - \frac{v}{\beta}\right) + \frac{a}{\sqrt{2}}\left(\frac{iu}{\alpha} + \frac{v}{\beta}\right) - \frac{u^2}{4\alpha^2} - \frac{v^2}{4\beta^2} - iux - ivp_x\right] du\, dv:$$

$$= \frac{1}{4\pi^2} :\iint_{-\infty}^{\infty} \exp\left[- \frac{u^2}{4\alpha^2} - \frac{v^2}{4\beta^2} + iu(X-x) + iv(P_x-p_x)\right] du\, dv: \qquad (2.1.9b)$$

利用正规乘积内的积分技术完成积分,便得到

$$\Delta(x, p_x) = \frac{1}{\pi\hbar} :\exp\left[- \alpha^2(X-x)^2 - \beta^2(P_x-p_x)^2\right]: \qquad (2.1.10a)$$

或表示为

$$\Delta(z, z^*) = \frac{1}{\pi\hbar} :\exp\left[- 2(a-z)(a^{\dagger}-z^*)\right]: \qquad (2.1.10b)$$

这就是维格纳算符的正规乘积排序形式,式中 $z = (\alpha x + i\beta p_x)/\sqrt{2}$. 在上面的计算中使用了定积分公式

$$\int_{-\infty}^{\infty} e^{-\lambda x^2 + \sigma x} dx = \sqrt{\frac{\pi}{\lambda}} e^{\sigma^2/4\lambda}, \quad \text{Re}(\lambda) > 0$$

把(2.1.10)式代入外尔对应规则(X5)式,得

$$H(X, P_x) = \frac{1}{\pi\hbar} : \iint_{-\infty}^{\infty} h(x, p_x) \exp\left[-\alpha^2(X-x)^2 - \beta^2(P_x - p_x)^2\right] dx dp_x :$$

(2.1.11a)

或

$$H(a, a^\dagger) = 2 : \int \frac{d^2 z}{\pi} h(z, z^*) \exp\left[-2(a-z)(a^\dagger - z^*)\right] : \quad (2.1.11b)$$

这就是正规乘积形式的外尔对应规则. 由于在正规乘积记号内玻色算符可对易,所以原则上只要已知经典函数 $h(x, p_x)$ 或 $h(z, z^*)$,就可以直接实现牛顿-莱布尼茨积分,从而得到其外尔量子对应 $H(X, P_x)$ 或 $H(a, a^\dagger)$.

如经典函数 xp_x,其外尔量子对应为

$$xp_x \quad \rightarrow \quad \frac{1}{\pi\hbar} : \iint_{-\infty}^{\infty} xp_x \exp\left[-\alpha^2(X-x)^2 - \beta^2(P_x - p_x)^2\right] dx dp_x := : XP_x :$$

这里我们使用了微分、积分相结合的计算方法,即

$$\int_{-\infty}^{\infty} x e^{-\lambda x^2 + \sigma x} dx = \frac{\partial}{\partial \sigma} \int_{-\infty}^{\infty} e^{-\lambda x^2 + \sigma x} dx = \frac{\partial}{\partial \sigma} \sqrt{\frac{\pi}{\lambda}} e^{\sigma^2/4\lambda} = \frac{\sigma}{2\lambda} \sqrt{\frac{\pi}{\lambda}} e^{\sigma^2/4\lambda}, \quad \text{Re}(\lambda) > 0$$

进一步,我们还可以脱掉 $: XP_x :$ 的正规乘积记号,过程如下:

$$: XP_x := : \frac{a + a^\dagger}{\sqrt{2}\alpha} \frac{a - a^\dagger}{i\sqrt{2}\beta} := : \frac{a^2 - a^{\dagger 2}}{i2\alpha\beta} := \frac{a^2 - a^{\dagger 2}}{i2\alpha\beta}$$

$$= \frac{1}{i2\alpha\beta}\left[\left(\frac{\alpha X + i\beta P_x}{\sqrt{2}}\right)^2 - \left(\frac{\alpha X - i\beta P_x}{\sqrt{2}}\right)^2\right]$$

$$= \frac{1}{i4\alpha\beta}\left[i\alpha\beta XP_x + i\alpha\beta P_x X + i\alpha\beta XP_x + i\alpha\beta P_x X\right]$$

$$= \frac{1}{2}(XP_x + P_x X)$$

再如经典力学量 e^{-2zz^*},可由(2.1.11)式得到其外尔量子对应为

$$e^{-2zz^*} \quad \rightarrow \quad 2 : \int \frac{d^2 z}{\pi} e^{-2zz^*} \exp\left[-2(a-z)(a^\dagger - z^*)\right] :$$

$$= 2 : \int \frac{\mathrm{d}^2 z}{\pi} \exp[-4zz^* + 2za^\dagger + 2z^* a - 2aa^\dagger] : \qquad (2.1.12)$$

完成积分得到

$$\mathrm{e}^{-2zz^*} \quad \rightarrow \quad 2 : \int \frac{\mathrm{d}^2 z}{\pi} \mathrm{e}^{-2zz^*} \exp[-2(a-z)(a^\dagger - z^*)] := \frac{1}{2} : \exp(-aa^\dagger) :$$

$$(2.1.13)$$

在计算中我们已经使用了如下积分公式:

$$\int \frac{\mathrm{d}^2 z}{\pi} \exp(-\zeta zz^* + \eta z + \xi z^* + f z^2 + g z^{*2}) = \frac{1}{\sqrt{\zeta^2 - 4fg}} \exp\left(\frac{\zeta \eta \xi + f\xi^2 + g\eta^2}{\zeta^2 - 4fg}\right)$$

$$(2.1.14)$$

其收敛条件为

$$\mathrm{Re}(\zeta - f - g) > 0, \quad \mathrm{Re}\left(\frac{\zeta - f - g}{\zeta^2 - 4fg}\right) > 0$$

或

$$\mathrm{Re}(\zeta + f + g) > 0, \quad \mathrm{Re}\left(\frac{\zeta + f + g}{\zeta^2 - 4fg}\right) > 0 \qquad (2.1.15)$$

也可做如下处理:

$$\mathrm{e}^{-2zz^*} \quad \rightarrow \quad 2 : \int \frac{\mathrm{d}^2 z}{\pi} \mathrm{e}^{-2zz^*} \exp[-2(a-z)(a^\dagger - z^*)] :$$

$$= 2 : \int \frac{\mathrm{d}^2 z}{\pi} \sum_{n=0}^{\infty} \frac{(-2)^n}{n!} z^n z^{*n} \exp[-2(a-z)(a^\dagger - z^*)] :$$

$$= 2 \sum_{n=0}^{\infty} \frac{(-2)^n}{n!} : \mathrm{e}^{-2aa^\dagger} \int \frac{\mathrm{d}^2 z}{\pi} z^n z^{*n} \exp[-2zz^* + 2za^\dagger + 2z^* a] :$$

$$= 2 \sum_{n=0}^{\infty} \frac{(-2)^n}{n! 4^n} : \mathrm{e}^{-2aa^\dagger} \left(\frac{\partial}{\partial a^\dagger}\right)^n \left(\frac{\partial}{\partial a}\right)^n \int \frac{\mathrm{d}^2 z}{\pi} \exp[-2zz^* + 2za^\dagger + 2z^* a] :$$

$$= \sum_{n=0}^{\infty} \frac{(-2)^n}{n! 4^n} : \mathrm{e}^{-2aa^\dagger} \left(\frac{\partial}{\partial a^\dagger}\right)^n \left(\frac{\partial}{\partial a}\right)^n \mathrm{e}^{2aa^\dagger} :$$

$$= \sum_{n=0}^{\infty} \frac{1}{n!} : \mathrm{e}^{(-2a)a^\dagger} \left(\frac{\partial}{\partial a^\dagger}\right)^n \left[\frac{\partial}{\partial(-2a)}\right]^n \mathrm{e}^{-(-2a)a^\dagger} :$$

$$= \sum_{n=0}^{\infty} \frac{1}{n!} : \mathrm{H}_{n,n}(-2a, a^\dagger) :$$

$$= \sum_{n=0}^{\infty} \frac{(-1)^n}{n!} : L_n(-2aa^\dagger) : \tag{2.1.16}$$

计算中已经使用了双变量厄米多项式的微分形式

$$H_{m,n}(x,y) = e^{xy} \left(-\frac{\partial}{\partial y}\right)^m \left(-\frac{\partial}{\partial x}\right)^n e^{-xy}$$

以及同下标双变量厄米多项式 $H_{n,n}(x,y)$ 与拉盖尔(Laguerre)多项式

$$L_n(\xi) = e^\xi \frac{\partial^n}{\partial \xi^n}(\xi^n e^{-\xi}) = \frac{\partial^n}{\partial t^n} \frac{1}{1-t} \exp\left(-\xi \frac{t}{1-t}\right)\bigg|_{t=0}$$

的关系,即

$$H_{n,n}(x,y) = e^{xy}\left(-\frac{\partial}{\partial y}\right)^n \left(-\frac{\partial}{\partial x}\right)^n e^{-xy} = (-1)^n e^{xy} \frac{\partial^n}{\partial y^n} y^n e^{-xy} = (-1)^n L_n(\xi)\big|_{\xi=xy}$$

在 $t_0 = 0$ 的领域上,级数 $\sum_{n=0}^{\infty} \frac{t^n}{n!} L_n(\xi)$ 收敛,则有

$$\sum_{n=0}^{\infty} \frac{t^n}{n!} L_n(\xi) = \frac{1}{1-t} \exp\left(-\xi \frac{t}{1-t}\right) \tag{2.1.17}$$

依据(2.1.17)式,在级数收敛的情况下则可将(2.1.16)式中的级数收起来,即

$$e^{-2zz^*} \quad \rightarrow \quad 2: \int \frac{d^2 z}{\pi} e^{-2zz^*} \exp[-2(a-z)(a^\dagger-z^*)]:$$

$$= \sum_{n=0}^{\infty} \frac{(-1)^n}{n!} : L_n(-2aa^\dagger) :$$

$$= \frac{1}{2} : \exp(-aa^\dagger) : \tag{2.1.18}$$

这样就得到了与(2.1.13)式一致的结果.

另外,我们还可以对(2.1.6)式中的正规乘积式 $\frac{\alpha}{\sqrt{\pi}} : \exp[-\alpha^2(x-X)^2]:$ 进行改写,即利用**积分降次法**和 Baker-Campbell-Hausdorff 公式进行如下处理:

$$\frac{\alpha}{\sqrt{\pi}} : \exp[-\alpha^2(x-X)^2]:$$

$$= \frac{\alpha}{2\pi} : \int_{-\infty}^{\infty} \exp\left[-\frac{1}{4}\eta^2 + i\alpha\eta(x-X)\right] d\eta :$$

$$= \frac{\alpha}{2\pi} \int_{-\infty}^{\infty} \exp\left(-\frac{1}{4}\eta^2 + i\alpha\eta x\right) \exp\left(-\frac{i}{\sqrt{2}}\eta a^\dagger\right) \exp\left(-\frac{i}{\sqrt{2}}\eta a\right) d\eta$$

$$= \frac{\alpha}{2\pi}\int_{-\infty}^{\infty} \exp[i\alpha\eta(x - X)]d\eta = \delta(x - X)$$

于是得到

$$|x\rangle\langle x| = \delta(x - X) \tag{2.1.19}$$

这意味着由坐标本征右矢与左矢“相揖”而成的投影算符是一个以 $x - X$ 为宗量的、无正规乘积排序符号的德尔塔函数.

“积分降次法”的含义如下:

指数函数 $:\exp[-\alpha^2(x-X)^2]:$ 的指数上是 $(x - X)$ 的二次幂,我们利用定积分公式

$$\int_{-\infty}^{\infty} e^{-\alpha x^2+\beta x}dx = \sqrt{\frac{\pi}{\alpha}}\exp\left(\frac{\beta^2}{4\alpha}\right), \quad \mathrm{Re}(\alpha) > 0$$

将 $:\exp[-\alpha^2(x-X)^2]:$ 变成一个积分,且被积函数指数上是 $(x - X)$ 的一次幂.

完成了从二次幂降为一次幂后,一些数学问题就可以容易解决.譬如,(2.1.19)式的这个结果就是一个例子.

又如,要计算

$$\exp\left(\frac{\partial^2}{\partial x\partial y}\right)e^{-xy} = ?$$

可以有多种方法.

方法 1 直接计算,即

$$\begin{aligned}
&\exp\left(\frac{\partial^2}{\partial x\partial y}\right)e^{-xy} \\
&= \sum_{n=0}^{\infty}\frac{1}{n!}\left(\frac{\partial^2}{\partial x\partial y}\right)^n e^{-xy} \\
&= \left[1 + \left(\frac{\partial^2}{\partial x\partial y}\right) + \frac{1}{2!}\left(\frac{\partial^2}{\partial x\partial y}\right)^2 + \frac{1}{3!}\left(\frac{\partial^2}{\partial x\partial y}\right)^3 + \cdots\right]e^{-xy} \\
&= \left[1 + (xy - 1) + \frac{1}{2!}(x^2y^2 - 4xy + 2) + \frac{1}{3!}(x^3y^3 - 9x^2y^2 + 18xy - 6) + \cdots\right]e^{-xy}
\end{aligned}$$

如果不熟悉双变量厄米多项式与拉盖尔多项式等这类特殊函数,则很难将上式中括号里的无穷项级数收成一个指数.

方法 2 在熟悉双变量厄米多项式与拉盖尔多项式等这类特殊函数的前提下,利用同下标双变量厄米多项式 $H_{n,n}(x,y)$ 与拉盖尔多项式 $L_n(xy)$ 的关系

$$H_{n,n}(x,y) = (-1)^n L_n(xy)$$

以及拉盖尔多项式的母函数的泰勒级数展开式

$$\frac{1}{1-t}\exp\left(-\frac{t}{1-t}\xi\right) = \sum_{n=0}^{\infty} \frac{t^n}{n!} L_n(\xi)$$

得到

$$
\begin{aligned}
\exp\left(\frac{\partial^2}{\partial x \partial y}\right)e^{-xy} &= e^{-xy}e^{xy}\exp\left(\frac{\partial^2}{\partial x \partial y}\right)e^{-xy}\\
&= e^{-xy}\sum_{n=0}^{\infty}\frac{1}{n!}e^{xy}\left(\frac{\partial^2}{\partial x \partial y}\right)^n e^{-xy}\\
&= e^{-xy}\sum_{n=0}^{\infty}\frac{1}{n!}H_{n,n}(x,y)\\
&= e^{-xy}\sum_{n=0}^{\infty}\frac{(-1)^n}{n!}L_n(xy)\\
&= e^{-xy}\frac{1}{2}\exp\left(\frac{1}{2}xy\right) = \frac{1}{2}\exp\left(-\frac{1}{2}xy\right)
\end{aligned}
\tag{2.1.20}
$$

方法 3 利用积分降次法进行处理.因为

$$\left(\frac{\partial^2}{\partial x \partial y}\right)e^{-zz^*+zx-z^*y} = (-zz^*)e^{-zz^*+zx-z^*y}$$

$$\left(\frac{\partial^2}{\partial x \partial y}\right)^2 e^{-zz^*+zx-z^*y} = (-zz^*)^2 e^{-zz^*+zx-z^*y}$$

……

$$\left(\frac{\partial^2}{\partial x \partial y}\right)^n e^{-zz^*+zx-z^*y} = (-zz^*)^n e^{-zz^*+zx-z^*y}$$

……

所以有

$$
\begin{aligned}
\exp\left(\frac{\partial^2}{\partial x \partial y}\right)e^{-zz^*+zx-z^*y} &= \sum_{n=0}^{\infty}\frac{1}{n!}\left(\frac{\partial^2}{\partial x \partial y}\right)^n e^{-zz^*+zx-z^*y}\\
&= \sum_{n=0}^{\infty}\frac{1}{n!}(-zz^*)^n e^{-zz^*+zx-z^*y}\\
&= e^{-zz^*}e^{-zz^*+zx-z^*y} = e^{-2zz^*+zx-z^*y}
\end{aligned}
$$

那么,基于积分公式 $\int\frac{\mathrm{d}^2z}{\pi}\exp(-zz^*+z\eta+z^*\xi) = \exp(\eta\xi)$,有

$$\exp\left(\frac{\partial^2}{\partial x \partial y}\right)e^{-xy} = \exp\left(\frac{\partial^2}{\partial x \partial y}\right)\int \frac{d^2 z}{\pi}e^{-zz^* + zx - z^* y}$$

$$= \int \frac{d^2 z}{\pi}e^{-2zz^* + zx - z^* y} = \frac{1}{2}\exp\left(-\frac{1}{2}xy\right) \quad (2.1.21)$$

由此可见,在函数 e^{-xy} 的指数上采用积分降次法是较为简捷有效的,也是容易掌握的.

再举一个例子,计算 $\exp\left(-\frac{\partial^2}{\partial \alpha \partial \alpha^*}\right)e^{-\alpha\alpha^*}$. 基于积分公式

$$\int \frac{d^2 z}{\pi}\exp(-zz^* + z\eta + z^*\xi) = \exp(\eta\xi)$$

和第 1.1 节中介绍的双模德尔塔函数

$$\int \frac{d^2 z}{\pi^2}e^{\alpha z - z^* \alpha^*} = \delta(\alpha)\delta(\alpha^*)$$

利用积分降次法可得

$$\exp\left(-\frac{\partial^2}{\partial \alpha \partial \alpha^*}\right)e^{-\alpha\alpha^*} = \exp\left(-\frac{\partial^2}{\partial \alpha \partial \alpha^*}\right)\int \frac{d^2 z}{\pi}e^{-zz^* + \alpha z - z^* \alpha^*}$$

$$= \int \frac{d^2 z}{\pi}e^{\alpha z - z^* \alpha^*} = \pi\delta(\alpha)\delta(\alpha^*) \quad (2.1.22)$$

这也意味着双模 δ 函数可表为微分式 $\delta(\alpha)\delta(\alpha^*) = \frac{1}{\pi}\exp\left(-\frac{\partial^2}{\partial \alpha \partial \alpha^*}\right)e^{-\alpha\alpha^*}$ 或 $\delta(x)\delta(y) = \frac{1}{\pi}\exp\left(-\frac{1}{4}\frac{\partial^2}{\partial x^2} - \frac{1}{4}\frac{\partial^2}{\partial y^2}\right)e^{-x^2 - y^2}$. 单模情形为 $\delta(x) = \frac{1}{\sqrt{\pi}}\exp\left(-\frac{1}{4}\frac{\partial^2}{\partial x^2}\right)e^{-x^2}$.

2.2 外尔型一一对应

在上一节中,我们引入并利用正规乘积内的积分技术处理了维格纳算符和外尔对应规则,使得牛顿-莱布尼茨积分法则可以在正规乘积记号内直接实现. 不过,在计算时经常用到一些复杂的积分公式,甚至有时还会遇到积分发散的数学困难. 我们深入研究,通过采用算符的参数微商法得到了维格纳算符和外尔对应规则的正规乘积内的微分形式,

使得计算更加便捷.

对于上一节中得到的正规乘积形式的维格纳算符

$$\Delta(x,p_x) = \frac{1}{4\pi^2} : \iint_{-\infty}^{\infty} \exp\left[-\frac{u^2}{4\alpha^2} - \frac{v^2}{4\beta^2} + iu(X-x) + iv(P_x - p_x)\right] du\,dv :$$

我们不直接实施积分运算,而是利用算符的参数微商法,便有

$$\Delta(x,p_x) = \frac{1}{4\pi^2} : \iint_{-\infty}^{\infty} \exp\left(-\frac{u^2}{4\alpha^2} - \frac{v^2}{4\beta^2}\right) \exp\left[iu(X-x) + iv(P_x - p_x)\right] du\,dv :$$

$$= \frac{1}{4\pi^2} : \iint_{-\infty}^{\infty} \exp\left(\frac{1}{4\alpha^2}\frac{\partial^2}{\partial X^2} + \frac{1}{4\beta^2}\frac{\partial^2}{\partial P_x^2}\right) \exp\left[iu(X-x) + iv(P_x - p_x)\right] du\,dv :$$

$$= \frac{1}{4\pi^2} : \exp\left(\frac{1}{4\alpha^2}\frac{\partial^2}{\partial X^2} + \frac{1}{4\beta^2}\frac{\partial^2}{\partial P_x^2}\right) \iint_{-\infty}^{\infty} \exp\left[iu(X-x) + iv(P_x - p_x)\right] du\,dv :$$

$$= : \exp\left(\frac{1}{4\alpha^2}\frac{\partial^2}{\partial X^2} + \frac{1}{4\beta^2}\frac{\partial^2}{\partial P_x^2}\right) \delta(X-x)\delta(P_x - p_x) : \tag{2.2.1a}$$

或者

$$\Delta(z,z^*) = \frac{1}{2\hbar} : \exp\left(\frac{1}{2}\frac{\partial^2}{\partial a \partial a^\dagger}\right)\delta(a-z)\delta(a^\dagger - z^*) : \tag{2.2.1b}$$

这就是正规乘积排序内的维格纳算符的微分形式,是一种崭新的表达式.注意,微分算子 $\exp\left(\frac{1}{4\alpha^2}\frac{\partial^2}{\partial X^2} + \frac{1}{4\beta^2}\frac{\partial^2}{\partial P_x^2}\right)$ 和 $\exp\left(\frac{1}{2}\frac{\partial^2}{\partial a \partial a^\dagger}\right)$ 不是量子力学算符,是可以自由出入正规乘积记号的.把(2.2.1)式代入外尔对应规则(X5)式,得到

$$H(X,P_x) = \exp\left(\frac{1}{4\alpha^2}\frac{\partial^2}{\partial X^2} + \frac{1}{4\beta^2}\frac{\partial^2}{\partial P_x^2}\right) : h(X,P_x) : \tag{2.2.2a}$$

或表示为

$$H(a,a^\dagger) = \exp\left(\frac{1}{2}\frac{\partial^2}{\partial a \partial a^\dagger}\right) : h(a,a^\dagger) : \tag{2.2.2b}$$

这就是正规乘积排序下微分形式的外尔对应规则[5].它告诉我们,只要已知经典函数 $h(x,p_x)$ 或 $h(z,z^*)$,便可将 $h(x,p_x)$ 或 $h(z,z^*)$ 直接替换为 $: h(X,P_x) :$ 或 $: h(a,a^\dagger) :$,然后被微分算子

$$\exp\left(\frac{1}{4\alpha^2}\frac{\partial^2}{\partial X^2} + \frac{1}{4\beta^2}\frac{\partial^2}{\partial P_x^2}\right) \quad 或 \quad \exp\left(\frac{1}{2}\frac{\partial^2}{\partial a \partial a^\dagger}\right)$$

作用,从而得到该经典函数的外尔量子对应.譬如,上一节中我们已经利用正规乘积内积分型的外尔对应规则求出了经典函数 e^{-2zz^*} 的外尔量子对应,现在也可由(2.2.2b)式得到其外尔量子对应,即

$$\exp\left(\frac{1}{2}\frac{\partial^2}{\partial a\partial a^\dagger}\right): e^{-2aa^\dagger} := \exp\left(\frac{1}{2}\frac{\partial^2}{\partial a\partial a^\dagger}\right): \int\frac{\mathrm{d}^2 z}{\pi}\exp(-zz^*+2za-z^*a^\dagger):$$

$$= :\int\frac{\mathrm{d}^2 z}{\pi}\exp(-2zz^*+2za-z^*a^\dagger):$$

$$= \frac{1}{2}: \exp(-aa^\dagger):$$

计算过程中使用了积分降次法,显然计算更加简便.

需要强调的是,正规乘积排序下微分形式的外尔对应规则不仅可以避开复杂的积分运算或积分发散的数学困难,计算简单明了,还可方便导出其逆规则.为此目的,我们用相干态左矢 $\langle z|$ 和右矢 $|z\rangle$ 夹乘(2.2.2b)式,便得到

$$\langle z|H(a,a^\dagger)|z\rangle = \langle z|\exp\left(\frac{1}{2}\frac{\partial^2}{\partial a\partial a^\dagger}\right): h(a,a^\dagger):|z\rangle$$

$$= \langle z|\exp\left(\frac{1}{2}\frac{\partial^2}{\partial t\partial\tau}\right): h(a+t,a^\dagger+\tau):\Big|_{t=\tau=0}|z\rangle$$

$$= \exp\left(\frac{1}{2}\frac{\partial^2}{\partial t\partial\tau}\right)\langle z|: h(a+t,a^\dagger+\tau):|z\rangle\Big|_{t=\tau=0}$$

$$= \exp\left(\frac{1}{2}\frac{\partial^2}{\partial t\partial\tau}\right)h(z+t,z^*+\tau)\langle z|z\rangle\Big|_{t=\tau=0}$$

$$= \exp\left(\frac{1}{2}\frac{\partial^2}{\partial t\partial\tau}\right)h(z+t,z^*+\tau)\Big|_{t=\tau=0}$$

$$= \exp\left(\frac{1}{2}\frac{\partial^2}{\partial z\partial z^*}\right)h(z,z^*) \tag{2.2.3}$$

再用指数微分算子 $\exp\left(-\frac{1}{2}\frac{\partial^2}{\partial z\partial z^*}\right)$ 从左侧作用之,便得到

$$h(z,z^*) = \exp\left(-\frac{1}{2}\frac{\partial^2}{\partial z\partial z^*}\right)\langle z|H(a,a^\dagger)|z\rangle \tag{2.2.4a}$$

这就是求已知算符 $H(a,a^\dagger)$ 的外尔经典对应的新公式,也就是外尔对应规则的逆规则.当然,此逆规则也可表示为

$$h(x,p_x) = \exp\left(-\frac{1}{4\alpha^2}\frac{\partial^2}{\partial x^2}-\frac{1}{4\beta^2}\frac{\partial^2}{\partial p_x^2}\right)\langle z|H(X,P_x)|z\rangle \tag{2.2.4b}$$

如真空投影算符$|0\rangle\langle 0|$,由(2.2.4a)式可得其外尔经典对应为

$$\exp\left(-\frac{1}{2}\frac{\partial^2}{\partial z\partial z^*}\right)\langle z|0\rangle\langle 0|z\rangle = \exp\left(-\frac{1}{2}\frac{\partial^2}{\partial z\partial z^*}\right)e^{-zz^*}$$

$$= \exp\left(-\frac{1}{2}\frac{\partial^2}{\partial z\partial z^*}\right)\int\frac{d^2\alpha}{\pi}\exp(-\alpha\alpha^*+\alpha z-\alpha^*z^*)$$

$$= \int\frac{d^2\alpha}{\pi}\exp\left(-\frac{1}{2}\alpha\alpha^*+\alpha z-\alpha^*z^*\right)$$

$$= 2\exp(-2zz^*) \tag{2.2.5}$$

我们知道,依据外尔对应规则求出经典函数的外尔量子对应,其结果是唯一的.很明显,依据外尔对应规则的逆规则(2.2.4)式求出量子力学算符的外尔经典对应,其结果也是唯一的.因此,依照外尔对应规则及其逆规则所建立的量子力学算符集合和经典函数集合之间是一一对应的关系,我们称之为外尔型一一对应.由此可知,对于给定算符$H(a,a^\dagger)$,先由外尔对应规则的逆规则求出其外尔经典对应,再代回外尔对应规则求出此外尔经典对应函数的外尔量子对应,本质上仍是算符$H(a,a^\dagger)$,只是最后结果是正规乘积的.**这也就为我们提供了一种将已知算符排列成正规乘积形式的方法.**譬如,将(2.2.5)式代入(2.1.11b)式或(2.2.2b)式,便得到$|0\rangle\langle 0|\ =\ :\exp(-aa^\dagger):$,这正是(2.1.5)式.

比较得到真空投影算符的正规乘积式$|0\rangle\langle 0|\ =\ :\exp(-aa^\dagger):$的两种方法会发现,尽管结果相同但过程繁简程度不同.因此,导出一个已知算符的正规乘积形式究竟采用何种方法较为方便要由实际情况(也就是已知算符的具体特点)来决定.例如,要导出指数算符$e^{\lambda a^\dagger a}$的正规乘积形式,直接插入福克表象的完备性关系式$\sum_{n=0}^{\infty}|n\rangle\langle n|\ =\ 1$就很简捷,这是因为$(a^\dagger a)|n\rangle\ =\ n|n\rangle$.于是有

$$e^{\lambda a^\dagger a} = \sum_{n=0}^{\infty}e^{\lambda a^\dagger a}|n\rangle\langle n|\ =\ \sum_{n=0}^{\infty}e^{\lambda n}|n\rangle\langle n|$$

$$= \sum_{n=0}^{\infty}e^{\lambda n}\frac{a^{\dagger n}}{\sqrt{n!}}|0\rangle\langle 0|\frac{a^n}{\sqrt{n!}} = \sum_{n=0}^{\infty}e^{\lambda n}\frac{a^{\dagger n}}{\sqrt{n!}}:e^{-aa^\dagger}:\frac{a^n}{\sqrt{n!}}$$

$$= :\sum_{n=0}^{\infty}\frac{(aa^\dagger e^\lambda)^n}{n!}e^{-aa^\dagger}: = :\exp[aa^\dagger(e^\lambda-1)]: \tag{2.2.6}$$

这也是一个很重要的公式,以后会经常用到.

在(2.2.6)式中令$e^\lambda-1=\mu$,便得到

$$:e^{\mu a^\dagger a}:\ =\ e^{a^\dagger a\ln(1+\mu)}\ =\ \frac{1}{1+\mu}e^{aa^\dagger\ln(1+\mu)} \tag{2.2.7}$$

这也是脱去 $:e^{\nu a^\dagger a}:$ 的正规乘积记号的一个公式. 对于指数算符 $e^{\lambda a a^\dagger}$, 则可利用(2.2.6)式得到其正规乘积排序式, 即

$$e^{\lambda a a^\dagger} = e^\lambda e^{\lambda a^\dagger a} = e^\lambda : \exp[aa^\dagger(e^\lambda - 1)]: \qquad (2.2.8)$$

现在, 我们将(2.2.6)式 $e^{\lambda a^\dagger a} = :\exp[aa^\dagger(e^\lambda - 1)]:$ 拓展为双模情形. 考虑如下算符:

$$\exp(\lambda a_1^\dagger a_1 + v a_2^\dagger a_2)$$

因为第一模与第二模是相互独立的(因此是对易的), 所以有

$$\exp(\lambda a_1^\dagger a_1 + v a_2^\dagger a_2) = :\exp[a_1^\dagger a_1(e^\lambda - 1) + a_2^\dagger a_2(e^v - 1)]:$$

$$= :\exp\left[(a_1^\dagger \quad a_2^\dagger) \begin{pmatrix} e^\lambda - 1 & 0 \\ 0 & e^v - 1 \end{pmatrix} \begin{pmatrix} a_1 \\ a_2 \end{pmatrix} \right]:$$

$$= :\exp\left\{ (a_1^\dagger \quad a_2^\dagger) \left[\begin{pmatrix} e^\lambda & 0 \\ 0 & e^v \end{pmatrix} - I \right] \begin{pmatrix} a_1 \\ a_2 \end{pmatrix} \right\}:$$

$$= :\exp\left\{ (a_1^\dagger \quad a_2^\dagger) \left[e^{\begin{pmatrix} \lambda & 0 \\ 0 & v \end{pmatrix}} - I \right] \begin{pmatrix} a_1 \\ a_2 \end{pmatrix} \right\}: \qquad (2.2.9)$$

上式中 I 是 2×2 的单位矩阵, 且利用了对角矩阵的特点, 即

$$e^{\begin{pmatrix} \lambda & 0 \\ 0 & v \end{pmatrix}} = \begin{pmatrix} e^\lambda & 0 \\ 0 & e^v \end{pmatrix} \qquad (2.2.10)$$

另外, 又有

$$\exp(\lambda a_1^\dagger a_1 + v a_2^\dagger a_2) = \exp\left[(a_1^\dagger \quad a_2^\dagger) \begin{pmatrix} \lambda & 0 \\ 0 & v \end{pmatrix} \begin{pmatrix} a_1 \\ a_2 \end{pmatrix} \right] \qquad (2.2.11)$$

所以可得到

$$\exp\left[(a_1^\dagger \quad a_2^\dagger) \begin{pmatrix} \lambda & 0 \\ 0 & v \end{pmatrix} \begin{pmatrix} a_1 \\ a_2 \end{pmatrix} \right] = :\exp\left\{ (a_1^\dagger \quad a_2^\dagger) \left[e^{\begin{pmatrix} \lambda & 0 \\ 0 & v \end{pmatrix}} - I \right] \begin{pmatrix} a_1 \\ a_2 \end{pmatrix} \right\}:$$

$$\qquad (2.2.12)$$

(2.2.12)式可以写成

$$\exp\left[(a_1^\dagger \quad a_2^\dagger) \Lambda \begin{pmatrix} a_1 \\ a_2 \end{pmatrix} \right] = :\exp\left\{ (a_1^\dagger \quad a_2^\dagger) [e^\Lambda - I] \begin{pmatrix} a_1 \\ a_2 \end{pmatrix} \right\}: \qquad (2.2.13)$$

式中 Λ 是一个 2×2 的对角矩阵.

如果 A 是一个可以幺正对角化的非对角矩阵, 那么如何导出算符

$$\exp\left[\begin{pmatrix} a_1^\dagger & a_2^\dagger \end{pmatrix} A \begin{pmatrix} a_1 \\ a_2 \end{pmatrix}\right] \tag{2.2.14}$$

的正规乘积排序式呢？基于(2.2.13)式，我们想办法将 A 对角化，思路是：求出矩阵 A 的本征值 λ_1 和 λ_2 以及属于每个本征值的正交归一化的本征函数值 φ_1 和 φ_2。构造 2×2 的幺正变换矩阵，即

$$U = \begin{pmatrix} \varphi_1 & \varphi_2 \end{pmatrix} = \begin{pmatrix} c_1 & d_1 \\ c_2 & d_2 \end{pmatrix} \tag{2.2.15}$$

根据线性代数理论，它是可以将矩阵 A 对角化的，也就是

$$U^\dagger A U = \begin{pmatrix} \varphi_1 & \varphi_2 \end{pmatrix}^\dagger A \begin{pmatrix} \varphi_1 & \varphi_2 \end{pmatrix} = \Lambda = \begin{pmatrix} \lambda_1 & 0 \\ 0 & \lambda_2 \end{pmatrix} \tag{2.2.16}$$

用 U 和 $U^\dagger$ 夹乘(2.2.16)式，得

$$A = U\Lambda U^\dagger = \begin{pmatrix} \varphi_1 & \varphi_2 \end{pmatrix} \Lambda \begin{pmatrix} \varphi_1 & \varphi_2 \end{pmatrix}^\dagger = \begin{pmatrix} \varphi_1 & \varphi_2 \end{pmatrix} \begin{pmatrix} \lambda_1 & 0 \\ 0 & \lambda_2 \end{pmatrix} \begin{pmatrix} \varphi_1 & \varphi_2 \end{pmatrix}^\dagger \tag{2.2.17}$$

将(2.2.17)式代入(2.2.14)式，便有

$$\begin{aligned}
\exp\left[\begin{pmatrix} a_1^\dagger & a_2^\dagger \end{pmatrix} A \begin{pmatrix} a_1 \\ a_2 \end{pmatrix}\right] &= \exp\left[\begin{pmatrix} a_1^\dagger & a_2^\dagger \end{pmatrix} \begin{pmatrix} \varphi_1 & \varphi_2 \end{pmatrix} \begin{pmatrix} \lambda_1 & 0 \\ 0 & \lambda_2 \end{pmatrix} \begin{pmatrix} \varphi_1 & \varphi_2 \end{pmatrix}^\dagger \begin{pmatrix} a_1 \\ a_2 \end{pmatrix}\right] \\
&= \exp\left[\begin{pmatrix} a_1^\dagger & a_2^\dagger \end{pmatrix} \begin{pmatrix} c_1 & d_1 \\ c_2 & d_2 \end{pmatrix} \begin{pmatrix} \lambda_1 & 0 \\ 0 & \lambda_2 \end{pmatrix} \begin{pmatrix} c_1^* & c_2^* \\ d_1^* & d_2^* \end{pmatrix} \begin{pmatrix} a_1 \\ a_2 \end{pmatrix}\right] \\
&= \exp\left[\begin{pmatrix} c_1 a_1^\dagger + c_2 a_2^\dagger & d_1 a_1^\dagger + d_2 a_2^\dagger \end{pmatrix} \begin{pmatrix} \lambda_1 & 0 \\ 0 & \lambda_2 \end{pmatrix} \begin{pmatrix} c_1^* a_1 + c_2^* a_2 \\ d_1^* a_1 + d_2^* a_2 \end{pmatrix}\right]
\end{aligned}$$

$$\tag{2.2.18}$$

U 是幺正的，故知

$$\begin{aligned}
[c_1 a_1^\dagger + c_2 a_2^\dagger, c_1^* a_1 + c_2^* a_2] &= -(c_1 c_1^* + c_2 c_2^*) = -1 \\
[c_1 a_1^\dagger + c_2 a_2^\dagger, d_1^* a_1 + d_2^* a_2] &= -(c_1 d_1^* + c_2 d_2^*) = 0 \\
[d_1 a_1^\dagger + d_2 a_2^\dagger, c_1^* a_1 + c_2^* a_2] &= -(d_1 c_1^* + d_2 c_2^*) = 0 \\
[d_1 a_1^\dagger + d_2 a_2^\dagger, d_1^* a_1 + d_2^* a_2] &= -(d_1 d_1^* + d_2 d_2^*) = -1
\end{aligned}$$

因此，我们可以将 $c_1 a_1^\dagger + c_2 a_2^\dagger$ 与 $c_1^* a_1 + c_2^* a_2$ 分别视作新第一模的产生算符与湮灭算符，同时将 $d_1 a_1^\dagger + d_2 a_2^\dagger$ 与 $d_1^* a_1 + d_2^* a_2$ 分别视作新第二模的产生算符与湮灭算符。这

样就可以与(2.2.13)式进行类比,从而得到

$$\exp\left[\begin{pmatrix} a_1^\dagger & a_2^\dagger \end{pmatrix} A \begin{pmatrix} a_1 \\ a_2 \end{pmatrix}\right]$$

$$=: \exp\left\{ \begin{pmatrix} c_1 a_1^\dagger + c_2 a_2^\dagger & d_1 a_1^\dagger + d_2 a_2^\dagger \end{pmatrix} \left[e^{\begin{pmatrix} \lambda_1 & 0 \\ 0 & \lambda_2 \end{pmatrix}} - I \right] \begin{pmatrix} c_1^* a_1 + c_2^* a_2 \\ d_1^* a_1 + d_2^* a_2 \end{pmatrix} \right\}:$$

$$=: \exp\left\{ \begin{pmatrix} c_1 a_1^\dagger + c_2 a_2^\dagger & d_1 a_1^\dagger + d_2 a_2^\dagger \end{pmatrix} \left[\begin{pmatrix} e^{\lambda_1} & 0 \\ 0 & e^{\lambda_2} \end{pmatrix} - I \right] \begin{pmatrix} c_1^* a_1 + c_2^* a_2 \\ d_1^* a_1 + d_2^* a_2 \end{pmatrix} \right\}: \quad (2.2.19a)$$

$$=: \exp\left\{ \begin{pmatrix} a_1^\dagger & a_2^\dagger \end{pmatrix} \begin{pmatrix} c_1 & d_1 \\ c_2 & d_2 \end{pmatrix} \left[e^{\begin{pmatrix} \lambda_1 & 0 \\ 0 & \lambda_2 \end{pmatrix}} - I \right] \begin{pmatrix} c_1^* & c_2^* \\ d_1^* & d_2^* \end{pmatrix} \begin{pmatrix} a_1 \\ a_2 \end{pmatrix} \right\}:$$

$$=: \exp\left[\begin{pmatrix} a_1^\dagger & a_2^\dagger \end{pmatrix} (e^A - I) \begin{pmatrix} a_1 \\ a_2 \end{pmatrix} \right]: \quad (2.2.19b)$$

这就是算符 $\exp\left[\begin{pmatrix} a_1^\dagger & a_2^\dagger \end{pmatrix} A \begin{pmatrix} a_1 \\ a_2 \end{pmatrix}\right]$ 的正规乘积排序式,其形式上与(2.2.13)式是相同的.上面最后一步利用了以下计算:

$$\begin{pmatrix} c_1 & d_1 \\ c_2 & d_2 \end{pmatrix} e^{\begin{pmatrix} \lambda_1 & 0 \\ 0 & \lambda_2 \end{pmatrix}} \begin{pmatrix} c_1^* & c_2^* \\ d_1^* & d_2^* \end{pmatrix} = U e^{\begin{pmatrix} \lambda_1 & 0 \\ 0 & \lambda_2 \end{pmatrix}} U^\dagger$$

$$= U \sum_{n=0}^{\infty} \frac{1}{n!} \begin{pmatrix} \lambda_1 & 0 \\ 0 & \lambda_2 \end{pmatrix}^n U^\dagger$$

$$= \sum_{n=0}^{\infty} \frac{1}{n!} U \underbrace{\begin{pmatrix} \lambda_1 & 0 \\ 0 & \lambda_2 \end{pmatrix} \begin{pmatrix} \lambda_1 & 0 \\ 0 & \lambda_2 \end{pmatrix} \cdots \begin{pmatrix} \lambda_1 & 0 \\ 0 & \lambda_2 \end{pmatrix}}_{n\text{次}} U^\dagger$$

$$= \sum_{n=0}^{\infty} \frac{1}{n!} \underbrace{U \begin{pmatrix} \lambda_1 & 0 \\ 0 & \lambda_2 \end{pmatrix} U^\dagger U \begin{pmatrix} \lambda_1 & 0 \\ 0 & \lambda_2 \end{pmatrix} U^\dagger \cdots U \begin{pmatrix} \lambda_1 & 0 \\ 0 & \lambda_2 \end{pmatrix} U^\dagger}_{n\text{次}}$$

$$= \sum_{n=0}^{\infty} \frac{1}{n!} \underbrace{AA\cdots A}_{n\text{次}} = \sum_{n=0}^{\infty} \frac{1}{n!} A^n = e^A \quad (2.2.20)$$

事实上,(2.2.20)式也提供了计算 e^A 的一种有效方法,即

$$e^A = U e^{\begin{pmatrix} \lambda_1 & 0 \\ 0 & \lambda_2 \end{pmatrix}} U^\dagger = \begin{pmatrix} c_1 & d_1 \\ c_2 & d_2 \end{pmatrix} \begin{pmatrix} e^{\lambda_1} & 0 \\ 0 & e^{\lambda_2} \end{pmatrix} \begin{pmatrix} c_1^* & c_2^* \\ d_1^* & d_2^* \end{pmatrix}$$

$$= \begin{pmatrix} c_1 e^{\lambda_1} & d_1 e^{\lambda_2} \\ c_2 e^{\lambda_1} & d_2 e^{\lambda_2} \end{pmatrix} \begin{pmatrix} c_1^* & c_2^* \\ d_1^* & d_2^* \end{pmatrix}$$

$$= \begin{pmatrix} c_1 c_1^* \mathrm{e}^{\lambda_1} + d_1 d_1^* \mathrm{e}^{\lambda_2} & c_1 c_2^* \mathrm{e}^{\lambda_1} + d_1 d_2^* \mathrm{e}^{\lambda_2} \\ c_2 c_1^* \mathrm{e}^{\lambda_1} + d_2 d_1^* \mathrm{e}^{\lambda_2} & c_2 c_2^* \mathrm{e}^{\lambda_1} + d_2 d_2^* \mathrm{e}^{\lambda_2} \end{pmatrix} \quad (2.2.21)$$

因为直接计算 $\mathrm{e}^A = \sum\limits_{n=0}^{\infty} \dfrac{1}{n!} A^n$ 有时是很麻烦的.

例如,求算符 $\exp[\theta(a_1^\dagger a_2 - a_2^\dagger a_1)]$ 的正规乘积排序形式,θ 是一个实参数.将此算符改写为如下形式:

$$\exp[\theta(a_1^\dagger a_2 - a_2^\dagger a_1)] = \exp\left[\begin{pmatrix} a_1^\dagger & a_2^\dagger \end{pmatrix} \begin{pmatrix} 0 & \theta \\ -\theta & 0 \end{pmatrix} \begin{pmatrix} a_1 \\ a_2 \end{pmatrix} \right]$$

利用(2.2.19b)式,则有

$$\exp[\theta(a_1^\dagger a_2 - a_2^\dagger a_1)] = \exp\left[\begin{pmatrix} a_1^\dagger & a_2^\dagger \end{pmatrix} \begin{pmatrix} 0 & \theta \\ -\theta & 0 \end{pmatrix} \begin{pmatrix} a_1 \\ a_2 \end{pmatrix} \right]$$

$$=: \exp\left\{ \begin{pmatrix} a_1^\dagger & a_2^\dagger \end{pmatrix} \left[\mathrm{e}^{\begin{pmatrix} 0 & \theta \\ -\theta & 0 \end{pmatrix}} - I \right] \begin{pmatrix} a_1 \\ a_2 \end{pmatrix} \right\} : \quad (2.2.22)$$

先来直接计算

$$\mathrm{e}^{\begin{pmatrix} 0 & \theta \\ -\theta & 0 \end{pmatrix}} - I = \sum_{n=1}^{\infty} \frac{1}{n!} \begin{pmatrix} 0 & \theta \\ -\theta & 0 \end{pmatrix}^n = \sum_{n=1}^{\infty} \frac{\theta^n}{n!} \begin{pmatrix} 0 & 1 \\ -1 & 0 \end{pmatrix}^n$$

$$= \sum_{n=1,3,5,\cdots}^{\infty} \frac{\theta^n}{n!} \begin{pmatrix} 0 & -\mathrm{i} \cdot \mathrm{i}^n \\ \mathrm{i} \cdot \mathrm{i}^n & 0 \end{pmatrix} + \sum_{n=2,4,6,\cdots}^{\infty} \frac{\theta^n}{n!} \begin{pmatrix} \mathrm{i}^n & 0 \\ 0 & \mathrm{i}^n \end{pmatrix}$$

$$= \sum_{n=1,3,5,\cdots}^{\infty} \frac{(\mathrm{i}\theta)^n}{n!} \begin{pmatrix} 0 & -\mathrm{i} \\ \mathrm{i} & 0 \end{pmatrix} + \sum_{n=2,4,6,\cdots}^{\infty} \frac{(\mathrm{i}\theta)^n}{n!} \begin{pmatrix} 1 & 0 \\ 0 & 1 \end{pmatrix}$$

因为

$$\sum_{n=1,3,5,\cdots}^{\infty} \frac{(\mathrm{i}\theta)^n}{n!} = \frac{\exp(\mathrm{i}\theta) - \exp(-\mathrm{i}\theta)}{2} = \mathrm{i}\sin\theta$$

$$\sum_{n=2,4,6,\cdots}^{\infty} \frac{(\mathrm{i}\theta)^n}{n!} = \sum_{n=0,2,4,6,\cdots}^{\infty} \frac{(\mathrm{i}\theta)^n}{n!} - 1 = \frac{\exp(\mathrm{i}\theta) + \exp(-\mathrm{i}\theta)}{2} - 1 = \cos\theta - 1$$

$$\mathrm{e}^{\begin{pmatrix} 0 & \theta \\ -\theta & 0 \end{pmatrix}} - I = \mathrm{i}\sin\theta \begin{pmatrix} 0 & -\mathrm{i} \\ \mathrm{i} & 0 \end{pmatrix} + (\cos\theta - 1)\begin{pmatrix} 1 & 0 \\ 0 & 1 \end{pmatrix} = \begin{pmatrix} \cos\theta - 1 & \sin\theta \\ -\sin\theta & \cos\theta - 1 \end{pmatrix}$$

所以有

$$\exp[\theta(a_1^\dagger a_2 - a_2^\dagger a_1)] =: \exp\left[\begin{pmatrix} a_1^\dagger & a_2^\dagger \end{pmatrix} \begin{pmatrix} \cos\theta - 1 & \sin\theta \\ -\sin\theta & \cos\theta - 1 \end{pmatrix} \begin{pmatrix} a_1 \\ a_2 \end{pmatrix} \right] :$$

$$= : \exp\left[(a_1^\dagger a_1 + a_2^\dagger a_2)(\cos\theta - 1) + (a_1^\dagger a_2 - a_2^\dagger a_1)\sin\theta\right] : \quad (2.2.23)$$

尽管我们解析地解决了上面这个问题,但可以看出有些麻烦. 对于不同于 $\begin{bmatrix} 0 & \theta \\ -\theta & 0 \end{bmatrix}$ 的矩阵 A,求解过程可能会更加繁琐. 这时倒不如利用(2.2.19a)式,或者说是按照(2.2.21)式的方法来处理,因为对于对角矩阵我们知道

$$\mathrm{e}^{\begin{pmatrix} \lambda_1 & 0 \\ 0 & \lambda_2 \end{pmatrix}} = \begin{bmatrix} \mathrm{e}^{\lambda_1} & 0 \\ 0 & \mathrm{e}^{\lambda_2} \end{bmatrix} \quad (2.2.24)$$

而非对角矩阵没有这一特点. 当然,这要先求解矩阵 $A = \begin{bmatrix} 0 & \theta \\ -\theta & 0 \end{bmatrix}$ 的本征值.

矩阵 $A = \begin{bmatrix} 0 & \theta \\ -\theta & 0 \end{bmatrix}$ 的两个本征值及相应的正交归一化的本征函数分别为

$$\lambda_1 = \mathrm{i}\theta, \quad \varphi_1 = \frac{1}{\sqrt{2}}\begin{bmatrix} 1 \\ \mathrm{i} \end{bmatrix}; \quad \lambda_2 = -\mathrm{i}\theta, \quad \varphi_2 = \frac{1}{\sqrt{2}}\begin{bmatrix} 1 \\ -\mathrm{i} \end{bmatrix}$$

于是

$$\exp\left[\theta(a_1^\dagger a_2 - a_2^\dagger a_1)\right]$$

$$= \exp\left[(a_1^\dagger \quad a_2^\dagger)\begin{bmatrix} 0 & \theta \\ -\theta & 0 \end{bmatrix}\begin{bmatrix} a_1 \\ a_2 \end{bmatrix}\right]$$

$$= \exp\left[\frac{1}{2}(a_1^\dagger \quad a_2^\dagger)\begin{bmatrix} 1 & 1 \\ \mathrm{i} & -\mathrm{i} \end{bmatrix}\begin{bmatrix} \mathrm{i}\theta & 0 \\ 0 & -\mathrm{i}\theta \end{bmatrix}\begin{bmatrix} 1 & -\mathrm{i} \\ 1 & \mathrm{i} \end{bmatrix}\begin{bmatrix} a_1 \\ a_2 \end{bmatrix}\right]$$

$$= : \exp\left[\frac{1}{2}(a_1^\dagger \quad a_2^\dagger)\begin{bmatrix} 1 & 1 \\ \mathrm{i} & -\mathrm{i} \end{bmatrix}\left[\mathrm{e}^{\begin{pmatrix} \mathrm{i}\theta & 0 \\ 0 & -\mathrm{i}\theta \end{pmatrix}} - I\right]\begin{bmatrix} 1 & -\mathrm{i} \\ 1 & \mathrm{i} \end{bmatrix}\begin{bmatrix} a_1 \\ a_2 \end{bmatrix}\right] :$$

$$= : \exp\left[\frac{1}{2}(a_1^\dagger \quad a_2^\dagger)\begin{bmatrix} 1 & 1 \\ \mathrm{i} & -\mathrm{i} \end{bmatrix}\left[\begin{bmatrix} \mathrm{e}^{\mathrm{i}\theta} & 0 \\ 0 & \mathrm{e}^{-\mathrm{i}\theta} \end{bmatrix} - I\right]\begin{bmatrix} 1 & -\mathrm{i} \\ 1 & \mathrm{i} \end{bmatrix}\begin{bmatrix} a_1 \\ a_2 \end{bmatrix}\right] :$$

$$= : \exp\left[\frac{1}{2}(a_1^\dagger \quad a_2^\dagger)\left[\begin{bmatrix} \mathrm{e}^{\mathrm{i}\theta} & \mathrm{e}^{-\mathrm{i}\theta} \\ \mathrm{i}\mathrm{e}^{\mathrm{i}\theta} & -\mathrm{i}\mathrm{e}^{-\mathrm{i}\theta} \end{bmatrix}\begin{bmatrix} 1 & -\mathrm{i} \\ 1 & \mathrm{i} \end{bmatrix} - 2I\right]\begin{bmatrix} a_1 \\ a_2 \end{bmatrix}\right] :$$

$$= : \exp\left[\frac{1}{2}(a_1^\dagger \quad a_2^\dagger)\begin{bmatrix} 2\cos\theta - 2 & 2\sin\theta \\ -2\sin\theta & 2\cos\theta - 2 \end{bmatrix}\begin{bmatrix} a_1 \\ a_2 \end{bmatrix}\right] :$$

$$= : \exp\left[(a_1^\dagger a_1 + a_2^\dagger a_2)(\cos\theta - 1) + (a_1^\dagger a_2 - a_2^\dagger a_1)\sin\theta\right] : \quad (2.2.25)$$

这样处理起来,其方法是很规范的.

在(2.2.19b)式中,令 $\mathrm{e}^A - I = B$,亦即 $A = \ln(I + B)$,从而得到与(2.2.19b)式相对

应的脱去正规乘积记号的公式为

$$: \exp\left[\begin{pmatrix} a_1^\dagger & a_2^\dagger \end{pmatrix} B \begin{pmatrix} a_1 \\ a_2 \end{pmatrix} \right] := \exp\left\{ \begin{pmatrix} a_1^\dagger & a_2^\dagger \end{pmatrix} [\ln(I+B)] \begin{pmatrix} a_1 \\ a_2 \end{pmatrix} \right\} \quad (2.2.26)$$

在实际中,B 的非对角性使得直接计算 $\ln(I+B)$ 很麻烦甚至无法计算. 此时应将 B 对角化,方法也是先求解其本征值. 记 B 的本征值及其相应的正交归一化本征函数分别为 μ_1,φ_1;μ_2,φ_2. 构造幺正变换矩阵 $S=\begin{pmatrix} \varphi_1 & \varphi_2 \end{pmatrix}$,使得

$$S^\dagger B S = \begin{pmatrix} \mu_1 & 0 \\ 0 & \mu_2 \end{pmatrix} \quad \Rightarrow \quad B = S \begin{pmatrix} \mu_1 & 0 \\ 0 & \mu_2 \end{pmatrix} S^\dagger$$

因为对于一个对角矩阵,有

$$\ln \begin{pmatrix} \lambda_1 & 0 \\ 0 & \lambda_2 \end{pmatrix} = \begin{pmatrix} \ln\lambda_1 & 0 \\ 0 & \ln\lambda_2 \end{pmatrix} \quad (2.2.27)$$

所以有

$$: \exp\left[\begin{pmatrix} a_1^\dagger & a_2^\dagger \end{pmatrix} B \begin{pmatrix} a_1 \\ a_2 \end{pmatrix} \right] := : \exp\left[\begin{pmatrix} a_1^\dagger & a_2^\dagger \end{pmatrix} S \begin{pmatrix} \mu_1 & 0 \\ 0 & \mu_2 \end{pmatrix} S^\dagger \begin{pmatrix} a_1 \\ a_2 \end{pmatrix} \right] :$$

$$= \exp\left\{ \begin{pmatrix} a_1^\dagger & a_2^\dagger \end{pmatrix} S \left\{ \ln\left[I + \begin{pmatrix} \mu_1 & 0 \\ 0 & \mu_2 \end{pmatrix} \right] \right\} S^\dagger \begin{pmatrix} a_1 \\ a_2 \end{pmatrix} \right\}$$

$$= \exp\left\{ \begin{pmatrix} a_1^\dagger & a_2^\dagger \end{pmatrix} S \left[\ln \begin{pmatrix} \mu_1+1 & 0 \\ 0 & \mu_2+1 \end{pmatrix} \right] S^\dagger \begin{pmatrix} a_1 \\ a_2 \end{pmatrix} \right\}$$

$$= \exp\left\{ \begin{pmatrix} a_1^\dagger & a_2^\dagger \end{pmatrix} S \begin{bmatrix} \ln(\mu_1+1) & 0 \\ 0 & \ln(\mu_2+1) \end{bmatrix} S^\dagger \begin{pmatrix} a_1 \\ a_2 \end{pmatrix} \right\}$$

$$(2.2.28)$$

利用(2.2.28)式计算要比利用(2.2.26)式方便很多. 如(2.2.25)式中的正规乘积算符

$$: \exp\left[(a_1^\dagger a_1 + a_2^\dagger a_2)(\cos\theta - 1) + (a_1^\dagger a_2 - a_2^\dagger a_1)\sin\theta \right]:$$

$$= : \exp\left[\begin{pmatrix} a_1^\dagger & a_2^\dagger \end{pmatrix} \begin{pmatrix} \cos\theta - 1 & \sin\theta \\ -\sin\theta & \cos\theta - 1 \end{pmatrix} \begin{pmatrix} a_1 \\ a_2 \end{pmatrix} \right]:$$

矩阵 $\begin{pmatrix} \cos\theta - 1 & \sin\theta \\ -\sin\theta & \cos\theta - 1 \end{pmatrix}$ 的本征值及相应的本征函数分别为

$$\mu_1 = \cos\theta + \mathrm{i}\sin\theta - 1 = \mathrm{e}^{\mathrm{i}\theta} - 1, \quad \varphi_1 = \frac{1}{\sqrt{2}} \begin{pmatrix} 1 \\ \mathrm{i} \end{pmatrix}$$

$$\mu_2 = \cos\theta - i\sin\theta - 1 = e^{-i\theta} - 1, \quad \varphi_2 = \frac{1}{\sqrt{2}}\begin{bmatrix} 1 \\ -i \end{bmatrix}$$

所以按照(2.2.28)式,我们有

$$: \exp\left[(a_1^\dagger a_1 + a_2^\dagger a_2)(\cos\theta - 1) + (a_1^\dagger a_2 - a_2^\dagger a_1)\sin\theta\right]:$$

$$= : \exp\left[(a_1^\dagger \quad a_2^\dagger)\begin{bmatrix} \cos\theta - 1 & \sin\theta \\ -\sin\theta & \cos\theta - 1 \end{bmatrix}\begin{bmatrix} a_1 \\ a_2 \end{bmatrix}\right]:$$

$$= : \exp\left[\frac{1}{2}(a_1^\dagger \quad a_2^\dagger)\begin{bmatrix} 1 & 1 \\ i & -i \end{bmatrix}\begin{bmatrix} e^{i\theta} - 1 & 0 \\ 0 & e^{-i\theta} - 1 \end{bmatrix}\begin{bmatrix} 1 & -i \\ 1 & i \end{bmatrix}\begin{bmatrix} a_1 \\ a_2 \end{bmatrix}\right]:$$

$$= \exp\left\{\frac{1}{2}(a_1^\dagger \quad a_2^\dagger)\begin{bmatrix} 1 & 1 \\ i & -i \end{bmatrix}\ln\left[\begin{bmatrix} e^{i\theta} - 1 & 0 \\ 0 & e^{-i\theta} - 1 \end{bmatrix} + I\right]\begin{bmatrix} 1 & -i \\ 1 & i \end{bmatrix}\begin{bmatrix} a_1 \\ a_2 \end{bmatrix}\right\}$$

$$= \exp\left[\frac{1}{2}(a_1^\dagger \quad a_2^\dagger)\begin{bmatrix} 1 & 1 \\ i & -i \end{bmatrix}\begin{bmatrix} i\theta & 0 \\ 0 & -i\theta \end{bmatrix}\begin{bmatrix} 1 & -i \\ 1 & i \end{bmatrix}\begin{bmatrix} a_1 \\ a_2 \end{bmatrix}\right]$$

$$= \exp\left[\frac{1}{2}(a_1^\dagger \quad a_2^\dagger)\begin{bmatrix} 0 & 2\theta \\ -2\theta & 0 \end{bmatrix}\begin{bmatrix} a_1 \\ a_2 \end{bmatrix}\right]$$

$$= \exp\left[\theta(a_1^\dagger a_2 - a_2^\dagger a_1)\right]$$

如果 $\mathscr{A}$ 是一个无法幺正对角化(包括可以相似对角化与无法相似对角化)的非对角矩阵,那么算符

$$\exp\left[(a_1^\dagger \quad a_2^\dagger)\mathscr{A}\begin{bmatrix} a_1 \\ a_2 \end{bmatrix}\right] \tag{2.2.29}$$

的正规乘积排序式如何导出呢? 事实上,(2.2.19b)式仍成立,即

$$\exp\left[(a_1^\dagger \quad a_2^\dagger)\mathscr{A}\begin{bmatrix} a_1 \\ a_2 \end{bmatrix}\right] = : \exp\left[(a_1^\dagger \quad a_2^\dagger)(e^{\mathscr{A}} - I)\begin{bmatrix} a_1 \\ a_2 \end{bmatrix}\right]: \tag{2.2.30}$$

其证明见附录2,这里仅以两个例子予以佐证.

例 1 设 $\mathscr{A} = \begin{bmatrix} 1 & 1 \\ 0 & 2 \end{bmatrix}$,导出算符 $\exp\left[(a_1^\dagger \quad a_2^\dagger)\begin{bmatrix} 1 & 1 \\ 0 & 2 \end{bmatrix}\begin{bmatrix} a_1 \\ a_2 \end{bmatrix}\right]$ 的正规乘积式. 显然,矩阵 $\mathscr{A}$ 不能幺正对角化,但可以相似对角化.

方法 1 直接计算指数矩阵. 因为

$$e^{\begin{pmatrix} 1 & 1 \\ 0 & 2 \end{pmatrix}} = \sum_{n=0}^{\infty} \frac{1}{n!}\begin{bmatrix} 1 & 1 \\ 0 & 2 \end{bmatrix}^n = I + \sum_{n=1}^{\infty} \frac{1}{n!}\begin{bmatrix} 1 & 1 \\ 0 & 2 \end{bmatrix}^n$$

$$= I + \sum_{n=1}^{\infty} \frac{1}{n!} \begin{pmatrix} 1 & 1 + 2 + 2^2 + \cdots + 2^{n-1} \\ 0 & 2^n \end{pmatrix}$$

$$= I + \sum_{n=1}^{\infty} \frac{1}{n!} \begin{pmatrix} 1 & 2^n - 1 \\ 0 & 2^n \end{pmatrix}$$

$$= I + \begin{pmatrix} e - 1 & e^2 - e \\ 0 & e^2 - 1 \end{pmatrix} = \begin{pmatrix} e & e^2 - e \\ 0 & e^2 \end{pmatrix}$$

所以利用(2.2.30)式可得

$$\exp\left[(a_1^\dagger \quad a_2^\dagger) \begin{pmatrix} 1 & 1 \\ 0 & 2 \end{pmatrix} \begin{pmatrix} a_1 \\ a_2 \end{pmatrix} \right]$$

$$=: \exp\left\{ (a_1^\dagger \quad a_2^\dagger) \left[e^{\begin{pmatrix} 1 & 1 \\ 0 & 2 \end{pmatrix}} - I \right] \begin{pmatrix} a_1 \\ a_2 \end{pmatrix} \right\}:$$

$$=: \exp\left[(a_1^\dagger \quad a_2^\dagger) \begin{pmatrix} e - 1 & e^2 - e \\ 0 & e^2 - 1 \end{pmatrix} \begin{pmatrix} a_1 \\ a_2 \end{pmatrix} \right]:$$

$$=: \exp[(e - 1)a_1^\dagger a_1 + (e^2 - e)a_1^\dagger a_2 + (e^2 - 1)a_2^\dagger a_2]: \qquad (2.2.31)$$

方法 2 相似对角化并结合(2.2.30)式. 矩阵 $\begin{pmatrix} 1 & 1 \\ 0 & 2 \end{pmatrix}$ 的本征值及相应的归一化本征函数(**也可以不归一化**)分别为

$$\lambda_1 = 1, \quad \varphi_1 = \begin{pmatrix} 1 \\ 0 \end{pmatrix}; \quad \lambda_2 = 1, \quad \varphi_2 = \begin{pmatrix} 1/\sqrt{2} \\ 1/\sqrt{2} \end{pmatrix}$$

显然 φ_1 与 φ_2 线性独立但不正交. 构造变换矩阵

$$S = \begin{pmatrix} 1 & 1/\sqrt{2} \\ 0 & 1/\sqrt{2} \end{pmatrix}$$

可采用行(或列)初等变换得到其逆矩阵, 即

$$\begin{pmatrix} 1 & 1/\sqrt{2} & \vdots & 1 & 0 \\ 0 & 1/\sqrt{2} & \vdots & 0 & 1 \end{pmatrix} \xrightarrow{\text{第二行乘以}(-1)\text{加到第一行}} \begin{pmatrix} 1 & 0 & \vdots & 1 & -1 \\ 0 & 1/\sqrt{2} & \vdots & 0 & 1 \end{pmatrix}$$

$$\xrightarrow{\text{第二行乘以}\sqrt{2}} \begin{pmatrix} 1 & 0 & \vdots & 1 & -1 \\ 0 & 1 & \vdots & 0 & \sqrt{2} \end{pmatrix}$$

所以

$$S^{-1} = \begin{pmatrix} 1 & -1 \\ 0 & \sqrt{2} \end{pmatrix}$$

易见变换矩阵 S 不幺正,所以由变换矩阵 S 所实现的变换是相似变换而非幺正变换,即

$$S^{-1}\begin{pmatrix} 1 & 1 \\ 0 & 2 \end{pmatrix}S = \begin{pmatrix} 1 & 0 \\ 0 & 2 \end{pmatrix} \quad \Rightarrow \quad \begin{pmatrix} 1 & 1 \\ 0 & 2 \end{pmatrix} = S\begin{pmatrix} 1 & 0 \\ 0 & 2 \end{pmatrix}S^{-1}$$

故有

$$\exp\left[(a_1^\dagger \ \ a_2^\dagger)\begin{pmatrix} 1 & 1 \\ 0 & 2 \end{pmatrix}\begin{pmatrix} a_1 \\ a_2 \end{pmatrix}\right] = \exp\left[(a_1^\dagger \ \ a_2^\dagger)\begin{pmatrix} 1 & 1/\sqrt{2} \\ 0 & 1/\sqrt{2} \end{pmatrix}\begin{pmatrix} 1 & 0 \\ 0 & 2 \end{pmatrix}\begin{pmatrix} 1 & -1 \\ 0 & \sqrt{2} \end{pmatrix}\begin{pmatrix} a_1 \\ a_2 \end{pmatrix}\right]$$

$$= \exp\left[\left(a_1^\dagger \ \ \frac{1}{\sqrt{2}}a_1^\dagger + \frac{1}{\sqrt{2}}a_2^\dagger\right)\begin{pmatrix} 1 & 0 \\ 0 & 2 \end{pmatrix}\begin{pmatrix} a_1 - a_2 \\ \sqrt{2}a_2 \end{pmatrix}\right]$$

类比(2.2.13)式,由于

$$[a_1^\dagger, a_1 - a_2] = 1 = [a_1^\dagger, a_1], \quad [a_1^\dagger, \sqrt{2}a_2] = 0 = [a_1^\dagger, a_2]$$

$$\left[\frac{1}{\sqrt{2}}a_1^\dagger + \frac{1}{\sqrt{2}}a_2^\dagger, a_1 - a_2\right] = 0 = [a_2^\dagger, a_1], \quad \left[\frac{1}{\sqrt{2}}a_1^\dagger + \frac{1}{\sqrt{2}}a_2^\dagger, \sqrt{2}a_2\right] = 1 = [a_2^\dagger, a_2]$$

所以有

$$\exp\left[(a_1^\dagger \ \ a_2^\dagger)\begin{pmatrix} 1 & 1 \\ 0 & 2 \end{pmatrix}\begin{pmatrix} a_1 \\ a_2 \end{pmatrix}\right]$$

$$=: \exp\left\{\left(a_1^\dagger \ \ \frac{1}{\sqrt{2}}a_1^\dagger + \frac{1}{\sqrt{2}}a_2^\dagger\right)\left[e^{\begin{pmatrix} 1 & 0 \\ 0 & 2 \end{pmatrix}} - I\right]\begin{pmatrix} a_1 - a_2 \\ \sqrt{2}a_2 \end{pmatrix}\right\}:$$

$$=: \exp\left\{\left(a_1^\dagger \ \ \frac{1}{\sqrt{2}}a_1^\dagger + \frac{1}{\sqrt{2}}a_2^\dagger\right)\left[\begin{pmatrix} e & 0 \\ 0 & e^2 \end{pmatrix} - I\right]\begin{pmatrix} a_1 - a_2 \\ \sqrt{2}a_2 \end{pmatrix}\right\}:$$

$$=: \exp\left[\left(a_1^\dagger \ \ \frac{1}{\sqrt{2}}a_1^\dagger + \frac{1}{\sqrt{2}}a_2^\dagger\right)\begin{pmatrix} e-1 & 0 \\ 0 & e^2-1 \end{pmatrix}\begin{pmatrix} a_1 - a_2 \\ \sqrt{2}a_2 \end{pmatrix}\right]:$$

$$=: \exp\left[\left((e-1)a_1^\dagger \ \ \frac{1}{\sqrt{2}}a_1^\dagger(e^2-1) + \frac{1}{\sqrt{2}}a_2^\dagger(e^2-1)\right)\begin{pmatrix} a_1 - a_2 \\ \sqrt{2}a_2 \end{pmatrix}\right]:$$

$$=: \exp\left[(e-1)a_1^\dagger a_1 - (e-1)a_1^\dagger a_2 + (e^2-1)a_1^\dagger a_2 + (e^2-1)a_2^\dagger a_2\right]:$$

$$=: \exp\left[(e-1)a_1^\dagger a_1 + (e^2-e)a_1^\dagger a_2 + (e^2-1)a_2^\dagger a_2\right]:$$

这与方法 1 所得结果是相同的.

当然,也可以不将矩阵 $\begin{pmatrix} 1 & 1 \\ 0 & 2 \end{pmatrix}$ 的本征函数归一化,直接取为

$$\lambda_1 = 1, \quad \varphi_1 = \begin{pmatrix} 1 \\ 0 \end{pmatrix}; \quad \lambda_2 = 1, \quad \varphi_2 = \begin{pmatrix} 1 \\ 1 \end{pmatrix}$$

构造相似变换矩阵

$$S = \begin{pmatrix} 1 & 1 \\ 0 & 1 \end{pmatrix}, \quad S^{-1} = \begin{pmatrix} 1 & -1 \\ 0 & 1 \end{pmatrix}$$

则有

$$S^{-1} \begin{pmatrix} 1 & 1 \\ 0 & 2 \end{pmatrix} S = \begin{pmatrix} 1 & 0 \\ 0 & 2 \end{pmatrix} \quad \Rightarrow \quad \begin{pmatrix} 1 & 1 \\ 0 & 2 \end{pmatrix} = S \begin{pmatrix} 1 & 0 \\ 0 & 2 \end{pmatrix} S^{-1}$$

故有

$$\exp\left[(a_1^\dagger \quad a_2^\dagger) \begin{pmatrix} 1 & 1 \\ 0 & 2 \end{pmatrix} \begin{pmatrix} a_1 \\ a_2 \end{pmatrix} \right] = \exp\left[(a_1^\dagger \quad a_2^\dagger) \begin{pmatrix} 1 & 1 \\ 0 & 1 \end{pmatrix} \begin{pmatrix} 1 & 0 \\ 0 & 2 \end{pmatrix} \begin{pmatrix} 1 & -1 \\ 0 & 1 \end{pmatrix} \begin{pmatrix} a_1 \\ a_2 \end{pmatrix} \right]$$

$$= \exp\left[(a_1^\dagger \quad a_1^\dagger + a_2^\dagger) \begin{pmatrix} 1 & 0 \\ 0 & 2 \end{pmatrix} \begin{pmatrix} a_1 - a_2 \\ a_2 \end{pmatrix} \right]$$

$$=: \exp\left\{ (a_1^\dagger \quad a_1^\dagger + a_2^\dagger) \left[\mathrm{e}^{\begin{pmatrix} 1 & 0 \\ 0 & 2 \end{pmatrix}} - I \right] \begin{pmatrix} a_1 - a_2 \\ a_2 \end{pmatrix} \right\}:$$

$$=: \exp\left\{ (a_1^\dagger \quad a_1^\dagger + a_2^\dagger) \left[\begin{pmatrix} \mathrm{e} & 0 \\ 0 & \mathrm{e}^2 \end{pmatrix} - I \right] \begin{pmatrix} a_1 - a_2 \\ a_2 \end{pmatrix} \right\}:$$

$$=: \exp\left[(a_1^\dagger \quad a_1^\dagger + a_2^\dagger) \begin{pmatrix} \mathrm{e}-1 & 0 \\ 0 & \mathrm{e}^2-1 \end{pmatrix} \begin{pmatrix} a_1 - a_2 \\ a_2 \end{pmatrix} \right]:$$

$$=: \exp\left[(\mathrm{e}-1) a_1^\dagger a_1 + (\mathrm{e}^2 - \mathrm{e}) a_1^\dagger a_2 + (\mathrm{e}^2 - 1) a_2^\dagger a_2 \right]:$$

方法 3 利用相似对角化直接计算,即

$$\exp\left[(a_1^\dagger \quad a_2^\dagger) \begin{pmatrix} 1 & 1 \\ 0 & 2 \end{pmatrix} \begin{pmatrix} a_1 \\ a_2 \end{pmatrix} \right] = \exp\left[(a_1^\dagger \quad a_2^\dagger) \begin{pmatrix} 1 & 1/\sqrt{2} \\ 0 & 1/\sqrt{2} \end{pmatrix} \begin{pmatrix} 1 & 0 \\ 0 & 2 \end{pmatrix} \begin{pmatrix} 1 & -1 \\ 0 & \sqrt{2} \end{pmatrix} \begin{pmatrix} a_1 \\ a_2 \end{pmatrix} \right]$$

$$= \exp\left[\left(a_1^\dagger \quad \frac{1}{\sqrt{2}} a_1^\dagger + \frac{1}{\sqrt{2}} a_2^\dagger \right) \begin{pmatrix} 1 & 0 \\ 0 & 2 \end{pmatrix} \begin{pmatrix} a_1 - a_2 \\ \sqrt{2} a_2 \end{pmatrix} \right]$$

$$= \exp\left[\left(a_1^\dagger \quad \sqrt{2}a_1^\dagger + \sqrt{2}a_2^\dagger\right)\begin{pmatrix} a_1 - a_2 \\ \sqrt{2}a_2 \end{pmatrix}\right]$$

$$= \exp[a_1^\dagger(a_1 - a_2) + 2(a_1^\dagger + a_2^\dagger)a_2]$$

因为 $a_1^\dagger(a_1 - a_2)$ 与 $2(a_1^\dagger + a_2^\dagger)a_2$ 相互对易,即 $[a_1^\dagger(a_1 - a_2), 2(a_1^\dagger + a_2^\dagger)a_2] = 0$,所以上式可写成

$$\exp\left[\left(a_1^\dagger \quad a_2^\dagger\right)\begin{pmatrix} 1 & 1 \\ 0 & 2 \end{pmatrix}\begin{pmatrix} a_1 \\ a_2 \end{pmatrix}\right] = \exp[a_1^\dagger(a_1 - a_2)]\exp[2(a_1^\dagger + a_2^\dagger)a_2]$$

基于

$$[a_1^\dagger, (a_1 - a_2)] = -1 = [a_1^\dagger, a_1], \quad [(a_1^\dagger + a_2^\dagger), a_2] = -1 = [a_2^\dagger, a_2]$$

并与 $\exp(\lambda a^\dagger a) = \, : \exp[a^\dagger a(e^\lambda - 1)] :$ 类比,可得

$$\exp\left[\left(a_1^\dagger \quad a_2^\dagger\right)\begin{pmatrix} 1 & 1 \\ 0 & 2 \end{pmatrix}\begin{pmatrix} a_1 \\ a_2 \end{pmatrix}\right]$$

$$= \, : \exp[a_1^\dagger(a_1 - a_2)(e - 1)] : \times : \exp[(a_1^\dagger + a_2^\dagger)a_2(e^2 - 1)] :$$

又因为 $(a_1 - a_2)$ 与 $(a_1^\dagger + a_2^\dagger)$ 可对易,所以上式总体上就已经是正规乘积排序了,于是有

$$\exp\left[\left(a_1^\dagger \quad a_2^\dagger\right)\begin{pmatrix} 1 & 1 \\ 0 & 2 \end{pmatrix}\begin{pmatrix} a_1 \\ a_2 \end{pmatrix}\right] = \, : \exp[a_1^\dagger(a_1 - a_2)(e - 1)]\exp[(a_1^\dagger + a_2^\dagger)a_2(e^2 - 1)] :$$

$$= \, : \exp[(e - 1)a_1^\dagger a_1 + (e^2 - e)a_1^\dagger a_2 + (e^2 - 1)a_2^\dagger a_2] :$$

这与前两种方法所得结果是相同的.

例2 设 $\mathscr{A} = \begin{pmatrix} 0 & 1 \\ 0 & 0 \end{pmatrix}$,导出算符 $\exp\left[\left(a_1^\dagger \quad a_2^\dagger\right)\begin{pmatrix} 0 & 1 \\ 0 & 0 \end{pmatrix}\begin{pmatrix} a_1 \\ a_2 \end{pmatrix}\right]$ 的正规乘积式. 显然,矩阵 $\mathscr{A}$ 既不能幺正对角化,也不能相似对角化.

事实上,直接运算就可得到

$$\exp\left[\left(a_1^\dagger \quad a_2^\dagger\right)\begin{pmatrix} 0 & 1 \\ 0 & 0 \end{pmatrix}\begin{pmatrix} a_1 \\ a_2 \end{pmatrix}\right] = \exp(a_1^\dagger a_2)$$

由于 $a_1^\dagger$ 和 a_2 分别是相互独立的第一模的产生算符和第二模的湮灭算符,所以上式右端的指数算符 $\exp(a_1^\dagger a_2)$ 可以视为式正规乘积排序的,故有

$$\exp\left[\left(a_1^\dagger \quad a_2^\dagger\right)\begin{pmatrix} 0 & 1 \\ 0 & 0 \end{pmatrix}\begin{pmatrix} a_1 \\ a_2 \end{pmatrix}\right] = \exp(a_1^\dagger a_2) = \, : \exp(a_1^\dagger a_2) : \quad (2.2.32)$$

若利用算符(2.2.30)式,则有

$$\exp\left[(a_1^\dagger \quad a_2^\dagger)\begin{pmatrix} 0 & 1 \\ 0 & 0 \end{pmatrix}\begin{pmatrix} a_1 \\ a_2 \end{pmatrix}\right] =: \exp\left\{(a_1^\dagger \quad a_2^\dagger)\left[e^{\begin{pmatrix} 0 & 1 \\ 0 & 0 \end{pmatrix}} - I\right]\begin{pmatrix} a_1 \\ a_2 \end{pmatrix}\right\}:$$

$$=: \exp\left\{(a_1^\dagger \quad a_2^\dagger)\left[I + \sum_{n=1}^{\infty}\frac{1}{n!}\begin{pmatrix} 0 & 1 \\ 0 & 0 \end{pmatrix}^n - I\right]\begin{pmatrix} a_1 \\ a_2 \end{pmatrix}\right\}:$$

$$=: \exp\left\{(a_1^\dagger \quad a_2^\dagger)\begin{pmatrix} 0 & 1 \\ 0 & 0 \end{pmatrix}\begin{pmatrix} a_1 \\ a_2 \end{pmatrix}\right\}:$$

$$=: \exp(a_1^\dagger a_2): = \exp(a_1^\dagger a_2)$$

这与(2.2.32)式是一致的.

再来讨论算符

$$\exp\left[(a_1 \quad a_2)\mathscr{A}\begin{pmatrix} a_1^\dagger \\ a_2^\dagger \end{pmatrix}\right] \tag{2.2.33}$$

的正规乘积排序形式.因为

$$\exp\left[(a_1 \quad a_2)\mathscr{A}\begin{pmatrix} a_1^\dagger \\ a_2^\dagger \end{pmatrix}\right]$$

$$= \exp(\mathscr{A}_{11}a_1 a_1^\dagger + \mathscr{A}_{21}a_2 a_1^\dagger + \mathscr{A}_{12}a_1 a_2^\dagger + \mathscr{A}_{22}a_2 a_2^\dagger)$$

$$= \exp(\mathscr{A}_{11}a_1^\dagger a_1 + \mathscr{A}_{11} + \mathscr{A}_{21}a_1^\dagger a_2 + \mathscr{A}_{12}a_2^\dagger a_1 + \mathscr{A}_{22}a_2^\dagger a_2 + \mathscr{A}_{22})$$

$$= e^{\mathscr{A}_{11}+\mathscr{A}_{22}}\exp\left[(a_1^\dagger \quad a_2^\dagger)\widetilde{\mathscr{A}}\begin{pmatrix} a_1 \\ a_2 \end{pmatrix}\right]$$

这里 $\widetilde{\mathscr{A}}$ 是 $\mathscr{A}$ 的转置矩阵.于是由(2.2.30)式便得到如下算符公式:

$$\exp\left[(a_1 \quad a_2)\mathscr{A}\begin{pmatrix} a_1^\dagger \\ a_2^\dagger \end{pmatrix}\right] = e^{\mathrm{tr}\,\mathscr{A}}: \exp\left[(a_1^\dagger \quad a_2^\dagger)(e^{\widetilde{\mathscr{A}}} - I)\begin{pmatrix} a_1 \\ a_2 \end{pmatrix}\right]:$$

$$= e^{\mathrm{tr}\,\mathscr{A}}: \exp\left[(a_1 \quad a_2)(e^{\mathscr{A}} - I)\begin{pmatrix} a_1^\dagger \\ a_2^\dagger \end{pmatrix}\right]: \tag{2.2.34}$$

式中 $\mathrm{tr}\,\mathscr{A} = \mathscr{A}_{11} + \mathscr{A}_{22}$ 是矩阵 $\mathscr{A}$ 的迹.

算符(2.2.30)式和(2.2.34)式可以推广到多模情形,即有以下算符公式成立:

$$\exp\left[(a_1^\dagger \quad a_2^\dagger \quad \cdots \quad a_n^\dagger) \mathscr{A} \begin{pmatrix} a_1 \\ a_2 \\ \vdots \\ a_n \end{pmatrix} \right] =: \exp\left[(a_1^\dagger \quad a_2^\dagger \quad \cdots \quad a_n^\dagger)(\mathrm{e}^\mathscr{A} - I) \begin{pmatrix} a_1 \\ a_2 \\ \vdots \\ a_n \end{pmatrix} \right]:$$

$$\tag{2.2.35}$$

$$\exp\left[(a_1 \quad a_2 \quad \cdots \quad a_n) \mathscr{A} \begin{pmatrix} a_1^\dagger \\ a_2^\dagger \\ \vdots \\ a_n^\dagger \end{pmatrix} \right] = \mathrm{e}^{\mathrm{tr}\,\mathscr{A}} : \exp\left[(a_1 \quad a_2 \quad \cdots \quad a_n)(\mathrm{e}^\mathscr{A} - I) \begin{pmatrix} a_1^\dagger \\ a_2^\dagger \\ \vdots \\ a_n^\dagger \end{pmatrix} \right]:$$

$$\tag{2.2.36}$$

式中 $\mathscr{A}$ 是一个任意的 $n \times n$ 方矩阵. 令 $\mathrm{e}^\mathscr{A} - I = \mathscr{B}$, 上面的两个公式化为

$$: \exp\left[(a_1^\dagger \quad a_2^\dagger \quad \cdots \quad a_n^\dagger) \mathscr{B} \begin{pmatrix} a_1 \\ a_2 \\ \vdots \\ a_n \end{pmatrix} \right]: = \exp\left[(a_1^\dagger \quad a_2^\dagger \quad \cdots \quad a_n^\dagger)\ln(\mathscr{B} + I) \begin{pmatrix} a_1 \\ a_2 \\ \vdots \\ a_n \end{pmatrix} \right]$$

$$\tag{2.2.37}$$

$$: \exp\left[(a_1 \quad a_2 \quad \cdots \quad a_n) \mathscr{B} \begin{pmatrix} a_1^\dagger \\ a_2^\dagger \\ \vdots \\ a_n^\dagger \end{pmatrix} \right]:$$

$$= \mathrm{e}^{-\mathrm{tr}[\ln(\mathscr{B} + I)]} \exp\left[(a_1 \quad a_2 \quad \cdots \quad a_n)\ln(\mathscr{B} + I) \begin{pmatrix} a_1^\dagger \\ a_2^\dagger \\ \vdots \\ a_n^\dagger \end{pmatrix} \right] \tag{2.2.38}$$

这就是正规乘积记号内的多模指数算符脱去正规乘积记号的公式, 它们分别是(2.2.35)式与(2.2.36)式的逆运算.

拓展讨论

在(2.2.2)式和(2.2.4)式所示的外尔对应规则及其逆规则中, 我们使用了算符函数的偏微商方法. 事实上, 算符函数的微商可以分两种情况.

第一种是算符函数对普通参数的微商, 例如, $F(x; A, B) = \exp(-xA + B)$ 是一个复合算符函数, 其中 x 是一个普通参数, 而 A 和 B 是线性算符(或矩阵). 因为算符 A 与 B

未必对易,所以人们所熟知的普通复合函数的微商法则也未必适用(后面的章节还会有专门讨论,见第8章).如果无视算符 A 与 B 不对易性,直接按照普通复合函数的微商法得出

$$\frac{\partial F(x;A,B)}{\partial x} = -A \cdot \exp(-xA+B) \quad \text{或} \quad \frac{\partial F(x;A,B)}{\partial x} = -\exp(-xA+B) \cdot A$$

那就犯了错误,这两个结果都不正确.当且仅当 A 与 B 可对易时,这两个结果才是正确的.如果能把算符函数排列成有序乘积的形式(如所有 A 排列在所有 B 的左边的 A-B 排序或所有 B 排列在所有 A 的左边的 B-A 排序形式),则在有序算符记号内可以直接按照普通复合函数的微商法则求微商,因为此时算符可以视为普通数(c 数),可对易.

假设 $[A,B] = AB - BA = c$ 且 $[A,c] = [c,B] = 0$,那么我们可以利用 Baker-Campbell-Hausdorff 公式将算符函数 $F(x;A,B) = \exp(-xA+B)$ 排列成 A 在左、B 在右的有序形式,即

$$F(x;A,B) = \exp(-xA+B) = \mathrm{e}^{-xA}\mathrm{e}^{B}\mathrm{e}^{\frac{1}{2}cx} = \left\{\exp\left(-xA+\frac{1}{2}cx+B\right)\right\}\Big|_{A\text{-}B}$$

于是就有

$$\begin{aligned}
\frac{\partial F(x;A,B)}{\partial x} &= \frac{\partial}{\partial x}\left\{\exp\left(-xA+\frac{1}{2}cx+B\right)\right\}\Big|_{A\text{-}B} \\
&= \left\{\left(\frac{1}{2}c-A\right)\exp\left(-xA+\frac{1}{2}cx+B\right)\right\}\Big|_{A\text{-}B} \\
&= \left(\frac{1}{2}c-A\right)\left\{\exp\left(-xA+\frac{1}{2}cx+B\right)\right\}\Big|_{A\text{-}B} \\
&= \left(\frac{1}{2}c-A\right)\exp(-xA+B)
\end{aligned} \tag{2.2.39}$$

这里暂以符号 $\{\cdots\}\big|_{A\text{-}B}$ 表示 A-B 排序.当然也可以利用 Baker-Campbell-Hausdorff 公式将算符函数 $F(x;A,B) = \exp(-xA+B)$ 排列成 B-A 排序的形式,即

$$F(x;A,B) = \exp(-xA+B) = \mathrm{e}^{B}\mathrm{e}^{-xA}\mathrm{e}^{-\frac{1}{2}cx} = \left\{\exp\left(-xA-\frac{1}{2}cx+B\right)\right\}\Big|_{B\text{-}A}$$

那么,我们有

$$\begin{aligned}
\frac{\partial F(x;A,B)}{\partial x} &= \frac{\partial}{\partial x}\left\{\exp\left(-xA-\frac{1}{2}cx+B\right)\right\}\Big|_{B\text{-}A} \\
&= \left\{\left(-\frac{1}{2}c-A\right)\exp\left(-xA-\frac{1}{2}cx+B\right)\right\}\Big|_{B\text{-}A}
\end{aligned}$$

$$= \left\{ \exp\left(-xA - \frac{1}{2}cx + B \right) \right\}\bigg|_{B\text{-}A} \left(-\frac{1}{2}c - A \right)$$

$$= \exp(-xA + B)\left(-\frac{1}{2}c - A \right) \tag{2.2.40}$$

式中暂以符号 $\{\cdots\}|_{B\text{-}A}$ 表示 $B\text{-}A$ 排序. 可以利用 (1.2.2) 式证明 (2.2.39) 式和 (2.2.40) 式是相等的.

另外, 我们还可以利用第 8 章中给出的复合算符函数的微商法则 (无需排列成有序乘积形式) 得到上面的两种等价的结果.

对于一些简单的算符函数, 有时也可不采用上述三种基本方法而直接求导, 只要掌握好算符的次序就行. 如 $F = (-xA + B)^2$, 可以先展开成

$$F = (-xA + B)^2 = (-xA + B)(-xA + B) = x^2 A^2 - xAB - xBA + B^2$$

于是有 $\frac{\partial F}{\partial x} = 2xA^2 - AB - BA$, 这里算符排列次序不存在歧义的地方.

第二种是算符函数对算符的微商, 如 $F(A,B) = \mathrm{e}^{AB+B}$ 对算符 A 或 B 的微商. 在第 1.3 节中已经利用算符的参数微商法定义了这种微商. 所以, 可认为算符函数的这两种微商没什么差别, 微商法则也相同. 如

$$\frac{\partial F(A,B)}{\partial A} = \frac{\partial \mathrm{e}^{AB+B}}{\partial A} = \frac{\partial \mathrm{e}^{(A+t)B+B}}{\partial t}\bigg|_{t=0} = \frac{\partial \mathrm{e}^{AB+tB+B}}{\partial t}\bigg|_{t=0}$$

这样就把算符函数对算符的微商转换成了对普通参数 t 的微商, 因此也就可以按照第一种情况的各方法计算. 当然, 也可不引入普通参数而直接按 $\frac{\partial F(A,B)}{\partial A} = \frac{\partial \mathrm{e}^{AB+B}}{\partial A}$ 计算, 其方法仍然是想办法把 $F(A,B) = \mathrm{e}^{AB+B}$ 转换成某种有序排列形式, 或按照第 8 章中给出的复合算符函数的微商法则计算.

不过, 如果利用某种方法 (如插入表象的完备性关系式或算符 A 与 B 的对易关系) 将算符函数 $F(A,B)$ 转换成某种有序排列式如 $\{f(A,B)\}|_{A\text{-}B}$ 后, 即 $F(A,B) = \{f(A,B)\}|_{A\text{-}B}$, 那么 $F(A,B)$ 中的算符 A 和 B 跟 $\{f(A,B)\}|_{A\text{-}B}$ 中的算符 A 和 B 还是一回事吗? 或者说, $\frac{\partial F(A,B)}{\partial A} = \frac{\partial \{f(A,B)\}|_{A\text{-}B}}{\partial A}$ 成立吗? 为回答该问题, 我们令 $A + t = A'$, 其中 t 是一个普通参数, 则有 $[A',B] = [A,B]$, 从 $F(A,B) = \{f(A,B)\}|_{A\text{-}B}$ 也就自然猜出 $F(A+t,B) = \{f(A+t,B)\}|_{A\text{-}B}$. 之所以如此, 是因为算符恒等式的本质是由算符的对易关系决定的. 于是

$$\frac{\partial F(A,B)}{\partial A} = \frac{\partial F(A+t,B)}{\partial t}\bigg|_{t=0} = \frac{\partial \{f(A+t,B)\}|_{A\text{-}B}}{\partial t}\bigg|_{t=0} = \frac{\partial \{f(A,B)\}|_{A\text{-}B}}{\partial A}$$

这意味着可以认为 $F(A,B)$ 中的算符 A 和 B 跟 $\{f(A,B)\}|_{AB}$ 中的算符 A 和 B 是一回事.

再来考虑这样一种情形,就是算符求导 $\frac{\partial}{\partial(a^\dagger a)}(a^\dagger a)^2$. 注意,这里是对 $(a^\dagger a)$ 求导而不是对 a 或 $a^\dagger$ 求导,也不是对 $(aa^\dagger)$ 求导.若将 $(a^\dagger a)$ 视为一个算符,直接对 $(a^\dagger a)$ 求导,则不存在排列次序难题,其正确结果为 $\frac{\partial}{\partial(a^\dagger a)}(a^\dagger a)^2 = 2a^\dagger a$.

若利用对易关系 $[a,a^\dagger] = aa^\dagger - a^\dagger a = 1$ 先将 $(a^\dagger a)^2$ 转化成有序排列,譬如正规乘积序形式,即 $(a^\dagger a)^2 = a^\dagger aa^\dagger a = a^\dagger(a^\dagger a + 1)a = a^{\dagger 2}a^2 + a^\dagger a = \ :(a^\dagger a)^2 + a^\dagger a:\ $. 如果认为正规乘积记号内的 $(a^\dagger a)$ 跟 $\frac{\partial}{\partial(a^\dagger a)}$ 中的 $(a^\dagger a)$ 是一回事,则会得到

$$\frac{\partial}{\partial(a^\dagger a)}(a^\dagger a)^2 = \frac{\partial}{\partial(a^\dagger a)} :(a^\dagger a)^2 + a^\dagger a: = 2a^\dagger a + 1$$

这一结果是错误的,其原因是正规乘积记号内的 $(a^\dagger a)$ 跟 $\frac{\partial}{\partial(a^\dagger a)}$ 中的 $(a^\dagger a)$ 不是一回事.

我们再按照算符的参数微商定义计算.首先直接计算,即

$$\frac{\partial}{\partial(a^\dagger a)}(a^\dagger a)^2 = \frac{\partial}{\partial t}(a^\dagger a + t)^2\Big|_{t=0} = 2(a^\dagger a + t)\cdot 1\Big|_{t=0} = 2a^\dagger a$$

接下来用正规乘积法计算,即

$$\frac{\partial}{\partial(a^\dagger a)}(a^\dagger a)^2 = \frac{\partial}{\partial t}(a^\dagger a + t)^2\Big|_{t=0} = \frac{\partial}{\partial t}(a^\dagger aa^\dagger a + 2ta^\dagger a + t^2)\Big|_{t=0}$$

$$= \frac{\partial}{\partial t} :(a^\dagger a)^2 + a^\dagger a + 2ta^\dagger a + t^2\Big|_{t=0}: = 2a^\dagger a$$

由此看来,依照算符的参数微商定义计算算符函数对算符的微商是最为可靠的,这种方法称为**参数跟踪法**.

综上所述,在正规乘积记号内可以按照普通函数的微商法则求微商,我们称之为有序算符乘积内的微分技术(technique of differentiation within an ordered product of operators,DWOP 技术).把有序算符乘积内的积分技术和有序算符乘积内的微分技术综合在一起,可以称之为有序算符乘积内的微积分技术(technique of calculus within an ordered product of operators,CWOP 技术).

有了真空投影算符的正规乘积形式,现在来进一步讨论福克表象、坐标表象、动量表

象及相干态表象的完备性.

对于福克表象,有

$$\sum_{n=0}^{\infty} |n\rangle\langle n| = \sum_{n=0}^{\infty} \frac{a^{\dagger n}}{\sqrt{n!}} |0\rangle\langle 0| \frac{a^n}{\sqrt{n!}}$$

$$= \sum_{n=0}^{\infty} \frac{\hat{a}^{\dagger n}}{\sqrt{n!}} : e^{-a^{\dagger}\hat{a}} : \frac{a^n}{\sqrt{n!}} = : \sum_{n=0}^{\infty} \frac{\hat{a}^{\dagger n}}{\sqrt{n!}} e^{-a^{\dagger}\hat{a}} \frac{a^n}{\sqrt{n!}} :$$

$$= : e^{-a^{\dagger}a} \sum_{n=0}^{\infty} \frac{1}{n!} (a^{\dagger}a)^n : = : e^{-a^{\dagger}a} e^{a^{\dagger}a} : = : e^0 : = 1 \quad (2.2.41)$$

这样就解析地证明了福克表象的完备性.

再来看坐标表象,由(2.1.6)式可得

$$\int_{-\infty}^{\infty} dx \, |x\rangle\langle x| = \frac{\alpha}{\sqrt{\pi}} \int_{-\infty}^{\infty} dx : \exp[-\alpha^2 (x-X)^2] := 1 \quad (2.2.42a)$$

对于无量纲坐标表象的完备性,则可表示成

$$\int_{-\infty}^{\infty} dq \, |q\rangle\langle q| = \frac{1}{\sqrt{\pi}} : \int_{-\infty}^{\infty} dq \exp[-(q-Q)^2] := 1 \quad (2.2.42b)$$

同样地,利用(2.1.8)式,动量表象的完备性可写成

$$\int_{-\infty}^{\infty} dp_x \, |p_x\rangle\langle p_x| = \frac{\beta}{\sqrt{\pi}} : \int_{-\infty}^{\infty} dp_x \exp[-\beta^2 (p_x-P_x)^2] := 1 \quad (2.2.43a)$$

对于无量纲动量表象的完备性,则可表示成

$$\int_{-\infty}^{\infty} dp \, |p\rangle\langle p| = \frac{1}{\sqrt{\pi}} : \int_{-\infty}^{\infty} dp \exp[-(p-P)^2] := 1 \quad (2.2.43b)$$

相干态的超完备性可表示成

$$\int \frac{d^2z}{\pi} |z\rangle\langle z| = : \int \frac{d^2z}{\pi} e^{-(z-a)(z^*-a^{\dagger})} := 1 \quad (2.2.44)$$

(2.2.42)式～(2.2.44)式表明,正规乘积内的积分技术可以将量子力学表象的完备性改写成纯高斯积分形式.这样我们对狄拉克的表象完备性又有了深一层的理解,不但知其然,而且知其所以然.我们也体会到了狄拉克的表象理论的美.吴大猷先生曾在他的《量子力学》(甲部)中指出:"狄拉克的《量子力学原理》,以严谨的写法,建立量子力学的数学结构,或可视为经典,但初读或不易."现在,有了 IWOP、DWOP 以及 CWOP 技术的帮助,人们对狄拉克符号法的阅读与欣赏可以有更高一层的境界了.从艺术的角度来看,

用有序算符乘积内的微积分技术读狄拉克的量子力学书有一种美的享受. 诚如狄拉克所说:"使一个方程具有美感比它能符合实验更重要, 因为对实验的偏离可能是由一些未被注意到的次要因素造成的. 似乎可以说, 谁只要依照追求方程的美的观点去工作, 谁只要有良好的直觉, 谁就能够确定地走在前进的路上."

物理的发展离不开数学, 尤其是近代物理学更是如此. 狄拉克在发展量子论时非常重视发展数学工具或好的记号, 他说:"……撰写新问题的论文的人应该十分注意这个记号问题, 因为他们正在开创某种可能将会永垂不朽的东西."除了创造 ket 与 bra 外, 他还引入了 δ 函数、四分量旋量、二次量子化等. 他认为要使理论得到较大进展, 有必要发展某种漂亮的并有多方面应用的数学, 然后用它来解释与发展物理. 为了解决新的物理问题, 物理学家常会向数学提出新的要求. 为发展狄拉克的符号法、解决算符的微积分问题、找到更多的 q 数以及直接地从经典变换过渡为量子幺正变换, 有序算符乘积内的微积分技术应运而生(见第 2.4 节).

2.3　构建量子力学表象

在上一节中, 我们利用正规乘积排序内的积分技术将具有连续变量的坐标表象、动量表象以及相干态表象的完备性关系式改写成了正规乘积记号内的纯高斯积分形式, 并且指数上的项就是由算符与其本征值组成的. 那么, 我们可否从构造包含某算符及其本征值的纯高斯积分出发找到新的量子力学表象呢? 为达此目的, 我们按照从右到左的顺序观察(2.2.42)式～(2.2.44)式所示的完备性关系, 写出来就是

$$1 = \frac{\alpha}{\sqrt{\pi}} : \int_{-\infty}^{\infty} \mathrm{d}x \exp[-\alpha^2 (x - X)^2] := \int_{-\infty}^{\infty} \mathrm{d}x \, |x\rangle\langle x|$$

$$1 = \frac{1}{\sqrt{\pi}} : \int_{-\infty}^{\infty} \mathrm{d}q \exp[-(q - Q)^2] := \int_{-\infty}^{\infty} \mathrm{d}q \, |q\rangle\langle q|$$

$$1 = \frac{\beta}{\sqrt{\pi}} : \int_{-\infty}^{\infty} \mathrm{d}p_x \exp[-\beta^2 (p_x - P_x)^2] := \int_{-\infty}^{\infty} \mathrm{d}p_x \, |p_x\rangle\langle p_x|$$

$$1 = \frac{1}{\sqrt{\pi}} : \int_{-\infty}^{\infty} \mathrm{d}p \exp[-(p - P)^2] := \int_{-\infty}^{\infty} \mathrm{d}p \, |p\rangle\langle p|$$

$$1 = : \int \frac{\mathrm{d}^2 z}{\pi} \mathrm{e}^{-(z-a)(z^*-a^\dagger)} : = \int \frac{\mathrm{d}^2 z}{\pi} \, |z\rangle\langle z|$$

可以这样来理解上述各式:根据给定算符构造一个正规乘积排序记号内、其值等于单位算符"1"的高斯积分,然后利用真空投影算符的正规乘积形式 $|0\rangle\langle 0| =\; :\mathrm{e}^{-a^{\dagger}a}:$ 将被积函数分解为互为共轭的 ket-bra,最后检验此 ket 是否为该给定算符的本征矢. 这就是我们构建新的量子力学表象的基本方法[6]. 下面就以此方法构建几种典型的量子力学表象.

1. 单模坐标-动量中介表象

考虑由谐振子湮灭算符和产生算符通过线性组合而成的厄米算符 $\lambda a + \lambda^* a^{\dagger}$,其中参数 λ 可以是无量纲的纯数,也可以是具有坐标量纲的数,或是具有动量量纲的数. 设此厄米算符的本征值(实数)为 η,构造如下等于单位算符"1"的高斯积分:

$$\sqrt{\frac{A}{\pi}}:\int_{-\infty}^{\infty}\mathrm{d}\eta\exp\left[-A\left(\lambda a + \lambda^* a^{\dagger} - \eta\right)^2\right]: = 1 \qquad (2.3.1)$$

将指数上的平方展开并整理,得

$$\sqrt{\frac{A}{\pi}}:\int_{-\infty}^{\infty}\mathrm{d}\eta\exp\left(-A\eta^2 + 2A\lambda^*\eta a^{\dagger} - A\lambda^{*2}a^{\dagger 2} - 2A\lambda\lambda^* aa^{\dagger} + 2A\lambda\eta a - A\lambda^2 a^2\right): = 1$$

为了能够利用 $:\mathrm{e}^{-a^{\dagger}a}: = |0\rangle\langle 0|$,取 $A = \dfrac{1}{2\lambda\lambda^*}$,于是上式可写成

$$\frac{1}{\sqrt{2\pi\lambda\lambda^*}}\int_{-\infty}^{\infty}\mathrm{d}\eta\exp\left(-\frac{1}{4\lambda\lambda^*}\eta^2 + \frac{1}{\lambda}\eta a^{\dagger} - \frac{\lambda^*}{2\lambda}a^{\dagger 2}\right)|0\rangle\langle 0|$$

$$\cdot\exp\left(-\frac{1}{4\lambda\lambda^*}\eta^2 + \frac{1}{\lambda^*}\eta a - \frac{\lambda}{2\lambda^*}a^2\right) = 1$$

令

$$|\eta\rangle_{\lambda} = \frac{1}{(2\pi\lambda\lambda^*)^{1/4}}\exp\left(-\frac{1}{4\lambda\lambda^*}\eta^2 + \frac{1}{\lambda}\eta a^{\dagger} - \frac{\lambda^*}{2\lambda}a^{\dagger 2}\right)|0\rangle \qquad (2.3.2)$$

那么,(2.3.1)式就可表示为

$$\int_{-\infty}^{\infty}\mathrm{d}\eta|\eta\rangle_{\lambda\,\lambda}\langle\eta| = 1 \qquad (2.3.3)$$

这就是 $|\eta\rangle_{\lambda}$ 的完备性关系式. 现在检验 $|\eta\rangle_{\lambda}$ 是否为算符 $\lambda a + \lambda^* a^{\dagger}$ 的本征态. 利用 $a|0\rangle = 0$ 和(1.2.2)式可得

$$(\lambda a + \lambda^* a^{\dagger})|\eta\rangle_{\lambda} = \eta|\eta\rangle_{\lambda} \qquad (2.3.4)$$

这表明 $|\eta\rangle_\lambda$ 就是 $\lambda a + \lambda^* a^\dagger$ 的本征态,(2.3.2)式就是它在福克空间的展开式.

再来计算内积 $_\lambda\langle\eta|\eta'\rangle_\lambda$. 利用相干态的超完备性 $\int\dfrac{\mathrm{d}^2 z}{\pi}|z\rangle\langle z| = 1$,我们有

$$_\lambda\langle\eta|\eta'\rangle_\lambda = \int\frac{\mathrm{d}^2 z}{\pi}\,{}_\lambda\langle\eta|z\rangle\langle z|\eta'\rangle_\lambda$$

$$= \frac{\exp\left(-\dfrac{1}{4\lambda\lambda^*}\eta^2 - \dfrac{1}{4\lambda\lambda^*}\eta'^2\right)}{(2\pi\lambda\lambda^*)^{1/2}}$$

$$\cdot\int\frac{\mathrm{d}^2 z}{\pi}\langle 0|\exp\left(\frac{1}{\lambda^*}\eta a - \frac{\lambda}{2\lambda^*}a^2\right)|z\rangle\langle z|\exp\left(\frac{1}{\lambda}\eta' a^\dagger - \frac{\lambda^*}{2\lambda}a^{\dagger 2}\right)|0\rangle$$

$$= \frac{\exp\left(-\dfrac{1}{4\lambda\lambda^*}\eta^2 - \dfrac{1}{4\lambda\lambda^*}\eta'^2\right)}{(2\pi\lambda\lambda^*)^{1/2}}$$

$$\cdot\int\frac{\mathrm{d}^2 z}{\pi}\exp\left(\frac{1}{\lambda^*}\eta z - \frac{\lambda}{2\lambda^*}z^2\right)\langle 0|z\rangle\langle z|0\rangle\exp\left(\frac{1}{\lambda}\eta' z^* - \frac{\lambda^*}{2\lambda}z^{*2}\right)$$

$$= \frac{\exp\left(-\dfrac{1}{4\lambda\lambda^*}\eta^2 - \dfrac{1}{4\lambda\lambda^*}\eta'^2\right)}{(2\pi\lambda\lambda^*)^{1/2}}$$

$$\cdot\int\frac{\mathrm{d}^2 z}{\pi}\exp\left(-zz^* + \frac{1}{\lambda^*}\eta z + \frac{1}{\lambda}\eta' z^* - \frac{\lambda}{2\lambda^*}z^2 - \frac{\lambda^*}{2\lambda}z^{*2}\right)$$

如果直接完成上式中的积分,就会遇到 $\dfrac{1}{\sqrt{1-1}}\to\infty$ 的数学困难. 为克服此困难,引入极限式,即

$$_\lambda\langle\eta|\eta'\rangle_\lambda = \frac{\exp\left(-\dfrac{1}{4\lambda\lambda^*}\eta^2 - \dfrac{1}{4\lambda\lambda^*}\eta'^2\right)}{(2\pi\lambda\lambda^*)^{1/2}}$$

$$\cdot\lim_{t\to 0_+}\int\frac{\mathrm{d}^2 z}{\pi}\exp\left[-zz^* + \frac{1}{\lambda^*}\eta z + \frac{1}{\lambda}\eta' z^* - \frac{(1-t)\lambda}{2\lambda^*}z^2 - \frac{\lambda^*}{2\lambda}z^{*2}\right]$$

$$= \frac{1}{\sqrt{2\lambda\lambda^*}}\exp\left(-\frac{1}{4\lambda\lambda^*}\eta^2 - \frac{1}{4\lambda\lambda^*}\eta'^2\right)$$

$$\cdot\lim_{t\to 0_+}\frac{1}{\sqrt{\pi t}}\exp\left[\frac{1}{2\lambda\lambda^*}\frac{2\eta\eta' - \eta^2 - (1-t)\eta'^2}{t}\right]$$

$$= \frac{1}{\sqrt{2\lambda\lambda^*}}\exp\left(-\frac{1}{4\lambda\lambda^*}\eta^2 + \frac{1}{4\lambda\lambda^*}\eta'^2\right)\lim_{t\to 0_+}\frac{1}{\sqrt{\pi t}}\exp\left[-\frac{1}{2\lambda\lambda^*}\frac{(\eta-\eta')^2}{t}\right]$$

$$= \exp\left(-\frac{1}{4\lambda\lambda^*}\eta^2 + \frac{1}{4\lambda\lambda^*}\eta'^2\right)\delta(\eta - \eta') = \delta(\eta - \eta') \tag{2.3.5}$$

这意味着$|\eta\rangle_\lambda$具有正交性.在上面的计算中使用了德尔塔函数的极限(1.1.36)式以及第1.1节中所述的德尔塔函数的性质(1)和(3).

(2.3.3)式～(2.3.5)式表明,$|\eta\rangle_\lambda$满足正交归一化完备性关系,意味着它完全有资格成为一种新的量子力学表象.① 当λ为实数且具有跟坐标一样的量纲时,称$|\eta\rangle_\lambda$为准坐标表象.特别是$\lambda = \dfrac{1}{\alpha\sqrt{2}}$时,它就是我们熟知的坐标表象$|x\rangle$.② 当$\lambda$为纯虚数且具有跟动量一样的量纲时,称$|\eta\rangle_\lambda$为准动量表象.特别是$\lambda = \dfrac{1}{\mathrm{i}\beta\sqrt{2}}$时,它就是我们熟知的动量表象$|p_x\rangle$.③ 当$\lambda$为一般的复数且具有跟坐标一样的量纲时,称$|\eta\rangle_\lambda$为类坐标表象.④ 当$\lambda$为一般的复数且具有跟动量一样的量纲时,称$|\eta\rangle_\lambda$为类动量表象.所以称$|\eta\rangle_\lambda$为坐标-动量中介表象.

如果再构造一个厄米算符$va + v^* a^\dagger$,并且两个参数满足条件$\lambda v^* - v\lambda^* = \mathrm{i}\hbar$,则有如下对易关系:

$$[\lambda a + \lambda^* a^\dagger, va + v^* a^\dagger] = \mathrm{i}\hbar \tag{2.3.6}$$

也就是说,算符$\lambda a + \lambda^* a^\dagger$和$va + v^* a^\dagger$的关系等同于坐标算符$X$和动量算符$P_x$的关系.但是,算符$va + v^* a^\dagger$作用在上述的态矢$|\eta\rangle_\lambda$上的结果为

$$(va + v^* a^\dagger)|\eta\rangle_\lambda = \frac{1}{\lambda}(v\eta + \mathrm{i}\hbar a^\dagger)|\eta\rangle_\lambda$$

而微分算子$\mathrm{i}\hbar\dfrac{\partial}{\partial\eta}$作用在态矢$|\eta\rangle_\lambda$上的结果为

$$\mathrm{i}\hbar\frac{\partial}{\partial\eta}|\eta\rangle_\lambda = \frac{1}{\lambda}\left(-\frac{\mathrm{i}\hbar}{2\lambda^*}\eta + \mathrm{i}\hbar a^\dagger\right)|\eta\rangle_\lambda$$

这意味着算符$\lambda a + \lambda^* a^\dagger$和$va + v^* a^\dagger$的关系还不完全等同于坐标算符$X$和动量算符$P_x$的关系.解决这个问题的方法是给态矢$|\eta\rangle_\lambda$增加一个相因子,且不影响态矢的正交完备性以及本征方程.增加相因子后的态矢为

$$|\eta\rangle_\lambda = \frac{1}{(2\pi\lambda\lambda^*)^{1/4}}\exp\left(-\frac{1}{4\lambda\lambda^*}\eta^2 - \mathrm{i}\frac{\lambda v^* + v\lambda^*}{4\hbar\lambda\lambda^*}\eta^2 + \frac{1}{\lambda}\eta a^\dagger - \frac{\lambda^*}{2\lambda}a^{\dagger2}\right)|0\rangle \tag{2.3.7}$$

可以验证有如下关系式成立:

$$(va + v^* a^\dagger) |\eta\rangle_\lambda = i\hbar \frac{\partial}{\partial \eta} |\eta\rangle_\lambda \tag{2.3.8}$$

那么,在以(2.3.7)式所示的态矢 $|\eta\rangle_\lambda$ 为基矢构成的连续变量坐标-动量中介表象中,算符 $\lambda a + \lambda^* a^\dagger$ 与 $va + v^* a^\dagger$ 的关系就完全等同于坐标算符 X 和动量算符 P_x 的关系了,因此也就更有应用价值了.

思考 这一相因子是如何在不影响态矢的正交完备性以及本征方程的前提下确定的?

如果将算符 $\lambda a + \lambda^* a^\dagger$ 和 $va + v^* a^\dagger$ 用无量纲坐标算符 Q 与动量算符 P 表示出来,即

$$\lambda a + \lambda^* a^\dagger = \lambda \frac{Q + iP}{\sqrt{2}} + \lambda^* \frac{Q - iP}{\sqrt{2}} = fQ + gP$$

$$va + v^* a^\dagger = v \frac{Q + iP}{\sqrt{2}} + v^* \frac{Q - iP}{\sqrt{2}} = f'Q + g'P$$

这里

$$f = (\lambda + \lambda^*)/\sqrt{2}, \quad g = i(\lambda - \lambda^*)/\sqrt{2}$$

$$f' = (v + v^*)/\sqrt{2}, \quad g' = i(v - v^*)/\sqrt{2}$$

$$fg' - gf' = \hbar, \quad f, f', g, g' \in \mathbf{R}$$

于是厄米算符 $fQ + gP$ 的本征矢就可表示成

$$|\eta\rangle_{f,g} = \frac{1}{[\pi(f^2 + g^2)]^{1/4}}$$

$$\cdot \exp\left[-\frac{1}{2(f^2 + g^2)} \eta^2 - i\frac{ff' + gg'}{2\hbar(f^2 + g^2)} \eta^2 + \frac{\sqrt{2}}{f - ig}\eta a^\dagger - \frac{f + ig}{2(f - ig)} a^{\dagger 2} \right] |0\rangle$$

$$(fQ + gP)|\eta\rangle_{f,g} = \eta |\eta\rangle_{f,g}, \quad (f'Q + g'P)|\eta\rangle_{f,g} = i\hbar \frac{\partial}{\partial \eta} |\eta\rangle_{f,g} \tag{2.3.9}$$

文献[7]中采用自然单位($m = \omega = \hbar = 1$)所给出的坐标-动量中介表象就是在未考虑相因子情况下的情形.

若进一步将算符 $fQ + gP$ 和 $f'Q + g'P$ 用有量纲坐标算符 X 与动量算符 P_x 表示出来,即

$$fQ + gP = f\alpha X + g\beta P_x = FX + GP_x$$

$$f'Q + g'P = f'\alpha X + g'\beta P_x = F'X + G'P_x$$

这里 $F = f\alpha$，$G = g\beta$，$F' = f'\alpha$，$G' = g'\beta$，$FG' - GF' = 1$. 于是 $FX + GP_x$ 的本征矢就可表示成

$$|\eta\rangle_{F,G} = \frac{1}{\left[\pi\hbar^2(\beta^2F^2 + \alpha^2G^2)\right]^{1/4}}$$

$$\cdot \exp\left[-\frac{1}{2\hbar^2(\beta^2F^2 + \alpha^2G^2)}\eta^2 - i\frac{\beta^2FF' + \alpha^2GG'}{2\hbar(\beta^2F^2 + \alpha^2G^2)}\eta^2\right.$$

$$\left.+ \frac{\sqrt{2}}{\hbar(\beta F - i\alpha G)}\eta a^\dagger - \frac{\beta F + i\alpha G}{2(\beta F - i\alpha G)}a^{\dagger 2}\right]|0\rangle$$

$$(FX + GP_x)|\eta\rangle_{F,G} = \eta|\eta\rangle_{F,G}$$

$$(F'X + G'P_x)|\eta\rangle_{F,G} = i\hbar\frac{\partial}{\partial\eta}|\eta\rangle_{F,G} \tag{2.3.10}$$

坐标-动量中介表象可以用来分析量子态的断层摄影（量子层析）[8-12]，也可以用以求解具有位置-运动耦合的量子谐振子的动力学问题等.

例如，具有位置-运动耦合的一维量子谐振子的哈密顿量可表示为

$$H = \frac{1}{2m}P_x^2 + \frac{1}{2}m\omega^2X^2 + \gamma(XP_x + P_xX) \tag{2.3.11}$$

其中 γ 是耦合系数，$|\gamma| < \frac{\omega}{2}$. 作为一个基本应用，我们利用坐标-动量中介表象求解该耦合哈密顿系统的本征值问题. 该哈密顿量是算符函数的二次型，将其写成矩阵形式，即

$$H = \frac{1}{2m}P_x^2 + \frac{1}{2}m\omega^2X^2 + \gamma(XP_x + P_xX)$$

$$= \frac{1}{2m}\left[P_x^2 + (m\omega X)^2 + \frac{2\gamma}{\omega}(m\omega X)P_x + \frac{2\gamma}{\omega}P_x(m\omega X)\right]$$

$$= \frac{1}{2m}(P_x \quad m\omega X)\begin{pmatrix} 1 & 2\gamma/\omega \\ 2\gamma/\omega & 1 \end{pmatrix}\begin{pmatrix} P_x \\ m\omega X \end{pmatrix} \tag{2.3.12}$$

二次型矩阵 $\begin{pmatrix} 1 & 2\gamma/\omega \\ 2\gamma/\omega & 1 \end{pmatrix}$ 的特征值及相应的正交归一化特征解分别为（这里为计算方便，未把 $\frac{1}{2m}$ 算在二次型的矩阵内，并不影响问题的处理）

$$\lambda_1 = (1 + 2\gamma/\omega), \quad \varphi_1 = \frac{1}{\sqrt{2}}\begin{bmatrix} 1 \\ 1 \end{bmatrix}$$

$$\lambda_2 = (1 - 2\gamma/\omega), \quad \varphi_2 = \frac{1}{\sqrt{2}}\begin{bmatrix} 1 \\ -1 \end{bmatrix}$$

构造实正交变换矩阵(幺正矩阵,或说酉矩阵)

$$U = (\varphi_1 \quad \varphi_2) = \begin{pmatrix} 1/\sqrt{2} & 1/\sqrt{2} \\ 1/\sqrt{2} & -1/\sqrt{2} \end{pmatrix}, \quad UU^\dagger = U^\dagger U = I$$

于是有

$$U^\dagger \begin{pmatrix} 1 & 2\gamma/\omega \\ 2\gamma/\omega & 1 \end{pmatrix} U = \begin{pmatrix} 1 + 2\gamma/\omega & 0 \\ 0 & 1 - 2\gamma/\omega \end{pmatrix}$$

进而有

$$\begin{pmatrix} 1 & 2\gamma/\omega \\ 2\gamma/\omega & 1 \end{pmatrix} = U \begin{pmatrix} 1 + 2\gamma/\omega & 0 \\ 0 & 1 - 2\gamma/\omega \end{pmatrix} U^\dagger \qquad (2.3.13)$$

把(2.3.13)式代入(2.3.12)式,得到

$$H = \frac{1}{2m}(P_x \quad m\omega X) U \begin{pmatrix} 1 + 2\gamma/\omega & 0 \\ 0 & 1 - 2\gamma/\omega \end{pmatrix} U^\dagger \begin{pmatrix} P_x \\ m\omega X \end{pmatrix}$$

$$= \frac{1}{2m} \left[\frac{1}{\sqrt{2}}P_x + \frac{m\omega}{\sqrt{2}}X \quad \frac{1}{\sqrt{2}}P_x - \frac{m\omega}{\sqrt{2}}X \right] \begin{pmatrix} 1 + 2\gamma/\omega & 0 \\ 0 & 1 - 2\gamma/\omega \end{pmatrix} \begin{bmatrix} \frac{1}{\sqrt{2}}P_x + \frac{m\omega}{\sqrt{2}}X \\ \frac{1}{\sqrt{2}}P_x - \frac{m\omega}{\sqrt{2}}X \end{bmatrix}$$

$$= \frac{1}{2m}(1 - 2\gamma/\omega) \left[\frac{1}{\sqrt{2}}P_x - \frac{m\omega}{\sqrt{2}}X \right]^2 + \frac{1}{2m}(1 + 2\gamma/\omega) \left[\frac{1}{\sqrt{2}}P_x + \frac{m\omega}{\sqrt{2}}X \right]^2$$

$$= \frac{1}{2m}(1 - 2\gamma/\omega) \left[-\frac{m\omega}{\sqrt{2}}X + \frac{1}{\sqrt{2}}P_x \right]^2 + \frac{1}{2}m\omega^2(1 + 2\gamma/\omega) \left[\frac{1}{\sqrt{2}}X + \frac{1}{\sqrt{2}m\omega}P_x \right]^2$$

$$= \frac{1}{2\mu} \left[-\frac{m\omega}{\sqrt{2}}X + \frac{1}{\sqrt{2}}P_x \right]^2 + \frac{1}{2}\mu\Omega^2 \left[\frac{1}{\sqrt{2}}X + \frac{1}{\sqrt{2}m\omega}P_x \right]^2 \qquad (2.3.14)$$

式中 $\mu = m(1 - 2\gamma/\omega)^{-1}$, $\Omega = \omega\sqrt{1 - 4\gamma^2/\omega^2}$. 这样我们就实现了哈密顿量的对角化. 显然有

$$\left[\frac{1}{\sqrt{2}}X + \frac{1}{\sqrt{2}m\omega}P_x, -\frac{m\omega}{\sqrt{2}}X + \frac{1}{\sqrt{2}}P_x \right] = i\hbar$$

这相当于在(2.3.10)式中取 $F = G' = \frac{1}{\sqrt{2}}$, $F' = -\frac{m\omega}{\sqrt{2}}$, $G = \frac{1}{\sqrt{2}m\omega}$, 相应的坐标-动量中介

表象$|\eta\rangle_{F,G}$约化为

$$|\eta\rangle_{F=\frac{1}{\sqrt{2}},\,G=\frac{1}{\sqrt{2m\omega}}} = \sqrt{\frac{\alpha}{\sqrt{\pi}}}\exp\left(-\frac{1}{2}\alpha^2\eta^2 + \sqrt{2}e^{i\pi/4}\alpha\eta a^\dagger - i\frac{1}{2}a^{\dagger 2}\right)|0\rangle \equiv |\eta\rangle_s \quad (2.3.15)$$

并且

$$\left[\frac{1}{\sqrt{2}}X + \frac{1}{\sqrt{2}m\omega}P_x\right]|\eta\rangle_s = \eta|\eta\rangle_s, \qquad \left[-\frac{m\omega}{\sqrt{2}}X + \frac{1}{\sqrt{2}}P_x\right]|\eta\rangle_s = i\hbar\frac{\partial}{\partial\eta}|\eta\rangle_s \quad (2.3.16)$$

设该耦合哈密顿系统的本征能量为 E,相应的能量本征态为 $|\psi\rangle$,即 $H|\psi\rangle = E|\psi\rangle$.用 ${}_s\langle\eta|$ 和 $|\psi\rangle$ 夹乘(2.3.14)式两端,则左端为

$$_s\langle\eta|H|\psi\rangle = E\,_s\langle\eta|\psi\rangle \quad (2.3.17)$$

而右端就是

$$_s\langle\eta|\left[\frac{1}{2\mu}\left(\frac{1}{\sqrt{2}}P_x - \frac{m\omega}{\sqrt{2}}X\right)^2 + \frac{1}{2}\mu\Omega^2\left(\frac{1}{\sqrt{2}}X + \frac{1}{\sqrt{2}m\omega}P_x\right)^2\right]|\psi\rangle$$

$$= -\frac{\hbar^2}{2\mu}\frac{\partial^2}{\partial\eta^2}\,_s\langle\eta|\psi\rangle + \frac{1}{2}\mu\Omega^2\eta^2\,_s\langle\eta|\psi\rangle \quad (2.3.18)$$

因此得到坐标-动量中介表象中的定态薛定谔方程,即

$$-\frac{\hbar^2}{2\mu}\frac{\partial^2}{\partial\eta^2}\,_s\langle\eta|\psi\rangle + \frac{1}{2}\mu\Omega^2\eta^2\,_s\langle\eta|\psi\rangle = E\,_s\langle\eta|\psi\rangle \quad (2.3.19)$$

其解为

$$E_n = \hbar\Omega\left(n + \frac{1}{2}\right), \qquad _s\langle\eta|\psi_n\rangle = N_n e^{-\frac{1}{2}\alpha'^2\eta^2}H_n(\alpha'\eta) \quad (2.3.20)$$

式中 $\alpha' = \sqrt{\mu\Omega/\hbar}$,$N_n = \sqrt{\alpha'/(\sqrt{\pi}n!\,2^n)}$,${}_s\langle\eta|\psi_n\rangle$ 是该耦合哈密顿系统的本征态 $|\psi_n\rangle$ 在坐标-动量中介表象 ${}_s\langle\eta|$ 中的表示(即波函数).进一步,还可求出 $|\psi_n\rangle$ 在坐标表象 $\langle x|$ 中的表示 $\langle x|\psi_n\rangle$.为此,先计算内积 $\langle x|\eta\rangle_s$,即

$$\langle x|\eta\rangle_s = \int\frac{\mathrm{d}^2z}{\pi}\langle x|z\rangle\langle z|\eta\rangle_s$$

$$= \frac{\alpha}{\sqrt{\pi}}\int\frac{\mathrm{d}^2z}{\pi}\langle 0|e^{-\frac{1}{2}\alpha^2x^2+\sqrt{2}\alpha xa-\frac{1}{2}a^2}|z\rangle\langle z|e^{-\frac{1}{2}\alpha^2\eta^2+\sqrt{2}e^{i\pi/4}\alpha\eta a^\dagger - i\frac{1}{2}a^{\dagger 2}}|0\rangle$$

$$= \frac{\alpha}{\sqrt{\pi}}\int\frac{\mathrm{d}^2z}{\pi}\langle 0|e^{-\frac{1}{2}\alpha^2x^2+\sqrt{2}\alpha xz-\frac{1}{2}z^2}|z\rangle\langle z|e^{-\frac{1}{2}\alpha^2\eta^2+\sqrt{2}e^{i\pi/4}\alpha\eta z^* - i\frac{1}{2}z^{*2}}|0\rangle$$

$$= \frac{\alpha}{\sqrt{\pi}}e^{-\frac{1}{2}\alpha^2x^2-\frac{1}{2}\alpha^2\eta^2}\int\frac{\mathrm{d}^2z}{\pi}\exp\left(-zz^* + \sqrt{2}\alpha xz + \sqrt{2}e^{i\pi/4}\alpha\eta z^* - \frac{1}{2}z^2 - i\frac{1}{2}z^{*2}\right)$$

$$= \frac{\alpha}{\sqrt{(1-\mathrm{i})\pi}} \exp\left(\mathrm{i}\sqrt{2}\alpha^2 x\eta - \mathrm{i}\frac{1}{2}\alpha^2\eta^2 - \mathrm{i}\frac{1}{2}\alpha^2 x^2\right)$$

于是,插入坐标-动量中介表象的完备性关系得到

$$\langle x\,|\,\psi_n\rangle = \int_{-\infty}^{\infty}\mathrm{d}\eta\,\langle x\,|\,\eta\rangle_{ss}\langle\eta\,|\,\psi_n\rangle$$

$$= \frac{\alpha}{\sqrt{(1-\mathrm{i})\pi}}\sqrt{\frac{\alpha'}{\sqrt{\pi}\,n!\,2^n}}$$

$$\cdot \int_{-\infty}^{\infty}\mathrm{d}\eta\,\exp\left(\mathrm{i}\sqrt{2}\alpha^2 x\eta - \mathrm{i}\frac{1}{2}\alpha^2\eta^2 - \frac{1}{2}\alpha'^2\eta^2 - \mathrm{i}\frac{1}{2}\alpha^2 x^2\right)\mathrm{H}_n(\alpha'\eta)$$

$$= \frac{\alpha\mathrm{e}^{-\mathrm{i}\frac{1}{2}\alpha^2 x^2}}{\sqrt{(1-\mathrm{i})\pi}}\sqrt{\frac{\alpha'}{\sqrt{\pi}\,n!\,2^n}}\,\frac{\partial^n}{\partial t^n}\mathrm{e}^{-t^2}\int_{-\infty}^{\infty}\mathrm{d}\eta\,\exp\left[(\mathrm{i}\sqrt{2}\alpha^2 x + 2t\alpha')\eta - \frac{\alpha'^2 + \mathrm{i}\alpha^2}{2}\eta^2\right]\Bigg|_{t=0}$$

$$= \mathrm{e}^{\mathrm{i}\pi/8}\left(\frac{\sqrt{2}\alpha\alpha'}{\alpha'^2 + \mathrm{i}\alpha^2}\,\frac{\alpha}{\sqrt{\pi}\,n!\,2^n}\right)^{1/2}\mathrm{e}^{-\frac{\mathrm{i}\alpha'^2 + \alpha^2}{2(\alpha'^2 + \mathrm{i}\alpha^2)}\alpha^2 x^2}$$

$$\cdot \frac{\partial^n}{\partial t^n}\exp\left[-\left(t\sqrt{\frac{\mathrm{i}\alpha^2 - \alpha'^2}{\alpha'^2 + \mathrm{i}\alpha^2}}\right)^2 + 2\left(t\sqrt{\frac{\mathrm{i}\alpha^2 - \alpha'^2}{\alpha'^2 + \mathrm{i}\alpha^2}}\right)\left(\frac{\sqrt{2}\alpha'\alpha^2}{\sqrt{\alpha'^4 + \alpha^4}}x\right)\right]\Bigg|_{t=0}$$

$$= \left(\sqrt{\frac{\mathrm{i}\alpha^2 - \alpha'^2}{\alpha'^2 + \mathrm{i}\alpha^2}}\right)^n\mathrm{e}^{\mathrm{i}\pi/8}\left(\frac{\sqrt{2}\alpha\alpha'}{\alpha'^2 + \mathrm{i}\alpha^2}\,\frac{\alpha}{\sqrt{\pi}\,n!\,2^n}\right)^{1/2}\mathrm{e}^{-\frac{\mathrm{i}\alpha'^2 + \alpha^2}{2(\alpha'^2 + \mathrm{i}\alpha^2)}\alpha^2 x^2}\mathrm{H}_n\left(\frac{\sqrt{2}\alpha'\alpha^2}{\sqrt{\alpha'^4 + \alpha^4}}x\right)$$

$$(2.3.21)$$

如果耦合系数 $\gamma = 0$,那么 $\alpha' = \alpha$,上面的结果简化为

$$\langle x\,|\,\psi_n\rangle = \mathrm{i}^{n/2}\left(\frac{\alpha}{\sqrt{\pi}\,n!\,2^n}\right)^{1/2}\mathrm{e}^{-\frac{1}{2}\alpha^2 x^2}\mathrm{H}_n(\alpha x)$$

这正是我们熟知的无耦合谐振子的能量本征函数(仅相差一个相因子).

还可以构造出双模坐标-动量中介纠缠态表象[12],同样满足正交归一化完备性关系,这里不再赘述.

2. 双模纠缠态表象

考虑一维情况下两个全同粒子的质心坐标和相对动量两个算符,显然它们是对易的,即

$$\left[\frac{1}{2}(X_1 + X_2),\ P_{1x} - P_{2x}\right] = 0 \qquad (2.3.22)$$

为找到它们的共同本征态,构造如下等于单位算符"1"的高斯积分:

$$\frac{\sqrt{AB}}{\pi} : \iint_{-\infty}^{\infty} \mathrm{d}\xi_1 \mathrm{d}\xi_2 \exp\left[-A\left(\xi_1 - \frac{X_1 + X_2}{2}\right)^2 - B(\xi_2 - P_{1x} + P_{2x})^2\right] := 1 \quad (2.3.23)$$

将 $X_1 = \dfrac{a_1 + a_1^\dagger}{\sqrt{2}\alpha}$,$X_2 = \dfrac{a_2 + a_2^\dagger}{\sqrt{2}\alpha}$,$P_{1x} = \dfrac{a_1 - a_1^\dagger}{\mathrm{i}\sqrt{2}\beta}$ 及 $P_{2x} = \dfrac{a_2 - a_2^\dagger}{\mathrm{i}\sqrt{2}\beta}$ 代入上式并整理. 一方面,为了使被积函数里出现: $\exp(-a_1^\dagger a_1 - a_2^\dagger a_2):$,以便利用双模真空投影算符的正规乘积形式

$$|00\rangle\langle 00| = : \exp(-a_1^\dagger a_1 - a_2^\dagger a_2): \quad (2.3.24)$$

应有

$$\frac{A}{4\alpha^2} + \frac{B}{\beta^2} = 1 \quad (2.3.25)$$

这里 $|00\rangle \equiv |0\rangle_1 |0\rangle_2$ 是双模真空态. 另一方面,为了能够把所有产生算符排列在左侧、所有湮灭算符排列在右侧,被积函数指数上不能出现 $a_1^\dagger a_2$ 和 $a_2^\dagger a_1$ 两个交叉混合项,必须有

$$\frac{A}{4\alpha^2} - \frac{B}{\beta^2} = 0 \quad (2.3.26)$$

由(2.3.25)式和(2.3.26)式得 $A = 2\alpha^2$,$B = \dfrac{1}{2}\beta^2$. 将 A 和 B 的值代入(2.3.23)式,整理后可写成

$$\iint_{-\infty}^{\infty} \mathrm{d}\xi_1 \mathrm{d}\xi_2 |\xi_1, \xi_2\rangle\langle \xi_1, \xi_2| = 1 \quad (2.3.27)$$

式中

$$|\xi_1, \xi_2\rangle = \frac{1}{\sqrt{\pi\hbar}} \exp\left[-\alpha^2 \xi_1^2 - \frac{1}{4}\beta^2 \xi_2^2 + \sqrt{2}\alpha\xi_1(a_1^\dagger + a_2^\dagger)\right.$$

$$\left. + \frac{\mathrm{i}}{\sqrt{2}}\beta\xi_2(a_1^\dagger - a_2^\dagger) - a_1^\dagger a_2^\dagger\right]|00\rangle \quad (2.3.28a)$$

或表示成

$$|\xi_1, \xi_2\rangle = \frac{1}{\sqrt{\pi\hbar}} \exp\left[-\alpha^2 \xi_1^2 - \frac{1}{4}\beta^2 \xi_2^2 + \sqrt{2}\left(\alpha\xi_1 + \frac{\mathrm{i}}{2}\beta\xi_2\right)a_1^\dagger\right.$$

$$\left. + \sqrt{2}\left(\alpha\xi_1 - \frac{\mathrm{i}}{2}\beta\xi_2\right)a_2^\dagger - a_1^\dagger a_2^\dagger\right]|00\rangle \quad (2.3.28b)$$

容易验证它就是质心坐标和相对动量算符的共同本征态,即

$$\frac{1}{2}(X_1 + X_2)|\xi_1, \xi_2\rangle = \xi_1|\xi_1, \xi_2\rangle \tag{2.3.29}$$

$$(P_{1x} - P_{2x})|\xi_1, \xi_2\rangle = \xi_2|\xi_1, \xi_2\rangle$$

利用这两个本征方程,可得

$$\langle \xi_1, \xi_2|\frac{1}{2}(X_1 + X_2)|\xi'_1, \xi'_2\rangle = \xi_1\langle \xi_1, \xi_2|\xi'_1, \xi'_2\rangle$$

$$= \xi'_1\langle \xi_1, \xi_2|\xi'_1, \xi'_2\rangle \tag{2.3.30a}$$

$$\langle \xi_1, \xi_2|(P_{1x} - P_{2x})|\xi'_1, \xi'_2\rangle = \xi_2\langle \xi_1, \xi_2|\xi'_1, \xi'_2\rangle$$

$$= \xi'_2\langle \xi_1, \xi_2|\xi'_1, \xi'_2\rangle \tag{2.3.30b}$$

这意味着

$$\langle \xi_1, \xi_2|\xi'_1, \xi'_2\rangle = \delta(\xi_1 - \xi'_1)\delta(\xi_2 - \xi'_2) \tag{2.3.31}$$

也就是说,$|\xi_1, \xi_2\rangle$满足正交关系.所以$|\xi_1, \xi_2\rangle$可以构成一种双模量子力学表象.

对$|\xi_1, \xi_2\rangle$做如下傅里叶变换:

$$\frac{1}{\sqrt{2\pi\hbar}}\int_{-\infty}^{\infty} d\xi_1|\xi_1, \xi_2\rangle e^{-\frac{i}{\hbar}u\xi_1} = \frac{1}{\sqrt{2}}\frac{\beta}{\sqrt{\pi}}\exp\Big[-\frac{1}{4}\beta^2(\xi_2^2 + u^2) + \frac{i}{\sqrt{2}}\beta(\xi_2 - u)a_1^\dagger$$

$$-\frac{i}{\sqrt{2}}\beta(\xi_2 + u)a_2^\dagger + \frac{1}{2}a_1^{\dagger 2} + \frac{1}{2}a_2^{\dagger 2}\Big]|00\rangle$$

$$= \frac{1}{\sqrt{2}}\Big|p_1 = \frac{\xi_2 - u}{2}\Big\rangle \otimes \Big|p_2 = -\frac{\xi_2 + u}{2}\Big\rangle \tag{2.3.32}$$

其中$|p_1\rangle$和$|p_2\rangle$分别为第一模和第二模的动量本征态.(2.3.32)式的逆变换为

$$|\xi_1, \xi_2\rangle = \frac{1}{2\sqrt{\pi\hbar}}\int_{-\infty}^{\infty} du\, e^{\frac{i}{\hbar}u\xi_1}\Big|p_1 = \frac{\xi_2 - u}{2}\Big\rangle \otimes \Big|p_2 = -\frac{\xi_2 + u}{2}\Big\rangle \tag{2.3.33}$$

这就是$|\xi_1, \xi_2\rangle$的施密特(Schmidt)分解,并由此可知$|\xi_1, \xi_2\rangle$不能够分解成单纯的第一模动量本征态与单纯的第二模动量本征态的直积,而是两模交缠在一起的.因此称$|\xi_1, \xi_2\rangle$为双模交缠态或纠缠态.那么以$|\xi_1, \xi_2\rangle$作为基矢构成的表象也就是一种双模纠缠态表象.事实上,$|\xi_1, \xi_2\rangle$的纠缠性是因为其在福克空间展开式指数上的$(a_1^\dagger a_2^\dagger)$项的存在.

若采用无量纲的坐标算符和动量算符构造质心坐标算符和相对动量算符,那么它们的共同本征态可表示为

$$|\xi_1, \xi_2\rangle = \frac{1}{\sqrt{\pi}} \exp\left[-\xi_1^2 - \frac{1}{4}\xi_2^2 + \sqrt{2}\left(\xi_1 + \frac{\mathrm{i}}{2}\xi_2\right)a_1^\dagger + \sqrt{2}\left(\xi_1 - \frac{\mathrm{i}}{2}\xi_2\right)a_2^\dagger - a_1^\dagger a_2^\dagger\right]|00\rangle$$

或写成

$$|\xi\rangle \equiv |\xi_1, \xi_2\rangle = \frac{1}{\sqrt{\pi}} \exp\left[-\xi\xi^* + \sqrt{2}\xi a_1^\dagger + \sqrt{2}\xi^* a_2^\dagger - a_1^\dagger a_2^\dagger\right]|00\rangle \quad (2.3.34)$$

式中 $\xi = \xi_1 + \dfrac{\mathrm{i}}{2}\xi_2$. 容易验证下面本征方程成立:

$$\frac{1}{2}(Q_1 + Q_2)|\xi_1, \xi_2\rangle = \xi_1|\xi_1, \xi_2\rangle, \quad (P_1 - P_2)|\xi_1, \xi_2\rangle = \xi_2|\xi_1, \xi_2\rangle$$

3. 双模实参数型相干纠缠态表象

设 Λ 是一个 2×2 的实正交矩阵,即

$$\Lambda = \begin{pmatrix} \lambda_{11} & \lambda_{12} \\ \lambda_{21} & \lambda_{22} \end{pmatrix}$$

$$\Lambda\widetilde{\Lambda} = \begin{pmatrix} \lambda_{11}^2 + \lambda_{12}^2 & \lambda_{11}\lambda_{21} + \lambda_{12}\lambda_{22} \\ \lambda_{11}\lambda_{21} + \lambda_{12}\lambda_{22} & \lambda_{21}^2 + \lambda_{22}^2 \end{pmatrix} = \begin{pmatrix} 1 & 0 \\ 0 & 1 \end{pmatrix}$$

$$\widetilde{\Lambda}\Lambda = \begin{pmatrix} \lambda_{11}^2 + \lambda_{21}^2 & \lambda_{11}\lambda_{12} + \lambda_{21}\lambda_{22} \\ \lambda_{11}\lambda_{12} + \lambda_{21}\lambda_{22} & \lambda_{12}^2 + \lambda_{22}^2 \end{pmatrix} = \begin{pmatrix} 1 & 0 \\ 0 & 1 \end{pmatrix}$$

对于由两个全同粒子组成的双模体系,考虑两个对易的线性算符 $\lambda_{11}a_1 + \lambda_{12}a_2$(非厄米的)和 $\lambda_{21}Q_1 + \lambda_{22}Q_2$(厄米的),它们有共同的本征态.注意,这里用的是无量纲的坐标算符 Q_1 和 Q_2.为找到这一共同本征态,构造如下单位算符"1"的高斯积分:

$$A\sqrt{\frac{B}{\pi}} : \int_{-\infty}^{\infty} \mathrm{d}x \int \frac{\mathrm{d}^2 z}{\pi} \exp\left[-A(\lambda_{11}a_1 + \lambda_{12}a_2 - z)(\lambda_{11}a_1^\dagger + \lambda_{12}a_2^\dagger - z^*)\right.$$

$$\left. - B(\lambda_{21}Q_1 + \lambda_{22}Q_2 - x)^2\right] := 1 \quad (2.3.35)$$

将 $Q_1 = \dfrac{a_1 + a_1^\dagger}{\sqrt{2}}, Q_2 = \dfrac{a_2 + a_2^\dagger}{\sqrt{2}}$ 代入上式并整理.一方面,为了使被积函数指数上出现 $:\exp(-a_1^\dagger a_1 - a_2^\dagger a_2):$,以便利用双模真空投影算符的正规乘积形式

$$|00\rangle\langle 00| = :\exp(-a_1^\dagger a_1 - a_2^\dagger a_2):$$

必须有

$$\lambda_{11}^2 A + \lambda_{21}^2 B = 1, \quad \lambda_{12}^2 A + \lambda_{22}^2 B = 1 \quad (2.3.36)$$

另一方面,为了能够把所有产生算符排列在左侧、所有湮灭算符排列在右侧,被积函数指数上不能出现 $a_1^\dagger a_2$ 和 $a_2^\dagger a_1$ 两个交叉混合项,必须有

$$\lambda_{11}\lambda_{12}A + \lambda_{21}\lambda_{22}B = 0 \tag{2.3.37}$$

由(2.3.36)式和(2.3.37)式得到 $A = 1, B = 1$. 把 $A = 1, B = 1$ 代入并整理,(2.3.35)式则可表示为

$$\frac{1}{\sqrt{\pi}}\int_{-\infty}^{\infty}\mathrm{d}x\int\frac{\mathrm{d}^2z}{\pi}\exp\left[-\frac{1}{2}zz^* - \frac{1}{2}x^2 + z(\lambda_{11}a_1^\dagger + \lambda_{12}a_2^\dagger) + \sqrt{2}x(\lambda_{21}a_1^\dagger + \lambda_{22}a_2^\dagger)\right.$$
$$\left. - \frac{1}{2}(\lambda_{21}a_1^\dagger + \lambda_{22}a_2^\dagger)^2\right]|00\rangle\langle00|\exp\left[-\frac{1}{2}zz^* - \frac{1}{2}x^2 + z(\lambda_{11}a_1 + \lambda_{12}a_2)\right.$$
$$\left. + \sqrt{2}x(\lambda_{21}a_1 + \lambda_{22}a_2) - \frac{1}{2}(\lambda_{21}a_1 + \lambda_{22}a_2)^2\right] = 1$$

亦即

$$\int_{-\infty}^{\infty}\mathrm{d}x\int\frac{\mathrm{d}^2z}{\pi}|z,x;\lambda\rangle\langle z,x;\lambda| = 1 \tag{2.3.38}$$

其中记

$$|z,x;\lambda\rangle = \frac{1}{\pi^{1/4}}\exp\left[-\frac{1}{2}zz^* - \frac{1}{2}x^2 + z(\lambda_{11}a_1^\dagger + \lambda_{12}a_2^\dagger) + \sqrt{2}x(\lambda_{21}a_1^\dagger + \lambda_{22}a_2^\dagger)\right.$$
$$\left. - \frac{1}{2}(\lambda_{21}a_1^\dagger + \lambda_{22}a_2^\dagger)^2\right]|00\rangle \tag{2.3.39}$$

可以验证

$$(\lambda_{11}a_1 + \lambda_{12}a_2)|z,x;\lambda\rangle = z|z,x;\lambda\rangle, \quad (\lambda_{21}Q_1 + \lambda_{22}Q_2)|z,x;\lambda\rangle = x|z,x;\lambda\rangle \tag{2.3.40}$$

也就是说 $|z,x;\lambda\rangle$ 的确是算符 $\lambda_{11}a_1 + \lambda_{12}a_2$ 和 $\lambda_{21}Q_1 + \lambda_{22}Q_2$ 的共同本征态,并且满足(超)完备性关系. 进一步可以得到如下标积:

$$\langle z,x;\lambda|z',x';\lambda\rangle = \mathrm{e}^{-\frac{1}{2}zz^* - \frac{1}{2}z'z'^* + z^*z'}\delta(x - x') \tag{2.3.41}$$

这表明 $|z,x;\lambda\rangle$ 只是部分正交,具有相干态的性质. 从(2.3.39)式可见其指数上出现了第一模与第二模的交叉混合项 "$-\lambda_{21}\lambda_{22}a_1^\dagger a_2^\dagger$",这意味着在 $\lambda_{21}\lambda_{22}\neq 0$ 时 $|z,x;\lambda\rangle$ 是纠缠态. 因此,我们称 $|z,x;\lambda\rangle$ 为双模实参数型相干纠缠态表象[13]. 另外,也可通过对 $|z,x;\lambda\rangle$ 进行施密特分解分析其纠缠性质,这里不再赘述.

思考 如何将(2.3.39)式所示的无量纲形式恢复成有量纲坐标、动量的形式?

现在就来讨论这个问题. 先把算符 $\lambda_{21}Q_1 + \lambda_{22}Q_2$ 转换成有量纲坐标、动量的形式,即

$$\lambda_{21}Q_1 + \lambda_{22}Q_2 = \lambda_{21}\alpha X_1 + \lambda_{22}\alpha X_2 = \alpha(\lambda_{21}X_1 + \lambda_{22}X_2)$$

因此有

$$\alpha(\lambda_{21}X_1 + \lambda_{22}X_2)|z,x;\lambda\rangle = x|z,x;\lambda\rangle$$

$$\Rightarrow \quad (\lambda_{21}X_1 + \lambda_{22}X_2)|z,x;\lambda\rangle = \frac{x}{\alpha}|z,x;\lambda\rangle$$

将 $|z,x;\lambda\rangle$ 中的 x 替换成 $x = \alpha\zeta$,得到

$$|z,x;\lambda\rangle \;\rightarrow\; |z,\zeta;\lambda\rangle = \sqrt{\frac{\alpha}{\sqrt{\pi}}}\exp\Big[-\frac{1}{2}zz^* - \frac{1}{2}\alpha^2\zeta^2 + z(\lambda_{11}a_1^\dagger + \lambda_{12}a_2^\dagger)$$
$$+\sqrt{2}\alpha\zeta(\lambda_{21}a_1^\dagger + \lambda_{22}a_2^\dagger) - \frac{1}{2}(\lambda_{21}a_1^\dagger + \lambda_{22}a_2^\dagger)^2\Big]|00\rangle$$

$$(\lambda_{21}X_1 + \lambda_{22}X_2)|z,\zeta;\lambda\rangle = \zeta|z,\zeta;\lambda\rangle$$

其中归一化系数的变化是因为积分元的变化 $\mathrm{d}x \rightarrow \mathrm{d}\zeta$.

2.4 经典变换的量子映射

这一节来讨论经典变换的量子映射. 考虑如下非对称型 ket-bra 积分:

$$S(\mu) = \sqrt{\mu}\int_{-\infty}^{\infty}\mathrm{d}x\,|\mu x\rangle\langle x| \quad (\mu > 0) \tag{2.4.1}$$

其中 $|x\rangle$ 是坐标本征态. 注意,这里的左矢已经不是右矢的共轭虚量了. 从物理上看,这个积分代表着一种幺正变换,因为

$$SS^\dagger = \mu\iint_{-\infty}^{\infty}\mathrm{d}x\mathrm{d}x'\,|\mu x\rangle\langle x|x'\rangle\langle\mu x'| = \mu\iint_{-\infty}^{\infty}\mathrm{d}x\mathrm{d}x'\,|\mu x\rangle\delta(x - x')\langle\mu x'|$$

$$= \mu\int_{-\infty}^{\infty}\mathrm{d}x\,|\mu x\rangle\langle\mu x| = \int_{-\infty}^{\infty}\mathrm{d}(\mu x)\,|\mu x\rangle\langle\mu x| = 1 = S^\dagger S \tag{2.4.2}$$

这个算符作用在本征值为 x 的坐标本征态 $|x\rangle$ 上,会得到

$$S|x\rangle = \sqrt{\mu}\int_{-\infty}^{\infty}\mathrm{d}x'\,|\mu x'\rangle\langle x'|x\rangle = \sqrt{\mu}\int_{-\infty}^{\infty}\mathrm{d}x'\,|\mu x'\rangle\delta(x' - x) = \sqrt{\mu}\,|\mu x\rangle$$

此结果仍然是坐标本征态,只是本征值为 μx,在经典坐标空间中表示 x 压缩至 μx,它可以看作是经典尺度变换 $x \to \mu x$ 到量子力学希尔伯特空间的一个量子映射.如果能把此积分解析地算出,结果就会生成量子压缩变换算符的明显形式,可与量子光学中压缩态相联系.这样既有利于对狄拉克表象理论的了解,又发展了变换理论.而"变换理论的应用日益增多,其是理论物理学新方法的精华[14]."狄拉克的《量子力学原理》中的变换理论既包含各个表象(如原始的矩阵力学取了能量表象,原始的波动力学取了坐标表象)之间的相互变换,又指出了那些仍以正则坐标和正则动量描述的量子力学系统的幺正变换是经典力学中的切变换的类比.

有序算符乘积内的微积分技术可以实现 ket-bra 算符的积分,所以我们说,这等于为经典变换快捷地过渡为量子力学幺正变换搭起了一座"桥梁".

下面我们就利用算符的正规乘积内的积分技术算出 $S = \sqrt{\mu} \int_{-\infty}^{\infty} \mathrm{d}x \, |\mu x\rangle\langle x|$ 的明显形式,即有

$$
S = \sqrt{\mu}\, \frac{\alpha}{\sqrt{\pi}} \int_{-\infty}^{\infty} \mathrm{d}x \exp\left[-\frac{\alpha^2}{2}\mu^2 x^2 + \sqrt{2}\alpha\mu x a^{\dagger} - \frac{1}{2}\hat{a}^{\dagger 2}\right]|0\rangle\langle 0|
$$

$$
\cdot \exp\left[-\frac{\alpha^2}{2}x^2 + \sqrt{2}\alpha x a - \frac{1}{2}a^2\right]
$$

$$
= \sqrt{\mu}\, \frac{\alpha}{\sqrt{\pi}} \int_{-\infty}^{\infty} \mathrm{d}x \exp\left[-\frac{\alpha^2}{2}\mu^2 x^2 + \sqrt{2}\alpha\mu x a^{\dagger} - \frac{1}{2}a^{\dagger 2}\right] : \mathrm{e}^{-a^{\dagger}a} :
$$

$$
\cdot \exp\left[-\frac{\alpha^2}{2}x^2 + \sqrt{2}\alpha x a - \frac{1}{2}a^2\right]
$$

$$
= \sqrt{\mu}\, \frac{\alpha}{\sqrt{\pi}} : \int_{-\infty}^{\infty} \mathrm{d}x \exp\left[-\frac{\alpha^2}{2}(\mu^2 + 1)x^2 + \sqrt{2}\alpha x(\mu a^{\dagger} + a) - \frac{1}{2}a^{\dagger 2} - a^{\dagger}a - \frac{1}{2}a^2\right] :
$$

$$
= \sqrt{\frac{2\mu}{\mu^2 + 1}} : \exp\left[\frac{(\mu a^{\dagger} + a)^2}{\mu^2 + 1} - \frac{1}{2}a^{\dagger 2} - a^{\dagger}a - \frac{1}{2}a^2\right] :
$$

$$
= \sqrt{\frac{2\mu}{\mu^2 + 1}} : \exp\left[\frac{\mu^2 - 1}{2(\mu^2 + 1)}a^{\dagger 2} + \left(\frac{2\mu}{\mu^2 + 1} - 1\right)a^{\dagger}a - \frac{\mu^2 - 1}{2(\mu^2 + 1)}a^2\right] :
$$

$$
= \sqrt{\operatorname{sech}\lambda} : \exp\left[\frac{a^{\dagger 2}}{2}\tanh\lambda + (\operatorname{sech}\lambda - 1)a^{\dagger}a - \frac{a^2}{2}\tanh\lambda\right] :
$$

$$
= \sqrt{\operatorname{sech}\lambda}\, \exp\left(\frac{a^{\dagger 2}}{2}\tanh\lambda\right) : \exp\left[(\operatorname{sech}\lambda - 1)a^{\dagger}a\right] : \exp\left(-\frac{a^2}{2}\tanh\lambda\right) \tag{2.4.3}
$$

式中

$$\mathrm{e}^\lambda = \mu, \quad \mathrm{sech}\,\lambda = \frac{2\mu}{1+\mu^2}, \quad \tanh\lambda = \frac{\mu^2-1}{\mu^2+1} \tag{2.4.4}$$

这样我们就把(2.4.1)式解析地完成了积分. 可以继续利用(2.2.7)式将(2.4.3)式中的∶∶记号去掉, 即

$$S = \exp\left(\frac{a^{\dagger 2}}{2}\tanh\lambda\right)\exp\left[\left(a^\dagger a + \frac{1}{2}\right)\ln\mathrm{sech}\,\lambda\right]\exp\left(-\frac{a^2}{2}\tanh\lambda\right) \tag{2.4.5}$$

该算符 S 作用在真空态上, 则有

$$S\,|0\rangle = \sqrt{\mathrm{sech}\,\lambda}\exp\left(\frac{a^{\dagger 2}}{2}\tanh\lambda\right)|0\rangle \tag{2.4.6}$$

这是单模压缩真空态. 可以导出该压缩算符 S 的变换性质, 即

$$\begin{aligned}
SXS^\dagger &= \mu\iint_{-\infty}^\infty \mathrm{d}x\mathrm{d}x'\,|\mu x\rangle\langle x|X|x'\rangle\langle\mu x'|\\
&= \mu\iint_{-\infty}^\infty \mathrm{d}x\mathrm{d}x'\,x\,|\mu x\rangle\langle x|x'\rangle\langle\mu x'|\\
&= \mu\iint_{-\infty}^\infty \mathrm{d}x\mathrm{d}x'\,x\,|\mu x\rangle\delta(x-x')\langle\mu x'|\\
&= \mu\int_{-\infty}^\infty x\,|\mu x\rangle\langle\mu x|\,\mathrm{d}x\\
&= \frac{\mu\alpha}{\sqrt{\pi}}\,:\int_{-\infty}^\infty x\exp\left[-\alpha^2\mu^2 x^2 + \sqrt{2}\alpha\mu x(a^\dagger+a) - \frac{1}{2}(a^\dagger+a)^2\right]\mathrm{d}x\,:\\
&= :\frac{a^\dagger+a}{\sqrt{2}\alpha\mu}: = \frac{a^\dagger+a}{\sqrt{2}\alpha\mu} = \frac{1}{\mu}X
\end{aligned} \tag{2.4.7}$$

以及

$$\begin{aligned}
SP_xS^\dagger &= \mu\iint_{-\infty}^\infty \mathrm{d}x\mathrm{d}x'\,|\mu x\rangle\langle x|P_x|x'\rangle\langle\mu x'|\\
&= -\mathrm{i}\hbar\mu\iint_{-\infty}^\infty \mathrm{d}x\mathrm{d}x'\,|\mu x\rangle\frac{\partial}{\partial x}\langle x|x'\rangle\langle\mu x'|\\
&= -\mathrm{i}\hbar\mu\iint_{-\infty}^\infty \mathrm{d}x\mathrm{d}x'\,|\mu x\rangle\frac{\partial}{\partial x}\delta(x-x')\langle\mu x'|\\
&= -\mathrm{i}\hbar\mu\int_{-\infty}^\infty \mathrm{d}x\,|\mu x\rangle\frac{\partial}{\partial x}\int_{-\infty}^\infty \mathrm{d}x'\delta(x-x')\langle\mu x'|\\
&= -\mathrm{i}\hbar\mu\int_{-\infty}^\infty \mathrm{d}x\,|\mu x\rangle\frac{\partial}{\partial x}\langle\mu x|
\end{aligned}$$

$$= -\mathrm{i}\hbar\mu\frac{\partial}{\partial t}\int_{-\infty}^{\infty}\mathrm{d}x\,|\mu x\rangle\langle\mu(x+t)|\,\Big|_{t=0}$$

$$= -\mathrm{i}\hbar\frac{\mu\alpha}{\sqrt{\pi}}\frac{\partial}{\partial t}:\int_{-\infty}^{\infty}\mathrm{d}x\exp\Big[-\alpha^2\mu^2x^2+\sqrt{2}\alpha\mu x\Big(a^\dagger+a-\frac{\alpha\mu t}{\sqrt{2}}\Big)$$

$$-\frac{1}{2}\alpha^2\mu^2t^2+\sqrt{2}\alpha\mu ta-\frac{1}{2}(a^\dagger+a)^2\Big]\Big|_{t=0}:$$

$$= -\mathrm{i}\hbar\frac{\partial}{\partial t}:\exp\Big[-\frac{1}{4}\alpha^2\mu^2t^2+\frac{\alpha\mu}{\sqrt{2}}(a-a^\dagger)t\Big]\Big|_{t=0}:$$

$$= -\mathrm{i}\hbar\frac{\alpha\mu}{\sqrt{2}}(a-a^\dagger) = \mu\frac{a-a^\dagger}{\mathrm{i}\sqrt{2}\beta} = \mu P \tag{2.4.8}$$

很明显,这是在经典相空间中的尺度变换映射出的量子幺正变换,并由此可得到

$$Sa\,S^\dagger = a\cosh\lambda + a^\dagger\sinh\lambda \tag{2.4.9}$$

这就是著名的博戈留波夫(Bogoliubov)变换[15],它被广泛地应用于量子光学、超导理论和原子核理论中.上述讨论表明,利用狄拉克的坐标本征态按照(2.4.1)式构造非对称型 ket-bra 积分,再用 IWOP 技术积分后就给出了诱导博戈留波夫变换的幺正算符,并且是正规乘积形式的.从(2.4.5)式还可以看出这个算符具有 $SU(1,1)$ 的结构,即 $\dfrac{a^{\dagger 2}}{2}$、$\dfrac{a^2}{2}$ 及 $a^\dagger a+\dfrac{1}{2}$ 可构成 $SU(1,1)$ 李代数,但是我们在推导过程中没有也无需用到李代数的方法.这表明,从狄拉克的基本表象出发可揭示出有用的变换.

当然,也可利用算符恒等公式

$$\mathrm{e}^A B\mathrm{e}^{-A} = B + [A,B]+\frac{1}{2!}[A,[A,B]]+\frac{1}{3!}[A,[A,[A,B]]]+\cdots$$

以及

$$S^{-1} = \exp\Big(\frac{a^2}{2}\tanh\lambda\Big)\exp\Big[-\Big(a^\dagger a+\frac{1}{2}\Big)\ln\mathrm{sech}\,\lambda\Big]\exp\Big(-\frac{a^{\dagger 2}}{2}\tanh\lambda\Big) \tag{2.4.10}$$

得到博戈留波夫变换式.

下面再来构造几个非对称 ket-bra 积分型幺正算符,这都是经典变换的量子映射.

(1) 宇称算符

基于经典坐标空间反演变换 $q\to -q$,利用坐标本征态构造如下非对称 ket-bra 积分型算符:

$$\Pi = \int_{-\infty}^{\infty}\mathrm{d}q\,|-q\rangle\langle q| \tag{2.4.11}$$

易见该算符既幺正又厄米. 利用 IWOP 技术积分之, 可得

$$\Pi = \frac{1}{\sqrt{\pi}} : \int_{-\infty}^{\infty} dq \exp\left[-q^2 + \sqrt{2} q(a - a^\dagger) - \frac{1}{2} (a^\dagger + a)^2 \right] :$$

$$= : e^{-2a^\dagger a} : = e^{i\pi a^\dagger a} = (-1)^N \qquad (2.4.12)$$

这就是算符 Π 在希尔伯特空间中的表示, 其幺正性是显然的, 式中 $N = a^\dagger a$ 是粒子数算符. 在该幺正算符 Π 作用下, 有

$$\Pi|q\rangle = |-q\rangle, \quad \Pi|p\rangle = |-p\rangle \qquad (2.4.13)$$

$$\Pi a \Pi^\dagger = -a, \quad \Pi a^\dagger \Pi^\dagger = -a^\dagger \qquad (2.4.14)$$

$$\Pi Q \Pi^\dagger = -Q, \quad \Pi P \Pi^\dagger = -P \qquad (2.4.15)$$

这表明 Π 是一个宇称算符. 当然, 利用动量表象、相干态表象或坐标–动量中介表象也可得到宇称算符, 即

$$\int_{-\infty}^{\infty} dp \, |p\rangle\langle -p| = (-1)^N$$

$$\int \frac{d^2 z}{\pi} |-z\rangle\langle z| = (-1)^N \qquad (2.4.16)$$

$$\int_{-\infty}^{\infty} d\eta \, |-\eta\rangle_{\lambda\lambda}\langle\eta| = (-1)^N$$

易见宇称算符的本征态为 $|n\rangle$, 相应的本征值是 $(-1)^n$, 即 $(-1)^N |n\rangle = (-1)^n |n\rangle$.

(2) 相空间转动算符

基于经典相位移动变换 $z \to z e^{i\theta}$, 利用相干态构造如下非对称 ket-bra 积分型算符:

$$R(\theta) = \int \frac{d^2 z}{\pi} |z e^{i\theta}\rangle\langle z| \qquad (2.4.17)$$

其中 θ 是相移实参数. 利用有序算符乘积内的积分技术可得

$$R(\theta) = \int \frac{d^2 z}{\pi} : \exp[-z z^* + z e^{i\theta} a^\dagger + z^* a - a^\dagger a] :$$

$$= : \exp[(e^{i\theta} - 1) a^\dagger a] : = e^{i\theta a^\dagger a} \qquad (2.4.18)$$

这就是算符 $R(\theta)$ 的显式, 计算中用到了 (2.2.6) 式或 (2.2.7) 式. 算符 $R(\theta)$ 的幺正性是明显的, 即

$$R(\theta) R^\dagger(\theta) = R^\dagger(\theta) R(\theta) = 1$$

现在来导出算符 $R(\theta)$ 对湮灭算符的变换式.

方法 1 利用 (2.4.17) 式可得

$$R(\theta)aR^{\dagger}(\theta) = \int \frac{\mathrm{d}^2 z}{\pi} |z\mathrm{e}^{\mathrm{i}\theta}\rangle\langle z|a\int \frac{\mathrm{d}^2 z'}{\pi} |z'\rangle\langle z'\mathrm{e}^{\mathrm{i}\theta}|$$

$$= \iint \frac{\mathrm{d}^2 z}{\pi} \frac{\mathrm{d}^2 z'}{\pi} z' |z\mathrm{e}^{\mathrm{i}\theta}\rangle\langle z|z'\rangle\langle z'\mathrm{e}^{\mathrm{i}\theta}|$$

$$=: \iint \frac{\mathrm{d}^2 z}{\pi} \frac{\mathrm{d}^2 z'}{\pi} z'\exp(-zz^* - z'z'^* + z\mathrm{e}^{\mathrm{i}\theta}a^{\dagger} + z^* z' - aa^{\dagger} + z'^* \mathrm{e}^{-\mathrm{i}\theta}a):$$

$$=: \int \frac{\mathrm{d}^2 z'}{\pi} z'\exp(- z'z'^* + z'\mathrm{e}^{\mathrm{i}\theta}a^{\dagger} + z'^* \mathrm{e}^{-\mathrm{i}\theta}a - aa^{\dagger}):=\mathrm{e}^{-\mathrm{i}\theta}a \quad (2.4.19)$$

在上面的积分中使用了下面的积分公式：

$$\int \frac{\mathrm{d}^2 z'}{\pi} z'\exp(- \zeta z'z'^* + \eta z' + \xi z'^*) = \frac{\partial}{\partial \eta}\int \frac{\mathrm{d}^2 z'}{\pi}\exp(- \zeta z'z'^* + \eta z' + \xi z'^*)$$

$$= \frac{\partial}{\partial \eta}\frac{1}{\zeta}\mathrm{e}^{\eta\xi/\zeta} = \frac{\xi}{\zeta^2}\mathrm{e}^{\eta\xi/\zeta} \quad (2.4.20)$$

其收敛条件是 $\mathrm{Re}(\zeta) > 0$.

方法 2 利用算符 $R(\theta)$ 的显式(2.4.18)式和算符恒等公式

$$\mathrm{e}^A B\mathrm{e}^{-A} = B + [A,B] + \frac{1}{2!}[A,[A,B]] + \frac{1}{3!}[A,[A,[A,B]]] + \cdots$$

得到变换式

$$R(\theta)aR^{\dagger}(\theta)$$

$$= \mathrm{e}^{\mathrm{i}\theta a^{\dagger}a}a\mathrm{e}^{-\mathrm{i}\theta a^{\dagger}a}$$

$$= a + [\mathrm{i}\theta a^{\dagger}a, a] + \frac{1}{2!}[\mathrm{i}\theta a^{\dagger}a,[\mathrm{i}\theta a^{\dagger}a, a]] + \frac{1}{3!}[\mathrm{i}\theta a^{\dagger}a,[\mathrm{i}\theta a^{\dagger}a,[\mathrm{i}\theta a^{\dagger}a, a]]] + \cdots$$

$$= a + (-\mathrm{i}\theta)a + \frac{1}{2!}(-\mathrm{i}\theta)^2 a + \frac{1}{3!}(-\mathrm{i}\theta)^3 a + \cdots = \mathrm{e}^{-\mathrm{i}\theta}a$$

对上述变换式取厄米共轭，便得到

$$R(\theta)a^{\dagger}R^{\dagger}(\theta) = \mathrm{e}^{\mathrm{i}\theta}a^{\dagger} \quad (2.4.21)$$

这就是幺正变换算符 $R(\theta)$ 对产生算符 $a^{\dagger}$ 的变换.利用变换(2.4.20)式和(2.4.21)式容易得到幺正变换算符 $R(\theta)$ 对无量纲坐标算符、动量算符的变换

$$R(\theta)QR^{\dagger}(\theta) = Q\cos\theta + P\sin\theta$$
$$R(\theta)PR^{\dagger}(\theta) = -Q\sin\theta + P\cos\theta \quad (2.4.22)$$

以及对有量纲坐标算符、动量算符的变换

$$R(\theta)XR^{\dagger}(\theta) = X\cos\theta + \frac{\beta}{\alpha}P_x\sin\theta$$

$$R(\theta)P_xR^{\dagger}(\theta) = -\frac{\alpha}{\beta}X\sin\theta + P_x\cos\theta \tag{2.4.23}$$

这意味着算符 $R(\theta)$ 是一个相空间转动变换算符,是经典相空间相移变换的量子映射. 若取 $\theta = \pm\pi$ 时, $R(\pm\pi) = \Pi$ 就是宇称算符.

作为一个简单应用,也可以利用此相空间转动算符处理(2.3.11)式所示的耦合哈密顿系统的本征能级问题. 用 $R(\theta)$ 和 $R^{\dagger}(\theta)$ 夹乘(2.3.11)式,得

$$\begin{aligned}
R(\theta)HR^{\dagger}(\theta) &= \frac{1}{2m}R(\theta)P_x^2R^{\dagger}(\theta) + \frac{1}{2}m\omega^2 R(\theta)X^2R^{\dagger}(\theta) \\
&\quad + \gamma\big[R(\theta)XP_xR^{\dagger}(\theta) + R(\theta)P_xXR^{\dagger}(\theta)\big] \\
&= \frac{1}{2m}R(\theta)P_xR^{\dagger}(\theta)R(\theta)P_xR^{\dagger}(\theta) + \frac{1}{2}m\omega^2 R(\theta)XR^{\dagger}(\theta)R(\theta)XR^{\dagger}(\theta) \\
&\quad + \gamma\big[R(\theta)XR^{\dagger}(\theta)R(\theta)P_xR^{\dagger}(\theta) + R(\theta)P_xR^{\dagger}(\theta)R(\theta)XR^{\dagger}(\theta)\big] \\
&= \frac{1}{2m}\left(-\frac{\alpha}{\beta}X\sin\theta + P_x\cos\theta\right)^2 + \frac{1}{2}m\omega^2\left(X\cos\theta + \frac{\beta}{\alpha}P_x\sin\theta\right)^2 \\
&\quad + \gamma\bigg[\left(X\cos\theta + \frac{\beta}{\alpha}P_x\sin\theta\right)\left(-\frac{\alpha}{\beta}X\sin\theta + P_x\cos\theta\right) \\
&\quad + \left(-\frac{\alpha}{\beta}X\sin\theta + P_x\cos\theta\right)\left(X\cos\theta + \frac{\beta}{\alpha}P_x\sin\theta\right)\bigg] \\
&= \frac{1}{2m}\left(1 + \frac{2\gamma}{\omega}\sin 2\theta\right)P_x^2 + \frac{1}{2}m\omega^2\left(1 - \frac{2\gamma}{\omega}\sin 2\theta\right)X^2 \\
&\quad + \gamma(XP_x + P_xX)\cos 2\theta
\end{aligned}$$

令 $\cos 2\theta = 0$,即 $\theta = -\dfrac{\pi}{4}$ 时$\left(\text{当然也可以取其他值,如 }\theta = \dfrac{\pi}{4}\right)$,得到

$$R\left(-\frac{\pi}{4}\right)HR^{\dagger}\left(-\frac{\pi}{4}\right) = \frac{1}{2m}\left(1 - \frac{2\gamma}{\omega}\right)P_x^2 + \frac{1}{2}m\omega^2\left(1 + \frac{2\gamma}{\omega}\right)X^2 = \frac{1}{2\mu}P_x^2 + \frac{1}{2}\mu\Omega^2 X^2 \tag{2.4.24}$$

这样就实现了哈密顿量的对角化,式中 $\mu = m\dfrac{\omega}{\omega - 2\gamma}$,$\Omega = \omega\sqrt{1 - 4\gamma^2/\omega^2}$.

设该耦合哈密顿系统的本征能量为 E,相应的能量本征态为 $|\psi\rangle$,即 $H|\psi\rangle = E|\psi\rangle$. 用坐标本征左矢 $\langle x|$ 和 $R\left(-\dfrac{\pi}{4}\right)|\psi\rangle$ 夹乘(2.4.24)式两端,则左端为

$$\langle x | R\left(-\frac{\pi}{4}\right) H R^{\dagger}\left(-\frac{\pi}{4}\right) R\left(-\frac{\pi}{4}\right) | \psi \rangle = \langle x | R\left(-\frac{\pi}{4}\right) H | \psi \rangle = E \langle x | R\left(-\frac{\pi}{4}\right) | \psi \rangle$$

而右端为

$$\langle x | \left[\frac{1}{2\mu} P_x^2 + \frac{1}{2} \mu \Omega^2 X^2 \right] R\left(-\frac{\pi}{4}\right) | \psi \rangle$$

$$= -\frac{\hbar^2}{2\mu} \frac{\partial^2}{\partial x^2} \langle x | R\left(-\frac{\pi}{4}\right) | \psi \rangle + \frac{1}{2} \mu \Omega^2 x^2 \langle x | R\left(-\frac{\pi}{4}\right) | \psi \rangle$$

由此得到定态薛定谔方程

$$-\frac{\hbar^2}{2\mu} \frac{\partial^2}{\partial x^2} \langle x | R\left(-\frac{\pi}{4}\right) | \psi \rangle + \frac{1}{2} \mu \Omega^2 x^2 \langle x | R\left(-\frac{\pi}{4}\right) | \psi \rangle = E \langle x | R\left(-\frac{\pi}{4}\right) | \psi \rangle$$

其解为

$$E_n = \hbar \Omega \left(n + \frac{1}{2} \right), \quad \langle x | R\left(-\frac{\pi}{4}\right) | \psi_n \rangle = N_n \mathrm{e}^{-\frac{1}{2} \alpha'^2 x^2} \mathrm{H}_n(\alpha' x)$$

$$\alpha' = \sqrt{\mu \Omega / \hbar}, \quad N_n = \sqrt{\frac{\alpha'}{\sqrt{\pi} n! 2^n}} \quad (n = 0, 1, 2, 3, \cdots)$$

进一步可以插入 $R(\theta)$ 的幺正性 $R^{\dagger}(\theta) R(\theta) = 1$ 和坐标表象的完备性 $\int_{-\infty}^{\infty} \mathrm{d}x' | x' \rangle \langle x' | = 1$ 求出波函数 $\langle x | \psi_n \rangle$, 即

$$\langle x | \psi_n \rangle = \langle x | R^{\dagger}\left(-\frac{\pi}{4}\right) R\left(-\frac{\pi}{4}\right) | \psi_n \rangle = \int_{-\infty}^{\infty} \mathrm{d}x' \langle x | R^{\dagger}\left(-\frac{\pi}{4}\right) | x' \rangle \langle x' | R\left(-\frac{\pi}{4}\right) | \psi_n \rangle$$

$$(2.4.25)$$

为此先利用相干态的超完备性来计算 $\langle x | R^{\dagger}\left(-\frac{\pi}{4}\right) | x' \rangle$, 过程如下:

$$\langle x | R^{\dagger}\left(-\frac{\pi}{4}\right) | x' \rangle$$

$$= \int \frac{\mathrm{d}^2 z}{\pi} \langle x | z \rangle \langle z \mathrm{e}^{-\mathrm{i}\pi/4} | x' \rangle$$

$$= \frac{\alpha}{\sqrt{\pi}} \mathrm{e}^{-\frac{1}{2} \alpha^2 (x^2 + x'^2)} \int \frac{\mathrm{d}^2 z}{\pi} \langle 0 | \exp\left(\sqrt{2} \alpha x a - \frac{1}{2} a^2 \right) | z \rangle \langle \mathrm{e}^{-\mathrm{i}\pi/4} z | \exp\left(\sqrt{2} \alpha x' a^{\dagger} - \frac{1}{2} a^{\dagger 2} \right) | 0 \rangle$$

$$= \frac{\alpha}{\sqrt{\pi}} \mathrm{e}^{-\frac{1}{2} \alpha^2 (x^2 + x'^2)} \int \frac{\mathrm{d}^2 z}{\pi} \langle 0 | \exp\left(\sqrt{2} \alpha x z - \frac{1}{2} z^2 \right) | z \rangle \langle z \mathrm{e}^{-\mathrm{i}\pi/4} |$$

$$\cdot \exp\left(\sqrt{2} \mathrm{e}^{\mathrm{i}\pi/4} \alpha x' z^* - \mathrm{i} \frac{1}{2} z^{*2} \right) | 0 \rangle$$

$$= \frac{\alpha}{\sqrt{\pi}} e^{-\frac{1}{2}\alpha^2(x^2+x'^2)} \int \frac{d^2 z}{\pi} \exp\left(-zz^* + \sqrt{2}\alpha xz + \sqrt{2}e^{i\pi/4}\alpha x' z^* - \frac{1}{2}z^2 - i\frac{1}{2}z^{*2} \right)$$

$$= \frac{\alpha}{\sqrt{\pi}\,\sqrt{1-i}} e^{-\frac{1}{2}\alpha^2(x^2+x'^2)} \exp\left(\frac{2e^{i\pi/4}\alpha^2 xx' - i\alpha^2 x'^2 - i\alpha^2 x^2}{1-i} \right)$$

$$= \frac{\alpha}{\sqrt{\pi}\,\sqrt{1-i}} \exp\left(i\sqrt{2}\alpha^2 xx' - i\frac{1}{2}\alpha^2 x'^2 - i\frac{1}{2}\alpha^2 x^2 \right)$$

把此结果代入(2.4.25)式,得

$$\langle x | \psi_n \rangle = \frac{\alpha}{\sqrt{\pi}\,\sqrt{1-i}} N_n \int_{-\infty}^{\infty} dx' \exp\left(i\sqrt{2}\alpha^2 xx' - \frac{\alpha'^2 + i\alpha^2}{2}x'^2 - i\frac{1}{2}\alpha^2 x^2 \right) H_n(\alpha' x')$$

$$= \frac{\alpha}{\sqrt{\pi}\,\sqrt{1-i}} N_n \frac{\partial^n}{\partial t^n} e^{-t^2} \int_{-\infty}^{\infty} dx' \exp\left(i\sqrt{2}\alpha^2 xx' + 2\alpha' x' t \right.$$

$$\left. \left. - \frac{\alpha'^2 + i\alpha^2}{2}x'^2 - i\frac{1}{2}\alpha^2 x^2 \right) \right|_{t=0}$$

$$= \frac{\alpha}{\sqrt{1-i}} \sqrt{\frac{2}{\alpha'^2 + i\alpha^2}} N_n \frac{\partial^n}{\partial t^n} \exp\left(-\frac{i\alpha^2 - \alpha'^2}{\alpha'^2 + i\alpha^2}t^2 \right.$$

$$\left. \left. + 2\frac{i\sqrt{2}\alpha^2\alpha'}{\alpha'^2 + i\alpha^2}tx - \frac{i\alpha'^2 + \alpha^2}{2(\alpha'^2 + i\alpha^2)}\alpha^2 x^2 \right) \right|_{t=0}$$

$$= \frac{1}{\sqrt{1-i}} \sqrt{\frac{2\alpha^2}{\alpha'^2 + i\alpha^2}} N_n \frac{\partial^n}{\partial t^n} \exp\left[-\left(\sqrt{\frac{i\alpha^2 - \alpha'^2}{\alpha'^2 + i\alpha^2}}\,t \right)^2 \right.$$

$$\left. \left. + 2\frac{\sqrt{2}\alpha^2\alpha' x}{\sqrt{\alpha'^4 + \alpha^4}}\left(\sqrt{\frac{i\alpha^2 - \alpha'^2}{\alpha'^2 + i\alpha^2}}\,t \right) - \frac{i\alpha'^2 + \alpha^2}{2(\alpha'^2 + i\alpha^2)}\alpha^2 x^2 \right] \right|_{t=0}$$

$$= \left(\sqrt{\frac{i\alpha^2 - \alpha'^2}{\alpha'^2 + i\alpha^2}} \right)^n e^{i\pi/8} \left(\frac{\sqrt{2}\alpha\alpha'}{\alpha'^2 + i\alpha^2} \frac{\alpha}{\sqrt{\pi}n!2^n} \right)^{1/2}$$

$$\cdot \exp\left[-\frac{i\alpha'^2 + \alpha^2}{2(\alpha'^2 + i\alpha^2)}\alpha^2 x^2 \right] H_n\left(\frac{\sqrt{2}\alpha\alpha'}{\sqrt{\alpha'^4 + \alpha^4}}\alpha x \right)$$

这与上一节中利用坐标-动量中介表象所得结果是一致的.

(3) 相空间转动-压缩算符

针对经典辛变换$(q, p) \rightarrow (Aq + Bp, Cq + Dp)$,要求$A$,$B$,$C$,$D$都是实数,且$AD - BC \neq 0$.考虑第2.3节中讨论过的厄米算符$\lambda a + \lambda^* a^\dagger$,它对应的经典函数为

$$\lambda z + \lambda^* z^* = \lambda \frac{q + ip}{\sqrt{2}} + \lambda^* \frac{q - ip}{\sqrt{2}} = \frac{\lambda + \lambda^*}{\sqrt{2}}q + i\frac{\lambda - \lambda^*}{\sqrt{2}}p \equiv Aq + Bp$$

基于这种经典辛变换,利用上一节中阐述的无量纲的坐标-动量中介表象和无量纲坐标表象构造算符

$$R(\lambda) = \int_{-\infty}^{\infty} dq \, |\eta = q\rangle_\lambda \langle q| \qquad (2.4.26)$$

其中

$$|\eta\rangle_\lambda = \frac{1}{(2\pi\lambda\lambda^*)^{1/4}} \exp\left(-\frac{1}{4\lambda\lambda^*}\eta^2 + \frac{1}{\lambda}\eta a^\dagger - \frac{\lambda^*}{2\lambda}a^{\dagger 2}\right)|0\rangle$$

就是(2.3.2)式. $R(\lambda)$ 是幺正的,即 $R(\lambda)R^\dagger(\lambda) = R^\dagger(\lambda)R(\lambda) = 1$. 容易得到 $R(\lambda)$ 对坐标算符 Q 的变换式

$$
\begin{aligned}
R(\lambda)QR^\dagger(\lambda) &= \int_{-\infty}^{\infty} dq \, |\eta = q\rangle_\lambda \langle q|Q \int_{-\infty}^{\infty} dq' \, |q'\rangle_\lambda \langle \eta = q'| \\
&= \iint_{-\infty}^{\infty} dq dq' q \, |\eta = q\rangle_\lambda \langle q|q'\rangle_\lambda \langle \eta = q'| \\
&= \iint_{-\infty}^{\infty} dq dq' q \, |\eta = q\rangle_\lambda \delta(q' - q)_\lambda \langle \eta = q'| \\
&= \int_{-\infty}^{\infty} dq q \, |\eta = q\rangle_{\lambda\lambda} \langle \eta = q| \\
&= \lambda a + \lambda^* a^\dagger = \frac{\lambda + \lambda^*}{\sqrt{2}}Q + i\frac{\lambda - \lambda^*}{\sqrt{2}}P \\
&= \sqrt{2}\mathrm{Re}(\lambda)Q - \sqrt{2}\mathrm{Im}(\lambda)P \qquad (2.4.27)
\end{aligned}
$$

以及 $R(\lambda)$ 对动量算符 P 的变换式

$$
\begin{aligned}
R(\lambda)PR^\dagger(\lambda) &= \int_{-\infty}^{\infty} dq \, |\eta = q\rangle_\lambda \langle q|P \int_{-\infty}^{\infty} dq' \, |q'\rangle_\lambda \langle \eta = q'| \\
&= \iint_{-\infty}^{\infty} dq dq' \, |\eta = q\rangle_\lambda \left(-i\frac{\partial}{\partial q}\right)\langle q|q'\rangle_\lambda \langle \eta = q'| \\
&= -i\frac{\partial}{\partial t}\iint_{-\infty}^{\infty} dq dq' \, |\eta = q\rangle_\lambda \langle q + t|q'\rangle_\lambda \langle \eta = q'| \bigg|_{t=0} \\
&= -i\frac{\partial}{\partial t}\iint_{-\infty}^{\infty} dq dq' \, |\eta = q\rangle_\lambda \delta(q + t - q')_\lambda \langle \eta = q'| \bigg|_{t=0} \\
&= -i\frac{\partial}{\partial t}\int_{-\infty}^{\infty} dq \, |\eta = q\rangle_{\lambda\lambda} \langle \eta = q + t| \bigg|_{t=0} \\
&= -i\frac{\partial}{\partial t} \frac{1}{\sqrt{2\pi\lambda\lambda^*}} : \int_{-\infty}^{\infty} dq \exp\left[-\frac{1}{2\lambda\lambda^*}q^2 + \frac{1}{2\lambda\lambda^*}(2\lambda^* a^\dagger + 2\lambda a - t)q\right.
\end{aligned}
$$

$$\left. -\frac{1}{4\lambda\lambda^*}t^2 + \frac{1}{\lambda^*}ta - \frac{1}{2\lambda\lambda^*}(\lambda a + \lambda^* a^\dagger)^2\right] \Bigg|_{t=0} :$$

$$= -\mathrm{i}\frac{\partial}{\partial t} : \exp\left[-\frac{1}{8\lambda\lambda^*}t^2 - \frac{1}{2\lambda\lambda^*}(\lambda a + \lambda^* a^\dagger)t + \frac{1}{\lambda^*}ta\right]\Bigg|_{t=0} :$$

$$= \frac{-\mathrm{i}}{2\lambda\lambda^*}(\lambda a - \lambda^* a^\dagger) = \frac{1}{\sqrt{2}\lambda\lambda^*}\mathrm{Im}(\lambda)Q + \frac{1}{\sqrt{2}\lambda\lambda^*}\mathrm{Re}(\lambda)P \tag{2.4.28}$$

也可以插入动量表象的完备性关系 $\int_{-\infty}^{\infty}\mathrm{d}p|p\rangle\langle p| = 1$ 得到此变换式,即

$$R(\lambda)PR^\dagger(\lambda)$$

$$= \int_{-\infty}^{\infty}\mathrm{d}q\,|\eta = q\rangle_\lambda\,{}_\lambda\langle q|P\int_{-\infty}^{\infty}\mathrm{d}q'|q'\rangle_\lambda\,{}_\lambda\langle\eta = q'|$$

$$= \iint_{-\infty}^{\infty}\mathrm{d}q\mathrm{d}q'\,|\eta = q\rangle_\lambda\,{}_\lambda\langle q|P|q'\rangle_\lambda\,{}_\lambda\langle\eta = q'|$$

$$= \iiint_{-\infty}^{\infty}\mathrm{d}p\mathrm{d}q\mathrm{d}q'\,|\eta = q\rangle_\lambda\,{}_\lambda\langle q|P|p\rangle\langle p|q'\rangle_\lambda\,{}_\lambda\langle\eta = q'|$$

$$= \iiint_{-\infty}^{\infty}p\mathrm{d}p\mathrm{d}q\mathrm{d}q'\,|\eta = q\rangle_\lambda\,{}_\lambda\langle q|p\rangle\langle p|q'\rangle_\lambda\,{}_\lambda\langle\eta = q'|$$

$$= \frac{1}{2\pi\sqrt{2\pi\lambda\lambda^*}} : \iiint_{-\infty}^{\infty}p\mathrm{d}p\mathrm{d}q\mathrm{d}q'\exp\left(-\frac{1}{4\lambda\lambda^*}q^2 + \frac{1}{\lambda}qa^\dagger + \mathrm{i}qp\right.$$

$$\left. -\frac{1}{4\lambda\lambda^*}q'^2 + \frac{1}{\lambda^*}q'a - \mathrm{i}q'p - \frac{\lambda^*}{2\lambda}a^{\dagger 2} - aa^\dagger - \frac{\lambda}{2\lambda^*}a^2\right) :$$

$$= \sqrt{\frac{2\lambda\lambda^*}{\pi}} : \iiint_{-\infty}^{\infty}p\mathrm{d}p\exp\left[-2\lambda\lambda^* p^2 + 2\mathrm{i}p(\lambda^* a^\dagger - \lambda a) + \frac{1}{2\lambda\lambda^*}(\lambda^* a^\dagger - \lambda a)^2\right] :$$

$$= \mathrm{i}\frac{\lambda^* a^\dagger - \lambda a}{2\lambda\lambda^*} = \frac{1}{\sqrt{2}\lambda\lambda^*}\mathrm{Im}(\lambda)Q + \frac{1}{\sqrt{2}\lambda\lambda^*}\mathrm{Re}(\lambda)P$$

利用 $Q = \alpha X$ 和 $P = \beta P_x$ 就可以得到下面的 $R(\lambda)$ 对有量纲坐标算符和动量算符的变换式:

$$R(\lambda)XR^\dagger(\lambda) = \sqrt{2}\mathrm{Re}(\lambda)X - \frac{\beta}{\alpha}\sqrt{2}\mathrm{Im}(\lambda)P_x$$

$$R(\lambda)P_xR^\dagger(\lambda) = \frac{\alpha}{\beta}\frac{1}{\sqrt{2}\lambda\lambda^*}\mathrm{Im}(\lambda)X + \frac{1}{\sqrt{2}\lambda\lambda^*}\mathrm{Re}(\lambda)P_x \tag{2.4.29}$$

从以上变换式可以看出,幺正算符 $R(\lambda)$ 在相空间实现的变换既具有转动变换的性质又具有压缩的性质,所以称为相空间转动-压缩算符.

进一步利用 IWOP 技术可得到 $R(\lambda)$ 的显式,即

$$R(\lambda) = \frac{1}{(2\lambda\lambda^*)^{1/4}\sqrt{\pi}} : \int_{-\infty}^{\infty} \mathrm{d}q \exp\Big(-\frac{1+2\lambda\lambda^*}{4\lambda\lambda^*}q^2 + \frac{1}{\lambda}qa^\dagger$$

$$+ \sqrt{2}qa - \frac{\lambda^*}{2\lambda}a^{\dagger 2} - aa^\dagger - \frac{1}{2}a^2 \Big) :$$

$$= \sqrt{\frac{2\sqrt{2\lambda\lambda^*}}{1+2\lambda\lambda^*}} : \exp\Big[\frac{\lambda\lambda^*}{1+2\lambda\lambda^*}\Big(\frac{1}{\lambda}a^\dagger + \sqrt{2}a \Big)^2 - \frac{\lambda^*}{2\lambda}a^{\dagger 2} - aa^\dagger - \frac{1}{2}a^2 \Big] :$$

$$= \sqrt{\frac{2\sqrt{2\lambda\lambda^*}}{1+2\lambda\lambda^*}} : \exp\Big\{ \frac{1}{2\lambda(1+2\lambda\lambda^*)}\Big[(1-2\lambda\lambda^*)(\lambda^*a^{\dagger 2} - \lambda a^2)$$

$$- 2\lambda(1+2\lambda\lambda^* - 2\sqrt{2}\lambda^*)aa^\dagger \Big] \Big\} : \tag{2.4.30}$$

显然,① 当 $\lambda = \frac{1}{\sqrt{2}}\mathrm{e}^{-i\theta}$ 时,$R(\lambda = 2^{-1/2}\mathrm{e}^{-i\theta}) = \mathrm{e}^{i\theta a^\dagger a} = R(\theta)$ 就是(2.4.17)式所定义的相空间转动算符.② 当 $\lambda = -\frac{1}{\sqrt{2}}$ 时,$R(\lambda = -2^{-1/2}) = : \mathrm{e}^{-2a^\dagger a} : = \Pi$ 就是宇称算符.③ 特别是当 $\lambda = \frac{1}{i\sqrt{2}}$ 时,则

$$| \eta \rangle_{\lambda = \frac{1}{i\sqrt{2}}} = \pi^{-1/4}\exp\Big(-\frac{1}{2}\eta^2 + i\sqrt{2}\eta a^\dagger + \frac{1}{2}a^{\dagger 2} \Big)|0\rangle \to |p = \eta\rangle$$

就是动量本征态.于是我们有

$$R(\lambda = -i2^{-1/2}) = \int_{-\infty}^{\infty} \mathrm{d}q|p = q\rangle\langle q|$$

$$= \frac{1}{\sqrt{\pi}} : \int_{-\infty}^{\infty} \mathrm{d}q \exp\Big(-q^2 + i\sqrt{2}qa^\dagger + \sqrt{2}qa + \frac{1}{2}a^{\dagger 2} - a^\dagger a - \frac{1}{2}a^2 \Big) :$$

$$= : \exp\big[(i-1)a^\dagger a \big] : = \exp\Big(i\frac{\pi}{2}N \Big) \tag{2.4.31}$$

式中 $N = a^\dagger a$ 是粒子数算符.显然有

$$R(\lambda = -i2^{-1/2})|q\rangle = |p = q\rangle, \quad R(\lambda = -i2^{-1/2})|p\rangle = |-q\rangle$$

这表明 $R(\lambda = -i2^{-1/2})$ 的作用是把坐标本征态$|q\rangle$变成数值相等的动量本征态$|p = q\rangle$,把动量本征态$|p\rangle$变成坐标本征态$|-q\rangle$.

(4) 平移算符

基于经典坐标平移变换 $q \to q + q_0$ 构造如下积分型算符:

$$D(q_0) = \int_{-\infty}^{\infty} \mathrm{d}q|q\rangle\langle q + q_0| \tag{2.4.32}$$

其幺正性是显然的，即 $D(q_0)D^\dagger(q_0) = D^\dagger(q_0)D(q_0) = 1$. 它作用在坐标本征左矢上，则有

$$\langle q | D(q_0) = \int_{-\infty}^{\infty} \mathrm{d}q' \langle q | q' \rangle \langle q' + q_0 | = \int_{-\infty}^{\infty} \mathrm{d}q' | \delta(q' - q) \langle q' + q_0 | = \langle q + q_0 |$$

这是一个平移态，因此我们说 $D(q_0)$ 是平移算符，是经典坐标平移变换的量子映射. 利用有序算符乘积内的积分技术可得到该平移算符的显式如下：

$$D(q_0) = \frac{1}{\sqrt{\pi}} : \int_{-\infty}^{\infty} \mathrm{d}q \exp\Big[-\frac{1}{2}q^2 - \frac{1}{2}(q + q_0)^2 + \sqrt{2}q(a^\dagger + a)$$

$$+ \sqrt{2}q_0 a - \frac{1}{2}(a^\dagger + a)^2 \Big] :$$

$$= \frac{1}{\sqrt{\pi}} : \int_{-\infty}^{\infty} \mathrm{d}q \exp\Big\{ -q^2 + q[\sqrt{2}(a^\dagger + a) - q_0] + \sqrt{2}q_0 a - \frac{1}{2}(a^\dagger + a)^2 - \frac{1}{2}q_0^2 \Big\} :$$

$$= : \exp\Big(q_0 \frac{a - a^\dagger}{\sqrt{2}} - \frac{1}{2}q_0^2 \Big) : = \exp\Big(-\frac{1}{\sqrt{2}}q_0 a^\dagger \Big) \exp\Big(\frac{1}{\sqrt{2}}q_0 a - \frac{1}{4}q_0^2 \Big)$$

$$= \exp\Big[\frac{1}{\sqrt{2}}q_0(a - a^\dagger) \Big] = \mathrm{e}^{\mathrm{i}q_0 P} \tag{2.4.33}$$

如果让该平移算符作用在动量本征左矢上，便会得到

$$\langle p | D(q_0) = \langle p | \mathrm{e}^{\mathrm{i}q_0 P} = \langle p | \mathrm{e}^{\mathrm{i}q_0 p} = \frac{1}{\pi^{1/4}} \langle 0 | \exp\Big(-\frac{1}{2}p^2 - \mathrm{i}\sqrt{2}pa + \mathrm{i}q_0 p - \frac{1}{2}a^2 \Big)$$

这表明 $\langle p | D(q_0)$ 仍是本征值为 p 的动量本征态，只是附加了一个相因子 $\mathrm{e}^{\mathrm{i}q_0 p}$.

顺便谈一下，如何用该平移算符的显式(2.4.33)式作用在坐标本征左矢上得到平移态.

方法 1 利用 $\langle q | P = -\mathrm{i}\frac{\partial}{\partial q} \langle q |$ 计算，即

$$\langle q | \mathrm{e}^{\mathrm{i}q_0 P} = \exp\Big(q_0 \frac{\partial}{\partial q} \Big) \langle q | = \sum_{n=0}^{\infty} \frac{q_0^n}{n!} \frac{\partial^n}{\partial q^n} \langle q | = \sum_{n=0}^{\infty} \frac{1}{n!} \frac{\partial^n \langle q |}{\partial q^n} q_0^n$$

$$= \sum_{n=0}^{\infty} \frac{\partial^n \langle q + q_0 |}{\partial q_0^n} \Big|_{q_0 = 0} \frac{1}{n!} q_0^n = \langle q + q_0 |$$

方法 2 利用 $\langle q | P = -\mathrm{i}\frac{\partial}{\partial q} \langle q |$ 和

$$\langle q | = \frac{1}{\pi^{1/4}} \langle 0 | \exp\Big(-\frac{1}{2}q^2 + \sqrt{2}qa - \frac{1}{2}a^2 \Big)$$

$$= \frac{1}{\pi^{1/4}} \langle 0 | \int_{-\infty}^{\infty} \frac{\mathrm{d}\eta}{\sqrt{\pi}} \exp\left(-\eta^2 + \mathrm{i}\sqrt{2}\eta q + \sqrt{2} qa - \frac{1}{2} a^2 \right)$$

来计算,即

$$\langle q | \mathrm{e}^{\mathrm{i}q_0 P} = \exp\left(q_0 \frac{\partial}{\partial q} \right) \langle q |$$

$$= \frac{1}{\pi^{1/4}} \langle 0 | \int_{-\infty}^{\infty} \frac{\mathrm{d}\eta}{\sqrt{\pi}} \exp\left[-\eta^2 + \mathrm{i}\sqrt{2}\eta(q + q_0) + \sqrt{2}(q + q_0)a - \frac{1}{2} a^2 \right]$$

$$= \frac{1}{\pi^{1/4}} \langle 0 | \exp\left[-\frac{1}{2}(q + q_0)^2 + \sqrt{2}(q + q_0)a - \frac{1}{2} a^2 \right] = \langle q + q_0 |$$

方法 3 利用 $\langle 0 | a^\dagger = 0$ 和 Baker-Campbell-Hausdorff 公式得到该平移态,即

$$\langle q | \mathrm{e}^{\mathrm{i}q_0 P} = \frac{1}{\pi^{1/4}} \langle 0 | \exp\left(-\frac{1}{2} q^2 + \sqrt{2} qa - \frac{1}{2} a^2 \right) \exp\left[\frac{1}{\sqrt{2}} q_0(a - a^\dagger) \right]$$

$$= \frac{1}{\pi^{1/4}} \langle 0 | \exp\left(-\frac{1}{2} q^2 + \sqrt{2} qa - \frac{1}{2} a^2 \right) \exp\left(-\frac{1}{\sqrt{2}} q_0 a^\dagger \right) \exp\left(\frac{1}{\sqrt{2}} q_0 a - \frac{1}{4} q_0^2 \right)$$

$$= \frac{1}{\pi^{1/4}} \langle 0 | \int \frac{\mathrm{d}^2 z}{\pi} \exp\left(-\frac{1}{2} q^2 + \sqrt{2} qa - zz^* + \frac{1}{\sqrt{2}} za - \frac{1}{\sqrt{2}} z^* a \right) \exp\left(-\frac{1}{\sqrt{2}} q_0 a^\dagger \right)$$

$$\cdot \exp\left(\frac{1}{\sqrt{2}} q_0 a - \frac{1}{4} q_0^2 \right)$$

$$= \frac{1}{\pi^{1/4}} \langle 0 | \exp\left(-\frac{1}{\sqrt{2}} q_0 a^\dagger \right) \int \frac{\mathrm{d}^2 z}{\pi} \exp\left(-\frac{1}{2} q^2 + \sqrt{2} qa - zz^* + \frac{1}{\sqrt{2}} za - \frac{1}{\sqrt{2}} z^* a \right)$$

$$\cdot \exp\left(-qq_0 - \frac{1}{2} zq_0 + \frac{1}{2} z^* q_0 \right) \exp\left(\frac{1}{\sqrt{2}} q_0 a - \frac{1}{4} q_0^2 \right)$$

$$= \frac{1}{\pi^{1/4}} \langle 0 | \exp\left[-\frac{1}{2}(q + q_0)^2 + \sqrt{2}(q + q_0)a - \frac{1}{2} a^2 \right] = \langle q + q_0 |$$

在上面的计算中,从第一个等号到第二个等号的过程利用了 Baker-Campbell-Hausdorff 公式;从第二个等号到第三个等号的过程利用了积分降次法,即

$$\int \frac{\mathrm{d}^2 z}{\pi} \exp\left(-zz^* + \frac{1}{\sqrt{2}} za - \frac{1}{\sqrt{2}} z^* a \right) = \exp\left(-\frac{1}{2} a^2 \right)$$

其目的是为了下一步再次利用 Baker-Campbell-Hausdorff 公式;从第三个等号到第四个等号的过程就再次利用了 Baker-Campbell-Hausdorff 公式 $\mathrm{e}^{\lambda a} \mathrm{e}^{\nu a^\dagger} = \mathrm{e}^{\nu a^\dagger} \mathrm{e}^{\lambda a} \mathrm{e}^{\lambda \nu}$.

(5)双模转动-压缩算符

考虑经典正则变换$(q_1, q_2) \rightarrow (Aq_1 + Bq_2, Cq_1 + Dq_2)$,与之对应的量子幺正变换算

符可构造为

$$T = \iint_{-\infty}^{\infty} \mathrm{d}q_1 \mathrm{d}q_2 \left| \begin{pmatrix} A & B \\ C & D \end{pmatrix} \begin{pmatrix} q_1 \\ q_2 \end{pmatrix} \right\rangle \left\langle \begin{pmatrix} q_1 \\ q_2 \end{pmatrix} \right| \tag{2.4.34}$$

其中 $AD - BC = 1$，A，B，C，D 皆为实数，且

$$\left| \begin{pmatrix} q_1 \\ q_2 \end{pmatrix} \right\rangle = |q_1, q_2\rangle \equiv |q_1\rangle_1 \otimes |q_2\rangle_2$$

$$\left| \begin{pmatrix} A & B \\ C & D \end{pmatrix} \begin{pmatrix} q_1 \\ q_2 \end{pmatrix} \right\rangle = |Aq_1 + Bq_2\rangle_1 \otimes |Cq_1 + Dq_2\rangle_2$$

都是双模坐标本征态. 由(2.4.33)式可得

$$TT^{\dagger} = \iint_{-\infty}^{\infty} \mathrm{d}q_1 \mathrm{d}q_2 \left| \begin{pmatrix} A & B \\ C & D \end{pmatrix} \begin{pmatrix} q_1 \\ q_2 \end{pmatrix} \right\rangle \left\langle \begin{pmatrix} q_1 \\ q_2 \end{pmatrix} \right| \iint_{-\infty}^{\infty} \mathrm{d}q'_1 \mathrm{d}q'_2 \left| \begin{pmatrix} q'_1 \\ q'_2 \end{pmatrix} \right\rangle \left\langle \begin{pmatrix} A & B \\ C & D \end{pmatrix} \begin{pmatrix} q'_1 \\ q'_2 \end{pmatrix} \right|$$

$$= \iint_{-\infty}^{\infty} \mathrm{d}q_1 \mathrm{d}q_2 \mathrm{d}q'_1 \mathrm{d}q'_2 \left| \begin{pmatrix} A & B \\ C & D \end{pmatrix} \begin{pmatrix} q_1 \\ q_2 \end{pmatrix} \right\rangle \delta(q'_1 - q_1) \delta(q'_2 - q_2) \left\langle \begin{pmatrix} A & B \\ C & D \end{pmatrix} \begin{pmatrix} q'_1 \\ q'_2 \end{pmatrix} \right|$$

$$= \iint_{-\infty}^{\infty} \mathrm{d}q_1 \mathrm{d}q_2 \left| \begin{pmatrix} A & B \\ C & D \end{pmatrix} \begin{pmatrix} q_1 \\ q_2 \end{pmatrix} \right\rangle \left\langle \begin{pmatrix} A & B \\ C & D \end{pmatrix} \begin{pmatrix} q_1 \\ q_2 \end{pmatrix} \right|$$

$$= \frac{1}{\pi} : \iint_{-\infty}^{\infty} \mathrm{d}q_1 \mathrm{d}q_2 \exp\Big[-(Aq_1 + Bq_2)^2 + \sqrt{2}(Aq_1 + Bq_2)(a_1^{\dagger} + a_1)$$

$$- \frac{1}{2}(a_1^{\dagger} + a_1)^2 - (Cq_1 + Dq_2)^2 + \sqrt{2}(Cq_1 + Dq_2)(a_2^{\dagger} + a_2) - \frac{1}{2}(a_2^{\dagger} + a_2)^2 \Big] :$$

可以将上述积分中被积函数指数上的平方项展开，然后直接完成积分. 为了方便计算，也可做坐标变换，即 $q'_1 = Aq_1 + Bq_2$，$q'_2 = Cq_1 + Dq_2$，其逆变换为

$$\begin{cases} q_1 = \dfrac{1}{AD - BC}(Dq'_1 - Bq'_2) = Dq'_1 - Bq'_2 \\ q_2 = \dfrac{1}{BC - AD}(Cq'_1 - Aq'_2) = -Cq'_1 + Aq'_2 \end{cases} \tag{2.4.35}$$

变换关系式(2.4.35)的雅可比矩阵(Jacobian matrix)为

$$J = \begin{pmatrix} \dfrac{\partial q_1}{\partial q'_1} & \dfrac{\partial q_1}{\partial q'_2} \\ \dfrac{\partial q_2}{\partial q'_1} & \dfrac{\partial q_2}{\partial q'_2} \end{pmatrix} = \begin{pmatrix} D & -B \\ -C & A \end{pmatrix}$$

于是得到两种位形空间坐标架积分元之间的变换为

$$\mathrm{d}\tau = 1 \cdot \mathrm{d}q_1 \mathrm{d}q_2$$

$$\Rightarrow \quad \mathrm{d}\tau = 1 \cdot |\det J| \mathrm{d}q_1' \mathrm{d}q_2' = (AD - BC)\mathrm{d}q_1'\mathrm{d}q_2' = \mathrm{d}q_1'\mathrm{d}q_2' \tag{2.4.36}$$

那么

$$TT^\dagger = \frac{1}{\pi} : \iint_{-\infty}^\infty \mathrm{d}q_1' \mathrm{d}q_2' \exp\left[-q_1'^2 + \sqrt{2}q_1'(a_1^\dagger + a_1) - \frac{1}{2}(a_1^\dagger + a_1)^2 \right.$$

$$\left. -q_2'^2 + \sqrt{2}q_1'(a_2^\dagger + a_2) - \frac{1}{2}(a_2^\dagger + a_2)^2 \right] := 1$$

同理,可得 $T^\dagger T = 1$.这表明 T 是一个双模幺正算符,是经典正则变换的量子映射.

进一步,还可导出 T 对坐标算符和动量算符的变换性质,即

$$\begin{cases} TQ_1 T^\dagger = DQ_1 - BQ_2, & TQ_2 T^\dagger = -CQ_1 + AQ_2 \\ TP_1 T^\dagger = AP_1 + CP_2, & TP_2 T^\dagger = BP_1 + DP_2 \end{cases} \tag{2.4.37}$$

或者

$$\begin{cases} T^\dagger Q_1 T = AQ_1 + BQ_2, & T^\dagger Q_2 T = CQ_1 + DQ_2 \\ T^\dagger P_1 T = DP_1 - CP_2, & T^\dagger P_2 T = -BP_1 + AP_2 \end{cases} \tag{2.4.38}$$

利用 IWOP 技术能够求出 T 的正规乘积展开式,即

$$T = \frac{2}{L}\exp\left\{ \frac{1}{2L}\left[(A^2 + B^2 - C^2 - D^2)(a_1^{\dagger 2} - a_2^{\dagger 2}) + 4(AC + BD)a_1^\dagger a_2^\dagger \right] \right\}$$

$$\cdot : \exp\left\{ (a_1^\dagger \quad a_1^\dagger)(g - 1)\begin{pmatrix} a_1 \\ a_2 \end{pmatrix} \right\}:$$

$$\cdot \exp\left\{ \frac{1}{2L}\left[(B^2 + D^2 - A^2 - C^2)(a_1^2 - a_2^2) - 4(AB + CD)a_1 a_2 \right] \right\} \tag{2.4.39}$$

式中 $L = 2 + A^2 + B^2 + C^2 + D^2$,$g = \dfrac{2}{L}\begin{pmatrix} A+D & B-C \\ C-B & A+D \end{pmatrix}$.

特别地,当 $\begin{pmatrix} A & B \\ C & D \end{pmatrix} = \begin{pmatrix} \cos\theta & \sin\theta \\ -\sin\theta & \cos\theta \end{pmatrix}$ 时,变换式(2.4.38)中对坐标算符的变换约化成

$$T^\dagger Q_1 T = Q_1\cos\theta + Q_2\sin\theta, \quad T^\dagger Q_2 T = -Q_1\sin\theta + Q_2\cos\theta$$

这可视为二维位形空间的纯转动变换.在一般情况下 T 所实现的幺正变换既具有转动变换的性质又具有压缩变换的性质,所以称 T 为双模转动-压缩算符.

2.5 维格纳算符的表象表示

这一节继续讨论维格纳算符,讨论它的量子力学表象.在(2.1.9)式中若仅完成对 v 的积分,便得到

$$
\Delta(x, p_x) = \frac{1}{4\pi^2} : \iint_{-\infty}^{\infty} \exp\left[\frac{a^\dagger}{\sqrt{2}}\left(\frac{\mathrm{i}u}{\alpha} - \frac{v}{\beta}\right)\right]
$$

$$
\cdot \exp\left[\frac{a}{\sqrt{2}}\left(\frac{\mathrm{i}u}{\alpha} + \frac{v}{\beta}\right) - \frac{u^2}{4\alpha^2} - \frac{v^2}{4\beta^2} - \mathrm{i}ux - \mathrm{i}vp_x\right]\mathrm{d}u\,\mathrm{d}v :
$$

$$
= \frac{\beta}{2\pi^{3/2}} : \int_{-\infty}^{\infty} \mathrm{d}u\, \mathrm{e}^{-\mathrm{i}ux} \exp\left[-\left(\beta^2 p_x^2 + \frac{u^2}{4\alpha^2}\right) + \mathrm{i}\sqrt{2}\left(\beta p_x + \frac{u}{2\alpha}\right)a^\dagger + \frac{1}{2}a^{\dagger 2}\right.
$$

$$
\left. - a^\dagger a - \mathrm{i}\sqrt{2}\left(\beta p_x - \frac{u}{2\alpha}\right)a + \frac{1}{2}a^2\right] :
$$

$$
= \frac{\beta}{\sqrt{\pi}} \int_{-\infty}^{\infty} \frac{\mathrm{d}u}{2\pi} \mathrm{e}^{-\mathrm{i}ux} \exp\left[-\frac{1}{2}\beta^2\left(p_x + \frac{\hbar u}{2}\right)^2 + \mathrm{i}\sqrt{2}\beta\left(p_x + \frac{\hbar u}{2}\right)a^\dagger + \frac{1}{2}a^{\dagger 2}\right] : \mathrm{e}^{-a^\dagger a} :
$$

$$
\cdot \exp\left[-\frac{1}{2}\beta^2\left(p_x - \frac{\hbar u}{2}\right)^2 - \mathrm{i}\sqrt{2}\beta\left(p_x - \frac{\hbar u}{2}\right)a + \frac{1}{2}a^2\right]
$$

$$
= \frac{\beta}{\sqrt{\pi}} \int_{-\infty}^{\infty} \frac{\mathrm{d}u}{2\pi} \mathrm{e}^{-\mathrm{i}ux} \exp\left[-\frac{1}{2}\beta^2\left(p_x + \frac{\hbar u}{2}\right)^2 + \mathrm{i}\sqrt{2}\beta\left(p_x + \frac{\hbar u}{2}\right)a^\dagger + \frac{1}{2}a^{\dagger 2}\right]|0\rangle\langle 0|
$$

$$
\cdot \exp\left[-\frac{1}{2}\beta^2\left(p_x - \frac{\hbar u}{2}\right)^2 - \mathrm{i}\sqrt{2}\beta\left(p_x - \frac{\hbar u}{2}\right)a + \frac{1}{2}a^2\right]
$$

$$
= \int_{-\infty}^{\infty} \frac{\mathrm{d}u}{2\pi} \mathrm{e}^{-\mathrm{i}ux}\left|p_x + \frac{\hbar u}{2}\right\rangle\left\langle p_x - \frac{\hbar u}{2}\right| \tag{2.5.1}
$$

这就是维格纳算符的动量表象表示,式中的 ket 和 bra 分别是本征值为 $p_x + \dfrac{\hbar u}{2}$ 和 $p_x - \dfrac{\hbar u}{2}$ 的动量本征矢.若在(2.1.9)式中仅完成对 u 的积分,会得到

$$
\Delta(x, p_x) = \int_{-\infty}^{\infty} \frac{\mathrm{d}v}{2\pi} \mathrm{e}^{-\mathrm{i}vp_x}\left|x - \frac{\hbar v}{2}\right\rangle\left\langle x + \frac{\hbar v}{2}\right|
$$

$$
= \int_{-\infty}^{\infty} \frac{\mathrm{d}v}{2\pi} \mathrm{e}^{\mathrm{i}vp_x}\left|x + \frac{\hbar v}{2}\right\rangle\left\langle x - \frac{\hbar v}{2}\right| \tag{2.5.2}
$$

这就是维格纳算符的坐标表象表示,式中的 ket 和 bra 分别是本征值为 $x + \dfrac{\hbar v}{2}$ 和 $x - \dfrac{\hbar v}{2}$ 的坐标本征矢. 若从 (2.1.10b) 出发,做适当处理,便有

$$
\begin{aligned}
\Delta(z, z^*) &= \frac{1}{\pi\hbar} : e^{-2(a-z)(a^\dagger - z^*)} : \\
&= \frac{1}{\pi\hbar} : e^{-(a-z)(a^\dagger - z^*)} \int \frac{d^2\eta}{\pi} e^{-\eta\eta^* + \eta(a^\dagger - z^*) - \eta^*(a-z)} : \\
&= : \int \frac{d^2\eta}{\pi^2\hbar} e^{-(zz^* + \eta\eta^*) + (z+\eta)a^\dagger + (z^* - \eta^*)a - aa^\dagger} e^{z\eta^* - z^*\eta} : \\
&= \int \frac{d^2\eta}{\pi^2\hbar} e^{-\frac{1}{2}(z+\eta)(z^* + \eta^*) + (z+\eta)a^\dagger} : e^{-aa^\dagger} : e^{-\frac{1}{2}(z-\eta)(z^* - \eta^*) + (z^* - \eta^*)a} e^{z\eta^* - z^*\eta} \\
&= \int \frac{d^2\eta}{\pi^2\hbar} e^{-\frac{1}{2}(z+\eta)(z^* + \eta^*) + (z+\eta)a^\dagger} |0\rangle\langle 0| e^{-\frac{1}{2}(z-\eta)(z^* - \eta^*) + (z^* - \eta^*)a} e^{z\eta^* - z^*\eta} \\
&= \int \frac{d^2\eta}{\pi^2\hbar} |z + \eta\rangle\langle z - \eta| e^{z\eta^* - z^*\eta}
\end{aligned} \tag{2.5.3}
$$

这就是维格纳算符的相干态表象表示,式中的 ket 和 bra 分别是本征值为 $z + \eta$ 和 $z - \eta$ 的相干态.

利用维格纳算符的上述三种量子力学表象可以方便地导出外尔对应规则的求迹形式的逆规则. 为此,先来求两个维格纳算符 $\Delta(q, p)$ 和 $\Delta(q', p')$ 乘积的迹,即

$$
\begin{aligned}
&\mathrm{tr}\big[\Delta(x, p_x)\Delta(x', p'_x)\big] \\
&= \mathrm{tr}\left[\int_{-\infty}^{\infty} \frac{dv}{2\pi} e^{ivp_x} \left|x + \frac{\hbar v}{2}\right\rangle\left\langle x - \frac{\hbar v}{2}\right| \cdot \int_{-\infty}^{\infty} \frac{dv}{2\pi} e^{ivp'_x} \left|x' + \frac{\hbar v}{2}\right\rangle\left\langle x' - \frac{\hbar v}{2}\right|\right] \\
&= \iint_{-\infty}^{\infty} \frac{dv\,dv'}{4\pi^2} e^{ivp_x + iv'p'_x} \left\langle x' - \frac{\hbar v'}{2}\bigg| x + \frac{\hbar v}{2}\right\rangle\left\langle x - \frac{\hbar v}{2}\bigg| x' + \frac{\hbar v'}{2}\right\rangle \\
&= \iint_{-\infty}^{\infty} \frac{dv\,dv'}{4\pi^2} e^{ivp_x + iv'p'_x} \delta\left(x' - x - \frac{1}{2}\hbar v' - \frac{1}{2}\hbar v\right)\delta\left(x - x' - \frac{1}{2}\hbar v - \frac{1}{2}\hbar v'\right) \\
&= \int_{-\infty}^{\infty} \frac{dv}{4\pi^2\hbar} e^{iv(p_x - p'_x)} \exp\left[\frac{2i}{\hbar}(x - x')p'_x\right]\delta(x - x') \\
&= \int_{-\infty}^{\infty} \frac{dv}{4\pi^2\hbar} e^{iv(p_x - p'_x)} \delta(x - x') \\
&= \frac{1}{2\pi\hbar}\delta(x - x')\delta(p_x - p'_x)
\end{aligned} \tag{2.5.4}
$$

于是,用 $\Delta(x', p'_x)$ 乘以 (X5) 式两端并求迹,得

$$\mathrm{tr}\big[H(X,P_x)\Delta(x',p_x')\big]=\mathrm{tr}\bigg[\iint_{-\infty}^{\infty}h(x,p_x)\Delta(x,p_x)\Delta(x',p_x')\mathrm{d}x\mathrm{d}p_x\bigg]$$

$$=\iint_{-\infty}^{\infty}h(x,p_x)\mathrm{tr}\big[\Delta(x,p_x)\Delta(x',p_x')\big]\mathrm{d}x\mathrm{d}p_x$$

$$=\frac{1}{2\pi\hbar}\iint_{-\infty}^{\infty}h(x,p_x)\delta(x-x')\delta(p_x-p_x')\mathrm{d}x\mathrm{d}p_x$$

$$=\frac{1}{2\pi\hbar}h(x',p_x')$$

所以有

$$h(x,p_x)=2\pi\hbar\,\mathrm{tr}\big[H(X,P_x)\Delta(x,p_x)\big] \tag{2.5.5a}$$

这就是区别于(2.2.4)式的另一种形式的外尔对应规则的逆规则,也可以表示成

$$h(z,z^*)=2\pi\hbar\,\mathrm{tr}\big[H(a,a^\dagger)\Delta(z,z^*)\big] \tag{2.5.5b}$$

其中 $z=(\alpha x+\mathrm{i}\beta p_x)/\sqrt{2}=(q+\mathrm{i}p)/\sqrt{2}$.(2.5.5)式与(2.2.4)式是等价的,只是形式不同,都能够求出已知量子力学算符的外尔经典对应.如真空投影算符$|0\rangle\langle0|$,利用(2.5.1)式~(2.5.3)式之一和(2.5.5)式可得到其外尔经典对应,即

$$|0\rangle\langle0|\xrightarrow{\text{外尔经典对应}}2\pi\hbar\,\mathrm{tr}\big[|0\rangle\langle0|\Delta(x,p_x)\big]$$

$$=\hbar\int_{-\infty}^{\infty}\mathrm{d}u\,\mathrm{e}^{-\mathrm{i}ux}\langle0|p_x+\hbar u/2\rangle\langle p_x-\hbar u/2|0\rangle$$

$$=\frac{\beta\hbar}{\sqrt{\pi}}\int_{-\infty}^{\infty}\mathrm{d}u\exp\bigg[-\frac{1}{2}\beta^2\Big(p_x+\frac{\hbar u}{2}\Big)^2-\frac{1}{2}\beta^2\Big(p_x-\frac{\hbar u}{2}\Big)^2-\mathrm{i}ux\bigg]$$

$$=\frac{\beta\hbar}{\sqrt{\pi}}\int_{-\infty}^{\infty}\mathrm{d}u\exp\Big(-\frac{1}{4}\beta^2\hbar^2u^2-\mathrm{i}ux-\beta^2p_x^2\Big)$$

$$=2\mathrm{e}^{-\alpha^2x^2-\beta^2p_x^2}=2\mathrm{e}^{-2zz^*}$$

这与第2.2节中利用(2.2.4)式所得结果是相同的,殊途同归.

2.6 玻色算符$(\lambda a+\upsilon a^\dagger)^n$和$(a^\dagger a)^n$的正规乘积形式

先讨论玻色算符函数$(\lambda a+\upsilon a^\dagger)^n$的正规乘积形式,其中$\lambda$和$\upsilon$是量纲相同或无量纲

的任意普通数，$n = 1,2,3,\cdots$.

若 $\upsilon = \lambda^*$，则 $\lambda a + \upsilon a^\dagger = \lambda a + \lambda^* a^\dagger$ 是厄米算符，可以利用 $\lambda a + \lambda^* a^\dagger$ 的本征态 (2.3.2)式 $|\eta\rangle_\lambda$ 的完备性关系(2.3.3)式求出 $(\lambda a + \lambda^* a^\dagger)^n$ 的正规乘积排序形式，即

$$(\lambda a + \lambda^* a^\dagger)^n = \int_{-\infty}^{\infty} \mathrm{d}\eta\, (\lambda a + \lambda^* a^\dagger)^n \mid \eta\rangle_{\lambda\lambda}\langle \eta \mid = \int_{-\infty}^{\infty} \mathrm{d}\eta\, \eta^n \mid \eta\rangle_{\lambda\lambda}\langle \eta \mid$$

$$= \frac{1}{\sqrt{2\pi\lambda\lambda^*}} : \int_{-\infty}^{\infty} \mathrm{d}\eta\, \eta^n$$

$$\cdot \exp\left[-\frac{1}{2\lambda\lambda^*}\eta^2 + \frac{1}{\lambda\lambda^*}\eta(\lambda a + \lambda^* a^\dagger) - \frac{1}{2\lambda\lambda^*}(\lambda a + \lambda^* a^\dagger)^2\right]:$$

$$= \frac{1}{\sqrt{2\pi\lambda\lambda^*}} : \exp\left[-\frac{1}{2\lambda\lambda^*}(\lambda a + \lambda^* a^\dagger)^2\right]$$

$$\cdot \int_{-\infty}^{\infty} \mathrm{d}\eta\, \eta^n \exp\left[-\frac{1}{2\lambda\lambda^*}\eta^2 + \frac{1}{\lambda\lambda^*}\eta(\lambda a + \lambda^* a^\dagger)\right]:$$

$$= \frac{(\lambda\lambda^*)^n}{\sqrt{2\pi\lambda\lambda^*}} : \exp\left[-\frac{1}{2\lambda\lambda^*}(\lambda a + \lambda^* a^\dagger)^2\right]$$

$$\cdot \frac{\partial^n}{\partial(\lambda a + \lambda^* a^\dagger)^n}\int_{-\infty}^{\infty} \mathrm{d}\eta \exp\left[-\frac{1}{2\lambda\lambda^*}\eta^2 + \frac{1}{\lambda\lambda^*}\eta(\lambda a + \lambda^* a^\dagger)\right]:$$

$$= (\lambda\lambda^*)^n : \exp\left[-\frac{1}{2\lambda\lambda^*}(\lambda a + \lambda^* a^\dagger)^2\right]$$

$$\cdot \frac{\partial^n}{\partial(\lambda a + \lambda^* a^\dagger)^n}\exp\left[\frac{1}{2\lambda\lambda^*}(\lambda a + \lambda^* a^\dagger)^2\right]:$$

$$= (\lambda\lambda^*)^n \left(\frac{\mathrm{i}}{\sqrt{2\lambda\lambda^*}}\right)^n : \exp\left\{\left[\frac{\mathrm{i}(\lambda a + \lambda^* a^\dagger)}{\sqrt{2\lambda\lambda^*}}\right]^2\right\}$$

$$\cdot \frac{\partial^n}{\partial\left[\mathrm{i}(\lambda a + \lambda^* a^\dagger)/\sqrt{2\lambda\lambda^*}\right]^n}\exp\left\{-\left[\frac{\mathrm{i}(\lambda a + \lambda^* a^\dagger)}{\sqrt{2\lambda\lambda^*}}\right]^2\right\}:$$

$$= (-\mathrm{i}\sqrt{\lambda\lambda^*/2})^n : \mathrm{H}_n\left(\mathrm{i}\frac{\lambda a + \lambda^* a^\dagger}{\sqrt{2\lambda\lambda^*}}\right):$$

但是，如若 $\upsilon \neq \lambda^*$，则 $\lambda a + \upsilon a^\dagger$ 不是厄米算符，其本征态也不再是(2.3.2)式的 $|\eta\rangle_\lambda$，上面的求解方法也就失效了.

这时，我们可以充分利用参数微分法来处理. 因为

$$(\lambda a + \upsilon a^\dagger)^n = \frac{\partial^n}{\partial t^n}\mathrm{e}^{t(\lambda a + \upsilon a^\dagger)}\bigg|_{t=0} \tag{2.6.1}$$

利用 Baker-Campbell-Hausdorff 公式,我们有

$$\mathrm{e}^{t(\lambda a + \upsilon a^{\dagger})} = \exp\left(\frac{1}{2} t^2 \lambda \upsilon\right) \mathrm{e}^{t\upsilon a^{\dagger}} \mathrm{e}^{t\lambda a}$$

上式右端已经排列成了正规乘积形式,可以加上正规乘积记号了,即

$$\mathrm{e}^{t(\lambda a + \upsilon a^{\dagger})} = :\exp\left(\frac{1}{2} t^2 \lambda \upsilon\right) \mathrm{e}^{t\upsilon a^{\dagger}} \mathrm{e}^{t\lambda a} := :\exp\left(\frac{1}{2} \frac{\partial^2}{\partial a \partial a^{\dagger}}\right) \mathrm{e}^{t(\lambda a + \upsilon a^{\dagger})} : \quad (2.6.2)$$

将(2.6.2)式代入(2.6.1)式,得

$$\begin{aligned}
(\lambda a + \upsilon a^{\dagger})^n &= :\frac{\partial^n}{\partial t^n} \exp\left(\frac{1}{2} \frac{\partial^2}{\partial a \partial a^{\dagger}}\right) \mathrm{e}^{t(\lambda a + \upsilon a^{\dagger})}\bigg|_{t=0} : \\
&= :\exp\left(\frac{1}{2} \frac{\partial^2}{\partial a \partial a^{\dagger}}\right) \frac{\partial^n}{\partial t^n} \mathrm{e}^{t(\lambda a + \upsilon a^{\dagger})}\bigg|_{t=0} : \\
&= :\exp\left(\frac{1}{2} \frac{\partial^2}{\partial a \partial a^{\dagger}}\right) (\lambda a + \upsilon a^{\dagger})^n : \quad (2.6.3)
\end{aligned}$$

这就是幂算符$(\lambda a + \upsilon a^{\dagger})^n$的正规乘积排序形式. 所以,任一可以展开为算符$(\lambda a + \upsilon a^{\dagger})$的幂级数的算符函数 $F(\lambda a + \upsilon a^{\dagger}) = \sum_n c_n (\lambda a + \upsilon a^{\dagger})^n$,其正规乘积形式应为

$$F(\lambda a + \upsilon a^{\dagger}) = \exp\left(\frac{1}{2} \frac{\partial^2}{\partial a \partial a^{\dagger}}\right) : F(\lambda a + \upsilon a^{\dagger}) : \quad (2.6.4a)$$

这就是算符函数$F(\lambda a + \upsilon a^{\dagger})$普适的正规乘积排序公式,是微分形式的. 进一步利用

$$\frac{\partial}{\partial a} = \frac{\partial(\lambda a + \upsilon a^{\dagger})}{\partial a} \frac{\partial}{\partial(\lambda a + \upsilon a^{\dagger})} = \lambda \frac{\partial}{\partial(\lambda a + \upsilon a^{\dagger})}$$

$$\frac{\partial}{\partial a^{\dagger}} = \frac{\partial(\lambda a + \upsilon a^{\dagger})}{\partial a^{\dagger}} \frac{\partial}{\partial(\lambda a + \upsilon a^{\dagger})} = \upsilon \frac{\partial}{\partial(\lambda a + \upsilon a^{\dagger})}$$

还可将(2.6.4a)式表示成

$$F(\lambda a + \upsilon a^{\dagger}) = \exp\left[\frac{\lambda \upsilon}{2} \frac{\partial^2}{\partial(\lambda a + \upsilon a^{\dagger})^2}\right] : F(\lambda a + \upsilon a^{\dagger}) : \quad (2.6.4b)$$

如厄米多项式算符 $\mathrm{H}_n(\lambda a + \upsilon a^{\dagger})$,其正规乘积形式为

$$\mathrm{H}_n(\lambda a + \upsilon a^{\dagger}) = :\exp\left(\frac{\lambda \upsilon}{2} \frac{\partial^2}{\partial(\lambda a + \upsilon a^{\dagger})^2}\right) \mathrm{H}_n(\lambda a + \upsilon a^{\dagger}) :$$

如果 $\lambda \cdot \upsilon = 1/2$,则利用厄米多项式的微分形式及其逆关系

$$\mathrm{H}_n(\xi) = \exp\left(-\frac{1}{4}\frac{\partial^2}{\partial\xi^2}\right)(2\xi)^n, \quad \exp\left(\frac{1}{4}\frac{\partial^2}{\partial\xi^2}\right)\mathrm{H}_n(\xi) = (2\xi)^n$$

可得

$$\mathrm{H}_n(\lambda a + \upsilon a^\dagger) = \; : \exp\left(\frac{1}{4}\frac{\partial^2}{\partial(\lambda a + \upsilon a^\dagger)^2}\right)\mathrm{H}_n(\lambda a + \upsilon a^\dagger) := 2^n : (\lambda a + \upsilon a^\dagger)^n :$$

$$(2.6.5)$$

如果 $\lambda \cdot \upsilon \neq 1/2$,则

$$\mathrm{H}_n(\lambda a + \upsilon a^\dagger) = \; : \exp\left(-\frac{1-2\lambda\upsilon}{4}\frac{\partial^2}{\partial(\lambda a + \upsilon a^\dagger)^2}\right)\exp\left(\frac{1}{4}\frac{\partial^2}{\partial(\lambda a + \upsilon a^\dagger)^2}\right)\mathrm{H}_n(\lambda a + \upsilon a^\dagger) :$$

$$= \; : \exp\left(-\frac{1-2\lambda\upsilon}{4}\frac{\partial^2}{\partial(\lambda a + \upsilon a^\dagger)^2}\right)\left[2(\lambda a + \upsilon a^\dagger)\right]^n :$$

$$= (\sqrt{1-2\lambda\upsilon})^n : \exp\left\{-\frac{1}{4}\frac{\partial^2}{\partial\left[(\lambda a + \upsilon a^\dagger)/\sqrt{1-2\lambda\upsilon}\right]^2}\right\}\left[2\left(\frac{\lambda a + \upsilon a^\dagger}{\sqrt{1-2\lambda\upsilon}}\right)\right]^n :$$

$$= (\sqrt{1-2\lambda\upsilon})^n : \mathrm{H}_n\left(\frac{\lambda a + \upsilon a^\dagger}{\sqrt{1-2\lambda\upsilon}}\right) : \quad\quad (2.6.6)$$

事实上,(2.6.5)式是(2.6.6)式在$(1-2\lambda\upsilon)\to 0$情况下的极限,或者说(2.6.6)式包含了(2.6.5)式.

再如算符$(\lambda a + \upsilon a^\dagger)^n$,利用厄米多项式的微分式(1.1.4)可得

$$(\lambda a + \upsilon a^\dagger)^n = \; : \exp\left(\frac{1}{2}\frac{\partial^2}{\partial a\partial a^\dagger}\right)(\lambda a + \upsilon a^\dagger)^n :$$

$$= \; : \exp\left[\frac{\lambda\upsilon}{2}\frac{\partial^2}{\partial(\lambda a + \upsilon a^\dagger)^2}\right](\lambda a + \upsilon a^\dagger)^n :$$

$$= (\sqrt{-\lambda\upsilon/2})^n : \exp\left\{-\frac{1}{4}\frac{\partial^2}{\partial\left[(\lambda a + \upsilon a^\dagger)/\sqrt{-2\lambda\upsilon}\right]^2}\right\}\left[2\left(\frac{\lambda a + \upsilon a^\dagger}{\sqrt{-2\lambda\upsilon}}\right)\right]^n :$$

$$= (\sqrt{-\lambda\upsilon/2})^n : \mathrm{H}_n\left(\frac{\lambda a + \upsilon a^\dagger}{\sqrt{-2\lambda\upsilon}}\right) : \quad\quad (2.6.7)$$

如果 $\upsilon = \lambda^*$,则有$\sqrt{-\lambda\upsilon/2} = \sqrt{-\lambda\lambda^*/2} = \mathrm{i}\sqrt{\lambda\lambda^*/2}$.于是(2.6.7)式约化为

$$(\lambda a + \lambda^* a^\dagger)^n = (-\mathrm{i}\sqrt{\lambda\lambda^*/2})^n : \mathrm{H}_n\left(\mathrm{i}\frac{\lambda a + \lambda^* a^\dagger}{\sqrt{2\lambda\lambda^*}}\right) :$$

这意味着表象的完备性在某些方面有一定的局限性,像参数微分法这样的数学技巧也许会更胜一筹.

进一步做替换$(\lambda + \upsilon)/\sqrt{2} = f$ 和 $\mathrm{i}(\lambda - \upsilon)/\sqrt{2} = g$,并利用

$$Q = \frac{a + a^{\dagger}}{\sqrt{2}}, \quad P = \frac{a - a^{\dagger}}{\mathrm{i}\sqrt{2}}$$

$$\frac{\partial}{\partial a} = \frac{\partial Q}{\partial a}\frac{\partial}{\partial Q} + \frac{\partial P}{\partial a}\frac{\partial}{\partial P} = \frac{1}{\sqrt{2}}\Big(\frac{\partial}{\partial Q} - \mathrm{i}\frac{\partial}{\partial P}\Big)$$

$$\frac{\partial}{\partial a^{\dagger}} = \frac{\partial Q}{\partial a^{\dagger}}\frac{\partial}{\partial Q} + \frac{\partial P}{\partial a^{\dagger}}\frac{\partial}{\partial P} = \frac{1}{\sqrt{2}}\Big(\frac{\partial}{\partial Q} + \mathrm{i}\frac{\partial}{\partial P}\Big)$$

则(2.6.4a)式可改写成

$$F(fQ + gP) = \, : \exp\Big[\frac{1}{4}\Big(\frac{\partial^2}{\partial Q^2} + \frac{\partial^2}{\partial P^2}\Big)\Big]F(fQ + gP) : \qquad (2.6.8a)$$

这就是算符函数 $F(fQ + gP)$ 普适的正规乘积排序公式,它能将算符函数 $F(fQ + gP)$ 便捷地重置为正规乘积排序形式,其中微分算子 $\exp\Big[\frac{1}{4}\Big(\frac{\partial^2}{\partial Q^2} + \frac{\partial^2}{\partial P^2}\Big)\Big]$ 起到了正规乘积"排序器"的作用.公式(2.6.8a)的两个特例为

$$F(Q) = \, : \exp\Big(\frac{1}{4}\frac{\partial^2}{\partial Q^2}\Big)F(Q) : , \quad F(P) = \, : \exp\Big(\frac{1}{4}\frac{\partial^2}{\partial P^2}\Big)F(P) :$$

进一步,用微分算子 $\exp\Big[-\frac{1}{4}\Big(\frac{\partial^2}{\partial Q^2} + \frac{\partial^2}{\partial P^2}\Big)\Big]$ 左乘(2.6.8a)式便得到

$$: F(fQ + gP) : \, = \exp\Big[-\frac{1}{4}\Big(\frac{\partial^2}{\partial Q^2} + \frac{\partial^2}{\partial P^2}\Big)\Big]F(fQ + gP) \qquad (2.6.8b)$$

该公式是(2.6.8a)式的逆运算,它能将正规乘积排序算符 $: F(fQ + gP) :$ 的正规乘积记号脱掉.公式(2.6.8b)的两个特例为

$$: F(Q) : \, = \exp\Big(-\frac{1}{4}\frac{\partial^2}{\partial Q^2}\Big)F(Q), \quad : F(P) : \, = \exp\Big(-\frac{1}{4}\frac{\partial^2}{\partial P^2}\Big)F(P)$$

作为(2.6.8a)式的简单应用,求算符函数 $(fQ + gP)^n$ 的正规乘积形式,即

$$(fQ + gP)^n = \, : \exp\Big[\frac{1}{4}\Big(\frac{\partial^2}{\partial Q^2} + \frac{\partial^2}{\partial P^2}\Big)\Big](fQ + gP)^n :$$

$$= \, : \exp\Big[\frac{f^2 + g^2}{4}\frac{\partial^2}{\partial(fQ + gP)^2}\Big](fQ + gP)^n :$$

$$= \, : \exp\Big\{-\frac{1}{4}\frac{\partial^2}{\partial\big[\mathrm{i}(fQ + gP)/\sqrt{f^2 + g^2}\big]^2}\Big\}\Big\{2\mathrm{i}\frac{fQ + gP}{\sqrt{f^2 + g^2}}\Big\}^n :$$

$$= \left[\frac{\sqrt{f^2 + g^2}}{2i}\right]^n : H_n\left(i\,\frac{fQ + gP}{\sqrt{f^2 + g^2}}\right) : \qquad (2.6.9)$$

特别地,若 $f = 1, g = 0$(对应于 $\lambda = \upsilon = 1/\sqrt{2}$),就可得到

$$Q^n = \frac{1}{(2i)^n} : H_n(iQ) : \qquad (2.6.10)$$

以及当 $f = 0, g = 1$(对应于 $\lambda = -\upsilon = 1/(i\sqrt{2})$),有

$$P^n = \frac{1}{(2i)^n} : H_n(iP) : \qquad (2.6.11)$$

若进一步利用 $Q = \alpha X, P = \beta P_x$,并做参数替换 $\zeta = \alpha f, \xi = \beta g$,则(2.6.8a)式改写为

$$F(\zeta X + \xi P_x) = : \exp\left[\frac{1}{4}\left(\frac{1}{\alpha^2}\frac{\partial^2}{\partial X^2} + \frac{1}{\beta^2}\frac{\partial^2}{\partial P_x^2}\right)\right] F(\zeta X + \xi P_x) : \qquad (2.6.12)$$

这里的坐标算符 X 和动量算符 P_x 都是有量纲的,参数 ζ 和 ξ 也是有量纲的.

在(2.6.12)式中,令 $\zeta = 1, \xi = 0$,便有如下公式:

$$F(X) = : \exp\left(\frac{1}{4\alpha^2}\frac{\partial^2}{\partial X^2}\right) F(X) :$$

事实上,这一公式可以用另一种方法来证明,即利用狄拉克 δ 函数的性质和 Baker-Campbell-Hausdorff 公式,有

$$F(X) = \int_{-\infty}^{\infty} dx F(x)\delta(x - X)$$

$$= \int_{-\infty}^{\infty} dx F(x) \frac{1}{2\pi}\int_{-\infty}^{\infty} du\, e^{iu(x - X)}$$

$$= \int_{-\infty}^{\infty} dx F(x) \frac{1}{2\pi}\int_{-\infty}^{\infty} du\, e^{iux}\exp\left(-iu\,\frac{a^\dagger + a}{\alpha\sqrt{2}}\right)$$

$$= : \int_{-\infty}^{\infty} dx F(x) \frac{1}{2\pi}\int_{-\infty}^{\infty} du\, e^{iux}\exp\left(-\frac{1}{4\alpha^2}u^2\right)\exp\left(-iu\,\frac{a^\dagger + a}{\alpha\sqrt{2}}\right) :$$

$$= : \int_{-\infty}^{\infty} dx F(x) \frac{1}{2\pi}\int_{-\infty}^{\infty} du\exp\left(\frac{1}{4\alpha^2}\frac{\partial^2}{\partial X^2}\right)\exp[iu(x - X)] :$$

$$= \exp\left(\frac{1}{4\alpha^2}\frac{\partial^2}{\partial X^2}\right) : \int_{-\infty}^{\infty} dx F(x)\delta(x - X) :$$

$$= \exp\left(\frac{1}{4\alpha^2}\frac{\partial^2}{\partial X^2}\right) : F(X) :$$

同样地,可以证明如下公式:

$$F(P_x) = \exp\left(\frac{1}{4\beta^2}\frac{\partial^2}{\partial P_x^2}\right) : F(P_x) :$$

现在再来讨论幂算符$(a^\dagger a)^n$的正规乘积形式.使用参数微分法和我们已经得到的(2.2.6)式可得

$$(a^\dagger a)^n = \frac{\partial^n}{\partial t^n}e^{ta^\dagger a}\bigg|_{t=0} = : \frac{\partial^n}{\partial t^n}e^{aa^\dagger(e^t-1)}\bigg|_{t=0} :$$

该等式右端正规乘积记号内恰是在第1章中讨论过的图查德多项式,其定义为

$$T_n(x) = \frac{\partial^n}{\partial t^n}e^{x(e^t-1)}\bigg|_{t=0} = e^{-x}\left(x\frac{\partial}{\partial x}\right)^n e^x$$

于是有

$$(a^\dagger a)^n = : T_n(a^\dagger a) : \qquad (2.6.13)$$

这就是幂算符$(a^\dagger a)^n$的正规乘积展开式.利用图查德多项式的通项式还可得到

$$(a^\dagger a)^n = \sum_{k=0}^{n}a^{\dagger k}a^k\sum_{l=0}^{k}(-1)^l\frac{(k-l)^n}{l!(k-l)!} = \sum_{k=0}^{n}S(n,k)a^{\dagger k}a^k$$

至于幂算符$(aa^\dagger)^n$正规乘积形式,可用两种方法导出.

方法1 利用对易关系式$[a,a^\dagger]=aa^\dagger-a^\dagger a=1$、牛顿二项式及(2.6.13)式得

$$(aa^\dagger)^n = (a^\dagger a+1)^n = \sum_{k=0}^{n}\frac{n!}{k!(n-k)!}(a^\dagger a)^k = \sum_{k=0}^{n}\frac{n!}{k!(n-k)!} : T_k(a^\dagger a) :$$

$$(2.6.14)$$

方法2

$$(aa^\dagger)^n = \frac{\partial^n}{\partial t^n}e^{taa^\dagger}\bigg|_{t=0} = \frac{\partial^n}{\partial t^n}e^{t+ta^\dagger a}\bigg|_{t=0} = : \frac{\partial^n}{\partial t^n}e^{t+a^\dagger a(e^t-1)}\bigg|_{t=0} : \qquad (2.6.15)$$

因为

$$e^{t+(e^t-1)a^\dagger a} = e^t e^{(e^t-1)a^\dagger a} = \left[\frac{\partial}{\partial(a^\dagger a)}+1\right]e^{(e^t-1)a^\dagger a}$$

所以(2.6.15)式可改写成

$$(aa^{\dagger})^n = : \frac{\partial^n}{\partial t^n}\left[\frac{\partial}{\partial(a^{\dagger}a)} + 1\right]e^{(e^t-1)a^{\dagger}a}\Big|_{t=0} :$$

$$= : \left[\frac{\partial}{\partial(a^{\dagger}a)} + 1\right]\frac{\partial^n}{\partial t^n}e^{(e^t-1)a^{\dagger}a}\Big|_{t=0} :$$

$$= : \left[\frac{\partial}{\partial(a^{\dagger}a)} + 1\right]T_n(a^{\dagger}a) : \tag{2.6.16}$$

这是幂算符$(aa^{\dagger})^n$正规乘积排序的另一种表示.

比较(2.6.14)式和(2.6.16)式可得

$$\sum_{k=0}^{n}\frac{n!}{k!(n-k)!}T_k(\eta) = T_n(\eta) + T'_n(\eta) \tag{2.6.17}$$

这样我们又得到了图查德多项式的一条重要性质.

为了简化(2.6.14)式和(2.6.16)式,这里我们引入一个新的多项式,其定义为

$$X_n(\eta) = \frac{\partial^n}{\partial t^n}e^{t+\eta(e^t-1)}\Big|_{t=0} \tag{2.6.18}$$

它的前几项如下所示:

$$X_0(\eta) = 1$$
$$X_1(\eta) = 1 + \eta$$
$$X_2(\eta) = 1 + 3\eta + \eta^2$$
$$X_3(\eta) = 1 + 7\eta + 6\eta^2 + \eta^3$$
$$X_4(\eta) = 1 + 15\eta + 25\eta^2 + 10\eta^3 + \eta^4$$
$$X_5(\eta) = 1 + 31\eta + 90\eta^2 + 65\eta^3 + 15\eta^4 + \eta^5$$
$$\cdots$$

由定义式(2.6.18)可知多项式$X_n(\eta)$的母函数是$e^{t+\eta(e^t-1)}$,即在$t_0=0$的邻域上有

$$e^{t+\eta(e^t-1)} = \sum_{n=0}^{\infty}\frac{X_n(\eta)}{n!}t^n \tag{2.6.19}$$

有了多项式$X_n(\eta)$,幂算符$(aa^{\dagger})^n$的正规乘积形式就可以表示成

$$(aa^{\dagger})^n = : X_n(aa^{\dagger}) : \tag{2.6.20}$$

关于多项式$X_n(\eta)$的几条引理叙述如下:

引理1 多项式$X_n(\eta)$的微分形式为

$$X_n(\eta) = e^{-\eta}\left(\frac{\partial}{\partial\eta}\eta\right)^n e^{\eta} \tag{2.6.21}$$

证明　由定义式(2.6.18)可得

$$X_n(\eta) = \frac{\partial^n}{\partial t^n} e^{t+\eta(e^t-1)}\bigg|_{t=0} = e^{-\eta}\frac{\partial^n}{\partial t^n} e^t e^{\eta e^t}\bigg|_{t=0}$$

$$= e^{-\eta}\frac{\partial^n}{\partial t^n}\frac{\partial}{\partial \eta} e^{\eta e^t}\bigg|_{t=0} = e^{-\eta}\frac{\partial}{\partial \eta}\frac{\partial^n}{\partial t^n} e^{\eta e^t}\bigg|_{t=0}$$

令 $e^t = \tau$，则$\dfrac{\partial}{\partial t} = \dfrac{\partial \tau}{\partial t}\dfrac{\partial}{\partial \tau} = \tau\dfrac{\partial}{\partial \tau}$．因为$\left(\tau\dfrac{\partial}{\partial \tau}\right)e^{\eta\tau} = \tau\eta e^{\eta\tau} = \left(\eta\dfrac{\partial}{\partial \eta}\right)e^{\eta\tau}$，于是

$$X_n(\eta) = e^{-\eta}\frac{\partial}{\partial \eta}\left(\tau\frac{\partial}{\partial \tau}\right)^n e^{\eta\tau}\bigg|_{\tau=1} = e^{-\eta}\frac{\partial}{\partial \eta}\left(\eta\frac{\partial}{\partial \eta}\right)^n e^{\eta\tau}\bigg|_{\tau=1}$$

$$= e^{-\eta}\frac{\partial}{\partial \eta}\left(\eta\frac{\partial}{\partial \eta}\right)^n e^\eta = e^{-\eta}\underbrace{\frac{\partial}{\partial \eta}\eta\frac{\partial}{\partial \eta}\eta\cdots\frac{\partial}{\partial \eta}\eta}_{n次}\frac{\partial}{\partial \eta}e^\eta$$

$$= e^{-\eta}\underbrace{\frac{\partial}{\partial \eta}\eta\frac{\partial}{\partial \eta}\eta\cdots\frac{\partial}{\partial \eta}\eta}_{n次}e^\eta = e^{-\eta}\left(\frac{\partial}{\partial \eta}\eta\right)^n e^\eta$$

引理 2　多项式 $X_n(\eta)$ 的递推公式为

$$X_{n+1}(\eta) = (1+\eta)X_n(\eta) + \eta\frac{\partial X_n(\eta)}{\partial \eta} \tag{2.6.22}$$

证明　由该多项式的微分式(2.6.21)可得

$$X_{n+1}(\eta) = e^{-\eta}\left(\frac{\partial}{\partial \eta}\eta\right)^{n+1} e^\eta = e^{-\eta}\frac{\partial}{\partial \eta}\eta\left(\frac{\partial}{\partial \eta}\eta\right)^n e^\eta$$

$$= e^{-\eta}\frac{\partial}{\partial \eta}\eta e^\eta e^{-\eta}\left(\frac{\partial}{\partial \eta}\eta\right)^n e^\eta = e^{-\eta}\frac{\partial}{\partial \eta}\eta e^\eta X_n(\eta)$$

$$= X_n(\eta) + \eta X_n(\eta) + \eta\frac{\partial X_n(\eta)}{\partial \eta}$$

引理 3　多项式 $X_n(\eta)$ 的幂级数展开式(通项式)为

$$X_n(\eta) = \sum_{m=0}^n \eta^m \sum_{l=0}^m (-1)^{m+l}\frac{(l+1)^n}{l!(m-l)!} \tag{2.6.23}$$

证明　由该多项式的微分式(2.6.21)可知

$$e^{-\lambda\eta}\left(\frac{\partial}{\partial \eta}\eta\right)^n e^{\lambda\eta} = e^{-\lambda\eta}\left[\frac{\partial}{\partial(\lambda\eta)}(\lambda\eta)\right]^n e^{\lambda\eta} = X_n(\lambda\eta)$$

式中 λ 是一个参变量. 设 $X_n(\lambda\eta) = \sum_{m=0}^{n} c_m\lambda^m\eta^m$,则有

$$\sum_{m=0}^{n} c_m\lambda^m\eta^m = \mathrm{e}^{-\lambda\eta}\left(\frac{\partial}{\partial\eta}\eta\right)^n \mathrm{e}^{\lambda\eta}$$

将该恒等式两端同时对 λ 求 m 次导数后并令 $\lambda = 0$,得到

$$m!\,c_m\eta^m = \sum_{l=0}^{m} \frac{m!}{l!(m-l)!}\frac{\partial^{m-l}\mathrm{e}^{-\lambda\eta}}{\partial\lambda^{m-l}}\left(\frac{\partial}{\partial\eta}\eta\right)^n\frac{\partial^l\mathrm{e}^{\lambda\eta}}{\partial\lambda^l}\bigg|_{\lambda=0}$$

$$= \sum_{l=0}^{m} \frac{m!(-1)^{m-l}}{l!(m-l)!}\eta^{m-l}\left(\frac{\partial}{\partial\eta}\eta\right)^n\eta^l$$

$$= \eta^m\sum_{l=0}^{m} \frac{m!(-1)^{m+l}(l+1)^n}{l!(m-l)!}$$

从而得到 $c_m = \sum_{l=0}^{m} \frac{(-1)^{m+l}(l+1)^n}{l!(m-l)!}$,于是有 $X_n(\eta) = \sum_{m=0}^{n}\eta^m\sum_{l=0}^{m}(-1)^{m+l}\frac{(l+1)^n}{l!(m-l)!}$.

引理 4　多项式 $X_n(\eta)$ 与图查德多项式的关系为

$$X_n(\eta) = T_n'(\eta) + T_n(\eta) = \sum_{k=0}^{n} \frac{n!}{k!(n-k)!}T_k(\eta) \tag{2.6.24}$$

证明　这可由(2.6.15)式～(2.6.17)式得出. 也可由定义式(2.6.18)导出,即

$$X_n(\eta) = \frac{\partial^n}{\partial t^n}\mathrm{e}^{t+\eta(\mathrm{e}^t-1)}\bigg|_{t=0} = \frac{\partial^n}{\partial t^n}\mathrm{e}^t\mathrm{e}^{\eta(\mathrm{e}^t-1)}\bigg|_{t=0}$$

$$= \frac{\partial^n}{\partial t^n}\left(\frac{\partial}{\partial\eta}+1\right)\mathrm{e}^{\eta(\mathrm{e}^t-1)}\bigg|_{t=0}$$

$$= \left(\frac{\partial}{\partial\eta}+1\right)\frac{\partial^n}{\partial t^n}\mathrm{e}^{\eta(\mathrm{e}^t-1)}\bigg|_{t=0}$$

$$= \left(\frac{\partial}{\partial\eta}+1\right)T_n(\eta) = T_n'(\eta) + T_n(\eta)$$

引理 5　多项式 $X_n(\eta)$ 的另一种微分形式为

$$X_n(\eta) = \mathrm{e}^{-\eta/2}\left(\frac{1}{2}\eta + \frac{\partial}{\partial\eta}\eta\right)^n\mathrm{e}^{\eta/2} \tag{2.6.25}$$

证明　(归纳法)当 $n = 0,1$ 时命题显然成立;假设当 $n = N$ 时命题成立,即

$$\mathrm{e}^{-\eta/2}\left(\frac{1}{2}\eta + \frac{\partial}{\partial\eta}\eta\right)^N\mathrm{e}^{\eta/2} = X_N(\eta)$$

则当 $n = N+1$ 时，我们有

$$
\begin{aligned}
\mathrm{e}^{-\eta/2}\left(\frac{1}{2}\eta + \frac{\partial}{\partial\eta}\eta\right)^{N+1}\mathrm{e}^{\eta/2} &= \mathrm{e}^{-\eta/2}\left(\frac{1}{2}\eta + \frac{\partial}{\partial\eta}\eta\right)\left(\frac{1}{2}\eta + \frac{\partial}{\partial\eta}\eta\right)^{N}\mathrm{e}^{\eta/2} \\
&= \mathrm{e}^{-\eta/2}\left(\frac{1}{2}\eta + \frac{\partial}{\partial\eta}\eta\right)\mathrm{e}^{\eta/2}\mathrm{e}^{-\eta/2}\left(\frac{1}{2}\eta + \frac{\partial}{\partial\eta}\eta\right)^{N}\mathrm{e}^{\eta/2} \\
&= \mathrm{e}^{-\eta/2}\left(\frac{1}{2}\eta + \frac{\partial}{\partial\eta}\eta\right)\mathrm{e}^{\eta/2}X_N(\eta) \\
&= \frac{1}{2}\eta X_N(\eta) + \mathrm{e}^{-\eta/2}\frac{\partial}{\partial\eta}\eta\mathrm{e}^{\eta/2}X_N(\eta) \\
&= \frac{1}{2}\eta X_N(\eta) + X_N(\eta) + \frac{1}{2}\eta X_N(\eta) + \eta\frac{\partial X_N(\eta)}{\partial\eta} \\
&= (\eta+1)X_N(\eta) + \eta\frac{\partial X_N(\eta)}{\partial\eta} = X_{N+1}(\eta)
\end{aligned}
$$

故知命题(2.6.25)成立.上面计算的最后一步利用了递推关系(2.6.22)式.

再谈幂算符 $(a^\dagger a)^n$ 和 $(aa^\dagger)^n$ 的正规乘积排序形式.事实上,我们还可以利用导出(2.1.5)式的方法导出 $(a^\dagger a)^n$ 的正规乘积排序形式,即令

$$
(a^\dagger a)^n = \,: f(a^\dagger,a) : \tag{2.6.26}
$$

用未归一化的相干态左矢 $\langle z\|$ 和右矢 $\|z\rangle$ 夹乘(2.6.26)式两边,得

$$
\langle z\|(a^\dagger a)^n\|z\rangle = \langle z\| : f(a^\dagger,a) : \|z\rangle
$$

该等式的右端和左端分别为

$$
\langle z\| : f(a^\dagger,a) : \|z\rangle = f(z^*,z)\langle z\|z\rangle = f(z^*,z)\mathrm{e}^{zz^*}
$$

和

$$
\langle z\|(a^\dagger a)^n\|z\rangle = \left(z^*\frac{\partial}{\partial z^*}\right)^n\langle z\|z\rangle = \left(z^*\frac{\partial}{\partial z^*}\right)^n\mathrm{e}^{zz^*}
$$

故可得

$$
\begin{aligned}
f(z^*,z) &= \mathrm{e}^{-zz^*}\left(z^*\frac{\partial}{\partial z^*}\right)^n\mathrm{e}^{zz^*} = \mathrm{e}^{-zz^*}\left[(zz^*)\frac{\partial}{\partial(zz^*)}\right]^n\mathrm{e}^{zz^*} \\
&= T_n(zz^*)
\end{aligned} \tag{2.6.27}
$$

将(2.6.27)式代入(2.6.26)式,便得到

$$
(a^\dagger a)^n = \,: T(aa^\dagger) :
$$

类似地,设 $(aa^\dagger)^n = \colon g(a^\dagger,a)\colon$,会得到 $g(z^\dagger,z) = \mathrm{e}^{-zz^*}\left(\dfrac{\partial}{\partial z^*}z^*\right)^n \mathrm{e}^{zz^*} = X_n(zz^*)$,于是有

$$(aa^\dagger)^n = \colon X_n(aa^\dagger)\colon$$

同样地,也可以用归一化的相干态 $|z\rangle$ 替代未归一化的相干态 $\|z\rangle$ 导出幂算符 $(a^\dagger a)^n$ 和 $(aa^\dagger)^n$ 的正规乘积排序式,这要用到第1章中给出的图查德多项式的微分形式 $T_n(x) = \mathrm{e}^{-x/2}\left(\dfrac{1}{2}x + x\dfrac{\partial}{\partial x}\right)^n \mathrm{e}^{x/2}$ 以及(2.6.25)式,这里不再赘述.

2.7 正规乘积的乘法定理

这一节讨论正规乘积的乘法定理,换言之,就是如何将两个正规乘积排序的算符重排成一个正规乘积排序的算符的定理.

乘法定理(正正正定理) 对于两个正规乘积排序的算符 $\colon f(a,a^\dagger)\colon$ 和 $\colon g(a,a^\dagger)\colon$,它们的乘积的正规乘积排序形式为

$$\colon f(a,a^\dagger)\colon \times \colon g(a,a^\dagger)\colon = \colon f(a,a^\dagger)\exp\left(\frac{\overleftarrow{\partial}}{\partial a}\frac{\overrightarrow{\partial}}{\partial a^\dagger}\right)g(a,a^\dagger)\colon \qquad (2.7.1)$$

式中箭头表示该偏导数只在其所指方向一侧起作用,亦即 $\dfrac{\overleftarrow{\partial}}{\partial a}$ 仅对正规乘积记号内 $f(a,a^\dagger)$ 里的湮灭算符求偏微商,$\dfrac{\overrightarrow{\partial}}{\partial a^\dagger}$ 仅对正规乘积记号内 $g(a,a^\dagger)$ 里的产生算符求偏微商.

按照上面对带有箭头指向偏导数的定义,自然有以下结果:

$$\frac{\partial}{\partial x}(uv) = u\left(\frac{\overleftarrow{\partial}}{\partial x} + \frac{\overrightarrow{\partial}}{\partial x}\right)v = u'v + uv'$$

$$\frac{\partial^n}{\partial x^n}(uv) = u\left(\frac{\overleftarrow{\partial}}{\partial x} + \frac{\overrightarrow{\partial}}{\partial x}\right)^n v = \sum_{l=0}^{n}\frac{n!}{l!(n-l)!}u^{(l)}v^{(n-l)}$$

$$\frac{\partial}{\partial x}\frac{\partial}{\partial y}(uv) = u\left(\frac{\overleftarrow{\partial}}{\partial x} + \frac{\overrightarrow{\partial}}{\partial x}\right)\left(\frac{\overleftarrow{\partial}}{\partial y} + \frac{\overrightarrow{\partial}}{\partial y}\right)v$$

证明　依据算符的正规乘积排序的定义以及双模德尔塔函数的积分表达(1.1.39)式可得

$$: f(a,a^\dagger) :\times: g(a,a^\dagger) :$$

$$= : \int \mathrm{d}^2 z_1 f(z_1,z_1^*)\delta(z_1 - a)\delta(z_1^* - a^\dagger) :\times: \int \mathrm{d}^2 z_2 g(z_2,z_2^*)\delta(z_2 - a)\delta(z_2^* - a^\dagger) :$$

$$= : \int \mathrm{d}^2 z_1 f(z_1,z_1^*)\int \frac{\mathrm{d}^2 \zeta}{\pi^2}\mathrm{e}^{\zeta(z_1^* - a^\dagger)-\zeta^*(z_1-a)} :\times: \int \mathrm{d}^2 z_2 g(z_2,z_2^*)\int \frac{\mathrm{d}^2 \xi}{\pi^2}\mathrm{e}^{\xi(z_2^* - a^\dagger)-\xi^*(z_2-a)} :$$

$$= \int \mathrm{d}^2 z_1 f(z_1,z_1^*)\int \frac{\mathrm{d}^2 \zeta}{\pi^2}\mathrm{e}^{\zeta(z_1^* - a^\dagger)}\mathrm{e}^{-\zeta^*(z_1-a)} \times \int \mathrm{d}^2 z_2 g(z_2,z_2^*)\int \frac{\mathrm{d}^2 \xi}{\pi^2}\mathrm{e}^{\xi(z_2^* - a^\dagger)}\mathrm{e}^{-\xi^*(z_2-a)}$$

$$= \int \mathrm{d}^2 z_1 \mathrm{d}^2 z_2 f(z_1,z_1^*) g(z_2,z_2^*)\int \frac{\mathrm{d}^2 \zeta}{\pi^2}\frac{\mathrm{d}^2 \xi}{\pi^2}\mathrm{e}^{\zeta(z_1^* - a^\dagger)}\mathrm{e}^{-\zeta^*(z_1-a)}\mathrm{e}^{\xi(z_2^* - a^\dagger)}\mathrm{e}^{-\xi^*(z_2-a)}$$

利用 Baker-Campbell-Hausdorff 公式对上式中的四个指数函数中间的两个进行改写,得

$$\mathrm{e}^{-\zeta^*(z_1-a)}\mathrm{e}^{\xi(z_2^* - a^\dagger)} = \mathrm{e}^{\xi(z_2^* - a^\dagger)}\mathrm{e}^{-\zeta^*(z_1-a)}\mathrm{e}^{-\zeta^*\xi}$$

将此结果再代入上式,便有

$$: f(a,a^\dagger) :\times: g(a,a^\dagger) :$$

$$= \int \mathrm{d}^2 z_1 \mathrm{d}^2 z_2 f(z_1,z_1^*) g(z_2,z_2^*) \times \int \frac{\mathrm{d}^2 \zeta}{\pi^2}\frac{\mathrm{d}^2 \xi}{\pi^2}\mathrm{e}^{\zeta(z_1^* - a^\dagger)}\mathrm{e}^{\xi(z_2^* - a^\dagger)}\mathrm{e}^{-\zeta^*(z_1-a)}\mathrm{e}^{-\zeta^*\xi}\mathrm{e}^{-\xi^*(z_2-a)}$$

$$(2.7.2)$$

这样,(2.7.2)式右端就是正规乘积排序了,也就可以加上正规乘积记号了,即

$$: f(a,a^\dagger) :\times: g(a,a^\dagger) :$$

$$= : \int \mathrm{d}^2 z_1 \mathrm{d}^2 z_2 f(z_1,z_1^*) g(z_2,z_2^*) \times \int \frac{\mathrm{d}^2 \zeta}{\pi^2}\frac{\mathrm{d}^2 \xi}{\pi^2}\mathrm{e}^{\zeta(z_1^* - a^\dagger)}\mathrm{e}^{\xi(z_2^* - a^\dagger)}\mathrm{e}^{-\zeta^*\xi}\mathrm{e}^{-\zeta^*(z_1-a)}\mathrm{e}^{-\xi^*(z_2-a)} :$$

$$= : \int \mathrm{d}^2 z_1 \mathrm{d}^2 z_2 f(z_1,z_1^*) g(z_2,z_2^*) \times \int \frac{\mathrm{d}^2 \zeta}{\pi^2}\frac{\mathrm{d}^2 \xi}{\pi^2}\mathrm{e}^{\zeta(z_1^* - a^\dagger)}\mathrm{e}^{-\zeta^*(z_1-a)}\mathrm{e}^{-\zeta^*\xi}\mathrm{e}^{\xi(z_2^* - a^\dagger)}\mathrm{e}^{-\xi^*(z_2-a)} :$$

$$= : \int \mathrm{d}^2 z_1 \mathrm{d}^2 z_2 f(z_1,z_1^*) g(z_2,z_2^*) \times \int \frac{\mathrm{d}^2 \zeta}{\pi^2}\frac{\mathrm{d}^2 \xi}{\pi^2}\mathrm{e}^{\zeta(z_1^* - a^\dagger)-\zeta^*(z_1-a)}\mathrm{e}^{\frac{\overleftarrow{\partial}}{\partial a}\frac{\overrightarrow{\partial}}{\partial a^\dagger}}\mathrm{e}^{\xi(z_2^* - a^\dagger)-\xi^*(z_2-a)} :$$

$$= : \int \mathrm{d}^2 z_1 \mathrm{d}^2 z_2 f(z_1,z_1^*) g(z_2,z_2^*)\delta(z_1 - a)\delta(z_1^* - a^\dagger)\mathrm{e}^{\frac{\overleftarrow{\partial}}{\partial a}\frac{\overrightarrow{\partial}}{\partial a^\dagger}}\delta(z_2 - a)\delta(z_2^* - a^\dagger) :$$

$$= : \int \mathrm{d}^2 z_1 f(z_1,z_1^*)\delta(z_1 - a)\delta(z_1^* - a^\dagger)\mathrm{e}^{\frac{\overleftarrow{\partial}}{\partial a}\frac{\overrightarrow{\partial}}{\partial a^\dagger}}\int \mathrm{d}^2 z_2 g(z_2,z_2^*)\delta(z_2 - a)\delta(z_2^* - a^\dagger) :$$

$$= : f(a,a^\dagger)\mathrm{e}^{\frac{\overleftarrow{\partial}}{\partial a}\frac{\overrightarrow{\partial}}{\partial a^\dagger}}g(a,a^\dagger) :$$

利用无量纲坐标算符 Q 和动量算符 P 与湮灭算符 a 和产生算符 $a^\dagger$ 的关系

$$Q = \frac{a + a^\dagger}{\sqrt{2}}, \quad P = \frac{a - a^\dagger}{\mathrm{i}\sqrt{2}}$$

可得

$$\frac{\partial}{\partial a} = \frac{\partial Q}{\partial a}\frac{\partial}{\partial Q} + \frac{\partial P}{\partial a}\frac{\partial}{\partial P} = \frac{1}{\sqrt{2}}\left(\frac{\partial}{\partial Q} - \mathrm{i}\frac{\partial}{\partial P}\right)$$

$$\frac{\partial}{\partial a^\dagger} = \frac{\partial Q}{\partial a^\dagger}\frac{\partial}{\partial Q} + \frac{\partial P}{\partial a^\dagger}\frac{\partial}{\partial P} = \frac{1}{\sqrt{2}}\left(\frac{\partial}{\partial Q} + \mathrm{i}\frac{\partial}{\partial P}\right)$$

于是有

$$\frac{\overleftarrow{\partial}}{\partial a}\frac{\overrightarrow{\partial}}{\partial a^\dagger} = \frac{1}{2}\left(\frac{\overleftarrow{\partial}}{\partial Q} - \mathrm{i}\frac{\overrightarrow{\partial}}{\partial P}\right)\left(\frac{\overleftarrow{\partial}}{\partial Q} + \mathrm{i}\frac{\overrightarrow{\partial}}{\partial P}\right)$$

$$= \frac{1}{2}\left[\frac{\overleftarrow{\partial}}{\partial Q}\frac{\overrightarrow{\partial}}{\partial Q} + \frac{\overleftarrow{\partial}}{\partial P}\frac{\overrightarrow{\partial}}{\partial P} + \mathrm{i}\left(\frac{\overleftarrow{\partial}}{\partial Q}\frac{\overrightarrow{\partial}}{\partial P} - \frac{\overleftarrow{\partial}}{\partial P}\frac{\overrightarrow{\partial}}{\partial Q}\right)\right] \equiv \mathbb{A}$$

那么,乘法定理(2.7.1)式可以表示成

$$: F(Q,P) :\times: G(Q,P) := : F(Q,P)\mathrm{e}^{\mathbb{A}}G(Q,P) : \tag{2.7.3}$$

进一步利用无量纲坐标算符和动量算符与有量纲坐标算符和动量算符的如下关系:

$$Q = \alpha X, \quad P = \beta P_x$$

还可将乘法定理(2.7.3)式表示成

$$: F(X,P_x) :\times: G(X,P_x) := : F(X,P_x)\mathrm{e}^{\Lambda}G(X,P_x) : \tag{2.7.4}$$

其中

$$\Lambda = \frac{1}{2}\left[\frac{1}{\alpha^2}\frac{\overleftarrow{\partial}}{\partial X}\frac{\overrightarrow{\partial}}{\partial X} + \frac{1}{\beta^2}\frac{\overleftarrow{\partial}}{\partial P_x}\frac{\overrightarrow{\partial}}{\partial P_x} + \mathrm{i}\hbar\left(\frac{\overleftarrow{\partial}}{\partial X}\frac{\overrightarrow{\partial}}{\partial P_x} - \frac{\overleftarrow{\partial}}{\partial P_x}\frac{\overrightarrow{\partial}}{\partial X}\right)\right] \tag{2.7.5}$$

一般来说,两个正规乘积排序算符的直积并不是正规乘积排序,正规乘积的乘法定理可以帮助我们将两个正规乘积排序算符的乘积重排成正规乘积形式.例如,

$$: Q^n :\times: P^m := : Q^n\mathrm{e}^{\mathbb{A}}P^m :$$

$$= : Q^n\exp\left\{\frac{1}{2}\left[\frac{\overleftarrow{\partial}}{\partial Q}\frac{\overrightarrow{\partial}}{\partial Q} + \frac{\overleftarrow{\partial}}{\partial P}\frac{\overrightarrow{\partial}}{\partial P} + \mathrm{i}\left(\frac{\overleftarrow{\partial}}{\partial Q}\frac{\overrightarrow{\partial}}{\partial P} - \frac{\overleftarrow{\partial}}{\partial P}\frac{\overrightarrow{\partial}}{\partial Q}\right)\right]\right\}P^m :$$

$$= : Q^n\exp\left[\frac{\mathrm{i}}{2}\left(\frac{\overleftarrow{\partial}}{\partial Q}\frac{\overrightarrow{\partial}}{\partial P}\right)\right]P^m :$$

$$= : \exp\left[\frac{\mathrm{i}}{2}\left(\frac{\partial}{\partial Q}\frac{\partial}{\partial P}\right)\right]Q^nP^m :$$

$$= (2i)^{-n} : \exp\left[-\frac{\partial}{\partial(2iQ)}\frac{\partial}{\partial P} \right](2iQ)^n P^m :$$

$$= (2i)^{-n} : H_{n,m}(2iQ, P) : \tag{2.7.6}$$

作为乘法定理的另一个应用,这里再举一个例子.一方面,根据(2.6.20)式可得到

$$(aa^\dagger)^{n+1} = : X_{n+1}(aa^\dagger) : \tag{2.7.7}$$

另一方面,有

$$(aa^\dagger)^{n+1} = (aa^\dagger)(aa^\dagger)^n = : (aa^\dagger + 1) : \times : X_n(aa^\dagger) :$$

$$= : (aa^\dagger + 1)\exp\left(\frac{\overleftarrow{\partial}}{\partial a}\frac{\overrightarrow{\partial}}{\partial a^\dagger} \right)X_n(aa^\dagger) :$$

$$= : (1 + aa^\dagger)\left[1 + \frac{\overleftarrow{\partial}}{\partial a}\frac{\overrightarrow{\partial}}{\partial a^\dagger} + \frac{1}{2!}\left(\frac{\overleftarrow{\partial}}{\partial a}\frac{\overrightarrow{\partial}}{\partial a^\dagger} \right)^2 + \frac{1}{3!}\left(\frac{\overleftarrow{\partial}}{\partial a}\frac{\overrightarrow{\partial}}{\partial a^\dagger} \right)^3 + \cdots \right]X_n(aa^\dagger) :$$

$$= : (1 + aa^\dagger + a^\dagger\frac{\overrightarrow{\partial}}{\partial a^\dagger})X_n(aa^\dagger) :$$

$$= : \left[1 + aa^\dagger + aa^\dagger\frac{\overrightarrow{\partial}}{\partial(aa^\dagger)} \right]X_n(aa^\dagger) : \tag{2.7.8}$$

比较(2.7.7)式和(2.7.8)式,并令$: aa^\dagger : \rightarrow \eta$,便得到

$$X_{n+1}(\eta) = (1 + \eta)X_n(\eta) + \eta X_n'(\eta)$$

这正是(2.6.22)式.这表明,利用该乘法定理还可导出多项式 $X_n(\eta)$ 的递推公式.

2.8 化任意算符为正规乘积形式的另一种方法 ——相干态对应

我们已经知道,相干态是量子力学的一个重要概念,它是最接近经典的态,可以描写激光的量子态.相干态有一个重要性质,就是它的超完备性与非正交性,从而可以构成量子力学表象,可以用来表达算符与经典对应的联系.

一般来讲,一个量子力学算符只有在某个表象中所有的矩阵元都知道了才算确定了.可是当一个量子力学算符的相干态期望值(对角表示)知道了,这个算符本身就确定了,这是一个值得注意的性质.文献[16-17]探讨了这个问题,并给出了如下结论:

$$A(a, a^\dagger) = : \exp\left(a^\dagger \frac{\partial}{\partial z^*} + a \frac{\partial}{\partial z}\right) : \langle z | A | z \rangle \Big|_{z = z^* = 0} \qquad (2.8.1)$$

其中 $A(a, a^\dagger)$ 是任意算符，$|z\rangle = \exp(-zz^*/2 + za^\dagger)|0\rangle$ 是相干态. (2.8.1)式说明 $\langle z | A | z \rangle$ 可决定 A 本身，其中 $\exp\left(a^\dagger \frac{\partial}{\partial z^*}\right)$ 的功能是把 $f(z, z^*) = \langle z | A | z \rangle$ 中的 z^* 变为 $a^\dagger$，$\exp\left(a \frac{\partial}{\partial z}\right)$ 的功能是把 $f(z, z^*) = \langle z | A | z \rangle$ 中的 z 变为 a，这与相干态的超完备性相关. 不过，(2.8.1)式的证明过程很繁琐，使用起来也挺麻烦. 尽管如此，这里仍给出其证明.

由福克态 $|n\rangle = \frac{(a^\dagger)^n}{\sqrt{n!}} |0\rangle$ 的完备性关系

$$
\begin{aligned}
\mathbb{I} &= \sum_{n=0}^{\infty} |n\rangle\langle n| = \sum_{n, m = 0}^{\infty} |n\rangle\langle m| \, \delta_{mn} \\
&= \sum_{n, m = 0}^{\infty} |n\rangle\langle m| \frac{1}{\sqrt{n!m!}} \left(\frac{\partial}{\partial z^*}\right)^n (z^*)^m \Big|_{z^* = 0} \\
&= \sum_{n}^{\infty} \frac{(a^\dagger)^n}{n!} \left(\frac{\partial}{\partial z^*}\right)^n |0\rangle\langle 0| \sum_{m = 0}^{\infty} \frac{a^m}{m!} (z^*)^m \Big|_{z^* = 0} \\
&= \exp\left(a^\dagger \frac{\partial}{\partial z^*}\right) |0\rangle\langle 0| \exp(z^* a) \Big|_{z^* = 0} \\
&= \exp\left(a^\dagger \frac{\partial}{\partial z^*}\right) |0\rangle\langle z \| \Big|_{z^* = 0}
\end{aligned}
\qquad (2.8.2)
$$

式中 $\|z\rangle = \exp(za^\dagger)|0\rangle$ 是未归一化的相干态，$\mathbb{I}$ 是单位算符. 那么，我们有

$$
\begin{aligned}
A(a, a^\dagger) &= \mathbb{I} \cdot A(a, a^\dagger) \cdot \mathbb{I}^\dagger \\
&= \exp\left(a^\dagger \frac{\partial}{\partial z^*}\right) |0\rangle\langle z \| A(a, a^\dagger) \| z \rangle\langle 0| \exp\left(a \frac{\overleftarrow{\partial}}{\partial z}\right) \Big|_{z = z^* = 0} \\
&= \exp\left(a^\dagger \frac{\partial}{\partial z^*}\right) |0\rangle \exp\left(\frac{1}{2} zz^*\right) \langle z | A(a, a^\dagger) | z \rangle \\
&\quad \cdot \exp\left(\frac{1}{2} zz^*\right) \langle 0| \exp\left(a \frac{\overleftarrow{\partial}}{\partial z}\right) \Big|_{z = z^* = 0} \\
&= \exp\left(a^\dagger \frac{\partial}{\partial z^*}\right) |0\rangle \exp(zz^*) \langle z | A(a, a^\dagger) | z \rangle\langle 0| \exp\left(a \frac{\overleftarrow{\partial}}{\partial z}\right) \Big|_{z = z^* = 0}
\end{aligned}
$$

$$\qquad (2.8.3)$$

式中$\dfrac{\overleftarrow{\partial}}{\partial z}$表示其向左方向对$z$求导数.注意,$\langle z \mid A(a,a^\dagger) \mid z \rangle$已经是一个普通的数而非算符.利用真空投影算符的正规乘积展开式$|0\rangle\langle 0| =\, :\mathrm{e}^{-aa^\dagger}:$,可得

$$A(a,a^\dagger) =\, :\exp\left(a^\dagger \frac{\partial}{\partial z^*} + a\frac{\partial}{\partial z} - aa^\dagger\right): \exp(zz^*)\langle z \mid A(a,a^\dagger) \mid z \rangle \Big|_{z=z^*=0}$$

$$(2.8.4)$$

利用导数公式

$$\frac{\partial^n(uv)}{\partial x^n} = \sum_{k=0}^{n} \frac{n!}{k!(n-k)!}\left(\frac{\partial^k u}{\partial x^k}\right)\left(\frac{\partial^{n-k}v}{\partial x^{n-k}}\right) \tag{2.8.5}$$

进一步简化(2.8.4)式,即

$$
\begin{aligned}
A(a,a^\dagger) =&\, :\mathrm{e}^{-aa^\dagger}\exp\left(a^\dagger \frac{\partial}{\partial z^*}\right)\exp\left(a\frac{\partial}{\partial z}\right): \mathrm{e}^{zz^*}\langle z|A(a,a^\dagger)|z\rangle \Big|_{z=z^*=0}\\
=&\, :\mathrm{e}^{-aa^\dagger}\exp\left(a^\dagger \frac{\partial}{\partial z^*}\right)\sum_{n=0}^{\infty}\frac{a^n}{n!}\left(\frac{\partial}{\partial z}\right)^n: \mathrm{e}^{zz^*}\langle z|A(a,a^\dagger)|z\rangle \Big|_{z=z^*=0}\\
=&\, :\mathrm{e}^{-aa^\dagger}\exp\left(a^\dagger \frac{\partial}{\partial z^*}\right)\sum_{n=0}^{\infty}\frac{a^n}{n!}\sum_{k=0}^{n}\frac{n!}{k!(n-k)!}\frac{\partial^k\exp(zz^*)}{\partial z^k}\left(\frac{\partial}{\partial z}\right)^{n-k}\\
&\quad \cdot \langle z|A(a,a^\dagger)|z\rangle \Big|_{z=z^*=0} :\\
=&\, :\mathrm{e}^{-aa^\dagger}\exp\left(a^\dagger \frac{\partial}{\partial z^*}\right)\mathrm{e}^{zz^*}\sum_{n=0}^{\infty}\frac{a^n}{n!}\sum_{k=0}^{n}\frac{n!}{k!(n-k)!}(z^*)^k\left(\frac{\partial}{\partial z}\right)^{n-k}\\
&\quad \cdot \langle z|A(a,a^\dagger)|z\rangle \Big|_{z=z^*=0} :\\
=&\, :\mathrm{e}^{-aa^\dagger}\exp\left(a^\dagger \frac{\partial}{\partial z^*}\right)\mathrm{e}^{zz^*}\sum_{n=0}^{\infty}\frac{a^n}{n!}\left(z^* + \frac{\partial}{\partial z}\right)^n\\
&\quad \cdot \langle z|A(a,a^\dagger)|z\rangle \Big|_{z=z^*=0} :\\
=&\, :\mathrm{e}^{-aa^\dagger}\exp\left(a^\dagger \frac{\partial}{\partial z^*}\right)\mathrm{e}^{zz^*}\exp\left(az^* + a\frac{\partial}{\partial z}\right)\langle z|A(a,a^\dagger)|z\rangle \Big|_{z=z^*=0} :\\
=&\, :\mathrm{e}^{-aa^\dagger}\exp\left(a^\dagger \frac{\partial}{\partial z^*}\right)\exp[(a+z)z^*]\exp\left(a\frac{\partial}{\partial z}\right)\langle z|A(a,a^\dagger)|z\rangle \Big|_{z=z^*=0} :\\
=&\, :\mathrm{e}^{-aa^\dagger}\sum_{n=0}^{\infty}\frac{(a^\dagger)^n}{n!}\left(\frac{\partial}{\partial z^*}\right)^n\exp[(a+z)z^*]\\
&\quad \cdot \exp\left(a\frac{\partial}{\partial z}\right)\langle z|A(a,a^\dagger)|z\rangle \Big|_{z=z^*=0} :
\end{aligned}
$$

$$= \ : \mathrm{e}^{-aa^\dagger} \sum_{n=0}^{\infty} \frac{(a^\dagger)^n}{n!} \sum_{k=0}^{n} \frac{n!}{k!(n-k)!} \frac{\partial^k \exp\left[(a+z)z^*\right]}{\partial(z^*)^k}$$

$$\cdot \exp\left(a\frac{\partial}{\partial z}\right) \frac{\partial^{n-k}\langle z|A(a,a^\dagger)|z\rangle}{\partial(z^*)^{n-k}}\Big|_{z=z^*=0} \ :$$

$$= \ : \mathrm{e}^{-aa^\dagger+(a+z)z^*} \sum_{n=0}^{\infty} \frac{(a^\dagger)^n}{n!} \sum_{k=0}^{n} \frac{n!}{k!(n-k)!} (a+z)^k$$

$$\cdot \exp\left(a\frac{\partial}{\partial z}\right) \frac{\partial^{n-k}\langle z|A(a,a^\dagger)|z\rangle}{\partial(z^*)^{n-k}}\Big|_{z=z^*=0} \ :$$

$$= \ : \mathrm{e}^{-aa^\dagger+(a+z)z^*} \sum_{n=0}^{\infty} \frac{(a^\dagger)^n}{n!} \left(a+z+\frac{\partial}{\partial z^*}\right)^n \exp\left(a\frac{\partial}{\partial z}\right)\langle z|A(a,a^\dagger)|z\rangle\Big|_{z=z^*=0} \ :$$

$$= \ : \mathrm{e}^{(a+z)z^*+za^\dagger} \exp\left(a^\dagger\frac{\partial}{\partial z^*}+a\frac{\partial}{\partial z}\right)\langle z|A(a,a^\dagger)|z\rangle\Big|_{z=z^*=0} \ :$$

$$= \ : \exp\left(a^\dagger\frac{\partial}{\partial z^*}+a\frac{\partial}{\partial z}\right)\langle z|A(a,a^\dagger)|z\rangle\Big|_{z=z^*=0} \ :$$

事实上,相干态的这一重要性质还可用更为简便的方式表达.设算符 $A(a,a^\dagger)$ 的正规乘积排序形式为 $:\mathscr{A}(a,a^\dagger):$,即

$$A(a,a^\dagger) = \ : \mathscr{A}(a,a^\dagger) : \tag{2.8.6}$$

用相干态左矢 $\langle z|$ 和右矢 $|z\rangle$ 夹乘(2.8.6)式,得

$$\langle z|A(a,a^\dagger)|z\rangle = \langle z|:\mathscr{A}(a,a^\dagger):|z\rangle = \mathscr{A}(z,z^*)\langle z|z\rangle = \mathscr{A}(z,z^*)$$

亦即

$$\mathscr{A}(z,z^*) = \langle z|A(a,a^\dagger)|z\rangle \tag{2.8.7}$$

该 $\mathscr{A}(z,z^*)$ 是一个与算符 $A(a,a^\dagger)$ 相对应的经典函数,但不同于与算符 $A(a,a^\dagger)$ 相对应的外尔经典对应,更不要求它是人们一直探索的、真正符合对应原理的对应于算符 $A(a,a^\dagger)$ 的经典函数,它只是我们按照(2.8.6)式规定的一个经典函数.这仅仅是求出函数 $\mathscr{A}(z,z^*)$ 的表达式,并进而导出算符 $A(a,a^\dagger)$ 的正规乘积形式的一种方法.将(2.8.7)式代入(2.8.6)式并在正规乘积记号内做替换 $z \to a, z^* \to a^\dagger$,便得到

$$A(a,a^\dagger) = \ : \langle z|A(a,a^\dagger)|z\rangle\big|_{z \to a,z^* \to a^\dagger} : \tag{2.8.8}$$

这就是算符 $A(a,a^\dagger)$ 的正规乘积形式.如第2.4节中讨论过的相空间转动算符(2.4.17)式 $R(\theta) = \int \frac{\mathrm{d}^2 z}{\pi}|z\mathrm{e}^{\mathrm{i}\theta}\rangle\langle z|$,则有

$$\langle z|R(\theta)|z\rangle = \int \frac{\mathrm{d}^2 z'}{\pi}\langle z|z'\mathrm{e}^{\mathrm{i}\theta}\rangle\langle z'|z\rangle$$

$$= \int \frac{\mathrm{d}^2 z'}{\pi} \exp(-zz^* - z'z'^* + z^*z'\mathrm{e}^{\mathrm{i}\theta} + z'^*z)$$

$$= \exp\left[zz^*(\mathrm{e}^{\mathrm{i}\theta} - 1)\right] \tag{2.8.9}$$

将(2.8.9)式代入(2.8.8)式,可得

$$R(\theta) = : \exp\left[aa^\dagger(\mathrm{e}^{\mathrm{i}\theta} - 1)\right] : = \mathrm{e}^{\mathrm{i}\theta a^\dagger a} \tag{2.8.10}$$

这与(2.4.18)式是相同的.由此可见,当一个量子算符的相干态期望值知道了,这个算符本身就确定了.第2.1节中导出真空投影算符$|0\rangle\langle0|$的正规乘积形式就是采用的这种方法.

事实上,根据第2.2节中构设的外尔型一一对应,将(2.2.4a)式代入(2.2.2b)式可得

$$H(a, a^\dagger) = : \langle z \mid H(a, a^\dagger) \mid z \rangle|_{z \to a, z^* \to a^\dagger} : \tag{2.8.11}$$

这与(2.8.8)式是一致的,只是本节中用$A(a, a^\dagger)$代替了原来的$H(a, a^\dagger)$.

相比较可知,采用(2.8.8)式与(2.8.1)式两种方法计算算符$A(a, a^\dagger)$的相干态期望值$\langle z|A(a, a^\dagger)|z\rangle$时繁简程度是一样的,但最终导出其正规乘积形式时繁简程度大不一样,采用(2.8.8)式明显简单得多,省掉了后续的繁琐计算.可以证明,(2.8.1)式与(2.8.8)式是相等的,即

$$A(a, a^\dagger) = : \exp\left(a^\dagger \frac{\partial}{\partial z^*} + a \frac{\partial}{\partial z}\right) : \langle z \mid A \mid z \rangle\bigg|_{z = z^* = 0}$$

$$= : \sum_{m,n=0}^{\infty} \frac{(a^\dagger)^m a^n}{m!\,n!} \left(\frac{\partial}{\partial z^*}\right)^m \left(\frac{\partial}{\partial z}\right)^n \langle z \mid A \mid z \rangle\bigg|_{z = z^* = 0} :$$

$$= : \left\{\sum_{m,n=0}^{\infty} \frac{(z^*)^m z^n}{m!\,n!} \left[\left(\frac{\partial}{\partial z^*}\right)^m \left(\frac{\partial}{\partial z}\right)^n \langle z \mid A \mid z \rangle\bigg|_{z = z^* = 0}\right]\right\}_{z \to a, z \to a^\dagger} :$$

$$= : \left[\langle z \mid A(a, a^\dagger) \mid z \rangle\right]_{z \to a, z \to a^\dagger} :$$

2.9 几个逆算符的正规乘积排序展开式

现在讨论几个逆算符如湮灭算符的逆算符$\frac{1}{a}$、产生算符的逆算符$\frac{1}{a^\dagger}$、坐标算符的逆

算符 $\dfrac{1}{Q}$ 以及动量算符的逆算符 $\dfrac{1}{P}$ 的正规乘积排序展开式.

1. 湮灭算符与产生算符之逆

福克在建立粒子数表象后曾讨论过产生算符和湮灭算符的逆算符,后来狄拉克也研究过[18]. 一般认为,产生算符之逆应该描写湮灭过程,湮灭算符之逆应该描写产生过程. 但事实并非如此简单,因为 $a|0\rangle=0$,故湮灭算符 a 不会存在左逆.同样地,产生算符 $a^\dagger$ 不会存在右逆.现在,我们利用相干态方法研究产生算符和湮灭算符的逆算符[19].

先来讨论湮灭算符 a 的逆算符.我们的思路是:假设湮灭算符存在右逆算符,并用 $\dfrac{1}{a}$ 表示,即假设有 $a\dfrac{1}{a}=1$ 成立;利用相干态方法得到 $\dfrac{1}{a}$ 后,再检验其是否为湮灭算符 a 的右逆算符.因为 $\|z\rangle=\mathrm{e}^{za^\dagger}|0\rangle$ 是湮灭算符 a 的本征态, $a\|z\rangle=z\|z\rangle$,所以依据我们的假设很自然地应该有 $\dfrac{1}{a}\|z\neq0\rangle=\dfrac{1}{z}\|z\neq0\rangle$,否则跟 $a\dfrac{1}{a}=1$ 相抵触.但在 $z=0$ 时出现了数学困难.为了克服这一困难,我们采用围道积分技巧.设围道 C 包围了 $z=\alpha$ 点,将柯西公式

$$f^{(n)}(\alpha)=\frac{n!}{2\pi\mathrm{i}}\oint_C\frac{f(z)}{(z-\alpha)^{n+1}}\mathrm{d}z \tag{2.9.1}$$

中的 $f(z)$ 替换成相干态 $\|z\rangle=\mathrm{e}^{za^\dagger}|0\rangle$,则有

$$\frac{\mathrm{d}^n}{\mathrm{d}\alpha^n}\|\alpha\rangle=\frac{n!}{2\pi\mathrm{i}}\oint_C\frac{\|z\rangle}{(z-\alpha)^{n+1}}\mathrm{d}z \tag{2.9.2}$$

因为

$$\frac{\mathrm{d}^n}{\mathrm{d}\alpha^n}\|\alpha\rangle=\frac{\mathrm{d}^n}{\mathrm{d}\alpha^n}\mathrm{e}^{\alpha a^\dagger}|0\rangle=a^{\dagger n}\mathrm{e}^{\alpha a^\dagger}|0\rangle$$

所以令 $\alpha=0$,便得到

$$\left.\frac{\mathrm{d}^n}{\mathrm{d}\alpha^n}\|\alpha\rangle\right|_{\alpha=0}=a^{\dagger n}|0\rangle=\sqrt{n!}\,|n\rangle$$

那么,在令 $\alpha=0$ 的情形下,柯西公式(2.9.1)化为

$$|n\rangle=\frac{\sqrt{n!}}{2\pi\mathrm{i}}\oint_C\frac{\|z\rangle}{z^{n+1}}\mathrm{d}z \tag{2.9.3}$$

这就是福克态的围道积分表达式,这样就挖掉了 $z = 0$ 的点. 因此,$\dfrac{1}{a}$ 对福克态 $|n\rangle$ 的作用结果是

$$\frac{1}{a}\mid n \rangle = \frac{\sqrt{n!}}{2\pi i}\oint_C \frac{\parallel z\rangle}{z^{n+2}}\mathrm{d}z = \frac{1}{\sqrt{n+1}}\frac{\sqrt{(n+1)!}}{2\pi i}\oint_C \frac{\parallel z\rangle}{z^{n+2}}\mathrm{d}z = \frac{1}{\sqrt{n+1}}\mid n+1\rangle$$

$$(2.9.4)$$

注意到福克态的完备性关系式 $\displaystyle\sum_{n=0}^{\infty}\mid n\rangle\langle n\mid = 1$,用福克态左矢 $\langle n\mid$ 右乘上式并对 $n = 0$, $1,2,\cdots,\infty$ 求和,得到

$$\frac{1}{a} = \sum_{n=0}^{\infty}\frac{1}{\sqrt{n+1}}\mid n+1\rangle\langle n\mid$$

$$(2.9.5)$$

这就是我们期待的 $\dfrac{1}{a}$ 的非对称 ket-bra 求和形式. 据此式可得

$$a\frac{1}{a} = a\sum_{n=0}^{\infty}\frac{1}{\sqrt{n+1}}\mid n+1\rangle\langle n\mid = \sum_{n=0}^{\infty}\frac{1}{\sqrt{n+1}}a\mid n+1\rangle\langle n\mid$$

$$= \sum_{n=0}^{\infty}\mid n\rangle\langle n\mid = 1$$

和

$$\frac{1}{a}a = \sum_{n=0}^{\infty}\frac{1}{\sqrt{n+1}}\mid n+1\rangle\langle n\mid a$$

$$= \sum_{n=0}^{\infty}\mid n+1\rangle\langle n+1\mid = \sum_{n=1}^{\infty}\mid n\rangle\langle n\mid = 1 - \mid 0\rangle\langle 0\mid \neq 1$$

这表明,$\dfrac{1}{a}$ 的确是湮灭算符 a 的右逆算符而不是它的左逆算符. 利用真空投影算符的正规乘积展开式 $|0\rangle\langle 0| = \,:\mathrm{e}^{-aa^\dagger}:$,还能够得到 $\dfrac{1}{a}$ 的正规乘积展开式,即

$$\frac{1}{a} = \sum_{n=0}^{\infty}\frac{1}{\sqrt{n+1}}\frac{(a^\dagger)^{n+1}}{\sqrt{(n+1)!}}\mid 0\rangle\langle 0\mid\frac{a^n}{\sqrt{n!}}$$

$$= \sum_{n=0}^{\infty}\frac{1}{\sqrt{n+1}}\frac{(a^\dagger)^{n+1}}{\sqrt{(n+1)!}}:\mathrm{e}^{-aa^\dagger}:\frac{a^n}{\sqrt{n!}}$$

$$= \,:\mathrm{e}^{-aa^\dagger}\sum_{n=0}^{\infty}\frac{1}{(n+1)!}(a^\dagger)^{n+1}a^n: \qquad (2.9.6)$$

进一步利用双求和重置公式

$$\sum_{m=0}^{\infty}\sum_{n=0}^{\infty}A(m,n) = \sum_{m=0}^{\infty}\sum_{k=0}^{m}A(m-k,k) \tag{2.9.7}$$

和组合公式

$$\sum_{m=0}^{n}\frac{x}{m+x}(-1)^{m}\begin{bmatrix} n \\ m \end{bmatrix} = \frac{1}{\begin{bmatrix} n+x \\ n \end{bmatrix}} \tag{2.9.8}$$

还可以对上式进行简化,其中 n 为正整数,

$$\begin{bmatrix} n \\ m \end{bmatrix} = \mathrm{C}_{n}^{m} = \frac{n!}{m!(n-m)!}, \qquad \begin{bmatrix} n+x \\ n \end{bmatrix} = \frac{(n+x)!}{n!x!} = \frac{\Gamma(n+x+1)}{n!\Gamma(x+1)}$$

以及

$$x! = \Gamma(x+1) = x\Gamma(x)$$

简化计算的具体过程如下:

$$\frac{1}{a} = : \sum_{m=0}^{\infty}\frac{(-1)^{m}}{m!}a^{\dagger m}a^{m}\sum_{n=0}^{\infty}\frac{1}{(n+1)!}(a^{\dagger})^{n+1}a^{n} :$$

$$= : \sum_{m=0}^{\infty}\sum_{n=0}^{\infty}\frac{(-1)^{m}}{m!(n+1)!}(a^{\dagger})^{m+n+1}a^{m+n} :$$

$$= : \sum_{m=0}^{\infty}\sum_{n=0}^{m}\frac{(-1)^{m-n}}{(m-n)!(n+1)!}(a^{\dagger})^{m+1}a^{m} :$$

$$= : \sum_{m=0}^{\infty}\sum_{n=0}^{m}\frac{(-1)^{m+n}}{(m-n)!(n+1)!}(a^{\dagger})^{m+1}a^{m} :$$

$$= : \sum_{m=0}^{\infty}\left[\sum_{n=0}^{m}\frac{1}{n+1}(-1)^{n}\begin{bmatrix} m \\ n \end{bmatrix}\right]\frac{(-1)^{m}}{m!}(a^{\dagger})^{m+1}a^{m} :$$

$$= : \sum_{m=0}^{\infty}\frac{1}{\begin{bmatrix} m+1 \\ m \end{bmatrix}}\frac{(-1)^{m}}{m!}(a^{\dagger})^{m+1}a^{m} :$$

$$= : \sum_{m=0}^{\infty}\frac{(-1)^{m}}{(m+1)!}(a^{\dagger})^{m+1}a^{m} : \tag{2.9.9}$$

当然,$\dfrac{1}{a}$ 也可表示为

$$\frac{1}{a} = a^\dagger \sum_{n=0}^{\infty} \frac{1}{n+1} \mid n \rangle \langle n \mid = a^\dagger \sum_{n=0}^{\infty} \frac{1}{a^\dagger a + 1} \mid n \rangle \langle n \mid = a^\dagger \frac{1}{a^\dagger a + 1} = a^\dagger \frac{1}{aa^\dagger}$$

$$(2.9.10)$$

另外,按照 $\langle z \| a^\dagger = z^* \langle z \|$,要求在围道积分意义下 $\langle z \| \frac{1}{a^\dagger} = \frac{1}{z^*} \langle z \|$ 成立,我们可以导出

$$\frac{1}{a^\dagger} = \sum_{n=0}^{\infty} \frac{1}{\sqrt{n+1}} \mid n \rangle \langle n+1 \mid \qquad (2.9.11)$$

这就是产生算符的逆算符 $\frac{1}{a^\dagger}$ 的不对称 ket-bra 求和形式,其正规乘积展开式为

$$\frac{1}{a^\dagger} = : \sum_{m=0}^{\infty} \frac{(-1)^m}{(m+1)!} (a^\dagger)^m a^{m+1} : \qquad (2.9.12)$$

它是产生算符的左逆而非右逆算符,亦即

$$\frac{1}{a^\dagger} a^\dagger = 1, \quad a^\dagger \frac{1}{a^\dagger} = 1 - : \mathrm{e}^{-aa^\dagger} : = 1 - \mid 0 \rangle \langle 0 \mid \qquad (2.9.13)$$

比较可得

$$\left(\frac{1}{a} \right)^\dagger = \frac{1}{a^\dagger}, \qquad \left(\frac{1}{a^\dagger} \right)^\dagger = \frac{1}{a} \qquad (2.9.14)$$

由(2.9.5)式、(2.9.9)式、(2.9.11)式和(2.9.12)式还可以导出以下关系式:

$$\left[a, a^{-1} \right] = \left[a, \frac{1}{a} \right] = : \mathrm{e}^{-aa^\dagger} : = \mid 0 \rangle \langle 0 \mid \qquad (2.9.15)$$

$$\left[a, (a^\dagger)^{-1} \right] = \left[a, \frac{1}{a^\dagger} \right] = \sum_{n=0}^{\infty} \frac{-1}{\sqrt{(n+1)(n+2)}} \mid n \rangle \langle n+2 \mid$$

$$= - \left(\frac{1}{a^\dagger} \right)^2 = - (a^\dagger)^{-2} = \frac{\partial}{\partial a^\dagger} (a^\dagger)^{-1} \qquad (2.9.16)$$

$$\left[a^\dagger, a^{-1} \right] = \left[a^\dagger, \frac{1}{a} \right] = \sum_{n=0}^{\infty} \frac{1}{\sqrt{(n+1)(n+2)}} \mid n+2 \rangle \langle n \mid$$

$$= a^{-2} = - \frac{\partial}{\partial a} a^{-1} \qquad (2.9.17)$$

$$\left[a^\dagger, (a^\dagger)^{-1} \right] = \left[a^\dagger, \frac{1}{a^\dagger} \right] = - : \mathrm{e}^{-aa^\dagger} : = - \mid 0 \rangle \langle 0 \mid \qquad (2.9.18)$$

并由归纳法得到

$$
\begin{cases}
[a, f\{(a^\dagger)^{-1}\}] = \dfrac{\partial}{\partial a^\dagger} f\{(a^\dagger)^{-1}\} \\
[a^\dagger, f(a^{-1})] = -\dfrac{\partial}{\partial a} f(a^{-1})
\end{cases}
\tag{2.9.19}
$$

它是算符关系 $[a, f(a^\dagger)] = \dfrac{\partial}{\partial a^\dagger} f(a^\dagger)$ 的负幂次推广.

这里附带说明一下,组合公式(2.9.8)式可以用归纳法证明.令

$$
\mathbb{T}_n(x) = \sum_{m=0}^{n} \frac{x}{m+x} (-1)^m \begin{pmatrix} n \\ m \end{pmatrix}
$$

当 $n = 0$ 时,$\mathbb{T}_0(x) = 1$,且有

$$
\begin{pmatrix} n+x \\ n \end{pmatrix} \quad \rightarrow \quad \begin{pmatrix} x \\ 0 \end{pmatrix} = \frac{x!}{0! \, x!} = 1
$$

故知组合公式(2.9.8)式在 $n = 0$ 时成立. 当 $n \geqslant 1$ 时,将 $m = 0$ 和 $m = n$ 的两项从求和号中拆出来,则有

$$
\mathbb{T}_n = 1 + \sum_{m=1}^{n-1} \frac{x}{m+x} (-1)^m \begin{pmatrix} n \\ m \end{pmatrix} + (-1)^n \frac{x}{n+x}
$$

因为

$$
\begin{pmatrix} n \\ m \end{pmatrix} = \begin{pmatrix} n-1 \\ m \end{pmatrix} + \begin{pmatrix} n-1 \\ m-1 \end{pmatrix}
$$

所以有

$$
\mathbb{T}_n = 1 + \sum_{m=1}^{n-1} \frac{x}{m+x} (-1)^m \left[\begin{pmatrix} n-1 \\ m \end{pmatrix} + \begin{pmatrix} n-1 \\ m-1 \end{pmatrix} \right] + (-1)^n \frac{x}{n+x}
$$

$$
= \mathbb{T}_{n-1} + \sum_{m=1}^{n-1} \frac{x}{m+x} (-1)^m \begin{pmatrix} n-1 \\ m-1 \end{pmatrix} + (-1)^n \frac{x}{n+x}
$$

$$
= \mathbb{T}_{n-1} + \sum_{m=1}^{n} \frac{x}{m+x} (-1)^m \begin{pmatrix} n-1 \\ m-1 \end{pmatrix} = \mathbb{T}_{n-1} + \sum_{m=1}^{n} \frac{x}{m+x} (-1)^m \frac{m}{n} \begin{pmatrix} n \\ m \end{pmatrix}
$$

$$
= \mathbb{T}_{n-1} + \frac{x}{n} \sum_{m=1}^{n} \frac{m}{m+x} (-1)^m \begin{pmatrix} n \\ m \end{pmatrix} = \mathbb{T}_{n-1} + \frac{x}{n} \sum_{m=1}^{n} \left(1 - \frac{x}{m+x} \right) (-1)^m \begin{pmatrix} n \\ m \end{pmatrix}
$$

$$= \mathbb{T}_{n-1} + \frac{x}{n}\left[\sum_{m=1}^{n}(-1)^m\binom{n}{m} - \sum_{m=1}^{n}\frac{x}{m+x}(-1)^m\binom{n}{m}\right]$$

$$= \mathbb{T}_{n-1} + \frac{x}{n}\left[\sum_{m=0}^{n}\binom{n}{m}(-1)^m\cdot 1^{n-m} - 1 - \sum_{m=0}^{n}\frac{x}{m+x}(-1)^m\binom{n}{m} + 1\right]$$

$$= \mathbb{T}_{n-1} + \frac{x}{n}\left[(1-1)^n - \mathbb{T}_n\right] = \mathbb{T}_{n-1} - \frac{x}{n}\mathbb{T}_n$$

由此得到递推关系

$$\mathbb{T}_n = \frac{n}{n+x}\mathbb{T}_{n-1} = \frac{n}{n+x}\frac{n-1}{n+x-1}\mathbb{T}_{n-2} = \cdots = \frac{n!}{(n+x)(n+x-1)\cdots(x+1)}\mathbb{T}_0$$

$$= \frac{n!\Gamma(x+1)}{(n+x)(n+x-1)\cdots(x+1)\Gamma(x+1)} = \frac{n!\,x!}{(n+x)!} = 1\Big/\binom{n+x}{n}$$

作为逆算符的一个应用,我们构造态矢量$\|z\rangle$,即

$$\|z\rangle = \sum_{n=0}^{\infty}(za^{-1})^n\mid 0\rangle \tag{2.9.20}$$

由 $a\mid 0\rangle = 0$ 和 $aa^{-1}=1$,得

$$a\|z\rangle = \sum_{n=1}^{\infty}z^n(a^{-1})^{n-1}\mid 0\rangle$$

$$= z\sum_{n=1}^{\infty}z^{n-1}(a^{-1})^{n-1}\mid 0\rangle$$

$$= z\sum_{n=0}^{\infty}z^n(a^{-1})^n\mid 0\rangle$$

$$= z\|z\rangle \tag{2.9.21}$$

这表明$\|z\rangle$是湮灭算符的本征态,亦即相干态.把(2.9.20)式与相干态

$$\|z\rangle = \mathrm{e}^{za^\dagger}\mid 0\rangle = \sum_{n=0}^{\infty}\frac{z^n}{n!}(a^\dagger)^n\mid 0\rangle = \sum_{n=0}^{\infty}\frac{z^n}{\sqrt{n!}}\mid n\rangle$$

做比较,可得

$$a^{-n}\mid 0\rangle = \frac{1}{\sqrt{n!}}\mid n\rangle \tag{2.9.22}$$

于是,福克态的完备性可以改写成

$$\sum_{n=0}^{\infty}\mid n\rangle\langle n\mid = \sum_{n=0}^{\infty}n!\,a^{-n}\mid 0\rangle\langle 0\mid(a^\dagger)^{-n} = 1 \tag{2.9.23}$$

那么,(2.9.20)式所示相干态的超完备性很容易被验证,即

$$\int \frac{\mathrm{d}^2 z}{\pi} \| z \rangle \langle z \| \mathrm{e}^{-zz^*} = \sum_{n,m=0}^{\infty} a^{-n} | 0 \rangle \langle 0 | (a^\dagger)^{-m} \int \frac{\mathrm{d}^2 z}{\pi} \mathrm{e}^{-zz^*} z^n z^{*m}$$

$$= \sum_{n=0}^{\infty} n! \, a^{-n} | 0 \rangle \langle 0 | (a^\dagger)^{-n} = 1 \qquad (2.9.24)$$

在上面的计算中,我们利用了

$$\int \frac{\mathrm{d}^2 z}{\pi} \mathrm{e}^{-zz^*} z^n z^{*m} = \int \frac{\mathrm{d}^2 z}{\pi} \mathrm{e}^{-zz^* + tz + \tau z^*} z^n z^{*m} \bigg|_{t=\tau=0}$$

$$= \frac{\partial^n}{\partial t^n} \frac{\partial^m}{\partial \tau^m} \int \frac{\mathrm{d}^2 z}{\pi} \mathrm{e}^{-zz^* + tz + \tau z^*} \bigg|_{t=\tau=0}$$

$$= \frac{\partial^n}{\partial t^n} \frac{\partial^m}{\partial \tau^m} \mathrm{e}^{t\tau} \bigg|_{t=\tau=0} = n! \delta_{nm} \qquad (2.9.25)$$

在某些情况下,使用逆算符表达的完备性会带来方便. 例如,基于 $aa^{-1} = 1$ 和 (2.9.22)式,考察 $a^m | n \rangle = \sqrt{n!} \, a^{m-n} | 0 \rangle$,可见运算简化为指数上的相减,因此,通过插入完备性关系(2.9.23)式可以得到

$$a^m a^{\dagger m} = a^m \sum_{n=0}^{\infty} n! \, a^{-n} | 0 \rangle \langle 0 | (a^\dagger)^{-n} a^{\dagger m}$$

$$= \sum_{n=0}^{\infty} n! \, a^{-(n-m)} | 0 \rangle \langle 0 | (a^\dagger)^{-(n-m)}$$

由于 $a | 0 \rangle = 0$,所以当 $n < m$ 时,$a^{-(n-m)} | 0 \rangle = a^{m-n} | 0 \rangle = 0$. 于是上式可表示为

$$a^m a^{\dagger m} = \sum_{n \geqslant m}^{\infty} n! \, a^{-(n-m)} | 0 \rangle \langle 0 | (a^\dagger)^{-(n-m)}$$

$$= \sum_{k=0}^{\infty} (k+m)! \, a^{-k} | 0 \rangle \langle 0 | (a^\dagger)^{-k}$$

$$= \sum_{k=0}^{\infty} \frac{(k+m)!}{k!} | k \rangle \langle k |$$

$$= \sum_{k=0}^{\infty} (k+1)(k+2)\cdots(k+m) | k \rangle \langle k |$$

$$= \sum_{k=0}^{\infty} (a^\dagger a + 1)(a^\dagger a + 2)\cdots(a^\dagger a + m) | k \rangle \langle k |$$

$$= (a^\dagger a + 1)(a^\dagger a + 2)\cdots(a^\dagger a + m) \sum_{k=0}^{\infty} | k \rangle \langle k |$$

$$= (a^\dagger a + 1)(a^\dagger a + 2)\cdots(a^\dagger a + m)$$

$$= (N + 1)(N + 2)\cdots(N + m) \tag{2.9.26}$$

式中 $N = a^\dagger a$ 是粒子数算符. 另外, $a^m a^{\dagger m}$ 是湮灭算符在左、产生算符在右的排列次序, 这是在下一章将要讨论的反正规乘积, 符号为 $\vdots\ \vdots$, 所以上式又可表示为

$$\vdots\, a^m a^{\dagger m}\, \vdots \;=\; \vdots\, N^m\, \vdots \;=\; (N + 1)(N + 2)\cdots(N + m) \tag{2.9.27}$$

作为逆算符的进一步应用, 考虑把 $\mathrm{e}^{\lambda a^2}\mathrm{e}^{\nu a^{\dagger 2}}$ 纳入正规乘积, 则

$$\mathrm{e}^{\lambda a^2}\mathrm{e}^{\nu a^{\dagger 2}} = \sum_{n=0}^{\infty} n!\,\mathrm{e}^{\lambda a^2} a^{-n}\, |\,0\rangle\langle 0\,|\, (a^\dagger)^{-n}\,\mathrm{e}^{\nu a^{\dagger 2}}$$

$$= \sum_{n=0}^{\infty} n! \sum_{k=0}^{\infty} \frac{\lambda^k}{k!} a^{2k} a^{-n}\, |\,0\rangle\langle 0\,|\, (a^\dagger)^{-n} \sum_{l=0}^{\infty} \frac{\nu^l}{l!} a^{\dagger 2l}$$

$$= \sum_{n=0}^{\infty} n! \sum_{k=0}^{\left[\frac{n}{2}\right]} \sum_{l=0}^{\left[\frac{n}{2}\right]} \frac{\lambda^k \nu^l}{k!\,l!} a^{-(n-2k)}\, |\,0\rangle\langle 0\,|\, (a^\dagger)^{-(n-2l)}$$

$$= \sum_{n=0}^{\infty} n! \sum_{k=0}^{\left[\frac{n}{2}\right]} \sum_{l=0}^{\left[\frac{n}{2}\right]} \frac{\lambda^k \nu^l}{k!\,l!} : \frac{(a^\dagger)^{(n-2k)} a^{(n-2l)}}{(n-2k)!\,(n-2l)!} \mathrm{e}^{-a^\dagger a} : \tag{2.9.28}$$

利用厄米多项式的级数

$$\mathrm{H}_n(x) = n! \sum_{k=0}^{\left[\frac{n}{2}\right]} \frac{(-1)^k}{k!\,(n-2k)!} (2x)^{n-2k}$$

于是(2.9.28)式改写为

$$\mathrm{e}^{\lambda a^2}\mathrm{e}^{\nu a^{\dagger 2}} = \sum_{n=0}^{\infty} \frac{(-\sqrt{\lambda\nu})^n}{n!} \sum_{k,l=0}^{\left[\frac{n}{2}\right]} \frac{n!\,n!\,(-1)^{k+l}}{k!\,(n-2k)!\,l!\,(n-2l)!}$$

$$\cdot : \left(2\frac{\mathrm{i}}{2\sqrt{\lambda}} a^\dagger\right)^{(n-2k)} \left(2\frac{\mathrm{i}}{2\sqrt{\nu}} a\right)^{(n-2l)} \mathrm{e}^{-a^\dagger a} :$$

$$= \sum_{n=0}^{\infty} \frac{(-\sqrt{\lambda\nu})^n}{n!} : \mathrm{H}_n\left(\frac{\mathrm{i}}{2\sqrt{\nu}} a\right) \mathrm{H}_n\left(\frac{\mathrm{i}}{2\sqrt{\lambda}} a^\dagger\right) \mathrm{e}^{-a^\dagger a} : \tag{2.9.29}$$

再利用厄米多项式的双线性母函数公式

$$\sum_{n=0}^{\infty} \frac{\mathrm{H}_n(x)\mathrm{H}_n(y)}{n!\,2^n} t^n$$

$$= (1 - t^2)^{-1/2}\exp\left(-\frac{t^2}{1-t^2}x^2 + \frac{2t}{1-t^2}xy - \frac{t^2}{1-t^2}y^2\right) \tag{2.9.30}$$

可将(2.9.29)式表示成

$$e^{\lambda a^2} e^{\nu a^{\dagger 2}} = (1 - 4\lambda\nu)^{-1/2} : \exp\left(\frac{\lambda}{1 - 4\lambda\nu}a^2 + \frac{4\lambda\nu}{1 - 4\lambda\nu}aa^{\dagger} + \frac{\nu}{1 - 4\lambda\nu}a^{\dagger 2}\right) :$$

$$= (1 - 4\lambda\nu)^{-1/2} \exp\left(\frac{\nu}{1 - 4\lambda\nu}a^{\dagger 2}\right) : \exp\left(\frac{4\lambda\nu}{1 - 4\lambda\nu}aa^{\dagger}\right) : \exp\left(\frac{\lambda}{1 - 4\lambda\nu}a^2\right)$$

$$= (1 - 4\lambda\nu)^{-1/2} \exp\left(\frac{\nu}{1 - 4\lambda\nu}a^{\dagger 2}\right) \exp\left[-a^{\dagger}a\ln(1 - 4\lambda\nu)\right] \exp\left(\frac{\lambda}{1 - 4\lambda\nu}a^2\right)$$

$$(2.9.31)$$

接下来,我们探讨矩阵的右逆、左逆跟矩阵的初等变换的关系.设 A 是一个方矩阵,若存在方矩阵 R,使得

$$AR = I \qquad (2.9.32)$$

则说 A 存在右逆矩阵 R;若存在方矩阵 L,使得

$$LA = I \qquad (2.9.33)$$

则说 A 存在左逆矩阵 L.

如果 A 仅存在右逆矩阵 R 使得(2.9.32)式成立而不存在左逆矩阵 L,则称 R 为 A 的右单侧逆;如果 A 仅存在左逆矩阵 L 使得(2.9.33)式成立而不存在右逆矩阵 R,则称 L 为 A 的左单侧逆;如果 A 既存在右逆矩阵 R 使得(2.9.32)式成立又存在左逆矩阵 L 使得(2.9.33)式成立,则称矩阵 A 可逆,且有 $R = L \equiv A^{-1}$,这是因为用 L 左乘(2.9.32)式便得到

$$LAR = L \qquad (2.9.34)$$

由(2.9.33)式知 $LA = I$,代入(2.9.34)式,得 $R = L$;如果 A 既不存在右逆矩阵 R 又不存在左逆矩阵 L,则称矩阵 A 不可逆.

在常见《线性代数》和《矩阵论》中,一般仅涉及有限阶矩阵.就有限阶矩阵来说,它要么可逆,要么不可逆,不会只有单侧逆.对于可逆矩阵,我们可以通过列初等变换得到其逆矩阵,也可以通过行初等变换得到其逆矩阵,这两种方法所得到的结果是相同的.

在量子力学中,算符在具体表象中的表示大多是无限阶的矩阵,情况不同于有限阶矩阵.其有的可逆,有的不可逆,有的仅存在右单侧逆,有的仅存在左单侧逆.下面就在福克空间中讨论湮灭算符和产生算符的逆的问题[20].

湮灭算符 a 在福克空间表示为无限阶的矩阵,即

$$a = \begin{pmatrix} 0 & \sqrt{1} & 0 & 0 & \cdots \\ 0 & 0 & \sqrt{2} & 0 & \cdots \\ 0 & 0 & 0 & \sqrt{3} & \cdots \\ 0 & 0 & 0 & 0 & \cdots \\ \cdots & \cdots & \cdots & \cdots & \cdots \end{pmatrix}$$

该矩阵的第一列元素全为零,且每一行上总有一个非零元素.由此可以看出,利用行初等变换操作无法使其单位化,而列初等变换操作能使其单位化,即

$$\begin{pmatrix} a \\ \cdots \\ I \end{pmatrix} \rightarrow \begin{pmatrix} 0 & \sqrt{1} & 0 & 0 & \cdots \\ 0 & 0 & \sqrt{2} & 0 & \cdots \\ 0 & 0 & 0 & \sqrt{3} & \cdots \\ 0 & 0 & 0 & 0 & \cdots \\ \cdots & \cdots & \cdots & \cdots & \cdots \\ 1 & 0 & 0 & 0 & \cdots \\ 0 & 1 & 0 & 0 & \cdots \\ 0 & 0 & 1 & 0 & \cdots \\ 0 & 0 & 0 & 1 & \cdots \\ \cdots & \cdots & \cdots & \cdots & \cdots \end{pmatrix}$$

$$\xrightarrow{\text{第二列除以}\sqrt{1}\text{加到第一列上}} \begin{pmatrix} 1 & \sqrt{1} & 0 & 0 & \cdots \\ 0 & 0 & \sqrt{2} & 0 & \cdots \\ 0 & 0 & 0 & \sqrt{3} & \cdots \\ 0 & 0 & 0 & 0 & \cdots \\ \cdots & \cdots & \cdots & \cdots & \cdots \\ 1 & 0 & 0 & 0 & \cdots \\ \sqrt{1} & 1 & 0 & 0 & \cdots \\ 0 & 0 & 1 & 0 & \cdots \\ 0 & 0 & 0 & 1 & \cdots \\ \cdots & \cdots & \cdots & \cdots & \cdots \end{pmatrix}$$

$$\begin{pmatrix} 1 & 0 & 0 & 0 & \cdots \\ 0 & 0 & \sqrt{2} & 0 & \cdots \\ 0 & 0 & 0 & \sqrt{3} & \cdots \\ 0 & 0 & 0 & 0 & \cdots \\ \cdots & \cdots & \cdots & \cdots & \cdots \\ 1 & -\sqrt{1} & 0 & 0 & \cdots \\ \sqrt{1} & 0 & 0 & 0 & \cdots \\ 0 & 0 & 1 & 0 & \cdots \\ 0 & 0 & 0 & 1 & \cdots \\ \cdots & \cdots & \cdots & \cdots & \cdots \end{pmatrix}$$

第一列乘以（$-\sqrt{1}$）加到第二列上 $\longrightarrow$

$$\begin{pmatrix} 1 & 0 & 0 & 0 & \cdots \\ 0 & 1 & \sqrt{2} & 0 & \cdots \\ 0 & 0 & 0 & \sqrt{3} & \cdots \\ 0 & 0 & 0 & 0 & \cdots \\ \cdots & \cdots & \cdots & \cdots & \cdots \\ 1 & -\sqrt{1} & 0 & 0 & \cdots \\ \sqrt{1} & 0 & 0 & 0 & \cdots \\ 0 & 2^{-1/2} & 1 & 0 & \cdots \\ 0 & 0 & 0 & 1 & \cdots \\ \cdots & \cdots & \cdots & \cdots & \cdots \end{pmatrix}$$

第三列除以$\sqrt{2}$ 加到第二列上 $\longrightarrow$

$$\begin{pmatrix} 1 & 0 & 0 & 0 & \cdots \\ 0 & 1 & 0 & 0 & \cdots \\ 0 & 0 & 0 & \sqrt{3} & \cdots \\ 0 & 0 & 0 & 0 & \cdots \\ \cdots & \cdots & \cdots & \cdots & \cdots \\ 1 & -\sqrt{1} & \sqrt{2} & 0 & \cdots \\ \sqrt{1} & 0 & 0 & 0 & \cdots \\ 0 & 2^{-1/2} & 0 & 0 & \cdots \\ 0 & 0 & 0 & 1 & \cdots \\ \cdots & \cdots & \cdots & \cdots & \cdots \end{pmatrix}$$

第二列乘以（$-\sqrt{2}$）加到第三列上 $\longrightarrow$

$$
\left(\begin{array}{ccccc}
1 & 0 & 0 & 0 & \cdots \\
0 & 1 & 0 & 0 & \cdots \\
0 & 0 & 1 & \sqrt{3} & \cdots \\
0 & 0 & 0 & 0 & \cdots \\
\cdots & \cdots & \cdots & \cdots & \cdots \\
\hdashline
1 & -\sqrt{1} & \sqrt{2} & 0 & \cdots \\
\sqrt{1} & 0 & 0 & 0 & \cdots \\
0 & 2^{-1/2} & 0 & 0 & \cdots \\
0 & 0 & 3^{-1/2} & 1 & \cdots \\
\cdots & \cdots & \cdots & \cdots & \cdots
\end{array}\right)
$$

$\xrightarrow{\text{第四列除以}\sqrt{3}\text{ 加到第三列上}}$

$$
\left(\begin{array}{ccccc}
1 & 0 & 0 & 0 & \cdots \\
0 & 1 & 0 & 0 & \cdots \\
0 & 0 & 1 & 0 & \cdots \\
0 & 0 & 0 & 0 & \cdots \\
\cdots & \cdots & \cdots & \cdots & \cdots \\
\hdashline
1 & -\sqrt{1} & \sqrt{2} & -\sqrt{2\cdot 3} & \cdots \\
\sqrt{1} & 0 & 0 & 0 & \cdots \\
0 & 2^{-1/2} & 0 & 0 & \cdots \\
0 & 0 & 3^{-1/2} & 0 & \cdots \\
\cdots & \cdots & \cdots & \cdots & \cdots
\end{array}\right)
$$

$\xrightarrow{\text{第三列乘以（}-\sqrt{3}\text{）加到第四列上}}$

$$
\left(\begin{array}{ccccc}
1 & 0 & 0 & 0 & \cdots \\
0 & 1 & 0 & 0 & \cdots \\
0 & 0 & 1 & 0 & \cdots \\
0 & 0 & 0 & 1 & \cdots \\
\cdots & \cdots & \cdots & \cdots & \cdots \\
\hdashline
1 & -\sqrt{1!} & \sqrt{2!} & -\sqrt{3!} & \cdots \\
1^{-1/2} & 0 & 0 & 0 & \cdots \\
0 & 2^{-1/2} & 0 & 0 & \cdots \\
0 & 0 & 3^{-1/2} & 0 & \cdots \\
\cdots & \cdots & \cdots & \cdots & \cdots
\end{array}\right)
$$

$\xrightarrow{\text{以此类推，经过无限次列初等变换}}$

由此我们得到

$$a^{-1} \equiv \frac{1}{a} = \begin{pmatrix} 1 & -\sqrt{1!} & \sqrt{2!} & -\sqrt{3!} & \cdots \\ 1^{-1/2} & 0 & 0 & 0 & \cdots \\ 0 & 2^{-1/2} & 0 & 0 & \cdots \\ 0 & 0 & 3^{-1/2} & 0 & \cdots \\ \cdots & \cdots & \cdots & \cdots & \cdots \end{pmatrix} \qquad (2.9.35)$$

容易验证

$$aa^{-1} = \begin{pmatrix} 0 & \sqrt{1} & 0 & 0 & \cdots \\ 0 & 0 & \sqrt{2} & 0 & \cdots \\ 0 & 0 & 0 & \sqrt{3} & \cdots \\ 0 & 0 & 0 & 0 & \cdots \\ \cdots & \cdots & \cdots & \cdots & \cdots \end{pmatrix} \begin{pmatrix} 1 & -\sqrt{1!} & \sqrt{2!} & -\sqrt{3!} & \cdots \\ 1^{-1/2} & 0 & 0 & 0 & \cdots \\ 0 & 2^{-1/2} & 0 & 0 & \cdots \\ 0 & 0 & 3^{-1/2} & 0 & \cdots \\ \cdots & \cdots & \cdots & \cdots & \cdots \end{pmatrix} = I$$

$$a^{-1}a = \begin{pmatrix} 1 & -\sqrt{1!} & \sqrt{2!} & -\sqrt{3!} & \cdots \\ 1^{-1/2} & 0 & 0 & 0 & \cdots \\ 0 & 2^{-1/2} & 0 & 0 & \cdots \\ 0 & 0 & 3^{-1/2} & 0 & \cdots \\ \cdots & \cdots & \cdots & \cdots & \cdots \end{pmatrix} \begin{pmatrix} 0 & \sqrt{1} & 0 & 0 & \cdots \\ 0 & 0 & \sqrt{2} & 0 & \cdots \\ 0 & 0 & 0 & \sqrt{3} & \cdots \\ 0 & 0 & 0 & 0 & \cdots \\ \cdots & \cdots & \cdots & \cdots & \cdots \end{pmatrix} \neq I$$

这里 I 是无限阶的单位矩阵. 以上两个结果表明 a^{-1} 仅是湮灭算符 a 的右单侧逆算符, 我们用 a_{R}^{-1} 表示之.

产生算符 $a^{\dagger}$ 在福克空间表示为如下无限阶的矩阵:

$$a^{\dagger} = \begin{pmatrix} 0 & 0 & 0 & 0 & \cdots \\ \sqrt{1} & 0 & 0 & 0 & \cdots \\ 0 & \sqrt{2} & 0 & 0 & \cdots \\ 0 & 0 & \sqrt{3} & 0 & \cdots \\ \cdots & \cdots & \cdots & \cdots & \cdots \end{pmatrix}$$

它的第一行元素全是零, 且每一列上总有一个非零元素. 故知利用列初等变换操作无法使其单位化, 而行初等变换操作能使其单位化, 即

$$(a^{\dagger} \vdots I) \rightarrow \begin{pmatrix} 0 & 0 & 0 & 0 & \cdots & 1 & 0 & 0 & 0 & \cdots \\ \sqrt{1} & 0 & 0 & 0 & \cdots & 0 & 1 & 0 & 0 & \cdots \\ 0 & \sqrt{2} & 0 & 0 & \cdots & 0 & 0 & 1 & 0 & \cdots \\ 0 & 0 & \sqrt{3} & 0 & \cdots & 0 & 0 & 0 & 1 & \cdots \\ \cdots & & & & & & & & & \end{pmatrix}$$

$$\xrightarrow{\text{无限次行初等变换}} \begin{pmatrix} 1 & 0 & 0 & 0 & \cdots & 1 & 1^{-1/2} & 0 & 0 & \cdots \\ 0 & 1 & 0 & 0 & \cdots & -\sqrt{1!} & 0 & 2^{-1/2} & 0 & \cdots \\ 0 & 0 & 1 & 0 & \cdots & \sqrt{2!} & 0 & 0 & 3^{-1/2} & \cdots \\ 0 & 0 & 0 & 1 & \cdots & -\sqrt{3!} & 0 & 0 & 0 & \cdots \\ \cdots & & & & & \cdots & \cdots & \cdots & \cdots & \cdots \end{pmatrix}$$

由此得到

$$(a^{\dagger})^{-1} = \begin{pmatrix} 1 & 1^{-1/2} & 0 & 0 & \cdots \\ -\sqrt{1!} & 0 & 2^{-1/2} & 0 & \cdots \\ \sqrt{2!} & 0 & 0 & 3^{-1/2} & \cdots \\ -\sqrt{3!} & 0 & 0 & 0 & \cdots \\ \cdots & \cdots & \cdots & \cdots & \cdots \end{pmatrix} \tag{2.9.36}$$

容易验证

$$a^{\dagger}(a^{\dagger})^{-1} \neq I, \quad (a^{\dagger})^{-1}a^{\dagger} = I$$

这表明$(a^{\dagger})^{-1}$仅是产生算符$a^{\dagger}$的左单侧逆算符,记作$(a^{\dagger})_{\mathrm{L}}^{-1}$.

综上可知,矩阵的右逆与列初等变换相对应,也就是说,通过列初等变换所得到的是矩阵的右逆矩阵;矩阵的左逆与行初等变换相对应,也就是说,通过行初等变换所得到的是矩阵的左逆矩阵.当且仅当既存在右逆又存在左逆时,列初等变换与行初等变换才等价.

进一步分析(2.9.35)式和(2.9.36)式,可以得出这样的结论:若把a_{R}^{-1}的第一行元素全改成其他数值或直接置为零,它仍是湮灭算符a的右单侧逆;把$(a^{\dagger})_{\mathrm{L}}^{-1}$的第一列元素全改成其他数值或直接置为零,它仍是产生算符$a^{\dagger}$的左单侧逆.换言之,当一个方矩阵仅存在单侧逆时,其单侧逆不具有唯一性;当矩阵存在双侧逆时,其逆具有唯一性.

2. 坐标算符与动量算符之逆

先来导出无量纲坐标算符的逆算符 $Q^{-1} \equiv \dfrac{1}{Q}$ 的正规乘积展开式.事实上,根据

$Q = (a + a^\dagger)/\sqrt{2}$ 可得到 Q 在福克空间的矩阵表示, 即

$$Q = \frac{1}{\sqrt{2}} \begin{pmatrix} 0 & \sqrt{1} & 0 & 0 & \cdots \\ \sqrt{1} & 0 & \sqrt{2} & 0 & \cdots \\ 0 & \sqrt{2} & 0 & \sqrt{3} & \cdots \\ 0 & 0 & \sqrt{3} & 0 & \cdots \\ \cdots & \cdots & \cdots & \cdots & \cdots \end{pmatrix}$$

并由此可推断 Q 是可逆的, 或者说 $\dfrac{1}{Q}$ 是存在的. 不过, 我们仍当作不知道 Q 是否可逆, 暂假设其有右逆或有左逆或可逆, 也就是有

$$Q\frac{1}{Q} = 1 \quad \text{或} \quad \frac{1}{Q}Q = 1 \quad \text{或} \quad Q\frac{1}{Q} = \frac{1}{Q}Q = 1$$

成立. 然后据此假设导出 $\dfrac{1}{Q}$ 的正规乘积形式再予以验证.

基于 $Q|q\rangle = q|q\rangle$, 依据我们的假设很自然地应该有 $\dfrac{1}{Q}|q \neq 0\rangle = \dfrac{1}{q}|q \neq 0\rangle$, 否则跟假设相矛盾. 但在 $\dfrac{1}{Q}|q = 0\rangle$ 中存在奇点. 为了克服奇点, 我们尝试采用主值积分的方法. 利用坐标表象的完备性关系可得

$$\begin{aligned} \frac{1}{Q} &= \frac{1}{Q}\int_{-\infty}^{\infty} \mathrm{d}q \, |q\rangle\langle q| = \int_{-\infty}^{\infty} \mathrm{d}q \, \frac{1}{q}|q\rangle\langle q| \\ &= \frac{1}{\sqrt{\pi}} : \int_{-\infty}^{\infty} \mathrm{d}q \, \frac{1}{q}\exp[-(q - Q)^2] : \end{aligned} \tag{2.9.37}$$

上式中积分的主值积分为

$$: \int_{-\infty}^{\infty} \mathrm{d}q \, \frac{1}{q}\exp[-(q - Q)^2] :$$

$$= : \lim_{\epsilon \to 0^+} \left\{ \int_{\epsilon}^{\infty} \mathrm{d}q \, \frac{1}{q}\exp[-(q - Q)^2] + \int_{-\infty}^{-\epsilon} \mathrm{d}q \, \frac{1}{q}\exp[-(q - Q)^2] \right\}$$

$$= : \lim_{\epsilon \to 0^+} \left\{ \int_{\epsilon}^{\infty} \mathrm{d}q \, \frac{1}{q}\exp[-(q - Q)^2] - \int_{-\epsilon}^{-\infty} \mathrm{d}q \, \frac{1}{q}\exp[-(q - Q)^2] \right\} :$$

$$= : \lim_{\epsilon \to 0^+} \left\{ \int_{\epsilon}^{\infty} \mathrm{d}q \, \frac{1}{q}\exp[-(q - Q)^2] - \int_{\epsilon}^{\infty} \mathrm{d}q \, \frac{1}{q}\exp[-(q + Q)^2] \right\} :$$

$$= : \mathrm{e}^{-Q^2} \lim_{\epsilon \to 0^+} \int_{\epsilon}^{\infty} \mathrm{d}q \, \mathrm{e}^{-q^2} \frac{\exp(2qQ) - \exp(-2qQ)}{q} :$$

$$= : \mathrm{e}^{-Q^2} \lim_{\epsilon \to 0^+} \int_\epsilon^\infty \mathrm{d}q \, \mathrm{e}^{-q^2} \sum_{n=0,1,2,3,\cdots}^\infty \frac{2^n Q^n}{n!} \frac{q^n - (-q)^n}{q} :$$

$$= : \mathrm{e}^{-Q^2} \lim_{\epsilon \to 0^+} 2 \int_\epsilon^\infty \mathrm{d}q \, \mathrm{e}^{-q^2} \sum_{n=1,3,5,\cdots}^\infty \frac{2^n Q^n}{n!} q^{n-1} :$$

$$= : \mathrm{e}^{-Q^2} 2 \int_0^\infty \mathrm{d}q \, \mathrm{e}^{-q^2} \sum_{n=0,1,2,3,\cdots}^\infty \frac{2^{2n+1} Q^{2n+1}}{(2n+1)!} q^{2n} :$$

$$= : \mathrm{e}^{-Q^2} \sum_{n=0,1,2,3,\cdots}^\infty \frac{2^{2n+1} Q^{2n+1}}{(2n+1)!} 2 \int_0^\infty \mathrm{d}q \, \mathrm{e}^{-q^2} q^{2n} :$$

$$= : \mathrm{e}^{-Q^2} \sum_{n=0,1,2,3,\cdots}^\infty \frac{2^{2n+1}}{(2n+1)!} \Gamma\left(n + \frac{1}{2}\right) Q^{2n+1} : \tag{2.9.38}$$

上面的计算中利用了伽玛函数

$$\Gamma(x) = \int_0^\infty \mathrm{d}t \, \mathrm{e}^{-t} t^{x-1} = 2 \int_0^\infty \mathrm{d}u \, \mathrm{e}^{-u^2} u^{2x-1} \quad (\mathrm{Re}(x) > 0) \tag{2.9.39}$$

注意到

$$\Gamma\left(n + \frac{1}{2}\right) = \sqrt{\pi} \frac{(2n+1)!!}{2^n(2n+1)} \tag{2.9.40}$$

我们得到

$$\frac{1}{Q} = : \mathrm{e}^{-Q^2} \sum_{n=0}^\infty \frac{2^{2n+1}}{(2n+1)!} \frac{(2n+1)!!}{2^n(2n+1)} Q^{2n+1} :$$

$$= : \mathrm{e}^{-Q^2} \sum_{n=0}^\infty \frac{2^{2n+1}}{(2n)!! \, 2^n(2n+1)} Q^{2n+1} :$$

$$= : \mathrm{e}^{-Q^2} \sum_{n=0}^\infty \frac{2}{n!(2n+1)} Q^{2n+1} : \tag{2.9.41}$$

将 e^{-Q^2} 展开成幂级数,并利用双求和重置公式

$$\sum_{m=0}^\infty \sum_{n=0}^\infty A(m,n) = \sum_{m=0}^\infty \sum_{k=0}^m A(m-k,k) \tag{2.9.42}$$

和组合公式

$$\sum_{n=0}^N \frac{x}{n+x} (-1)^n \binom{N}{n} = \frac{1}{\binom{N+x}{N}} \tag{2.9.43}$$

我们改写(2.9.41)式,即

$$\frac{1}{Q} = \,: \sum_{m=0}^{\infty} \frac{(-1)^m}{m!} Q^{2m} \sum_{n=0}^{\infty} \frac{2}{n!(2n+1)} Q^{2n+1} :$$

$$= \,: \sum_{m=0}^{\infty} \sum_{n=0}^{\infty} \frac{2(-1)^m}{m!\,n!(2n+1)} Q^{2m+2n+1} :$$

$$= \,: \sum_{m=0}^{\infty} \sum_{k=0}^{m} \frac{2(-1)^{m-k}}{(m-k)!\,k!(2k+1)} Q^{2m+1} :$$

$$= \,: 2 \sum_{m=0}^{\infty} \left[\sum_{k=0}^{m} \frac{\frac{1}{2}}{k+\frac{1}{2}} (-1)^k \frac{m!}{(m-k)!\,k!} \right] \frac{(-1)^m}{m!} Q^{2m+1} :$$

$$= \,: 2 \sum_{m=0}^{\infty} \frac{1}{\begin{pmatrix} m+\dfrac{1}{2} \\ m \end{pmatrix}} \frac{(-1)^m}{m!} Q^{2m+1} :$$

$$= \,: 2 \sum_{m=0}^{\infty} \frac{\left(\dfrac{1}{2}\right)!}{\left(m+\dfrac{1}{2}\right)!} (-1)^m Q^{2m+1} :$$

$$= \,: \sqrt{\pi} \sum_{m=0}^{\infty} \frac{(-1)^m}{\Gamma\left(m+\dfrac{3}{2}\right)} Q^{2m+1} :$$

$$= \,: -\sum_{m=0}^{\infty} \frac{(-2)^{m+1}}{(2m+1)!!} Q^{2m+1} : \tag{2.9.44}$$

这就是我们所期待的结果. 现在就来验证它是否为坐标算符 Q 的逆算符. 由于 Q 本身就是正规乘积排序的 (以后会知道它也是反正规乘积排序的, 也是坐标-动量排序的, 也是动量-坐标排序的, 同时也是外尔编序的), 利用正正正乘法定理 (2.7.3) 式可得

$$Q \frac{1}{Q} = \,: Q : \times : \left[-\sum_{m=0}^{\infty} \frac{(-2)^{m+1}}{(2m+1)!!} Q^{2m+1} \right] :$$

$$= -: Q \exp\left\{ \frac{1}{2} \left[\frac{\overleftarrow{\partial}}{\partial Q} \frac{\overrightarrow{\partial}}{\partial Q} + \frac{\overleftarrow{\partial}}{\partial P} \frac{\overrightarrow{\partial}}{\partial P} + i\left(\frac{\overleftarrow{\partial}}{\partial Q} \frac{\overrightarrow{\partial}}{\partial P} - \frac{\overleftarrow{\partial}}{\partial P} \frac{\overrightarrow{\partial}}{\partial Q} \right) \right] \right\} \sum_{m=0}^{\infty} \frac{(-2)^{m+1}}{(2m+1)!!} Q^{2m+1} :$$

$$= -: Q \exp\left(\frac{1}{2} \frac{\overleftarrow{\partial}}{\partial Q} \frac{\overrightarrow{\partial}}{\partial Q} \right) \sum_{m=0}^{\infty} \frac{(-2)^{m+1}}{(2m+1)!!} Q^{2m+1} :$$

$$= -: Q \left(1 + \frac{1}{2} \frac{\overleftarrow{\partial}}{\partial Q} \frac{\overrightarrow{\partial}}{\partial Q} + \frac{1}{2!} \frac{1}{2^2} \frac{\overleftarrow{\partial^2}}{\partial Q^2} \frac{\overrightarrow{\partial^2}}{\partial Q^2} + \cdots \right) \sum_{m=0}^{\infty} \frac{(-2)^{m+1}}{(2m+1)!!} Q^{2m+1} :$$

$$= -: \sum_{m=0}^{\infty} \frac{(-2)^{m+1}}{(2m+1)!!} Q^{2m+2} + \frac{1}{2} \sum_{m=0}^{\infty} \frac{(-2)^{m+1}(2m+1)}{(2m+1)!!} Q^{2m} :$$

$$= -: \sum_{m=0}^{\infty} \frac{(-2)^{m+1}}{(2m+1)!!} Q^{2m+2} - 1 + \frac{1}{2} \sum_{m=1}^{\infty} \frac{(-2)^{m+1}}{(2m-1)!!} Q^{2m} :$$

$$= 1 - : \sum_{m=0}^{\infty} \frac{(-2)^{m+1}}{(2m+1)!!} Q^{2m+2} - \sum_{m=1}^{\infty} \frac{(-2)^{m}}{(2m-1)!!} Q^{2m} :$$

$$= 1 - : \sum_{m=1}^{\infty} \frac{(-2)^{m}}{(2m-1)!!} Q^{2m} - \sum_{m=1}^{\infty} \frac{(-2)^{m}}{(2m-1)!!} Q^{2m} : = 1 \tag{2.9.45}$$

同样地,由正正正乘法定理又有

$$\frac{1}{Q} Q = : \left[- \sum_{m=0}^{\infty} \frac{(-2)^{m+1}}{(2m+1)!!} Q^{2m+1} \right] : \times : Q :$$

$$= -: \sum_{m=0}^{\infty} \frac{(-2)^{m+1}}{(2m+1)!!} Q^{2m+1} \exp \left\{ \frac{1}{2} \left[\frac{\overleftarrow{\partial}}{\partial Q} \frac{\overrightarrow{\partial}}{\partial Q} + \frac{\overleftarrow{\partial}}{\partial P} \frac{\overrightarrow{\partial}}{\partial P} + i \left(\frac{\overleftarrow{\partial}}{\partial Q} \frac{\overrightarrow{\partial}}{\partial P} - \frac{\overleftarrow{\partial}}{\partial P} \frac{\overrightarrow{\partial}}{\partial Q} \right) \right] \right\} Q :$$

$$= -: \sum_{m=0}^{\infty} \frac{(-2)^{m+1}}{(2m+1)!!} Q^{2m+1} \exp \left(\frac{1}{2} \frac{\overleftarrow{\partial}}{\partial Q} \frac{\overrightarrow{\partial}}{\partial Q} + 0 + 0 \right) Q :$$

$$= -: \sum_{m=0}^{\infty} \frac{(-2)^{m+1}}{(2m+1)!!} Q^{2m+1} \left(1 + \frac{1}{2} \frac{\overleftarrow{\partial}}{\partial Q} \frac{\overrightarrow{\partial}}{\partial Q} \right) Q :$$

$$= -: \sum_{m=0}^{\infty} \frac{(-2)^{m+1}}{(2m+1)!!} Q^{2m+2} + \frac{1}{2} \sum_{m=0}^{\infty} \frac{(-2)^{m+1}(2m+1)}{(2m+1)!!} Q^{2m} :$$

$$= -: \sum_{m=1}^{\infty} \frac{(-2)^{m}}{(2m-1)!!} Q^{2m} - 1 - \sum_{m=1}^{\infty} \frac{(-2)^{m}(2m+1)}{(2m+1)!!} Q^{2m} :$$

$$= -: \sum_{m=1}^{\infty} \frac{(-2)^{m}}{(2m-1)!!} Q^{2m} - 1 - \sum_{m=1}^{\infty} \frac{(-2)^{m}}{(2m-1)!!} Q^{2m} : = 1 \tag{2.9.46}$$

(2.9.45)式和(2.9.46)式表明,$\frac{1}{Q}$ 确实是坐标算符 Q 之逆. 将其作用在真空态上,得出

$$\frac{1}{Q} \mid 0 \rangle = \sqrt{2} \sum_{m=0}^{\infty} \frac{(-1)^{m}}{(2m+1)!!} (a^{\dagger})^{2m+1} \mid 0 \rangle$$

$$= \sqrt{2} \sum_{m=0}^{\infty} (-1)^{m} \sqrt{\frac{(2m)!!}{(2m+1)!!}} \mid 2m+1 \rangle \tag{2.9.47}$$

这是很多奇数福克态的线性叠加态.

另外,如果有必要,还可以利用(2.6.8b)式将(2.9.44)式右端的正规乘积排序记号脱掉,即

$$\frac{1}{Q} = :- \sum_{m=0}^{\infty} \frac{(-2)^{m+1}}{(2m+1)!!} Q^{2m+1} :$$

$$= - \sum_{m=0}^{\infty} \frac{(-2)^{m+1}}{(2m+1)!!} \exp\left(-\frac{1}{4} \frac{\partial^2}{\partial Q^2}\right) Q^{2m+1}$$

$$= \sum_{m=0}^{\infty} \frac{(-1)^m}{(2m+1)!! 2^m} \exp\left(-\frac{1}{4} \frac{\partial^2}{\partial Q^2}\right) (2Q)^{2m+1}$$

$$= \sum_{m=0}^{\infty} \frac{(-1)^m}{(2m+1)!! 2^m} H_{2m+1}(Q)$$

接下来,在已得到的 $1/Q$ 的正规乘积展开式(2.9.44)式的基础上继续求解 $1/Q^n$ 的正规乘积形式,其中 n 是正整数.因为

$$\frac{1}{Q^n} = \frac{(-1)^{n-1}}{(n-1)!} \frac{\partial^{n-1}}{\partial Q^{n-1}} \frac{1}{Q} \tag{2.9.48}$$

所以似乎是直接将 $1/Q$ 的正规乘积展开式(2.9.44)式代入(2.9.48)式完成微分运算就能够得到 $1/Q^n$ 的正规乘积展开式了.然而,这样处理是不严谨的,因为还不清楚 (2.9.44)式中左端 $1/Q$ 里的 Q 与右端正规乘积记号内 $:- \sum_{m=0}^{\infty} \frac{(-2)^{m+1}}{(2m+1)!!} Q^{2m+1}:$ 的 Q 是不是一回事.我们已经在第2.2节中探讨过此类问题,并且强调了**参数跟踪法**最可靠.

基于(2.9.48)式并采用参数 t 跟踪法,得

$$\frac{1}{Q^n} = \frac{(-1)^{n-1}}{(n-1)!} \frac{\partial^{n-1}}{\partial Q^{n-1}} \frac{1}{Q} = \frac{(-1)^{n-1}}{(n-1)!} \frac{\partial^{n-1}}{\partial t^{n-1}} \frac{1}{Q+t}\Big|_{t=0}$$

$$= \frac{(-1)^{n-1}}{(n-1)!} \frac{\partial^{n-1}}{\partial t^{n-1}} \frac{1}{Q+t} \int_{-\infty}^{\infty} dq \mid q \rangle\langle q \mid \Big|_{t=0}$$

$$= \frac{(-1)^{n-1}}{(n-1)!} \frac{\partial^{n-1}}{\partial t^{n-1}} \int_{-\infty}^{\infty} dq \frac{1}{q+t} \mid q \rangle\langle q \mid \Big|_{t=0}$$

$$= : \frac{(-1)^{n-1}}{(n-1)!} \frac{\partial^{n-1}}{\partial t^{n-1}} \int_{-\infty}^{\infty} dq \frac{1}{q+t} \exp\left[-(q-Q)^2\right]\Big|_{t=0} :$$

$$= : \frac{(-1)^{n-1}}{(n-1)!} \frac{\partial^{n-1}}{\partial t^{n-1}} \int_{-\infty}^{\infty} dq \frac{1}{q+t} \exp\left[-(q+t-t-Q)^2\right]\Big|_{t=0} : \tag{2.9.49}$$

对于计算正规乘记号内的积分 $\int_{-\infty}^{\infty} dq \frac{1}{q+t} \exp\left[-(q+t-t-Q)^2\right]$,把 t 视为一个绝对值较小的普通参数,做坐标平移变换 $q+t = \eta$,则有

$$\frac{1}{Q^n} = : \frac{(-1)^{n-1}}{(n-1)!} \frac{\partial^{n-1}}{\partial t^{n-1}} \int_{-\infty}^{\infty} d\eta \frac{1}{\eta} \exp[-(\eta - t - Q)^2] \Big|_{t=0} :$$

$$= : \frac{(-1)^{n-1}}{(n-1)!} \frac{\partial^{n-1}}{\partial Q^{n-1}} \int_{-\infty}^{\infty} d\eta \frac{1}{\eta} \exp[-(\eta - t - Q)^2] \Big|_{t=0} :$$

$$= : \frac{(-1)^{n-1}}{(n-1)!} \frac{\partial^{n-1}}{\partial Q^{n-1}} \int_{-\infty}^{\infty} d\eta \frac{1}{\eta} \exp[-(\eta - Q)^2] :$$

$$= : -\frac{(-1)^{n-1}}{(n-1)!} \frac{\partial^{n-1}}{\partial Q^{n-1}} \sum_{m=0}^{\infty} \frac{(-2)^{m+1}}{(2m+1)!!} Q^{2m+1} :$$

$$= : \frac{(-1)^n}{(n-1)!} \sum_{m=\left[\frac{n-1}{2}\right]}^{\infty} \frac{(-2)^{m+1}(2m+1)!}{(2m+1)!!(2m-n+2)!} Q^{2m-n+2} :$$

$$= : \frac{(-1)^n}{(n-1)!} \sum_{m=\left[\frac{n-1}{2}\right]}^{\infty} \frac{(-2)^{m+1}(2m)!!}{(2m-n+2)!} Q^{2m-n+2} : \qquad (2.9.50)$$

这就是 $1/Q^n$ 的正规乘积展开式. 特别是当 $n=2$ 时, 我们有

$$\frac{1}{Q^2} = : \sum_{m=0}^{\infty} \frac{(-2)^{m+1}(2m)!!}{(2m)!} Q^{2m} :$$

$$= -2 + 4 : Q^2 : -\frac{8}{3} : Q^4 : +\frac{16}{15} : Q^6 : + \cdots \qquad (2.9.51)$$

作为 (2.9.51) 式的一个应用, 考虑一个谐振子, 其哈密顿量为

$$H = \hbar\omega\left(a^\dagger a + \frac{1}{2}\right) + \frac{\gamma}{Q^2} = H_0 + H'$$

其中 $H_0 = \hbar\omega\left(a^\dagger a + \frac{1}{2}\right)$, $H' = \frac{\gamma}{Q^2}$, γ 为耦合系数. 当耦合系数 γ 足够小以致能够将 H' 视作非含时微扰时, 利用定态微扰理论 (态矢量至一级修正, 能级至二级修正), 有

$$|0\rangle = |0^{(0)}\rangle + \sum_{m\neq 0} \frac{H'_{m0}}{E_0^{(0)} - E_m^{(0)}} |m^{(0)}\rangle, \quad \Delta_0 = E_0 - E_0^{(0)} = H'_{00} + \sum_{m\neq 0} \frac{|H'_{m0}|^2}{E_0^{(0)} - E_m^{(0)}}$$

其中

$$H'_{00} = \langle 0^{(0)} | H' | 0^{(0)} \rangle, \quad H'_{m0} = \langle m^{(0)} | H' | 0^{(0)} \rangle$$

并假设 $|m^{(0)}\rangle$ 代表无微扰时的能量本征态, 其对应的本征能级为 $E_m^{(0)}$. 利用 (2.9.51) 式可得到真空态能级的一级修正为

$$H'_{00} = \langle 0^{(0)} | H' | 0^{(0)} \rangle = -2\gamma$$

能级间隔的相关微扰矩阵元分别为

$$H'_{10} = H'_{30} = H'_{50} = \cdots = 0, \quad H'_{20} = \langle 2^{(0)} \mid H' \mid 0^{(0)} \rangle = 2\sqrt{2}\gamma$$

$$H'_{40} = \langle 4^{(0)} \mid H' \mid 0^{(0)} \rangle = -\frac{4\sqrt{2}}{\sqrt{3}}\gamma, \quad H'_{60} = \langle 6^{(0)} \mid H' \mid 0^{(0)} \rangle = \frac{8}{\sqrt{5}}\gamma, \quad \cdots$$

对于 H_0，从基态 $|0^{(0)}\rangle$ 到激发态 $|n^{(0)}\rangle$ 的能级间隔为 $n\hbar\omega$. 在存在微扰 $H' = \gamma/Q^2$ 的情况下，新基态 $|0\rangle$ 及新基态 $|0\rangle$ 与原基态 $|0^{(0)}\rangle$ 间的能量差（能级移动）Δ_0 分别为

$$|0\rangle = |0^{(0)}\rangle - \frac{\gamma}{\hbar\omega}\left[\sqrt{2}\,|2^{(0)}\rangle - \frac{\sqrt{2}}{\sqrt{3}}\,|4^{(0)}\rangle + \frac{4}{3\sqrt{5}}\,|6^{(0)}\rangle - \cdots\right]$$

$$\Delta_0 = E_0 - E_0^{(0)} = -2\gamma - \frac{\gamma^2}{\hbar\omega}\left(4 + \frac{8}{3} + \frac{32}{15} + \cdots\right)$$

基于动量表象的完备性 $\int_{-\infty}^{\infty} |p\rangle \mathrm{d}p \langle p| = 1$，运用与导出 $1/Q$ 和 $1/Q^n$ 相似的方法，我们容易得到

$$\frac{1}{P} = : -\sum_{m=0}^{\infty} \frac{(-2)^{m+1}}{(2m+1)!!} P^{2m+1} : \tag{2.9.52}$$

和

$$\frac{1}{P^n} = : \frac{(-1)^n}{(n-1)!} \sum_{m=\left[\frac{n-1}{2}\right]}^{\infty} \frac{(-2)^{m+1}(2m)!!}{(2m-n+2)!} P^{2m-n+2} : \tag{2.9.53}$$

式中 P 是无量纲动量算符.

若要得出有量纲坐标算符 X 和动量算符 P_x 之逆的正规乘积展开式，只需依据 $Q = \alpha X$ 和 $P = \beta P_x$ 便可实现，即

$$\frac{1}{X} = : -\alpha \sum_{m=0}^{\infty} \frac{(-2)^{m+1}}{(2m+1)!!} (\alpha X)^{2m+1} : \tag{2.9.54}$$

$$\frac{1}{X^n} = : \frac{(-\alpha)^n}{(n-1)!} \sum_{m=\left[\frac{n-1}{2}\right]}^{\infty} \frac{(-2)^{m+1}(2m)!!}{(2m-n+2)!} (\alpha X)^{2m-n+2} : \tag{2.9.55}$$

$$\frac{1}{P_x} = : -\beta \sum_{m=0}^{\infty} \frac{(-2)^{m+1}}{(2m+1)!!} (\beta P_x)^{2m+1} : \tag{2.9.56}$$

以及

$$\frac{1}{P_x^n} = : \frac{(-\beta)^n}{(n-1)!} \sum_{m=\left[\frac{n-1}{2}\right]}^{\infty} \frac{(-2)^{m+1}(2m)!!}{(2m-n+2)!} (\beta P_x)^{2m-n+2} : \tag{2.9.57}$$

2.10 产生算符的本征态与湮灭算符高次幂之逆的问题

1. 产生算符的本征态

我们已经知道,湮灭算符 a 的本征态为 $|z\rangle = \mathrm{e}^{-\frac{1}{2}zz^*+za^\dagger}|0\rangle$(归一化的)或 $\|z\rangle = \mathrm{e}^{za^\dagger}|0\rangle$(未归一化的).那么产生算符 $a^\dagger$ 有没有本征态? 如果有,它是什么样的呢? 为找到它,不妨设其为 $|z\rangle_*$,所属本征值为 z^*,即有本征方程

$$a^\dagger|z\rangle_* = z^*|z\rangle_* \tag{2.10.1}$$

下标 $*$ 表示 $|z\rangle_*$ 是 $a^\dagger$ 的本征态.用粒子数表象将其展开,即

$$|z\rangle_* = \sum_{n=0}^\infty |n\rangle\langle n|z\rangle_* \tag{2.10.2}$$

把(2.10.2)式代入本征方程(2.10.1)式,得

$$\sum_{n=0}^\infty \sqrt{n+1}|n+1\rangle\langle n|z\rangle_* = z^*\sum_{n=0}^\infty |n\rangle\langle n|z\rangle_*$$

由此便得到递推关系

$$0 = z^*\langle 0|z\rangle_*, \quad \langle 0|z\rangle_* = z^*\langle 1|z\rangle_*$$
$$\sqrt{2}\langle 1|z\rangle_* = z^*\langle 2|z\rangle_*, \quad \sqrt{3}\langle 2|z\rangle_* = z^*\langle 3|z\rangle_*, \quad \cdots \tag{2.10.3}$$

进一步得到

$$\langle n|z\rangle_* = \frac{\sqrt{n!}}{z^{*n}}\langle 0|z\rangle_* \tag{2.10.4}$$

如果 $z^*\neq 0$,则由(2.10.3)式中的第一个式子得到 $\langle 0|z\rangle_* = 0$,于是由后面的各式依次得到 $\langle n|z\rangle_* = 0(n=1,2,3,\cdots)$.如果 $z^*=0$,则由(2.10.3)式中的第一个式子有 $\langle 0|z\rangle_*\neq 0$ 或 $\langle 0|z\rangle_*=0$ 两种情况.若是 $\langle 0|z\rangle_*\neq 0$,则除(2.10.3)式中的第一个式子外其余都不会成立;若是 $\langle 0|z\rangle_*=0$,则又会得到 $\langle n|z\rangle_*=0(n=1,2,3,\cdots)$.因此,以往的某些文献[21]据此得出 $|z\rangle_*\equiv 0$ 的结论,认为产生算符不存在本征态.仔细分析起来这样的论述

是不严格的,因为它忽略了 $0 = z^* \langle 0 | z \rangle_*$. 这个方程可以有广义函数解,这可用 $x\delta(x) = 0$ 来说明. 方程 $xf(x) = 0$ 可以有解 $f(x) = \delta(x)$. 因此必须谨慎处理 $0 = z^* \langle 0 | z \rangle_*$. 这个方程的解[22]. 注意 z^* 是个复数,故需引入复宗量的广义函数. 海特勒(Heitler)[23]曾使用围道积分定义 δ 函数,将柯西公式

$$f(\alpha^*) = \frac{1}{2\pi i} \oint_{C^*} \frac{f(z^*)}{z^* - \alpha^*} \mathrm{d}\alpha^* \tag{2.10.5}$$

与实变量 δ 函数的标准定义

$$f(x') = \int_{-\infty}^{\infty} f(x)\delta(x - x')\mathrm{d}x$$

相比较,复变量 δ 函数的围道积分表达式是

$$\delta(z^* - \alpha^*) = \left. \frac{1}{2\pi i(z^* - \alpha^*)} \right|_{C^*} \tag{2.10.6}$$

其中 C^* 是逆时针围道,包围着 $z^* = \alpha^*$ 的点,但不含有 $f(z^*)$ 的奇点. 记号 $\cdots|_{C^*}$ 是指沿着围道 C^* 对 $\mathrm{d}z^*$ 进行积分. 由此得到

$$(z^* - \alpha^*)\delta(z^* - \alpha^*) = \left. \frac{1}{2\pi i} \right|_{C^*} = 0 \tag{2.10.7}$$

这是因为 $\oint_{C^*} \mathrm{d}z^* = 0$. 特别是当 $\alpha^* = 0$ 时,有

$$z^*\delta(z^*) = \left. \frac{1}{2\pi i} \right|_{C^*} = 0 \tag{2.10.8}$$

与(2.10.3)中第一个式子比较,我们可以看出 $\langle 0 | z \rangle_*$ 的解是

$$\langle 0 | z \rangle_* = \delta(z^*) \tag{2.10.9}$$

进而得到

$$\langle n | z \rangle_* = \frac{\sqrt{n!}}{z^{*n}}\delta(z^*) \tag{2.10.10}$$

将(2.10.10)式代入(2.10.2)式,便得到

$$| z \rangle_* = \sum_{n=0}^{\infty} \frac{\sqrt{n!}}{z^{*n}}\delta(z^*) | n \rangle = \left. \frac{1}{2\pi i}\sum_{n=0}^{\infty} \frac{\sqrt{n!}}{z^{*(n+1)}} | n \rangle \right|_{C^*} = \left. \frac{1}{2\pi i}\sum_{n=0}^{\infty} \frac{a^{\dagger n}}{z^{*(n+1)}} | 0 \rangle \right|_{C^*} \tag{2.10.11}$$

这就是产生算符 $a^\dagger$ 的属于本征值 z^* 的本征态，验证如下：

$$a^\dagger \mid z \rangle_* = \frac{1}{2\pi i} \sum_{n=0}^{\infty} \frac{a^{\dagger(n+1)}}{z^{*(n+1)}} \mid 0 \rangle \Big|_{C^*} = \frac{1}{2\pi i} \sum_{n=1}^{\infty} \frac{a^{\dagger n}}{z^{*n}} \mid 0 \rangle \Big|_{C^*}$$

$$= z^* \frac{1}{2\pi i} \sum_{n=1}^{\infty} \frac{a^{\dagger n}}{z^{*(n+1)}} \mid 0 \rangle \Big|_{C^*} = z^* \frac{1}{2\pi i} \left[-\frac{1}{z^*} + \sum_{n=0}^{\infty} \frac{a^{\dagger n}}{z^{*(n+1)}} \right] \mid 0 \rangle \Big|_{C^*}$$

$$= -z^* \delta(z^*) \mid 0 \rangle + z^* \mid z \rangle_* = z^* \mid z \rangle_*$$

$\mid z \rangle_*$ 的正交性和完备性分别表示为

$$\langle z' \| \cdot \mid z \rangle_* = \frac{1}{2\pi i} \sum_{n=0}^{\infty} \frac{z'^{*n}}{z^{*(n+1)}} \Big|_{C^*} = \frac{1}{2\pi i z^*} \sum_{n=0}^{\infty} \left(\frac{z'^*}{z^*} \right)^n \Big|_{C^*}$$

$$= \frac{1}{2\pi i z^*} \frac{1}{1 - z'^*/z^*} \Big|_{C^*} = \frac{1}{2\pi i} \frac{1}{z^* - z'^*} \Big|_{C^*}$$

$$= \delta(z^* - z'^*), \quad |z'^*| < |z^*|$$

和

$$\oint_{C^*} \mathrm{d}z \mid z \rangle_* \langle z \| = \frac{1}{2\pi i} \oint_{C^*} \mathrm{d}z \sum_{n=0}^{\infty} \frac{a^{\dagger n}}{z^{*(n+1)}} \mid 0 \rangle \langle 0 \mid \mathrm{e}^{z^* a}$$

$$= \frac{1}{2\pi i} \oint_{C^*} \mathrm{d}z \sum_{n=0}^{\infty} \frac{a^{\dagger n}}{z^{*(n+1)}} : \mathrm{e}^{-a a^\dagger} : \mathrm{e}^{z^* a}$$

$$= : \mathrm{e}^{-a a^\dagger} \sum_{0}^{\infty} \frac{a^{\dagger n}}{n!} \frac{n!}{2\pi i} \oint_{C^*} \mathrm{d}z \frac{\mathrm{e}^{z^* a}}{z^{*(n+1)}} :$$

$$= : \mathrm{e}^{-a a^\dagger} \sum_{n=0}^{\infty} \frac{(a a^\dagger)^n}{n!} : = 1$$

2. 两个算符公式

从(2.9.9)式和(2.9.12)式可以得到以下两个算符公式：

$$\frac{\partial}{\partial a^\dagger} \left(\frac{1}{a} \right) = : \mathrm{e}^{-a a^\dagger} : = \mid 0 \rangle \langle 0 \mid \tag{2.10.12}$$

和

$$\frac{\partial}{\partial a} \left(\frac{1}{a^\dagger} \right) = : \mathrm{e}^{-a a^\dagger} : = \mid 0 \rangle \langle 0 \mid \tag{2.10.13}$$

我们不能简单地认为算符 $1/a$ 中只含有湮灭算符 a 而无产生算符 $a^\dagger$ 的成分并进而得出 $\frac{\partial}{\partial a^\dagger} \left(\frac{1}{a} \right) = 0$ 的错误结论；同样的道理，也不能简单地认为算符 $1/a^\dagger$ 中只含有产生算

符 $a^\dagger$ 而无湮灭算符 a 的成分,并进而得出 $\frac{\partial}{\partial a}\left(\frac{1}{a^\dagger}\right) = 0$ 的错误结论.

3. 湮灭(产生)算符高次幂之逆

我们已经导出了湮灭算符的右单侧逆算符(2.9.9)式

$$\frac{1}{a} = \sum_{m=0}^{\infty} \frac{(-1)^m}{(m+1)!} (a^\dagger)^{m+1} a^m$$

它是正规乘积排序的.现在考虑能否利用关系式

$$\frac{1}{a^n} = \frac{(-1)^{n-1}}{(n-1)!} \frac{\partial^{n-1}}{\partial a^{n-1}} \frac{1}{a} \tag{2.10.14}$$

并代入 $1/a$ 的正规乘积幂级数展开式求出湮灭算符 n 次幂之逆 $1/a^n$ 的正规乘积展开式.为此,我们设量子力学算符函数 $F(a, a^\dagger)$ 的正规乘积式为: $f(a, a^\dagger)$:,即

$$F(a, a^\dagger) = : f(a, a^\dagger) : \tag{2.10.15}$$

现在考虑 $F(a + t, a^\dagger)$ 的正规乘积形式,这里 t 是一个普通参数.**算符恒等式的本质是由算符的对易关系决定的**,那么,由于 $[a + t, a^\dagger] = 1 = [a, a^\dagger]$,可以推断出

$$F(a + t, a^\dagger) = : f(a + t, a^\dagger) : \tag{2.10.16}$$

譬如, $a^2 a^\dagger = a^\dagger a^2 + 2a \Rightarrow (a + t)^2 a^\dagger = a^\dagger (a + t)^2 + 2(a + t)$.于是,利用参数跟踪法就有

$$\frac{\partial}{\partial a} F(a, a^\dagger) = \frac{\partial}{\partial t} F(a + t, a^\dagger)\Big|_{t=0} = \frac{\partial}{\partial t} : f(a + t, a^\dagger) :\Big|_{t=0}$$

$$= \frac{\partial}{\partial a} : f(a + t, a^\dagger) :\Big|_{t=0} = \frac{\partial}{\partial a} : f(a, a^\dagger) :$$

这意味着 $F(a, a^\dagger)$ 和 : $f(a, a^\dagger)$: 中的湮灭算符 a 是一回事,也就有如下公式成立:

$$\frac{\partial}{\partial a} F(a, a^\dagger) = \frac{\partial}{\partial a} : f(a, a^\dagger) : = : \frac{\partial}{\partial a} f(a, a^\dagger) : \tag{2.10.17}$$

这是因为参数始终是跟踪着同一个湮灭算符 a 的,没有出现张冠李戴的情况.同理也有以下公式成立:

$$\frac{\partial}{\partial a^\dagger} F(a, a^\dagger) = \frac{\partial}{\partial a^\dagger} : f(a, a^\dagger) : = : \frac{\partial}{\partial a^\dagger} f(a, a^\dagger) : \tag{2.10.18}$$

但是,若不是对湮灭算符或产生算符求导数而是对其他算符求导数,譬如对 $(aa^\dagger)$ 求导,则一般来说没有类似公式,换言之

$$\frac{\partial}{\partial(aa^\dagger)}F(aa^\dagger) \quad 与 \quad \frac{\partial}{\partial(aa^\dagger)}:f(aa^\dagger):$$

不一定相等,这在第 2.2 节中已经讨论过了,这里再举一例进行讨论.

考虑指数算符 $\mathrm{e}^{\lambda aa^\dagger}$,如果直接求导,则得到

$$\frac{\partial}{\partial(aa^\dagger)}\mathrm{e}^{\lambda aa^\dagger} = \lambda\mathrm{e}^{\lambda aa^\dagger}$$

这是没什么问题的,因为求导过程中是把 $(aa^\dagger)$ 当作一个算符对待的,求导留下来的也是普通常数 λ.若把指数算符 $\mathrm{e}^{\lambda aa^\dagger}$ 纳入正规乘积排序,则有

$$\mathrm{e}^{\lambda aa^\dagger} = \mathrm{e}^{\lambda(a^\dagger a+1)} = \mathrm{e}^\lambda\mathrm{e}^{\lambda a^\dagger a} = \mathrm{e}^\lambda:\mathrm{e}^{aa^\dagger(\mathrm{e}^\lambda-1)}:$$

此时,如果把 $\mathrm{e}^{\lambda aa^\dagger}$ 中的 $(aa^\dagger)$ 与 $:\mathrm{e}^{aa^\dagger(\mathrm{e}^\lambda-1)}:$ 中的 $(aa^\dagger)$ 当作一个算符对待,就会得到

$$\frac{\partial}{\partial(aa^\dagger)}\mathrm{e}^\lambda:\mathrm{e}^{aa^\dagger(\mathrm{e}^\lambda-1)}: = \mathrm{e}^\lambda(\mathrm{e}^\lambda-1):\mathrm{e}^{aa^\dagger(\mathrm{e}^\lambda-1)}: = \mathrm{e}^\lambda(\mathrm{e}^\lambda-1)\mathrm{e}^{\lambda a^\dagger a} = (\mathrm{e}^\lambda-1)\mathrm{e}^{\lambda aa^\dagger}$$

这是不对的,因为 $\mathrm{e}^{\lambda aa^\dagger}$ 里的 $(aa^\dagger)$ 与 $:\mathrm{e}^{aa^\dagger(\mathrm{e}^\lambda-1)}:$ 里的 $(aa^\dagger)$ 不再是一回事了.利用参数跟踪法计算,则

$$\begin{aligned}
\frac{\partial}{\partial(aa^\dagger)}\mathrm{e}^{\lambda aa^\dagger} &= \frac{\partial}{\partial t}\mathrm{e}^{\lambda(aa^\dagger+t)}\bigg|_{t=0} = \frac{\partial}{\partial t}\mathrm{e}^{\lambda t}\mathrm{e}^{\lambda aa^\dagger}\bigg|_{t=0} \\
&= \frac{\partial}{\partial t}\mathrm{e}^{\lambda t}\mathrm{e}^\lambda:\mathrm{e}^{aa^\dagger(\mathrm{e}^\lambda-1)}:\bigg|_{t=0} = \lambda\mathrm{e}^{\lambda t}\mathrm{e}^\lambda:\mathrm{e}^{aa^\dagger(\mathrm{e}^\lambda-1)}:|_{t=0} \\
&= \lambda\mathrm{e}^\lambda:\mathrm{e}^{aa^\dagger(\mathrm{e}^\lambda-1)}: = \lambda\mathrm{e}^{\lambda aa^\dagger}
\end{aligned}$$

这一结果显然是正确的.

如果算符函数是以坐标算符为宗量的,即有 $F(Q) = :f(Q):$,按照以上分析,应该就有

$$\frac{\partial}{\partial a}F(Q) = :\frac{\partial}{\partial a}f(Q):, \quad \frac{\partial}{\partial a^\dagger}F(Q) = :\frac{\partial}{\partial a^\dagger}f(Q): \quad (2.10.19)$$

现在要问: $\dfrac{\mathrm{d}}{\mathrm{d}Q}F(Q) = :\dfrac{\mathrm{d}}{\mathrm{d}Q}f(Q):$ 成立吗?为回答这个问题,我们利用**参数跟踪法**,即

$$\frac{\mathrm{d}}{\mathrm{d}Q}F(Q) = \frac{\partial}{\partial t}F(Q+t)\bigg|_{t=0} = \frac{\partial}{\partial t}F\left[\frac{a}{\sqrt{2}}+\frac{a^\dagger}{\sqrt{2}}+t\right]\bigg|_{t=0}$$

由此可以看出,本来参数 t 是跟踪坐标算符 Q 的,现在可以视为是跟踪 $\dfrac{a}{\sqrt{2}}$ 的,或者视为是跟踪 $\dfrac{a^\dagger}{\sqrt{2}}$ 的.不妨认为是跟踪 $\dfrac{a^\dagger}{\sqrt{2}}$ 的,也就是把 $\left(\dfrac{a^\dagger}{\sqrt{2}} + t\right)$ 视为一个算符.**算符恒等式的本质是由算符的对易关系决定的**,那么,由于

$$\left[\frac{a}{\sqrt{2}}, \frac{a^\dagger}{\sqrt{2}} + t\right] = \frac{1}{2} = \left[\frac{a}{\sqrt{2}}, \frac{a^\dagger}{\sqrt{2}}\right]$$

可以据此推断出

$$F(Q) = \, : f(Q) :$$

$$\Rightarrow \quad F\left[\frac{a}{\sqrt{2}} + \frac{a^\dagger}{\sqrt{2}}\right] = \, : f\left[\frac{a}{\sqrt{2}} + \frac{a^\dagger}{\sqrt{2}}\right] :$$

$$\Rightarrow \quad F\left[\frac{a}{\sqrt{2}} + \left(\frac{a^\dagger}{\sqrt{2}} + t\right)\right] = \, : f\left[\frac{a}{\sqrt{2}} + \left(\frac{a^\dagger}{\sqrt{2}} + t\right)\right] :$$

$$\Rightarrow \quad F\left(\frac{a}{\sqrt{2}} + \frac{a^\dagger}{\sqrt{2}} + t\right) = \, : f\left(\frac{a}{\sqrt{2}} + \frac{a^\dagger}{\sqrt{2}} + t\right) :$$

$$\Rightarrow \quad F(Q + t) = \, : f(Q + t) :$$

于是,有

$$\frac{\mathrm{d}}{\mathrm{d}Q}F(Q) = \frac{\partial}{\partial t}F(Q + t)\bigg|_{t=0} = \frac{\partial}{\partial t} : f(Q + t) : \bigg|_{t=0}$$

$$= \frac{\partial}{\partial Q} : f(Q + t) : \bigg|_{t=0} = \frac{\mathrm{d}}{\mathrm{d}Q} : f(Q) : \tag{2.10.20}$$

这里与在上一节中推导 $1/Q^n$ 的正规乘积展开式时采用的参数跟踪法是一致的.

同样地,如果算符函数是以动量算符为宗量的,即有 $F(P) = \, : f(P) :$,则

$$\frac{\partial}{\partial a}F(P) = \, : \frac{\partial}{\partial a}f(P) :, \quad \frac{\partial}{\partial a^\dagger}F(P) = \, : \frac{\partial}{\partial a^\dagger}f(P) : \tag{2.10.21}$$

$$\frac{\mathrm{d}}{\mathrm{d}P}F(P) = \frac{\mathrm{d}}{\mathrm{d}P} : f(P) : \tag{2.10.22}$$

对于以坐标算符和动量算符为宗量的算符函数 $F(Q, P)$,设 $F(Q, P) = \, : f(Q, P) :$,则

$$\frac{\partial}{\partial a}F(Q, P) = \, : \frac{\partial}{\partial a}f(Q, P) :, \quad \frac{\partial}{\partial a^\dagger}F(Q, P) = \, : \frac{\partial}{\partial a^\dagger}f(Q, P) : \tag{2.10.23}$$

但是

$$\frac{\partial}{\partial Q} F(Q, P) \quad 与 \quad : \frac{\partial}{\partial Q} f(Q, P) :$$

相等吗？若运用参数跟踪法讨论的话,我们要跟踪坐标算符 Q,即

$$\frac{\partial}{\partial Q} F(Q, P) = \frac{\partial}{\partial t} F(Q + t, P) \Big|_{t=0}$$

正规乘积排序是关于产生算符和湮灭算符的前后排序的,若将参数 t 绑定给坐标算符 Q 中的产生算符或湮灭算符,因为动量算符中也含有产生算符和湮灭算符,所以问题有些麻烦.还有

$$\frac{\partial}{\partial P} F(Q, P) \quad 与 \quad : \frac{\partial}{\partial P} f(Q, P) :$$

是否相等也存在同样的问题.我们将在第 4 章再探讨这一问题.

综上分析,我们可以利用

$$\frac{1}{a^n} = \frac{(-1)^{n-1}}{(n-1)!} \frac{\partial^{n-1}}{\partial a^{n-1}} \frac{1}{a}$$

并代入 $1/a$ 的正规乘积幂级数展开(2.9.9)式来导出 $1/a^n$ 的正规乘积展开式,计算如下:

$$
\begin{aligned}
\frac{1}{a^n} &= \frac{(-1)^{n-1}}{(n-1)!} \frac{\partial^{n-1}}{\partial a^{n-1}} \sum_{m=0}^{\infty} \frac{(-1)^m}{(m+1)!} (a^\dagger)^{m+1} a^m \\
&= \frac{(-1)^{n-1}}{(n-1)!} \sum_{m=n-1}^{\infty} \frac{(-1)^m}{(m-n+1)!(m+1)} (a^\dagger)^{m+1} a^{m-n+1} \\
&= \frac{(-1)^{n-1}}{(n-1)!} \sum_{k=0}^{\infty} \frac{(-1)^{n+k-1}}{k!(n+k)} (a^\dagger)^{n+k} a^k \\
&= \frac{1}{(n-1)!} \sum_{k=0}^{\infty} \frac{(-1)^k}{k!(n+k)} (a^\dagger)^{n+k} a^k
\end{aligned}
\tag{2.10.24}
$$

它是 a^n 的右单侧逆算符,这一结果的正确性可以用数学归纳法予以验证.

当 $n=1$ 时,(2.10.24)式简化为(2.9.9)式,我们已经验证过了.当 $n=2$ 时,(2.10.24)式约化为

$$\frac{1}{a^2} = \sum_{k=0}^{\infty} \frac{(-1)^k}{k!(k+2)} (a^\dagger)^{k+2} a^k \tag{2.10.25}$$

利用正正正乘法定理,得

$$a^2 \frac{1}{a^2} = : a^2 \exp\left(\overleftarrow{\frac{\partial}{\partial a}} \overrightarrow{\frac{\partial}{\partial a^\dagger}}\right) \sum_{k=0}^{\infty} \frac{(-1)^k}{k!(k+2)} (a^\dagger)^{k+2} a^k :$$

$$= : a^2 \left(1 + \overleftarrow{\frac{\partial}{\partial a}} \overrightarrow{\frac{\partial}{\partial a^\dagger}} + \frac{1}{2!} \overleftarrow{\frac{\partial^2}{\partial a^2}} \overrightarrow{\frac{\partial^2}{\partial a^{\dagger 2}}} + \frac{1}{3!} \overleftarrow{\frac{\partial^3}{\partial a^3}} \overrightarrow{\frac{\partial^3}{\partial a^{\dagger 3}}} + \cdots\right) \sum_{k=0}^{\infty} \frac{(-1)^k}{k!(k+2)} (a^\dagger)^{k+2} a^k :$$

$$= : \sum_{k=0}^{\infty} \frac{(-1)^k}{k!(k+2)} (a^\dagger)^{k+2} a^{k+2} + 2 \sum_{k=0}^{\infty} \frac{(-1)^k}{k!} (a^\dagger)^{k+1} a^{k+1}$$

$$+ \sum_{k=0}^{\infty} \frac{(-1)^k(k+1)}{k!} (a^\dagger)^k a^k :$$

$$= : \sum_{k=0}^{\infty} \frac{(-1)^k(k+1)}{(k+2)!} (a^\dagger)^{k+2} a^{k+2} + 2aa^\dagger \mathrm{e}^{-aa^\dagger} + \sum_{k=0}^{\infty} \frac{(-1)^k(k+1)}{k!} (a^\dagger)^k a^k :$$

$$= : \sum_{k=2}^{\infty} \frac{(-1)^k(k-1)}{k!} (a^\dagger)^k a^k + 2aa^\dagger \mathrm{e}^{-aa^\dagger} + \sum_{k=0}^{\infty} \frac{(-1)^k(k+1)}{k!} (a^\dagger)^k a^k :$$

$$= : 1 + \sum_{k=0}^{\infty} \frac{(-1)^k(k-1)}{k!} (a^\dagger)^k a^k + 2aa^\dagger \mathrm{e}^{-aa^\dagger} + \sum_{k=0}^{\infty} \frac{(-1)^k(k+1)}{k!} (a^\dagger)^k a^k :$$

$$= : 1 + 2aa^\dagger \mathrm{e}^{-aa^\dagger} + 2 \sum_{k=0}^{\infty} \frac{(-1)^k k}{k!} (a^\dagger)^k a^k :$$

$$= : 1 + 2aa^\dagger \mathrm{e}^{-aa^\dagger} + 2 \sum_{k=1}^{\infty} \frac{(-1)^k}{(k-1)!} (a^\dagger)^k a^k :$$

$$= : 1 + 2aa^\dagger \mathrm{e}^{-aa^\dagger} - 2aa^\dagger \sum_{k=0}^{\infty} \frac{(-1)^k}{k!} (a^\dagger)^k a^k : = 1 \tag{2.10.26}$$

假设 $n = n$ 时,

$$a^n \frac{1}{a^n} = a^n \frac{1}{(n-1)!} \sum_{k=0}^{\infty} \frac{(-1)^k}{k!(n+k)} (a^\dagger)^{n+k} a^k = 1 \tag{2.10.27}$$

成立. 则当设 $n = n+1$ 时,有

$$a^{n+1} \frac{1}{a^{n+1}} = a^{n+1} \frac{1}{n!} \sum_{k=0}^{\infty} \frac{(-1)^k}{k!(n+1+k)} (a^\dagger)^{n+1+k} a^k$$

$$= a^n \frac{1}{n!} \sum_{k=0}^{\infty} \frac{(-1)^k}{k!(n+1+k)} a (a^\dagger)^{n+1+k} a^k$$

$$= a^n \frac{1}{n!} \sum_{k=0}^{\infty} \frac{(-1)^k}{k!(n+1+k)} \left[(a^\dagger)^{n+1+k} a^{k+1} + (n+1+k)(a^\dagger)^{n+k} a^k\right]$$

$$= a^n \frac{1}{n!} \left[\sum_{k=0}^{\infty} \frac{(-1)^k}{k!(n+1+k)} (a^\dagger)^{n+1+k} a^{k+1} + \sum_{k=0}^{\infty} \frac{(-1)^k}{k!} (a^\dagger)^{n+k} a^k\right]$$

$$= a^n \frac{1}{n!} \left[\sum_{m=1}^{\infty} \frac{(-1)^{m-1}}{(m-1)!(n+m)} (a^\dagger)^{n+m} a^m + (a^\dagger)^n \sum_{k=0}^{\infty} \frac{(-1)^k}{k!} (a^\dagger)^k a^k \right]$$

$$= a^n \frac{1}{n!} \left[\sum_{m=0}^{\infty} \frac{(-1)^{m-1} m}{m!(n+m)} (a^\dagger)^{n+m} a^m + : (a^\dagger)^n e^{-aa^\dagger} : \right]$$

$$= a^n \frac{1}{n!} \left[\sum_{m=0}^{\infty} \frac{(-1)^m}{m!} \left(\frac{n}{n+m} - 1 \right) (a^\dagger)^{n+m} a^m + : (a^\dagger)^n e^{-aa^\dagger} : \right]$$

$$= a^n \frac{1}{n!} \left[: n \sum_{m=0}^{\infty} \frac{(-1)^m}{m!(n+m)} (a^\dagger)^{n+m} a^m - (a^\dagger)^n e^{-aa^\dagger} + (a^\dagger)^n e^{-aa^\dagger} : \right]$$

$$= a^n \frac{1}{(n-1)!} \sum_{m=0}^{\infty} \frac{(-1)^m}{m!(n+m)} (a^\dagger)^{n+m} a^m = 1 \tag{2.10.28}$$

在最后一步的计算中利用了(2.10.27)式,证毕.

同样地,还可得到

$$\frac{1}{a^{\dagger n}} = \frac{1}{(n-1)!} \sum_{k=0}^{\infty} \frac{(-1)^k}{k!(n+k)} (a^\dagger)^k a^{n+k} \tag{2.10.29}$$

它是幂算符 $a^{\dagger n}$ 的左单侧逆算符.

思考 $\dfrac{1}{a^n}$ 与 $\left(\dfrac{1}{a}\right)^n$ 是一回事吗? 或者说

$$\frac{1}{a^n} = \left(\frac{1}{a} \right)^n \tag{2.10.30}$$

成立吗?

可以利用(2.9.5)式计算

$$\left(\frac{1}{a} \right)^2 = \frac{1}{a} \frac{1}{a}, \quad \left(\frac{1}{a} \right)^3 = \frac{1}{a} \frac{1}{a} \frac{1}{a}, \quad \cdots$$

归纳出 $\left(\dfrac{1}{a}\right)^n$ 的正规乘积展开式,并与 $\dfrac{1}{a^n}$ 的正规乘积展开式(2.10.24)式比较. 也可利用

$$a \frac{1}{a} = 1$$

来分析

$$a^n \left(\frac{1}{a} \right)^n = \underbrace{a \cdots aaa}_{n\text{次}} \underbrace{\frac{1}{a} \frac{1}{a} \frac{1}{a} \cdots \frac{1}{a}}_{n\text{次}} = \underbrace{a \cdots aa}_{(n-1)\text{次}} \underbrace{\frac{1}{a} \frac{1}{a} \cdots \frac{1}{a}}_{(n-1)\text{次}} = \underbrace{a \cdots a}_{(n-2)\text{次}} \underbrace{\frac{1}{a} \cdots \frac{1}{a}}_{(n-2)\text{次}} = \cdots = ?$$

进行判断.

参考文献

［1］ Wick G C. The evaluation of the collision matrix[J]. Physical review，1950，80(2)：268.

［2］ Fan H Y. Recent development of Dirac's representation theory [M]//Fen D H，Klauder J R，Strayer M R. Coherent states. New York：Academic Press，1994：153.

［3］ Fan H Y，Zaidi H R，Klauder J R. New approach for calculating the normally ordered form of squeeze operators[J]. Physical Review D，1987，35(6)：1831-1834.

［4］ 范洪义. 量子力学表象与变换论——狄拉克符号法进展［M］. 上海：上海科学技术出版社，1997.

［5］ 徐世民，徐兴磊，李洪奇，等.复合函数算符的微商法则及其在量子物理中的应用[J]. 物理学报，2014，63(24)：240302.

［6］ 王磊，徐世民.利用 IWOP 技术构建量子力学新表象[J]. 大学物理，2014，33(9)：1-4.

［7］ 范洪义. 量子力学纠缠态表象及应用［M］. 上海：上海交通大学出版社，2001.

［8］ Helgason S. The randon transform[M]. Massachusetts：Birkhauser，1980.

［9］ Wünsche，Alfred. Radon transform and pattern functions in quantum tomography[J]. Optica Acta International Journal of Optics，1997，44(11-12)：2293-2331.

［10］ Vogel K，Risken H. Determination of quasiprobability distributions in terms of probability distributions for the rotated quadrature phase[J]. Physical Review A General Physics，1989，40(5)：2847.

［11］ Raymer M G. Measuring the quantum mechanical wave function[J]. Contemporary Physics，1997，38(5)：343-355.

［12］ Xu S M，Xu X L，Li H Q，et al. Quantum tomograms from intermediate entangled states[J]. Physics Letters A，2009，373(32)：2824-2830.

［13］ Xu S M，Xu X L，Li H Q，et al. Generalized two-mode coherent-entangled state with real parameters[J]. Science China Series G-Physics，Mechanics & Astronomy，2009，52（7）：1027-1033.

［14］ Dirac P A M. The principles of quantum mechanics [M]. Oxford：Clarendon Press，1930.

［15］ Bogoliubov N. Lecture on quantum statistics ［C］//New York：Gordon and Breach，1987.

［16］ 于文键，王继锁，范洪义. 用 Weyl-Wigner 对应求证相干态的一个重要性质[J]. 量子光学学报，2009，15(4)：291-293.

［17］ 范洪义，吴泽，陈俊华. 量子力学算符排序与积分新论［M］.合肥：中国科学技术大学出版

社，2021.

[18] Dirac P A M. Lectures on quantum field theory[M]. New York：Academic Press，1966.

[19] Fan H Y . Inverse operators in Fock space studied via a coherent-state approach[J]. Physical Review A，1993，47(5)：4521-4523.

[20] 徐世民,张运海,徐兴磊,等.量子算符的左逆右逆及其数学性质[J].物理学报,2010,59(11)：7575-7580.

[21] Davydoy A S. Quantum mechanics [M]. 2nd ed. Oxford：Pergamon Press，1976.

[22] Fan H Y，Liu Z W，Ruan T N. Does the creation operator a+ possess eignvectors? [J]. Commun. Theor. Phys.，1984，3(2)：175.

[23] Heitler W. The quantum theory of radiation [M]. 3rd ed. London：Oxford Claredon Press，1954.

第 3 章

算符的反正规乘积排序

本章阐述算符的反正规乘积排序,其在量子统计力学的密度矩阵理论及量子光学中相当有用.一个密度矩阵 ρ 在相干态中的 c 数展开称为 Glauber-Sudarshan P 表示,记为 $\rho = \int \dfrac{\mathrm{d}^2 z}{\pi} P(z, z^*) |z\rangle\langle z|$.因为 $a |z\rangle = z |z\rangle$,$\langle z| a^\dagger = z^* \langle z|$,所以,一旦知道 ρ 的反正规乘积展开式就相当于知道了其 P 表示,而密度矩阵满足的海森伯方程(算符方程)就可转化为 c 数方程,这会给某些问题的求解带来一定的方便.

3.1 算符的反正规乘积排序及其性质

在量子光学中,密度算符 ρ 往往比纯态矢量更常用.把 ρ 用相干态展开得到的 c 数函数(普通函数、经典函数)称为 Glauber-Sudarshan P 表示[1],即

$$\rho = \int \frac{\mathrm{d}^2 z}{\pi} P(z, z^*) |z\rangle\langle z| \tag{3.1.1}$$

利用第 2 章中得到的真空投影算符的正规乘积形式 $|0\rangle\langle 0| = \ :\mathrm{e}^{-aa^\dagger}:$ 容易得到相干态右矢与左矢"相揖"而成的投影算符的正规乘积排序形式,即

$$
\begin{aligned}
|z\rangle\langle z| &= \exp\left(-\frac{1}{2}zz^* + za^\dagger\right)|0\rangle\langle 0|\exp\left(-\frac{1}{2}zz^* + z^* a\right) \\
&= \exp\left(-\frac{1}{2}zz^* + za^\dagger\right):\mathrm{e}^{-aa^\dagger}:\exp\left(-\frac{1}{2}zz^* + z^* a\right) \\
&= \ :\exp\left[-(z-a)(z^* - a^\dagger)\right]:
\end{aligned}
\tag{3.1.2}
$$

于是(3.1.1)式可改写为正规乘积内的积分形式,即

$$\rho = \ :\int \frac{\mathrm{d}^2 z}{\pi} P(z, z^*)\exp\left[-(z-a)(z^* - a^\dagger)\right]: \tag{3.1.3}$$

因此,当经典函数 $P(z, z^*)$ 已知时,就可由(3.1.3)式积分求出正规乘积内的 ρ. 反过来,当 ρ 已知时也可求出 $P(z, z^*)$,方法如下:

用相干态左矢 $\langle -\zeta|$ 和右矢 $|\zeta\rangle$ 夹乘(3.1.1)式或(3.1.3)式,得

$$
\begin{aligned}
\langle -\zeta|\rho|\zeta\rangle &= \int \frac{\mathrm{d}^2 z}{\pi} P(z, z^*)\langle -\zeta|z\rangle\langle z|\zeta\rangle \\
&= \int \frac{\mathrm{d}^2 z}{\pi} P(z, z^*)\exp(-\zeta\zeta^* - zz^* + z^*\zeta - z\zeta^*)
\end{aligned}
$$

亦即

$$\int \frac{\mathrm{d}^2 z}{\pi} P(z, z^*)\exp(-zz^* + z^*\zeta - z\zeta^*) = \langle -\zeta|\rho|\zeta\rangle\mathrm{e}^{\zeta\zeta^*}$$

由于 $(z^*\zeta - z\zeta^*)$ 是个纯虚数,故此式可视为傅里叶变换. 用 $\exp(-z'^*\zeta + z'\zeta^*)$ 乘以上式,得

$$
\begin{aligned}
&\int \frac{\mathrm{d}^2 z}{\pi} P(z, z^*)\exp\left[-zz^* + (z^* - z'^*)\zeta - (z - z')\zeta^*\right] \\
&= \langle -\zeta|\rho|\zeta\rangle\mathrm{e}^{\zeta\zeta^*}\exp(-z'^*\zeta + z'\zeta^*)
\end{aligned}
$$

对上式实施积分 $\int \frac{\mathrm{d}^2\zeta}{\pi}$,得

$$\int \mathrm{d}^2 z P(z, z^*)\mathrm{e}^{-zz^*}\delta(z^* - z'^*)\delta(z - z')$$

$$= \int \frac{\mathrm{d}^2 \zeta}{\pi} \langle - \zeta | \rho | \zeta \rangle \mathrm{e}^{\zeta \zeta^*} \exp(- z'^* \zeta + z' \zeta^*)$$

故可得

$$P(z, z^*) = \mathrm{e}^{zz^*} \int \frac{\mathrm{d}^2 \zeta}{\pi} \langle - \zeta | \rho | \zeta \rangle \exp(\zeta \zeta^* - z^* \zeta + z \zeta^*) \tag{3.1.4}$$

这就是由已知 ρ 求出 $P(z, z^*)$ 的公式,叫作 Mehta 公式[2].在上面的计算中利用了双模德尔塔函数的积分形式

$$\delta(z^* - z'^*) \delta(z - z') = \int \frac{\mathrm{d}^2 \zeta}{\pi^2} \exp[(z^* - z'^*) \zeta - (z - z') \zeta^*]$$

当然,上述双模德尔塔函数的积分式也可表示为

$$\delta(z^* - z'^*) \delta(z - z') = \int \frac{\mathrm{d}^2 \zeta}{\pi^2} \exp[\mathrm{i}(z^* - z'^*) \zeta + \mathrm{i}(z - z') \zeta^*]$$

将(3.1.4)式代入(3.1.3)式,便得到求 ρ 的正规乘积排序的一种公式,即

$$\rho = : \int \frac{\mathrm{d}^2 z}{\pi} \exp(za^\dagger + z^* a - aa^\dagger) \int \frac{\mathrm{d}^2 \zeta}{\pi} \langle - \zeta | \rho | \zeta \rangle \exp(\zeta \zeta^* - \zeta z^* + \zeta^* z) : \tag{3.1.5}$$

特别是当 $\rho = 1$ 时,有

$$: \int \frac{\mathrm{d}^2 z}{\pi} \exp(za^\dagger + z^* a - aa^\dagger) \int \frac{\mathrm{d}^2 \zeta}{\pi} \exp(- \zeta \zeta^* - \zeta z^* + \zeta^* z) : = 1$$

类似于第 2 章中算符的正规乘积排序概念的引入,原则上总也可以利用湮灭算符和产生算符的对易关系 $[a, a^\dagger] = aa^\dagger - a^\dagger a = 1$ 将算符函数 $f(a, a^\dagger)$ 中的所有湮灭算符 a 都移到所有产生算符 $a^\dagger$ 的左边,这时我们说 $f(a, a^\dagger)$ 已被排列成反正规乘积形式,以符号 ⋮ ⋮ 标记之[3-4].

约定:在反正规乘积排序记号 ⋮ ⋮ 内玻色算符可对易,亦即可将玻色算符视为普通数一样对待.

在此约定下,我们有 $aa^\dagger = {\vdots} aa^\dagger {\vdots} = {\vdots} a^\dagger a {\vdots}$.但要脱掉反正规乘积记号 ⋮ ⋮,必须先将其内玻色算符排列成反正规乘积排序,即 ${\vdots} a^\dagger a {\vdots} = {\vdots} aa^\dagger {\vdots} = aa^\dagger$.

算符的反正规乘积排序有哪些性质?密度算符 ρ 的对角相干态表示能否纳入反正规乘积形式?下面就来讨论这些问题.

根据上面对反正规乘积排序记号 ⋮ ⋮ 内玻色算符可对易的约定,算符的反正规乘积排序就具有了如下一些性质:

(1) 普通数(c 数)可以自由出入反正规乘积排序记号,即

$$c \vdots F \vdots = \vdots cF \vdots, \quad c + \vdots F \vdots = \vdots c + F \vdots \qquad (3.1.6)$$

（2）可对反正规乘积记号内的 c 数直接进行牛顿-莱布尼茨积分和微分运算，前者要求积分收敛，后者要求微商存在. 此条性质称为反正规乘积内的微积分技术.

（3）反正规乘积记号内的反正规乘积记号可以取消.

（4）$\vdots F \vdots + \vdots G \vdots = \vdots F + G \vdots$.

（5）厄米共轭操作可以直接进入反正规乘积记号内，即

$$(\vdots F \cdots G \vdots)^{\dagger} = \vdots (F \cdots G)^{\dagger} \vdots$$

（6）相干态投影子的反正规乘积排序形式为

$$|z\rangle\langle z| = \pi \vdots \delta(z-a)\delta(z^*-a^{\dagger}) \vdots = \pi\delta(z-a)\delta(z^*-a^{\dagger}) \qquad (3.1.7)$$

事实上，在(3.1.2)式中正规乘积记号内湮灭算符 a 和产生算符 $a^{\dagger}$ 是可对易的，故可利用积分降次法，即

$$|z\rangle\langle z| = : e^{-(z-a)(z^*-a^{\dagger})} : = \int \frac{\mathrm{d}^2\zeta}{\pi} e^{-\zeta\zeta^* + \zeta(z^*-a^{\dagger}) - \zeta^*(z-a)} :$$

$$= \int \frac{\mathrm{d}^2\zeta}{\pi} e^{-\zeta\zeta^* + \zeta(z^*-a^{\dagger})} e^{-\zeta^*(z-a)}$$

这样就脱掉了正规乘积排序记号. 然后再利用 Baker-Campbell-Hausdorff 公式改写上式，则有

$$|z\rangle\langle z| = \int \frac{\mathrm{d}^2\zeta}{\pi} e^{-\zeta^*(z-a)} e^{\zeta(z^*-a^{\dagger})}$$

上式右端已经是反正规乘积排序了，可以加上反正规乘积排序记号并进行积分，得

$$|z\rangle\langle z| = \vdots \int \frac{\mathrm{d}^2\zeta}{\pi} e^{-\zeta^*(z-a)} e^{\zeta(z^*-a^{\dagger})} \vdots$$

$$= \vdots \int \frac{\mathrm{d}^2\zeta}{\pi} e^{\zeta(z^*-a^{\dagger}) - \zeta^*(z-a)} \vdots$$

$$= \pi \vdots \delta(z-a)\delta(z^*-a^{\dagger}) \vdots$$

$$= \pi\delta(z-a)\delta(z^*-a^{\dagger}) \qquad (3.1.8)$$

这就是相干态投影子的反正规乘积排序展开式. 当取 $z=0$ 时，有

$$|0\rangle\langle 0| = \pi \vdots \delta(a)\delta(a^{\dagger}) \vdots = \pi\delta(a)\delta(a^{\dagger}) \qquad (3.1.9)$$

这就是真空投影算符的反正规乘积排序展开式. 将(3.1.8)式代入(3.1.1)式并注意到(3.1.4)式，得到

$$\rho = \vdots \int \mathrm{d}^2 z P(z,z^*) \delta(z-a) \delta(z^*-a^\dagger) \vdots = \vdots P(a,a^\dagger) \vdots$$

$$= \vdots \mathrm{e}^{aa^\dagger} \int \frac{\mathrm{d}^2 \zeta}{\pi} \langle -\zeta|\rho|\zeta\rangle \exp(\zeta\zeta^* - \zeta a^\dagger + \zeta^* a) \vdots \tag{3.1.10a}$$

这就是密度算符 ρ 的反正规乘积排序展开式,它告诉我们,一旦 ρ 的相干态矩阵元 $\langle -\zeta|\rho|\zeta\rangle$ 已知,就可在 $\vdots\ \vdots$ 内积分直接给出 ρ 的反正规乘积排序形式. 特别是当 $\rho = 1$ 时,有

$$\vdots \int \frac{\mathrm{d}^2 \zeta}{\pi} \exp(-\zeta\zeta^* - \zeta a^\dagger + \zeta^* a + aa^\dagger) \vdots = 1$$

如果将密度算符 ρ 替换成任一算符 A,那么(3.1.10a)式就成为了求算符 A 的反正规乘积排序展开式的公式,即

$$A = \vdots P(a,a^\dagger) \vdots = \vdots \mathrm{e}^{aa^\dagger} \int \frac{\mathrm{d}^2 \zeta}{\pi} \langle -\zeta|A|\zeta\rangle \exp(\zeta\zeta^* - \zeta a^\dagger + \zeta^* a) \vdots \tag{3.1.10b}$$

如正规乘积排序的算符 $a^{\dagger m} a^n$,可得

$$\langle -\zeta|a^{\dagger m} a^n|\zeta\rangle = \zeta^n (-\zeta)^{*m} \langle -\zeta|\zeta\rangle = (-1)^m \zeta^n \zeta^{*m} \mathrm{e}^{-2\zeta\zeta^*}$$

于是

$$a^{\dagger m} a^n = (-1)^m \vdots \mathrm{e}^{aa^\dagger} \int \frac{\mathrm{d}^2 \zeta}{\pi} \zeta^n \zeta^{*m} \exp(-\zeta\zeta^* - a^\dagger \zeta + a\zeta^*) \vdots$$

$$= (-1)^{m+n} \vdots \mathrm{e}^{aa^\dagger} \int \frac{\mathrm{d}^2 \zeta}{\pi} \frac{\partial^m}{\partial a^m} \frac{\partial^n}{\partial a^{\dagger n}} \exp(-\zeta\zeta^* - a^\dagger \zeta + a\zeta^*) \vdots$$

$$= \vdots \mathrm{e}^{aa^\dagger} \left(-\frac{\partial}{\partial a}\right)^m \left(-\frac{\partial}{\partial a^\dagger}\right)^n \int \frac{\mathrm{d}^2 \zeta}{\pi} \exp(-\zeta\zeta^* - a^\dagger \zeta + a\zeta^*) \vdots$$

$$= \vdots \mathrm{e}^{aa^\dagger} \left(-\frac{\partial}{\partial a}\right)^m \left(-\frac{\partial}{\partial a^\dagger}\right)^n \mathrm{e}^{-aa^\dagger} \vdots = \vdots \mathrm{H}_{n,m}(a,a^\dagger) \vdots \tag{3.1.11}$$

作为第二个例子,正规乘积排序算符 $\mathrm{e}^{\lambda a^{\dagger 2}} \mathrm{e}^{va}$ 的反正规乘积形式为

$$\mathrm{e}^{\lambda a^{\dagger 2}} \mathrm{e}^{va} = \vdots \mathrm{e}^{aa^\dagger} \int \frac{\mathrm{d}^2 \zeta}{\pi} \langle -\zeta|\mathrm{e}^{\lambda a^{\dagger 2}} \mathrm{e}^{va}|\zeta\rangle \exp(\zeta\zeta^* - \zeta a^\dagger + \zeta^* a) \vdots$$

$$= \vdots \mathrm{e}^{aa^\dagger} \int \frac{\mathrm{d}^2 \zeta}{\pi} \mathrm{e}^{\lambda \zeta^{*2} + v\zeta} \mathrm{e}^{-2\zeta\zeta^*} \exp(\zeta\zeta^* - \zeta a^\dagger + \zeta^* a) \vdots$$

$$= \vdots \mathrm{e}^{aa^\dagger} \int \frac{\mathrm{d}^2 \zeta}{\pi} \exp[-\zeta\zeta^* + (v-a^\dagger)\zeta + \zeta^* a + \lambda \zeta^{*2}] \vdots$$

该积分收敛的条件为 $1-\lambda>0$ 即 $\lambda<1$，或 $1+\lambda>0$ 即 $\lambda>-1$，故知其必收敛. 于是利用反正规乘积内的积分技术完成积分得到

$$e^{\lambda a^{\dagger 2}} e^{\nu a} = \vdots e^{\nu a + \lambda(\nu-a^{\dagger})^2} \vdots = e^{\nu a} e^{\lambda(a^{\dagger}-\nu)^2} \tag{3.1.12}$$

当然，这一结果的正确性也可用另一种方法予以验证. 因为

$$e^{\lambda a^{\dagger 2}} = \int \frac{d^2 z}{\pi} e^{-z z^* + \lambda z a^{\dagger} + z^* a^{\dagger}}$$

这里我们又一次利用积分降次法使得指数函数的指数化成了 $a^{\dagger}$ 的一次幂，从而可以利用 Baker-Campbell-Hausdorff 公式将两个指数函数的左右次序互换，即

$$e^{\lambda a^{\dagger 2}} e^{\nu a} = \int \frac{d^2 z}{\pi} e^{-z z^* + \lambda z a^{\dagger} + z^* a^{\dagger}} e^{\nu a} = e^{\nu a} \int \frac{d^2 z}{\pi} e^{-z z^* + \lambda z a^{\dagger} + z^* a^{\dagger}} e^{-\nu(\lambda z + z^*)}$$

上式的右端已经是反正规乘积排序的了，可以直接加上反正规乘积排序的符号并完成牛顿-莱布尼茨积分，也就是

$$e^{\lambda a^{\dagger 2}} e^{\nu a} = \vdots e^{\nu a} \int \frac{d^2 z}{\pi} e^{-z z^* + \lambda z(a^{\dagger}-\nu) + z^*(a^{\dagger}-\nu)} \vdots$$

$$= \vdots e^{\nu a + \lambda(\nu-a^{\dagger})^2} \vdots = e^{\nu a} e^{\lambda(a^{\dagger}-\nu)^2}$$

现在来讨论指数算符 $e^{\lambda a^{\dagger} a}$ 的反正规乘积排序形式. 最为简单有效的方法就是采用类比法. 基于 $[-a, a^{\dagger}] = -1 = [a^{\dagger}, a]$，类比第 2.2 节中的 (2.2.6) 式

$$e^{\lambda a^{\dagger} a} = \colon \exp[(e^{\lambda}-1) a^{\dagger} a] \colon$$

可得

$$e^{\lambda a^{\dagger} a} = e^{-\lambda} e^{\lambda a a^{\dagger}} = e^{-\lambda} e^{-\lambda(-a) a^{\dagger}} = e^{-\lambda} \vdots \exp[-a a^{\dagger}(e^{-\lambda}-1)] \vdots$$

$$= \vdots \exp[-\lambda + a a^{\dagger}(1-e^{-\lambda})] \vdots \tag{3.1.13}$$

并由此得到

$$e^{\lambda a a^{\dagger}} = e^{\lambda} e^{\lambda a^{\dagger} a} = \vdots \exp[a a^{\dagger}(1-e^{-\lambda})] \vdots \tag{3.1.14}$$

若令 $\mu = 1 - e^{-\lambda}$，亦即 $\lambda = -\ln(1-\mu)$，便得到

$$\vdots \exp(\mu a a^{\dagger}) \vdots = e^{-a a^{\dagger} \ln(1-\mu)} = \frac{1}{1-\mu} e^{-a^{\dagger} a \ln(1-\mu)} \tag{3.1.15}$$

这就是脱掉反正规乘积排序算符 $\vdots \exp(\mu a a^{\dagger}) \vdots$ 的反正规排序记号的公式.

现在我们把 (3.1.13) 式～(3.1.15) 式推广为多模情形. 基于对易关系式

$$[a_n, a_m^\dagger] = \delta_{nm} = [-a_n^\dagger, a_m]$$

类比(2.2.36)式，可得到

$$\exp\left[(a_1^\dagger \quad a_2^\dagger \quad \cdots \quad a_n^\dagger)\mathscr{A}\begin{pmatrix} a_1 \\ a_2 \\ \vdots \\ a_n \end{pmatrix}\right]$$

$$= \exp\left[(-a_1^\dagger \quad -a_2^\dagger \quad \cdots \quad -a_n^\dagger)(-\mathscr{A})\begin{pmatrix} a_1 \\ a_2 \\ \vdots \\ a_n \end{pmatrix}\right]$$

$$= e^{\mathrm{tr}(-\mathscr{A})} \vdots \exp\left[(-a_1^\dagger \quad -a_2^\dagger \quad \cdots \quad -a_n^\dagger)(e^{-\mathscr{A}} - I)\begin{pmatrix} a_1 \\ a_2 \\ \vdots \\ a_n \end{pmatrix}\right] \vdots$$

$$= e^{-\mathrm{tr}\,\mathscr{A}} \vdots \exp\left[(a_1^\dagger \quad a_2^\dagger \quad \cdots \quad a_n^\dagger)(I - e^{-\mathscr{A}})\begin{pmatrix} a_1 \\ a_2 \\ \vdots \\ a_n \end{pmatrix}\right] \vdots \qquad (3.1.16)$$

同样地，基于对易关系式

$$[a_n^\dagger, a_m] = -\delta_{nm} = [-a_n, a_m^\dagger]$$

类比(2.2.35)式，可得到

$$\exp\left[(a_1 \quad a_2 \quad \cdots \quad a_n)\mathscr{A}\begin{pmatrix} a_1^\dagger \\ a_2^\dagger \\ \vdots \\ a_n^\dagger \end{pmatrix}\right]$$

$$= \exp\left[(-a_1 \quad -a_2 \quad \cdots \quad -a_n)(-\mathscr{A})\begin{pmatrix} a_1^\dagger \\ a_2^\dagger \\ \vdots \\ a_n^\dagger \end{pmatrix}\right]$$

$$
= \ \vdots \ \exp\left[(-a_1 \quad -a_2 \quad \cdots \quad -a_n)(\mathrm{e}^{-\mathscr{A}} - I)\begin{pmatrix} a_1^{\dagger} \\ a_2^{\dagger} \\ \vdots \\ a_n^{\dagger} \end{pmatrix}\right] \ \vdots
$$

$$
= \ \vdots \ \exp\left[(a_1 \quad a_2 \quad \cdots \quad a_n)(I - \mathrm{e}^{-\mathscr{A}})\begin{pmatrix} a_1^{\dagger} \\ a_2^{\dagger} \\ \vdots \\ a_n^{\dagger} \end{pmatrix}\right] \ \vdots \tag{3.1.17}
$$

式中 $\mathscr{A}$ 是一个 $n \times n$ 方矩阵. 利用上面的两个公式还可得到脱去正规乘积记号的公式, 即

$$
\vdots \ \exp\left[(a_1^{\dagger} \quad a_2^{\dagger} \quad \cdots \quad a_n^{\dagger})\mathscr{B}\begin{pmatrix} a_1 \\ a_2 \\ \vdots \\ a_n \end{pmatrix}\right] \ \vdots
$$

$$
= \mathrm{e}^{-\mathrm{tr}[\ln(I - \mathscr{B})]}\exp\left[-(a_1^{\dagger} \quad a_2^{\dagger} \quad \cdots \quad a_n^{\dagger})\ln(I - \mathscr{B})\begin{pmatrix} a_1 \\ a_2 \\ \vdots \\ a_n \end{pmatrix}\right] \tag{3.1.18}
$$

$$
\vdots \ \exp\left[(a_1 \quad a_2 \quad \cdots \quad a_n)\mathscr{B}\begin{pmatrix} a_1^{\dagger} \\ a_2^{\dagger} \\ \vdots \\ a_n^{\dagger} \end{pmatrix}\right] \ \vdots = \exp\left[-(a_1 \quad a_2 \quad \cdots \quad a_n)\ln(I - \mathscr{B})\begin{pmatrix} a_1^{\dagger} \\ a_2^{\dagger} \\ \vdots \\ a_n^{\dagger} \end{pmatrix}\right]
$$

$$
\tag{3.1.19}
$$

例如, 若 $\mathscr{A} = \begin{pmatrix} 1 & 1 \\ 0 & 2 \end{pmatrix}$, 利用(3.1.16)式可得

$$
\exp\left[(a_1^{\dagger} \quad a_2^{\dagger})\begin{pmatrix} 1 & 1 \\ 0 & 2 \end{pmatrix}\begin{pmatrix} a_1 \\ a_2 \end{pmatrix}\right]
$$

$$
= \mathrm{e}^{-\mathrm{tr}\begin{pmatrix} 1 & 1 \\ 0 & 2 \end{pmatrix}} \ \vdots \ \exp\left\{ (a_1^{\dagger} \quad a_2^{\dagger})\left[I - \mathrm{e}^{-\begin{pmatrix} 1 & 1 \\ 0 & 2 \end{pmatrix}}\right]\begin{pmatrix} a_1 \\ a_2 \end{pmatrix}\right\} \ \vdots
$$

$$
= \mathrm{e}^{-3} \ \vdots \ \exp\left\{ (a_1^{\dagger} \quad a_2^{\dagger})\left[-\sum_{n=1}^{\infty} \frac{(-1)^n}{n!}\begin{pmatrix} 1 & 1 \\ 0 & 2 \end{pmatrix}^n\right]\begin{pmatrix} a_1 \\ a_2 \end{pmatrix}\right\} \ \vdots
$$

$$= \mathrm{e}^{-3} \vdots \exp\left\{ (a_1^\dagger \quad a_2^\dagger) \left[-\sum_{n=1}^{\infty} \frac{(-1)^n}{n!} \begin{pmatrix} 1 & 1+2+2^2+\cdots+2^{n-1} \\ 0 & 2^n \end{pmatrix} \right] \begin{pmatrix} a_1 \\ a_2 \end{pmatrix} \right\} \vdots$$

$$= \mathrm{e}^{-3} \vdots \exp\left\{ (a_1^\dagger \quad a_2^\dagger) \left[-\sum_{n=1}^{\infty} \frac{(-1)^n}{n!} \begin{pmatrix} 1 & 2^n-1 \\ 0 & 2^n \end{pmatrix} \right] \begin{pmatrix} a_1 \\ a_2 \end{pmatrix} \right\} \vdots$$

$$= \mathrm{e}^{-3} \vdots \exp\left\{ (a_1^\dagger \quad a_2^\dagger) \left[- \begin{pmatrix} \mathrm{e}^{-1}-1 & \mathrm{e}^{-2}-\mathrm{e}^{-1} \\ 0 & \mathrm{e}^{-2}-1 \end{pmatrix} \right] \begin{pmatrix} a_1 \\ a_2 \end{pmatrix} \right\} \vdots$$

$$= \mathrm{e}^{-3} \vdots \exp\left[(1-\mathrm{e}^{-1})a_1 a_1^\dagger + (\mathrm{e}^{-1}-\mathrm{e}^{-2})a_2 a_1^\dagger + (1-\mathrm{e}^{-2})a_2 a_2^\dagger \right] \vdots \qquad (3.1.20)$$

这一结果也可利用第 2.2 节得到的正规乘积排序(2.2.31)式和第 3.4 节将要给出的算符的正规乘积与反正规乘积之间的互换法则(3.4.1)式导出,过程如下:

$$\exp\left[(a_1^\dagger \quad a_2^\dagger) \begin{pmatrix} 1 & 1 \\ 0 & 2 \end{pmatrix} \begin{pmatrix} a_1 \\ a_2 \end{pmatrix} \right]$$

$$= \vdots \exp\left[(\mathrm{e}-1)a_1^\dagger a_1 + (\mathrm{e}^2-\mathrm{e})a_1^\dagger a_2 + (\mathrm{e}^2-1)a_2^\dagger a_2 \right]\vdots$$

$$= \vdots \exp\left(-\frac{\partial^2}{\partial a_1 \partial a_1^\dagger} - \frac{\partial^2}{\partial a_2 \partial a_2^\dagger} \right) \exp\left[(\mathrm{e}-1)a_1^\dagger a_1 + (\mathrm{e}^2-\mathrm{e})a_1^\dagger a_2 + (\mathrm{e}^2-1)a_2^\dagger a_2 \right]\vdots$$

$$= \vdots \exp\left(-\frac{\partial^2}{\partial a_1 \partial a_1^\dagger} - \frac{\partial^2}{\partial a_2 \partial a_2^\dagger} \right) \exp\left[(\mathrm{e}-1)a_1^\dagger (a_1+\mathrm{e}a_2) + (\mathrm{e}^2-1)a_2^\dagger a_2 \right]\vdots$$

$$= \vdots \exp\left(-\frac{\partial^2}{\partial a_1 \partial a_1^\dagger} - \frac{\partial^2}{\partial a_2 \partial a_2^\dagger} \right) \iint \frac{\mathrm{d}^2 z_1 \mathrm{d}^2 z_2}{\pi^2} \exp\left[-z_1 z_1^* + z_1(\mathrm{e}-1)a_1^\dagger \right.$$
$$\left. + z_1^*(a_1+\mathrm{e}a_2) - z_2 z_2^* + z_2(\mathrm{e}^2-1)a_2^\dagger + z_2^* a_2 \right]\vdots$$

$$= \vdots \iint \frac{\mathrm{d}^2 z_1 \mathrm{d}^2 z_2}{\pi^2} \exp\left[-z_1 z_1^* - z_1 z_1^*(\mathrm{e}-1) + z_1(\mathrm{e}-1)a_1^\dagger + z_1^*(a_1+\mathrm{e}a_2) \right.$$
$$\left. - z_2 z_2^* - z_2(z_2^*+\mathrm{e}z_1^*)(\mathrm{e}^2-1) + z_2(\mathrm{e}^2-1)a_2^\dagger + z_2^* a_2 \right]\vdots$$

$$= \vdots \iint \frac{\mathrm{d}^2 z_1 \mathrm{d}^2 z_2}{\pi^2} \exp\left\{ -\mathrm{e}z_1 z_1^* + z_1(\mathrm{e}-1)a_1^\dagger + z_1^*\left[a_1+\mathrm{e}a_2 - (\mathrm{e}^3-\mathrm{e})z_2 \right] \right.$$
$$\left. - \mathrm{e}^2 z_2 z_2^* + z_2(\mathrm{e}^2-1)a_2^\dagger + z_2^* a_2 \right\}\vdots$$

$$= \mathrm{e}^{-1} \vdots \int \frac{\mathrm{d}^2 z_2}{\pi} \left\{ -\mathrm{e}^2 z_2 z_2^* + z_2(\mathrm{e}^2-1)\left[a_2^\dagger-(\mathrm{e}-1)a_1^\dagger \right] + z_2^* a_2 \right.$$
$$\left. + (1-\mathrm{e}^{-1})a_1^\dagger(a_1+\mathrm{e}a_2) \right\}\vdots$$

$$= \mathrm{e}^{-3} \vdots \exp\left[(1-\mathrm{e}^{-1})a_1^\dagger(a_1+\mathrm{e}a_2) + (1-\mathrm{e}^{-2})\left[a_2^\dagger-(\mathrm{e}-1)a_1^\dagger \right]a_2 \right]\vdots$$

$$= \mathrm{e}^{-3} \vdots \exp\left[(1-\mathrm{e}^{-1})a_1 a_1^\dagger + (\mathrm{e}^{-1}-\mathrm{e}^{-2})a_2 a_1^\dagger + (1-\mathrm{e}^{-2})a_2 a_2^\dagger \right]\vdots$$

在上面的计算过程中,从第三个等号到第四个等号时对指数上的乘积项采用了积分降次法.

上述结果可以反过来进行检验. 由脱去反正规乘积排序记号的公式(3.1.18)式可得

$$\mathrm{e}^{-3}\ \vdots\ \exp\left[\,(1-\mathrm{e}^{-1})a_1a_1^\dagger + (\mathrm{e}^{-1}-\mathrm{e}^{-2})a_2a_1^\dagger + (1-\mathrm{e}^{-2})a_2a_2^\dagger\,\right]\ \vdots$$

$$= \mathrm{e}^{-3}\ \vdots\ \exp\left\{(a_1^\dagger\quad a_2^\dagger)\begin{pmatrix}1-\mathrm{e}^{-1} & \mathrm{e}^{-1}-\mathrm{e}^{-2}\\ 0 & 1-\mathrm{e}^{-2}\end{pmatrix}\begin{pmatrix}a_1\\ a_2\end{pmatrix}\right\}\ \vdots$$

$$= \mathrm{e}^{-3}\exp\left[-\operatorname{trln}\begin{pmatrix}\mathrm{e}^{-1} & \mathrm{e}^{-2}-\mathrm{e}^{-1}\\ 0 & \mathrm{e}^{-2}\end{pmatrix}\right]\exp\left\{-(a_1^\dagger\quad a_2^\dagger)\left[\ln\begin{pmatrix}\mathrm{e}^{-1} & \mathrm{e}^{-2}-\mathrm{e}^{-1}\\ 0 & \mathrm{e}^{-2}\end{pmatrix}\right]\begin{pmatrix}a_1\\ a_2\end{pmatrix}\right\}$$

$$= \exp\left\{(a_1^\dagger\quad a_2^\dagger)\begin{pmatrix}1 & 1\\ 0 & 2\end{pmatrix}\begin{pmatrix}a_1\\ a_2\end{pmatrix}\right\}$$

上面的推导中矩阵对数的计算如下:

$$\ln\begin{pmatrix}\mathrm{e}^{-1} & \mathrm{e}^{-2}-\mathrm{e}^{-1}\\ 0 & \mathrm{e}^{-2}\end{pmatrix}$$

$$= \sum_{n=1}^{\infty}\frac{(-1)^{n-1}}{n}\left[\begin{pmatrix}\mathrm{e}^{-1} & \mathrm{e}^{-2}-\mathrm{e}^{-1}\\ 0 & \mathrm{e}^{-2}\end{pmatrix}-I\right]^n$$

$$= \sum_{n=1}^{\infty}\frac{(-1)^{n-1}}{n}\begin{pmatrix}\mathrm{e}^{-1}-1 & \mathrm{e}^{-2}-\mathrm{e}^{-1}\\ 0 & \mathrm{e}^{-2}-1\end{pmatrix}^n$$

$$= \sum_{n=1}^{\infty}\frac{(-1)^{n-1}}{n}(\mathrm{e}^{-1}-1)^n\begin{pmatrix}1 & \mathrm{e}^{-1}\\ 0 & \mathrm{e}^{-1}+1\end{pmatrix}^n$$

$$= \sum_{n=1}^{\infty}\frac{(-1)^{n-1}}{n}(\mathrm{e}^{-1}-1)^n\begin{pmatrix}1 & \mathrm{e}^{-1}\sum_{k=0}^{n-1}(\mathrm{e}^{-1}+1)^k\\ 0 & (\mathrm{e}^{-1}+1)^n\end{pmatrix}$$

$$= \sum_{n=1}^{\infty}\frac{(-1)^{n-1}}{n}(\mathrm{e}^{-1}-1)^n\begin{pmatrix}1 & (\mathrm{e}^{-1}+1)^n-1\\ 0 & (\mathrm{e}^{-1}+1)^n\end{pmatrix}$$

$$= \sum_{n=1}^{\infty}\frac{(-1)^{n-1}}{n}\begin{pmatrix}(\mathrm{e}^{-1}-1)^n & (\mathrm{e}^{-2}-1)^n-(\mathrm{e}^{-1}-1)^n\\ 0 & (\mathrm{e}^{-2}-1)^n\end{pmatrix}$$

$$= \begin{pmatrix}\displaystyle\sum_{n=1}^{\infty}\frac{(-1)^{n-1}}{n}(\mathrm{e}^{-1}-1)^n & \displaystyle\sum_{n=1}^{\infty}\frac{(-1)^{n-1}}{n}(\mathrm{e}^{-2}-1)^n-\sum_{n=1}^{\infty}\frac{(-1)^{n-1}}{n}(\mathrm{e}^{-1}-1)^n\\ 0 & \displaystyle\sum_{n=1}^{\infty}\frac{(-1)^{n-1}}{n}(\mathrm{e}^{-2}-1)^n\end{pmatrix}$$

$$= \begin{pmatrix}\ln\mathrm{e}^{-1} & \ln\mathrm{e}^{-2}-\ln\mathrm{e}^{-1}\\ 0 & \ln\mathrm{e}^{-2}\end{pmatrix}=\begin{pmatrix}-1 & -1\\ 0 & -2\end{pmatrix}$$

从而有

$$- \operatorname{tr} \ln \begin{bmatrix} e^{-1} & e^{-2} - e^{-1} \\ 0 & e^{-2} \end{bmatrix} = - \operatorname{tr} \begin{bmatrix} -1 & -1 \\ 0 & -2 \end{bmatrix} = 3$$

关于矩阵对数的更多计算方法与举例,请参见附录1.

3.2　基于反正规乘积的维格纳算符和外尔对应规则

现在我们利用反正规乘积排序内的积分技术讨论维格纳算符和外尔对应规则.利用

$$X = \frac{a + a^{\dagger}}{\alpha \sqrt{2}}, \quad P_x = \frac{a - a^{\dagger}}{i\beta \sqrt{2}}$$

来改写(X6)式所示的维格纳算符,便得到

$$\Delta(x, p_x) = \frac{1}{4\pi^2} \iint_{-\infty}^{\infty} e^{iu(X-x)+iv(P_x-p_x)} du\, dv$$

$$= \frac{1}{4\pi^2} \iint_{-\infty}^{\infty} \exp\left[\frac{a^{\dagger}}{\sqrt{2}}\left(\frac{iu}{\alpha} - \frac{v}{\beta}\right) + \frac{a}{\sqrt{2}}\left(\frac{iu}{\alpha} + \frac{v}{\beta}\right) - iux - ivp_x\right] du\, dv$$

进一步利用 Baker-Campbell-Hausdorff 公式,可得

$$\Delta(x, p_x) = \frac{1}{4\pi^2} \iint_{-\infty}^{\infty} \exp\left[\frac{a}{\sqrt{2}}\left(\frac{iu}{\alpha} + \frac{v}{\beta}\right) + \frac{u^2}{4\alpha^2} + \frac{v^2}{4\beta^2} - iux - ivp_x\right]$$

$$\cdot \exp\left[\frac{a^{\dagger}}{\sqrt{2}}\left(\frac{iu}{\alpha} - \frac{v}{\beta}\right)\right] du\, dv$$

这样就把所有湮灭算符排列在了所有产生算符的左边,也就是排成了反正规乘积排序形式,于是就可以加上反正规乘积排序记号了,即

$$\Delta(x, p_x) = \frac{1}{4\pi^2} \vdots \iint_{-\infty}^{\infty} \exp\left[\frac{a}{\sqrt{2}}\left(\frac{iu}{\alpha} + \frac{v}{\beta}\right) + \frac{u^2}{4\alpha^2} + \frac{v^2}{4\beta^2} - iux - ivp_x\right]$$

$$\cdot \exp\left[\frac{a^{\dagger}}{\sqrt{2}}\left(\frac{iu}{\alpha} - \frac{v}{\beta}\right)\right] du\, dv \vdots \tag{3.2.1}$$

因为在反正规乘积记号内玻色算符可对易,所以两个指数函数的乘积可以直接进行指数上相加,得

$$\Delta(x,p_x) = \frac{1}{4\pi^2}\colon\!\!\colon\iint_{-\infty}^{\infty}\exp\left[\frac{a^\dagger}{\sqrt{2}}\left(\frac{\mathrm{i}u}{\alpha}-\frac{v}{\beta}\right)+\frac{a}{\sqrt{2}}\left(\frac{\mathrm{i}u}{\alpha}+\frac{v}{\beta}\right)+\frac{u^2}{4\alpha^2}\right.$$
$$\left.+\frac{v^2}{4\beta^2}-\mathrm{i}ux-\mathrm{i}vp_x\right]\mathrm{d}u\,\mathrm{d}v\colon\!\!\colon$$
$$=\frac{1}{4\pi^2}\colon\!\!\colon\iint_{-\infty}^{\infty}\exp\left[\frac{u^2}{4\alpha^2}+\frac{v^2}{4\beta^2}+\mathrm{i}u(X-x)+\mathrm{i}v(P_x-p_x)\right]\mathrm{d}u\,\mathrm{d}v\colon\!\!\colon$$

欲利用反正规乘积排序内的积分技术完成积分,但遇到了积分发散的数学困难,积分无法直接进行.事实上,此数学困难也正是以往著作或文献没有给出过利用反正规乘积排序方法处理维格纳算符和外尔对应规则的原因.

为克服积分发散的数学困难,我们采用算符的参数微商法改写上式,即

$$\Delta(x,p_x) = \frac{1}{4\pi^2}\colon\!\!\colon\iint_{-\infty}^{\infty}\exp\left(\frac{u^2}{4\alpha^2}+\frac{v^2}{4\beta^2}\right)\exp\left[\mathrm{i}u(X-x)+\mathrm{i}v(P_x-p_x)\right]\mathrm{d}u\,\mathrm{d}v\colon\!\!\colon$$
$$=\frac{1}{4\pi^2}\colon\!\!\colon\iint_{-\infty}^{\infty}\exp\left(-\frac{1}{4\alpha^2}\frac{\partial^2}{\partial X^2}-\frac{1}{4\beta^2}\frac{\partial^2}{\partial P_x^2}\right)$$
$$\cdot\exp\left[\mathrm{i}u(X-x)+\mathrm{i}v(P_x-p_x)\right]\mathrm{d}u\,\mathrm{d}v\colon\!\!\colon$$
$$=\frac{1}{4\pi^2}\colon\!\!\colon\exp\left(-\frac{1}{4\alpha^2}\frac{\partial^2}{\partial X^2}-\frac{1}{4\beta^2}\frac{\partial^2}{\partial P_x^2}\right)$$
$$\cdot\iint_{-\infty}^{\infty}\exp\left[\mathrm{i}u(X-x)+\mathrm{i}v(P_x-p_x)\right]\mathrm{d}u\,\mathrm{d}v\colon\!\!\colon$$
$$=\exp\left(-\frac{1}{4\alpha^2}\frac{\partial^2}{\partial X^2}-\frac{1}{4\beta^2}\frac{\partial^2}{\partial P_x^2}\right)\colon\!\!\colon\delta(X-x)\delta(P_x-p_x)\colon\!\!\colon \tag{3.2.2a}$$

或利用

$$\frac{\partial}{\partial X}=\frac{\partial a}{\partial X}\frac{\partial}{\partial a}+\frac{\partial a^\dagger}{\partial X}\frac{\partial}{\partial a^\dagger}=\frac{\alpha}{\sqrt{2}}\left(\frac{\partial}{\partial a}+\frac{\partial}{\partial a^\dagger}\right)$$
$$\frac{\partial}{\partial P_x}=\frac{\partial a}{\partial P_x}\frac{\partial}{\partial a}+\frac{\partial a^\dagger}{\partial P_x}\frac{\partial}{\partial a^\dagger}=\frac{\mathrm{i}\beta}{\sqrt{2}}\left(\frac{\partial}{\partial a}-\frac{\partial}{\partial a^\dagger}\right)$$

将(3.2.2a)式表示为

$$\Delta(z,z^*)=\frac{1}{2\hbar}\exp\left(-\frac{1}{2}\frac{\partial^2}{\partial a\partial a^\dagger}\right)\colon\!\!\colon\delta(a-z)\delta(a^\dagger-z^*)\colon\!\!\colon \tag{3.2.2b}$$

这就是维格纳算符的反正规乘积排序形式,它是微分形式的.进一步地,把(3.2.2a)式代入外尔对应规则(X5)式,得到

$$H(X, P_x) = \exp\left(-\frac{1}{4\alpha^2}\frac{\partial^2}{\partial X^2} - \frac{1}{4\beta^2}\frac{\partial^2}{\partial P_x^2}\right) \vdots h(X, P_x) \vdots \qquad (3.2.3a)$$

或表示为

$$H(a, a^\dagger) = \exp\left(-\frac{1}{2}\frac{\partial^2}{\partial a \partial a^\dagger}\right) \vdots h(a, a^\dagger) \vdots \qquad (3.2.3b)$$

这就是反正规乘积排序形式的外尔对应规则,它告诉我们,只要已知经典函数 $h(x, p_x)$ 或 $h(z, z^*)$,便可将 $h(x, p_x)$ 或 $h(z, z^*)$ 直接替换为 $\vdots h(X, P_x) \vdots$ 或 $\vdots h(a, a^\dagger) \vdots$, 然后被微分算子

$$\exp\left(-\frac{1}{4\alpha^2}\frac{\partial^2}{\partial X^2} - \frac{1}{4\beta^2}\frac{\partial^2}{\partial P_x^2}\right) \quad \text{或} \quad \exp\left(-\frac{1}{2}\frac{\partial^2}{\partial a \partial a^\dagger}\right)$$

作用,从而得到该经典函数的外尔量子对应.

譬如,经典函数 $x^m p_x^n$ 的外尔量子对应为

$$\exp\left(-\frac{1}{4\alpha^2}\frac{\partial^2}{\partial X^2} - \frac{1}{4\beta^2}\frac{\partial^2}{\partial P_x^2}\right) \vdots X^m P_x^n \vdots$$

$$= \vdots \exp\left(-\frac{1}{4\alpha^2}\frac{\partial^2}{\partial X^2}\right) X^m \exp\left(-\frac{1}{4\beta^2}\frac{\partial^2}{\partial P_x^2}\right) P_x^n \vdots$$

$$= \frac{1}{(2\alpha)^m (2\beta)^n} \vdots \exp\left[-\frac{1}{4}\frac{\partial^2}{\partial(\alpha X)^2}\right](2\alpha X)^m \exp\left[-\frac{1}{4}\frac{\partial^2}{\partial(\beta P_x)^2}\right](2\beta P_x)^n \vdots$$

$$= \frac{1}{(2\alpha)^m (2\beta)^n} \vdots \mathrm{H}_m(\alpha X) \mathrm{H}_n(\beta P_x) \vdots$$

计算中已经使用了厄米多项式的一种微分形式,即 $\mathrm{H}_n(x) = \exp\left(-\frac{1}{4}\frac{\partial^2}{\partial x^2}\right)(2x)^n$.

再如,经典函数 $h(z, z^*) = z^n z^{*n}$ 的外尔量子对应为

$$z^n z^{*n} \xrightarrow{\text{外尔量子对应}} \exp\left(-\frac{1}{2}\frac{\partial^2}{\partial a \partial a^\dagger}\right) \vdots a^n a^{\dagger n} \vdots$$

$$= \frac{1}{2^n}\exp\left(-\frac{\partial^2}{\partial(2a)\partial a^\dagger}\right) \vdots (2a)^n a^{\dagger n} \vdots$$

$$= \frac{1}{2^n} \vdots \mathrm{H}_{n,n}(2a, a^\dagger) \vdots = \left(-\frac{1}{2}\right)^n \vdots \mathrm{L}_n(2aa^\dagger) \vdots$$

计算中已经使用了双变量厄米多项式的一种微分形式

$$\mathrm{H}_{m,n}(x, y) = \mathrm{e}^{-\frac{\partial^2}{\partial x \partial y}} x^m y^n$$

以及同下标双变量厄米多项式$H_{n,n}(x,y)$与拉盖尔多项式的关系

$$H_{n,n}(x,y) = (-1)^n L_n(xy)$$

另外,(3.1.10)式和(3.2.3b)式还告诉我们,经典函数$h(z,z^*)$的外尔量子对应$H(a,a^\dagger)$的P表示为

$$P(z,z^*) = \exp\left(-\frac{1}{2}\frac{\partial^2}{\partial z \partial z^*}\right)h(z,z^*) \tag{3.2.4}$$

例如,经典函数$z^m(z^*)^n$的外尔量子对应的P表示为

$$P(z,z^*) = \exp\left(-\frac{1}{2}\frac{\partial^2}{\partial z \partial z^*}\right)z^m(z^*)^n = \frac{1}{2^m}H_{m,n}(2z,z^*) \tag{3.2.5}$$

又如经典函数$(zz^*)^n$的外尔量子对应的P表示为

$$P(z,z^*) = \exp\left(-\frac{1}{2}\frac{\partial^2}{\partial z \partial z^*}\right)(zz^*)^n$$

$$= \frac{1}{2^n}H_{n,n}(2z,z^*) = \frac{(-1)^n}{2^n}L_n(2zz^*) \tag{3.2.6}$$

最后,我们梳理一下化任意算符$A(a,a^\dagger)$为反正规乘积排序的方法.

方法 1 第 3.1 节的(3.1.10b)式就是化任意算符$A(a,a^\dagger)$为反正规乘积排序的方法之一,即

$$A(a,a^\dagger) = \vdots P(a,a^\dagger) \vdots = \vdots e^{aa^\dagger}\int\frac{d^2\zeta}{\pi}\langle-\zeta|A(a,a^\dagger)|\zeta\rangle\exp(\zeta\zeta^* - \zeta a^\dagger + \zeta^* a) \vdots$$

方法 2 利用我们在第 2 章中导出的外尔对应规则的逆规则(2.2.4a)式,即

$$h(z,z^*) = \exp\left(-\frac{1}{2}\frac{\partial^2}{\partial z \partial z^*}\right)\langle z|H(a,a^\dagger)|z\rangle$$

求出算符$A(a,a^\dagger)$的外尔经典对应

$$A(z,z^*) = \exp\left(-\frac{1}{2}\frac{\partial^2}{\partial z \partial z^*}\right)\langle z|A(a,a^\dagger)|z\rangle$$

并将其代入(3.2.3b)式,便得到

$$A(a,a^\dagger) = \exp\left(-\frac{\partial^2}{\partial a \partial a^\dagger}\right) \vdots \langle z|A(a,a^\dagger)|z\rangle|_{z\to a, z^*\to a^\dagger} \vdots \tag{3.2.7}$$

这又是一种化任意算符$A(a,a^\dagger)$为反正规乘积排序的方法,并且该式还可写成

$$A(a,a^\dagger) = \exp\left(-\frac{\partial^2}{\partial a \partial a^\dagger}\right) \,\vdots\, \mathrm{e}^{-aa^\dagger} \langle z \| A(a,a^\dagger)\| z\rangle\big|_{z\to a,\, z^*\to a^\dagger} \,\vdots\, \qquad (3.2.8)$$

式中 $\|z\rangle = \exp(za^\dagger)|0\rangle$ 是未归一化的相干态. 例如, 算符 $\mathrm{e}^{\lambda a^{\dagger 2}}\mathrm{e}^{\nu a^2}$ 的反正规乘积排序式为

$$\mathrm{e}^{\lambda a^{\dagger 2}}\mathrm{e}^{\nu a^2} = \exp\left(-\frac{\partial^2}{\partial a \partial a^\dagger}\right) \,\vdots\, \mathrm{e}^{-aa^\dagger} \langle z \| \mathrm{e}^{\lambda a^{\dagger 2}}\mathrm{e}^{\nu a^2} \| z\rangle\big|_{z\to a,\, z^*\to a^\dagger} \,\vdots\,$$

$$= \exp\left(-\frac{\partial^2}{\partial a \partial a^\dagger}\right) \,\vdots\, \mathrm{e}^{-aa^\dagger} \mathrm{e}^{\lambda z^{*2}+\nu z^2} \langle z \| z\rangle\big|_{z\to a,\, z^*\to a^\dagger} \,\vdots\,$$

$$= \exp\left(-\frac{\partial^2}{\partial a \partial a^\dagger}\right) \,\vdots\, \mathrm{e}^{-aa^\dagger} \mathrm{e}^{\lambda z^{*2}+\nu z^2} \mathrm{e}^{-zz^*}\big|_{z\to a,\, z^*\to a^\dagger} \,\vdots\,$$

$$= \exp\left(-\frac{\partial^2}{\partial a \partial a^\dagger}\right) \,\vdots\, \mathrm{e}^{\lambda a^{\dagger 2}+\nu a^2} \,\vdots\,$$

$$= \exp\left(-\frac{\partial^2}{\partial a \partial a^\dagger}\right) \,\vdots\, \int \frac{\mathrm{d}^2\alpha}{\pi} \exp\big[-\alpha\alpha^* + \alpha(\sqrt{\lambda}a^\dagger + \mathrm{i}\sqrt{\nu}a)$$
$$\qquad + \alpha(\sqrt{\lambda}a^\dagger - \mathrm{i}\sqrt{\nu}a)\big] \,\vdots\,$$

$$= \,\vdots\, \int \frac{\mathrm{d}^2\alpha}{\pi} \exp\big[-\alpha\alpha^* + \alpha(\sqrt{\lambda}a^\dagger + \mathrm{i}\sqrt{\nu}a) + \alpha^*(\sqrt{\lambda}a^\dagger - \mathrm{i}\sqrt{\nu}a)$$
$$\qquad - \mathrm{i}\sqrt{\lambda\nu}\alpha^2 + \mathrm{i}\sqrt{\lambda\nu}\alpha^{*2}\big] \,\vdots\,$$

$$= \frac{1}{\sqrt{1-4\lambda\nu}} \,\vdots\, \exp\left(\frac{\nu}{1-4\lambda\nu}a^2 - \frac{4\lambda\nu}{1-4\lambda\nu}aa^\dagger + \frac{\lambda}{1-4\lambda\nu}a^{\dagger 2}\right) \,\vdots\,$$

$$= \frac{1}{\sqrt{1-4\lambda\nu}} \exp\left(\frac{\nu}{1-4\lambda\nu}a^2\right) \,\vdots\, \exp\left(-\frac{4\lambda\nu}{1-4\lambda\nu}aa^\dagger\right) \,\vdots\, \exp\left(\frac{\lambda}{1-4\lambda\nu}a^{\dagger 2}\right)$$

事实上, 还可以利用脱去反正规乘积排序记号的 (3.1.15) 式将 $\vdots\, \exp\left(-\dfrac{4\lambda\nu}{1-4\lambda\nu}aa^\dagger\right) \,\vdots$ 的反正规乘积排序记号 $\vdots\quad\vdots$ 脱去, 即

$$\,\vdots\, \exp\left(-\frac{4\lambda\nu}{1-4\lambda\nu}aa^\dagger\right) \,\vdots\, = \exp\big[aa^\dagger\ln(1-4\lambda\nu)\big]$$

3.3 玻色算符$(a^{\dagger}a)^n$和$(\lambda a + va^{\dagger})^n$的反正规乘积排序

首先讨论幂算符$(a^{\dagger}a)^n$的反正规乘积排序,其中$n = 0,1,2,3,\cdots$.

方法 1 利用参数微分法可得

$$(a^{\dagger}a)^n = \frac{\partial^n}{\partial t^n}e^{ta^{\dagger}a}\Big|_{t=0} \tag{3.3.1}$$

基于(3.1.13)式,得到

$$
\begin{aligned}
(a^{\dagger}a)^n &= \frac{\partial^n}{\partial t^n}e^{ta^{\dagger}a}\Big|_{t=0} = \vdots \frac{\partial^n}{\partial t^n}e^{-t}\exp[aa^{\dagger}(1-e^{-t})]\Big|_{t=0} \vdots \\
&= (-1)^n \vdots \frac{\partial^n}{\partial(-t)^n}\exp\{(-t)+(-aa^{\dagger})[e^{(-t)}-1]\}\Big|_{t=0} \vdots \\
&= (-1)^n \vdots \frac{\partial^n}{\partial t^n}\exp[t+(-aa^{\dagger})(e^t-1)]\Big|_{t=0} \vdots \\
&= (-1)^n \vdots X_n(-aa^{\dagger}) \vdots \tag{3.3.2}
\end{aligned}
$$

式中$X_n(\eta)$正是第2.6节定义的多项式(2.6.18).这就是幂算符$(a^{\dagger}a)^n$的反正规乘积排序形式.

方法 2 求幂算符$(a^{\dagger}a)^n$的反正规乘积排序的另一种方法就是基于$[-a^{\dagger},a]=1=[a,a^{\dagger}]$并类比第2章中的(2.6.20)式$(aa^{\dagger})^n = \vdots X_n(aa^{\dagger}) \vdots$,可得

$$(a^{\dagger}a)^n = (-1)^n[(-a^{\dagger})a]^n = (-1)^n \vdots X_n(-aa^{\dagger}) \vdots$$

方法 3 求幂算符$(a^{\dagger}a)^n$的反正规乘积排序的第三种方法就是利用在第2章已求出的(2.6.13)式$(a^{\dagger}a)^n = \vdots T_n(aa^{\dagger}) \vdots$和互换法则(3.4.1)式(将在下一节阐述,这里提前使用),得

$$
\begin{aligned}
(a^{\dagger}a)^n &= \vdots T_n(aa^{\dagger}) \vdots = \vdots \exp\left(-\frac{\partial^2}{\partial a\partial a^{\dagger}}\right)T_n(aa^{\dagger}) \vdots \\
&= \vdots \exp\left(-\frac{\partial^2}{\partial a\partial a^{\dagger}}\right)\frac{\partial^n}{\partial t^n}e^{aa^{\dagger}(e^t-1)}\Big|_{t=0} \vdots
\end{aligned}
$$

$$
= \frac{\partial^n}{\partial t^n} \vdots \exp\left(-\frac{\partial^2}{\partial a \partial a^\dagger}\right) \int \frac{\mathrm{d}^2 z}{\pi} \mathrm{e}^{-zz^* + z(\mathrm{e}^t - 1)a + z^* a^\dagger} \Big|_{t=0} \vdots
$$

$$
= \frac{\partial^n}{\partial t^n} \vdots \int \frac{\mathrm{d}^2 z}{\pi} \mathrm{e}^{-\mathrm{e}^t zz^* + z(\mathrm{e}^t - 1)a + z^* a^\dagger} \Big|_{t=0} \vdots
$$

$$
= \frac{\partial^n}{\partial t^n} \vdots \mathrm{e}^{-t + aa^\dagger(1 - \mathrm{e}^{-t})} \Big|_{t=0} \vdots
$$

$$
= (-1)^n \frac{\partial^n}{\partial(-t)^n} \vdots \mathrm{e}^{(-t) + (-aa^\dagger)\lceil \mathrm{e}^{(-t)} - 1 \rceil} \Big|_{t=0} \vdots = (-1)^n \vdots X_n(-aa^\dagger) \vdots
$$

并由此可得到多项式 $X_n(xy)$ 与图查德多项式 $T_n(xy)$ 的关系, 即

$$
X_n(xy) = (-1)^n \exp\left(\frac{\partial^2}{\partial x \partial y}\right) T_n(-xy) \tag{3.3.3}
$$

$$
T_n(xy) = (-1)^n \exp\left(\frac{\partial^2}{\partial x \partial y}\right) X_n(-xy) \tag{3.3.4}
$$

同样地, 对于幂算符 $(aa^\dagger)^n$ 也可采用不同的方法求其反正规乘积排序, 其中最直接的方法就是类比法, 亦即鉴于 $[-a, a^\dagger] = -1 = [a^\dagger, a]$, 并跟第 2 章中已得到的

$$
(a^\dagger a)^n = \colon T_n(aa^\dagger) \colon
$$

便得到

$$
(aa^\dagger)^n = (-1)^n \left[(-a)a^\dagger\right]^n = (-1)^n \vdots T_n(-aa^\dagger) \vdots \tag{3.3.5}
$$

另外, 我们有

$$
(aa^\dagger)^n = (1 + a^\dagger a)^n = \sum_{m=0}^n \frac{n!}{m!(n-m)!}(a^\dagger a)^m
$$

$$
= \sum_{m=0}^n (-1)^m \frac{n!}{m!(n-m)!} \vdots X_m(-aa^\dagger) \vdots
$$

比较可得

$$
T_n(\xi) = (-1)^n \sum_{m=0}^n (-1)^m \frac{n!}{m!(n-m)!} X_m(\xi) \tag{3.3.6}
$$

这是图查德多项式 $T_n(\xi)$ 与多项式 $X_m(\xi)$ 的又一种关系.

现在来讨论算符 $(\lambda a + v a^\dagger)^n$ 的反正规乘积排序, 其中 $n = 0, 1, 2, 3, \cdots$. 利用参数微商法和 Baker-Campbell-Hausdorff 公式可得

$$
(\lambda a + v a^\dagger)^n = \frac{\partial^n}{\partial t^n} \mathrm{e}^{t(\lambda a + v a^\dagger)} \Big|_{t=0}
$$

$$= \frac{\partial^n}{\partial t^n} e^{-\frac{1}{2}\lambda v t^2} e^{t\lambda a} e^{tva^\dagger} \Big|_{t=0}$$

$$= \frac{\partial^n}{\partial t^n} \,\vdots\, e^{-\frac{1}{2}\lambda v t^2} e^{t\lambda a} e^{tva^\dagger} \Big|_{t=0} \,\vdots\,$$

$$= \,\vdots\, \frac{\partial^n}{\partial t^n} \exp\left(-\frac{1}{2}\frac{\partial^2}{\partial a \partial a^\dagger}\right) e^{t(\lambda a + va^\dagger)} \Big|_{t=0} \,\vdots\,$$

$$= \,\vdots\, \exp\left(-\frac{1}{2}\frac{\partial^2}{\partial a \partial a^\dagger}\right) \frac{\partial^n}{\partial t^n} e^{t(\lambda a + va^\dagger)} \Big|_{t=0} \,\vdots\,$$

$$= \,\vdots\, \exp\left(-\frac{1}{2}\frac{\partial^2}{\partial a \partial a^\dagger}\right) (\lambda a + va^\dagger)^n \,\vdots\, \tag{3.3.7}$$

此即算符$(\lambda a + va^\dagger)^n$的反正规乘积排序式,这意味着将$(\lambda a + va^\dagger)^n$直接放入反正规乘积排序记号内并被微分算子$\exp\left(-\frac{1}{2}\dfrac{\partial^2}{\partial a \partial a^\dagger}\right)$作用便得到了其反正规乘积排序. 当然,利用第2章中已经得到的算符$(\lambda a + va^\dagger)^n$的正规乘积排序式和下一节将要阐述的算符的正规乘积与反正规乘积排序间的互换法则可以更方便地导出(3.3.7)式,即

$$(\lambda a + va^\dagger)^n = \exp\left(\frac{1}{2}\frac{\partial^2}{\partial a \partial a^\dagger}\right) : (\lambda a + va^\dagger)^n :$$

$$= \,\vdots\, \exp\left(-\frac{\partial^2}{\partial a \partial a^\dagger}\right) \exp\left(\frac{1}{2}\frac{\partial^2}{\partial a \partial a^\dagger}\right) (\lambda a + va^\dagger)^n \,\vdots\,$$

$$= \,\vdots\, \exp\left(-\frac{1}{2}\frac{\partial^2}{\partial a \partial a^\dagger}\right) (\lambda a + va^\dagger)^n \,\vdots\,$$

事实上,对于$(\lambda a + va^\dagger)^n$来说,利用

$$\frac{\partial}{\partial a} = \frac{\partial(\lambda a + va^\dagger)}{\partial a}\frac{\partial}{\partial(\lambda a + va^\dagger)} = \lambda\frac{\partial}{\partial(\lambda a + va^\dagger)}$$

$$\frac{\partial}{\partial a^\dagger} = \frac{\partial(\lambda a + va^\dagger)}{\partial a^\dagger}\frac{\partial}{\partial(\lambda a + va^\dagger)} = v\frac{\partial}{\partial(\lambda a + va^\dagger)}$$

还可进一步得到

$$(\lambda a + va^\dagger)^n = \,\vdots\, \exp\left[-\frac{\lambda v}{2}\frac{\partial^2}{\partial(\lambda a + va^\dagger)^2}\right](\lambda a + va^\dagger)^n \,\vdots\,$$

$$= \left(\frac{\lambda v}{2}\right)^{n/2} \,\vdots\, \exp\left[-\frac{1}{4}\frac{\partial^2}{\partial\left[(\lambda a + va^\dagger)/\sqrt{2\lambda v}\right]^2}\right]\left(2\frac{\lambda a + va^\dagger}{\sqrt{2\lambda v}}\right)^n \,\vdots\,$$

$$= \left(\frac{\lambda v}{2}\right)^{n/2} \,\vdots\, H_n\left[\frac{\lambda a + va^\dagger}{\sqrt{2\lambda v}}\right] \,\vdots\, \tag{3.3.8}$$

在最后一步的计算中用到了厄米多项式的微分形式,即 $\mathrm{H}_n(x) = \exp\left(-\dfrac{1}{4}\dfrac{\partial^2}{\partial x^2}\right)(2x)^n$.

由(3.3.7)式可知,任何一个能够展开为 $(\lambda a + v a^\dagger)$ 的幂级数的算符函数 $F(\lambda a + v a^\dagger)$,其反正规乘积排序形式为

$$F(\lambda a + v a^\dagger) = \;\vdots\; \exp\left(-\frac{1}{2}\frac{\partial^2}{\partial a \partial a^\dagger}\right) F(\lambda a + v a^\dagger) \;\vdots\; \tag{3.3.9}$$

这就是算符函数 $F(\lambda a + v a^\dagger)$ 普适的反正规乘积排序公式,它能将算符函数 $F(\lambda a + v a^\dagger)$ 便捷地重置为反正规乘积排序形式,其中微分算子 $\exp\left(-\dfrac{1}{2}\dfrac{\partial^2}{\partial a \partial a^\dagger}\right)$ 起到了反正规乘积 "排序器"的作用.譬如 $\mathrm{H}_n(\lambda a + v a^\dagger)$,这是一个厄米多项式算符函数,其反正规排序为

$$\mathrm{H}_n(\lambda a + v a^\dagger) = \;\vdots\; \exp\left(-\frac{1}{2}\frac{\partial^2}{\partial a \partial a^\dagger}\right) \mathrm{H}_n(\lambda a + v a^\dagger) \;\vdots\;$$

$$= \;\vdots\; \exp\left[-\frac{\lambda v}{2}\frac{\partial^2}{\partial(\lambda a + v a^\dagger)^2}\right] \mathrm{H}_n(\lambda a + v a^\dagger) \;\vdots\;$$

$$= \;\vdots\; \exp\left[-\frac{1+2\lambda v}{4}\frac{\partial^2}{\partial(\lambda a + v a^\dagger)^2}\right] \exp\left[\frac{1}{4}\frac{\partial^2}{\partial(\lambda a + v a^\dagger)^2}\right] \mathrm{H}_n(\lambda a + v a^\dagger) \;\vdots\;$$

$$= \;\vdots\; \exp\left[-\frac{1+2\lambda v}{4}\frac{\partial^2}{\partial(\lambda a + v a^\dagger)^2}\right] \left[2(\lambda a + v a^\dagger)\right]^n \;\vdots\;$$

$$= (\sqrt{1+2\lambda v})^n \;\vdots\; \exp\left\{-\frac{1}{4}\frac{\partial^2}{\partial\left[(\lambda a + v a^\dagger)/\sqrt{1+2\lambda v}\right]^2}\right\} \left\{2\frac{\lambda a + v a^\dagger}{\sqrt{1+2\lambda v}}\right\}^n \;\vdots\;$$

$$= (\sqrt{1+2\lambda v})^n \;\vdots\; \mathrm{H}_n\left(\frac{\lambda a + v a^\dagger}{\sqrt{1+2\lambda v}}\right) \;\vdots\; \tag{3.3.10}$$

在上面的计算中先后用到了厄米多项式的微分形式,即 $\mathrm{H}_n(x) = \exp\left(-\dfrac{1}{4}\dfrac{\partial^2}{\partial x^2}\right)(2x)^n$ 及其如下逆关系:

$$\exp\left(\frac{1}{4}\frac{\partial^2}{\partial x^2}\right) \mathrm{H}_n(x) = (2x)^n$$

因为

$$a = \frac{Q + \mathrm{i}P}{\sqrt{2}}, \quad a^\dagger = \frac{Q - \mathrm{i}P}{\sqrt{2}}, \quad Q = \frac{a + a^\dagger}{\sqrt{2}}, \quad P = \frac{a - a^\dagger}{\mathrm{i}\sqrt{2}}$$

以及

$$\frac{\partial}{\partial a} = \frac{\partial Q}{\partial a}\frac{\partial}{\partial Q} + \frac{\partial P}{\partial a}\frac{\partial}{\partial P} = \frac{1}{\sqrt{2}}\Big(\frac{\partial}{\partial Q} - \mathrm{i}\frac{\partial}{\partial P}\Big)$$

$$\frac{1}{\partial a^{\dagger}} = \frac{\partial Q}{\partial a^{\dagger}}\frac{\partial}{\partial Q} + \frac{\partial P}{\partial a^{\dagger}}\frac{\partial}{\partial P} = \frac{1}{\sqrt{2}}\Big(\frac{\partial}{\partial Q} + \mathrm{i}\frac{\partial}{\partial P}\Big)$$

所以(3.3.9)式亦可表示为

$$F(fQ + gP) = \; \vdots \exp\Big(-\frac{1}{4}\frac{\partial^2}{\partial Q^2} - \frac{1}{4}\frac{\partial^2}{\partial P^2}\Big)F(fQ + gP)\; \vdots \qquad (3.3.11)$$

这里的参数变换为 $f = \dfrac{\lambda + v}{\sqrt{2}}, g = \mathrm{i}\dfrac{\lambda - v}{\sqrt{2}}$. 特别是当 $f = 1$ 且 $g = 0$ 时, 有

$$F(Q) = \; \vdots \exp\Big(-\frac{1}{4}\frac{\partial^2}{\partial Q^2}\Big)F(Q)\; \vdots \qquad (3.3.12)$$

当 $f = 0$ 且 $g = 1$ 时, 有

$$F(P) = \; \vdots \exp\Big(-\frac{1}{4}\frac{\partial^2}{\partial P^2}\Big)F(P)\; \vdots \qquad (3.3.13)$$

例如:

$$Q^n = \; \vdots \exp\Big(-\frac{1}{4}\frac{\partial^2}{\partial Q^2}\Big)Q^n \; \vdots \; = \frac{1}{2^n}\; \vdots \exp\Big(-\frac{1}{4}\frac{\partial^2}{\partial Q^2}\Big)(2Q)^n \; \vdots \; = \frac{1}{2^n}\; \vdots \mathrm{H}_n(Q)\; \vdots$$

$$\mathrm{H}_n(Q) = \; \vdots \exp\Big(-\frac{1}{4}\frac{\partial^2}{\partial Q^2}\Big)\mathrm{H}_n(Q)\; \vdots$$

$$= \; \vdots \exp\Big(-\frac{1}{2}\frac{\partial^2}{\partial Q^2}\Big)\exp\Big(\frac{1}{4}\frac{\partial^2}{\partial Q^2}\Big)\mathrm{H}_n(Q)\; \vdots \; = \; \vdots \exp\Big(-\frac{1}{2}\frac{\partial^2}{\partial Q^2}\Big)(2Q)^n \; \vdots$$

$$= 2^{n/2}\; \vdots \exp\Big[-\frac{1}{4}\frac{\partial^2}{\partial\,(Q/\sqrt{2})^2}\Big]\Big[2\frac{Q}{\sqrt{2}}\Big]^n \; \vdots \; = 2^{n/2}\; \vdots \mathrm{H}_n\Big[\frac{Q}{\sqrt{2}}\Big]\; \vdots$$

若用微分算子 $\exp\Big(\dfrac{1}{2}\dfrac{\partial^2}{\partial a\partial a^{\dagger}}\Big)$ 从左侧作用于(3.3.9)式, 便得到

$$\vdots F(\lambda a + v a^{\dagger}) \vdots \; = \exp\Big(\frac{1}{2}\frac{\partial^2}{\partial a\partial a^{\dagger}}\Big)F(\lambda a + v a^{\dagger}) \qquad (3.3.14)$$

这是脱掉反正规乘积排序算符 $\vdots F(\lambda a + v a^{\dagger}) \vdots$ 的反正规乘积记号 $\vdots\;\vdots$ 的公式, 其中微分算子 $\exp\Big(\dfrac{1}{2}\dfrac{\partial^2}{\partial a\partial a^{\dagger}}\Big)$ 起到了反正规乘积排序记号"擦除器"的作用.

3.4　正规与反正规乘积排序的互换法则

对于一个给定算符,原则上总可以得到其正规乘积排序或反正规乘积排序.那么,算符的正规乘积排序与反正规乘积排序之间应该有着一般性的互换法则.现在就来导出这一法则.

设有正规乘积排序的算符 $:f(a,a^\dagger):$,于是有

$$:f(a,a^\dagger):=:\int \mathrm{d}^2 z f(z,z^*)\delta(z-a)\delta(z^*-a^\dagger):$$

$$=:\int \mathrm{d}^2 z f(z,z^*)\int \frac{\mathrm{d}^2\zeta}{\pi^2}\exp[\zeta(z-a)-\zeta^*(z^*-a^\dagger)]:$$

$$=\int \mathrm{d}^2 z f(z,z^*)\int \frac{\mathrm{d}^2\zeta}{\pi^2}\exp[-\zeta^*(z^*-a^\dagger)]\cdot \exp[\zeta(z-a)]$$

$$=\int \mathrm{d}^2 z f(z,z^*)\int \frac{\mathrm{d}^2\zeta}{\pi^2}\mathrm{e}^{\zeta\zeta^*}\exp[\zeta(z-a)]\cdot \exp[-\zeta^*(z^*-a^\dagger)]$$

在上面的最后一步计算中利用了 Baker-Campbell-Hausdorff 公式.上述结果已经是所有湮灭算符在左、所有产生算符在右的反正规乘积排序形式了,所以可以加上反正规乘积排序记号,即

$$:f(a,a^\dagger):=\ \vdots \int \mathrm{d}^2 z f(z,z^*)\int \frac{\mathrm{d}^2\zeta}{\pi^2}\mathrm{e}^{\zeta\zeta^*}\exp[\zeta(z-a)]\cdot \exp[-\zeta^*(z^*-a^\dagger)]\ \vdots$$

$$=\ \vdots \int \mathrm{d}^2 z f(z,z^*)\int \frac{\mathrm{d}^2\zeta}{\pi^2}\mathrm{e}^{\zeta\zeta^*}\exp[\zeta(z-a)-\zeta^*(z^*-a^\dagger)]\ \vdots$$

$$=\ \vdots \int \mathrm{d}^2 z f(z,z^*)\int \frac{\mathrm{d}^2\zeta}{\pi^2}\exp\left(-\frac{\partial^2}{\partial a\partial a^\dagger}\right)\exp[\zeta(z-a)-\zeta^*(z^*-a^\dagger)]\ \vdots$$

$$=\ \vdots \exp\left(-\frac{\partial^2}{\partial a\partial a^\dagger}\right)\int \mathrm{d}^2 z f(z,z^*)\int \frac{\mathrm{d}^2\zeta}{\pi^2}\exp[\zeta(z-a)-\zeta^*(z^*-a^\dagger)]\ \vdots$$

$$=\ \vdots \exp\left(-\frac{\partial^2}{\partial a\partial a^\dagger}\right)\int \mathrm{d}^2 z f(z,z^*)\delta(z-a)\delta(z^*-a^\dagger)\ \vdots$$

$$=\exp\left(-\frac{\partial^2}{\partial a\partial a^\dagger}\right)\ \vdots f(a,a^\dagger)\ \vdots \tag{3.4.1}$$

这就是将正规乘积排序算符重排成反正规乘积排序算符的普适性转换法则,简称为 N→A 法则,式中微分算子 $\exp\left(-\dfrac{\partial^2}{\partial a\partial a^\dagger}\right)$ 起到了从算符的正规乘积排序到反正规乘积排序的"转换器"的作用.

如算符 $a^{\dagger m}a^n$ 是正规乘积排序的,其反正规乘积排序为

$$a^{\dagger m}a^n = \exp\left(-\frac{\partial^2}{\partial a\partial a^\dagger}\right) \vdots\, a^{\dagger m}a^n\,\vdots \;=\; \vdots\, \mathrm{H}_{n,m}(a,a^\dagger)\,\vdots$$

这就是(3.1.11)式.计算中利用了双变量厄米多项式的微分形式

$$\mathrm{H}_{n,m}(x,y) = \exp\left(-\frac{\partial^2}{\partial x\partial y}\right)x^n y^m$$

再如 $\mathrm{e}^{\lambda a^{\dagger 2}}\mathrm{e}^{va}$,这是一个正规乘积排序的算符,利用上面的转换法则可得

$$
\begin{aligned}
\mathrm{e}^{\lambda a^{\dagger 2}}\mathrm{e}^{va} &= \vdots\, \exp\left(-\frac{\partial^2}{\partial a\partial a^\dagger}\right)\mathrm{e}^{\lambda a^{\dagger 2}}\mathrm{e}^{va}\,\vdots \\
&= \vdots\, \exp\left(-\frac{\partial^2}{\partial a\partial a^\dagger}\right)\int\frac{\mathrm{d}^2 z}{\pi}\mathrm{e}^{-zz^*+z\sqrt{\lambda}a^\dagger+z^*\sqrt{\lambda}a^\dagger}\mathrm{e}^{va}\,\vdots \\
&= \vdots\, \int\frac{\mathrm{d}^2 z}{\pi}\mathrm{e}^{-zz^*+z\sqrt{\lambda}a^\dagger+z^*\sqrt{\lambda}a^\dagger-v\sqrt{\lambda}(z+z^*)}\mathrm{e}^{va}\,\vdots \\
&= \vdots\, \mathrm{e}^{\lambda(a^\dagger-v)^2}\mathrm{e}^{va}\,\vdots \;=\; \mathrm{e}^{va}\mathrm{e}^{\lambda(a^\dagger-v)^2}
\end{aligned}
$$

这就是(3.1.12)式.为了便于计算,上面的推导过程中使用了积分降次法.

用微分算子 $\exp\left(\dfrac{\partial^2}{\partial a\partial a^\dagger}\right)$ 左乘转换法则(3.4.1)式,得

$$\vdots\, f(a,a^\dagger)\,\vdots \;=\; \exp\left(\frac{\partial^2}{\partial a\partial a^\dagger}\right):f(a,a^\dagger): \tag{3.4.2}$$

这就是将反正规乘积排序算符重排成正规乘积排序算符的普适性转换法则,简称 A→N 法则,这里微分算子 $\exp\left(\dfrac{\partial^2}{\partial a\partial a^\dagger}\right)$ 起到了从算符的反正规乘积排序到正规乘积排序的"转换器"的作用.

如反正规乘积排序算符 $a^n a^{\dagger m}$,其正规乘积排序为

$$
\begin{aligned}
a^n a^{\dagger m} &= \exp\left(\frac{\partial^2}{\partial a\partial a^\dagger}\right):a^n a^{\dagger m}: \\
&= (-\mathrm{i})^{n+m}\exp\left[-\frac{\partial^2}{\partial(\mathrm{i}a)\partial(\mathrm{i}a^\dagger)}\right]:(\mathrm{i}a)^n(\mathrm{i}a^\dagger)^m:
\end{aligned}
$$

$$= (-i)^{n+m} : H_{n,m}(ia, ia^\dagger) :$$

利用无量纲坐标算符和动量算符跟湮灭算符和产生算符的关系 $Q = \dfrac{a + a^\dagger}{\sqrt{2}}$, $P = \dfrac{a - a^\dagger}{i\sqrt{2}}$ 可以得到

$$\frac{\partial}{\partial a} = \frac{\partial Q}{\partial a}\frac{\partial}{\partial Q} + \frac{\partial P}{\partial a}\frac{\partial}{\partial P} = \frac{1}{\sqrt{2}}\frac{\partial}{\partial Q} + \frac{1}{i\sqrt{2}}\frac{\partial}{\partial P}$$

$$\frac{\partial}{\partial a^\dagger} = \frac{\partial Q}{\partial a^\dagger}\frac{\partial}{\partial Q} + \frac{\partial P}{\partial a^\dagger}\frac{\partial}{\partial P} = \frac{1}{\sqrt{2}}\frac{\partial}{\partial Q} - \frac{1}{i\sqrt{2}}\frac{\partial}{\partial P}$$

$$\frac{\partial^2}{\partial a \partial a^\dagger} = \frac{\partial}{\partial a}\frac{\partial}{\partial a^\dagger} = \frac{1}{2}\left(\frac{\partial^2}{\partial Q^2} + \frac{\partial^2}{\partial P^2}\right)$$

那么,互换法则(3.4.1)式和(3.4.2)式则可表示成

$$\begin{cases} : F(Q,P) : = \ \vdots \exp\left[-\frac{1}{2}\left(\frac{\partial^2}{\partial Q^2} + \frac{\partial^2}{\partial P^2}\right)\right]F(Q,P) \vdots \\ \vdots F(Q,P) \vdots = \ : \exp\left[\frac{1}{2}\left(\frac{\partial^2}{\partial Q^2} + \frac{\partial^2}{\partial P^2}\right)\right]F(Q,P) : \end{cases} \tag{3.4.3}$$

进一步利用无量纲的坐标算符和动量算符与有量纲的坐标算符和动量算符的关系,即

$$Q = \alpha X, \quad P = \beta P_x$$

则(3.4.3)式也可表示成

$$\begin{cases} : F(X,P_x) : = \ \vdots \exp\left[-\frac{1}{2}\left(\frac{1}{\alpha^2}\frac{\partial^2}{\partial X^2} + \frac{1}{\beta^2}\frac{\partial^2}{\partial P_x^2}\right)\right]F(X,P_x) \vdots \\ \vdots F(X,P_x) \vdots = \ : \exp\left[\frac{1}{2}\left(\frac{1}{\alpha^2}\frac{\partial^2}{\partial X^2} + \frac{1}{\beta^2}\frac{\partial^2}{\partial P_x^2}\right)\right]F(X,P_x) : \end{cases} \tag{3.4.4}$$

例如,上一章中已经得到了 Q^n 的正规乘积排序,即

$$Q^n = \ : \exp\left(\frac{1}{4}\frac{\partial^2}{\partial Q^2}\right)Q^n : = \frac{1}{(2i)^n} : H_n(iQ) :$$

那么,利用互换法则可得到其反正规乘积排序,即

$$Q^n = \frac{1}{(2i)^n} \ \vdots \exp\left[-\frac{1}{2}\left(\frac{\partial^2}{\partial Q^2} + \frac{\partial^2}{\partial P^2}\right)\right]H_n(iQ) \vdots$$

$$= \frac{1}{(2i)^n} \ \vdots \exp\left(-\frac{1}{2}\frac{\partial^2}{\partial Q^2}\right)H_n(iQ) \vdots$$

$$= \frac{1}{(2\mathrm{i})^n} \; \vdots \; \exp\left(-\frac{1}{4}\frac{\partial^2}{\partial Q^2}\right)\exp\left[\frac{1}{4}\frac{\partial^2}{\partial(\mathrm{i}Q)^2}\right]\mathrm{H}_n(\mathrm{i}Q) \; \vdots$$

$$= \frac{1}{(2\mathrm{i})^n} \; \vdots \; \exp\left(-\frac{1}{4}\frac{\partial^2}{\partial Q^2}\right)(2\mathrm{i}Q)^n \; \vdots$$

$$= \frac{1}{2^n} \; \vdots \; \exp\left(-\frac{1}{4}\frac{\partial^2}{\partial Q^2}\right)(2Q)^n \; \vdots \; = \frac{1}{2^n} \; \vdots \; \mathrm{H}_n(Q) \; \vdots$$

再如，上一章中已经得到了厄米多项式算符 $\mathrm{H}_n(Q)$ 的正规乘积排序，即

$$\mathrm{H}_n(Q) = \; : \exp\left(\frac{1}{4}\frac{\partial^2}{\partial Q^2}\right)\mathrm{H}_n(Q) : \; = \; : (2Q)^n :$$

那么，利用互换法则可得到其反正规乘积排序如下：

$$\mathrm{H}_n(Q) = \; \vdots \; \exp\left[-\frac{1}{2}\left(\frac{\partial^2}{\partial Q^2}+\frac{\partial^2}{\partial P^2}\right)\right](2Q)^n \; \vdots$$

$$= \; \vdots \; \exp\left(-\frac{1}{2}\frac{\partial^2}{\partial Q^2}\right)(2Q)^n \; \vdots$$

$$= 2^{n/2} \; \vdots \; \exp\left[-\frac{1}{4}\frac{\partial^2}{\partial(Q/\sqrt{2})^2}\right]\left(2\frac{Q}{\sqrt{2}}\right)^n \; \vdots$$

$$= 2^{n/2} \; \vdots \; \mathrm{H}_n\left(\frac{Q}{\sqrt{2}}\right) \; \vdots$$

总之，这一节我们导出了算符的正规乘积排序与反正规乘积排序的一般性互换法则，从而使得正规乘积排序与反正规乘积排序的互换变得便捷，在一定程度上丰富了量子力学算符排序理论.

3.5　有关反正规乘积排序的乘法定理

反正规乘积排序的乘法定理，包括两个反正规乘积排序算符的乘积重排成一个反正规乘积排序的算符、两个反正规乘积排序算符的乘积重排成一个正规乘积排序的算符、一个反正规乘积排序的算符与一个正规乘积排序的算符的乘积重排成一个反正规乘积排序算符以及正规乘积排序算符的乘法定理等.

在上一章中，我们阐述了关于两个正规乘积排序的算符相乘的正正正乘法定理. 现

在利用上一节正规乘积排序与反正规乘积排序的互换法则容易得到两个正规乘积排序的算符相乘,其结果是反正规乘积排序的定理,亦即**正正反定理**.

乘法定理(正正反定理) 对于两个正规乘积排序的算符 $:f(a,a^\dagger):$ 和 $:g(a,a^\dagger):$,它们的乘积的反正规乘积排序形式为

$$:f(a,a^\dagger)::\times:g(a,a^\dagger):$$
$$=\;\vdots f(a,a^\dagger)\exp\Big[-\Big(\frac{\overleftarrow{\partial}}{\partial a}\frac{\overrightarrow{\partial}}{\partial a^\dagger}+\frac{\overleftarrow{\partial}}{\partial a^\dagger}\frac{\overrightarrow{\partial}}{\partial a}+\frac{\overleftarrow{\partial}}{\partial a}\frac{\overrightarrow{\partial}}{\partial a^\dagger}\Big)\Big]g(a,a^\dagger)\vdots \quad (3.5.1)$$

证明 由正正正乘法定理和正规与反正规乘积排序的互换法则(3.4.1)式可得

$$:f(a,a^\dagger)::\times:g(a,a^\dagger):$$
$$=\;:f(a,a^\dagger)\exp\Big(\frac{\overleftarrow{\partial}}{\partial a}\frac{\overrightarrow{\partial}}{\partial a^\dagger}\Big)g(a,a^\dagger):$$
$$=\;\exp\Big(-\frac{\partial^2}{\partial a\partial a^\dagger}\Big)\vdots f(a,a^\dagger)\exp\Big(\frac{\overleftarrow{\partial}}{\partial a}\frac{\overrightarrow{\partial}}{\partial a^\dagger}\Big)g(a,a^\dagger)\vdots$$
$$=\;\vdots f(a,a^\dagger)\exp\Big[-\Big(\frac{\overleftarrow{\partial}}{\partial a}+\frac{\overrightarrow{\partial}}{\partial a}\Big)\Big(\frac{\overleftarrow{\partial}}{\partial a^\dagger}+\frac{\overrightarrow{\partial}}{\partial a^\dagger}\Big)\Big]\exp\Big(\frac{\overleftarrow{\partial}}{\partial a}\frac{\overrightarrow{\partial}}{\partial a^\dagger}\Big)g(a,a^\dagger)\vdots$$
$$=\;\vdots f(a,a^\dagger)\exp\Big[-\Big(\frac{\overleftarrow{\partial}}{\partial a}\frac{\overrightarrow{\partial}}{\partial a^\dagger}+\frac{\overleftarrow{\partial}}{\partial a^\dagger}\frac{\overrightarrow{\partial}}{\partial a}+\frac{\overleftarrow{\partial}}{\partial a}\frac{\overrightarrow{\partial}}{\partial a^\dagger}\Big)\Big]g(a,a^\dagger)\vdots$$

乘法定理(反反反定理) 对于两个反正规乘积排序的算符 $\vdots f(a,a^\dagger)\vdots$ 和 $\vdots g(a,a^\dagger)\vdots$,它们的乘积的反正规排序形式为

$$\vdots f(a,a^\dagger)\vdots\times\vdots g(a,a^\dagger)\vdots\;=\;\vdots f(a,a^\dagger)\exp\Big(-\frac{\overleftarrow{\partial}}{\partial a^\dagger}\frac{\overrightarrow{\partial}}{\partial a}\Big)g(a,a^\dagger)\vdots \quad (3.5.2)$$

证明 利用双模德尔塔函数的积分性质和互换法则(3.4.1)式可得

$$\vdots f(a,a^\dagger)\vdots\times\vdots g(a,a^\dagger)\vdots$$
$$=\;\vdots\int d^2z_1 f(z_1,z_1^*)\delta(z_1-a)\delta(z_1^*-a^\dagger)\vdots$$
$$\quad\times\;\vdots\int d^2z_2 g(z_2,z_2^*)\delta(z_2-a)\delta(z_2^*-a^\dagger)\vdots$$
$$=\;\int d^2z_1 d^2z_2 f(z_1,z_1^*)g(z_2,z_2^*)\delta(z_1-a)\delta(z_1^*-a^\dagger)\delta(z_2-a)\delta(z_2^*-a^\dagger)$$
$$=\;\int d^2z_1 d^2z_2 f(z_1,z_1^*)g(z_2,z_2^*)\delta(z_1-a)$$
$$\quad\times\;\vdots\Big[\exp\Big(-\frac{\partial^2}{\partial a\partial a^\dagger}\Big)\delta(z_1^*-a^\dagger)\delta(z_2-a)\Big]\vdots\delta(z_2^*-a^\dagger)$$

$$= \vdots \int d^2 z_1 d^2 z_2 f(z_1, z_1^*) g(z_2, z_2^*) \delta(z_1 - a)$$

$$\times \left[\exp\left(-\frac{\partial^2}{\partial a \partial a^\dagger}\right) \delta(z_1^* - a^\dagger) \delta(z_2 - a) \right] \delta(z_2^* - a^\dagger) \vdots$$

$$= \vdots \int d^2 z_1 d^2 z_2 f(z_1, z_1^*) g(z_2, z_2^*) \delta(z_1 - a)$$

$$\times \left[\exp\left(-\frac{\partial^2}{\partial t \partial \tau}\right) \delta(z_1^* - a^\dagger - t) \delta(z_2 - a - \tau) \right] \delta(z_2^* - a^\dagger) \vdots \Bigg|_{t=\tau=0}$$

$$= \vdots \exp\left(-\frac{\partial^2}{\partial t \partial \tau}\right) \int d^2 z_1 d^2 z_2 f(z_1, z_1^*) g(z_2, z_2^*) \delta(z_1 - a)$$

$$\times \delta(z_1^* - a^\dagger - t) \delta(z_2 - a - \tau) \delta(z_2^* - a^\dagger) \vdots \Bigg|_{t=\tau=0}$$

$$= \vdots \exp\left(-\frac{\partial^2}{\partial t \partial \tau}\right) f(a, a^\dagger + t) g(a + \tau, a^\dagger) \vdots \Bigg|_{t=\tau=0}$$

$$= \vdots f(a, a^\dagger + t) \exp\left[-\left(\frac{\overleftarrow{\partial}}{\partial t} + \frac{\overrightarrow{\partial}}{\partial t}\right)\left(\frac{\overleftarrow{\partial}}{\partial \tau} + \frac{\overrightarrow{\partial}}{\partial \tau}\right) \right] g(a + \tau, a^\dagger) \vdots \Bigg|_{t=\tau=0}$$

$$= \vdots f(a, a^\dagger + t) \exp\left[-\left(\frac{\overleftarrow{\partial}}{\partial t} + 0\right)\left(0 + \frac{\overrightarrow{\partial}}{\partial \tau}\right) \right] g(a + \tau, a^\dagger) \vdots \Bigg|_{t=\tau=0}$$

$$= \vdots f(a, a^\dagger + t) \exp\left(-\frac{\overleftarrow{\partial}}{\partial t} \frac{\overrightarrow{\partial}}{\partial \tau}\right) g(a + \tau, a^\dagger) \vdots \Bigg|_{t=\tau=0}$$

$$= \vdots f(a, a^\dagger) \exp\left(-\frac{\overleftarrow{\partial}}{\partial a^\dagger} \frac{\overrightarrow{\partial}}{\partial a}\right) g(a, a^\dagger) \vdots$$

同样地,我们还可以得到如下五个乘法定理,即反反正定理、正反正定理、正反反定理、反正正定理及反正反定理.

乘法定理(反反正定理) 对于两个反正规乘积排序的算符 $\vdots f(a, a^\dagger) \vdots$ 和 $\vdots g(a, a^\dagger) \vdots$,它们乘积的正规乘积排序形式为

$$\vdots f(a, a^\dagger) \vdots \times \vdots g(a, a^\dagger) \vdots = \ : f(a, a^\dagger) \exp\left(\frac{\overleftarrow{\partial}}{\partial a} \frac{\overleftarrow{\partial}}{\partial a^\dagger} + \frac{\overleftarrow{\partial}}{\partial a} \frac{\overrightarrow{\partial}}{\partial a^\dagger} + \frac{\overrightarrow{\partial}}{\partial a} \frac{\overrightarrow{\partial}}{\partial a^\dagger}\right) g(a, a^\dagger) :$$

$$(3.5.3)$$

乘法定理(正反正定理) 对于一个正规乘积排序算符 $: f(a, a^\dagger):$ 和一个反正规乘积排序 $\vdots g(a, a^\dagger) \vdots$,它们的乘积的正规乘积排序形式为

$$: f(a, a^\dagger): \times \vdots g(a, a^\dagger) \vdots$$

$$= : f(a, a^\dagger) \exp\left(\frac{\overleftarrow{\partial}}{\partial a} \frac{\overrightarrow{\partial}}{\partial a^\dagger} + \frac{\overrightarrow{\partial}}{\partial a} \frac{\overrightarrow{\partial}}{\partial a^\dagger}\right) g(a, a^\dagger): \qquad (3.5.4)$$

事实上，由正规与反正规乘积排序之间的互换法则(3.4.1)式和反反正定理(3.5.3)式得

$$: f(a,a^\dagger) : \times \; \vdots \, g(a,a^\dagger) \, \vdots$$

$$= \; \vdots \, f(a,a^\dagger)\exp\left(-\frac{\overleftarrow{\partial}}{\partial a}\frac{\overrightarrow{\partial}}{\partial a}\right) \vdots \; \times \; \vdots \, g(a,a^\dagger) \, \vdots$$

$$= : f(a,a^\dagger)\exp\left(-\frac{\overleftarrow{\partial}}{\partial a}\frac{\overrightarrow{\partial}}{\partial a}\right)\exp\left(\frac{\overleftarrow{\partial}}{\partial a}\frac{\overrightarrow{\partial}}{\partial a^\dagger}+\frac{\overleftarrow{\partial}}{\partial a}\frac{\overrightarrow{\partial}}{\partial a^\dagger}+\frac{\overleftarrow{\partial}}{\partial a}\frac{\overrightarrow{\partial}}{\partial a^\dagger}\right)g(a,a^\dagger) :$$

$$= : f(a,a^\dagger)\exp\left(\frac{\overleftarrow{\partial}}{\partial a}\frac{\overrightarrow{\partial}}{\partial a^\dagger}+\frac{\overleftarrow{\partial}}{\partial a}\frac{\overrightarrow{\partial}}{\partial a^\dagger}\right)g(a,a^\dagger) :$$

乘法定理（正反反定理） 对于一个正规乘积排序算符 $: f(a,a^\dagger):$ 和一个反正规乘积排序 $\vdots\, g(a,a^\dagger)\,\vdots$，它们乘积的反正规乘积排序形式为

$$: f(a,a^\dagger) : \times \; \vdots \, g(a,a^\dagger) \, \vdots$$

$$= \; \vdots \, f(a,a^\dagger)\exp\left(-\frac{\overleftarrow{\partial}}{\partial a}\frac{\overleftarrow{\partial}}{\partial a^\dagger}-\frac{\overleftarrow{\partial}}{\partial a^\dagger}\frac{\overrightarrow{\partial}}{\partial a}\right)g(a,a^\dagger) \, \vdots \tag{3.5.5}$$

乘法定理（反正正定理） 对于一个反正规乘积排序算符 $\vdots\, f(a,a^\dagger)\,\vdots$ 和一个正规乘积排序 $: g(a,a^\dagger):$，它们乘积的正规乘积排序形式为

$$\vdots \, f(a,a^\dagger) \, \vdots \; \times : g(a,a^\dagger) :$$

$$= : f(a,a^\dagger)\exp\left(\frac{\overleftarrow{\partial}}{\partial a}\frac{\overrightarrow{\partial}}{\partial a^\dagger}+\frac{\overleftarrow{\partial}}{\partial a}\frac{\overrightarrow{\partial}}{\partial a^\dagger}\right)g(a,a^\dagger) : \tag{3.5.6}$$

乘法定理（反正反定理） 对于一个反正规乘积排序算符 $\vdots\, f(a,a^\dagger)\,\vdots$ 和一个正规乘积排序 $: g(a,a^\dagger):$，它们乘积的反正规乘积排序形式为

$$\vdots \, f(a,a^\dagger) \, \vdots \; \times : g(a,a^\dagger) :$$

$$= \; \vdots \, f(a,a^\dagger)\exp\left(-\frac{\overleftarrow{\partial}}{\partial a^\dagger}\frac{\overrightarrow{\partial}}{\partial a}-\frac{\overleftarrow{\partial}}{\partial a^\dagger}\frac{\overrightarrow{\partial}}{\partial a}\right)g(a,a^\dagger) \, \vdots \tag{3.5.7}$$

有了正规与反正规乘积算符的互换法则和乘法定理，根据实际需要，我们可以方便地实现正规与反正规排序算符的相互转换，也可以便捷地将两个有序排列（正规排序和反正规排序）的算符重排成一个有序排列的算符（正规排序和反正规排序）.

例如，欲求两个反正规乘积排序算符 $\vdots\, e^{\lambda aa^\dagger}\, \vdots$ 与 $\vdots\, e^{\nu aa^\dagger}\, \vdots$ 乘积的反正规乘积排序式，可利用反反反乘法定理方便地进行，即

$$\vdots \, e^{\lambda aa^\dagger}\, \vdots \; \times \; \vdots \, e^{\nu aa^\dagger}\, \vdots = \; \vdots \, e^{\lambda aa^\dagger}e^{-\frac{\overleftarrow{\partial}}{\partial a^\dagger}\frac{\overrightarrow{\partial}}{\partial a}}e^{\nu aa^\dagger}\, \vdots = \; \vdots \, e^{\lambda aa^\dagger}e^{-\lambda \nu aa^\dagger}e^{\nu aa^\dagger}\, \vdots = \; \vdots \, e^{(\lambda-\lambda\nu+\nu)aa^\dagger}\, \vdots$$

欲求这两个反正规乘积排序算符 $:\!\mathrm{e}^{\lambda aa^{\dagger}}\!:$ 与 $:\!\mathrm{e}^{\nu aa^{\dagger}}\!:$ 乘积的正规乘积排序式,可利用反正乘法定理并结合积分降次法,即

$$:\!\mathrm{e}^{\lambda aa^{\dagger}}\!: \times :\!\mathrm{e}^{\nu aa^{\dagger}}\!:$$

$$= :\mathrm{e}^{\lambda aa^{\dagger}}\exp\Big(\overleftarrow{\frac{\partial}{\partial a}}\,\overleftarrow{\frac{\partial}{\partial a^{\dagger}}} + \overleftarrow{\frac{\partial}{\partial a}}\,\overrightarrow{\frac{\partial}{\partial a^{\dagger}}} + \overrightarrow{\frac{\partial}{\partial a}}\,\overrightarrow{\frac{\partial}{\partial a^{\dagger}}}\Big)\mathrm{e}^{\nu aa^{\dagger}}:$$

$$= :\int\frac{\mathrm{d}^2 z_1}{\pi}\mathrm{e}^{-z_1 z_1^{*} + z_1\lambda a + z_1^{*} a^{\dagger}}\,\mathrm{e}^{\overleftarrow{\frac{\partial}{\partial a}}\,\overleftarrow{\frac{\partial}{\partial a^{\dagger}}} + \overleftarrow{\frac{\partial}{\partial a}}\,\overrightarrow{\frac{\partial}{\partial a^{\dagger}}} + \overrightarrow{\frac{\partial}{\partial a}}\,\overrightarrow{\frac{\partial}{\partial a^{\dagger}}}}\int\frac{\mathrm{d}^2 z_2}{\pi}\mathrm{e}^{-z_2 z_2^{*} + z_2\nu a + z_2^{*} a^{\dagger}}:$$

$$= :\int\frac{\mathrm{d}^2 z_1}{\pi}\int\frac{\mathrm{d}^2 z_2}{\pi}\mathrm{e}^{-z_1 z_1^{*} + z_1\lambda a + z_1^{*} a^{\dagger}}\mathrm{e}^{z_1 z_1^{*}\lambda + z_1 z_2^{*}\lambda + z_2 z_2^{*}\nu}\mathrm{e}^{-z_2 z_2^{*} + z_2\nu a + z_2^{*} a^{\dagger}}:$$

$$= :\int\frac{\mathrm{d}^2 z_1}{\pi}\int\frac{\mathrm{d}^2 z_2}{\pi}\mathrm{e}^{-(1-\lambda)z_1 z_1^{*} + z_1\lambda(a+z_2^{*}) + z_1^{*} a^{\dagger} - (1-\nu)z_2 z_2^{*} + z_2\nu a + z_2^{*} a^{\dagger}}:$$

$$= :\frac{1}{(1-\lambda)}\int\frac{\mathrm{d}^2 z_2}{\pi}\exp\Big[\frac{\lambda}{1-\lambda}aa^{\dagger} - (1-\nu)z_2 z_2^{*} + z_2\nu a + \frac{1}{1-\lambda}z_2^{*} a^{\dagger}\Big]:$$

$$= :\frac{1}{(1-\lambda)(1-\nu)}\exp\Big[\frac{\lambda - \lambda\nu + \nu}{(1-\lambda)(1-\nu)}aa^{\dagger}\Big]:$$

当然,从数学上讲,实施上面的积分时应该考虑积分收敛的条件.不过,若利用脱去反正规乘积排序记号的公式(3.1.15)和将指数算符化为正规乘积排序的公式(2.2.8),则有

$$:\!\mathrm{e}^{\lambda aa^{\dagger}}\!: \times :\!\mathrm{e}^{\nu aa^{\dagger}}\!: = \mathrm{e}^{-aa^{\dagger}\ln(1-\lambda)}\,\mathrm{e}^{-aa^{\dagger}\ln(1-\nu)}$$

$$= \mathrm{e}^{-aa^{\dagger}[\ln(1-\lambda)+\ln(1-\nu)]} = \mathrm{e}^{-aa^{\dagger}\ln[(1-\lambda)(1-\nu)]}$$

$$= :\frac{1}{(1-\lambda)(1-\nu)}\exp\Big[\frac{\lambda - \lambda\nu + \nu}{(1-\lambda)(1-\nu)}aa^{\dagger}\Big]:$$

也就是说我们得到了同样的结果,但此种方法规避了积分收敛的条件,并且计算步骤也简化了许多.

上面对导出 $:\!\mathrm{e}^{\lambda aa^{\dagger}}\!: \times :\!\mathrm{e}^{\nu aa^{\dagger}}\!:$ 的正规乘积排序式的两种方法的讨论意味着数学上普通函数的积分所要求的收敛条件,对于算符函数的积分似乎是不必要的.究其原因,应该就是"算符恒等式的本质是由算符的对易关系决定的,推导它如果要用收敛区间只是借用已有方法,推出算符关系后就对所有区域都成立".

参考文献

［1］ Klauder J R，Sudarshan. Fundamentals of quantum Optics［M］. New York：W. A. Benjamin，1968.

［2］ Mehta C L . Diagonal coherent-state representation of quantum operators［J］. Physical Review Letters，1967，18(18)：752-754.

［3］ Fan H Y. New antinormal ordering expansion for density operators［J］. Physics Letters A，1991，161(1)：1-4.

［4］ Fan H Y. Antinormal expansion for rotation operators in the Schwinger representation［J］. Physics Letters A，1988，131(3)：145-150.

第 4 章

算符的坐标–动量和动量–坐标排序

本章阐述算符的坐标–动量排序和动量–坐标排序方法及其性质.利用这两种有序算符乘积内的微积分法处理维格纳算符和外尔对应规则,并导出外尔对应规则的逆规则,导出算符的坐标–动量排序和动量–坐标排序的普适乘法定理以及互换法则等.

4.1 算符的坐标–动量排序

4.1.1 算符的坐标–动量排序

由于坐标算符 X 和动量算符 P_x 的任何函数不失一般性地可写为

$$F(X, P_x) = \sum_j \cdots \sum_m C_{jk\cdots m} X^j P_x^k X^l \cdots P_x^m$$

其中 $j, k, \cdots, m$ 是正整数或零. 利用 $[X, P_x] = XP_x - P_xX = i\hbar$, 原则上总可以将所有的坐标算符 X 都移到所有的动量算符 P_x 的左边, 也就是说重排成坐标算符在左、动量算符在右的次序, 即

$$F(X, P_x) = \sum_{m,n} f_{mn} X^m P_x^n$$

这时我们说 $F(X, P_x)$ 已被重排成了坐标–动量排序[1-2], 并以符号 ⦂⋯⦂ 标记之, 例如:

$$XP_x = ⦂XP_x⦂, \quad P_xX = XP_x - i\hbar = ⦂XP_x - i\hbar⦂$$

$$P_xX^2 = X^2P_x - 2i\hbar X = ⦂X^2P_x - 2i\hbar X⦂, \quad \cdots$$

约定: 在记号 ⦂⋯⦂ 内部玻色算符相互对易, 即 ⦂$X^m P_x^n$⦂ = ⦂$P_x^n X^m$⦂, 也就是说在该记号内玻色算符可被看作普通常数(c 数). 但是, 要脱掉坐标–动量乘积排序记号, 必须先把记号内的玻色算符排列成坐标算符在左、动量算符在右的坐标–动量乘积排序形式, 即

$$⦂P_x^n X^m⦂ = ⦂X^m P_x^n⦂ = X^m P_x^n$$

在上述约定下, 算符的坐标–动量乘积排序具有如下一些性质:

(1) 普通数(c 数)可以自由出入坐标–动量乘积排序记号, 即

$$c⦂f(X, P_x)⦂ = ⦂cf(X, P_x)⦂, \quad c + ⦂f(X, P_x)⦂ = ⦂c + f(X, P_x)⦂$$

(2) 可对坐标–动量乘积排序记号内的 c 数直接进行牛顿–莱布尼茨积分和求微商运算, 前者要求积分收敛, 后者要求微商存在.

(3) 坐标–动量乘积排序记号内的坐标–动量乘积排序记号可以取消.

(4) ⦂F⦂ + ⦂G⦂ = ⦂$F + G$⦂.

(5) 坐标–动量乘积排序算符 ⦂$f(X, P_x)$⦂ 的相空间矩阵元为

$$\langle x | ⦂f(X, P_x)⦂ | p_x \rangle = f(x, p_x)\langle x | p_x \rangle = \frac{1}{2\pi\hbar} e^{\frac{i}{\hbar} x p_x} f(x, p_x) \tag{4.1.1}$$

(6) 记号 ⦂⋯⦂ 内部以下两个等式成立:

$$[X, ⦂f(X, P_x)⦂] = ⦂i\hbar \frac{\partial f(X, P_x)}{\partial P_x}⦂ \tag{4.1.2}$$

$$[⦂f(X, P_x)⦂, P_x] = ⦂i\hbar \frac{\partial f(X, P_x)}{\partial X}⦂ \tag{4.1.3}$$

由上面的性质(2)可以知道,只要把(X5)和(X6)式中的被积函数化成坐标-动量乘积排序内的形式,则由于所有玻色算符在记号 $\vdots\cdots\vdots$ 内部可对易,它们被视为普通数那样对待,从而积分与微分都可以顺利进行. 当然,在整个积分过程中和积分后的结果中都有记号 $\vdots\cdots\vdots$ 存在. 如果想最后取消记号 $\vdots\cdots\vdots$,只要把积分得到的算符排列成坐标-动量乘积排序后便可实现. 我们称此技术为坐标-动量乘积内的积分技术(technique of integration within coordinate-momentum ordered product of operators).

譬如算符 $P_x^2 X^2 P_x$,它不是坐标-动量排序的,我们可以利用 $[X, P_x] = XP_x - P_xX = \mathrm{i}\hbar$ 将其重排列成坐标-动量排序的形式,过程如下:

$$P_x^2 X^2 P_x = P_x(X^2 P_x - 2\mathrm{i}\hbar X)P_x = P_x X^2 P_x^2 - 2\mathrm{i}\hbar P_x X P_x$$
$$= (X^2 P_x - 2\mathrm{i}\hbar X)P_x^2 - 2\mathrm{i}\hbar(XP_x - \mathrm{i}\hbar)P_x$$
$$= X^2 P_x^3 - 4\mathrm{i}\hbar XP_x^2 - 2\hbar^2 P_x = \vdots X^2 P_x^3 - 4\mathrm{i}\hbar XP_x^2 - 2\hbar^2 P_x \vdots$$

最后一步加上了记号 $\vdots\cdots\vdots$ 是因为在它的前一步中算符已经排成了坐标-动量排序. 在记号 $\vdots\cdots\vdots$ 内 X 与 P_x 可对易,前后次序可以任意交换,即

$$P_x^2 X^2 P_x = \vdots X^2 P_x^3 - 4\mathrm{i}\hbar XP_x^2 - 2\hbar^2 P_x \vdots = \vdots P_x^3 X^2 - 4\mathrm{i}\hbar P_x^2 X - 2\hbar^2 P_x \vdots$$

但要脱去记号 $\vdots\cdots\vdots$ 必须先将其内算符排成坐标-动量排序,即

$$P_x^2 X^2 P_x = \vdots P_x^3 X^2 - 4\mathrm{i}\hbar P_x^2 X - 2\hbar^2 P_x \vdots = \vdots X^2 P_x^3 - 4\mathrm{i}\hbar XP_x^2 - 2\hbar^2 P_x \vdots$$
$$= X^2 P_x^3 - 4\mathrm{i}\hbar XP_x^2 - 2\hbar^2 P_x$$

脱掉记号 $\vdots\cdots\vdots$ 后 X 与 P_x 就不对易了,前后次序不能任意交换,必须遵从 $[X, P_x] = XP_x - P_xX = \mathrm{i}\hbar$ 规则. 强调一点,就是在记号 $\vdots\cdots\vdots$ 内湮灭算符 a 与产生算符 $a^\dagger$ 自然也被视为普通数,可对易.

再如,算符函数 $\mathrm{e}^{\lambda XP_x}$ 的坐标-动量排序式是什么样的? 鉴于如下对易关系式:

$$\left[X, \frac{\mathrm{i}}{\hbar}P_x\right] = -1 = [a^\dagger, a]$$

并跟我们熟知的算符恒等公式

$$\mathrm{e}^{\lambda a^\dagger a} = \;: \mathrm{e}^{a^\dagger a(\mathrm{e}^\lambda - 1)} :$$

进行类比,可得

$$\mathrm{e}^{\lambda XP_x} = \exp\left[-\mathrm{i}\hbar\lambda X\left(\frac{\mathrm{i}}{\hbar}P_x\right)\right] = \vdots\exp\left[X\left(\frac{\mathrm{i}}{\hbar}P_x\right)(\mathrm{e}^{-\mathrm{i}\hbar\lambda} - 1)\right]\vdots$$
$$= \vdots\exp\left[\frac{\mathrm{i}}{\hbar}XP_x(\mathrm{e}^{-\mathrm{i}\hbar\lambda} - 1)\right]\vdots \tag{4.1.4a}$$

对应的无量纲形式为

$$\mathrm{e}^{\lambda QP} = \mathfrak{D}\exp\big[\mathrm{i}QP(\mathrm{e}^{-\mathrm{i}\lambda} - 1)\big]\mathfrak{C} \tag{4.1.4b}$$

若令 $\mathrm{i}(\mathrm{e}^{-\mathrm{i}\lambda} - 1) = \mu$，即 $\lambda = \mathrm{i}\ln(1 - \mathrm{i}\mu)$，于是(4.1.4b)式化为

$$\mathfrak{D}\mathrm{e}^{\mu QP}\mathfrak{C} = \mathrm{e}^{\mathrm{i}QP\ln(1-\mathrm{i}\mu)} \tag{4.1.4c}$$

这就是脱掉算符 $\mathfrak{D}\mathrm{e}^{\mu QP}\mathfrak{C}$ 的坐标–动量排序记号的公式.

接下来看如何将 ket-bra 型算符排成坐标–动量排序. 譬如谐振子的真空投影子 $|0\rangle\langle 0|$，它的坐标–动量排序式是什么样的？如何导出它的坐标–动量排序式？显然不宜直接利用 $[X, P_x] = XP_x - P_xX = \mathrm{i}\hbar$ 来处理了. 为导出真空投影子的坐标–动量排序式，我们设

$$|0\rangle\langle 0| = \mathfrak{D}f(X, P_x)\mathfrak{C} \tag{4.1.5}$$

用坐标本征左矢 $\langle x|$ 和动量本征右矢 $|p_x\rangle$ 夹乘(4.1.5)式,得

$$\langle x \mid 0\rangle\langle 0 \mid p_x\rangle = f(x, p_x)\langle x \mid p_x\rangle$$

于是便得到

$$f(x, p_x) = \frac{1}{\langle x \mid p_x\rangle}\langle x \mid 0\rangle\langle 0 \mid p_x\rangle = \sqrt{2\pi\hbar}\,\mathrm{e}^{-\frac{\mathrm{i}}{\hbar}xp_x}\sqrt{\frac{\alpha}{\sqrt{\pi}}}\mathrm{e}^{-\frac{1}{2}\alpha^2x^2}\sqrt{\frac{\beta}{\sqrt{\pi}}}\mathrm{e}^{-\frac{1}{2}\beta^2p_x^2}$$

$$= \sqrt{2}\exp\Big(-\frac{1}{2}\alpha^2x^2 - \frac{\mathrm{i}}{\hbar}xp_x - \frac{1}{2}\beta^2p_x^2\Big)$$

将其代入(4.1.5)式,则有

$$|0\rangle\langle 0| = \sqrt{2}\mathfrak{D}\exp\Big(-\frac{1}{2}\alpha^2X^2 - \frac{\mathrm{i}}{\hbar}XP_x - \frac{1}{2}\beta^2P_x^2\Big)\mathfrak{C}$$

$$= \sqrt{2}\exp\Big(-\frac{1}{2}\alpha^2X^2\Big)\mathfrak{D}\exp\Big(-\frac{\mathrm{i}}{\hbar}XP_x\Big)\mathfrak{C}\exp\Big(-\frac{1}{2}\beta^2P_x^2\Big)$$

$$= \sqrt{2}\exp\Big(-\frac{1}{2}Q^2\Big)\mathfrak{D}\exp(-\mathrm{i}QP)\mathfrak{C}\exp\Big(-\frac{1}{2}P^2\Big) \tag{4.1.6}$$

这就是真空投影算符的坐标–动量乘积排序式,式中 Q 和 P 分别是无量纲的坐标算符和动量算符.

接下来导出由坐标本征右矢与相应的左矢“相摄”而成的投影算符的坐标–动量排序式. 设

$$|x\rangle\langle x| = \mathfrak{D}g(X, P_x)\mathfrak{C} \tag{4.1.7}$$

用坐标本征左矢$\langle x'|$和动量本征右矢$|p_x\rangle$夹乘(4.1.7)式,得

$$\langle x' \mid x\rangle\langle x \mid p_x\rangle = g(x', p_x)\langle x' \mid p_x\rangle$$

于是有

$$g(x', p_x) = \frac{1}{\langle x' \mid p_x\rangle}\langle x' \mid x\rangle\langle x \mid p_x\rangle = e^{\frac{i}{\hbar}(x-x')p_x}\delta(x - x') = \delta(x - x')$$

将其代入(4.1.7)式,便得到投影算符$|x\rangle\langle x|$的坐标-动量排序式

$$|x\rangle\langle x| = {}_{\vdots}^{\vdots}\delta(x - X){}_{\vdots}^{\vdots} = \delta(x - X) \tag{4.1.8}$$

同理,也可导出动量本征右矢与相应的左矢"相摄"而成的投影算符的坐标-动量排序式

$$|p_x\rangle\langle p_x| = {}_{\vdots}^{\vdots}\delta(p_x - P_x){}_{\vdots}^{\vdots} = \delta(p_x - P_x) \tag{4.1.9}$$

事实上,有了(4.1.8)式和(4.1.9)式,坐标表象和动量表象的完备性也可解析地得出,即

$$\int_{-\infty}^{\infty}\mathrm{d}x\,|x\rangle\langle x| = \int_{-\infty}^{\infty}\mathrm{d}x\delta(x - X) = 1$$

$$\int_{-\infty}^{\infty}\mathrm{d}p_x\,|p_x\rangle\langle p_x| = \int_{-\infty}^{\infty}\mathrm{d}p_x\delta(p_x - P_x) = 1$$

这意味着,表象的完备性关系可纳入到坐标-动量排序的积分范畴来说明.

4.1.2 基于坐标-动量排序的维格纳算符与外尔对应规则

基于坐标算符与动量算符的对易关系式$[X, P_x] = XP_x - P_xX = i\hbar$,利用 Baker-Campbell-Hausdorff 公式将(X6)式所示的维格纳算符改写成坐标-动量排序形式,则有

$$\Delta(x, p_x) = \frac{1}{4\pi^2}\iint_{-\infty}^{\infty} e^{iu(x-X)+iv(p_x-P_x)}\mathrm{d}u\,\mathrm{d}v$$

$$= \frac{1}{4\pi^2}\int_{-\infty}^{\infty} e^{iu(x-X)}e^{iv(p_x-P_x)}e^{\frac{i\hbar}{2}uv}\mathrm{d}u\,\mathrm{d}v$$

$$= \frac{1}{4\pi^2}{}_{\vdots}^{\vdots}\int_{-\infty}^{\infty} e^{\frac{i\hbar}{2}uv}e^{iu(x-X)}e^{iv(p_x-P_x)}\mathrm{d}u\,\mathrm{d}v{}_{\vdots}^{\vdots}$$

至此，我们已经将维格纳算符改写成了坐标-动量排序形式.接下来可以采用两种不同的方法处理，其一就是把被积函数中的 $\exp\left(\frac{\mathrm{i}\hbar}{2}uv\right)$ 改成指数微分算子，其二就是直接实施积分.这里采用第一种方法，即

$$\Delta(x,p_x) = \frac{1}{4\pi^2}\raise2pt\hbox{$\vdots$}\exp\left(-\frac{\mathrm{i}\hbar}{2}\frac{\partial^2}{\partial X\partial P_x}\right)\int_{-\infty}^{\infty}\mathrm{e}^{\mathrm{i}u(x-X)}\mathrm{e}^{\mathrm{i}v(p_x-P_x)}\mathrm{d}u\,\mathrm{d}v\raise2pt\hbox{$\vdots$}$$

$$= \raise2pt\hbox{$\vdots$}\exp\left(-\frac{\mathrm{i}\hbar}{2}\frac{\partial^2}{\partial X\partial P_x}\right)\delta(x-X)\delta(p_x-P_x)\raise2pt\hbox{$\vdots$} \tag{4.1.10}$$

这就是微分形式的维格纳算符，它的核心部分是德尔塔函数.不过要在记号 $\raise2pt\hbox{$\vdots$}\cdots\raise2pt\hbox{$\vdots$}$ 内被微分算子 $\exp\left(-\frac{\mathrm{i}\hbar}{2}\frac{\partial^2}{\partial X\partial P_x}\right)$ 作用后才成为维格纳算符，并且

$$\iint_{-\infty}^{\infty}\mathrm{d}q\mathrm{d}p_x\Delta(x,p_x) = \exp\left(-\frac{\mathrm{i}\hbar}{2}\frac{\partial^2}{\partial X\partial P_x}\right)\raise2pt\hbox{$\vdots$}\iint_{-\infty}^{\infty}\mathrm{d}q\mathrm{d}p_x\delta(x-X)\delta(p_x-P_x)\raise2pt\hbox{$\vdots$}$$

$$= \exp\left(-\frac{\mathrm{i}\hbar}{2}\frac{\partial^2}{\partial X\partial P_x}\right)\cdot 1 = 1 \tag{4.1.11}$$

这再一次表明维格纳算符是完备的.

将(4.1.10)式与微分形式的正规乘积、反正规乘积排序的维格纳算符

$$\Delta(x,p_x) = \ :\exp\left(\frac{1}{4\alpha^2}\frac{\partial^2}{\partial X^2}+\frac{1}{4\beta^2}\frac{\partial^2}{\partial P_x^2}\right)\delta(x-X)\delta(p_x-P_x):$$

以及

$$\Delta(x,p_x) = \ \raise2pt\hbox{$\vdots$}\exp\left(-\frac{1}{4\alpha^2}\frac{\partial^2}{\partial X^2}-\frac{1}{4\beta^2}\frac{\partial^2}{\partial P_x^2}\right)\delta(x-X)\delta(p_x-P_x)\raise2pt\hbox{$\vdots$}$$

相比较，会发现它们形式上相似，只是微分算子不同，这与算符的排序种类相关联.

将(4.1.10)式所示的维格纳算符代入外尔对应规则(X5)式，得到

$$H(X,P_x) = \raise2pt\hbox{$\vdots$}\exp\left(-\frac{\mathrm{i}\hbar}{2}\frac{\partial^2}{\partial X\partial P_x}\right)h(X,P_x)\raise2pt\hbox{$\vdots$} \tag{4.1.12}$$

这就是坐标-动量排序的外尔对应规则，是微分形式的.只要给定经典函数 $h(x,p_x)$，将 $h(X,P_x)$ 代入(4.1.12)式进行微分运算便可得到基于外尔对应规则的量子力学算符，结果是在 $\raise2pt\hbox{$\vdots$}\cdots\raise2pt\hbox{$\vdots$}$ 记号内的.如经典函数 $x^mp_x^n$（m,n 是正整数或零），按照(4.1.12)式，它的外尔量子对应为

$$x^mp_x^n \rightarrow \raise2pt\hbox{$\vdots$}\exp\left(-\frac{\mathrm{i}\hbar}{2}\frac{\partial^2}{\partial X\partial P_x}\right)X^mP_x^n\raise2pt\hbox{$\vdots$}$$

$$= \left(\frac{\mathrm{i}\hbar}{2}\right)^{n} \mathfrak{Q} \exp\left[-\frac{\partial^{2}}{\partial X \partial \left(\frac{2}{\mathrm{i}\hbar} P_{x}\right)}\right] X^{m} \left(\frac{2}{\mathrm{i}\hbar} P_{x}\right)^{n} \mathfrak{Q}$$

$$= \left(\frac{\mathrm{i}\hbar}{2}\right)^{n} \mathfrak{Q} \, \mathrm{H}_{m,n}\left(X, \frac{2}{\mathrm{i}\hbar} P_{x}\right) \mathfrak{Q} \tag{4.1.13a}$$

或者

$$x^{m} p_{x}^{n} \quad \to \quad \mathfrak{Q} \exp\left(-\frac{\mathrm{i}\hbar}{2} \frac{\partial^{2}}{\partial X \partial P_{x}}\right) X^{m} P_{x}^{n} \mathfrak{Q}$$

$$= \mathfrak{Q} \exp\left[-\frac{\mathrm{i}}{2} \frac{\partial^{2}}{\partial(\alpha X) \partial(\beta P_{x})}\right] X^{m} P_{x}^{n} \mathfrak{Q}$$

$$= \frac{1}{\alpha^{m}} \left(\frac{\mathrm{i}}{2\beta}\right)^{n} \mathfrak{Q} \exp\left[-\frac{\partial^{2}}{\partial(\alpha X) \partial(-2\mathrm{i}\beta P_{x})}\right] (\alpha X)^{m} \, (-2\mathrm{i}\beta P_{x})^{n} \mathfrak{Q}$$

$$= \frac{1}{\alpha^{m}} \left(\frac{\mathrm{i}}{2\beta}\right)^{n} \mathfrak{Q} \, \mathrm{H}_{m,n}(\alpha X, \, -2\mathrm{i}\beta P_{x}) \mathfrak{Q} \tag{4.1.13b}$$

再如经典力学量 $\mathrm{e}^{\lambda p_{x}}$,它的外尔量子对应为

$$\mathrm{e}^{\lambda p_{x}} \quad \to \quad \mathfrak{Q} \exp\left(-\frac{\mathrm{i}\hbar}{2} \frac{\partial^{2}}{\partial X \partial P_{x}}\right) \mathrm{e}^{\lambda X P_{x}} \mathfrak{Q}$$

$$= \mathfrak{Q} \exp\left(-\frac{\mathrm{i}\hbar}{2} \frac{\partial^{2}}{\partial X \partial P_{x}}\right) \int \frac{\mathrm{d}^{2} z}{\pi} \exp(-z z^{*} + z\lambda X + z^{*} P_{x}) \mathfrak{Q}$$

$$= \mathfrak{Q} \int \frac{\mathrm{d}^{2} z}{\pi} \exp\left[-\left(1 + \frac{\mathrm{i}\hbar\lambda}{2}\right) z z^{*} + z\lambda X + z^{*} P_{x}\right] \mathfrak{Q}$$

$$= \frac{2}{2 + \mathrm{i}\hbar\lambda} \mathfrak{Q} \exp\left(\frac{2\lambda}{2 + \mathrm{i}\hbar\lambda} X P_{x}\right) \mathfrak{Q} \tag{4.1.14}$$

微分型的外尔对应规则不仅能让我们方便地求出经典函数的外尔量子对应,而且也能让我们方便地求得一个量子力学算符的外尔经典对应. 为此,用坐标本征左矢 $\langle x |$ 和动量本征右矢 $| p_{x} \rangle$ 夹乘微分型的外尔对应规则(4.1.12)式,得

$$\langle x | H(X, P_{x}) | p_{x} \rangle = \langle x | \mathfrak{Q} \exp\left(-\frac{\mathrm{i}\hbar}{2} \frac{\partial^{2}}{\partial X \partial P_{x}}\right) h(X, P_{x}) \mathfrak{Q} | p_{x} \rangle$$

$$= \langle x | \mathfrak{Q} \exp\left(-\frac{\mathrm{i}\hbar}{2} \frac{\partial^{2}}{\partial t \partial \tau}\right) h(X + t, P_{x} + \tau) \bigg|_{t = \tau = 0} \mathfrak{Q} | p_{x} \rangle$$

$$= \exp\left(-\frac{\mathrm{i}\hbar}{2} \frac{\partial^{2}}{\partial t \partial \tau}\right) \langle x | \mathfrak{Q} h(X + t, P_{x} + \tau) \bigg|_{t = \tau = 0} \mathfrak{Q} | p_{x} \rangle$$

$$= \exp\left(-\frac{\mathrm{i}\hbar}{2} \frac{\partial^{2}}{\partial t \partial \tau}\right) h(x + t, p_{x} + \tau) \bigg|_{t = \tau = 0} \langle x | p_{x} \rangle$$

$$= \langle x \mid p_x \rangle \exp\left(-\frac{i\hbar}{2} \frac{\partial^2}{\partial t \partial \tau} \right) h(x+t, p_x+\tau) \Big|_{t=\tau=0}$$

$$= \langle x \mid p_x \rangle \exp\left(-\frac{i\hbar}{2} \frac{\partial^2}{\partial x \partial p_x} \right) h(x+t, p_x+\tau) \Big|_{t=\tau=0}$$

$$= \langle x \mid p_x \rangle \exp\left(-\frac{i\hbar}{2} \frac{\partial^2}{\partial x \partial p_x} \right) h(x, p_x)$$

于是得到

$$h(x, p_x) = \exp\left(\frac{i\hbar}{2} \frac{\partial^2}{\partial x \partial p_x} \right) \left[\frac{1}{\langle x \mid p_x \rangle} \langle x \mid H(X, P_x) \mid p_x \rangle \right] \quad (4.1.15)$$

这就是外尔对应规则的逆规则,它能够帮助我们求出量子力学算符的外尔经典对应(经典函数).

思考 在上面的计算过程中为什么采用参数 t 和 τ 的微商?

如算符 XP_xX,它的外尔经典对应为

$$XP_xX \quad \rightarrow \quad \exp\left(\frac{i\hbar}{2} \frac{\partial^2}{\partial x \partial p_x} \right) \left[\frac{1}{\langle x \mid p_x \rangle} \langle x \mid XP_xX \mid p_x \rangle \right]$$

$$= \exp\left(\frac{i\hbar}{2} \frac{\partial^2}{\partial x \partial p_x} \right) \left[\frac{1}{\langle x \mid p_x \rangle} x \frac{\hbar}{i} \frac{\partial}{\partial x} x \langle x \mid p_x \rangle \right]$$

$$= \exp\left(\frac{i\hbar}{2} \frac{\partial^2}{\partial x \partial p_x} \right) \left[\frac{1}{\langle x \mid p_x \rangle} x \frac{\hbar}{i} \left(1 + x \frac{i}{\hbar} p_x \right) \langle x \mid p_x \rangle \right]$$

$$= \exp\left(\frac{i\hbar}{2} \frac{\partial^2}{\partial x \partial p_x} \right) (-i\hbar x + x^2 p_x)$$

$$= \left[1 + \frac{i\hbar}{2} \frac{\partial^2}{\partial x \partial p_x} + \frac{1}{2!} \left(\frac{i\hbar}{2} \right)^2 \frac{\partial^4}{\partial x^2 \partial p_x^2} + \cdots \right] (-i\hbar x + x^2 p_x)$$

$$= -i\hbar x + x^2 p_x + i\hbar x = x^2 p_x$$

若将(4.1.15)式代入(4.1.12)式,还会得到

$$H(X, P_x) = \mho \left[\frac{1}{\langle x \mid p_x \rangle} \langle x \mid H(X, P_x) \mid p_x \rangle \right]_{x \to X, p_x \to P_x} \mho \quad (4.1.16)$$

这可以作为将一个已知算符重排成坐标-动量排序的公式,也算得上方便、实用、有效.

如果不使用算符微商法导出(4.1.10)式所示维格纳算符的微分式,而是采用第二种方法直接完成积分,则有

$$\Delta(x, p_x) = \frac{1}{4\pi^2} \mho \iint_{-\infty}^{\infty} \exp\left[\frac{i\hbar}{2} uv + iu(x-X) + iv(p_x-P_x) \right] du\, dv \mho$$

$$= \frac{1}{\pi \hbar} \mathfrak{Q} \exp\left[-\frac{2\mathrm{i}}{\hbar}(x-X)(p_x - P_x)\right] \mathfrak{Q} \qquad (4.1.17)$$

这是维格纳算符的非微分形式的坐标-动量排序式,尽管与(4.1.10)式所示的维格纳算符形式不同,但与其是等价的.将(4.1.17)式代入外尔对应规则(X5)式,得

$$H(X, P_x) = \frac{1}{\pi \hbar} \mathfrak{Q} \iint_{-\infty}^{\infty} h(x, p_x) \exp\left[-\frac{2\mathrm{i}}{\hbar}(x-X)(p_x - P_x)\right] \mathrm{d}x \mathrm{d}p_x \mathfrak{Q} \qquad (4.1.18a)$$

或写成无量纲形式

$$H(Q, P) = \frac{1}{\pi} \mathfrak{Q} \iint_{-\infty}^{\infty} h(q, p) \exp[-2\mathrm{i}(q-Q)(p-P)] \mathrm{d}q \mathrm{d}p \mathfrak{Q} \qquad (4.1.18b)$$

这就是非微分形式的坐标-动量排序的外尔对应规则,它告诉我们,只要经典函数 h 已知,完成(4.1.18)式中的牛顿-莱布尼茨积分就可得到其相应的外尔量子对应 H.如经典量 $q^m p^n$,它的外尔量子对应为

$$q^m p^n \to \frac{1}{\pi} \mathfrak{Q} \iint_{-\infty}^{\infty} q^m p^n \exp[-2\mathrm{i}(q-Q)(p-P)] \mathrm{d}q \mathrm{d}p \mathfrak{Q}$$

$$= \frac{1}{\pi} \mathfrak{Q} \mathrm{e}^{-2\mathrm{i}QP} \iint_{-\infty}^{\infty} q^m p^n \exp[-2\mathrm{i}q(p-P)+2\mathrm{i}Qp] \mathrm{d}q \mathrm{d}p \mathfrak{Q}$$

$$= \frac{1}{\pi} \frac{1}{(2\mathrm{i})^{m+n}} \mathfrak{Q} \mathrm{e}^{-2\mathrm{i}QP} \frac{\partial^m}{\partial P^m} \frac{\partial^n}{\partial Q^n} \iint_{-\infty}^{\infty} \exp[-2\mathrm{i}q(p-P)+2\mathrm{i}Qp] \mathrm{d}q \mathrm{d}p \mathfrak{Q}$$

$$= \frac{1}{(2\mathrm{i})^{m+n}} \mathfrak{Q} \mathrm{e}^{-2\mathrm{i}QP} \frac{\partial^m}{\partial P^m} \frac{\partial^n}{\partial Q^n} \iint_{-\infty}^{\infty} \delta(p-P) \exp(2\mathrm{i}Qp) \mathrm{d}q \mathrm{d}p \mathfrak{Q}$$

$$= \frac{1}{(2\mathrm{i})^{m+n}} \mathfrak{Q} \mathrm{e}^{-2\mathrm{i}QP} \frac{\partial^m}{\partial P^m} \frac{\partial^n}{\partial Q^n} \mathrm{e}^{2\mathrm{i}QP} \mathfrak{Q}$$

$$= \frac{1}{(2\mathrm{i})^{m+n}} \mathfrak{Q} \mathrm{e}^{Q(\frac{2}{\mathrm{i}}P)} \frac{\partial^m}{\partial P^m} \frac{\partial^n}{\partial Q^n} \mathrm{e}^{-Q(\frac{2}{\mathrm{i}}P)} \mathfrak{Q}$$

$$= \left(\frac{\mathrm{i}}{2}\right)^n \mathfrak{Q} \mathrm{H}_{m,n}\left(Q, \frac{2}{\mathrm{i}}P\right) \mathfrak{Q} \qquad (4.1.19)$$

比较导出(4.1.13)式与(4.1.19)式的计算过程,个人观点是微分形式的外尔对应规则更好用、更便捷一些.

总结一下我们已经得到的三种不同排序(包括正规、反正规与坐标-动量排序)情形下的外尔对应规则,会发现它们有一个共同的特点,就是在有序算符记号内各微分算子后面的算符函数都是一样的,都是原经典函数中将经典坐标和动量直接地置换成了坐标算符和动量算符.这表明经典函数与它的外尔量子对应之间的一一对应关系是可以通过指数微分算子关联起来的,这个起关联作用的指数微分算子的形式由算符的排序种类所

决定.后面会发现,将要引入的算符的动量-坐标排序和外尔编序也有这样的特点,尤其是外尔编序更具特色.

现在再来观察(4.1.18)式,发现坐标-动量排序记号内的积分核具有如下形式:

$$\frac{1}{\pi}\exp[-2i(x-\eta)(y-\xi)] \tag{4.1.20}$$

以它作为积分变换核生成的变换可写成

$$G(\eta,\xi)=\frac{1}{\pi}\iint_{-\infty}^{\infty}F(x,y)\exp[-2i(x-\eta)(y-\xi)]dxdy \tag{4.1.21}$$

很明显,这一变换有别于以$\frac{1}{2\pi}\exp(ix\eta+iy\xi)$为积分变换核的二维傅里叶变换(傅氏变换)

$$g(\eta,\xi)=\frac{1}{2\pi}\iint_{-\infty}^{\infty}f(x,y)\exp(ix\eta+iy\xi)dxdy$$

(4.1.21)式所示的变换称为范洪义变换,简称范氏变换[3].用$\frac{1}{\pi}\exp[2i(x'-\eta)(y'-\xi)]$乘以(4.1.21)式,并对$d\eta d\xi$积分,得

$$\frac{1}{\pi}\iint_{-\infty}^{\infty}G(\eta,\xi)\exp[2i(x'-\eta)(y'-\xi)]d\eta d\xi$$

$$=\frac{1}{\pi^2}\iint_{-\infty}^{\infty}F(x,y)e^{2i(x'y'-xy)}\iint_{-\infty}^{\infty}\exp[2i\xi(x-x')+2i\eta(y-y')]d\eta d\xi dxdy$$

$$=\iint_{-\infty}^{\infty}F(x,y)e^{2i(x'y'-xy)}\delta(x-x')\delta(y-y')dxdy=F(x',y')$$

亦即

$$F(x,y)=\frac{1}{\pi}\iint_{-\infty}^{\infty}G(\eta,\xi)\exp[2i(x-\eta)(y-\xi)]d\eta d\xi \tag{4.1.22}$$

这就是范氏变换的逆变换.范氏变换的 Parseval-like 定理为

$$\iint_{-\infty}^{\infty}\frac{d\eta d\xi}{\pi}|G(\eta,\xi)|^2=\iint_{-\infty}^{\infty}\frac{dxdy}{\pi}|F(x,y)|^2 \tag{4.1.23}$$

证明从略.

4.1.3　几种典型算符的坐标–动量排序形式

现在讨论算符函数 $F(\lambda X + \nu P_x)$ 的坐标–动量排序形式. 为此,先考虑幂算符 $(\lambda X + \nu P_x)^n$,其中 $n = 0, 1, 2, 3, \cdots$. 基于坐标算符与动量算符的对易关系 $[X, P_x] = XP_x - P_x X = \mathrm{i}\hbar$,利用 Baker-Campbell-Hausdorff 公式,我们有

$$
\begin{aligned}
(\lambda X + \nu P_x)^n &= \frac{\partial^n}{\partial t^n} \mathrm{e}^{t(\lambda X + \nu P_x)} \bigg|_{t=0} = \frac{\partial^n}{\partial t^n} \mathrm{e}^{-\frac{\mathrm{i}\hbar}{2} t^2 \lambda \nu} \mathrm{e}^{t\lambda X} \mathrm{e}^{t\nu P_x} \bigg|_{t=0} \\
&= \raisebox{0pt}{$\vdots$}\, \frac{\partial^n}{\partial t^n} \exp\left[-\frac{\mathrm{i}\hbar}{2} t^2 \lambda \nu + t(\lambda X + \nu P_x) \right] \bigg|_{t=0} \raisebox{0pt}{$\vdots$} \\
&= \raisebox{0pt}{$\vdots$}\, \frac{\partial^n}{\partial t^n} \exp\left(-\frac{\mathrm{i}\hbar}{2} \frac{\partial^2}{\partial X \partial P_x} \right) \mathrm{e}^{t(\lambda X + \nu P_x)} \bigg|_{t=0} \raisebox{0pt}{$\vdots$} \\
&= \raisebox{0pt}{$\vdots$}\, \exp\left(-\frac{\mathrm{i}\hbar}{2} \frac{\partial^2}{\partial X \partial P_x} \right) \frac{\partial^n}{\partial t^n} \mathrm{e}^{t(\lambda X + \nu P_x)} \bigg|_{t=0} \raisebox{0pt}{$\vdots$} \\
&= \raisebox{0pt}{$\vdots$}\, \exp\left(-\frac{\mathrm{i}\hbar}{2} \frac{\partial^2}{\partial X \partial P_x} \right) (\lambda X + \nu P_x)^n \raisebox{0pt}{$\vdots$}
\end{aligned}
\tag{4.1.24}
$$

这就是幂算符 $(\lambda X + \nu P_x)^n$ 的坐标–动量排序式,它具有普适性. 所以,任何一个可以展开为 $(\lambda X + \nu P_x)^n$ 的幂级数的算符 $F(\lambda X + \nu P_x)$,它的坐标–动量排序式为

$$
F(\lambda X + \nu P_x) = \raisebox{0pt}{$\vdots$}\, \exp\left(-\frac{\mathrm{i}\hbar}{2} \frac{\partial^2}{\partial X \partial P_x} \right) F(\lambda X + \nu P_x) \raisebox{0pt}{$\vdots$}
\tag{4.1.25a}
$$

它对应的无量纲坐标算符和动量算符的情形为

$$
F(\lambda Q + \nu P) = \raisebox{0pt}{$\vdots$}\, \exp\left(-\frac{\mathrm{i}}{2} \frac{\partial^2}{\partial Q \partial P} \right) F(\lambda Q + \nu P) \raisebox{0pt}{$\vdots$}
\tag{4.1.25b}
$$

算符恒等公式 (4.1.25) 具有普适性. 当然,当 $F(\lambda Q + \nu P)$ 具体给定后,通过微分运算就可以导出其坐标–动量排序记号内的显式. 例如 (4.1.24) 式,则有

$$
\begin{aligned}
(\lambda X + \nu P_x)^n &= \raisebox{0pt}{$\vdots$}\, \exp\left(-\frac{\mathrm{i}\hbar}{2} \frac{\partial^2}{\partial X \partial P_x} \right) (\lambda X + \nu P_x)^n \raisebox{0pt}{$\vdots$} \\
&= \raisebox{0pt}{$\vdots$}\, \exp\left[-\frac{\mathrm{i}\hbar\lambda\nu}{2} \frac{\partial^2}{\partial(\lambda X + \nu P_x)^2} \right] (\lambda X + \nu P_x)^n \raisebox{0pt}{$\vdots$} \\
&= \left(\sqrt{\frac{\mathrm{i}\hbar\lambda\nu}{2}} \right)^n \raisebox{0pt}{$\vdots$}\, \exp\left[-\frac{1}{4} \frac{\partial^2}{\partial\left[(\lambda X + \nu P_x)/\sqrt{2\mathrm{i}\hbar\nu} \right]^2} \right] \left(2 \frac{\lambda X + \nu P_x}{\sqrt{2\mathrm{i}\hbar\nu}} \right)^n \raisebox{0pt}{$\vdots$}
\end{aligned}
$$

$$= \left(\sqrt{\frac{\mathrm{i}\hbar\lambda\nu}{2}} \right)^n \mathfrak{Q} H_n \left(\frac{\lambda X + \nu P_x}{\sqrt{2\mathrm{i}\hbar\lambda\nu}} \right) \mathfrak{Q} \tag{4.1.26}$$

在上面的计算中利用了

$$\frac{\partial}{\partial X} = \frac{\partial(\lambda X + \nu P_x)}{\partial X} \frac{\partial}{\partial(\lambda X + \nu P_x)} = \lambda \frac{\partial}{\partial(\lambda X + \nu P_x)}$$

$$\frac{\partial}{\partial P_x} = \frac{\partial(\lambda X + \nu P_x)}{\partial P_x} \frac{\partial}{\partial(\lambda X + \nu P_x)} = \nu \frac{\partial}{\partial(\lambda X + \nu P_x)}$$

以及厄米多项式的微分形式 $H_n(\xi) = \exp\left(-\frac{1}{4} \frac{\partial^2}{\partial\xi^2} \right)(2\xi)^n$.

又如算符函数 $H_n(\lambda X + \nu P_x)$,由(4.1.25a)式可得

$$H_n(\lambda X + \nu P_x) = \mathfrak{Q} \exp\left(-\frac{\mathrm{i}\hbar}{2} \frac{\partial^2}{\partial X \partial P_x} \right) H_n(\lambda X + \nu P_x) \mathfrak{Q}$$

$$= \mathfrak{Q} \exp\left[-\frac{\mathrm{i}\hbar\lambda\nu}{2} \frac{\partial^2}{\partial(\lambda X + \nu P_x)^2} \right] H_n(\lambda X + \nu P_x) \mathfrak{Q}$$

$$= \mathfrak{Q} \exp\left[-\frac{\mathrm{i}\hbar\lambda\nu}{2} \frac{\partial^2}{\partial(\lambda X + \nu P_x)^2} - \frac{1}{4} \frac{\partial^2}{\partial(\lambda X + \nu P_x)^2} \right]$$

$$\cdot \exp\left[\frac{1}{4} \frac{\partial^2}{\partial(\lambda X + \nu P_x)^2} \right] H_n(\lambda X + \nu P_x) \mathfrak{Q}$$

$$= \mathfrak{Q} \exp\left[-\frac{1 + 2\mathrm{i}\hbar\lambda\nu}{4} \frac{\partial^2}{\partial(\lambda X + \nu P_x)^2} \right] \left[2(\lambda X + \nu P_x) \right]^n \mathfrak{Q}$$

$$= (\sqrt{1 + 2\mathrm{i}\hbar\lambda\nu})^n \mathfrak{Q} \exp\left[-\frac{1}{4} \frac{\partial^2}{\partial\left[(\lambda X + \nu P_x)/\sqrt{1 + 2\mathrm{i}\hbar\lambda\nu} \right]^2} \right]$$

$$\cdot \left(2 \frac{\lambda X + \nu P_x}{\sqrt{1 + 2\mathrm{i}\hbar\lambda\nu}} \right)^n \mathfrak{Q}$$

$$= (\sqrt{1 + 2\mathrm{i}\hbar\lambda\nu})^n \mathfrak{Q} H_n \left(\frac{\lambda X + \nu P_x}{\sqrt{1 + 2\mathrm{i}\hbar\lambda\nu}} \right) \mathfrak{Q} \tag{4.1.27}$$

计算过程中先后利用了厄米多项式的微分形式

$$H_n(\xi) = \exp\left(-\frac{1}{4} \frac{\partial^2}{\partial\xi^2} \right)(2\xi)^n$$

及其逆关系

$$\exp\left(\frac{1}{4} \frac{\partial^2}{\partial\xi^2} \right) H_n(\xi) = (2\xi)^n$$

接下来，我们来导出幂算符 $(XP_x)^n$ 的坐标-动量排序表达式. 基于(4.1.4a)式, 有

$$
(XP_x)^n = \frac{\partial^n}{\partial t^n} e^{tXP_x}\bigg|_{t=0} = \genfrac{}{}{0pt}{}{\vdots}{\vdots}\frac{\partial^n}{\partial t^n}\exp\left[\frac{i}{\hbar}XP_x(e^{-i\hbar t}-1)\right]\bigg|_{t=0}\genfrac{}{}{0pt}{}{\vdots}{\vdots}
$$

$$
= \genfrac{}{}{0pt}{}{\vdots}{\vdots}\exp\left(-\frac{i}{\hbar}XP_x\right)\frac{\partial^n}{\partial t^n}\exp\left(\frac{i}{\hbar}XP_x e^{-i\hbar t}\right)\bigg|_{t=0}\genfrac{}{}{0pt}{}{\vdots}{\vdots}
$$

令 $\tau = e^{-i\hbar t}$, 则有 $\dfrac{\partial}{\partial t} = \dfrac{\partial \tau}{\partial t}\dfrac{\partial}{\partial \tau} = -i\hbar\tau\dfrac{\partial}{\partial \tau}$, 于是上式化为

$$
(XP_x)^n = \genfrac{}{}{0pt}{}{\vdots}{\vdots}\exp\left(-\frac{i}{\hbar}XP_x\right)\left(-i\hbar\tau\frac{\partial}{\partial \tau}\right)^n\exp\left(\frac{i}{\hbar}XP_x\tau\right)\bigg|_{\tau=1}\genfrac{}{}{0pt}{}{\vdots}{\vdots}
$$

$$
= \genfrac{}{}{0pt}{}{\vdots}{\vdots}\exp\left[\left(-\frac{i}{\hbar}XP_x\right)\right]\left[-i\hbar(XP_x)\frac{\partial}{\partial(XP_x)}\right]^n\exp\left(\frac{i}{\hbar}XP_x\tau\right)\bigg|_{\tau=1}\genfrac{}{}{0pt}{}{\vdots}{\vdots}
$$

$$
= \genfrac{}{}{0pt}{}{\vdots}{\vdots}\exp\left[\left(-\frac{i}{\hbar}XP_x\right)\right]\left[-i\hbar(XP_x)\frac{\partial}{\partial(XP_x)}\right]^n\exp\left(\frac{i}{\hbar}XP_x\right)\genfrac{}{}{0pt}{}{\vdots}{\vdots}
$$

$$
= (-i\hbar)^n\genfrac{}{}{0pt}{}{\vdots}{\vdots}e^{-\xi}\left(\xi\frac{\partial}{\partial \xi}\right)^n e^{\xi}\bigg|_{\xi=iXP_x/\hbar}\genfrac{}{}{0pt}{}{\vdots}{\vdots}
$$

$$
= (-i\hbar)^n\genfrac{}{}{0pt}{}{\vdots}{\vdots}T_n(\xi)\big|_{\xi=iXP_x/\hbar}\genfrac{}{}{0pt}{}{\vdots}{\vdots} = (-i\hbar)^n\genfrac{}{}{0pt}{}{\vdots}{\vdots}T_n\left(\frac{i}{\hbar}XP_x\right)\genfrac{}{}{0pt}{}{\vdots}{\vdots} \tag{4.1.28a}
$$

它的无量纲形式为

$$
(QP)^n = (-i)^n\genfrac{}{}{0pt}{}{\vdots}{\vdots}T_n(iQP)\genfrac{}{}{0pt}{}{\vdots}{\vdots} \tag{4.1.28b}
$$

式中 $T_n(\xi)$ 是在第 1 章中讨论过的图查德多项式. 至于幂算符 $(PQ)^n$ 的坐标-动量排序形式, 则可基于 $[-iP,Q] = -1 = [a^\dagger, a]$, 类比(3.3.2)式, 也就是类比

$$
(a^\dagger a)^n = (-1)^n\ \vdots\ X_n(-aa^\dagger)\ \vdots
$$

可得

$$
(PQ)^n = i^n\left[(-iP)Q\right]^n = i^n(-1)^n\genfrac{}{}{0pt}{}{\vdots}{\vdots}X_n(iQP)\genfrac{}{}{0pt}{}{\vdots}{\vdots}
$$

$$
= (-i)^n\genfrac{}{}{0pt}{}{\vdots}{\vdots}X_n(iQP)\genfrac{}{}{0pt}{}{\vdots}{\vdots} \tag{4.1.28c}
$$

式中 $X_n(\eta)$ 是第 2 章中定义的多项式(2.6.18)式.

最后, 我们考虑单模压缩算符

$$
S = \sqrt{\kappa}\int_{-\infty}^{\infty}|\kappa x\rangle\langle x|\,\mathrm{d}x \quad (\kappa > 0)
$$

导出它的坐标-动量排序式有两种方法: 一是利用外尔对应规则的逆规则(4.1.15)式求出 S 的外尔经典对应, 然后再将该经典对应代入外尔对应规则(4.1.12)式导出 S 的坐标-动量

排序式;二是利用导出(4.1.6)式的方法.我们采用第二种方法,设单模压缩算符 S 的坐标-动量排序式为 $\mathfrak{Q}f(X,P_x)\mathfrak{Q}$,即

$$\sqrt{\kappa}\int_{-\infty}^{\infty}\mid\kappa x'\rangle\langle x'\mid \mathrm{d}x' = \mathfrak{Q}f(X,P_x)\mathfrak{Q} \tag{4.1.29}$$

用坐标本征左矢$\langle x\mid$和动量本征右矢$\mid p_x\rangle$夹乘(4.1.29)式,得

$$\sqrt{\kappa}\int_{-\infty}^{\infty}\delta(x-\kappa x')\langle x'\mid p_x\rangle\mathrm{d}x' = f(x,p_x)\langle x\mid p_x\rangle$$

那么就得到

$$f(x,p_x) = \frac{1}{\langle x\mid p_x\rangle}\sqrt{\kappa}\int_{-\infty}^{\infty}\delta(x-\kappa x')\langle x'\mid p_x\rangle\mathrm{d}x' = \frac{1}{\sqrt{\kappa}}\frac{1}{\langle x\mid p_x\rangle}\langle x/\kappa\mid p_x\rangle$$

$$= \frac{1}{\sqrt{\kappa}}\exp\left(\frac{\mathrm{i}}{\hbar}\frac{1-\kappa}{\kappa}xp_x\right) \tag{4.1.30}$$

将此结果代入(4.1.29)式便得到

$$S = \sqrt{\kappa}\int_{-\infty}^{\infty}\mid\kappa x\rangle\langle x\mid \mathrm{d}x = \frac{1}{\sqrt{\kappa}}\mathfrak{Q}\exp\left(\frac{\mathrm{i}}{\hbar}\frac{1-\kappa}{\kappa}XP_x\right)\mathfrak{Q} = \frac{1}{\sqrt{\kappa}}\mathfrak{Q}\exp\left(\mathrm{i}\frac{1-\kappa}{\kappa}QP\right)\mathfrak{Q} \tag{4.1.31}$$

还可以进一步利用(4.1.4c)式脱掉坐标-动量排序记号,得

$$S = \sqrt{\kappa}\int_{-\infty}^{\infty}\mid\kappa x\rangle\langle x\mid \mathrm{d}x = \frac{1}{\sqrt{\kappa}}\exp(-\mathrm{i}QP\ln\kappa)$$

$$= \exp[-\mathrm{i}(QP+PQ)\ln\sqrt{\kappa}] = \exp[-\mathrm{i}\lambda(QP+PQ)] \tag{4.1.32}$$

式中$\sqrt{\kappa}=\mathrm{e}^{\lambda}$.这显然是一个幺正算符,亦即

$$S^{\dagger} = S^{-1} = \exp[\mathrm{i}\lambda(QP+PQ)] \tag{4.1.33}$$

单模压缩算符的这种指数形式可以推广到多模情形,有关内容可参阅文献[4].

4.1.4　坐标-动量排序算符的乘法定理

两个坐标-动量排序的算符的乘积重排成一个坐标-动量排序算符的乘法定理(QQQ乘法定理)表述如下:

$$\vdots F(X,P_x)\vdots \times \vdots G(X,P_x)\vdots = \vdots F(X,P_x)\exp\left(-\,\mathrm{i}\hbar\frac{\overleftarrow{\partial}}{\partial P_x}\frac{\overrightarrow{\partial}}{\partial X}\right)G(X,P_x)\vdots$$

$$(4.1.34)$$

或表示成

$$\vdots F(Q,P)\vdots \times \vdots G(Q,P)\vdots = \vdots F(Q,P)\exp\left(-\,\mathrm{i}\frac{\overleftarrow{\partial}}{\partial P}\frac{\overrightarrow{\partial}}{\partial Q}\right)G(Q,P)\vdots \quad (4.1.35)$$

证明

$$\vdots F(X,P_x)\vdots \times \vdots G(X,P_x)\vdots$$

$$= \iint_{-\infty}^{\infty} F(x,p_x)\delta(x-X)\delta(p_x-P_x)\mathrm{d}x\mathrm{d}p_x$$

$$\cdot \iint_{-\infty}^{\infty} G(x',p'_x)\delta(x'-X)\delta(p'_x-P_x)\mathrm{d}x'\mathrm{d}p'_x$$

$$= \int\cdots\int_{-\infty}^{\infty} F(x,p_x)G(x',p'_x)\delta(x-X)\delta(p_x-P_x)\delta(x'-X)$$

$$\cdot \delta(p'_x-P_x)\mathrm{d}x'\mathrm{d}p'_x\mathrm{d}x\mathrm{d}p_x$$

$$= \int\cdots\int_{-\infty}^{\infty} F(x,p_x)G(x',p'_x)\delta(x-X)$$

$$\cdot \frac{1}{4\pi^2}\iint_{-\infty}^{\infty} \mathrm{e}^{\mathrm{i}u(p_x-P_x)}\mathrm{e}^{\mathrm{i}v(x'-X)}\mathrm{d}u\mathrm{d}v\Big]\delta(p'_x-P_x)\mathrm{d}x'\mathrm{d}p'_x\mathrm{d}x\mathrm{d}p_x$$

利用 Baker-Campbell-Hausdorff 公式将上式中的 $\mathrm{e}^{\mathrm{i}u(p_x-P_x)}\mathrm{e}^{\mathrm{i}v(x'-X)}$ 整理成 $\mathrm{e}^{\mathrm{i}v(x'-X)}$ 在前、$\mathrm{e}^{\mathrm{i}u(p_x-P_x)}$ 在后的形式,得

$$\vdots F(X,P_x)\vdots \times \vdots G(X,P_x)\vdots$$

$$= \int\cdots\int_{-\infty}^{\infty} F(x,p_x)G(x',p'_x)\delta(x-X)$$

$$\cdot \frac{1}{4\pi^2}\iint_{-\infty}^{\infty} \mathrm{e}^{\mathrm{i}\hbar uv}\mathrm{e}^{\mathrm{i}v(x'-X)}\mathrm{e}^{\mathrm{i}u(p_x-P_x)}\mathrm{d}u\mathrm{d}v\Big]\delta(p'_x-P_x)\mathrm{d}x'\mathrm{d}p'_x\mathrm{d}x\mathrm{d}p_x$$

此时,上式右端已经成为了坐标-动量排序了,就可以加上 $\vdots\cdots\vdots$ 记号了,即

$$\vdots F(X,P_x)\vdots \times \vdots G(X,P_x)\vdots$$

$$= \vdots\int\cdots\int_{-\infty}^{\infty} F(x,p_x)G(x',p'_x)\delta(x-X)$$

$$\cdot \frac{1}{4\pi^2}\iint_{-\infty}^{\infty} \mathrm{e}^{\mathrm{i}\hbar uv}\mathrm{e}^{\mathrm{i}v(x'-X)}\mathrm{e}^{\mathrm{i}u(p_x-P_x)}\mathrm{d}u\mathrm{d}v\Big]\delta(p'_x-P_x)\mathrm{d}x'\mathrm{d}p'_x\mathrm{d}x\mathrm{d}p_x\vdots$$

$$= \vdots\int\cdots\int_{-\infty}^{\infty} F(x,p_x)G(x',p'_x)\delta(x-X)$$

$$\cdot \frac{1}{4\pi^2}\left[\exp\left(-\mathrm{i}\hbar\frac{\partial^2}{\partial X\partial P_x}\right)\iint_{-\infty}^{\infty}\mathrm{e}^{\mathrm{i}v(x'-X)}\mathrm{e}^{\mathrm{i}u(p_x-P_x)}\mathrm{d}u\,\mathrm{d}v\right]\delta(p_x'-P_x)\mathrm{d}x'\mathrm{d}p_x'\mathrm{d}x\mathrm{d}p_x\,\raisebox{-1pt}{\text{⦂}}$$

$$=\raisebox{-1pt}{\text{⦂}}\int\cdots\int_{-\infty}^{\infty}F(x,p_x)G(x',p_x')\delta(x-X)$$

$$\cdot\left[\exp\left(-\mathrm{i}\hbar\frac{\partial^2}{\partial X\partial P_x}\right)\delta(x'-X)\delta(p_x-P_x)\right]\delta(p_x'-P_x)\mathrm{d}x'\mathrm{d}p_x'\mathrm{d}x\mathrm{d}p_x\,\raisebox{-1pt}{\text{⦂}}$$

$$=\raisebox{-1pt}{\text{⦂}}\exp\left(-\mathrm{i}\hbar\frac{\partial^2}{\partial t\partial \tau}\right)\int\cdots\int_{-\infty}^{\infty}F(x,p_x)G(x',p_x')\delta(x-X)$$

$$\cdot\delta(p_x-P_x-\tau)\delta(x'-X-t)\delta(p_x'-P_x)\mathrm{d}x'\mathrm{d}p_x'\mathrm{d}x\mathrm{d}p_x\Big|_{t=\tau=0}\raisebox{-1pt}{\text{⦂}}$$

$$=\raisebox{-1pt}{\text{⦂}}\exp\left(-\mathrm{i}\hbar\frac{\partial^2}{\partial t\partial\tau}\right)F(X,P_x+\tau)G(X+t,P_x)\Big|_{t=\tau=0}\raisebox{-1pt}{\text{⦂}}$$

$$=\raisebox{-1pt}{\text{⦂}}F(X,P_x+\tau)\exp\left(-\mathrm{i}\hbar\frac{\overleftarrow{\partial}}{\partial\tau}\frac{\overrightarrow{\partial}}{\partial t}\right)G(X+t,P_x)\Big|_{t=\tau=0}\raisebox{-1pt}{\text{⦂}}$$

$$=\raisebox{-1pt}{\text{⦂}}F(X,P_x)\exp\left(-\mathrm{i}\hbar\frac{\overleftarrow{\partial}}{\partial P_x}\frac{\overrightarrow{\partial}}{\partial X}\right)G(X,P_x)\raisebox{-1pt}{\text{⦂}}$$

$$=\raisebox{-1pt}{\text{⦂}}F(Q,P)\exp\left(-\mathrm{i}\frac{\overleftarrow{\partial}}{\partial P}\frac{\overrightarrow{\partial}}{\partial Q}\right)G(Q,P)\raisebox{-1pt}{\text{⦂}}$$

思考　在上面的证明过程中为什么又使用了参数 t 和 τ 的微商法?

有了 ⦂⦂⦂ 乘法定理,就可以直接将两个坐标-动量排序的算符乘积重排为一个坐标-动量排序的算符了,这会为计算带来许多方便.

举一个比较简单的例子来说明 ⦂⦂⦂ 乘法定理的使用.算符 Q^2P^2 和 Q^2P 都是坐标-动量排序的,它们的乘积为

$$Q^2P^2Q^2P=\raisebox{-1pt}{\text{⦂}}Q^2P^2\exp\left(-\mathrm{i}\frac{\overleftarrow{\partial}}{\partial P}\frac{\overrightarrow{\partial}}{\partial Q}\right)Q^2P\raisebox{-1pt}{\text{⦂}}$$

$$=\raisebox{-1pt}{\text{⦂}}Q^2P^2\left(1-\mathrm{i}\frac{\overleftarrow{\partial}}{\partial P}\frac{\overrightarrow{\partial}}{\partial Q}-\frac{1}{2!}\frac{\overleftarrow{\partial^2}}{\partial P^2}\frac{\overrightarrow{\partial^2}}{\partial Q^2}+\frac{\mathrm{i}}{3!}\frac{\overleftarrow{\partial^3}}{\partial P^3}\frac{\overrightarrow{\partial^3}}{\partial Q^3}+\cdots\right)Q^2P\raisebox{-1pt}{\text{⦂}}$$

$$=\raisebox{-1pt}{\text{⦂}}Q^4P^3-4\mathrm{i}Q^3P^2-2Q^2P\raisebox{-1pt}{\text{⦂}}=Q^4P^3-4\mathrm{i}Q^3P^2-2Q^2P$$

这一结果的正确性可以利用 $[Q,P]=\mathrm{i}$ 予以验证.

再如,P^n 和 $\raisebox{-1pt}{\text{⦂}}\mathrm{e}^{\lambda QP}\raisebox{-1pt}{\text{⦂}}$ 都是坐标-动量排序的算符(以后会知道 P^n 也是动量-坐标排序的,也是外尔编序的,$n=0,1,2,3,\cdots$),它们的乘积为

$$P^n\raisebox{-1pt}{\text{⦂}}\mathrm{e}^{\lambda QP}\raisebox{-1pt}{\text{⦂}}=\raisebox{-1pt}{\text{⦂}}P^n\exp\left(-\mathrm{i}\frac{\overleftarrow{\partial}}{\partial P}\frac{\overrightarrow{\partial}}{\partial Q}\right)\mathrm{e}^{\lambda QP}\raisebox{-1pt}{\text{⦂}}$$

$$=\raisebox{-1pt}{\text{⦂}}\frac{\partial^n}{\partial t^n}\mathrm{e}^{tP}\exp\left(-\mathrm{i}\frac{\overleftarrow{\partial}}{\partial P}\lambda P\right)\mathrm{e}^{\lambda QP}\Big|_{t=0}\raisebox{-1pt}{\text{⦂}}$$

$$= \mathfrak{Q} \frac{\partial^n}{\partial t^n} e^{tP} \exp(-it\lambda P) e^{\lambda QP} \bigg|_{t=0} \mathfrak{Q}$$

$$= \mathfrak{Q} \frac{\partial^n}{\partial t^n} \exp[t(1-i\lambda)P] e^{\lambda QP} \bigg|_{t=0} \mathfrak{Q}$$

$$= (1-i\lambda)^n \mathfrak{Q} P^n e^{\lambda QP} \mathfrak{Q}$$

$$= (1-i\lambda)^n \mathfrak{Q} e^{\lambda QP} \mathfrak{Q} P^n \tag{4.1.36}$$

这意味着算符 P^n 和 $\mathfrak{Q} e^{\lambda QP} \mathfrak{Q}$ 交换次序时多出一因子 $(1-i\lambda)^n$，这一因子与 λ 和 n 都有关系. 进一步利用 (4.1.4c) 式同时脱掉 (4.1.36) 式两端的坐标-动量排序记号，还可得到

$$P^n e^{\lambda QP} = e^{-i\lambda n} e^{\lambda QP} P^n \tag{4.1.37}$$

注意,该式中的参数 λ 已不是 (4.1.36) 式中 λ 了,而是原来的 $i\ln(1-i\lambda)$. 同理可得

$$e^{\lambda QP} Q^n = e^{-i\lambda n} Q^n e^{\lambda QP} \tag{4.1.38}$$

这两个算符恒等公式均可用数学归纳法予以证明. 当然,也可利用 Baker-Campbell-Hausdorff 公式导出 (4.1.36) 式～(4.1.38) 式,但其计算要麻烦很多.

思考 如何利用 Baker-Campbell-Hausdorff 公式导出 (4.1.36) 式～(4.1.38) 式?

4.1.5 算符的坐标-动量排序与正规(反正规)排序的互换

算符的坐标-动量排序与算符的正规乘积排序和反正规乘积排序之间是存在普适互换法则的,这一节就来讨论这个问题.

1. 互换法则(Q→N 法则)

从算符的坐标-动量排序到正规乘积排序的转换法则为

$$\mathfrak{Q} F(Q,P) \mathfrak{Q} = \ :\exp\left(\frac{1}{4}\frac{\partial^2}{\partial Q^2} + \frac{i}{2}\frac{\partial^2}{\partial Q \partial P} + \frac{1}{4}\frac{\partial^2}{\partial P^2}\right) F(Q,P): \tag{4.1.39}$$

证明 利用德尔塔函数的积分式和 Baker-Campbell-Hausdorff 公式,得

$$\mathfrak{Q} F(Q,P) \mathfrak{Q} = \iint_{-\infty}^{\infty} F(q,p)\delta(q-Q)\delta(p-P)\mathrm{d}q\mathrm{d}p$$

$$= \frac{1}{4\pi^2}\iint_{-\infty}^{\infty} F(q,p)\iint_{-\infty}^{\infty} e^{iu(q-Q)} e^{iv(p-P)}\mathrm{d}u\mathrm{d}v\mathrm{d}q\mathrm{d}p$$

$$= \frac{1}{4\pi^2}\iint_{-\infty}^{\infty} F(q,p)\iint_{-\infty}^{\infty} e^{-\frac{i}{2}uv} e^{iu(q-Q)+iv(p-P)}\mathrm{d}u\mathrm{d}v\mathrm{d}q\mathrm{d}p$$

$$= \frac{1}{4\pi^2} \iint_{-\infty}^{\infty} F(q,p) \iint_{-\infty}^{\infty} \mathrm{e}^{-\frac{1}{2}uv} \mathrm{e}^{\mathrm{i}uq+\mathrm{i}vp} \exp\left(\frac{v-\mathrm{i}u}{\sqrt{2}}a^{\dagger} - \frac{v+\mathrm{i}u}{\sqrt{2}}a\right) \mathrm{d}u\mathrm{d}v\mathrm{d}q\mathrm{d}p$$

$$= \frac{1}{4\pi^2} \iint_{-\infty}^{\infty} F(q,p) \iint_{-\infty}^{\infty} \mathrm{e}^{-\frac{1}{4}u^2 - \frac{\mathrm{i}}{2}uv - \frac{1}{4}v^2} \mathrm{e}^{\mathrm{i}uq+\mathrm{i}vp}$$

$$\cdot \exp\left(\frac{v-\mathrm{i}u}{\sqrt{2}}a^{\dagger}\right) \exp\left(-\frac{v+\mathrm{i}u}{\sqrt{2}}a\right) \mathrm{d}u\mathrm{d}v\mathrm{d}q\mathrm{d}p$$

$$= \frac{1}{4\pi^2} : \iint_{-\infty}^{\infty} F(q,p) \iint_{-\infty}^{\infty} \mathrm{e}^{-\frac{1}{4}u^2 - \frac{\mathrm{i}}{2}uv - \frac{1}{4}v^2} \mathrm{e}^{\mathrm{i}u(q-Q)+\mathrm{i}v(p-P)} \mathrm{d}u\mathrm{d}v\mathrm{d}q\mathrm{d}p :$$

$$= \frac{1}{4\pi^2} \exp\left(\frac{1}{4}\frac{\partial^2}{\partial Q^2} + \frac{\mathrm{i}}{2}\frac{\partial^2}{\partial Q\partial P} + \frac{1}{4}\frac{\partial^2}{\partial P^2}\right) : \iint_{-\infty}^{\infty} F(q,p)$$

$$\cdot \iint_{-\infty}^{\infty} \mathrm{e}^{\mathrm{i}u(q-Q)+\mathrm{i}v(p-P)} \mathrm{d}u\mathrm{d}v\mathrm{d}q\mathrm{d}p :$$

$$= \exp\left(\frac{1}{4}\frac{\partial^2}{\partial Q^2} + \frac{\mathrm{i}}{2}\frac{\partial^2}{\partial Q\partial P} + \frac{1}{4}\frac{\partial^2}{\partial P^2}\right) : \iint_{-\infty}^{\infty} F(q,p)\delta(q-Q)\delta(p-P)\mathrm{d}q\mathrm{d}p :$$

$$= \exp\left(\frac{1}{4}\frac{\partial^2}{\partial Q^2} + \frac{\mathrm{i}}{2}\frac{\partial^2}{\partial Q\partial P} + \frac{1}{4}\frac{\partial^2}{\partial P^2}\right) : F(Q,P) :$$

证毕.

这一微分型的普适转换法则能够帮助我们在需要的时候直接将坐标-动量排序算符转成正规乘积排序算符,为计算带来很多方便.

2. 互换法则(N→Q 法则)

从算符的正规乘积排序到坐标-动量排序的转换法则为

$$: F(Q,P) : = \exp\left(-\frac{1}{4}\frac{\partial^2}{\partial Q^2} - \frac{\mathrm{i}}{2}\frac{\partial^2}{\partial Q\partial P} - \frac{1}{4}\frac{\partial^2}{\partial P^2}\right) \mathfrak{Q} F(Q,P) \mathfrak{Q} \quad (4.1.40)$$

它是法则(4.1.39)式的逆法则,能够帮助我们方便地将正规乘积排序算符转成坐标-动量排序算符.事实上,用微分算子

$$\exp\left(-\frac{1}{4}\frac{\partial^2}{\partial Q^2} - \frac{\mathrm{i}}{2}\frac{\partial^2}{\partial Q\partial P} - \frac{1}{4}\frac{\partial^2}{\partial P^2}\right)$$

从左侧作用于(4.1.39)式便得到(4.1.40)式.利用 $Q = \alpha X$ 和 $P = \beta P_x$ 可以方便地将(4.1.39)式和(4.1.40)式恢复成有量纲的形式,这里不再写出.

例如,我们知道谐振子的真空投影算符的正规乘积展开式为 $|0\rangle\langle 0| = : \mathrm{e}^{-aa^{\dagger}} :$,利用互换法则(4.1.40)式可导出其坐标-动量排序式,即

$$| 0 \rangle \langle 0 | = \, : \mathrm{e}^{-aa^\dagger} : \, = \, : \exp\left[-\frac{1}{2}(Q + iP)(Q - iP)\right] :$$

$$= \mathfrak{D}\exp\left(-\frac{1}{4}\frac{\partial^2}{\partial Q^2} - \frac{i}{2}\frac{\partial^2}{\partial Q \partial P} - \frac{1}{4}\frac{\partial^2}{\partial P^2}\right)\exp\left[-\frac{1}{2}(Q + iP)(Q - iP)\right]\mathfrak{D}$$

$$= \mathfrak{D}\exp\left(-\frac{1}{4}\frac{\partial^2}{\partial Q^2} - \frac{i}{2}\frac{\partial^2}{\partial Q \partial P} - \frac{1}{4}\frac{\partial^2}{\partial P^2}\right)$$

$$\cdot \, 2\int \frac{\mathrm{d}^2 z}{\pi}\exp\left[-2zz^* - z(Q + iP) + z^*(Q - iP)\right]\mathfrak{D}$$

$$= \mathfrak{D}2\int \frac{\mathrm{d}^2 z}{\pi}\exp\left[-\frac{1}{4}(z^* - z)^2 - \frac{1}{2}(z^* - z)(z^* + z) + \frac{1}{4}(z^* + z)^2\right]$$

$$\cdot \, \exp\left[-2zz^* - z(Q + iP) + z^*(Q - iP)\right]\mathfrak{D}$$

$$= \mathfrak{D}2\int \frac{\mathrm{d}^2 z}{\pi}\exp\left[-zz^* - z(Q + iP) + z^*(Q - iP) + \frac{1}{2}z^2 - \frac{1}{2}z^{*2}\right]\mathfrak{D}$$

$$= \sqrt{2}\mathfrak{D}\exp\left(-\frac{1}{2}Q^2 - iQP - \frac{1}{2}P^2\right)\mathfrak{D} \tag{4.1.41}$$

这与(4.1.6)式是一致的.在上面的计算过程中,为了便于计算微分算子对后面函数的作用,我们对 $\mathfrak{D}\exp\left[-\frac{1}{2}(Q + iP)(Q - iP)\right]\mathfrak{D}$ 使用了积分降次法.

3. 互换法则(Q→A 法则)

从算符的坐标-动量排序到反正规乘积排序的转换法则为

$$\mathfrak{D}F(Q, P)\mathfrak{D} \, = \, : \exp\left(-\frac{1}{4}\frac{\partial^2}{\partial Q^2} + \frac{i}{2}\frac{\partial^2}{\partial Q \partial P} - \frac{1}{4}\frac{\partial^2}{\partial P^2}\right)F(Q, P) : \tag{4.1.42}$$

这可由算符的正规与反正规排序之间的互换法则、算符的坐标-动量排序与正规排序之间的互换法则并结合如下关系

$$\frac{\partial^2}{\partial a \partial a^\dagger} = \frac{\partial}{\partial a}\frac{\partial}{\partial a^\dagger} = \left(\frac{\partial Q}{\partial a}\frac{\partial}{\partial Q} + \frac{\partial P}{\partial a}\frac{\partial}{\partial P}\right)\left(\frac{\partial Q}{\partial a^\dagger}\frac{\partial}{\partial Q} + \frac{\partial P}{\partial a^\dagger}\frac{\partial}{\partial P}\right) = \frac{1}{2}\frac{\partial^2}{\partial Q^2} + \frac{1}{2}\frac{\partial^2}{\partial P^2}$$

得到.

4. 互换法则(A→Q 法则)

从算符的反正规乘积排序到坐标-动量排序的转换法则为

$$: F(Q, P) : \, = \mathfrak{D}\exp\left(\frac{1}{4}\frac{\partial^2}{\partial Q^2} - \frac{i}{2}\frac{\partial^2}{\partial Q \partial P} + \frac{1}{4}\frac{\partial^2}{\partial P^2}\right)F(Q, P)\mathfrak{D} \tag{4.1.43}$$

事实上,它是互换法则(4.1.42)式的逆法则.互换法则(4.1.42)式和(4.1.43)式能够方便地实现算符在坐标-动量排序与反正规乘积排序之间的切换.

拓展讨论

现在我们接着第 2.2 节来探讨在 $F(Q,P) = \ : f(Q,P) \ :$ 时,

$$\frac{\partial}{\partial Q} F(Q,P) = \frac{\partial}{\partial Q} \ : f(Q,P) \ : \tag{4.1.44}$$

是否成立的问题.设 t 是一个普通参数,考虑坐标-动量排序算符 $(Q+t)^m P^n$.利用互换法则(4.1.39)式,可得

$$(Q+t)^m P^n = \exp\left(\frac{1}{4}\frac{\partial^2}{\partial Q^2} + \frac{\mathrm{i}}{2}\frac{\partial^2}{\partial Q \partial P} + \frac{1}{4}\frac{\partial^2}{\partial P^2}\right) \ : (Q+t)^m P^n \ :$$

也就是说,如果

$$F(Q,P) = (Q+t)^m P^n$$

那么

$$: \exp\left(\frac{1}{4}\frac{\partial^2}{\partial Q^2} + \frac{\mathrm{i}}{2}\frac{\partial^2}{\partial Q \partial P} + \frac{1}{4}\frac{\partial^2}{\partial P^2}\right)(Q+t)^m P^n \ :$$

就是相应的 $: f(Q,P) \ :$,即

$$: f(Q,P) \ : = \exp\left(\frac{1}{4}\frac{\partial^2}{\partial Q^2} + \frac{\mathrm{i}}{2}\frac{\partial^2}{\partial Q \partial P} + \frac{1}{4}\frac{\partial^2}{\partial P^2}\right) \ : (Q+t)^m P^n \ :$$

于是,利用算符的参数微商法和互换法则(4.1.39)式得到

$$\frac{\partial}{\partial Q}(Q^m P^n) = \frac{\partial}{\partial t}\ (Q+t)^m P^n \bigg|_{t=0}$$

$$= \frac{\partial}{\partial t} : \exp\left(\frac{1}{4}\frac{\partial^2}{\partial Q^2} + \frac{\mathrm{i}}{2}\frac{\partial^2}{\partial Q \partial P} + \frac{1}{4}\frac{\partial^2}{\partial P^2}\right)(Q+t)^m P^n \ : \bigg|_{t=0}$$

$$= : \exp\left(\frac{1}{4}\frac{\partial^2}{\partial Q^2} + \frac{\mathrm{i}}{2}\frac{\partial^2}{\partial Q \partial P} + \frac{1}{4}\frac{\partial^2}{\partial P^2}\right)\frac{\partial}{\partial t}\ (Q+t)^m P^n \ : \bigg|_{t=0}$$

$$= : \exp\left(\frac{1}{4}\frac{\partial^2}{\partial Q^2} + \frac{\mathrm{i}}{2}\frac{\partial^2}{\partial Q \partial P} + \frac{1}{4}\frac{\partial^2}{\partial P^2}\right)\frac{\partial}{\partial Q}\ (Q+t)^m P^n \ : \bigg|_{t=0}$$

$$= : \exp\left(\frac{1}{4}\frac{\partial^2}{\partial Q^2} + \frac{\mathrm{i}}{2}\frac{\partial^2}{\partial Q \partial P} + \frac{1}{4}\frac{\partial^2}{\partial P^2}\right)\frac{\partial}{\partial Q}Q^m P^n \ :$$

$$= \frac{\partial}{\partial Q} : \exp\left(\frac{1}{4}\frac{\partial^2}{\partial Q^2} + \frac{\mathrm{i}}{2}\frac{\partial^2}{\partial Q \partial P} + \frac{1}{4}\frac{\partial^2}{\partial P^2}\right)Q^m P^n \ :$$

按照第4.1.1节一开始的讨论,坐标算符 Q 和动量算符 P 的任何函数不失一般性地可写为坐标-动量排序形式,即

$$F(Q,P) = \sum_{m,n} f_{mn} Q^m P^n$$

算符恒等公式是由算符的对易关系决定的,因为 $[Q+t,P] = \mathrm{i} = [Q,P]$,所以有

$$F(Q+t,P) = \sum_{m,n} f_{mn}(Q+t)^m P^n$$

于是

$$\frac{\partial}{\partial Q}F(Q,P) = \frac{\partial}{\partial t}F(Q+t,P)\Big|_{t=0} = \frac{\partial}{\partial t}\sum_{m,n}f_{mn}(Q+t)^m P^n\Big|_{t=0}$$

$$= \frac{\partial}{\partial t}\sum_{m,n}f_{mn} : \exp\left(\frac{1}{4}\frac{\partial^2}{\partial Q^2} + \frac{\mathrm{i}}{2}\frac{\partial^2}{\partial Q \partial P} + \frac{1}{4}\frac{\partial^2}{\partial P^2}\right)(Q+t)^m P^n :\Big|_{t=0}$$

$$= : \sum_{m,n}f_{mn}\exp\left(\frac{1}{4}\frac{\partial^2}{\partial Q^2} + \frac{\mathrm{i}}{2}\frac{\partial^2}{\partial Q \partial P} + \frac{1}{4}\frac{\partial^2}{\partial P^2}\right)\frac{\partial}{\partial t}(Q+t)^m P^n\Big|_{t=0} :$$

$$= : \sum_{m,n}f_{mn}\exp\left(\frac{1}{4}\frac{\partial^2}{\partial Q^2} + \frac{\mathrm{i}}{2}\frac{\partial^2}{\partial Q \partial P} + \frac{1}{4}\frac{\partial^2}{\partial P^2}\right)\frac{\partial}{\partial Q}(Q+t)^m P^n\Big|_{t=0} :$$

$$= \frac{\partial}{\partial Q} : \exp\left(\frac{1}{4}\frac{\partial^2}{\partial Q^2} + \frac{\mathrm{i}}{2}\frac{\partial^2}{\partial Q \partial P} + \frac{1}{4}\frac{\partial^2}{\partial P^2}\right)\sum_{m,n}f_{mn}Q^m P^n :$$

$$= \frac{\partial}{\partial Q} : \exp\left(\frac{1}{4}\frac{\partial^2}{\partial Q^2} + \frac{\mathrm{i}}{2}\frac{\partial^2}{\partial Q \partial P} + \frac{1}{4}\frac{\partial^2}{\partial P^2}\right)F(Q,P) : = \frac{\partial}{\partial Q} : f(Q,P) :$$

这表明(4.1.44)式是成立的.同样地,算符恒等公式

$$\frac{\partial}{\partial P}F(Q,P) = \frac{\partial}{\partial P} : f(Q,P) : \tag{4.1.45}$$

也是成立的.(4.1.44)式和(4.1.45)式恢复量纲后则分别表达为

$$\frac{\partial}{\partial X}F(X,P_x) = \frac{\partial}{\partial X} : f(X,P_x) : \tag{4.1.46}$$

$$\frac{\partial}{\partial P_x}F(X,P_x) = \frac{\partial}{\partial P_x} : f(X,P_x) : \tag{4.1.47}$$

4.2 算符的动量–坐标排序

4.2.1 算符的动量–坐标排序

对于不失一般性的算符函数 $F(X,P_x) = \sum_j \cdots \sum_m C_{jk\cdots m} X^j P_x^k X^l \cdots P_x^m$，其中 j，$k,\cdots,m$ 是正整数或零，利用 $[X,P_x] = XP_x - P_x X = \mathrm{i}\hbar$，原则上总也可以将所有的动量算符 P_x 都移到所有的坐标算符 X 的左边，也就是说重排成动量算符在左、坐标算符在右的次序，即

$$F(X,P_x) = \sum_{m,n} g_{mn} P_x^m X^n$$

这时我们说 $F(X,P_x)$ 已被重排成了动量–坐标排序，并以符号 $\mathfrak{P}\cdots\mathfrak{P}$ 标记之，譬如

$$P_x X = \mathfrak{P} P_x X \mathfrak{P}, \quad XP_x = P_x X + \mathrm{i}\hbar = \mathfrak{P} P_x X \mathfrak{P} + \mathrm{i}\hbar$$

$$X^2 P_x = P_x X^2 + 2\mathrm{i}\hbar X = \mathfrak{P} P_x X^2 + 2\mathrm{i}\hbar X \mathfrak{P}, \quad \cdots$$

约定：在记号 $\mathfrak{P}\cdots\mathfrak{P}$ 内部玻色算符相互对易，即 $\mathfrak{P} P_x^n X^m \mathfrak{P} = \mathfrak{P} X^m P_x^n \mathfrak{P}$，也就是说在该记号内玻色算符可被看作普通常数（$c$ 数）. 但是，要脱掉动量–坐标乘积排序记号，必须先把该记号内的玻色算符排列成动量–坐标乘积排序形式，即

$$\mathfrak{P} X^m P_x^n \mathfrak{P} = \mathfrak{P} P_x^n X^m \mathfrak{P} = P_x^n X^m$$

在此约定下，算符的动量–坐标乘积排序具有如下诸多性质：

(1) 普通数（c 数）可以自由出入动量–坐标乘积排序记号，即

$$c\mathfrak{P} f(X,P_x)\mathfrak{P} = \mathfrak{P} cf(X,P_x)\mathfrak{P}, \quad c + \mathfrak{P} f(X,P_x)\mathfrak{P} = \mathfrak{P} c + f(X,P_x)\mathfrak{P}$$

(2) 可对动量–坐标乘积排序记号内的 c 数直接进行牛顿–莱布尼茨积分和微分运算，前提是积分收敛和微商存在.

(3) 动量–坐标乘积排序记号内的动量–坐标乘积排序记号可以取消.

(4) $\mathfrak{P} F \mathfrak{P} + \mathfrak{P} G \mathfrak{P} = \mathfrak{P} F + G \mathfrak{P}$.

(5) $(\mathfrak{B}F\mathfrak{B})^{\dagger} = \mathfrak{D}F^{\dagger}\mathfrak{D}$, $(\mathfrak{D}G\mathfrak{D})^{\dagger} = \mathfrak{B}\,G^{\dagger}\mathfrak{B}$.

(6) 动量-坐标乘积排序算符 $\mathfrak{B}f(X,P_x)\mathfrak{B}$ 的相空间矩阵元为

$$\langle p_x \mid \mathfrak{B}f(X,P_x)\mathfrak{B} \mid x \rangle = f(x,p_x)\langle p_x \mid x \rangle = \frac{1}{2\pi\hbar}e^{-\frac{i}{\hbar}xp_x}f(x,p_x) \quad (4.2.1)$$

(7) 记号 $\mathfrak{B}\cdots\mathfrak{B}$ 内部以下两个等式成立:

$$[X,\mathfrak{B}f(X,P_x)\mathfrak{B}] = \mathfrak{B}i\hbar\frac{\partial f(X,P_x)}{\partial P_x}\mathfrak{B} \quad (4.2.2)$$

$$[\mathfrak{B}f(X,P_x)\mathfrak{B},P_x] = \mathfrak{B}i\hbar\frac{\partial f(X,P_x)}{\partial X}\mathfrak{B} \quad (4.2.3)$$

由上面的性质(2)可知,只要把(X5)式和(X6)式中的被积函数化成动量-坐标乘积排序形式,则由于所有玻色算符在记号 $\mathfrak{B}\cdots\mathfrak{B}$ 内部可对易,它们被视为普通数那样对待,从而积分与微分都可以顺利进行.当然,在整个积分过程中和积分后的结果中都有记号 $\mathfrak{B}\cdots\mathfrak{B}$ 存在.如果想最后取消记号 $\mathfrak{B}\cdots\mathfrak{B}$,只要把积分得到的算符排列成动量-坐标乘积排序后便可实现.我们称此技术为动量-坐标乘积内的微积分技术(technique of integration within momentum-coordinate ordered product of operators).

譬如,算符 $P_x^2X^2P_x$ 不是坐标-动量排序的,也不是动量-坐标排序的,我们可以利用 $[X,P_x] = XP_x - P_xX = i\hbar$ 将其重排列成动量-坐标排序的,过程如下:

$$P_x^2X^2P_x = P_x^2(P_xX^2 + 2i\hbar X) = P_x^3X^2 + 2i\hbar P_x^2X$$
$$= \mathfrak{B}P_x^3X^2 + 2i\hbar P_x^2X\mathfrak{B}$$

最后一步加上了记号 $\mathfrak{B}\cdots\mathfrak{B}$ 是因为在它的前一步中算符已经排成了坐标-动量排序.在记号 $\mathfrak{B}\cdots\mathfrak{B}$ 内 X 与 P_x 可对易,前后次序可以任意交换,即

$$P_x^2X^2P_x = \mathfrak{B}P_x^3X^2 + 2i\hbar P_x^2X\mathfrak{B} = \mathfrak{B}X^2P_x^3 + 2i\hbar XP_x^2\mathfrak{B}$$

但要脱去记号 $\mathfrak{B}\cdots\mathfrak{B}$ 必须先将其内算符排成动量-坐标排序,即

$$P_x^2X^2P_x = \mathfrak{B}X^2P_x^3 + 2i\hbar XP_x^2\mathfrak{B} = \mathfrak{B}P_x^3X^2 + 2i\hbar P_x^2X\mathfrak{B}$$
$$= P_x^3X^2 + 2i\hbar P_x^2X$$

脱掉记号 $\mathfrak{B}\cdots\mathfrak{B}$ 后 X 与 P_x 就不对易了,前后次序不能任意交换,必须遵从 $[X,P_x] = XP_x - P_xX = i\hbar$ 的规则.在记号 $\mathfrak{B}\cdots\mathfrak{B}$ 内湮灭算符 a 与产生算符 $a^{\dagger}$ 自然也被视为普通数,可对易.

又如,算符函数 $e^{\lambda P_xX}$ 的动量-坐标排序式是什么样的? 基于

$$\left[\frac{1}{i\hbar}P_x, X\right] = -1 = [a^\dagger, a]$$

并与算符恒等公式

$$e^{\lambda a^\dagger a} = : e^{a^\dagger a(e^\lambda - 1)} :$$

进行类比,可得

$$e^{\lambda P_x X} = \exp\left[i\hbar\lambda\left(\frac{1}{i\hbar}P_x\right)X\right] = \mathfrak{P}\exp\left[\left(\frac{1}{i\hbar}P_x\right)X(e^{i\hbar\lambda} - 1)\right]\mathfrak{P}$$

$$= \mathfrak{P}\exp\left[\frac{i}{\hbar}XP_x(1 - e^{i\hbar\lambda})\right]\mathfrak{P} \tag{4.2.4a}$$

换成无量纲的坐标算符与动量算符,则有

$$e^{\lambda PQ} = \mathfrak{P}\exp[iQP(1 - e^{i\lambda})]\mathfrak{P} \tag{4.2.4b}$$

若令 $i(1 - e^{i\lambda}) = \mu$,即 $\lambda = -i\ln(1 + i\mu)$,于是(4.2.4b)式化为

$$\mathfrak{P}e^{\mu QP}\mathfrak{P} = e^{-iPQ\ln(1+i\mu)} = \frac{1}{1+i\mu}e^{-iQP\ln(1+i\mu)} \tag{4.2.4c}$$

这就是脱掉 $\mathfrak{P}e^{\mu QP}\mathfrak{P}$ 的动量-坐标排序记号的公式.

谐振子的真空投影算符 $|0\rangle\langle 0|$,是抽象的 ket-bra.它的动量-坐标排序式显然不宜利用 $[X, P_x] = XP_x - P_x X = i\hbar$ 来处理.为导出真空投影算符的动量-坐标排序式,令

$$|0\rangle\langle 0| = \mathfrak{P}f(X, P_x)\mathfrak{P} \tag{4.2.5}$$

用动量本征左矢 $\langle p_x|$ 和坐标本征右矢 $|x\rangle$ 夹乘(4.2.5)式,得

$$\langle p_x | 0\rangle\langle 0 | x\rangle = f(x, p_x)\langle p_x | x\rangle$$

于是得到

$$f(x, p_x) = \frac{1}{\langle p_x | x\rangle}\langle p_x | 0\rangle\langle 0 | x\rangle = \sqrt{2\pi\hbar}e^{\frac{i}{\hbar}xp_x}\sqrt{\frac{1}{\pi\hbar}}e^{-\frac{1}{2}\alpha^2 x^2 - \frac{1}{2}\beta^2 p_x^2}$$

$$= \sqrt{2}\exp\left(-\frac{1}{2}\alpha^2 x^2 + \frac{i}{\hbar}xp_x - \frac{1}{2}\beta^2 p_x^2\right)$$

将其代入(4.2.5)式,得到

$$|0\rangle\langle 0| = \sqrt{2}\mathfrak{P}\exp\left(-\frac{1}{2}\alpha^2 X^2 + \frac{i}{\hbar}XP_x - \frac{1}{2}\beta^2 P_x^2\right)\mathfrak{P}$$

$$= \sqrt{2}\exp\left(-\frac{1}{2}\beta^2 P_x^2\right)\mathfrak{P}\exp\left(\frac{i}{\hbar}XP_x\right)\mathfrak{P}\exp\left(-\frac{1}{2}\alpha^2 X^2\right)$$

$$= \sqrt{2}\exp\left(-\frac{1}{2}P^2\right)\colon\!\!\mathfrak{P}\exp(\mathrm{i}QP)\mathfrak{P}\exp\left(-\frac{1}{2}Q^2\right) \qquad (4.2.6)$$

这就是真空投影算符的动量-坐标乘积排序表达式.

4.2.2 基于动量-坐标排序的维格纳算符与外尔对应规则

基于坐标算符与动量算符的对易关系式 $[X, P_x] = XP_x - P_xX = \mathrm{i}\hbar$,利用 Baker-Campbell-Hausdorff 公式,我们有

$$\Delta(x, p_x) = \frac{1}{4\pi^2}\iint_{-\infty}^{\infty}\mathrm{e}^{\mathrm{i}u(x-X)+\mathrm{i}v(p_x-P_x)}\mathrm{d}u\mathrm{d}v$$

$$= \frac{1}{4\pi^2}\iint_{-\infty}^{\infty}\mathrm{e}^{-\frac{\mathrm{i}\hbar}{2}uv}\mathrm{e}^{\mathrm{i}v(p_x-P_x)}\mathrm{e}^{\mathrm{i}u(x-X)}\mathrm{d}u\mathrm{d}v$$

$$= \frac{1}{4\pi^2}\mathfrak{P}\iint_{-\infty}^{\infty}\mathrm{e}^{-\frac{\mathrm{i}\hbar}{2}uv}\mathrm{e}^{\mathrm{i}v(p_x-P_x)}\mathrm{e}^{\mathrm{i}u(x-X)}\mathrm{d}u\mathrm{d}v\mathfrak{P}$$

$$= \frac{1}{4\pi^2}\mathfrak{P}\exp\left(\frac{\mathrm{i}\hbar}{2}\frac{\partial^2}{\partial X\partial P_x}\right)\iint_{-\infty}^{\infty}\mathrm{e}^{\mathrm{i}u(x-X)+\mathrm{i}v(p_x-P_x)}\mathrm{d}u\mathrm{d}v\mathfrak{P}$$

$$= \mathfrak{P}\exp\left(\frac{\mathrm{i}\hbar}{2}\frac{\partial^2}{\partial X\partial P_x}\right)\delta(x-X)\delta(p_x-P_x)\mathfrak{P} \qquad (4.2.7a)$$

这就是微分形式的动量-坐标乘积排序的维格纳算符,其核心仍然是动量-坐标乘积排序内的被微分算子作用的双模德尔塔函数.若用无量纲的坐标及坐标算符、动量及动量算符表示,则有

$$\Delta(q, p) = \frac{1}{\hbar}\mathfrak{P}\exp\left(\frac{\mathrm{i}}{2}\frac{\partial^2}{\partial Q\partial P}\right)\delta(q-Q)\delta(p-P)\mathfrak{P} \qquad (4.2.7b)$$

将(4.2.7a)式所示的维格纳算符代入外尔对应规则(X5)式,得到

$$H(X, P_x) = \mathfrak{P}\exp\left(\frac{\mathrm{i}\hbar}{2}\frac{\partial^2}{\partial X\partial P_x}\right)h(X, P_x)\mathfrak{P} \qquad (4.2.8)$$

这就是动量-坐标排序的外尔对应规则,是微分形式的.只要给定经典函数 $h(x, p_x)$,将 $h(X, P_x)$ 代入(4.2.8)式进行微分运算便可得到基于外尔对应规则的量子力学算符,结果是在 $\mathfrak{P}\cdots\mathfrak{P}$ 记号内的.

如经典函数 $x^m p_x^n$(m, n 是正整数或零),按照(4.2.8)式,它的外尔量子对应为

$$x^m p_x^n \rightarrow \mathfrak{P}\exp\Big(\frac{\mathrm{i}\hbar}{2}\frac{\partial^2}{\partial X \partial P_x}\Big)X^m P_x^n \mathfrak{P}$$

$$= \mathfrak{P}\exp\Big[\frac{\mathrm{i}}{2}\frac{\partial^2}{\partial(\alpha X)\partial(\beta P_x)}\Big]X^m P_x^n \mathfrak{P}$$

$$= \frac{1}{\alpha^m}\Big(\frac{1}{2\mathrm{i}\beta}\Big)^n \mathfrak{P}\exp\Big[-\frac{\partial^2}{\partial(\alpha X)\partial(2\mathrm{i}\beta P_x)}\Big](\alpha X)^m (2\mathrm{i}\beta P_x)^n \mathfrak{P}$$

$$= \frac{1}{\alpha^m}\Big(\frac{1}{2\mathrm{i}\beta}\Big)^n \mathfrak{P}\, \mathrm{H}_{m,n}(\alpha X, 2\mathrm{i}\beta P_x)\mathfrak{P} \tag{4.2.9}$$

再如经典力学量 $\mathrm{e}^{\lambda p_x}$,它的外尔量子对应为

$$\mathrm{e}^{\lambda p_x} \quad \rightarrow \quad \mathfrak{P}\exp\Big(\frac{\mathrm{i}\hbar}{2}\frac{\partial^2}{\partial X \partial P_x}\Big)\mathrm{e}^{\lambda P_x}\mathfrak{P}$$

$$= \mathfrak{P}\exp\Big(\frac{\mathrm{i}\hbar}{2}\frac{\partial^2}{\partial X \partial P_x}\Big)\int\frac{\mathrm{d}^2 z}{\pi}\exp(-zz^* + z\lambda X + z^* P_x)\mathfrak{P}$$

$$= \mathfrak{P}\int\frac{\mathrm{d}^2 z}{\pi}\exp\Big[-\Big(1 - \frac{\mathrm{i}\hbar\lambda}{2}\Big)zz^* + z\lambda X + z^* P_x\Big]\mathfrak{P}$$

$$= \frac{2}{2 - \mathrm{i}\hbar\lambda}\mathfrak{P}\exp\Big(\frac{2\lambda}{2 - \mathrm{i}\hbar\lambda}X P_x\Big)\mathfrak{P} \tag{4.2.10}$$

用动量本征左矢 $\langle p_x|$ 和坐标本征右矢 $|x\rangle$ 夹乘微分型的外尔对应规则(4.2.8)式,得

$$\langle p_x \mid H(X, P_x) \mid x\rangle = \langle p_x \mid \mathfrak{P}\exp\Big(\frac{\mathrm{i}\hbar}{2}\frac{\partial^2}{\partial X \partial P_x}\Big)h(X, P_x)\mathfrak{P} \mid x\rangle$$

$$= \langle p_x \mid \mathfrak{P}\exp\Big(\frac{\mathrm{i}\hbar}{2}\frac{\partial^2}{\partial t \partial \tau}\Big)h(X + t, P_x + \tau)\Big|_{t=\tau=0} \mathfrak{P} \mid x\rangle$$

$$= \exp\Big(\frac{\mathrm{i}\hbar}{2}\frac{\partial^2}{\partial t \partial \tau}\Big)\langle p_x \mid \mathfrak{P}h(X + t, P_x + \tau)\Big|_{t=\tau=0} \mathfrak{P} \mid x\rangle$$

$$= \exp\Big(\frac{\mathrm{i}\hbar}{2}\frac{\partial^2}{\partial t \partial \tau}\Big)h(x + t, p_x + \tau)\Big|_{t=\tau=0}\langle p_x \mid x\rangle$$

$$= \langle p_x \mid x\rangle\exp\Big(\frac{\mathrm{i}\hbar}{2}\frac{\partial^2}{\partial t \partial \tau}\Big)h(x + t, p_x + \tau)\Big|_{t=\tau=0}$$

$$= \langle p_x \mid x\rangle\exp\Big(\frac{\mathrm{i}\hbar}{2}\frac{\partial^2}{\partial x \partial p_x}\Big)h(x + t, p_x + \tau)\Big|_{t=\tau=0}$$

$$= \langle p_x \mid x\rangle\exp\Big(\frac{\mathrm{i}\hbar}{2}\frac{\partial^2}{\partial x \partial p_x}\Big)h(x, p_x)$$

于是得到

$$h(x, p_x) = \exp\left(-\frac{i\hbar}{2}\frac{\partial^2}{\partial x \partial p_x}\right)\left[\frac{1}{\langle p_x \mid x \rangle}\langle p_x \mid H(X, P_x) \mid x \rangle\right] \quad (4.2.11)$$

这又是外尔对应规则的逆规则的一种形式,它能够帮助我们求出量子力学算符的外尔经典对应(经典函数).(4.2.11)式与(4.1.15)式形式上略有区别,但本质上是相同的.

如算符 XP_xX,它的外尔经典对应为

$$
\begin{aligned}
XP_xX \quad \rightarrow \quad & \exp\left(-\frac{i\hbar}{2}\frac{\partial^2}{\partial x \partial p_x}\right)\left[\frac{1}{\langle p_x \mid x \rangle}\langle p_x \mid XP_xX \mid x \rangle\right] \\
= & \exp\left(-\frac{i\hbar}{2}\frac{\partial^2}{\partial x \partial p_x}\right)\left[\frac{1}{\langle p_x \mid x \rangle}i\hbar\frac{\partial}{\partial p_x}p_x i\hbar\frac{\partial}{\partial p_x}\langle p_x \mid x \rangle\right] \\
= & \exp\left(-\frac{i\hbar}{2}\frac{\partial^2}{\partial x \partial p_x}\right)\left[\frac{1}{\langle p_x \mid x \rangle}i\hbar\frac{\partial}{\partial p_x}p_x x\langle p_x \mid x \rangle\right] \\
= & \exp\left(-\frac{i\hbar}{2}\frac{\partial^2}{\partial x \partial p_x}\right)(i\hbar x + x^2 p_x) \\
= & \left[1 - \frac{i\hbar}{2}\frac{\partial^2}{\partial x \partial p_x} + \frac{1}{2!}\left(-\frac{i\hbar}{2}\right)^2\frac{\partial^4}{\partial x^2 \partial p_x^2} + \cdots\right](i\hbar x + x^2 p_x) \\
= & i\hbar x + x^2 p_x - i\hbar x = x^2 p_x
\end{aligned}
$$

这与第 4.1.2 节中得到的结果是一样的,是殊途同归.

将(4.2.11)式代入(4.2.8)式,得到

$$H(X, P_x) = \mathfrak{P}\left[\frac{1}{\langle p_x \mid x \rangle}\langle p_x \mid H(X, P_x) \mid x \rangle\right]_{x \to X, p_x \to P_x}\mathfrak{P} \quad (4.2.12)$$

这同样可以作为将一个已知算符重排成动量-坐标排序的公式,它与(4.1.16)式形式上略有区别,但本质上是相同的.

如果不使用算符微商法导出(4.2.7)式所示维格纳算符的微分式,而是直接完成积分,则有

$$
\begin{aligned}
\Delta(x, p_x) &= \frac{1}{4\pi^2}\mathfrak{P}\iint_{-\infty}^{\infty}\exp\left[-\frac{i\hbar}{2}uv + iu(x - X) + iv(p_x - P_x)\right]\mathrm{d}u\,\mathrm{d}v\,\mathfrak{P} \\
&= \frac{1}{\pi\hbar}\mathfrak{P}\exp\left[\frac{2i}{\hbar}(x - X)(p_x - P_x)\right]\mathfrak{P} \quad\quad\quad (4.2.13)
\end{aligned}
$$

这是维格纳算符的非微分形式的动量-坐标排序式.将其代入外尔对应规则(X5)式,得

$$H(X, P_x) = \frac{1}{\pi\hbar}\mathfrak{P}\iint_{-\infty}^{\infty}h(x, p_x)\exp\left[\frac{2i}{\hbar}(x - X)(p_x - P_x)\right]\mathrm{d}x\,\mathrm{d}p_x\,\mathfrak{P} \quad (4.2.14\text{a})$$

或写成

$$H(Q,P) = \frac{1}{\pi}\mathfrak{P}\iint_{-\infty}^{\infty} h(q,p)\exp[2\mathrm{i}(q - Q)(p - P)]\mathrm{d}q\mathrm{d}p\mathfrak{P} \quad (4.2.14\mathrm{b})$$

这就是非微分形式的动量-坐标排序的外尔对应规则,它告诉我们,只要经典函数 h 已知,完成(4.2.14)式中的牛顿-莱布尼茨积分就可得到其相应的外尔量子对应 H. 如经典量 $q^m p^n$,它的外尔量子对应为

$$q^m p^n \rightarrow \frac{1}{\pi}\mathfrak{P}\iint_{-\infty}^{\infty} q^m p^n \exp[2\mathrm{i}(q - Q)(p - P)]\mathrm{d}q\mathrm{d}p\mathfrak{P}$$

$$= \frac{1}{\pi}\mathfrak{P}e^{2\mathrm{i}QP}\iint_{-\infty}^{\infty} q^m p^n \exp[2\mathrm{i}q(p - P) - 2\mathrm{i}Qp]\mathrm{d}q\mathrm{d}p\mathfrak{P}$$

$$= \frac{1}{\pi}\frac{1}{(-2\mathrm{i})^{m+n}}\mathfrak{P}e^{2\mathrm{i}QP}\frac{\partial^m}{\partial P^m}\frac{\partial^n}{\partial Q^n}\iint_{-\infty}^{\infty} \exp[2\mathrm{i}q(p - P) - 2\mathrm{i}Qp]\mathrm{d}q\mathrm{d}p\mathfrak{P}$$

$$= \frac{1}{(-2\mathrm{i})^{m+n}}\mathfrak{P}e^{2\mathrm{i}QP}\frac{\partial^m}{\partial P^m}\frac{\partial^n}{\partial Q^n}\int_{-\infty}^{\infty} \delta(p - P)\exp(-2\mathrm{i}Qp)\mathrm{d}p\mathfrak{P}$$

$$= \frac{1}{(-2\mathrm{i})^{m+n}}\mathfrak{P}e^{2\mathrm{i}QP}\frac{\partial^m}{\partial P^m}\frac{\partial^n}{\partial Q^n}e^{-2\mathrm{i}QP}\mathfrak{P}$$

$$= \frac{1}{(-2\mathrm{i})^{m+n}}\mathfrak{P}e^{Q(2\mathrm{i}P)}\frac{\partial^m}{\partial P^m}\frac{\partial^n}{\partial Q^n}e^{-Q(2\mathrm{i}P)}\mathfrak{P}$$

$$= \frac{1}{(2\mathrm{i})^n}\mathfrak{P}\mathrm{H}_{m,n}(Q,2\mathrm{i}P)\mathfrak{P} \quad (4.2.15)$$

上面(4.2.14b)式动量-坐标排序记号内的积分核的形式为

$$\frac{1}{\pi}\exp[2\mathrm{i}(x - \eta)(y - \xi)] \quad (4.2.16)$$

以它作为积分变换核生成的变换就是第4.1.2节中提到的范氏变换.

4.2.3　几种典型算符的动量-坐标排序形式

现在讨论算符函数 $F(\lambda X + \nu P_x)$ 的动量-坐标排序形式. 为此,考虑幂算符 $(\lambda X + \nu P_x)^n$,其中 $n = 0,1,2,3,\cdots$. 基于坐标算符与动量算符的对易子 $[X,P_x] = XP_x - P_x X = \mathrm{i}\hbar$,我们有

$$(\lambda X + \nu P_x)^n = \frac{\partial^n}{\partial t^n}\mathrm{e}^{t(\lambda X + \nu P_x)}\Big|_{t=0} = \frac{\partial^n}{\partial t^n}\mathrm{e}^{\frac{\mathrm{i}\hbar}{2}t^2\lambda\nu}\mathrm{e}^{t\nu P_x}\mathrm{e}^{t\lambda X}\Big|_{t=0}$$

$$= \mathfrak{P}\frac{\partial^n}{\partial t^n}\exp\left[\frac{\mathrm{i}\hbar}{2}t^2\lambda\nu + t(\lambda X + \nu P_x)\right]\Big|_{t=0}\mathfrak{P}$$

$$= \mathfrak{P}\frac{\partial^n}{\partial t^n}\exp\left(\frac{\mathrm{i}\hbar}{2}\frac{\partial^2}{\partial X\partial P_x}\right)\mathrm{e}^{t(\lambda X + \nu P_x)}\Big|_{t=0}\mathfrak{P}$$

$$= \mathfrak{P}\exp\left(\frac{\mathrm{i}\hbar}{2}\frac{\partial^2}{\partial X\partial P_x}\right)\frac{\partial^n}{\partial t^n}\mathrm{e}^{t(\lambda X + \nu P_x)}\Big|_{t=0}\mathfrak{P}$$

$$= \mathfrak{P}\exp\left(\frac{\mathrm{i}\hbar}{2}\frac{\partial^2}{\partial X\partial P_x}\right)(\lambda X + \nu P_x)^n\mathfrak{P} \tag{4.2.17}$$

所以, 任何一个可以展开为 $(\lambda X + \nu P_x)^n$ 的幂级数的算符 $F(\lambda X + \nu P_x)$ 的动量-坐标排序式应该是

$$F(\lambda X + \nu P_x) = \mathfrak{P}\exp\left(\frac{\mathrm{i}\hbar}{2}\frac{\partial^2}{\partial X\partial P_x}\right)F(\lambda X + \nu P_x)\mathfrak{P} \tag{4.2.18a}$$

它对应的无量纲坐标算符和动量算符的情形为

$$F(\lambda Q + \nu P) = \mathfrak{P}\exp\left(\frac{\mathrm{i}}{2}\frac{\partial^2}{\partial Q\partial P}\right)F(\lambda Q + \nu P)\mathfrak{P} \tag{4.2.18b}$$

算符恒等公式 (4.2.18) 具有普适性. 当 $F(\lambda Q + \nu P)$ 给定具体形式后, 通过微分运算就可以导出其动量-坐标排序记号内的显式.

例如 (4.2.17) 式, 则有

$$(\lambda X + \nu P_x)^n = \mathfrak{P}\exp\left(\frac{\mathrm{i}\hbar}{2}\frac{\partial^2}{\partial X\partial P_x}\right)(\lambda X + \nu P_x)^n\mathfrak{P}$$

$$= \mathfrak{P}\exp\left[\frac{\mathrm{i}\hbar\lambda\nu}{2}\frac{\partial^2}{\partial(\lambda X + \nu P_x)^2}\right](\lambda X + \nu P_x)^n\mathfrak{P}$$

$$= \left[\sqrt{\frac{\hbar\lambda\nu}{2\mathrm{i}}}\right]^n\mathfrak{P}\exp\left[-\frac{1}{4}\frac{\partial^2}{\partial\left[(\lambda X + \nu P_x)/\sqrt{-2\mathrm{i}\hbar\lambda\nu}\right]^2}\right]\left(2\frac{\lambda X + \nu P_x}{\sqrt{-2\mathrm{i}\hbar\lambda\nu}}\right)^n\mathfrak{P}$$

$$= \left[\sqrt{\frac{\hbar\lambda\nu}{2\mathrm{i}}}\right]^n\mathfrak{P}\mathrm{H}_n\left[\frac{\lambda X + \nu P_x}{\sqrt{-2\mathrm{i}\hbar\lambda\nu}}\right]\mathfrak{P} \tag{4.2.19}$$

在上面的计算中利用了

$$\frac{\partial}{\partial X} = \frac{\partial(\lambda X + \nu P_x)}{\partial X}\frac{\partial}{\partial(\lambda X + \nu P_x)} = \lambda\frac{\partial}{\partial(\lambda X + \nu P_x)}$$

$$\frac{\partial}{\partial P_x} = \frac{\partial(\lambda X + \nu P_x)}{\partial P_x}\frac{\partial}{\partial(\lambda X + \nu P_x)} = \nu\frac{\partial}{\partial(\lambda X + \nu P_x)}$$

以及单变量厄米多项式的微分形式

$$\exp\left(-\frac{1}{4}\frac{\partial^2}{\partial\xi^2}\right)(2\xi)^n = H_n(\xi)$$

再如算符函数 $H_n(\lambda X + \nu P_x)$，由(4.2.18a)式可得

$$H_n(\lambda X + \nu P_x) = \mathfrak{P}\exp\left(\frac{\mathrm{i}\hbar}{2}\frac{\partial^2}{\partial X\partial P_x}\right)H_n(\lambda X + \nu P_x)\mathfrak{P}$$

$$= \mathfrak{P}\exp\left[\frac{\mathrm{i}\hbar\lambda\nu}{2}\frac{\partial^2}{\partial(\lambda X + \nu P_x)^2}\right]H_n(\lambda X + \nu P_x)\mathfrak{P}$$

$$= \mathfrak{P}\exp\left[\frac{\mathrm{i}\hbar\lambda\nu}{2}\frac{\partial^2}{\partial(\lambda X + \nu P_x)^2} - \frac{1}{4}\frac{\partial^2}{\partial(\lambda X + \nu P_x)^2}\right]$$

$$\cdot\exp\left[\frac{1}{4}\frac{\partial^2}{\partial(\lambda X + \nu P_x)^2}\right]H_n(\lambda X + \nu P_x)\mathfrak{P}$$

$$= \mathfrak{P}\exp\left[-\frac{1-2\mathrm{i}\hbar\lambda\nu}{4}\frac{\partial^2}{\partial(\lambda X + \nu P_x)^2}\right][2(\lambda X + \nu P_x)]^n\mathfrak{P}$$

$$= (\sqrt{1-2\mathrm{i}\hbar\lambda\nu})^n\mathfrak{P}\exp\left[-\frac{1}{4}\frac{\partial^2}{\partial\left[(\lambda X + \nu P_x)/\sqrt{1-2\mathrm{i}\hbar\lambda\nu}\right]^2}\right]$$

$$\cdot\left(2\frac{\lambda X + \nu P_x}{\sqrt{1-2\mathrm{i}\hbar\lambda\nu}}\right)^n\mathfrak{P}$$

$$= (\sqrt{1-2\mathrm{i}\hbar\lambda\nu})^n\mathfrak{P}H_n\left(\frac{\lambda X + \nu P_x}{\sqrt{1-2\mathrm{i}\hbar\lambda\nu}}\right)\mathfrak{P} \tag{4.2.20}$$

计算过程中先后利用了厄米多项式的微分形式及其逆关系

$$H_n(\xi) = \exp\left(-\frac{1}{4}\frac{\partial^2}{\partial\xi^2}\right)(2\xi)^n, \quad \exp\left(\frac{1}{4}\frac{\partial^2}{\partial\xi^2}\right)H_n(\xi) = (2\xi)^n$$

接下来，我们导出算符 $(P_x X)^n$ 的动量-坐标排序表达式. 基于(4.2.4a)式，有

$$(P_x X)^n = \frac{\partial^n}{\partial t^n}\mathrm{e}^{tP_x X}\bigg|_{t=0} = \mathfrak{P}\frac{\partial^n}{\partial t^n}\exp\left[\frac{\mathrm{i}}{\hbar}XP_x(1-\mathrm{e}^{\mathrm{i}\hbar t})\right]\bigg|_{t=0}\mathfrak{P}$$

$$= \mathfrak{P}\exp\left[\left(\frac{\mathrm{i}}{\hbar}XP_x\right)\right]\frac{\partial^n}{\partial t^n}\exp\left[-\frac{\mathrm{i}}{\hbar}XP_x\mathrm{e}^{\mathrm{i}\hbar t}\right]\bigg|_{t=0}\mathfrak{P}$$

令 $\tau = \mathrm{e}^{\mathrm{i}\hbar t}$，则有 $\dfrac{\partial}{\partial t} = \dfrac{\partial\tau}{\partial t}\dfrac{\partial}{\partial\tau} = \mathrm{i}\hbar\tau\dfrac{\partial}{\partial\tau}$，于是上式约化为

$$(P_x X)^n = \mathfrak{P}\exp\left[\left(\frac{\mathrm{i}}{\hbar}XP_x\right)\right]\left(\mathrm{i}\hbar\tau\frac{\partial}{\partial\tau}\right)^n\exp\left(-\frac{\mathrm{i}}{\hbar}XP_x\tau\right)\bigg|_{\tau=1}\mathfrak{P}$$

$$= \mathfrak{P}\exp\left[\left(\frac{\mathrm{i}}{\hbar}XP_x\right)\right]\left[\mathrm{i}\hbar(XP_x)\frac{\partial}{\partial(XP_x)}\right]^n\exp\left(-\frac{\mathrm{i}}{\hbar}XP_x\tau\right)\bigg|_{\tau=1}\mathfrak{P}$$

$$= \mathfrak{P}\exp\left[\left(\frac{\mathrm{i}}{\hbar}XP_x\right)\right]\left[\mathrm{i}\hbar(XP_x)\frac{\partial}{\partial(XP_x)}\right]^n\exp\left(-\frac{\mathrm{i}}{\hbar}XP_x\right)\mathfrak{P}$$

$$= (\mathrm{i}\hbar)^n\,\mathfrak{P}\,\mathrm{e}^{-\xi}\left(\xi\frac{\partial}{\partial\xi}\right)^n\mathrm{e}^{\xi}\bigg|_{\xi=-\mathrm{i}XP_x/\hbar}\mathfrak{P}$$

$$= (\mathrm{i}\hbar)^n\mathfrak{P}\,T_n(\xi)\big|_{\xi=-\mathrm{i}XP_x/\hbar}\mathfrak{P} = (\mathrm{i}\hbar)^n\mathfrak{P}\,T_n\left(-\frac{\mathrm{i}}{\hbar}XP_x\right)\mathfrak{P} \qquad (4.2.21\mathrm{a})$$

它的无量纲形式为

$$(PQ)^n = \mathrm{i}^n\mathfrak{P}\,T_n(-\mathrm{i}QP)\mathfrak{P} \qquad (4.2.21\mathrm{b})$$

式中 $T_n(\xi)$ 是第 1 章中介绍的图查德多项式 $T_n(\xi) = \mathrm{e}^{-\xi}\left(\xi\frac{\partial}{\partial\xi}\right)^n\mathrm{e}^{\xi}$.

考虑单模压缩算符

$$S = \sqrt{\kappa}\int_{-\infty}^{\infty}|\kappa x\rangle\langle x|\,\mathrm{d}x \quad (\kappa > 0)$$

设它的动量-坐标排序式为 $\mathfrak{P}g(X,P_x)\mathfrak{P}$, 即

$$\sqrt{\kappa}\int_{-\infty}^{\infty}|\kappa x'\rangle\langle x'|\,\mathrm{d}x' = \mathfrak{P}g(X,P_x)\mathfrak{P} \qquad (4.2.22)$$

用动量本征左矢 $\langle p_x|$ 和坐标本征右矢 $|x\rangle$ 夹乘 (4.2.22) 式, 得

$$\sqrt{\kappa}\int_{-\infty}^{\infty}\langle p_x|\kappa x'\rangle\delta(x'-x)\mathrm{d}x' = g(x,p_x)\langle p_x|x\rangle$$

因此我们有

$$g(x,p_x) = \frac{1}{\langle p_x|x\rangle}\sqrt{\kappa}\int_{-\infty}^{\infty}\langle p_x|\kappa x'\rangle\delta(x'-x)\mathrm{d}x' = \frac{\sqrt{\kappa}}{\langle p_x|x\rangle}\langle p_x|\kappa x\rangle$$

$$= \sqrt{\kappa}\exp\left[\frac{\mathrm{i}}{\hbar}(1-\kappa)xp_x\right] \qquad (4.2.23)$$

将此结果代入 (4.2.22) 式便得到

$$S = \sqrt{\kappa}\int_{-\infty}^{\infty}|\kappa x\rangle\langle x|\,\mathrm{d}x = \sqrt{\kappa}\mathfrak{P}\exp\left[\frac{\mathrm{i}}{\hbar}(1-\kappa)XP_x\right]\mathfrak{P} = \sqrt{\kappa}\mathfrak{P}\exp[\mathrm{i}(1-\kappa)QP]\mathfrak{P}$$

$$(4.2.24)$$

若脱掉其动量-坐标排序记号,便得到

$$S = \sqrt{\kappa} \int_{-\infty}^{\infty} |\kappa x\rangle\langle x| \, \mathrm{d}x = \sqrt{\kappa} \exp(-\mathrm{i}PQ\ln \kappa)$$

$$= \sqrt{\kappa} \exp[-\mathrm{i}(QP - \mathrm{i})\ln \kappa] = \frac{1}{\sqrt{\kappa}} \exp(-\mathrm{i}QP\ln \kappa) \tag{4.2.25}$$

这与(4.1.32)式是一致的,也是殊途同归.

4.2.4 坐标-动量排序与动量-坐标排序的互换法则

算符的坐标-动量排序与动量-坐标排序是可以互相转换的,现在就来导出这一互换法则.为此,首先导出 $\delta(q - Q)\delta(p - P)$ 与 $\delta(p - P)\delta(q - Q)$ 的关系,即

$$\delta(q - Q)\delta(p - P) = \frac{1}{4\pi^2} \iint_{-\infty}^{\infty} \mathrm{e}^{\mathrm{i}u(q-Q)} \mathrm{e}^{\mathrm{i}v(p-P)} \, \mathrm{d}u \mathrm{d}v$$

$$= \frac{1}{4\pi^2} \iint_{-\infty}^{\infty} \mathrm{e}^{-\mathrm{i}uv} \mathrm{e}^{\mathrm{i}v(p-P)} \mathrm{e}^{\mathrm{i}u(q-Q)} \, \mathrm{d}u \mathrm{d}v$$

$$= \frac{1}{4\pi^2} \exp\left(\mathrm{i}\frac{\partial^2}{\partial Q \partial P}\right) \iint_{-\infty}^{\infty} \mathrm{e}^{\mathrm{i}v(p-P)} \mathrm{e}^{\mathrm{i}u(q-Q)} \, \mathrm{d}u \mathrm{d}v$$

$$= \exp\left(\mathrm{i}\frac{\partial^2}{\partial Q \partial P}\right) \delta(p - P)\delta(q - Q) \tag{4.2.26a}$$

这就是 $\delta(q - Q)\delta(p - P)$ 与 $\delta(p - P)\delta(q - Q)$ 的互换关系,是通过一个微分算子实现的.在上面的推导过程中利用了德尔塔函数的积分表示、Baker-Campbell-Hausdorff 公式和算符微商法.将(4.2.26a)式表示成有量纲的形式则为

$$\delta(x - X)\delta(p_x - P_x) = \exp\left(\mathrm{i}\hbar\frac{\partial^2}{\partial X \partial P_x}\right) \delta(p_x - P_x)\delta(x - X) \tag{4.2.26b}$$

考虑一个坐标-动量排序的算符函数 $\vdots F(Q, P) \vdots$,利用(4.2.26a)式我们有

$$\vdots F(Q, P) \vdots = \iint_{-\infty}^{\infty} F(q, p)\delta(q - Q)\delta(p - P) \, \mathrm{d}q \mathrm{d}p$$

$$= \iint_{-\infty}^{\infty} F(q, p) \exp\left(\mathrm{i}\frac{\partial^2}{\partial Q \partial P}\right) \delta(p - P)\delta(q - Q) \, \mathrm{d}q \mathrm{d}p$$

$$= \exp\left(\mathrm{i}\frac{\partial^2}{\partial Q \partial P}\right) \iint_{-\infty}^{\infty} F(q, p)\delta(p - P)\delta(q - Q) \, \mathrm{d}q \mathrm{d}p$$

$$= \mathfrak{P}\exp\left(\mathrm{i}\,\frac{\partial^2}{\partial Q \partial P}\right)F(Q,P)\mathfrak{P} \tag{4.2.27}$$

这就是从算符的坐标-动量排序到动量-坐标排序的转换法则,它通过微分算子将一个坐标-动量排序的算符直接转换为动量-坐标排序的算符.

用微分算子 $\exp\left(-\mathrm{i}\,\dfrac{\partial^2}{\partial Q \partial P}\right)$ 左乘(4.2.27)式,得到

$$\mathfrak{P}F(Q,P)\mathfrak{P} = \mathfrak{Q}\exp\left(-\mathrm{i}\,\frac{\partial^2}{\partial Q \partial P}\right)F(Q,P)\mathfrak{Q} \tag{4.2.28}$$

这就是从算符的动量-坐标排序到坐标-动量排序的转换法则,它也是通过微分算子将一个动量-坐标排序的算符直接转换为坐标-动量排序的算符.(4.2.27)式与(4.2.28)式互为逆运算,称作坐标-动量排序与动量-坐标排序间的互换法则.恢复坐标算符 Q 和动量算符 P 的量纲后,则表示为

$$\mathfrak{Q}F(X,P_x)\mathfrak{Q} = \mathfrak{P}\exp\left(\mathrm{i}\hbar\frac{\partial^2}{\partial X \partial P_x}\right)F(X,P_x)\mathfrak{P} \tag{4.2.29}$$

$$\mathfrak{P}F(X,P_x)\mathfrak{P} = \mathfrak{Q}\exp\left(-\mathrm{i}\hbar\frac{\partial^2}{\partial X \partial P_x}\right)F(X,P_x)\mathfrak{Q} \tag{4.2.30}$$

例如,$Q^m P^n$ 是一个坐标-动量乘积排序的算符,利用互换法则(4.2.27)式可得到其动量-坐标乘积排序形式,即

$$Q^m P^n = \mathfrak{P}\exp\left(\mathrm{i}\,\frac{\partial^2}{\partial Q \partial P}\right)Q^m P^n \mathfrak{P}$$

$$= (-\mathrm{i})^n \mathfrak{P}\exp\left[-\frac{\partial^2}{\partial Q \partial (\mathrm{i}P)}\right]Q^m (\mathrm{i}P)^n \mathfrak{P}$$

$$= (-\mathrm{i})^n \mathfrak{P}\exp\mathrm{H}_{m,n}(Q,\mathrm{i}P)\mathfrak{P}$$

或者

$$Q^m P^n = \mathfrak{P}\exp\left(\mathrm{i}\,\frac{\partial^2}{\partial Q \partial P}\right)Q^m P^n \mathfrak{P}$$

$$= \mathfrak{P}\sum_{k=0}^{\infty}\frac{\mathrm{i}^k}{k!}\frac{\partial^k}{\partial Q^k}\frac{\partial^k}{\partial P^k}Q^m P^n \mathfrak{P}$$

$$= \mathfrak{P}\sum_{k=0}^{\min(m,n)}\frac{m!\,n!}{k!(m-k)!(n-k)!}\mathrm{i}^k Q^{m-k}P^{n-k}\mathfrak{P}$$

$$= \sum_{k=0}^{\min(m,n)}\frac{m!\,n!}{k!(m-k)!(n-k)!}\mathrm{i}^k P^{n-k}Q^{m-k} \tag{4.2.31}$$

且得到如下对易关系：

$$
\begin{aligned}
\left[Q^m, P^n\right] &= Q^m P^n - P^n Q^m \\
&= \mathfrak{P}\left[\exp\left(\mathrm{i}\,\frac{\partial^2}{\partial Q \partial P}\right) - 1\right] P^n Q^m \mathfrak{P} \\
&= \mathfrak{P}\left(\sum_{k=0}^{\infty} \frac{\mathrm{i}^k}{k!} \frac{\partial^k}{\partial Q^k} \frac{\partial^k}{\partial P^k} - 1\right) P^n Q^m \mathfrak{P} \\
&= \mathfrak{P}\sum_{k=1}^{\infty} \frac{\mathrm{i}^k}{k!} \frac{\partial^k}{\partial Q^k} \frac{\partial^k}{\partial P^k} P^n Q^m \mathfrak{P} \\
&= \sum_{k=1}^{\min(m,n)} \frac{m!\,n!}{k!(m-k)!(n-k)!}\,\mathrm{i}^k P^{n-k} Q^{m-k}
\end{aligned}
\tag{4.2.32}
$$

类似地，由互换法则(4.2.28)式可得到动量-坐标乘积排序算符 $P^n Q^m$ 的坐标-动量乘积排序形式，即

$$
\begin{aligned}
P^n Q^m &= \mathfrak{Q}\exp\left(-\,\mathrm{i}\,\frac{\partial^2}{\partial Q \partial P}\right) Q^m P^n \mathfrak{Q} \\
&= \mathfrak{Q}\sum_{k=0}^{\infty} \frac{(-\mathrm{i})^k}{k!} \frac{\partial^k}{\partial Q^k} \frac{\partial^k}{\partial P^k} Q^m P^n \mathfrak{Q} \\
&= \mathfrak{Q}\sum_{k=0}^{\min(m,n)} \frac{m!\,n!}{k!(m-k)!(n-k)!}\,(-\mathrm{i})^k Q^{m-k} P^{n-k} \mathfrak{Q} \\
&= \sum_{k=0}^{\min(m,n)} \frac{m!\,n!}{k!(m-k)!(n-k)!}\,(-\mathrm{i})^k Q^{m-k} P^{n-k}
\end{aligned}
\tag{4.2.33}
$$

并得到如下对易关系：

$$
\begin{aligned}
\left[Q^m, P^n\right] &= Q^m P^n - P^n Q^m \\
&= \mathfrak{Q}\left[1 - \exp\left(-\,\mathrm{i}\,\frac{\partial^2}{\partial Q \partial P}\right)\right] Q^m P^n \mathfrak{Q} \\
&= \mathfrak{Q}\left[1 - \sum_{k=0}^{\infty} \frac{(-\mathrm{i})^k}{k!} \frac{\partial^k}{\partial Q^k} \frac{\partial^k}{\partial P^k}\right] Q^m P^n \mathfrak{Q} \\
&= -\,\mathfrak{Q}\sum_{k=1}^{\infty} \frac{(-\mathrm{i})^k}{k!} \frac{\partial^k}{\partial Q^k} \frac{\partial^k}{\partial P^k} Q^m P^n \mathfrak{Q} \\
&= -\sum_{k=1}^{\min(m,n)} \frac{m!\,n!}{k!(m-k)!(n-k)!}\,(-\mathrm{i})^k Q^{m-k} P^{n-k}
\end{aligned}
\tag{4.2.34}
$$

设想一下，如果利用坐标算符与动量算符的对易关系式 $[Q,P]=QP-PQ=\mathrm{i}$ 来一步一步地推导算符恒等公式(4.2.32)式和(4.2.34)式，其过程有多么冗繁．我们利用上

面的互换法则就很便捷地导出了这两个算符恒等公式,这足以表明具有普适性的互换法则的有效性和实用价值.特别是当 $m=1$ 时,这两个算符恒等公式约化为 $[Q,P^n]=QP^n-P^nQ=n\mathrm{i}P^{n-1}$,这正是第 1 章中讨论过的算符公式.

再来看(4.2.24)式,它是单模压缩算符 $S=\sqrt{\kappa}\int_{-\infty}^{\infty}\mid\kappa x\rangle\langle x\mid\mathrm{d}x$ 的动量-坐标乘积排序式,由互换法则(4.2.28)式可得到其坐标-动量乘积排序形式,即

$$S=\sqrt{\kappa}\,\mathfrak{P}\exp[\mathrm{i}(1-\kappa)QP]\mathfrak{P}$$
$$=\sqrt{\kappa}\,\mathfrak{Q}\exp\Big(-\mathrm{i}\frac{\partial^2}{\partial Q\partial P}\Big)\exp[\mathrm{i}(1-\kappa)QP]\mathfrak{Q}$$
$$=\sqrt{\kappa}\,\mathfrak{Q}\exp\Big(-\mathrm{i}\frac{\partial^2}{\partial Q\partial P}\Big)\int\frac{\mathrm{d}^2z}{\pi}\exp[-zz^*+z\mathrm{i}(1-\kappa)Q+z^*P]\mathfrak{Q}$$
$$=\sqrt{\kappa}\,\mathfrak{Q}\int\frac{\mathrm{d}^2z}{\pi}\exp[-\kappa zz^*+z\mathrm{i}(1-\kappa)Q+z^*P]\mathfrak{Q}$$
$$=\frac{1}{\sqrt{\kappa}}\mathfrak{Q}\exp\Big(\mathrm{i}\frac{1-\kappa}{\kappa}QP\Big)\mathfrak{Q} \tag{4.2.35}$$

这正是(4.1.31)式,再一次表明我们导出的简明的互换法则是正确且行之有效的.在上面的计算中再一次使用了积分降次法.

4.2.5 动量-坐标排序算符的乘法定理

两个动量-坐标排序的算符的乘积重排成一个动量-坐标排序算符的乘法定理(PPP乘法定理)表述如下:

$$\mathfrak{P}F(X,P_x)\mathfrak{P}\times\mathfrak{P}G(X,P_x)\mathfrak{P}$$
$$=\mathfrak{P}F(X,P_x)\exp\Big(\mathrm{i}\hbar\frac{\overleftarrow{\partial}}{\partial X}\frac{\overrightarrow{\partial}}{\partial P_x}\Big)G(X,P_x)\mathfrak{P} \tag{4.2.36}$$

或表示成

$$\mathfrak{P}F(Q,P)\mathfrak{P}\times\mathfrak{P}G(Q,P)\mathfrak{P}=\mathfrak{P}F(Q,P)\exp\Big(\mathrm{i}\frac{\overleftarrow{\partial}}{\partial Q}\frac{\overrightarrow{\partial}}{\partial P}\Big)G(Q,P)\mathfrak{P} \tag{4.2.37}$$

证明 由(4.2.26)式可得

$$\mathfrak{P}F(X,P_x)\mathfrak{P} \times \mathfrak{P}G(X,P_x)\mathfrak{P}$$

$$= \iint_{-\infty}^{\infty} F(x,p_x)\delta(p_x - P_x)\delta(x - X)\mathrm{d}x\mathrm{d}p_x$$

$$\cdot \iint_{-\infty}^{\infty} G(x',p_x')\delta(p_x' - P_x)\delta(x' - X)\mathrm{d}x'\mathrm{d}p_x'$$

$$= \int\cdots\int_{-\infty}^{\infty} F(x,p_x)G(x',p_x')\delta(p_x - P_x)\delta(x - X)\delta(p_x' - P_x)\delta(x' - X)\mathrm{d}x'\mathrm{d}p_x'\mathrm{d}x\mathrm{d}p_x$$

$$= \int\cdots\int_{-\infty}^{\infty} F(x,p_x)G(x',p_x')\delta(p_x - P_x)\left[\exp\left(\mathrm{i}\hbar\frac{\partial^2}{\partial X\partial P_x}\right)\delta(p_x' - P_x)\delta(x - X)\right]$$

$$\cdot \delta(x' - X)\mathrm{d}x'\mathrm{d}p_x'\mathrm{d}x\mathrm{d}p_x$$

$$= \exp\left(\mathrm{i}\hbar\frac{\partial^2}{\partial t\partial \tau}\right)\int\cdots\int_{-\infty}^{\infty} F(x,p_x)G(x',p_x')\delta(p_x - P_x)\delta(p_x' - P_x - \tau)\delta(x - X - t)$$

$$\cdot \delta(x' - X)\mathrm{d}x'\mathrm{d}p_x'\mathrm{d}x\mathrm{d}p_x\big|_{t=\tau=0}$$

$$= \exp\left(\mathrm{i}\hbar\frac{\partial^2}{\partial t\partial \tau}\right)\mathfrak{P}\int\cdots\int_{-\infty}^{\infty} F(x,p_x)G(x',p_x')\delta(p_x - P_x)\delta(p_x' - P_x - \tau)\delta(x - X - t)$$

$$\cdot \delta(x' - X)\mathrm{d}x'\mathrm{d}p_x'\mathrm{d}x\mathrm{d}p_x\big|_{t=\tau=0}\mathfrak{P}$$

$$= \exp\left(\mathrm{i}\hbar\frac{\partial^2}{\partial t\partial \tau}\right)\mathfrak{P}\int\cdots\int_{-\infty}^{\infty} F(x,p_x)G(x',p_x')\delta(p_x - P_x)\delta(x - X - t)\delta(p_x' - P_x - \tau)$$

$$\cdot \delta(x' - X)\mathrm{d}x'\mathrm{d}p_x'\mathrm{d}x\mathrm{d}p_x\big|_{t=\tau=0}\mathfrak{P}$$

$$= \exp\left(\mathrm{i}\hbar\frac{\partial^2}{\partial t\partial \tau}\right)\mathfrak{P}F(X + t,P_x)G(X,P_x + \tau)\mathfrak{P}\Big|_{t=\tau=0}$$

$$= \mathfrak{P}F(X + t,P_x)\exp\left(\mathrm{i}\hbar\frac{\overleftarrow{\partial}}{\partial t}\frac{\overrightarrow{\partial}}{\partial \tau}\right)G(X,P_x + \tau)\mathfrak{P}\Big|_{t=\tau=0}$$

$$= \mathfrak{P}F(X,P_x)\exp\left(\mathrm{i}\hbar\frac{\overleftarrow{\partial}}{\partial X}\frac{\overrightarrow{\partial}}{\partial P_x}\right)G(X,P_x)\mathfrak{P}$$

PPP 乘法定理,可以直接将两个动量-坐标排序的算符的乘积重排为一个动量-坐标排序的算符,这里的微分算子 $\exp\left(\mathrm{i}\hbar\frac{\overleftarrow{\partial}}{\partial X}\frac{\overrightarrow{\partial}}{\partial P_x}\right)$ 起着关键性的作用,可以形象地称该微分算子为"排序合成器".

4.2.6 算符的动量-坐标排序与正规(反正规)排序的互换

这一节讨论算符的动量-坐标排序与算符的正规乘积排序和反正规乘积排序之间普适的互换法则.

1. 互换法则（P→N 法则）

从算符的动量-坐标排序到正规乘积排序的转换法则为

$$\mathfrak{P}F(Q,P)\mathfrak{P} = \; : \exp\left(\frac{1}{4}\frac{\partial^2}{\partial Q^2} - \frac{\mathrm{i}}{2}\frac{\partial^2}{\partial Q\partial P} + \frac{1}{4}\frac{\partial^2}{\partial P^2}\right)F(Q,P): \qquad (4.2.38)$$

证明

$\mathfrak{P}F(Q,P)\mathfrak{P}$

$$= \iint_{-\infty}^{\infty} F(q,p)\delta(p-P)\delta(q-Q)\mathrm{d}q\mathrm{d}p$$

$$= \frac{1}{4\pi^2}\iint_{-\infty}^{\infty} F(q,p)\iint_{-\infty}^{\infty} \mathrm{e}^{\mathrm{i}v(p-P)}\mathrm{e}^{\mathrm{i}u(q-Q)}\mathrm{d}u\mathrm{d}v\mathrm{d}q\mathrm{d}p$$

$$= \frac{1}{4\pi^2}\iint_{-\infty}^{\infty} F(q,p)\iint_{-\infty}^{\infty} \mathrm{e}^{\frac{\mathrm{i}}{2}uv}\mathrm{e}^{\mathrm{i}u(q-Q)+\mathrm{i}v(p-P)}\mathrm{d}u\mathrm{d}v\mathrm{d}q\mathrm{d}p$$

$$= \frac{1}{4\pi^2}\iint_{-\infty}^{\infty} F(q,p)\iint_{-\infty}^{\infty} \mathrm{e}^{\frac{\mathrm{i}}{2}uv}\mathrm{e}^{\mathrm{i}uq+\mathrm{i}vp}\exp\left(\frac{v-\mathrm{i}u}{\sqrt{2}}a^\dagger - \frac{v+\mathrm{i}u}{\sqrt{2}}a\right)\mathrm{d}u\mathrm{d}v\mathrm{d}q\mathrm{d}p$$

$$= \frac{1}{4\pi^2}\iint_{-\infty}^{\infty} F(q,p)\iint_{-\infty}^{\infty} \mathrm{e}^{-\frac{1}{4}u^2+\frac{\mathrm{i}}{2}uv-\frac{1}{4}v^2}\mathrm{e}^{\mathrm{i}uq+\mathrm{i}vp}$$

$$\cdot \exp\left(\frac{v-\mathrm{i}u}{\sqrt{2}}a^\dagger\right)\exp\left(-\frac{v+\mathrm{i}u}{\sqrt{2}}a\right)\mathrm{d}u\mathrm{d}v\mathrm{d}q\mathrm{d}p$$

$$= \frac{1}{4\pi^2} : \iint_{-\infty}^{\infty} F(q,p)\iint_{-\infty}^{\infty} \mathrm{e}^{-\frac{1}{4}u^2+\frac{\mathrm{i}}{2}uv-\frac{1}{4}v^2}\mathrm{e}^{\mathrm{i}u(q-Q)+\mathrm{i}v(p-P)}\mathrm{d}u\mathrm{d}v\mathrm{d}q\mathrm{d}p:$$

$$= \frac{1}{4\pi^2}\exp\left(\frac{1}{4}\frac{\partial^2}{\partial Q^2} - \frac{\mathrm{i}}{2}\frac{\partial^2}{\partial Q\partial P} + \frac{1}{4}\frac{\partial^2}{\partial P^2}\right)$$

$$\cdot : \iint_{-\infty}^{\infty} F(q,p)\iint_{-\infty}^{\infty} \mathrm{e}^{\mathrm{i}u(q-Q)+\mathrm{i}v(p-P)}\mathrm{d}u\mathrm{d}v\mathrm{d}q\mathrm{d}p:$$

$$= \exp\left(\frac{1}{4}\frac{\partial^2}{\partial Q^2} - \frac{\mathrm{i}}{2}\frac{\partial^2}{\partial Q\partial P} + \frac{1}{4}\frac{\partial^2}{\partial P^2}\right) : \iint_{-\infty}^{\infty} F(q,p)\delta(q-Q)\delta(p-P)\mathrm{d}q\mathrm{d}p:$$

$$= \exp\left(\frac{1}{4}\frac{\partial^2}{\partial Q^2} - \frac{\mathrm{i}}{2}\frac{\partial^2}{\partial Q\partial P} + \frac{1}{4}\frac{\partial^2}{\partial P^2}\right) : F(Q,P):$$

证毕.

2. 互换法则（N→P 法则）

从算符的正规乘积排序到动量-坐标排序的转换法则为

$$: F(Q,P): = \exp\left(-\frac{1}{4}\frac{\partial^2}{\partial Q^2} + \frac{i}{2}\frac{\partial^2}{\partial Q\partial P} - \frac{1}{4}\frac{\partial^2}{\partial P^2}\right)\mathfrak{P}F(Q,P)\mathfrak{P} \qquad (4.2.39)$$

它是法则(4.2.38)式的逆法则,通过用微分算子 $\exp\left(-\frac{1}{4}\frac{\partial^2}{\partial Q^2} + \frac{i}{2}\frac{\partial^2}{\partial Q\partial P} - \frac{1}{4}\frac{\partial^2}{\partial P^2}\right)$ 从左侧作用于(4.2.38)式便可得到.进一步利用 $Q = \alpha X$ 和 $P = \beta P_x$ 可以将(4.2.38)式和(4.2.39)式恢复成有量纲坐标算符与动量算符的形式,这里不再写出.

我们仍以谐振子的真空投影算符 $|0\rangle\langle 0| = : e^{-aa^\dagger}:$ 为例,利用互换法则(4.2.39)式可导出其动量-坐标排序式,即

$$|0\rangle\langle 0| = : e^{-aa^\dagger}: = : \exp\left[-\frac{1}{2}(Q+iP)(Q-iP)\right]:$$

$$= \mathfrak{P}\exp\left(-\frac{1}{4}\frac{\partial^2}{\partial Q^2} + \frac{i}{2}\frac{\partial^2}{\partial Q\partial P} - \frac{1}{4}\frac{\partial^2}{\partial P^2}\right)\exp\left[-\frac{1}{2}(Q+iP)(Q-iP)\right]\mathfrak{P}$$

$$= \mathfrak{P}\exp\left(-\frac{1}{4}\frac{\partial^2}{\partial Q^2} + \frac{i}{2}\frac{\partial^2}{\partial Q\partial P} - \frac{1}{4}\frac{\partial^2}{\partial P^2}\right)$$

$$\cdot 2\int\frac{d^2z}{\pi}\exp\left[-2zz^* - z(Q+iP) + z^*(Q-iP)\right]\mathfrak{P}$$

$$= \mathfrak{P}2\int\frac{d^2z}{\pi}\exp\left[-\frac{1}{4}(z^*-z)^2 + \frac{1}{2}(z^*-z)(z^*+z) + \frac{1}{4}(z^*+z)^2\right]$$

$$\cdot \exp\left[-2zz^* - z(Q+iP) + z^*(Q-iP)\right]\mathfrak{P}$$

$$= \mathfrak{P}2\int\frac{d^2z}{\pi}\exp\left[-zz^* - z(Q+iP) + z^*(Q-iP) - \frac{1}{2}z^2 + \frac{1}{2}z^{*2}\right]\mathfrak{P}$$

$$= \sqrt{2}\mathfrak{P}\exp\left(-\frac{1}{2}Q^2 + iQP - \frac{1}{2}P^2\right)\mathfrak{P} \qquad (4.2.40)$$

这与(4.2.6)式是一致的.在上面的计算过程中,为了便于计算微分算子对后面函数的作用,我们对 $\mathfrak{P}\exp\left[-\frac{1}{2}(Q+iP)(Q-iP)\right]\mathfrak{P}$ 再一次使用了积分降次法.

3. 互换法则(P→A 法则)

从算符的动量-坐标排序到反正规乘积排序的转换法则为

$$\mathfrak{P}F(Q,P)\mathfrak{P} = : \exp\left(-\frac{1}{4}\frac{\partial^2}{\partial Q^2} - \frac{i}{2}\frac{\partial^2}{\partial Q\partial P} - \frac{1}{4}\frac{\partial^2}{\partial P^2}\right)F(Q,P): \qquad (4.2.41)$$

4. 互换法则(A→P 法则)

从算符的反正规乘积排序到动量-坐标排序的转换法则为

$$\vdots F(Q,P) \vdots = \mathfrak{P}\exp\left(\frac{1}{4}\frac{\partial^2}{\partial Q^2} + \frac{i}{2}\frac{\partial^2}{\partial Q \partial P} + \frac{1}{4}\frac{\partial^2}{\partial P^2}\right)F(Q,P)\mathfrak{P} \tag{4.2.42}$$

互换法则(4.2.41)式和(4.2.42)式的证明从略.这里给出两个例子,就是导出幂算符 Q^n 和 P^n 的反正规乘积排序式,式中 n 是正整数.这两个算符既都是坐标-动量排序的,又都是动量-坐标排序的,因此根据互换法则(4.2.41)式可得

$$Q^n = \vdots \exp\left(-\frac{1}{4}\frac{\partial^2}{\partial Q^2} - \frac{i}{2}\frac{\partial^2}{\partial Q \partial P} - \frac{1}{4}\frac{\partial^2}{\partial P^2}\right)Q^n \vdots$$

$$= \vdots \exp\left(-\frac{1}{4}\frac{\partial^2}{\partial Q^2}\right)Q^n \vdots = \frac{1}{2^n}\vdots \mathrm{H}_n(Q)\vdots$$

$$P^n = \vdots \exp\left(-\frac{1}{4}\frac{\partial^2}{\partial Q^2} - \frac{i}{2}\frac{\partial^2}{\partial Q \partial P} - \frac{1}{4}\frac{\partial^2}{\partial P^2}\right)P^n \vdots$$

$$= \vdots \exp\left(-\frac{1}{4}\frac{\partial^2}{\partial P^2}\right)P^n \vdots = \frac{1}{2^n}\vdots \mathrm{H}_n(P)\vdots$$

以及

$$\mathrm{H}_n(Q) = \vdots \exp\left(-\frac{1}{4}\frac{\partial^2}{\partial Q^2} - \frac{i}{2}\frac{\partial^2}{\partial Q \partial P} - \frac{1}{4}\frac{\partial^2}{\partial P^2}\right)\mathrm{H}_n(Q)\vdots$$

$$= \vdots \exp\left(-\frac{1}{4}\frac{\partial^2}{\partial Q^2}\right)\mathrm{H}_n(Q)\vdots$$

$$= \vdots \exp\left(-\frac{1}{2}\frac{\partial^2}{\partial Q^2}\right)\exp\left(\frac{1}{4}\frac{\partial^2}{\partial Q^2}\right)\mathrm{H}_n(Q)\vdots = \vdots \exp\left(-\frac{1}{2}\frac{\partial^2}{\partial Q^2}\right)(2Q)^n\vdots$$

$$= (\sqrt{2})^n \vdots \exp\left[-\frac{1}{4}\frac{\partial^2}{\partial (Q/\sqrt{2})^2}\right]\left[2\left(\frac{Q}{\sqrt{2}}\right)\right]^n \vdots = (\sqrt{2})^n \vdots \mathrm{H}_n\left(\frac{Q}{\sqrt{2}}\right)\vdots$$

$$\mathrm{H}_n(P) = \vdots \exp\left(-\frac{1}{4}\frac{\partial^2}{\partial Q^2} - \frac{i}{2}\frac{\partial^2}{\partial Q \partial P} - \frac{1}{4}\frac{\partial^2}{\partial P^2}\right)\mathrm{H}_n(P)\vdots$$

$$= \vdots \exp\left(-\frac{1}{4}\frac{\partial^2}{\partial P^2}\right)\mathrm{H}_n(P)\vdots$$

$$= \vdots \exp\left(-\frac{1}{2}\frac{\partial^2}{\partial P^2}\right)\exp\left(\frac{1}{4}\frac{\partial^2}{\partial P^2}\right)\mathrm{H}_n(P)\vdots = \vdots \exp\left(-\frac{1}{2}\frac{\partial^2}{\partial P^2}\right)(2P)^n\vdots$$

$$= (\sqrt{2})^n \vdots \exp\left[-\frac{1}{4}\frac{\partial^2}{\partial (P/\sqrt{2})^2}\right]\left[2\left(\frac{P}{\sqrt{2}}\right)\right]^n \vdots = (\sqrt{2})^n \vdots \mathrm{H}_n\left(\frac{P}{\sqrt{2}}\right)\vdots$$

在上面的计算中反复使用了厄米多项式的以下微分形式及其逆关系:

$$\exp\left(-\frac{1}{4}\frac{\partial^2}{\partial \xi^2}\right)(2\xi)^n = \mathrm{H}_n(\xi), \quad \exp\left(\frac{1}{4}\frac{\partial^2}{\partial \xi^2}\right)\mathrm{H}_n(\xi) = (2\xi)^n$$

4.3　多模指数算符的有序排列形式

对于 n 模的坐标算符 $(Q_1, Q_2, \cdots, Q_n)$ 和动量算符 $(P_1, P_2, \cdots, P_n)$ 以及一个任意的 $n \times n$ 矩阵 A，我们来导出指数算符

$$\exp\left[(Q_1 \quad Q_2 \quad \cdots \quad Q_n)A\begin{pmatrix} P_1 \\ P_2 \\ \vdots \\ P_n \end{pmatrix}\right]$$

的坐标-动量乘积排序式与动量-坐标乘积排序式. 基于如下对易关系:

$$[Q_n, iP_m] = -\delta_{nm} = [a_n^\dagger, a_m]$$

类比第 2 章中得到的算符恒等公式

$$\exp\left[(a_1^\dagger \quad a_2^\dagger \quad \cdots \quad a_n^\dagger)A\begin{pmatrix} a_1 \\ a_2 \\ \vdots \\ a_n \end{pmatrix}\right] = \; : \exp\left[(a_1^\dagger \quad a_2^\dagger \quad \cdots \quad a_n^\dagger)(\mathrm{e}^A - I)\begin{pmatrix} a_1 \\ a_2 \\ \vdots \\ a_n \end{pmatrix}\right] :$$

便可得到如下算符恒等公式:

$$\exp\left[(Q_1 \quad Q_2 \quad \cdots \quad Q_n)A\begin{pmatrix} P_1 \\ P_2 \\ \vdots \\ P_n \end{pmatrix}\right] = \exp\left[(Q_1 \quad Q_2 \quad \cdots \quad Q_n)(-iA)\begin{pmatrix} iP_1 \\ iP_2 \\ \vdots \\ iP_n \end{pmatrix}\right]$$

$$= \mathfrak{Q}\exp\left[(Q_1 \quad Q_2 \quad \cdots \quad Q_n)(\mathrm{e}^{-iA} - I)\begin{pmatrix} iP_1 \\ iP_2 \\ \vdots \\ iP_n \end{pmatrix}\right]\mathfrak{Q}$$

$$= \mathfrak{Q}\exp\left[\mathrm{i}\begin{pmatrix}Q_1 & Q_2 & \cdots & Q_n\end{pmatrix}(\mathrm{e}^{-\mathrm{i}A} - I)\begin{pmatrix}P_1\\P_2\\\vdots\\P_n\end{pmatrix}\right]\mathfrak{Q} \qquad (4.3.1)$$

例如，$A = \begin{pmatrix}1 & 1\\0 & 1\end{pmatrix}$，由此公式可得

$$\exp\left[\begin{pmatrix}Q_1 & Q_2\end{pmatrix}\begin{pmatrix}1 & 1\\0 & 1\end{pmatrix}\begin{pmatrix}P_1\\P_2\end{pmatrix}\right] = \mathfrak{Q}\exp\left\{\mathrm{i}\begin{pmatrix}Q_1 & Q_2\end{pmatrix}\left[\mathrm{e}^{-\mathrm{i}\begin{pmatrix}1 & 1\\0 & 1\end{pmatrix}} - I\right]\begin{pmatrix}P_1\\P_2\end{pmatrix}\right\}\mathfrak{Q}$$

该式中的矩阵指数计算如下：

$$\mathrm{e}^{-\mathrm{i}\begin{pmatrix}1 & 1\\0 & 1\end{pmatrix}} = \sum_{n=0}^{\infty}\frac{(-\mathrm{i})^n}{n!}\begin{pmatrix}1 & 1\\0 & 1\end{pmatrix}^n = \sum_{n=0}^{\infty}\frac{(-\mathrm{i})^n}{n!}\begin{pmatrix}1 & n\\0 & 1\end{pmatrix}$$

$$= \begin{pmatrix}\sum_{n=0}^{\infty}\frac{(-\mathrm{i})^n}{n!} & \sum_{n=0}^{\infty}\frac{(-\mathrm{i})^n n}{n!}\\0 & \sum_{n=0}^{\infty}\frac{(-\mathrm{i})^n}{n!}\end{pmatrix} = \begin{pmatrix}\mathrm{e}^{-\mathrm{i}} & \sum_{n=1}^{\infty}\frac{(-\mathrm{i})^n}{(n-1)!}\\0 & \mathrm{e}^{-\mathrm{i}}\end{pmatrix}$$

$$= \begin{pmatrix}\mathrm{e}^{-\mathrm{i}} & \sum_{m=0}^{\infty}\frac{(-\mathrm{i})^{m+1}}{m!}\\0 & \mathrm{e}^{-\mathrm{i}}\end{pmatrix} = \begin{pmatrix}\mathrm{e}^{-\mathrm{i}} & -\mathrm{i}\mathrm{e}^{-\mathrm{i}}\\0 & \mathrm{e}^{-\mathrm{i}}\end{pmatrix}$$

将其代入上式得

$$\exp\left[\begin{pmatrix}Q_1 & Q_2\end{pmatrix}\begin{pmatrix}1 & 1\\0 & 1\end{pmatrix}\begin{pmatrix}P_1\\P_2\end{pmatrix}\right]$$

$$= \mathfrak{Q}\exp\left\{\mathrm{i}\begin{pmatrix}Q_1 & Q_2\end{pmatrix}\begin{pmatrix}\mathrm{e}^{-\mathrm{i}}-1 & -\mathrm{i}\mathrm{e}^{-\mathrm{i}}\\0 & \mathrm{e}^{-\mathrm{i}}-1\end{pmatrix}\begin{pmatrix}P_1\\P_2\end{pmatrix}\right\}\mathfrak{Q}$$

$$= \mathfrak{Q}\exp[\mathrm{i}(\mathrm{e}^{-\mathrm{i}}-1)Q_1 P_1 + \mathrm{e}^{-\mathrm{i}}Q_1 P_2 + \mathrm{i}(\mathrm{e}^{-\mathrm{i}}-1)Q_2 P_2]\mathfrak{Q} \qquad (4.3.2)$$

这一结果的正确性可以用另一种方法予以验证. 事实上，由于 $Q_1 P_2$ 与 $Q_1 P_1 + Q_2 P_2$ 相互对易，即 $[Q_1 P_2, Q_1 P_1 + Q_2 P_2] = 0$，所以有

$$\exp\left[\begin{pmatrix}Q_1 & Q_2\end{pmatrix}\begin{pmatrix}1 & 1\\0 & 1\end{pmatrix}\begin{pmatrix}P_1\\P_2\end{pmatrix}\right] = \exp(Q_1 P_1 + Q_1 P_2 + Q_2 P_2)$$

$$= \exp(Q_1 P_1 + Q_2 P_2)\exp(Q_1 P_2)$$

又因第一模与第二模是相互独立(因此相互对易)的,故有

$$\exp\left[(Q_1 \quad Q_2)\begin{pmatrix}1 & 1\\0 & 1\end{pmatrix}\begin{pmatrix}P_1\\P_2\end{pmatrix}\right]$$

$$= \exp(Q_1 P_1)\exp(Q_2 P_2)\exp(Q_1 P_2)$$

$$= {\large\,{}_{\boldsymbol\backsim}}\exp[\mathrm{i}Q_1 P_1(\mathrm{e}^{-\mathrm{i}}-1)]{\large{}_{\boldsymbol\backsim}\,} \times {\large\,{}_{\boldsymbol\backsim}}\exp[\mathrm{i}Q_2 P_2(\mathrm{e}^{-\mathrm{i}}-1)]{\large{}_{\boldsymbol\backsim}\,} \times {\large\,{}_{\boldsymbol\backsim}}\exp(Q_1 P_2){\large{}_{\boldsymbol\backsim}\,}$$

$$= {\large\,{}_{\boldsymbol\backsim}}\exp[\mathrm{i}Q_1 P_1(\mathrm{e}^{-\mathrm{i}}-1)+\mathrm{i}Q_2 P_2(\mathrm{e}^{-\mathrm{i}}-1)]{\large{}_{\boldsymbol\backsim}\,} \times {\large\,{}_{\boldsymbol\backsim}}\exp(Q_1 P_2){\large{}_{\boldsymbol\backsim}\,}$$

利用 **QQQ** 乘法定理(4.1.35)式

$${\large\,{}_{\boldsymbol\backsim}}F(Q,P){\large{}_{\boldsymbol\backsim}\,} \times {\large\,{}_{\boldsymbol\backsim}}G(Q,P){\large{}_{\boldsymbol\backsim}\,} = {\large\,{}_{\boldsymbol\backsim}}F(Q,P)\exp\left(-\mathrm{i}\frac{\overleftarrow{\partial}}{\partial P}\frac{\overrightarrow{\partial}}{\partial Q}\right)G(Q,P){\large{}_{\boldsymbol\backsim}\,}$$

则可得到(推广为双模情形)

$$\exp\left[(Q_1 \quad Q_2)\begin{pmatrix}1 & 1\\0 & 1\end{pmatrix}\begin{pmatrix}P_1\\P_2\end{pmatrix}\right]$$

$$= {\large\,{}_{\boldsymbol\backsim}}\exp[\mathrm{i}Q_1 P_1(\mathrm{e}^{-\mathrm{i}}-1)+\mathrm{i}Q_2 P_2(\mathrm{e}^{-\mathrm{i}}-1)]$$

$$\cdot \exp\left(-\mathrm{i}\frac{\overleftarrow{\partial}}{\partial P_1}\frac{\overrightarrow{\partial}}{\partial Q_1}-\mathrm{i}\frac{\overleftarrow{\partial}}{\partial P_2}\frac{\overrightarrow{\partial}}{\partial Q_2}\right)\exp(Q_1 P_2){\large{}_{\boldsymbol\backsim}\,}$$

$$= {\large\,{}_{\boldsymbol\backsim}}\exp[\mathrm{i}Q_1 P_1(\mathrm{e}^{-\mathrm{i}}-1)+\mathrm{i}Q_2 P_2(\mathrm{e}^{-\mathrm{i}}-1)]\exp\left(-\mathrm{i}\frac{\overleftarrow{\partial}}{\partial P_1}\frac{\overrightarrow{\partial}}{\partial Q_1}\right)\exp(Q_1 P_2){\large{}_{\boldsymbol\backsim}\,}$$

$$= {\large\,{}_{\boldsymbol\backsim}}\exp[\mathrm{i}Q_1 P_1(\mathrm{e}^{-\mathrm{i}}-1)+\mathrm{i}Q_2 P_2(\mathrm{e}^{-\mathrm{i}}-1)]\exp[Q_1(\mathrm{e}^{-\mathrm{i}}-1)P_2]\exp(Q_1 P_2){\large{}_{\boldsymbol\backsim}\,}$$

$$= {\large\,{}_{\boldsymbol\backsim}}\exp[\mathrm{i}Q_1 P_1(\mathrm{e}^{-\mathrm{i}}-1)+\mathrm{e}^{-\mathrm{i}}Q_1 P_2+\mathrm{i}Q_2 P_2(\mathrm{e}^{-\mathrm{i}}-1)]{\large{}_{\boldsymbol\backsim}\,}$$

这与(4.3.2)式是相同的.

基于对易关系

$$[Q_n,\,-\mathrm{i}P_m]=\delta_{nm}=[a_n,a_m^\dagger]$$

类比第 2 章中得到的算符公式

$$\exp\left[(a_1 \quad a_2 \quad \cdots \quad a_n)A\begin{pmatrix}a_1^\dagger\\a_2^\dagger\\\vdots\\a_n^\dagger\end{pmatrix}\right]=\mathrm{e}^{\mathrm{tr}\,A}:\exp\left[(a_1 \quad a_2 \quad \cdots \quad a_n)(\mathrm{e}^A-I)\begin{pmatrix}a_1^\dagger\\a_2^\dagger\\\vdots\\a_n^\dagger\end{pmatrix}\right]:$$

便可得到如下算符恒等公式:

$$\exp\left[(Q_1 \quad Q_2 \quad \cdots \quad Q_n)A\begin{bmatrix} P_1 \\ P_2 \\ \vdots \\ P_n \end{bmatrix}\right]$$

$$= \exp\left[(Q_1 \quad Q_2 \quad \cdots \quad Q_n)(\mathrm{i}A)\begin{bmatrix} -\mathrm{i}P_1 \\ -\mathrm{i}P_2 \\ \vdots \\ -\mathrm{i}P_n \end{bmatrix}\right]$$

$$= \mathrm{e}^{\mathrm{tr}(\mathrm{i}A)}\mathfrak{P}\exp\left[(Q_1 \quad Q_2 \quad \cdots \quad Q_n)(\mathrm{e}^{\mathrm{i}A}-I)\begin{bmatrix} -\mathrm{i}P_1 \\ -\mathrm{i}P_2 \\ \vdots \\ -\mathrm{i}P_n \end{bmatrix}\right]\mathfrak{P}$$

$$= \mathrm{e}^{\mathrm{i}\mathrm{tr}\,A}\mathfrak{P}\exp\left[\mathrm{i}(Q_1 \quad Q_2 \quad \cdots \quad Q_n)(I-\mathrm{e}^{\mathrm{i}A})\begin{bmatrix} P_1 \\ P_2 \\ \vdots \\ P_n \end{bmatrix}\right]\mathfrak{P} \qquad (4.3.3)$$

同样道理,充分利用类比法还可得到如下两个算符公式:

$$\exp\left[(P_1 \quad P_2 \quad \cdots \quad P_n)A\begin{bmatrix} Q_1 \\ Q_2 \\ \vdots \\ Q_n \end{bmatrix}\right]$$

$$= \exp\left[(-\mathrm{i}P_1 \quad -\mathrm{i}P_2 \quad \cdots \quad -\mathrm{i}P_n)(\mathrm{i}A)\begin{bmatrix} Q_1 \\ Q_2 \\ \vdots \\ Q_n \end{bmatrix}\right]$$

$$= \mathfrak{P}\exp\left[(-\mathrm{i}P_1 \quad -\mathrm{i}P_2 \quad \cdots \quad -\mathrm{i}P_n)(\mathrm{e}^{\mathrm{i}A}-I)\begin{bmatrix} Q_1 \\ Q_2 \\ \vdots \\ Q_n \end{bmatrix}\right]\mathfrak{P}$$

$$= \mathfrak{P}\exp\left[i\begin{pmatrix} P_1 & P_2 & \cdots & P_n \end{pmatrix}(I - e^{iA})\begin{pmatrix} Q_1 \\ Q_2 \\ \vdots \\ Q_n \end{pmatrix}\right]\mathfrak{P} \tag{4.3.4}$$

$$\exp\left[\begin{pmatrix} P_1 & P_2 & \cdots & P_n \end{pmatrix}A\begin{pmatrix} Q_1 \\ Q_2 \\ \vdots \\ Q_n \end{pmatrix}\right] = \exp\left[\begin{pmatrix} iP_1 & iP_2 & \cdots & iP_n \end{pmatrix}(-iA)\begin{pmatrix} Q_1 \\ Q_2 \\ \vdots \\ Q_n \end{pmatrix}\right]$$

$$= e^{\text{tr}(-iA)}\mathfrak{Q}\exp\left[\begin{pmatrix} iP_1 & iP_2 & \cdots & iP_n \end{pmatrix}(e^{-iA} - I)\begin{pmatrix} Q_1 \\ Q_2 \\ \vdots \\ Q_n \end{pmatrix}\right]\mathfrak{Q}$$

$$= e^{-i\text{tr}\,A}\mathfrak{Q}\exp\left[i\begin{pmatrix} P_1 & P_2 & \cdots & P_n \end{pmatrix}(e^{-iA} - I)\begin{pmatrix} Q_1 \\ Q_2 \\ \vdots \\ Q_n \end{pmatrix}\right]\mathfrak{Q} \tag{4.3.5}$$

进一步,在(4.3.1)式中,令 $i(e^{-iA} - I) = B$,则有 $A = i\ln(I - iB)$.将其代入(4.3.1)式,则可得到

$$\mathfrak{Q}\exp\left[\begin{pmatrix} Q_1 & Q_2 & \cdots & Q_n \end{pmatrix}B\begin{pmatrix} P_1 \\ P_2 \\ \vdots \\ P_n \end{pmatrix}\right]\mathfrak{Q} = \exp\left[i\begin{pmatrix} Q_1 & Q_2 & \cdots & Q_n \end{pmatrix}\ln(I - iB)\begin{pmatrix} P_1 \\ P_2 \\ \vdots \\ P_n \end{pmatrix}\right]$$

$$\tag{4.3.6}$$

这就是脱去坐标-动量排序记号的公式.

例如,若 $B = \begin{pmatrix} i & i \\ i & i \end{pmatrix}$,则 $\ln(I - iB) = \ln\begin{pmatrix} 2 & 1 \\ 1 & 2 \end{pmatrix}$,于是

$$\mathfrak{Q}\exp[i(Q_1 P_1 + Q_2 P_1 + Q_1 P_2 + Q_2 P_2)]\mathfrak{Q} = \mathfrak{Q}\exp\left[\begin{pmatrix} Q_1 & Q_2 \end{pmatrix}\begin{pmatrix} i & i \\ i & i \end{pmatrix}\begin{pmatrix} P_1 \\ P_2 \end{pmatrix}\right]\mathfrak{Q}$$

$$= \exp\left\{i\begin{pmatrix} Q_1 & Q_2 \end{pmatrix}\left[\ln\begin{pmatrix} 2 & 1 \\ 1 & 2 \end{pmatrix}\right]\begin{pmatrix} P_1 \\ P_2 \end{pmatrix}\right\}$$

$$= \exp\left[\mathrm{i}\frac{\ln 3}{2}(Q_1 \quad Q_2)\begin{pmatrix}1 & 1\\ 1 & 1\end{pmatrix}\begin{pmatrix}P_1\\ P_2\end{pmatrix}\right]$$

$$= \exp\left[\mathrm{i}(Q_1 P_1 + Q_2 P_1 + Q_1 P_2 + Q_2 P_2)\ln\sqrt{3}\right]$$

在上面的计算中利用了 $\ln\begin{pmatrix}2 & 1\\ 1 & 2\end{pmatrix} = \dfrac{\ln 3}{2}\begin{pmatrix}1 & 1\\ 1 & 1\end{pmatrix}$，此对数的计算方法参见附录 1. 这一结果可以反过来利用(4.3.1)式予以检验，即

$$\exp\left[\mathrm{i}(Q_1 P_1 + Q_2 P_1 + Q_1 P_2 + Q_2 P_2)\ln\sqrt{3}\right]$$

$$= \exp\left[(Q_1 \quad Q_2)\begin{pmatrix}\mathrm{i}\ln\sqrt{3} & \mathrm{i}\ln\sqrt{3}\\ \mathrm{i}\ln\sqrt{3} & \mathrm{i}\ln\sqrt{3}\end{pmatrix}\begin{pmatrix}P_1\\ P_2\end{pmatrix}\right]$$

$$= \underset{\circ}{\circ}\exp\left[\mathrm{i}(Q_1 \quad Q_2)\left[\mathrm{e}^{-\mathrm{i}\left(\begin{smallmatrix}\mathrm{i}\ln\sqrt{3} & \mathrm{i}\ln\sqrt{3}\\ \mathrm{i}\ln\sqrt{3} & \mathrm{i}\ln\sqrt{3}\end{smallmatrix}\right)} - I\right]\begin{pmatrix}P_1\\ P_2\end{pmatrix}\right]\underset{\circ}{\circ}$$

$$= \underset{\circ}{\circ}\exp\left[\mathrm{i}(Q_1 \quad Q_2)\left[\mathrm{e}^{(\ln\sqrt{3})\left(\begin{smallmatrix}1 & 1\\ 1 & 1\end{smallmatrix}\right)} - I\right]\begin{pmatrix}P_1\\ P_2\end{pmatrix}\right]\underset{\circ}{\circ}$$

$$= \underset{\circ}{\circ}\exp\left\{\mathrm{i}(Q_1 \quad Q_2)\left[\sum_{n=1}^{\infty}\frac{(\ln\sqrt{3})^n}{n!}\begin{pmatrix}1 & 1\\ 1 & 1\end{pmatrix}^n\right]\begin{pmatrix}P_1\\ P_2\end{pmatrix}\right\}\underset{\circ}{\circ}$$

$$= \underset{\circ}{\circ}\exp\left\{\mathrm{i}(Q_1 \quad Q_2)\left[\sum_{n=1}^{\infty}\frac{(\ln\sqrt{3})^n}{n!}\begin{pmatrix}2^{n-1} & 2^{n-1}\\ 2^{n-1} & 2^{n-1}\end{pmatrix}\right]\begin{pmatrix}P_1\\ P_2\end{pmatrix}\right\}\underset{\circ}{\circ}$$

$$= \underset{\circ}{\circ}\exp\left\{\mathrm{i}(Q_1 \quad Q_2)\left[\frac{1}{2}\sum_{n=1}^{\infty}\frac{(\ln\sqrt{3})^n}{n!}\begin{pmatrix}2^{n} & 2^{n}\\ 2^{n} & 2^{n}\end{pmatrix}\right]\begin{pmatrix}P_1\\ P_2\end{pmatrix}\right\}\underset{\circ}{\circ}$$

$$= \underset{\circ}{\circ}\exp\left\{\mathrm{i}(Q_1 \quad Q_2)\left[\frac{1}{2}\sum_{n=1}^{\infty}\frac{(\ln 3)^n}{n!}\begin{pmatrix}1 & 1\\ 1 & 1\end{pmatrix}\right]\begin{pmatrix}P_1\\ P_2\end{pmatrix}\right\}\underset{\circ}{\circ}$$

$$= \underset{\circ}{\circ}\exp\left\{\mathrm{i}(Q_1 \quad Q_2)\left[\frac{1}{2}(3-1)\begin{pmatrix}1 & 1\\ 1 & 1\end{pmatrix}\right]\begin{pmatrix}P_1\\ P_2\end{pmatrix}\right\}\underset{\circ}{\circ}$$

$$= \underset{\circ}{\circ}\exp\left[\mathrm{i}(Q_1 \quad Q_2)\begin{pmatrix}1 & 1\\ 1 & 1\end{pmatrix}\begin{pmatrix}P_1\\ P_2\end{pmatrix}\right]\underset{\circ}{\circ}$$

$$= \underset{\circ}{\circ}\exp\left[\mathrm{i}(Q_1 P_1 + Q_2 P_1 + Q_1 P_2 + Q_2 P_2)\right]\underset{\circ}{\circ}$$

至于(4.3.3)式～(4.3.5)式对应的脱去有序算符记号的公式不再列出，可随时根据需要导出.

4.4 单(双)模压缩算符的简洁形式

基于单模经典尺度变换 $x \to \kappa x, \kappa > 0$,构设如下非对称型 ket-bra 积分:

$$S = \sqrt{\kappa} \int_{-\infty}^{\infty} \mathrm{d}x \, | \, x \rangle \langle \kappa x \, | \tag{4.4.1}$$

式中

$$| \, x \rangle = \left(\frac{\alpha}{\sqrt{\pi}} \right)^{1/2} \exp\left(-\frac{1}{2}\alpha^2 x^2 + \sqrt{2}\alpha x a^\dagger - \frac{1}{2}a^{\dagger 2} \right) | \, 0 \rangle$$

是坐标算符 X 的本征态,即 $X | \, x \rangle = x | \, x \rangle$. 插入动量表象的完备性关系式 $1 = \int_{-\infty}^{\infty} \mathrm{d}p_x | \, p_x \rangle \langle p_x \, |$,并利用坐标-动量排序算符内的积分方法可得

$$S = \sqrt{\kappa} \int_{-\infty}^{\infty} \mathrm{d}x \, | \, x \rangle \langle \kappa x \, | \int_{-\infty}^{\infty} \mathrm{d}p_x | \, p_x \rangle \langle p_x \, |$$

$$= \sqrt{\frac{\kappa}{2\pi\hbar}} \iint_{-\infty}^{\infty} \mathrm{d}x \mathrm{d}p_x \exp\left(\frac{\mathrm{i}}{\hbar}\kappa x p_x \right) | \, x \rangle \langle p_x \, |$$

注意到

$$\delta(x - X)\delta(p_x - P_x) = | \, x \rangle \langle x \, | \, p_x \rangle \langle p_x \, | = \frac{1}{\sqrt{2\pi\hbar}} \exp\left(\frac{\mathrm{i}}{\hbar}x p_x \right) | \, x \rangle \langle p_x \, |$$

上式化为

$$S = \sqrt{\kappa} \int_{-\infty}^{\infty} \mathrm{d}x \, | \, x \rangle \langle \kappa x \, |$$

$$= \sqrt{\kappa} \iint_{-\infty}^{\infty} \mathrm{d}x \mathrm{d}p_x \exp\left[\frac{\mathrm{i}}{\hbar}(\kappa - 1)x p_x \right] \delta(x - X)\delta(p_x - P_x)$$

$$= \sqrt{\kappa} \, \raisebox{0pt}{$\bigcirc$}\!\!\!\!\!\!\;\iint_{-\infty}^{\infty} \mathrm{d}x \mathrm{d}p_x \exp\left[\frac{\mathrm{i}}{\hbar}(\kappa - 1)x p_x \right] \delta(x - X)\delta(p_x - P_x) \raisebox{0pt}{$\bigcirc$}$$

$$= \sqrt{\kappa} \, \raisebox{0pt}{$\bigcirc$}\!\!\!\!\!\!\;\exp\left[\frac{\mathrm{i}}{\hbar}(\kappa - 1)X P_x \right] \raisebox{0pt}{$\bigcirc$} = \sqrt{\kappa} \, \raisebox{0pt}{$\bigcirc$}\!\!\!\!\!\!\;\exp[\mathrm{i}(\kappa - 1)QP] \raisebox{0pt}{$\bigcirc$} \tag{4.4.2}$$

这就是单模压缩算符的坐标-动量排序形式.再利用(4.1.4c)式脱掉有序算符记号,得

$$S = \sqrt{\kappa}\exp(iQP\ln\kappa) = \exp[i\lambda(QP + PQ)/2]$$

$$= \exp\left[\frac{i}{2\hbar}\lambda(XP + PX)\right] \quad (\kappa = e^{\lambda}) \tag{4.4.3}$$

于是得到

$$\sqrt{\kappa}\int_{-\infty}^{\infty}dx|x\rangle\langle\kappa x| = \exp\left[\frac{i}{2\hbar}\lambda(XP + PX)\right] \quad (\kappa = e^{\lambda}) \tag{4.4.4}$$

基于位形空间经典正则变换

$$\begin{bmatrix} q_1 \\ q_2 \end{bmatrix} \rightarrow \begin{bmatrix} A & B \\ C & D \end{bmatrix}\begin{bmatrix} q_1 \\ q_2 \end{bmatrix}$$

其中 A,B,C,D 均为实数.构设如下非对称型 ket-bra 积分:

$$R = \iint_{-\infty}^{\infty}dq_1dq_2\left|\begin{bmatrix} A & B \\ C & D \end{bmatrix}\begin{bmatrix} q_1 \\ q_2 \end{bmatrix}\right\rangle\left\langle\begin{bmatrix} q_1 \\ q_2 \end{bmatrix}\right| \tag{4.4.5}$$

利用算符的动量-坐标排序算符内的积分方法并插入双模动量表象的完备性关系式,得到

$$R = \iint_{-\infty}^{\infty}dq_1dq_2\left|\begin{bmatrix} A & B \\ C & D \end{bmatrix}\begin{bmatrix} q_1 \\ q_2 \end{bmatrix}\right\rangle\left\langle\begin{bmatrix} q_1 \\ q_2 \end{bmatrix}\right|$$

$$= \iint_{-\infty}^{\infty}dq_1dq_2\iint_{-\infty}^{\infty}dp_1dp_2\left|\begin{bmatrix} p_1 \\ p_2 \end{bmatrix}\right\rangle\left\langle\begin{bmatrix} p_1 \\ p_2 \end{bmatrix}\right|\left|\begin{bmatrix} A & B \\ C & D \end{bmatrix}\begin{bmatrix} q_1 \\ q_2 \end{bmatrix}\right\rangle\left\langle\begin{bmatrix} q_1 \\ q_2 \end{bmatrix}\right|$$

$$= \iint_{-\infty}^{\infty}dq_1dq_2\iint_{-\infty}^{\infty}dp_1dp_2\exp[-ip_1(Aq_1 + Bq_2)$$

$$- ip_2(Cq_1 + Dq_2)]\left|\begin{bmatrix} p_1 \\ p_2 \end{bmatrix}\right\rangle\left\langle\begin{bmatrix} q_1 \\ q_2 \end{bmatrix}\right|$$

$$= \iint_{-\infty}^{\infty}dq_1dq_2\iint_{-\infty}^{\infty}dp_1dp_2\exp[ip_1q_1 + ip_2q_2 - ip_1(Aq_1 + Bq_2)$$

$$- ip_2(Cq_1 + Dq_2)]\times\delta(p_1 - P_1)\delta(p_2 - P_2)\delta(q_1 - Q_1)\delta(q_2 - Q_2)$$

$$= \mathfrak{P}\iint_{-\infty}^{\infty}dq_1dq_2\iint_{-\infty}^{\infty}dp_1dp_2\exp[iq_1p_1 + iq_2p_2 - i(Aq_1 + Bq_2)p_1$$

$$- i(Cq_1 + Dq_2)p_2]\times\delta(p_1 - P_1)\delta(p_2 - P_2)\delta(q_1 - Q_1)\delta(q_2 - Q_2)\mathfrak{P}$$

$$= \mathfrak{P}\exp[iP_1Q_1 + iP_2Q_2 - iP_1(AQ_1 + BQ_2) - iP_2(CQ_1 + DQ_2)]\mathfrak{P}$$

$$= \mathfrak{P}\exp\left[-i(P_1 \quad P_2)\begin{bmatrix} A - 1 & B \\ C & D - 1 \end{bmatrix}\begin{bmatrix} Q_1 \\ Q_2 \end{bmatrix}\right]\mathfrak{P} \tag{4.4.6}$$

利用(4.3.4)式相对应的脱去有序算符记号的公式

$$\mathfrak{P}\exp\left[(P_1 \quad P_2 \quad \cdots \quad P_n)B\begin{pmatrix} Q_1 \\ Q_2 \\ \vdots \\ Q_n \end{pmatrix}\right]\mathfrak{P}$$

$$= \exp\left[-\mathrm{i}(P_1 \quad P_2 \quad \cdots \quad P_n)[\ln(I+\mathrm{i}B)]\begin{pmatrix} Q_1 \\ Q_2 \\ \vdots \\ Q_n \end{pmatrix}\right] \tag{4.4.7}$$

可得出如下结果:

$$\iint_{-\infty}^{\infty}\mathrm{d}q_1\mathrm{d}q_2\left|\begin{pmatrix} A & B \\ C & D \end{pmatrix}\begin{pmatrix} q_1 \\ q_2 \end{pmatrix}\right\rangle\left\langle\begin{pmatrix} q_1 \\ q_2 \end{pmatrix}\right|$$

$$= \exp\left[-\mathrm{i}(P_1 \quad P_2)\ln\begin{pmatrix} A & B \\ C & D \end{pmatrix}\begin{pmatrix} Q_1 \\ Q_2 \end{pmatrix}\right] \tag{4.4.8}$$

式中矩阵对数 $\ln\begin{pmatrix} A & B \\ C & D \end{pmatrix}$ 的计算结果为

$$\ln\begin{pmatrix} A & B \\ C & D \end{pmatrix} = \begin{pmatrix} \mathfrak{A} & \mathfrak{B} \\ \mathfrak{C} & \mathfrak{D} \end{pmatrix}$$

$$= \begin{pmatrix} \dfrac{(\Delta-t)\ln[(s-\Delta)/2]+(\Delta+t)\ln[(s+\Delta)/2]}{2\Delta} & \dfrac{B}{\Delta}\ln[(s+\Delta)/(s-\Delta)] \\ \dfrac{C}{\Delta}\ln[(s+\Delta)/(s-\Delta)] & \dfrac{(\Delta+t)\ln[(s-\Delta)/2]+(\Delta-t)\ln[(s+\Delta)/2]}{2\Delta} \end{pmatrix}$$

$$\tag{4.4.9}$$

其中 $\Delta = \sqrt{4BC+(A-D)^2}$, $s = A+D$, $t = A-D$. 这一结果是在假定矩阵 $\begin{pmatrix} A & B \\ C & D \end{pmatrix}$ 可以对角化的前提下计算出来的(这取决于 A,B,C,D 的值),详细过程如下:

设 2×2 矩阵 $\begin{pmatrix} A & B \\ C & D \end{pmatrix}$ 的本征值以及相应的本征函数分别为 λ 及 $\varphi = (c_1 \quad c_2)^{\mathrm{T}}$,即

$$\begin{pmatrix} A & B \\ C & D \end{pmatrix}\begin{pmatrix} c_1 \\ c_2 \end{pmatrix} = \lambda\begin{pmatrix} c_1 \\ c_2 \end{pmatrix} \quad \Rightarrow \quad \begin{pmatrix} A-\lambda & B \\ C & D-\lambda \end{pmatrix}\begin{pmatrix} c_1 \\ c_2 \end{pmatrix} = 0 \tag{4.4.10}$$

本征方程(4.4.10)有非零解的条件为

$$\begin{vmatrix} A - \lambda & B \\ C & D - \lambda \end{vmatrix} = 0 \implies \lambda^2 - (A + D)\lambda + AD - BC = 0$$

从而得到两个本征值分别为

$$\lambda_1 = \left[A + D + \sqrt{4BC + (A - D)^2} \right]/2$$

$$\lambda_2 = \left[A + D - \sqrt{4BC + (A - D)^2} \right]/2$$

令 $\Delta = \sqrt{4BC + (A - D)^2}$，$s = A + D$，则两个本征值分别表示为

$$\lambda_1 = \frac{s + \Delta}{2}, \quad \lambda_2 = \frac{s - \Delta}{2}$$

将 $\lambda_1 = \dfrac{s + \Delta}{2}$ 代入方程(4.4.10)，便得到 $Bc_2 = \dfrac{\Delta - t}{2} c_1$. 取 $c_1 = 2B$，得 $c_2 = \Delta - t$，式中 $t = A - D$. 于是便得到与 λ_1 相应的本征函数(未归一化)为

$$\varphi_1 = \begin{pmatrix} 2B \\ \Delta - t \end{pmatrix}$$

同样方法，将 $\lambda_2 = \dfrac{s - \Delta}{2}$ 代入方程(4.4.10)，可得到与 λ_2 相应的本征函数(未归一化)为

$$\varphi_2 = \begin{pmatrix} 2B \\ - \Delta - t \end{pmatrix}$$

构造相似变换矩阵如下：

$$S = (\varphi_1 \quad \varphi_2) = \begin{pmatrix} 2B & 2B \\ \Delta - t & - \Delta - t \end{pmatrix}$$

可利用矩阵的列初等变换导出 S 的逆矩阵，即

$$\begin{pmatrix} 2B & 2B \\ \Delta - t & - \Delta - t \\ \hdashline 1 & 0 \\ 0 & 1 \end{pmatrix} \xrightarrow{\text{第一列乘}(-1)\text{加到第二列}} \begin{pmatrix} 2B & 0 \\ \Delta - t & - 2\Delta \\ \hdashline 1 & -1 \\ 0 & 1 \end{pmatrix}$$

$$\xrightarrow{\text{第二列乘}\frac{\Delta-t}{2\Delta}\text{加到第一列}}\begin{pmatrix} 2B & 0 \\ 0 & -2\Delta \\ \hline \dfrac{\Delta+t}{2\Delta} & -1 \\ \dfrac{\Delta-t}{2\Delta} & 1 \end{pmatrix}$$

$$\xrightarrow{\text{第一列除以}\,2B,\text{第二列除以}(-2\Delta)}\begin{pmatrix} 1 & 0 \\ 0 & 1 \\ \hline \dfrac{\Delta+t}{4B\Delta} & \dfrac{1}{2\Delta} \\ \dfrac{\Delta-t}{4B\Delta} & \dfrac{-1}{2\Delta} \end{pmatrix}$$

亦即

$$S^{-1} = \begin{pmatrix} \dfrac{(\Delta+t)}{4B\Delta} & \dfrac{1}{2\Delta} \\ \dfrac{(\Delta-t)}{4B\Delta} & \dfrac{-1}{2\Delta} \end{pmatrix}$$

相似变换矩阵 S 对矩阵 $\begin{pmatrix} A & B \\ C & D \end{pmatrix}$ 的变换为

$$S^{-1}\begin{pmatrix} A & B \\ C & D \end{pmatrix}S = \begin{pmatrix} \lambda_1 & 0 \\ 0 & \lambda_2 \end{pmatrix} = \begin{pmatrix} \dfrac{s+\Delta}{2} & 0 \\ 0 & \dfrac{s-\Delta}{2} \end{pmatrix} \Rightarrow \begin{pmatrix} A & B \\ C & D \end{pmatrix} = S\begin{pmatrix} \dfrac{s+\Delta}{2} & 0 \\ 0 & \dfrac{s-\Delta}{2} \end{pmatrix}S^{-1}$$

于是

$$\ln\begin{pmatrix} A & B \\ C & D \end{pmatrix} = \sum_{n=1}^{\infty}\frac{(-1)^{n-1}}{n}\left[\begin{pmatrix} A & B \\ C & D \end{pmatrix} - I\right]^n$$

$$= \sum_{n=1}^{\infty}\frac{(-1)^{n-1}}{n}\left[S\begin{pmatrix} \dfrac{s+\Delta}{2} & 0 \\ 0 & \dfrac{s-\Delta}{2} \end{pmatrix}S^{-1} - I\right]^n$$

$$= S\sum_{n=1}^{\infty}\frac{(-1)^{n-1}}{n}\left[\begin{pmatrix} \dfrac{s+\Delta}{2} & 0 \\ 0 & \dfrac{s-\Delta}{2} \end{pmatrix} - I\right]^n S^{-1}$$

$$
= \begin{pmatrix} 2B & 2B \\ \Delta - t & -\Delta - t \end{pmatrix} \begin{pmatrix} \ln\dfrac{s+\Delta}{2} & 0 \\ 0 & \ln\dfrac{s-\Delta}{2} \end{pmatrix} \begin{pmatrix} \dfrac{(\Delta+t)}{4B\Delta} & \dfrac{1}{2\Delta} \\ \dfrac{\Delta-t}{4B\Delta} & \dfrac{-1}{2\Delta} \end{pmatrix}
$$

$$
= \begin{pmatrix} \dfrac{(\Delta-t)\ln[(s-\Delta)/2]+(\Delta+t)\ln[(s+\Delta)/2]}{2\Delta} & \dfrac{B}{\Delta}\ln[(s+\Delta)/(s-\Delta)] \\ \dfrac{C}{\Delta}\ln[(s+\Delta)/(s-\Delta)] & \dfrac{(\Delta+t)\ln[(s-\Delta)/2]+(\Delta-t)\ln[(s+\Delta)/2]}{2\Delta} \end{pmatrix}
$$

算符的坐标-动量排序与动量-坐标排序方法充分使用了坐标表象和动量表象的完备性、狄拉克德尔塔函数以及它们之间的相互转换,揭示了许多经典变换与它们的量子图像(算符)之间的对应关系,这在一定程度上丰富了狄拉克符号法和量子力学的数理基础.

参考文献

[1] 徐世民,张运海,徐兴磊. 经典函数与量子算符的 Weyl 对应[J]. 大学物理,2012,31(4): 413-418.

[2] Fan H Y. New fundamental quantum mechanical operator-ordering identities for the coordinate and momentum operators [J]. Science China-Physics,Mechanics & Astronomy,2012,55(5): 762-766.

[3] Fan H Y. A new kind of two-fold integration transformation in phase space and its uses in Weyl ordering of operators [J]. Commun. Theor. Phys.,2008,50:935-937.

[4] Fan H Y,Guichuan,et al. Three-mode squeezed vacuum state in Fock space as an entangled state[J]. Physical Review A,2002,65(3):33829.

第 5 章

算符的外尔编序

算符的外尔编序是在研究经典函数与量子力学算符的外尔对应规则的基础上引入的,它比前几章讨论过的正规、反正规、坐标-动量及动量-坐标排序复杂些.但它在实际应用中有其特殊的作用,因为外尔编序的算符在相似变换下有着特殊的性质.本章将给出外尔编序的恰当定义[1],讨论外尔对应规则和外尔编序下的微积分技术,给出维格纳算符等的外尔编序形式.这为运算带来了很大的方便.

5.1 外尔编序的定义

设有 m 个量子力学算符 A 和 n 个量子力学算符 B,它们的乘积按排列情况共有 $\dfrac{(m+n)!}{m!\,n!}$ 种.这么多种乘积排列等权重的线性叠加称为关于 m 个 A 算符和 n 个 B 算符的外尔编序,也称为完全对称编序.

例如,1 个 A 算符和 1 个 B 算符的外尔编序为

$$AB + BA$$

再如,2 个 A 算符和 1 个 B 算符的外尔编序为

$$A^2B + ABA + BA^2$$

又如,2 个 A 算符和 2 个 B 算符的外尔编序为

$$A^2B^2 + AB^2A + ABAB + BABA + BA^2B + B^2A^2$$

一旦 m 个量子力学算符 A 和 n 个量子力学算符 B 排成了外尔编序,我们就用符号 $\vdots\ \vdots$ 标记之,即

$$\vdots\, AB + BA\, \vdots$$
$$\vdots\, A^2B + ABA + BA^2\, \vdots$$
$$\vdots\, A^2B^2 + AB^2A + ABAB + BABA + BA^2B + B^2A^2\, \vdots$$

约定:在外尔编序记号 $\vdots\ \vdots$ 内玻色算符 A 和 B 可对易,也就是说,在 $\vdots\ \vdots$ 内玻色算符被视作普通的数,可交换次序. 于是,就有

$$\vdots\, AB + BA\, \vdots\ =\ \vdots\, BA + BA\, \vdots\ =\ 2\,\vdots\, BA\, \vdots\ =\ 2\,\vdots\, AB\, \vdots$$
$$\vdots\, A^2B + ABA + BA^2\, \vdots\ =\ 3\,\vdots\, A^2B\, \vdots\ =\ 3\,\vdots\, BA^2\, \vdots$$
$$\vdots\, A^2B^2 + AB^2A + ABAB + BABA + BA^2B + B^2A^2\, \vdots\ =\ 6\,\vdots\, A^2B^2\, \vdots\ =\ 6\,\vdots\, B^2A^2\, \vdots$$

或表示成

$$\vdots\, AB\, \vdots\ =\ \frac{1}{2}\,\vdots\, AB + BA\, \vdots\ =\ \frac{1}{2}(AB + BA)$$

$$\vdots\, A^2B\, \vdots\ =\ \frac{1}{3}\,\vdots\, A^2B + ABA + BA^2\, \vdots\ =\ \frac{1}{3}(A^2B + ABA + BA^2)$$

$$\vdots\, A^2B^2\, \vdots\ =\ \frac{1}{6}\,\vdots\, A^2B^2 + AB^2A + ABAB + BABA + BA^2B + B^2A^2\, \vdots$$

$$=\ \frac{1}{6}(A^2B^2 + AB^2A + ABAB + BABA + BA^2B + B^2A^2)$$

$$\vdots\, A^mB^n\, \vdots\ =\ \frac{m!\,n!}{(m+n)!}\,\vdots\, \sum_P P(m,n)\, \vdots\ =\ \frac{m!\,n!}{(m+n)!}\sum_P P(m,n) \qquad (5.1.1)$$

其中 $P(m,n)$ 表示 m 个算符 A 和 n 个算符 B 的某一种可能的排列,$\sum_P P(m,n)$ 是对所有可能的排列求和. 同时,这也意味着,要脱掉 $\vdots\, A^mB^n\, \vdots$ 的外尔编序记号必须先将其内玻色算符排列成外尔编序.

基于以上外尔编序的定义、记号和约定,外尔编序具有以下性质:

(1) 普通数(c 数)可以自由出入外尔编序记号,即

$$c + \colon F(A,B) \colon = \colon c + F(A,B) \colon, \quad c \colon F(A,B) \colon = \colon cF(A,B) \colon$$

(2) 可对外尔编序记号内的 c 数直接进行牛顿-莱布尼茨积分和微分运算,前者要求积分收敛,后者要求微商存在.

(3) 外尔编序记号内的外尔编序记号可以取消.

(4) $\colon F(A,B) \colon \pm \colon G(A,B) \colon = \colon F(A,B) \pm G(A,B) \colon$.

(5) 厄米共轭操作可以进入外尔编序记号进行,即

$$(\colon \cdots \colon)^{\dagger} = \colon (\cdots)^{\dagger} \colon$$

(6) 外尔编序在相似变换下具有不变性,也就是说,相似变换的操作可以穿过外尔编序记号,即 $S \colon (\cdots) \colon S^{-1} = \colon S (\cdots) S^{-1} \colon$,式中 S 是一个变换算符,S^{-1} 是 S 的逆算符.

性质(6)的证明见第5.6节,性质(2)称为外尔编序算符内的微积分(integral within a Weyl ordered product of operators)[2]技术.

下面来分析两类算符函数的外尔编序.先来看 $(\lambda A + \nu B)^n$, $n = 0,1,2,3,\cdots$,它的外尔编序形式通过直观观察就能得到,列举如下:

$$(\lambda A + \nu B)^0 = 1 = \colon 1 \colon$$
$$(\lambda A + \nu B)^1 = \lambda A + \nu B = \lambda \colon A \colon + \nu \colon B \colon = \colon (\lambda A + \nu B) \colon$$
$$(\lambda A + \nu B)^2 = (\lambda A + \nu B)(\lambda A + \nu B) = \lambda^2 A^2 + \lambda \nu (AB + BA) + \nu^2 B^2$$
$$= \lambda^2 \colon A^2 \colon + \lambda \nu \colon (AB + BA) \colon + \nu^2 \colon B^2 \colon$$
$$= \colon \lambda^2 A^2 + \lambda \nu (AB + BA) + \nu^2 B^2 \colon$$
$$= \colon \lambda^2 A^2 + 2\lambda \nu AB + \nu^2 B^2 \colon = \colon (\lambda A + \nu B)^2 \colon$$
$$(\lambda A + \nu B)^3 = (\lambda A + \nu B)(\lambda A + \nu B)(\lambda A + \nu B) = \cdots = \colon (\lambda A + \nu B)^3 \colon$$
$$\cdots$$
$$(\lambda A + \nu B)^n = \cdots = \colon (\lambda A + \nu B)^n \colon \tag{5.1.2}$$

因此,任何一个可以展开为 $(\lambda A + \nu B)^n$ 的幂级数的算符函数 $F(\lambda A + \nu B)$,其外尔编序式为

$$F(\lambda A + \nu B) = \colon F(\lambda A + \nu B) \colon \tag{5.1.3}$$

特别是指数算符函数,有

$$\mathrm{e}^{\lambda A + \nu B} = \colon \mathrm{e}^{\lambda A + \nu B} \colon \tag{5.1.4}$$

这是一个很重要的公式,会经常用到.

再来看如下算符函数:

$$\frac{1}{2^m}\sum_{k=0}^{m}\frac{m!}{k!(m-k)!}A^{m-k}B^nA^k \tag{5.1.5}$$

显然它**不是完全对称排列**,而是 n 个算符 B 作为一个整体,m 个算符 A 在其两侧各种分布的线性叠加,是**非完全对称排列**,且不是等权重的. 利用参数微商法,我们有

$$\frac{1}{2^m}\sum_{k=0}^{m}\frac{m!}{k!(m-k)!}A^{m-k}B^nA^k = \frac{1}{2^m}\sum_{k=0}^{m}\frac{m!}{k!(m-k)!}\frac{\partial^{m-k}}{\partial t^{m-k}}\frac{\partial^n}{\partial \tau^n}\frac{\partial^k}{\partial \theta^k}\mathrm{e}^{tA}\mathrm{e}^{\tau B}\mathrm{e}^{\theta A}\bigg|_{t=\tau=\theta=0} \tag{5.1.6}$$

至此,我们一直没有涉及算符 A 和 B 的对易式,也就是说,以上所有定义、公式对任何两个线性算符 A 和 B 都适用.

如果算符 A 和 B 的对易子与 A 和 B 都对易,即

$$[A,B]=c,\quad [A,c]=[c,B]=0 \tag{5.1.7}$$

连续两次利用 Baker-Campbell-Hausdorff 公式,则有

$$\frac{1}{2^m}\sum_{k=0}^{m}\frac{m!}{k!(m-k)!}A^{m-k}B^nA^k$$

$$= \frac{1}{2^m}\sum_{k=0}^{m}\frac{m!}{k!(m-k)!}\frac{\partial^{m-k}}{\partial t^{m-k}}\frac{\partial^n}{\partial \tau^n}\frac{\partial^k}{\partial \theta^k}\mathrm{e}^{tA}\mathrm{e}^{\tau B}\mathrm{e}^{\theta A}\bigg|_{t=\tau=\theta=0}$$

$$= \frac{1}{2^m}\sum_{k=0}^{m}\frac{m!}{k!(m-k)!}\frac{\partial^{m-k}}{\partial t^{m-k}}\frac{\partial^n}{\partial \tau^n}\frac{\partial^k}{\partial \theta^k}\mathrm{e}^{\frac{c}{2}t\tau}\mathrm{e}^{tA+\tau B}\mathrm{e}^{\theta A}\bigg|_{t=\tau=\theta=0}$$

$$= \frac{1}{2^m}\frac{\partial^n}{\partial \tau^n}\sum_{k=0}^{m}\frac{m!}{k!(m-k)!}\frac{\partial^{m-k}}{\partial t^{m-k}}\frac{\partial^k}{\partial \theta^k}\mathrm{e}^{\frac{c}{2}\tau(t-\theta)}\mathrm{e}^{(t+\theta)A+\tau B}\bigg|_{t=\tau=\theta=0} \tag{5.1.8}$$

这样我们就把三个指数算符 e^{tA}、$\mathrm{e}^{\tau B}$ 和 $\mathrm{e}^{\theta A}$ 的乘积整理成了一个指数算符 $\mathrm{e}^{(t+\theta)A+\tau B}$. 注意到(5.1.4)式,就有

$$\frac{1}{2^m}\sum_{k=0}^{m}\frac{m!}{k!(m-k)!}A^{m-k}B^nA^k$$

$$= \frac{1}{2^m}\frac{\partial^n}{\partial \tau^n}\sum_{k=0}^{m}\frac{m!}{k!(m-k)!}\frac{\partial^{m-k}}{\partial t^{m-k}}\frac{\partial^k}{\partial \theta^k}\mathrm{e}^{\frac{c}{2}\tau(t-\theta)}\vdots\mathrm{e}^{(t+\theta)A+\tau B}\vdots\bigg|_{t=\tau=\theta=0}$$

$$= \vdots\frac{1}{2^m}\frac{\partial^n}{\partial \tau^n}\sum_{k=0}^{m}\frac{m!}{k!(m-k)!}\frac{\partial^{m-k}}{\partial t^{m-k}}\frac{\partial^k}{\partial \theta^k}\mathrm{e}^{\frac{c}{2}\tau(t-\theta)}\mathrm{e}^{(t+\theta)A+\tau B}\vdots\bigg|_{t=\tau=\theta=0}$$

$$= \vdots\frac{1}{2^m}\frac{\partial^n}{\partial \tau^n}\sum_{k=0}^{m}\frac{m!}{k!(m-k)!}\frac{\partial^{m-k}}{\partial t^{m-k}}\left(A-\frac{c}{2}\tau\right)^k\mathrm{e}^{\frac{c}{2}\tau(t-\theta)}\mathrm{e}^{(t+\theta)A+\tau B}\vdots\bigg|_{t=\tau=\theta=0}$$

$$
\begin{aligned}
&= \ \vdots \ \frac{1}{2^m} \frac{\partial^n}{\partial \tau^n} \sum_{k=0}^{m} \frac{m!}{k!(m-k)!} \frac{\partial^{m-k}}{\partial t^{m-k}} \left(A - \frac{c}{2}\tau\right)^k \mathrm{e}^{\frac{c}{2}\tau t}\,\mathrm{e}^{tA+\tau B} \ \vdots \ \Big|_{t=\tau=0} \\
&= \ \vdots \ \frac{1}{2^m} \frac{\partial^n}{\partial \tau^n} \sum_{k=0}^{m} \frac{m!}{k!(m-k)!} \left(A + \frac{c}{2}\tau\right)^{m-k} \left(A - \frac{c}{2}\tau\right)^k \mathrm{e}^{\tau B} \ \vdots \ \Big|_{\tau=0} \\
&= \ \vdots \ \frac{1}{2^m} \frac{\partial^n}{\partial \tau^n} (2A)^m \mathrm{e}^{\tau B} \ \vdots \ \Big|_{\tau=0} \ = \ \vdots \ A^m B^n \ \vdots
\end{aligned}
\tag{5.1.9}
$$

这意味着，$\dfrac{1}{2^m} \sum\limits_{k=0}^{m} \dfrac{m!}{k!(m-k)!} A^{m-k} B^n A^k$ 与 (5.1.1) 式中的 $\dfrac{m!n!}{(m+n)!} \sum\limits_{P} P(m,n)$ 相等，严格地说是等价的. 同样可以证明，在算符 A 和 B 的对易子与 A 和 B 都对易的条件下，有下式成立：

$$
\frac{1}{2^n} \sum_{k=0}^{n} \frac{n!}{k!(n-k)!} B^{n-k} A^m B^k \ = \ \vdots \ A^m B^n \ \vdots
\tag{5.1.10}
$$

因此，在算符 A 和 B 的对易子与 A 和 B 都对易的条件下，$\dfrac{1}{2^m} \sum\limits_{k=0}^{m} \dfrac{m!}{k!(m-k)!} A^{m-k} B^n A^k$

和 $\dfrac{1}{2^n} \sum\limits_{k=0}^{n} \dfrac{n!}{k!(n-k)!} B^{n-k} A^m B^k$ 都可以视为 $\vdots \ A^m B^n \ \vdots$ 的等价的、简洁的展开式.

如果没有算符 A 和 B 的对易子与 A 和 B 都对易的前提条件，那么，我们就不能够利用 Baker-Campbell-Hausdorff 公式将三个指数算符 e^{tA}、$\mathrm{e}^{\tau B}$ 和 $\mathrm{e}^{\theta A}$ 的乘积整理成一个指数算符 $\mathrm{e}^{(t+\theta)A+\tau B}$，也就无法得到 (5.1.9) 式和 (5.1.10) 式. 这意味着三式

$$
\frac{1}{2^m} \sum_{k=0}^{m} \frac{m!}{k!(m-k)!} A^{m-k} B^n A^k, \qquad \frac{1}{2^n} \sum_{k=0}^{n} \frac{n!}{k!(n-k)!} B^{n-k} A^m B^k
$$

$$
\vdots \ A^m B^n \ \vdots \ = \ \frac{m!n!}{(m+n)!} \sum_{P} P(m,n)
$$

未必是等价的，或者说此三式未必是一回事.

有一种观点将 (5.1.5) 式作为外尔编序的定义. 我们已经分析了只有在算符 A 和 B 的对易子与 A 和 B 都对易的前提条件下 (5.1.5) 式才与 $\dfrac{m!n!}{(m+n)!} \sum\limits_{P} P(m,n)$ 等价，否则就不等价. 因此我们认为按照 (5.1.5) 式定义外尔编序不具有概念的外延可拓展性. 另有一种观点是将 (5.1.4) 式作为外尔编序的定义，尽管不论算符 A 和 B 的对易关系如何，(5.1.4) 式与 $\dfrac{m!n!}{(m+n)!} \sum\limits_{P} P(m,n)$ 都一致，但 (5.1.4) 式的编序特征不直观明了. 所以在本节一开始给出了 m 个算符 A 和 n 个算符 B 共 $\dfrac{(m+n)!}{m!n!}$ 种乘积排列等权

233

重的线性叠加称为关于 m 个 A 算符和 n 个 B 算符的外尔编序的定义,我们认为这种定义较为恰当.

5.2 基于外尔编序的外尔对应规则

根据(5.1.4)式,作为外尔对应规则积分核的维格纳算符[3]

$$\Delta(x, p_x) = \frac{1}{4\pi^2} \iint_{-\infty}^{\infty} \exp[iu(x - X) + iv(p_x - P_x)]du\,dv$$

其本身就是外尔编序的,所以有

$$\Delta(x, p_x) = \frac{1}{4\pi^2} \iint_{-\infty}^{\infty} \vdots \exp[iu(x - X) + iv(p_x - P_x)] \vdots du\,dv$$

$$= \frac{1}{4\pi^2} \vdots \iint_{-\infty}^{\infty} \exp[iu(x - X) + iv(p_x - P_x)]du\,dv \vdots$$

$$= \vdots \delta(x - X)\delta(p_x - P_x) \vdots = \frac{1}{\hbar} \vdots \delta(q - Q)\delta(p - P) \vdots \quad (5.2.1)$$

这是一个重要的算符恒等式,即维格纳算符的外尔编序形式是狄拉克 δ 函数.因为

$$X = \frac{a + a^\dagger}{\alpha\sqrt{2}}, \quad P_x = \frac{a - a^\dagger}{i\beta\sqrt{2}}, \quad Q = \frac{a + a^\dagger}{\sqrt{2}}, \quad P = \frac{a - a^\dagger}{i\sqrt{2}}$$

所以(5.2.1)式又可以写成

$$\Delta(z, z^*) = \frac{1}{2\hbar} \vdots \delta(z - a)\delta(z^* - a^\dagger) \vdots \quad (5.2.2)$$

式中

$$z = (\alpha x + i\beta p_x)/\sqrt{2} \quad (5.2.3)$$

将(5.2.1)式或(5.2.2)式代入外尔对应规则(X5)式,得

$$H(X, P_x) = \iint_{-\infty}^{\infty} dx\,dp_x h(x, p_x)\Delta(x, p_x) = \vdots h(X, P_x) \vdots \quad (5.2.4)$$

或

$$H(a,a^\dagger) = 2\hbar \iint_{-\infty}^{\infty} \mathrm{d}^2 z h(z,z^*) \Delta(z,z^*) = \vdots h(a,a^\dagger) \vdots \tag{5.2.5}$$

这就是外尔编序形式的外尔对应规则,它告诉我们,只要经典函数 $h(x,p_x)$ 或 $h(z,z^*)$ 已知,那么在外尔编序记号 $\vdots\ \vdots$ 内直接做替换 $h(x,p_x) \to h(X,P_x)$ 或 $h(z,z^*) \to h(a,a^\dagger)$ 便得到了该经典函数的外尔量子对应,结果是外尔编序的.

如经典函数 $x^m p_x^n$,其中 m,n 是正整数,它的外尔量子对应为 $\vdots X^m P_x^n \vdots$.鉴于 $[X,P_x] = \mathrm{i}\hbar$,可以按照(5.1.9)式或(5.1.10)式这种与外尔编序等价的方式脱掉 $\vdots X^m P_x^n \vdots$ 的外尔编序记号,即

$$\vdots X^m P_x^n \vdots = \frac{1}{2^m} \sum_{k=0}^{m} \frac{m!}{k!(m-k)!} X^{m-k} P_x^n X^k \tag{5.2.6}$$

或

$$\vdots X^m P_x^n \vdots = \frac{1}{2^n} \sum_{k=0}^{n} \frac{n!}{k!(n-k)!} P_x^{n-k} X^m P_x^k \tag{5.2.7}$$

事实上,(5.2.6)式正是外尔曾经量子化经典函数 $x^m p_x^n$ 时给出的一个方案[4-5].

对于算符 $\vdots X F(P_x) \vdots$,其中 $F(P_x)$ 是一个可以展开成 P_x 的幂级数的算符函数,脱掉外尔编序记号的简单方法就是按照(5.2.6)式处理,即

$$\vdots X F(P_x) \vdots = \frac{1}{2}[X F(P_x) + F(P_x) X] = X F(P_x) + \frac{\hbar}{2\mathrm{i}} \frac{\partial F(P_x)}{\partial P_x} \tag{5.2.8a}$$

而对于算符 $\vdots G(X) P_x \vdots$,其中 $G(X)$ 是一个可以展开成 X 的幂级数的算符函数,脱掉外尔编序记号的简单方法就是按照(5.2.7)式处理,即

$$\vdots G(X) P_x \vdots = \frac{1}{2}[P_x G(X) + G(X) P_x] = G(X) P_x + \frac{\hbar}{2\mathrm{i}} \frac{\partial G(X)}{\partial X} \tag{5.2.8b}$$

如何将一个一般的算符纳入外尔编序或者说做外尔编序展开呢? 我们说,方法有多种,下面罗列几种:

方法 1 利用第 2 章中导出的基于正规乘积形式的外尔对应规则之逆规则(2.2.4)式求出给定算符的外尔经典对应,然后将此经典函数代入(5.2.4)式或(5.2.5)式便得到给定算符的外尔编序式.例如,我们已经在第 2 章中导出了真空投影算符外尔经典对应是 $2\mathrm{e}^{-2zz^*}$,由(5.2.5)式得

$$|0\rangle\langle 0| = 2 \vdots \mathrm{e}^{-2aa^\dagger} \vdots = 2 \vdots \mathrm{e}^{-Q^2-P^2} \vdots \tag{5.2.9}$$

方法 2 利用第 4 章中导出的基于坐标–动量排序形式的外尔对应规则的逆规则 (4.1.15)式求出给定算符的外尔经典对应,然后将此经典函数代入(5.2.4)式或(5.2.5)式便得到给定算符的外尔编序式.

方法 3 利用第 4 章中导出的基于动量–坐标排序形式的外尔对应规则的逆规则 (4.2.11)式求出给定算符的外尔经典对应,然后将此经典函数代入(5.2.4)式或(5.2.5)式便得到给定算符的外尔编序式.

方法 4 在给定算符已知的或容易求出的其他某种有序排列形式的基础上想办法进一步导出该给定算符的外尔编序式.如由相干态右矢与左矢"相揖"而成的 ket-bra 型算符,它的正规乘积形式容易求出,即

$$
\begin{aligned}
| z \rangle \langle z | &= \exp\left(-\frac{1}{2} zz^* + za^\dagger\right) | 0 \rangle \langle 0 | \exp\left(-\frac{1}{2} zz^* + z^* a\right) \\
&= \exp\left(-\frac{1}{2} zz^* + za^\dagger\right) : e^{-aa^\dagger} : \exp\left(-\frac{1}{2} zz^* + z^* a\right) \\
&= : e^{-(z-a)(z^* - a^\dagger)} :
\end{aligned}
\tag{5.2.10}
$$

进一步利用积分降次法,得

$$
\begin{aligned}
| z \rangle \langle z | &= : e^{-(z-a)(z^* - a^\dagger)} : = : \int \frac{\mathrm{d}^2 \zeta}{\pi} e^{-\zeta\zeta^* + \zeta(z-a) - \zeta^*(z^* - a^\dagger)} : \\
&= \int \frac{\mathrm{d}^2 \zeta}{\pi} e^{-\zeta\zeta^* - \zeta^*(z^* - a^\dagger)} e^{\zeta(z-a)}
\end{aligned}
\tag{5.2.11}
$$

再利用 Baker-Campbell-Hausdorff 公式合成一个指数函数,得到

$$
| z \rangle \langle z | = \int \frac{\mathrm{d}^2 \zeta}{\pi} e^{-\frac{1}{2}\zeta\zeta^* + \zeta(z-a) - \zeta^*(z^* - a^\dagger)}
\tag{5.2.12}
$$

由(5.1.4)式知,(5.2.12)式右端已经是外尔编序的了,即

$$
| z \rangle \langle z | = \, \vdots \int \frac{\mathrm{d}^2 \zeta}{\pi} e^{-\frac{1}{2}\zeta\zeta^* + \zeta(z-a) - \zeta^*(z^* - a^\dagger)} \, \vdots \, = \, \vdots \, 2 e^{-2(z-a)(z^* - a^\dagger)} \, \vdots
\tag{5.2.13}
$$

若利用外尔编序算符内的积分技术完成积分,会得到

$$
\int \frac{\mathrm{d}^2 z}{\pi} | z \rangle \langle z | = 2 \int \frac{\mathrm{d}^2 z}{\pi} \, \vdots \, e^{-2(z-a)(z^* - a^\dagger)} \, \vdots \, = 1
\tag{5.2.14}
$$

这表明,相干态表象的完备性关系也可纳入到外尔编序的积分范畴来说明.

方法 5 借用密度算符 ρ 的外尔编序展开来说明一般算符 $\hat{A}$ 的外尔编序展开.在第 3 章我们已经知道密度算符的 P 表示为

$$\rho = \int \frac{\mathrm{d}^2 z}{\pi} P(z, z^*) \mid z \rangle \langle z \mid$$

并且导出了其逆关系式（Metha 公式），即

$$P(z, z^*) = \mathrm{e}^{zz^*} \int \frac{\mathrm{d}^2 \zeta}{\pi} \langle -\zeta \mid \rho \mid \zeta \rangle \exp(\zeta\zeta^* - z^*\zeta + z\zeta^*)$$

进一步利用(5.2.13)式，可得到

$$\rho = \int \frac{\mathrm{d}^2 z}{\pi} P(z, z^*) \mid z \rangle \langle z \mid$$

$$= 2 \int \frac{\mathrm{d}^2 z}{\pi} \mathrm{e}^{zz^*} \int \frac{\mathrm{d}^2 \zeta}{\pi} \langle -\zeta \mid \rho \mid \zeta \rangle \exp(\zeta\zeta^* - z^*\zeta + z\zeta^*) \vdots \mathrm{e}^{-2(z-a)(z^*-a^\dagger)} \vdots$$

$$= 2 \vdots \int \frac{\mathrm{d}^2 \zeta}{\pi} \langle -\zeta \mid \rho \mid \zeta \rangle \exp(\zeta\zeta^* - 2aa^\dagger)$$

$$\cdot \int \frac{\mathrm{d}^2 z}{\pi} \exp[-zz^* + z(\zeta^* + 2a^\dagger) - z^*(\zeta - 2a)] \vdots$$

$$= 2 \vdots \int \frac{\mathrm{d}^2 \zeta}{\pi} \langle -\zeta \mid \rho \mid \zeta \rangle \exp[2(\zeta^* a - \zeta a^\dagger + aa^\dagger)] \vdots \quad (5.2.15)$$

这就是密度算符的外尔编序公式. 对于一般的算符 $A(a, a^\dagger)$，它的外尔编序展开为

$$A(a, a^\dagger) = 2 \vdots \int \frac{\mathrm{d}^2 \zeta}{\pi} \langle -\zeta \mid A(a, a^\dagger) \mid \zeta \rangle \exp[2(\zeta^* a - \zeta a^\dagger + aa^\dagger)] \vdots \quad (5.2.16)$$

作为一个例子，利用(5.2.16)式可以求出宇称算符 $(-1)^{\hat{N}} = \mathrm{e}^{\mathrm{i}\pi a^\dagger a} = \ : \mathrm{e}^{-2a^\dagger a} : \ $ 的外尔编序展开式，即

$$(-1)^{\hat{N}} = 2 \vdots \int \frac{\mathrm{d}^2 \zeta}{\pi} \langle -\zeta \mid : \mathrm{e}^{-2a^\dagger a} : \mid \zeta \rangle \exp[2(\zeta^* a - \zeta a^\dagger + aa^\dagger)] \vdots$$

$$= 2 \vdots \mathrm{e}^{aa^\dagger} \int \frac{\mathrm{d}^2 \zeta}{\pi} \exp[2(\zeta^* a - \zeta a^\dagger)] \vdots$$

$$= \frac{\pi}{2} \vdots \mathrm{e}^{aa^\dagger} \delta(a) \delta(a^\dagger) \vdots \ = \frac{\pi}{2} \vdots \delta(a) \delta(a^\dagger) \vdots \quad (5.2.17)$$

另一个例子就是双模算符 $\mathrm{e}^{fa^\dagger b^\dagger} \mathrm{e}^{gab}$ 的外尔编序展开式，即

$$\mathrm{e}^{fa^\dagger b^\dagger} \mathrm{e}^{gab} = 4 \int \frac{\mathrm{d}^2 \zeta_1 \mathrm{d}^2 \zeta_2}{\pi^2} \langle -\zeta_1, -\zeta_2 \mid \mathrm{e}^{fa^\dagger b^\dagger} \mathrm{e}^{gab} \mid \zeta_1, \zeta_2 \rangle$$

$$\cdot \vdots \exp[2(\zeta_1^* a - \zeta_1 a^\dagger + \zeta_2^* b - \zeta_2 b^\dagger + aa^\dagger + bb^\dagger)] \vdots$$

$$= 4 \int \frac{\mathrm{d}^2 \zeta_1 \mathrm{d}^2 \zeta_2}{\pi^2} \exp(-2\zeta_1 \zeta_1^* - 2\zeta_2 \zeta_2^* + f\zeta_1^* \zeta_2^* + g\zeta_1 \zeta_2)$$

$$\cdot \vdots \exp[2(\zeta_1^* a - \zeta_1 a^\dagger + \zeta_2^* b - \zeta_2 b^\dagger + aa^\dagger + bb^\dagger)] \vdots$$

$$= \frac{4}{4 - fg} \vdots \exp\left\{ \frac{2}{4 - fg} [2gab + 2fa^\dagger b^\dagger - fg(aa^\dagger + bb^\dagger)] \right\} \vdots \qquad (5.2.18)$$

因此,我们说,利用上述方法能够方便地将一个给定的算符重置为我们需要的外尔编序形式.

5.3　幂算符$(a^\dagger a)^n$的外尔编序形式

考虑幂算符$(a^\dagger a)^n$,式中$n = 0, 1, 2, 3, \cdots$.利用参数微商法,我们有

$$(a^\dagger a)^n = \frac{\partial^n}{\partial t^n} \mathrm{e}^{ta^\dagger a} \bigg|_{t=0} \qquad (5.3.1)$$

其中t是一个参数.在第2章中,我们已经导出了指数算符$\mathrm{e}^{ta^\dagger a}$的正规乘积形式,即

$$\mathrm{e}^{ta^\dagger a} = : \exp[a^\dagger a(\mathrm{e}^t - 1)] : \qquad (5.3.2)$$

现在我们在正规乘积记号内利用积分降次法,得到

$$\mathrm{e}^{ta^\dagger a} = : \exp[a^\dagger a(\mathrm{e}^t - 1)] :$$

$$= : \int \frac{\mathrm{d}^2 z}{\pi} \exp[-zz^* + za^\dagger + z^* a(\mathrm{e}^t - 1)] :$$

$$= \int \frac{\mathrm{d}^2 z}{\pi} \exp(-zz^* + za^\dagger) \exp[z^* a(\mathrm{e}^t - 1)] \qquad (5.3.3)$$

在上面计算的最后一步之所以可以脱掉正规乘积记号是因为已经将算符排成了产生算符在左、湮灭算符在右的正规乘积排序了.接下来,利用 Baker-Campbell-hausdorff 公式将(5.3.3)式中的两个相乘的指数算符函数合成一个指数算符,得

$$\mathrm{e}^{ta^\dagger a} = \int \frac{\mathrm{d}^2 z}{\pi} \exp\left[-\frac{1 + \mathrm{e}^t}{2} zz^* + za^\dagger + z^* a(\mathrm{e}^t - 1) \right] \qquad (5.3.4)$$

注意到(5.1.4)式,我们知道(5.3.4)式已经是外尔编序了,可以直接加上外尔编序记号,即

$$e^{ta^\dagger a} = \vdots \int \frac{\mathrm{d}^2 z}{\pi} \exp\left[-\frac{1+e^t}{2}zz^* + za^\dagger + z^*a(e^t-1)\right] \vdots$$

$$= \vdots \frac{2}{1+e^t}\exp\left(-2aa^\dagger \frac{1-e^t}{1+e^t}\right) \vdots \tag{5.3.5}$$

这就是指数算符 $e^{ta^\dagger a}$ 的外尔编序式. 将(5.3.5)式代入(5.3.1)式, 得

$$(a^\dagger a)^n = \frac{\partial^n}{\partial t^n} \vdots \frac{2}{1+e^t}\exp\left(-2aa^\dagger \frac{1-e^t}{1+e^t}\right) \Big|_{t=0} \vdots \tag{5.3.6}$$

这就是幂算符 $(a^\dagger a)^n$ 的外尔编序结果, 是参数微分形式的. 对于 $n = 0,1,2,3,\cdots$, 经过一番计算分别得到如下结果:

$$(a^\dagger a)^0 = 1, \quad (a^\dagger a)^1 = \vdots aa^\dagger - \frac{1}{2} \vdots = \vdots aa^\dagger \vdots - \frac{1}{2}$$

$$(a^\dagger a)^2 = \vdots (aa^\dagger)^2 - aa^\dagger \vdots , \quad \cdots$$

为简化上述结果, 我们引入一个新的多项式, 其定义为

$$\mathbb{X}_n(\xi) = \frac{\partial^n}{\partial t^n} \frac{2}{1+e^t}\exp\left(-2\xi \frac{1-e^t}{1+e^t}\right) \Big|_{t=0} \tag{5.3.7}$$

其前几项如下所示:

$$\mathbb{X}_0(\xi) = 1$$

$$\mathbb{X}_1(\xi) = \xi - \frac{1}{2}$$

$$\mathbb{X}_2(\xi) = \xi^2 - \xi$$

$$\mathbb{X}_3(\xi) = \xi^3 - \frac{3}{2}\xi^2 - \frac{1}{2}\xi + \frac{1}{4}$$

$$\mathbb{X}_4(\xi) = \xi^4 - 2\xi^3 - 2\xi^2 + 2\xi$$

$$\mathbb{X}_5(\xi) = \xi^5 - \frac{5}{2}\xi^4 - 5\xi^3 + \frac{15}{2}\xi^2 + \xi - \frac{1}{2}$$

$$\mathbb{X}_6(\xi) = \xi^6 - 3\xi^5 - 10\xi^4 + 20\xi^3 + \frac{17}{2}\xi^2 - \frac{17}{2}\xi$$

$$\mathbb{X}_7(\xi) = \xi^7 - \frac{7}{2}\xi^6 - \frac{35}{2}\xi^5 + \frac{175}{4}\xi^4 + \frac{77}{2}\xi^3 - \frac{231}{4}\xi^2 - \frac{17}{4}\xi + \frac{17}{8}$$

$$\cdots$$

函数 $\psi(t,\xi) = \dfrac{2}{1+\mathrm{e}^t}\exp\left(-2\xi\dfrac{1-\mathrm{e}^t}{1+\mathrm{e}^t}\right)$ 是多项式 $X_n(\xi)$ 的母函数,在 $t_0 = 0$ 的邻域

上是解析的.将其在 $t_0 = 0$ 的邻域上展开为泰勒级数,就得到

$$\frac{2}{1+\mathrm{e}^t}\exp\left(-2\xi\frac{1-\mathrm{e}^t}{1+\mathrm{e}^t}\right) = \sum_{n=0}^{\infty}\frac{t^n}{n!}X_n(\xi) \tag{5.3.8}$$

那么,幂算符 $(a^{\dagger}a)^n$ 的外尔编序形式就可以表示为

$$(a^{\dagger}a)^n = \vdots\, X_n(aa^{\dagger})\, \vdots \tag{5.3.9}$$

幂算符 $(aa^{\dagger})^n$ 的外尔编序形式可由多种方法导出.

方法 1

$$(aa^{\dagger})^n = (a^{\dagger}a + 1)^n = \sum_{m=0}^{n}\frac{n!}{m!(n-m)!}(a^{\dagger}a)^m$$

$$= \sum_{m=0}^{n}\frac{n!}{m!(n-m)!}\,\vdots\, X_m(aa^{\dagger})\,\vdots \tag{5.3.10}$$

方法 2 在(5.3.5)式的基础上导出算符 $\mathrm{e}^{taa^{\dagger}}$ 的外尔编序式,即

$$\mathrm{e}^{taa^{\dagger}} = \mathrm{e}^t\mathrm{e}^{ta^{\dagger}a} = \vdots\, \frac{2\mathrm{e}^t}{1+\mathrm{e}^t}\exp\left(-2aa^{\dagger}\frac{1-\mathrm{e}^t}{1+\mathrm{e}^t}\right)\,\vdots \tag{5.3.11}$$

继而得到

$$(aa^{\dagger})^n = \frac{\partial^n}{\partial t^n}\mathrm{e}^{taa^{\dagger}}\bigg|_{t=0} = \frac{\partial^n}{\partial t^n}\mathrm{e}^t\mathrm{e}^{ta^{\dagger}a}\bigg|_{t=0}$$

$$= \frac{\partial^n}{\partial t^n}\vdots\,\frac{2\mathrm{e}^t}{1+\mathrm{e}^t}\exp\left(-2aa^{\dagger}\frac{1-\mathrm{e}^t}{1+\mathrm{e}^t}\right)\vdots\,\bigg|_{t=0}$$

$$= \frac{\partial^n}{\partial t^n}\vdots\,\frac{2}{1+\mathrm{e}^{-t}}\exp\left[-(-2aa^{\dagger})\frac{1-\mathrm{e}^{-t}}{1+\mathrm{e}^{-t}}\right]\bigg|_{t=0}\vdots$$

$$= (-1)^n\frac{\partial^n}{\partial(-t)^n}\vdots\,\frac{2}{1+\mathrm{e}^{-t}}\exp\left[-(-2aa^{\dagger})\frac{1-\mathrm{e}^{-t}}{1+\mathrm{e}^{-t}}\right]\bigg|_{t=0}\vdots$$

$$= (-1)^n\frac{\partial^n}{\partial t^n}\vdots\,\frac{2}{1+\mathrm{e}^t}\exp\left[-2(-aa^{\dagger})\frac{1-\mathrm{e}^t}{1+\mathrm{e}^t}\right]\bigg|_{t=0}\vdots$$

$$= (-1)^n\,\vdots\, X_n(-aa^{\dagger})\,\vdots \tag{5.3.12}$$

方法 3 基于 $[-a,a^{\dagger}] = -1 = [a^{\dagger},a]$,类比 $(aa^{\dagger})^n$ 与 $(a^{\dagger}a)^n = \vdots\, X_n(aa^{\dagger})\,\vdots$,得

$$(aa^{\dagger})^n = (-1)^n\left[(-a)a^{\dagger}\right]^n = (-1)^n\,\vdots\, X_n(-aa^{\dagger})\,\vdots \tag{5.3.13}$$

并由此得到

$$\mathbb{X}_n(\xi) = (-1)^n \sum_{m=0}^{n} \frac{n!}{m!(n-m)!} \mathbb{X}_m(-\xi) \qquad (5.3.14)$$

这是多项式 $\mathbb{X}_n(\xi)$ 的一条性质. 现在来导出多项式 $\mathbb{X}_n(\xi)$ 的如下递推公式:

$$\mathbb{X}_{n+1}(\xi) = \left(\xi - \frac{1}{2}\right)\mathbb{X}_n(\xi) - \frac{1}{4}\mathbb{X}'_n(\xi) - \frac{1}{4}\xi\mathbb{X}''_n(\xi) \qquad (5.3.15)$$

由多项式 $\mathbb{X}_n(\xi)$ 的定义得

$$
\begin{aligned}
\mathbb{X}_n(\xi) &= \frac{\partial^n}{\partial t^n} \frac{2}{1+\mathrm{e}^t} \exp\left(-2\xi \frac{1-\mathrm{e}^t}{1+\mathrm{e}^t}\right)\Big|_{t=0} \\
&= \frac{\partial^n}{\partial t^n} \frac{2}{1+\mathrm{e}^t} \exp\left(2\xi - 2\xi \frac{2}{1+\mathrm{e}^t}\right)\Big|_{t=0} \\
&= \mathrm{e}^{2\xi} \frac{\partial^n}{\partial t^n} \frac{2}{1+\mathrm{e}^t} \exp\left(-2\xi \frac{2}{1+\mathrm{e}^t}\right)\Big|_{t=0} \\
&= -\frac{1}{2} \mathrm{e}^{2\xi} \frac{\partial}{\partial \xi} \frac{\partial^n}{\partial t^n} \exp\left(-2\xi \frac{2}{1+\mathrm{e}^t}\right)\Big|_{t=0} \qquad (5.3.16)
\end{aligned}
$$

于是

$$
\begin{aligned}
\mathbb{X}_{n+1}(\xi) &= -\frac{1}{2} \mathrm{e}^{2\xi} \frac{\partial}{\partial \xi} \frac{\partial^{n+1}}{\partial t^{n+1}} \exp\left(-2\xi \frac{2}{1+\mathrm{e}^t}\right)\Big|_{t=0} \\
&= -\frac{1}{2} \mathrm{e}^{2\xi} \frac{\partial}{\partial \xi} \frac{\partial^n}{\partial t^n} \frac{\partial}{\partial t} \exp\left(-2\xi \frac{2}{1+\mathrm{e}^t}\right)\Big|_{t=0} \\
&= -2\mathrm{e}^{2\xi} \frac{\partial}{\partial \xi} \xi \frac{\partial^n}{\partial t^n} \frac{\mathrm{e}^t}{(1+\mathrm{e}^t)^2} \exp\left(-2\xi \frac{2}{1+\mathrm{e}^t}\right)\Big|_{t=0} \\
&= -2\mathrm{e}^{2\xi} \frac{\partial}{\partial \xi} \xi \frac{\partial^n}{\partial t^n} \left[\frac{1}{1+\mathrm{e}^t} - \frac{1}{(1+\mathrm{e}^t)^2}\right] \exp\left(-2\xi \frac{2}{1+\mathrm{e}^t}\right)\Big|_{t=0} \\
&= -2\mathrm{e}^{2\xi} \frac{\partial}{\partial \xi} \xi \frac{\partial^n}{\partial t^n} \left(-\frac{1}{4} \frac{\partial}{\partial \xi} - \frac{1}{16} \frac{\partial^2}{\partial \xi^2}\right) \exp\left(-2\xi \frac{2}{1+\mathrm{e}^t}\right)\Big|_{t=0} \\
&= \frac{1}{2}\mathrm{e}^{2\xi} \frac{\partial}{\partial \xi} \xi \left(\frac{\partial}{\partial \xi} + \frac{1}{4} \frac{\partial^2}{\partial \xi^2}\right) \frac{\partial^n}{\partial t^n} \exp\left(-2\xi \frac{2}{1+\mathrm{e}^t}\right)\Big|_{t=0} \\
&= \frac{1}{2}\mathrm{e}^{2\xi} \frac{\partial}{\partial \xi} \xi \left(1 + \frac{1}{4} \frac{\partial}{\partial \xi}\right) \frac{\partial}{\partial \xi} \frac{\partial^n}{\partial t^n} \exp\left(-2\xi \frac{2}{1+\mathrm{e}^t}\right)\Big|_{t=0} \\
&= -\mathrm{e}^{2\xi} \frac{\partial}{\partial \xi} \xi \left(1 + \frac{1}{4} \frac{\partial}{\partial \xi}\right) \mathrm{e}^{-2\xi} \left(-\frac{1}{2}\mathrm{e}^{2\xi} \frac{\partial}{\partial \xi}\right) \frac{\partial^n}{\partial t^n} \exp\left(-2\xi \frac{2}{1+\mathrm{e}^t}\right)\Big|_{t=0} \\
&= -\mathrm{e}^{2\xi} \frac{\partial}{\partial \xi} \xi \left(1 + \frac{1}{4} \frac{\partial}{\partial \xi}\right) \mathrm{e}^{-2\xi} \mathbb{X}_n(\xi)
\end{aligned}
$$

$$= - \mathrm{e}^{2\xi}\left(1 + \xi\frac{\partial}{\partial\xi}\right)\left(1 + \frac{1}{4}\frac{\partial}{\partial\xi}\right)\mathrm{e}^{-2\xi}\mathbb{X}_n(\xi)$$

$$= - \mathrm{e}^{2\xi}\left[1 + \left(\frac{1}{4} + \xi\right)\frac{\partial}{\partial\xi} + \frac{1}{4}\xi\frac{\partial^2}{\partial\xi^2}\right]\mathrm{e}^{-2\xi}\mathbb{X}_n(\xi)$$

$$= \left(\xi - \frac{1}{2}\right)\mathbb{X}_n(\xi) - \frac{1}{4}\mathbb{X}'_n(\xi) - \frac{1}{4}\xi\mathbb{X}''_n(\xi)$$

在上面的证明过程中,从第八个等号到第九个等号利用了(5.3.16)式.

同样地,基于$[\mathrm{i}Q, P] = -1 = [a^\dagger, a]$,类比(5.3.5)式可得

$$\mathrm{e}^{\lambda QP} = \mathrm{e}^{-\mathrm{i}\lambda(\mathrm{i}Q)P} = \ \vdots\ \frac{2}{1 + \mathrm{e}^{-\mathrm{i}\lambda}}\exp\left(-2\mathrm{i}QP\frac{1 - \mathrm{e}^{-\mathrm{i}\lambda}}{1 + \mathrm{e}^{-\mathrm{i}\lambda}}\right)\ \vdots$$

$$= \ \vdots\ \frac{2\mathrm{e}^{\mathrm{i}\lambda}}{\mathrm{e}^{\mathrm{i}\lambda} + 1}\exp\left(-2\mathrm{i}QP\frac{\mathrm{e}^{\mathrm{i}\lambda} - 1}{\mathrm{e}^{\mathrm{i}\lambda} + 1}\right)\ \vdots \tag{5.3.17}$$

$$\mathrm{e}^{\lambda PQ} = \mathrm{e}^{\mathrm{i}\lambda(-\mathrm{i}P)Q} = \ \vdots\ \frac{2}{1 + \mathrm{e}^{\mathrm{i}\lambda}}\exp\left(2\mathrm{i}QP\frac{1 - \mathrm{e}^{\mathrm{i}\lambda}}{1 + \mathrm{e}^{\mathrm{i}\lambda}}\right)\ \vdots\ = \ \vdots\ \frac{2}{\mathrm{e}^{\mathrm{i}\lambda} + 1}\exp\left(-2\mathrm{i}QP\frac{\mathrm{e}^{\mathrm{i}\lambda} - 1}{\mathrm{e}^{\mathrm{i}\lambda} + 1}\right)\ \vdots \tag{5.3.18}$$

以及类比(5.3.9)式,得

$$(QP)^n = (-\mathrm{i})^n\left[(\mathrm{i}Q)P\right]^n = (-\mathrm{i})^n\ \vdots\ \mathbb{X}_n(\mathrm{i}QP)\ \vdots \tag{5.3.19}$$

$$(PQ)^n = \mathrm{i}^n\left[(-\mathrm{i}P)Q\right]^n = \mathrm{i}^n\ \vdots\ \mathbb{X}_n(-\mathrm{i}QP)\ \vdots \tag{5.3.20}$$

如果利用$Q = \alpha X$,$P = \beta P_x$,$\alpha\beta = 1/\hbar$将上述式恢复为有量纲的坐标算符和动量算符,则有

$$\mathrm{e}^{\lambda XP_x} = \ \vdots\ \frac{2\mathrm{e}^{\mathrm{i}\lambda\hbar}}{\mathrm{e}^{\mathrm{i}\lambda\hbar} + 1}\exp\left(-\frac{2\mathrm{i}}{\hbar}XP_x\frac{\mathrm{e}^{\mathrm{i}\lambda\hbar} - 1}{\mathrm{e}^{\mathrm{i}\lambda\hbar} + 1}\right)\ \vdots \tag{5.3.21}$$

$$\mathrm{e}^{\lambda P_x X} = \ \vdots\ \frac{2}{\mathrm{e}^{\mathrm{i}\lambda\hbar} + 1}\exp\left(-\frac{2\mathrm{i}}{\hbar}XP_x\frac{\mathrm{e}^{\mathrm{i}\lambda\hbar} - 1}{\mathrm{e}^{\mathrm{i}\lambda\hbar} + 1}\right)\ \vdots \tag{5.3.22}$$

$$(XP_x)^n = (-\mathrm{i}\hbar)^n\left[(\mathrm{i}X/\hbar)P_x\right]^n = (-\mathrm{i}\hbar)^n\ \vdots\ \mathbb{X}_n(\mathrm{i}XP_x/\hbar)\ \vdots \tag{5.3.23}$$

$$(P_x X)^n = (\mathrm{i}\hbar)^n\left[(-\mathrm{i}P_x/\hbar)X\right]^n = (\mathrm{i}\hbar)^n\ \vdots\ \mathbb{X}_n(-\mathrm{i}XP_x/\hbar)\ \vdots \tag{5.3.24}$$

另外,在(5.3.5)式和(5.3.11)式中令$2\dfrac{\mathrm{e}^t - 1}{\mathrm{e}^t + 1} = \mu$,即$\mathrm{e}^t = \dfrac{2 + \mu}{2 - \mu}$,$t = \ln\dfrac{2 + \mu}{2 - \mu}$,则有

$$\begin{aligned}
\vdots\ \mathrm{e}^{\mu aa^\dagger}\ \vdots\ &= \frac{2}{2 - \mu}\exp\left(a^\dagger a\ln\frac{2 + \mu}{2 - \mu}\right)\\
\vdots\ \mathrm{e}^{\mu aa^\dagger}\ \vdots\ &= \frac{2}{2 + \mu}\exp\left(aa^\dagger\ln\frac{2 + \mu}{2 - \mu}\right)
\end{aligned} \tag{5.3.25}$$

这是脱去外尔编序指数算符 $\vdots\mathrm{e}^{\mu a a^{\dagger}}\vdots$ 的外尔编序记号的公式.

5.4 外尔编序算符的乘法定理

一般来说,两个外尔编序算符的直积不等于外尔编序记号内该两个算符的乘积,也就是说,一般情形下 $\vdots F(Q,P)\vdots \times \vdots G(Q,P)\vdots$ 与 $\vdots F(Q,P)\times G(Q,P)\vdots$ 并不相等.如何将两个外尔编序的算符 $\vdots F(Q,P)\vdots$ 和 $\vdots G(Q,P)\vdots$ 的乘积 $\vdots F(Q,P)\vdots \times \vdots G(Q,P)\vdots$ 重置为一个外尔编序算符呢? 我们说存在以下乘法定理(WWW 乘法定理):

$$\vdots F(Q,P)\vdots \times \vdots G(Q,P)\vdots = \vdots F(Q,P)\exp\left[\frac{\mathrm{i}}{2}\left(\frac{\overleftarrow{\partial}}{\partial Q}\frac{\overrightarrow{\partial}}{\partial P} - \frac{\overleftarrow{\partial}}{\partial P}\frac{\overrightarrow{\partial}}{\partial Q}\right)\right]G(Q,P)\vdots$$

$$(5.4.1)$$

或者利用

$$\frac{\partial}{\partial Q} = \frac{\partial a}{\partial Q}\frac{\partial}{\partial a} + \frac{\partial a^{\dagger}}{\partial Q}\frac{\partial}{\partial a^{\dagger}} = \frac{1}{\sqrt{2}}\left(\frac{\partial}{\partial a} + \frac{\partial}{\partial a^{\dagger}}\right)$$

$$\frac{\partial}{\partial P} = \frac{\partial a}{\partial P}\frac{\partial}{\partial a} + \frac{\partial a^{\dagger}}{\partial P}\frac{\partial}{\partial a^{\dagger}} = \frac{\mathrm{i}}{\sqrt{2}}\left(\frac{\partial}{\partial a} - \frac{\partial}{\partial a^{\dagger}}\right)$$

$$\frac{\overleftarrow{\partial}}{\partial Q}\frac{\overrightarrow{\partial}}{\partial P} = \frac{\mathrm{i}}{2}\left(\frac{\overleftarrow{\partial}}{\partial a} + \frac{\overleftarrow{\partial}}{\partial a^{\dagger}}\right)\left(\frac{\overrightarrow{\partial}}{\partial a} - \frac{\overrightarrow{\partial}}{\partial a^{\dagger}}\right)$$

$$\frac{\overleftarrow{\partial}}{\partial P}\frac{\overrightarrow{\partial}}{\partial Q} = \frac{\mathrm{i}}{2}\left(\frac{\overleftarrow{\partial}}{\partial a} - \frac{\overleftarrow{\partial}}{\partial a^{\dagger}}\right)\left(\frac{\overrightarrow{\partial}}{\partial a} + \frac{\overrightarrow{\partial}}{\partial a^{\dagger}}\right)$$

将(5.4.1)式写成

$$\vdots F(a,a^{\dagger})\vdots \times \vdots G(a,a^{\dagger})\vdots = \vdots F(a,a^{\dagger})\exp\left[\frac{1}{2}\left(\frac{\overleftarrow{\partial}}{\partial a}\frac{\overrightarrow{\partial}}{\partial a^{\dagger}} - \frac{\overleftarrow{\partial}}{\partial a^{\dagger}}\frac{\overrightarrow{\partial}}{\partial a}\right)\right]G(a,a^{\dagger})\vdots$$

$$(5.4.2)$$

证明

$$\vdots F(Q,P)\vdots \times \vdots G(Q,P)\vdots$$

$$= \vdots\iint_{-\infty}^{\infty} F(q,p)\delta(q-Q)\delta(p-P)\mathrm{d}q\mathrm{d}p\vdots$$

$$\times \; \vdots \iint_{-\infty}^{\infty} G(q',p')\delta(q'-Q)\delta(p'-P)\mathrm{d}q'\mathrm{d}p' \; \vdots$$

$$= \frac{1}{16\pi^4}\iint_{-\infty}^{\infty}\iint_{-\infty}^{\infty} F(q,p) \; \vdots \exp[\mathrm{i}u(q-Q)+\mathrm{i}v(p-P)] \; \vdots \; \mathrm{d}u\mathrm{d}v\mathrm{d}q\mathrm{d}p$$

$$\times \iint_{-\infty}^{\infty}\iint_{-\infty}^{\infty} G(q',p') \; \vdots \exp[\mathrm{i}u'(q'-Q)+\mathrm{i}v'(p'-P)] \; \vdots \; \mathrm{d}u'\mathrm{d}v'\mathrm{d}q'\mathrm{d}p'$$

$$= \frac{1}{16\pi^4}\int\cdots\int_{-\infty}^{\infty} F(q,p)G(q',p')\exp[\mathrm{i}u(q-Q)+\mathrm{i}v(p-P)]$$

$$\times \exp[\mathrm{i}u'(q'-Q)+\mathrm{i}v'(p'-P)]\mathrm{d}u\mathrm{d}v\mathrm{d}q\mathrm{d}p\mathrm{d}u'\mathrm{d}v'\mathrm{d}q'\mathrm{d}p'$$

$$= \frac{1}{16\pi^4}\int\cdots\int_{-\infty}^{\infty} \mathrm{d}u\mathrm{d}v\mathrm{d}q\mathrm{d}p\mathrm{d}u'\mathrm{d}v'\mathrm{d}q'\mathrm{d}p' F(q,p)G(q',p')\exp\left[\frac{\mathrm{i}}{2}(vu'-uv')\right]$$

$$\times \exp[\mathrm{i}u(q-Q)+\mathrm{i}v(p-P)+\mathrm{i}u'(q'-Q)+\mathrm{i}v'(p'-P)]$$

$$= \frac{1}{16\pi^4}\int\cdots\int_{-\infty}^{\infty} \mathrm{d}u\mathrm{d}v\mathrm{d}q\mathrm{d}p\mathrm{d}u'\mathrm{d}v'\mathrm{d}q'\mathrm{d}p' F(q,p)G(q',p')\exp\left[\frac{\mathrm{i}}{2}(vu'-uv')\right]$$

$$\times \; \vdots \exp[\mathrm{i}u(q-Q)+\mathrm{i}v(p-P)+\mathrm{i}u'(q'-Q)+\mathrm{i}v'(p'-P)] \; \vdots$$

$$= \frac{1}{16\pi^4} \; \vdots \int\cdots\int_{-\infty}^{\infty} F(q,p)G(q',p')\exp\left[\frac{\mathrm{i}}{2}\left(-\frac{\partial}{\partial t}\frac{\partial}{\partial \tau}+\frac{\partial}{\partial \tau'}\frac{\partial}{\partial t'}\right)\right]$$

$$\times \exp[\mathrm{i}u(q-Q-\tau')+\mathrm{i}v(p-P-t)+\mathrm{i}u'(q'-Q-\tau)+\mathrm{i}v'(p'-P-t')]$$

$$\times \mathrm{d}u\mathrm{d}v\mathrm{d}q\mathrm{d}p\mathrm{d}u'\mathrm{d}v'\mathrm{d}q'\mathrm{d}p'\Big|_{t=t'=\tau=\tau'=0} \; \vdots$$

$$= \; \vdots \exp\left[\frac{\mathrm{i}}{2}\left(-\frac{\partial}{\partial t}\frac{\partial}{\partial \tau}+\frac{\partial}{\partial \tau'}\frac{\partial}{\partial t'}\right)\right]\iint\cdots\int_{-\infty}^{\infty} F(q,p)G(q',p')$$

$$\times \delta(q-Q-\tau')\delta(p-P-t)\delta(q'-Q-\tau)\delta(p'-P-t')$$

$$\times \mathrm{d}q\mathrm{d}p\mathrm{d}q'\mathrm{d}p'\Big|_{t=t'=\tau=\tau'=0} \; \vdots$$

$$= \; \vdots \exp\left[\frac{\mathrm{i}}{2}\left(-\frac{\partial}{\partial t}\frac{\partial}{\partial \tau}+\frac{\partial}{\partial \tau'}\frac{\partial}{\partial t'}\right)\right]F(Q+\tau',P+t)G(Q+\tau,P+t')\Big|_{t=t'=\tau=\tau'=0} \; \vdots$$

$$= \; \vdots F(Q+\tau',P+t)\exp\left[\frac{\mathrm{i}}{2}\left(\overleftarrow{\frac{\partial}{\partial \tau'}}\overrightarrow{\frac{\partial}{\partial t'}}-\overleftarrow{\frac{\partial}{\partial t}}\overrightarrow{\frac{\partial}{\partial \tau}}\right)\right]G(Q+\tau,P+t')\Big|_{t=t'=\tau=\tau'=0} \; \vdots$$

$$= \; \vdots F(Q,P)\exp\left[\frac{\mathrm{i}}{2}\left(\overleftarrow{\frac{\partial}{\partial Q}}\overrightarrow{\frac{\partial}{\partial P}}-\overleftarrow{\frac{\partial}{\partial P}}\overrightarrow{\frac{\partial}{\partial Q}}\right)\right]G(Q,P) \; \vdots$$

证毕.

若恢复有量纲的坐标算符和动量算符,则 WWW 乘法定理(5.4.1)式表示为

$$\vdots F(X,P_x) \vdots \times \vdots G(X,P_x) \vdots$$

$$= \; \vdots F(X,P_x)\exp\left[\frac{\mathrm{i}\hbar}{2}\left(\overleftarrow{\frac{\partial}{\partial X}}\overrightarrow{\frac{\partial}{\partial P_x}}-\overleftarrow{\frac{\partial}{\partial P_x}}\overrightarrow{\frac{\partial}{\partial X}}\right)\right]G(X,P_x) \vdots \qquad (5.4.3)$$

WWW 乘法定理可以帮助我们将两个外尔编序的算符重置成一个外尔编序的算符. 列举两个例子说明该定理的用法.

先看一个简单的例子,就是利用 WWW 乘法定理计算 $\vdots aa^\dagger \vdots \times \vdots aa^\dagger \vdots$,即

$$\vdots aa^\dagger \vdots \times \vdots aa^\dagger \vdots$$

$$= \vdots aa^\dagger \exp\left[\frac{1}{2}\left(\frac{\overleftarrow{\partial}}{\partial a}\frac{\overrightarrow{\partial}}{\partial a^\dagger} - \frac{\overleftarrow{\partial}}{\partial a^\dagger}\frac{\overrightarrow{\partial}}{\partial a}\right)\right] aa^\dagger \vdots$$

$$= \vdots aa^\dagger \left[1 + \frac{1}{2}\left(\frac{\overleftarrow{\partial}}{\partial a}\frac{\overrightarrow{\partial}}{\partial a^\dagger} - \frac{\overleftarrow{\partial}}{\partial a^\dagger}\frac{\overrightarrow{\partial}}{\partial a}\right) + \frac{1}{2!}\frac{1}{2^2}\left(\frac{\overleftarrow{\partial}}{\partial a}\frac{\overrightarrow{\partial}}{\partial a^\dagger} - \frac{\overleftarrow{\partial}}{\partial a^\dagger}\frac{\overrightarrow{\partial}}{\partial a}\right)^2 + \cdots\right] aa^\dagger \vdots$$

$$= \vdots aa^\dagger \left[1 + \frac{1}{2}\left(\frac{\overleftarrow{\partial}}{\partial a}\frac{\overrightarrow{\partial}}{\partial a^\dagger} - \frac{\overleftarrow{\partial}}{\partial a^\dagger}\frac{\overrightarrow{\partial}}{\partial a}\right)\right.$$

$$\left. + \frac{1}{8}\left(\frac{\overleftarrow{\partial^2}}{\partial a^2}\frac{\overrightarrow{\partial^2}}{\partial a^{\dagger 2}} - 2\frac{\overleftarrow{\partial}}{\partial a}\frac{\overleftarrow{\partial}}{\partial a^\dagger}\frac{\overrightarrow{\partial}}{\partial a^\dagger}\frac{\overrightarrow{\partial}}{\partial a} + \frac{\overleftarrow{\partial^2}}{\partial a^{\dagger 2}}\frac{\overrightarrow{\partial^2}}{\partial a^2}\right) + \cdots\right] aa^\dagger \vdots$$

$$= \vdots a^2 a^{\dagger 2} + \frac{1}{2}(a^\dagger a - aa^\dagger) + \frac{1}{8}(0 - 2 + 0) + \cdots \vdots = \vdots a^2 a^{\dagger 2} \vdots - \frac{1}{4}$$

再来计算 $\vdots e^{\lambda aa^\dagger} \vdots \times \vdots e^{\nu aa^\dagger} \vdots$,过程如下:

$$\vdots e^{\lambda aa^\dagger} \vdots \times \vdots e^{\nu aa^\dagger} \vdots$$

$$= \vdots e^{\lambda aa^\dagger} \exp\left[\frac{1}{2}\left(\frac{\overleftarrow{\partial}}{\partial a}\frac{\overrightarrow{\partial}}{\partial a^\dagger} - \frac{\overleftarrow{\partial}}{\partial a^\dagger}\frac{\overrightarrow{\partial}}{\partial a}\right)\right] e^{\nu aa^\dagger} \vdots$$

$$= \vdots \int \frac{d^2 z_1}{\pi} e^{-z_1 z_1^* + z_1 \lambda a + z_1^* a^\dagger} \exp\left[\frac{1}{2}\left(\frac{\overleftarrow{\partial}}{\partial a}\frac{\overrightarrow{\partial}}{\partial a^\dagger} - \frac{\overleftarrow{\partial}}{\partial a^\dagger}\frac{\overrightarrow{\partial}}{\partial a}\right)\right] \int \frac{d^2 z_2}{\pi} e^{-z_2 z_2^* + z_2 \nu a + z_2^* a^\dagger} \vdots$$

$$= \vdots \int \frac{d^2 z_1 d^2 z_2}{\pi^2} \exp\left(-z_1 z_1^* + z_1 \lambda a + z_1^* a^\dagger + \frac{1}{2}\lambda z_1 z_2^*\right.$$

$$\left. - \frac{1}{2}\nu z_1^* z_2 - z_2 z_2^* + z_2 \nu a + z_2^* a^\dagger\right) \vdots$$

$$= \frac{4}{4 + \lambda\nu} \vdots \exp\left[\frac{4}{4 + \lambda\nu}(\lambda + \nu)aa^\dagger\right] \vdots$$

在上面的计算中,从第一个等号到第二个等号我们再次使用了积分降次法.

从外尔编序形式的外尔对应规则(5.2.4)式或(5.2.5)式以及 WWW 乘法定理 (5.4.2)式或(5.4.3)式可以看出,算符 $\vdots F(a, a^\dagger) \vdots$ 的外尔经典对应 $F(z, z^*)$ 与算符 $\vdots G(a, a^\dagger) \vdots$ 的外尔经典对应 $G(z, z^*)$ 之积 $F(z, z^*)G(z, z^*)$ 并不是算符 $\vdots F(a, a^\dagger) \vdots \times \vdots G(a, a^\dagger) \vdots$ 的外尔经典对应.算符 $\vdots F(a, a^\dagger) \vdots \times \vdots G(a, a^\dagger) \vdots$ 的外尔经典对应为

245

$$\left[\begin{array}{c}\vdots\end{array} F(a,a^{\dagger}) \begin{array}{c}\vdots\end{array} \times \begin{array}{c}\vdots\end{array} G(a,a^{\dagger}) \begin{array}{c}\vdots\end{array}\right]_{\text{外尔对应}}$$

$$= F(z,z^{*})\exp\left[\frac{1}{2}\left(\frac{\overleftarrow{\partial}}{\partial z}\frac{\overrightarrow{\partial}}{\partial z^{*}} - \frac{\overleftarrow{\partial}}{\partial z^{*}}\frac{\overrightarrow{\partial}}{\partial z}\right)\right]G(z,z^{*})$$

$$= F(z,z^{*})\left[1 + \sum_{n=1}^{\infty}\frac{1}{n!}\frac{1}{2^{n}}\left(\frac{\overleftarrow{\partial}}{\partial z}\frac{\overrightarrow{\partial}}{\partial z^{*}} - \frac{\overleftarrow{\partial}}{\partial z^{*}}\frac{\overrightarrow{\partial}}{\partial z}\right)^{n}\right]G(z,z^{*})$$

$$= F(z,z^{*})G(z,z^{*}) + \sum_{n=1}^{\infty}\frac{1}{n!}\frac{1}{2^{n}}F(z,z^{*})\left(\frac{\overleftarrow{\partial}}{\partial z}\frac{\overrightarrow{\partial}}{\partial z^{*}} - \frac{\overleftarrow{\partial}}{\partial z^{*}}\frac{\overrightarrow{\partial}}{\partial z}\right)^{n}G(z,z^{*}) \quad (5.4.4)$$

显然，算符 $\begin{array}{c}\vdots\end{array} F(a,a^{\dagger}) \begin{array}{c}\vdots\end{array} \times \begin{array}{c}\vdots\end{array} G(a,a^{\dagger}) \begin{array}{c}\vdots\end{array}$ 的外尔经典对应与 $F(z,z^{*})G(z,z^{*})$ 之差为

$$\sum_{n=1}^{\infty}\frac{1}{n!}\frac{1}{2^{n}}F(z,z^{*})\left(\frac{\overleftarrow{\partial}}{\partial z}\frac{\overrightarrow{\partial}}{\partial z^{*}} - \frac{\overleftarrow{\partial}}{\partial z^{*}}\frac{\overrightarrow{\partial}}{\partial z}\right)^{n}G(z,z^{*})$$

一般情况下此差不为零.

5.5 算符的外尔编序与其他排序的互换法则

算符的外尔编序与包括正规乘积、反正规乘积、坐标-动量乘积以及动量-坐标乘积排序在内的其他排序之间是存在联系的,也就是说是存在着互换法则的.但是,如果只关注如何将一个给定的算符从某种排序形式转换成另一种排序形式而不去探索具有一般性的规律,是很难发现具有普适性的互换法则的.我们通过引入并采用算符的参数微商法找到了普适的互换法则.

1. 从外尔编序到正规排序的互换法则（W→N 法则）

算符从外尔编序转换成正规乘积排序的法则为

$$\begin{array}{c}\vdots\end{array} F(Q,P) \begin{array}{c}\vdots\end{array} = \ :\exp\left(\frac{1}{4}\frac{\partial^{2}}{\partial Q^{2}} + \frac{1}{4}\frac{\partial^{2}}{\partial P^{2}}\right)F(Q,P): \quad (5.5.1a)$$

可表示为

$$\begin{array}{c}\vdots\end{array} F(X,P_{x}) \begin{array}{c}\vdots\end{array} = \ :\exp\left(\frac{1}{4\alpha^{2}}\frac{\partial^{2}}{\partial X^{2}} + \frac{1}{4\beta^{2}}\frac{\partial^{2}}{\partial P_{x}^{2}}\right)F(X,P_{x}): \quad (5.5.1b)$$

或表示为

$$\vdots F(a,a^{\dagger}) \vdots \ = \ :\exp\Big(\frac{1}{2}\frac{\partial^2}{\partial a \partial a^{\dagger}}\Big)F(a,a^{\dagger}): \qquad (5.5.1c)$$

证明

$$\vdots F(Q,P) \vdots \ = \ \vdots \iint_{-\infty}^{\infty} F(q,p)\delta(q-Q)\delta(p-P)\mathrm{d}q\mathrm{d}p \vdots$$

$$= \ \vdots \frac{1}{4\pi^2}\iint_{-\infty}^{\infty} F(q,p)\mathrm{e}^{\mathrm{i}u(q-Q)+\mathrm{i}v(p-P)}\mathrm{d}u\mathrm{d}v\mathrm{d}q\mathrm{d}p \vdots$$

$$= \ \frac{1}{4\pi^2}\iint_{-\infty}^{\infty} F(q,p)\mathrm{e}^{\mathrm{i}u(q-Q)+\mathrm{i}v(p-P)}\mathrm{d}u\mathrm{d}v\mathrm{d}q\mathrm{d}p$$

上面最后一步直接脱掉了外尔编序记号的依据是(5.1.4)式.鉴于

$$Q = (a + a^{\dagger})/\sqrt{2}, \quad P = (a - a^{\dagger})/(\mathrm{i}\sqrt{2})$$

利用 Baker-Campbell-Hausdorff 公式得

$$\mathrm{e}^{\mathrm{i}u(q-Q)+\mathrm{i}v(p-P)} = \ :\exp\Big(-\frac{1}{4}u^2 - \frac{1}{4}v^2\Big)\mathrm{e}^{\mathrm{i}u(q-Q)+\mathrm{i}v(p-P)}:$$

$$= \ :\exp\Big(\frac{1}{4}\frac{\partial^2}{\partial Q^2} + \frac{1}{4}\frac{\partial^2}{\partial P^2}\Big)\mathrm{e}^{\mathrm{i}u(q-Q)+\mathrm{i}v(p-P)}:$$

这里我们采用了算符的参数微商法.于是就有

$$\vdots F(Q,P) \vdots \ = \ \frac{1}{4\pi^2}\iint_{-\infty}^{\infty} F(q,p):\exp\Big(\frac{1}{4}\frac{\partial^2}{\partial Q^2} + \frac{1}{4}\frac{\partial^2}{\partial P^2}\Big)\mathrm{e}^{\mathrm{i}u(q-Q)+\mathrm{i}v(p-P)}:\mathrm{d}u\mathrm{d}v\mathrm{d}q\mathrm{d}p$$

$$= \ \frac{1}{4\pi^2}:\exp\Big(\frac{1}{4}\frac{\partial^2}{\partial Q^2} + \frac{1}{4}\frac{\partial^2}{\partial P^2}\Big)\iint_{-\infty}^{\infty} F(q,p)\mathrm{e}^{\mathrm{i}u(q-Q)+\mathrm{i}v(p-P)}\mathrm{d}u\mathrm{d}v\mathrm{d}q\mathrm{d}p:$$

$$= \ :\exp\Big(\frac{1}{4}\frac{\partial^2}{\partial Q^2} + \frac{1}{4}\frac{\partial^2}{\partial P^2}\Big)\iint_{-\infty}^{\infty} F(q,p)\delta(q-Q)\delta(p-P)\mathrm{d}q\mathrm{d}p:$$

$$= \ :\exp\Big(\frac{1}{4}\frac{\partial^2}{\partial Q^2} + \frac{1}{4}\frac{\partial^2}{\partial P^2}\Big)F(Q,P):$$

证毕.

此互换法则是普适的,它的逆法则(N→W 法则)为

$$:F(Q,P): \ = \ \vdots\exp\Big(-\frac{1}{4}\frac{\partial^2}{\partial Q^2} - \frac{1}{4}\frac{\partial^2}{\partial P^2}\Big)F(Q,P)\vdots \qquad (5.5.2a)$$

可表示为

$$: F(X, P_x): \ = \ \vdots \exp\left(-\frac{1}{4\alpha^2}\frac{\partial^2}{\partial X^2} - \frac{1}{4\beta^2}\frac{\partial^2}{\partial P_x^2}\right)F(X, P_x) \vdots \qquad (5.5.2b)$$

或表示为

$$: F(a, a^\dagger): \ = \ \vdots \exp\left(-\frac{1}{2}\frac{\partial^2}{\partial a \partial a^\dagger}\right)F(a, a^\dagger) \vdots \qquad (5.5.2c)$$

W⟺N 互换法则能够帮助我们方便地将一个算符在外尔编序和正规乘积排序之间实现互相转换.如(5.2.18)式那个例子,利用此互换法则(已经推广为双模情形)可得

$$e^{fa^\dagger b^\dagger}e^{gab} = \ \vdots \exp\left(-\frac{1}{2}\frac{\partial^2}{\partial a \partial a^\dagger}\right)\exp\left(-\frac{1}{2}\frac{\partial^2}{\partial b \partial b^\dagger}\right)e^{fa^\dagger b^\dagger}e^{gab} \vdots$$

$$= \ \vdots \exp\left(-\frac{1}{2}\frac{\partial^2}{\partial a \partial a^\dagger}\right)\exp\left(-\frac{1}{2}fgaa^\dagger\right)e^{fa^\dagger b^\dagger}e^{gab} \vdots$$

$$= \ \vdots \exp\left(-\frac{1}{2}\frac{\partial^2}{\partial a \partial a^\dagger}\right)\int\frac{\mathrm{d}^2 z}{\pi}\exp\left(-zz^* + z\frac{1}{2}fa^\dagger - z^* ga\right)e^{fa^\dagger b^\dagger}e^{gab} \vdots$$

$$= \ \vdots \exp\left(-\frac{1}{2}\frac{\partial^2}{\partial a \partial a^\dagger}\right)\int\frac{\mathrm{d}^2 z}{\pi}\exp\left[-zz^* + \left(\frac{1}{2}z + b^\dagger\right)fa^\dagger + (-z^* + b)ga\right] \vdots$$

$$= \ \vdots \int\frac{\mathrm{d}^2 z}{\pi}\exp\left[-\left(1 - \frac{1}{4}fg\right)zz^* + z\frac{1}{2}f\left(a^\dagger - \frac{1}{2}gb\right)\right.$$

$$\left. + z^* g\left(-a + \frac{1}{2}fb^\dagger\right) + fa^\dagger b^\dagger + gab - \frac{1}{2}fgbb^\dagger\right] \vdots$$

$$= \frac{4}{4 - fg} \ \vdots \exp\left\{\frac{2}{4 - fg}\left[2gab + 2fa^\dagger b^\dagger - fg(aa^\dagger + bb^\dagger)\right]\right\} \vdots$$

可以说,微分算子 $\exp\left(\frac{1}{2}\frac{\partial^2}{\partial a \partial a^\dagger}\right)$ 起到了从外尔编序算符转换为正规乘积排序算符的"转换器"的作用,而微分算子 $\exp\left(-\frac{1}{2}\frac{\partial^2}{\partial a \partial a^\dagger}\right)$ 则起到了从正规乘积排序算符转换为外尔编序算符的"转换器"的作用.

2. 从外尔编序到反正规排序的互换法则(W→A 法则)

算符从外尔编序转换成反正规乘积排序的法则为

$$\vdots F(Q, P) \vdots \ = \ \vdots \exp\left(-\frac{1}{4}\frac{\partial^2}{\partial Q^2} - \frac{1}{4}\frac{\partial^2}{\partial P^2}\right)F(Q, P) \vdots \qquad (5.5.3a)$$

可表示为

$$\vdots F(X,P_x) \vdots \;=\; \vdots \exp\left(-\frac{1}{4\alpha^2}\frac{\partial^2}{\partial X^2}-\frac{1}{4\beta^2}\frac{\partial^2}{\partial P_x^2}\right)F(X,P_x) \vdots \tag{5.5.3b}$$

或表示为

$$\vdots F(a,a^\dagger) \vdots \;=\; \vdots \exp\left(-\frac{1}{2}\frac{\partial^2}{\partial a\partial a^\dagger}\right)F(a,a^\dagger) \vdots \tag{5.5.3c}$$

证明从略.

(5.5.3)式的**逆法则**（A→W 法则）为

$$\vdots F(Q,P) \vdots \;=\; \vdots \exp\left(\frac{1}{4}\frac{\partial^2}{\partial Q^2}+\frac{1}{4}\frac{\partial^2}{\partial P^2}\right)F(Q,P) \vdots \tag{5.5.4a}$$

可表示为

$$\vdots F(X,P_x) \vdots \;=\; \vdots \exp\left(\frac{1}{4\alpha^2}\frac{\partial^2}{\partial X^2}+\frac{1}{4\beta^2}\frac{\partial^2}{\partial P_x^2}\right)F(X,P_x) \vdots \tag{5.5.4b}$$

或表示为

$$\vdots F(a,a^\dagger) \vdots \;=\; \vdots \exp\left(\frac{1}{2}\frac{\partial^2}{\partial a\partial a^\dagger}\right)F(a,a^\dagger) \vdots \tag{5.5.4c}$$

W⇔A 互换法则能够帮助我们方便地将一个算符在外尔编序和反正规乘积排序之间实现互相转换.

3. 从外尔编序到坐标-动量排序的互换法则（W→X 法则）

算符从外尔编序转换成坐标-动量乘积排序的法则为

$$\vdots F(Q,P) \vdots \;=\; \mathfrak{O}\exp\left(-\frac{i}{2}\frac{\partial^2}{\partial Q\partial P}\right)F(Q,P)\mathfrak{O} \tag{5.5.5a}$$

可表示为

$$\vdots F(X,P_x) \vdots \;=\; \mathfrak{O}\exp\left(-\frac{i\hbar}{2}\frac{\partial^2}{\partial X\partial P_x}\right)F(X,P_x)\mathfrak{O} \tag{5.5.5b}$$

或表示为

$$\vdots F(a,a^\dagger) \vdots \;=\; \mathfrak{O}\exp\left[\frac{1}{4}\left(\frac{\partial^2}{\partial a^2}-\frac{\partial^2}{\partial a^{\dagger 2}}\right)\right]F(a,a^\dagger)\mathfrak{O} \tag{5.5.5c}$$

证明从略.

(5.5.5)式的**逆法则**（X→W 法则）为

$$\mathfrak{Q}F(Q,P)\mathfrak{Q} \ = \ \vdots \exp\left(\frac{\mathrm{i}}{2}\frac{\partial^2}{\partial Q\partial P}\right)F(Q,P) \vdots \tag{5.5.6a}$$

可表示为

$$\mathfrak{Q}F(X,P_x)\mathfrak{Q} \ = \ \vdots \exp\left(\frac{\mathrm{i}\hbar}{2}\frac{\partial^2}{\partial X\partial P_x}\right)F(X,P_x) \vdots \tag{5.5.6b}$$

或表示为

$$\mathfrak{Q}F(a,a^\dagger)\mathfrak{Q} \ = \ \vdots \exp\left[\frac{1}{4}\left(\frac{\partial^2}{\partial a^{\dagger 2}} - \frac{\partial^2}{\partial a^2}\right)\right]F(a,a^\dagger) \vdots \tag{5.5.6c}$$

4. 从外尔编序到动量-坐标排序的互换法则（W→P 法则）

算符从外尔编序转换成动量-坐标乘积排序的法则为

$$\vdots F(Q,P) \vdots \ = \ \mathfrak{P}\exp\left(\frac{\mathrm{i}}{2}\frac{\partial^2}{\partial Q\partial P}\right)F(Q,P)\mathfrak{P} \tag{5.5.7a}$$

可表示为

$$\vdots F(X,P_x) \vdots \ = \ \mathfrak{P}\exp\left(\frac{\mathrm{i}\hbar}{2}\frac{\partial^2}{\partial X\partial P_x}\right)F(X,P_x)\mathfrak{P} \tag{5.5.7b}$$

或表示为

$$\vdots F(a,a^\dagger) \vdots \ = \ \mathfrak{P}\exp\left[\frac{1}{4}\left(\frac{\partial^2}{\partial a^{\dagger 2}} - \frac{\partial^2}{\partial a^2}\right)\right]F(a,a^\dagger)\mathfrak{P} \tag{5.5.7c}$$

证明从略.

（5.5.7）式的**逆法则**（P→W 法则）为

$$\mathfrak{P}F(Q,P)\mathfrak{P} \ = \ \vdots \exp\left(-\frac{\mathrm{i}}{2}\frac{\partial^2}{\partial Q\partial P}\right)F(Q,P) \vdots \tag{5.5.8a}$$

可表示为

$$\mathfrak{P}F(X,P_x)\mathfrak{P} \ = \ \vdots \exp\left(-\frac{\mathrm{i}\hbar}{2}\frac{\partial^2}{\partial X\partial P_x}\right)F(X,P_x) \vdots \tag{5.5.8b}$$

或表示为

$$\mathfrak{P}F(a,a^\dagger)\mathfrak{P} \ = \ \vdots \exp\left[\frac{1}{4}\left(\frac{\partial^2}{\partial a^2} - \frac{\partial^2}{\partial a^{\dagger 2}}\right)\right]F(a,a^\dagger) \vdots \tag{5.5.8c}$$

作为一个例子，我们求坐标-动量排序算符 $Q^m P^n$ 的外尔编序式.利用互换法则 (5.5.6a)式可得

$$Q^m P^n = \begin{smallmatrix}\vdots\\\vdots\end{smallmatrix} \exp\left(\frac{\mathrm{i}}{2}\frac{\partial^2}{\partial Q \partial P}\right)Q^m P^n \begin{smallmatrix}\vdots\\\vdots\end{smallmatrix}$$

$$= \frac{1}{(2\mathrm{i})^n} \begin{smallmatrix}\vdots\\\vdots\end{smallmatrix} \exp\left(-\frac{\partial^2}{\partial Q \partial (2\mathrm{i}P)}\right)Q^m\,(2\mathrm{i}P)^n \begin{smallmatrix}\vdots\\\vdots\end{smallmatrix}$$

$$= \frac{1}{(2\mathrm{i})^n} \begin{smallmatrix}\vdots\\\vdots\end{smallmatrix} \mathrm{H}_{m,n}(Q,2\mathrm{i}P) \begin{smallmatrix}\vdots\\\vdots\end{smallmatrix} \tag{5.5.9}$$

作为第二个例子，来求外尔编序算符 $\begin{smallmatrix}\vdots\\\vdots\end{smallmatrix}\mathrm{H}_{m,n}(Q,P)\begin{smallmatrix}\vdots\\\vdots\end{smallmatrix}$ 的动量-坐标排序形式.由 (5.5.7a)式得

$$\begin{smallmatrix}\vdots\\\vdots\end{smallmatrix}\mathrm{H}_{m,n}(Q,P)\begin{smallmatrix}\vdots\\\vdots\end{smallmatrix} = \mathfrak{P}\exp\left(\frac{\mathrm{i}}{2}\frac{\partial^2}{\partial Q \partial P}\right)\mathrm{H}_{m,n}(Q,P)\mathfrak{P}$$

$$= \mathfrak{P}\exp\left(\frac{\mathrm{i}}{2}\frac{\partial^2}{\partial Q \partial P} - \frac{\partial^2}{\partial Q \partial P}\right)\exp\left(\frac{\partial^2}{\partial Q \partial P}\right)\mathrm{H}_{m,n}(Q,P)\mathfrak{P}$$

$$= \mathfrak{P}\exp\left(\frac{-2+\mathrm{i}}{2}\frac{\partial^2}{\partial Q \partial P}\right)Q^m P^n\mathfrak{P}$$

$$= \mathfrak{P}\exp\left(-\frac{1+2\mathrm{i}}{2\mathrm{i}}\frac{\partial^2}{\partial Q \partial P}\right)Q^m P^n\mathfrak{P}$$

$$= \mathfrak{P}\exp\left\{-\frac{\partial^2}{\partial Q \partial \left[2\mathrm{i}P/(1+2\mathrm{i})\right]}\right\}Q^m P^n\mathfrak{P}$$

$$= \left(\frac{1+2\mathrm{i}}{2\mathrm{i}}\right)^n\mathfrak{P}\exp\left\{-\frac{\partial^2}{\partial Q \partial \left[2\mathrm{i}P/(1+2\mathrm{i})\right]}\right\}Q^m \left[2\mathrm{i}P/(1+2\mathrm{i})\right]^n\mathfrak{P}$$

$$= \left(\frac{1+2\mathrm{i}}{2\mathrm{i}}\right)^n\mathfrak{P}\,\mathrm{H}_{m,n}\left(Q,\frac{2\mathrm{i}}{1+2\mathrm{i}}P\right)\mathfrak{P} \tag{5.5.10}$$

5.6　算符的外尔编序在相似变换下的不变性

算符的外尔编序与其他几种排序(包括正规、反正规、坐标-动量以及动量-坐标排序)是不同的排序形式,尽管在各自的编序记号内,在操作牛顿-莱布尼茨积分时玻色算符都被看作 c 数,但是它们之间也存在着诸多的差异.本节将阐述外尔编序的一种独有

的性质,就是算符的外尔编序在相似变换下具有的不变性.

引进一个变换算符 S,其产生的相似变换为

$$SaS^{-1} = \mu a + va^\dagger, \quad Sa^\dagger S^{-1} = \sigma a + \tau a^\dagger \tag{5.6.1}$$

要求式中 $\mu\tau - \sigma v = 1$,使得 $[\mu a + va^\dagger, \sigma a + \tau a^\dagger] = 1$.现在要考察的是在相似变换 S 下,外尔编序算符和其他排序算符有何不同.不妨以正规乘积排序算符 $:aa^\dagger:$ 为例,很容易看出

$$S:aa^\dagger:S^{-1} = Sa^\dagger a S^{-1} = Sa^\dagger S^{-1} Sa S^{-1} = (\sigma a + \tau a^\dagger)(\mu a + va^\dagger)$$

而

$$:Sa a^\dagger S^{-1}: \; = \; :Sa S^{-1} Sa^\dagger S^{-1}: \; = \; :(\sigma a + \tau a^\dagger)(\mu a + va^\dagger):$$

显然,一般来说 $S:aa^\dagger:S^{-1} \neq :Saa^\dagger S^{-1}:$,亦即相似变换的操作不能直接穿过正规乘积记号而发生作用.再来看一个动量-坐标排序算符 $\mathfrak{P}QP\mathfrak{P}$,在相似变换 S 下,有

$$S\mathfrak{P}QP\mathfrak{P}S^{-1} = SPQS^{-1} = SPS^{-1}SQS^{-1}$$

$$= \frac{(\mu a + va^\dagger) - (\sigma a + \tau a^\dagger)}{\mathrm{i}\sqrt{2}} \frac{(\mu a + va^\dagger) + (\sigma a + \tau a^\dagger)}{\sqrt{2}}$$

$$= \frac{\mathrm{i}}{2}\left[(\sigma a + \tau a^\dagger)^2 - 1 - (\mu a + va^\dagger)^2\right]$$

$$= \frac{\mathrm{i}}{2}\left[\left(\sigma \frac{Q + \mathrm{i}P}{\sqrt{2}} + \tau \frac{Q - \mathrm{i}P}{\sqrt{2}}\right)^2 - 1 - \left(\mu \frac{Q + \mathrm{i}P}{\sqrt{2}} + v \frac{Q - \mathrm{i}P}{\sqrt{2}}\right)^2\right]$$

$$= \frac{\mathrm{i}}{4}\left\{\left[(\sigma + \tau)Q + \mathrm{i}(\sigma - \tau)P\right]^2 - 2 - \left[(\mu + v)Q + \mathrm{i}(\mu - v)P\right]^2\right\}$$

$$= \frac{\mathrm{i}}{4}\left\{\left[(\sigma + \tau)^2 - (\mu + v)^2\right]Q^2 + \left[(\mu - v)^2 - (\sigma - \tau)^2\right]P^2\right.$$

$$\left. + \mathrm{i}\left[(\sigma^2 - \tau^2) - (\mu^2 - v^2)\right](QP + PQ) - 2\right\}$$

$$= \frac{\mathrm{i}}{4}\left\{\left[(\sigma + \tau)^2 - (\mu + v)^2\right]Q^2 + \left[(\mu - v)^2 - (\sigma - \tau)^2\right]P^2\right.$$

$$\left. + 2\mathrm{i}\left[(\sigma^2 - \tau^2) - (\mu^2 - v^2)\right]PQ - \left[(\sigma^2 - \tau^2) - (\mu^2 - v^2)\right] - 2\right\} \tag{5.6.2}$$

而

$$\mathfrak{P}SQPS^{-1}\mathfrak{P} = \mathfrak{P}SQS^{-1}PS^{-1}\mathfrak{P}$$

$$= \mathfrak{P} \frac{(\mu a + va^\dagger) - (\sigma a + \tau a^\dagger)}{\mathrm{i}\sqrt{2}} \frac{(\mu a + va^\dagger) + (\sigma a + \tau a^\dagger)}{\sqrt{2}} \mathfrak{P}$$

$$= \frac{\mathrm{i}}{2}\mathfrak{P}\left[(\sigma a + \tau a^\dagger)^2 - (\mu a + va^\dagger)^2\right]\mathfrak{P}$$

$$= \frac{i}{4} \mathfrak{P} \{ [(\sigma + \tau)Q + i(\sigma - \tau)P]^2 - [(\mu + v)Q + i(\mu - v)P]^2 \} \mathfrak{P}$$

$$= \frac{i}{4} \mathfrak{P} \{ [(\sigma + \tau)^2 - (\mu + v)^2]Q^2 + [(\mu - v)^2 - (\sigma - \tau)^2]P^2$$

$$+ 2i[(\sigma^2 - \tau^2) - (\mu^2 - v^2)]PQ \} \mathfrak{P}$$

$$= \frac{i}{4} \{ [(\sigma + \tau)^2 - (\mu + v)^2]Q^2 + [(\mu - v)^2 - (\sigma - \tau)^2]P^2$$

$$+ 2i[(\sigma^2 - \tau^2) - (\mu^2 - v^2)]PQ \} \tag{5.6.3}$$

比较(5.6.2)式和(5.6.3)式可知,一般来说, $S\mathfrak{P}QP\mathfrak{P}\,S^{-1} \neq \mathfrak{P}SQP\,S^{-1}\mathfrak{P}$,也就是说,相似变换的操作也不能直接穿过动量-坐标排序记号而发生作用.那么,相似变换的操作能否穿过外尔编序记号而发生作用呢?答案是肯定的.下面就来证明这个结论.

不失一般性地设普通二元函数 $f(x, y)$ 的泰勒展开式为

$$f(x, y) = \sum_{m, n = 0}^{\infty} \frac{f^{(m+n)}(0, 0)}{m! \, n!} x^m y^n$$

对于任意一个外尔编序的算符 $\vdots f(a, a^\dagger) \vdots$,我们有

$$\vdots f(a, a^\dagger) \vdots = \vdots \sum_{m, n = 0}^{\infty} \frac{f^{(m+n)}(0, 0)}{m! \, n!} a^m a^{\dagger n} \vdots$$

$$= \vdots \sum_{m, n = 0}^{\infty} \frac{f^{(m+n)}(0, 0)}{m! \, n!} \frac{\partial^m}{\partial \eta^m} \frac{\partial^n}{\partial \xi^n} e^{\eta a + \xi a^\dagger} \bigg|_{\eta = \xi = 0} \vdots$$

$$= \sum_{m, n = 0}^{\infty} \frac{f^{(m+n)}(0, 0)}{m! \, n!} \frac{\partial^m}{\partial \eta^m} \frac{\partial^n}{\partial \xi^n} e^{\eta a + \xi a^\dagger} \bigg|_{\eta = \xi = 0}$$

$$= \sum_{m, n = 0}^{\infty} \frac{f^{(m+n)}(0, 0)}{m! \, n!} \frac{\partial^m}{\partial \eta^m} \frac{\partial^n}{\partial \xi^n} \sum_{k = 0}^{\infty} \frac{1}{k!} (\eta a + \xi a^\dagger)^k \bigg|_{\eta = \xi = 0} \tag{5.6.4}$$

在上面的计算中,从第二个等号到第三个等号脱掉了外尔编序记号的依据是(5.1.4)式.一方面,因为

$$S(\eta a + \xi a^\dagger)^k S^{-1} = S(\eta a + \xi a^\dagger) \cdots (\eta a + \xi a^\dagger) S^{-1}$$

$$= S(\eta a + \xi a^\dagger) S^{-1} S \cdots S^{-1} S(\eta a + \xi a^\dagger) S^{-1}$$

$$= (\eta S a S^{-1} + \xi S a^\dagger S^{-1}) \cdots (\eta S a S^{-1} + \xi S a^\dagger S^{-1})$$

$$= (\eta S a S^{-1} + \xi S a^\dagger S^{-1})^k$$

$$= [\eta(\mu a + v a^\dagger) + \xi(\sigma a + \tau a^\dagger)]^k$$

所以有

$$S \vdots f(a, a^\dagger) \vdots S^{-1} = \sum_{m,n=0}^{\infty} \frac{f^{(m+n)}(0,0)}{m!\,n!} \frac{\partial^m}{\partial \eta^m} \frac{\partial^n}{\partial \xi^n} \sum_{k=0}^{\infty} \frac{1}{k!} S\,(\eta a + \xi a^\dagger)^k\,S^{-1}\Bigg|_{\eta = \xi = 0}$$

$$= \sum_{m,n=0}^{\infty} \frac{f^{(m+n)}(0,0)}{m!\,n!} \frac{\partial^m}{\partial \eta^m} \frac{\partial^n}{\partial \xi^n} \sum_{k=0}^{\infty} \frac{1}{k!} \left[\eta(\mu a + v a^\dagger) + \xi(\sigma a + \tau a^\dagger) \right]^k\Bigg|_{\eta = \xi = 0}$$

$$= \sum_{m,n=0}^{\infty} \frac{f^{(m+n)}(0,0)}{m!\,n!} \frac{\partial^m}{\partial \eta^m} \frac{\partial^n}{\partial \xi^n} e^{\eta(\mu a + v a^\dagger) + \xi(\sigma a + \tau a^\dagger)}\Bigg|_{\eta = \xi = 0}$$

$$= \vdots \sum_{m,n=0}^{\infty} \frac{f^{(m+n)}(0,0)}{m!\,n!} (\mu a + v a^\dagger)^m (\sigma a + \tau a^\dagger)^n \vdots$$

$$= \vdots f(\mu a + v a^\dagger, \sigma a + \tau a^\dagger) \vdots \tag{5.6.5}$$

另一方面，我们有

$$\vdots S f(a, a^\dagger) S^{-1} \vdots = \vdots S \sum_{m,n=0}^{\infty} \frac{f^{(m+n)}(0,0)}{m!\,n!} a^m a^{\dagger n} S^{-1} \vdots$$

$$= \vdots \sum_{m,n=0}^{\infty} \frac{f^{(m+n)}(0,0)}{m!\,n!} S a^m a^{\dagger n} S^{-1} \vdots$$

$$= \vdots \sum_{m,n=0}^{\infty} \frac{f^{(m+n)}(0,0)}{m!\,n!} S a^m S^{-1} S a^{\dagger n} S^{-1} \vdots$$

$$= \vdots \sum_{m,n=0}^{\infty} \frac{f^{(m+n)}(0,0)}{m!\,n!} (\mu a + v a^\dagger)^m (\sigma a + \tau a^\dagger)^n \vdots$$

$$= \vdots f(\mu a + v a^\dagger, \sigma a + \tau a^\dagger) \vdots \tag{5.6.6}$$

比较(5.6.5)式与(5.6.6)式，可知

$$S \vdots f(a, a^\dagger) \vdots S^{-1} = \vdots S f(a, a^\dagger) S^{-1} \vdots = \vdots f(\mu a + v a^\dagger, \sigma a + \tau a^\dagger) \vdots \tag{5.6.7}$$

更一般地讲，对于任意两个玻色算符 A 和 B，设有相似变换

$$S A S^{-1} = \mu A + v B, \quad S B S^{-1} = \sigma A + \tau B$$

总可以利用上述方法证明

$$S \vdots f(A, B) \vdots S^{-1} = \vdots S f(A, B) S^{-1} \vdots = \vdots f(S A S^{-1}, S B S^{-1}) \vdots$$

$$= \vdots f(\mu A + v B, \sigma A + \tau B) \vdots \tag{5.6.8}$$

这意味着，相似变换操作是可以穿过外尔编序记号 $\vdots\ \vdots$ 而发生作用的。

相似变换 S 对维格纳算符的变换为

$$S \Delta(z, z^*) S^{-1} = \frac{1}{2\hbar} S \vdots \delta(a - z)\delta(a^\dagger - z^*) \vdots S^{-1}$$

$$= \frac{1}{2\hbar} \vdots \delta(SaS^{-1} - z)\delta(Sa^\dagger S^{-1} - z^*) \vdots \qquad (5.6.9)$$

外尔编序的这种相似变换下的不变性可以导出若干维格纳变换公式. 例如, 若

$$S = \exp\left(\frac{\mathrm{i}\pi}{2}\hat{N}\right) = \exp\left(\frac{\mathrm{i}\pi}{2}a^\dagger a\right)$$

则利用算符恒等公式

$$\mathrm{e}^A B\mathrm{e}^{-A} = \sum_{n=0}^{\infty} \frac{1}{n!}[A^{(n)}, B] = B + [A, B] + \frac{1}{2!}[A, [A, B]] + \cdots$$

可得到

$$SaS^{-1} = \mathrm{e}^{-\mathrm{i}\pi/2}a, \quad Sa^\dagger S^{-1} = \mathrm{e}^{\mathrm{i}\pi/2}a^\dagger, \quad SQS^{-1} = P, \quad SPS^{-1} = -Q$$

以及

$$S\mid q\rangle = \mid p\rangle_{p=q}, \quad S\mid p\rangle = \mid -q\rangle_{q=p}$$

那么, 就有

$$
\begin{aligned}
S\Delta(q, p)S^{-1} &= S \vdots \delta(q - Q)\delta(p - P) \vdots S^{-1} \\
&= \vdots S\delta(q - Q)\delta(p - P)S^{-1} \vdots = \vdots \delta(q - P)\delta(p + Q) \vdots \\
&= \vdots \delta(q - P)\delta(-p - Q) \vdots = \Delta(-p, q) \qquad (5.6.10)
\end{aligned}
$$

这导致维格纳函数的变换为 $W(q, p) \rightarrow W(-p, q)$.

若 $S = \exp(\mathrm{i}sQ^2)$, 它对维格纳算符的变换为

$$
\begin{aligned}
\exp(\mathrm{i}sQ^2)\Delta(q, p)\exp(-\mathrm{i}sQ^2) &= \vdots \exp(\mathrm{i}sQ^2)\delta(q - Q)\delta(p - P)\exp(-\mathrm{i}sQ^2) \vdots \\
&= \vdots \delta(q - Q)\delta(p - P + 2sQ) \vdots \\
&= \vdots \delta(q - Q)\delta(p + 2sq - P) \vdots \\
&= \vdots \delta(q, p + 2sq) \vdots \qquad (5.6.11)
\end{aligned}
$$

在上面的计算中再次使用了利用算符恒等公式 $\mathrm{e}^A B\mathrm{e}^{-A} = \sum_{n=0}^{\infty} \frac{1}{n!}[A^{(n)}, B]$ 计算了

$$\exp(\mathrm{i}sQ^2)P\exp(-\mathrm{i}sQ^2) = \sum_{n=0}^{\infty} \frac{1}{n!}[(\mathrm{i}sQ^2)^{(n)}, P] = P - 2sQ$$

以及德尔塔函数的性质 $f(x)\delta(x - x_0) = f(x_0)\delta(x - x_0)$. 相应的态矢量变换为

$$\mid \psi\rangle \quad \rightarrow \quad \exp(\mathrm{i}sQ^2)\mid \psi\rangle$$

或

$$\psi(q) = \langle q \mid \psi \rangle \quad \rightarrow \quad \langle q \mid \exp(isQ^2) \mid \psi \rangle = e^{isq^2} \psi(q)$$

这被称为光学薄透镜变换. 而当

$$\Delta(q,p) \quad \rightarrow \quad \exp(isP^2)\Delta(q,p)\exp(-isP^2)$$
$$= \vdots \delta(q - Q - 2sP)\delta(p - P) \vdots$$
$$= \Delta(q - 2sp, p)$$

其相应的光学变换称为 Fresnel 衍射变换.

5.7 形如 $(A^m B)^n$ 和 $(AB^m)^n$ 算符的有序排列形式

到目前为止,我们阐述了算符的正规乘积排序、反正规乘积排序、坐标-动量乘积排序、动量-坐标乘积排序和外尔编序以及它们的普适的互换法则. 所以只要知道给定算符的某一种排序形式,原则上就可以利用互换法则导出该算符的其他排序形式.

现在讨论算符 $[(a^\dagger)^m a]^n$ 的正规乘积排序展开形式,其中 m 是一个正整数,$n = 0,$ $1,2,3,\cdots$. 为此我们先引入一个多项式,定义

$$\mathscr{T}_n(x,m) = e^{-x}\left(x^m \frac{\partial}{\partial x}\right)^n e^x \tag{5.7.1}$$

显然,若 $m = 1$ 时,它就退化为第 1 章里介绍的图查德多项式,$\mathscr{T}_n(x,1) = T_n(x)$. 所以可以称 $\mathscr{T}_n(x,m)$ 为广义图查德多项式. 容易计算出它的前几项依次为

$$\mathscr{T}_0(x,m) = 1$$
$$\mathscr{T}_1(x,m) = x^m$$
$$\mathscr{T}_2(x,m) = x^{2m} + mx^{2m-1}$$
$$\mathscr{T}_3(x,m) = x^{3m} + 3mx^{3m-1} + m(2m-1)x^{3m-2}$$
$$\mathscr{T}_4(x,m) = x^{4m} + 6mx^{4m-1} + [m(2m-1) + 3m(3m-1)]x^{4m-2}$$
$$+ m(2m-1)(3m-2)x^{4m-3}$$

...

有关广义图查德多项式 $\mathscr{T}_n(x,m)$ 的几条引理叙述如下:

引理 1 广义图查德多项式 $\mathscr{T}_n(x,m)$ 的递推公式为

$$\mathscr{T}_{n+1}(x,m) = x^m \big[\mathscr{T}_n(x,m) + \mathscr{T}'_n(x,m) \big] \tag{5.7.2}$$

事实上,依据定义可得

$$\begin{aligned}
\mathscr{T}_{n+1}(x,m) &= \mathrm{e}^{-x} \left(x^m \frac{\partial}{\partial x} \right)^{n+1} \mathrm{e}^x = \mathrm{e}^{-x} x^m \frac{\partial}{\partial x} \left(x^m \frac{\partial}{\partial x} \right)^n \mathrm{e}^x \\
&= \mathrm{e}^{-x} x^m \frac{\partial}{\partial x} \mathrm{e}^x \mathrm{e}^{-x} \left(x^m \frac{\partial}{\partial x} \right)^n \mathrm{e}^x \\
&= \mathrm{e}^{-x} x^m \frac{\partial}{\partial x} \mathrm{e}^x \mathscr{T}_n(x,m) \\
&= \mathrm{e}^{-x} x^m \left[\mathrm{e}^x \mathscr{T}_n(x,m) + \mathrm{e}^x \frac{\partial}{\partial x} \mathscr{T}_n(x,m) \right] \\
&= x^m \big[\mathscr{T}_n(x,m) + \mathscr{T}'_n(x,m) \big]
\end{aligned}$$

有了上述递推公式和 $\mathscr{T}_0(x,m)=1$,原则上可以方便地求出所有的 $\mathscr{T}_n(x,m)$.

引理 2　广义图查德多项式 $\mathscr{T}_n(x,m)$ 的通项式(幂级数展开式)为

$$\mathscr{T}_n(x,m) = x^{nm-n} \sum_{l=0}^{n} x^l \sum_{k=0}^{l} \frac{(-1)^k}{k!(l-k)!} \prod_{j=0}^{n-1} \big[l - k + j(m-1) \big] \tag{5.7.3}$$

其前提约定为 $\prod_{j=0}^{-1} \big[l - k + j(m-1) \big] = 1$.

证明　观察列举的前几项 $\mathscr{T}_n(x,m)$ 的特点,可设 $\mathscr{T}_n(x,m)$ 的幂级数展开式为

$$\mathscr{T}_n(x,m) = \mathrm{e}^{-x} \left(x^m \frac{\partial}{\partial x} \right)^n \mathrm{e}^x = x^{nm-n} \sum_{l=0}^{n} c_l(m,n) x^l \tag{5.7.4}$$

引入一个参数 λ,按照(5.7.4)式,则有

$$\begin{aligned}
\mathrm{e}^{-\lambda x} \left(x^m \frac{\partial}{\partial x} \right)^n \mathrm{e}^{\lambda x} &= \lambda^{n(1-m)} \mathrm{e}^{-\lambda x} \left[(\lambda x)^m \frac{\partial}{\partial(\lambda x)} \right]^n \mathrm{e}^{\lambda x} \\
&= \lambda^{n(1-m)} (\lambda x)^{nm-n} \sum_{l=0}^{n} c_l(m,n) \lambda^l x^l \\
&= x^{nm-n} \sum_{l=0}^{n} c_l(m,n) \lambda^l x^l
\end{aligned}$$

亦即

$$x^{nm-n} \sum_{l=0}^{n} c_l(m,n) \lambda^l x^l = \mathrm{e}^{-\lambda x} \left(x^m \frac{\partial}{\partial x} \right)^n \mathrm{e}^{\lambda x} \tag{5.7.5}$$

特别是 $n=0$ 时,(5.7.5)式退化为

$$c_0(m,0) = 1 = \mathscr{T}_0(x,m) \tag{5.7.6}$$

当 $n \geqslant 1$ 时,(5.7.5)式左端存在 λ 的零次幂项即 $x^{nm-n}c_0(m,n)$ 项,而右端不存在 λ 的零次幂项,故可知

$$c_0(m,n \geqslant 1) = 0$$

对于 $n \geqslant 1$ 且 $l \geqslant 1$ 的情况,将方程(5.7.5)两端同时对参数 λ 求 l 次导数并令 $\lambda = 0$,得

$$
\begin{aligned}
l!\,c_l(m,n)x^{nm-n+l} &= \sum_{k=0}^{l} \frac{l!}{k!(l-k)!} \frac{\partial^k e^{-\lambda x}}{\partial \lambda^k} \left(x^m \frac{\partial}{\partial x} \right)^n \frac{\partial^{l-k} e^{\lambda x}}{\partial \lambda^{l-k}} \bigg|_{\lambda=0} \\
&= \sum_{k=0}^{l} \frac{l!(-1)^k}{k!(l-k)!} x^k \left(x^m \frac{\partial}{\partial x} \right)^n x^{l-k} \\
&= \sum_{k=0}^{l} \frac{l!(-1)^k}{k!(l-k)!} x^{nm-n+l} \cdot (l-k)(l-k+m-1) \\
&\quad \cdot (l-k+2m-2)\cdots[l-k+(n-1)(m-1)] \\
&= x^{nm-n+l} \sum_{k=0}^{l} \frac{l!(-1)^k}{k!(l-k)!} \prod_{j=0}^{n-1} [l-k+j(m-1)]
\end{aligned}
$$

由此得出

$$c_l(m,n) = \sum_{k=0}^{l} \frac{(-1)^k}{k!(l-k)!} \prod_{j=0}^{n-1} [l-k+j(m-1)] \tag{5.7.7}$$

式中

$$
\begin{aligned}
&\prod_{j=0}^{n-1} [l-k+j(m-1)] \\
&\quad = (l-k)(k+m-1)(k+2m-2)\cdots[l-k+(n-1)(m-1)] \tag{5.7.8}
\end{aligned}
$$

比较(5.7.7)式和(5.7.8)式会发现,$n=0$ 的情况从形式上不能包含在(5.7.7)式和(5.7.8)式中.事实上,$n=0$ 时 $c_0(m,0)=1$,也就是(5.7.6)式.为了能够把 $n=0$ 时,$c_0(m,0)=1$ 也纳入到(5.7.7)式和(5.7.8)式中,我们特此给出一个类似于"零的阶乘等于1"的约定,即

$$\prod_{j=0}^{-1} [l-k+j(m-1)] = 1 \tag{5.7.9}$$

问题就迎刃而解了.在此约定下,所有的 $c_l(m,n)$ 都可以表示成(5.7.7)式了,于是就有

$$\mathscr{T}_n(x,m) = e^{-x} \left(x^m \frac{\partial}{\partial x} \right)^n e^x = x^{nm-n} \sum_{l=0}^{n} c_l(m,n)x^l$$

$$= x^{nm-n} \sum_{l=0}^{n} x^l \sum_{k=0}^{l} \frac{(-1)^k}{k!(l-k)!} \prod_{j=0}^{n-1} [l-k+j(m-1)]$$

特别是当 $m=1$ 时,(5.7.3)式约化为图查德多项式,即

$$\mathscr{T}_n(x,1) = \sum_{l=0}^{n} x^l \sum_{k=0}^{l} \frac{(-1)^k}{k!(l-k)!} \prod_{j=0}^{n-1} (l-k) = \sum_{l=0}^{n} x^l \sum_{k=0}^{l} \frac{(-1)^k (l-k)^n}{k!(l-k)!} = T_n(x)$$

现在来导出算符 $[(a^\dagger)^m a]^n$ 的正规乘积展开形式.设算符 $[(a^\dagger)^m a]^n$ 的正规乘积排序式为:$f(a^\dagger,a)$:,即

$$[(a^\dagger)^m a]^n = :f(a,a^\dagger):\quad (5.7.10)$$

用未归一化的相干态左矢 $\langle z\| = \langle 0|e^{z^* a}$ 和相应的右矢 $\|z\rangle = e^{za^\dagger}|0\rangle$ 夹乘(5.7.10)式,得

$$\langle z\| [(a^\dagger)^m a]^n \|z\rangle = \langle z\|:f(a,a^\dagger):\|z\rangle = f(z,z^*)\langle z\|z\rangle = f(z,z^*)e^{zz^*}$$

所以有

$$\begin{aligned} f(z,z^*) &= e^{-zz^*} \langle z\| [(a^\dagger)^m a]^n \|z\rangle \\ &= e^{-zz^*} \left[(z^*)^m \frac{\partial}{\partial z^*}\right]^n \langle z\|z\rangle \\ &= e^{-zz^*} \left[(z^*)^m \frac{\partial}{\partial z^*}\right]^n e^{zz^*} \\ &= z^{n(1-m)} e^{-zz^*} \left[(zz^*)^m \frac{\partial}{\partial(zz^*)}\right]^n e^{zz^*} \\ &= z^{n(1-m)} \mathscr{T}_n(zz^*,m) \end{aligned} \quad (5.7.11)$$

式中 $\mathscr{T}_n(zz^*,m)$ 正是我们新定义的广义图查德多项式.在上面的计算中利用了如下关系:

$$\langle z\|a = \frac{\partial}{\partial z^*}\langle z\|,\quad \langle z\|a^\dagger = z^*\langle z\|,\quad \langle z\|z\rangle = e^{zz^*}$$

把(5.7.11)式代入(5.7.10)式,可得

$$[(a^\dagger)^m a]^n = :a^{n(1-m)} \mathscr{T}_n(aa^\dagger,m):\quad (5.7.12a)$$

这就是算符 $[(a^\dagger)^m a]^n$ 的正规乘积排序形式.进一步将(5.7.3)式代入,得

$$\begin{aligned} [(a^\dagger)^m a]^n &= :a^{n(1-m)} (aa^\dagger)^{nm-n} \sum_{l=0}^{n} (aa^\dagger)^l \sum_{k=0}^{l} \frac{(-1)^k}{k!(l-k)!} \prod_{j=0}^{n-1} [l-k+j(m-1)]: \\ &= :(a^\dagger)^{n(m-1)} \sum_{l=0}^{n} (aa^\dagger)^l \sum_{k=0}^{l} \frac{(-1)^k}{k!(l-k)!} \prod_{j=0}^{n-1} [l-k+j(m-1)]: \end{aligned}$$

$$(5.7.12b)$$

这就是算符 $[(a^\dagger)^m a]^n$ 的正规乘积排序形式的显式. 特别是当 $m=1$ 时, 则 (5.7.12b) 式退化为

$$
(a^\dagger a)^n = : \sum_{l=0}^{n} (aa^\dagger)^l \sum_{k=0}^{l} \frac{(-1)^k}{k!(l-k)!} \prod_{j=0}^{n-1} (l-k) := : \sum_{l=0}^{n} (aa^\dagger)^l \sum_{k=0}^{l} \frac{(-1)^k (l-k)^n}{k!(l-k)!} :
$$

这正是第 2 章中已经得到的结果.

利用算符的正规乘积与反正规乘积间的普适的互换法则

$$
: F(a, a^\dagger) : = \; \vdots \exp\left(-\frac{\partial^2}{\partial a \partial a^\dagger}\right) F(a, a^\dagger) \vdots
$$

可得

$$
[(a^\dagger)^m a]^n = : (a^\dagger)^{n(m-1)} \sum_{l=0}^{n} (aa^\dagger)^l \sum_{k=0}^{l} \frac{(-1)^k}{k!(l-k)!} \prod_{j=0}^{n-1} [l-k+j(m-1)] :
$$

$$
= \; \vdots \exp\left(-\frac{\partial^2}{\partial a \partial a^\dagger}\right)(a^\dagger)^{n(m-1)} \sum_{l=0}^{n} (aa^\dagger)^l
$$

$$
\cdot \sum_{k=0}^{l} \frac{(-1)^k}{k!(l-k)!} \prod_{j=0}^{n-1} [l-k+j(m-1)] \vdots
$$

$$
= \; \vdots \sum_{l=0}^{n} \mathrm{H}_{nm-n+l,l}(a^\dagger, a) \sum_{k=0}^{l} \frac{(-1)^k}{k!(l-k)!} \prod_{j=0}^{n-1} [l-k+j(m-1)] \vdots \quad (5.7.13)
$$

这就是算符 $[(a^\dagger)^m a]^n$ 的反正规乘积形式. 计算中用到了双变量厄米多项式的微分形式, 即

$$
\exp\left(-\frac{\partial^2}{\partial x \partial y}\right) x^m y^n = \mathrm{H}_{m,n}(x, y)
$$

利用算符的正规乘积与外尔编序间的普适的互换法则

$$
: F(a, a^\dagger) : = \; \begin{array}{c}\vdots\\\vdots\end{array} \exp\left(-\frac{1}{2}\frac{\partial^2}{\partial a \partial a^\dagger}\right) F(a, a^\dagger) \begin{array}{c}\vdots\\\vdots\end{array}
$$

可得

$$
[(a^\dagger)^m a]^n = : (a^\dagger)^{n(m-1)} \sum_{l=0}^{n} (aa^\dagger)^l \sum_{k=0}^{l} \frac{(-1)^k}{k!(l-k)!} \prod_{j=0}^{n-1} [l-k+j(m-1)] :
$$

$$
= \; \begin{array}{c}\vdots\\\vdots\end{array} \exp\left(-\frac{1}{2}\frac{\partial^2}{\partial a \partial a^\dagger}\right)(a^\dagger)^{n(m-1)} \sum_{l=0}^{n} (aa^\dagger)^l \sum_{k=0}^{l} \frac{(-1)^k}{k!(l-k)!}
$$

$$
\cdot \prod_{j=0}^{n-1} [l-k+j(m-1)] \begin{array}{c}\vdots\\\vdots\end{array}
$$

$$= \vdots \sum_{l=0}^{n} \left(\frac{1}{2}\right)^{l} \mathrm{H}_{l,nm-n+l}(2a,a^{\dagger}) \sum_{k=0}^{l} \frac{(-1)^{k}}{k!(n-l-k)!}$$

$$\cdot \prod_{j=0}^{n-1}[l-k+j(m-1)] \vdots \tag{5.7.14}$$

这就是算符$[(a^{\dagger})^{m}a]^{n}$的外尔编序形式. 计算中再次利用了双变量厄米多项式的微分形式, 即

$$\exp\left(-\frac{\partial^{2}}{\partial x\partial y}\right)x^{m}y^{n} = \mathrm{H}_{m,n}(x,y)$$

接下来导出算符$(a^{\dagger}a^{m})^{n}$的正规乘积排序式. 设

$$(a^{\dagger}a^{m})^{n} = \, : g(a,a^{\dagger}) : \tag{5.7.15}$$

基于$a\|z\rangle = z\|z\rangle, a^{\dagger}\|z\rangle = \frac{\partial}{\partial z}\|z\rangle, \langle z\|z\rangle = \mathrm{e}^{zz^{*}}$, 用未归一化的相干态左矢$\langle z\| = \langle 0|\mathrm{e}^{z^{*}a}$ 和与其相对应的右矢$\|z\rangle = \mathrm{e}^{za^{\dagger}}|0\rangle$夹乘(5.7.15)式, 得

$$\langle z\|(a^{\dagger}a^{m})^{n}\|z\rangle = \langle z\| : g(a,a^{\dagger}) : \|z\rangle = g(z,z^{*})\mathrm{e}^{zz^{*}}$$

故有

$$g(z,z^{*}) = \mathrm{e}^{-zz^{*}}\langle z\|(a^{\dagger}a^{m})^{n}\|z\rangle = \mathrm{e}^{-zz^{*}}\left(z^{m}\frac{\partial}{\partial z}\right)^{n}\mathrm{e}^{zz^{*}}$$

$$= (z^{*})^{n(1-m)}\mathrm{e}^{-zz^{*}}\left[(zz^{*})^{m}\frac{\partial}{\partial(zz^{*})}\right]^{n}\mathrm{e}^{zz^{*}}$$

$$= (z^{*})^{n(1-m)}\mathscr{T}_{n}(zz^{*},m)$$

把此结果代入(5.7.15)式, 便得到算符$(a^{\dagger}a^{m})^{n}$的正规乘积形式, 即

$$(a^{\dagger}a^{m})^{n} = \, : (a^{\dagger})^{n(1-m)}\mathscr{T}_{n}(aa^{\dagger},m) :$$

$$= \, : (a^{\dagger})^{n(1-m)}(aa^{\dagger})^{nm-n}\sum_{l=0}^{n}(aa^{\dagger})^{l}\sum_{k=0}^{l}\frac{(-1)^{k}}{k!(l-k)!}\prod_{j=0}^{n-1}[l-k+j(m-1)] :$$

$$= \, : a^{nm-n}\sum_{l=0}^{n}(aa^{\dagger})^{l}\sum_{k=0}^{l}\frac{(-1)^{k}}{k!(l-k)!}\prod_{j=0}^{n-1}[l-k+j(m-1)] : \tag{5.7.16}$$

进一步利用算符的正规乘积与反正规乘积间的普适的互换法则, 得

$$(a^{\dagger}a^{m})^{n} = \, : a^{nm-n}\sum_{l=0}^{n}(aa^{\dagger})^{l}\sum_{k=0}^{l}\frac{(-1)^{k}}{k!(l-k)!}\prod_{j=0}^{n-1}[l-k+j(m-1)] :$$

$$= \, \vdots \exp\left(-\frac{\partial^{2}}{\partial a\partial a^{\dagger}}\right)a^{nm-n}\sum_{l=0}^{n}(aa^{\dagger})^{l}\sum_{k=0}^{l}\frac{(-1)^{k}}{k!(l-k)!}\prod_{j=0}^{n-1}[l-k+j(m-1)] \vdots$$

$$= \; \vdots \; \sum_{l=0}^{n} H_{l,nm-n+l}(a^\dagger, a) \sum_{k=0}^{l} \frac{(-1)^k}{k!(l-k)!} \prod_{j=0}^{n-1} [l - k + j(m-1)] \; \vdots \quad (5.7.17)$$

这就是算符$(a^\dagger a^m)^n$的反正规乘积形式.进一步利用算符的正规乘积与外尔编序间的互换法则,得

$$(a^\dagger a^m)^n = \; \vdots \; a^{nm-n} \sum_{l=0}^{n} (aa^\dagger)^l \sum_{k=0}^{l} \frac{(-1)^k}{k!(l-k)!} \prod_{j=0}^{n-1} [l - k + j(m-1)] \; \vdots$$

$$= \; \vdots \; \exp\left(-\frac{1}{2}\frac{\partial^2}{\partial a \partial a^\dagger}\right) a^{nm-n} \sum_{l=0}^{n} (aa^\dagger)^l \sum_{k=0}^{l} \frac{(-1)^k}{k!(l-k)!}$$

$$\cdot \prod_{j=0}^{n-1} [l - k + j(m-1)] \; \vdots$$

$$= \; \vdots \; \sum_{l=0}^{n} \left(\frac{1}{2}\right)^l H_{l,nm-n+l}(2a^\dagger, a) \sum_{k=0}^{l} \frac{(-1)^k}{k!(l-k)!}$$

$$\cdot \prod_{j=0}^{n-1} [l - k + j(m-1)] \; \vdots \quad (5.7.18)$$

这就是算符$(a^\dagger a^m)^n$的外尔编序形式.

考虑算符$(Q^m P)^n$,其中Q和P分别是无量纲的坐标算符和动量算符.基于对易关系式$[Q,(iP)] = -1 = [a^\dagger, a]$,与(5.7.12)式进行类比,可得

$$(Q^m P)^n = (-i)^n [Q^m(iP)]^n$$

$$= (-i)^n \mathfrak{Q} Q^{nm-n} \sum_{l=0}^{n} (iQP)^l \sum_{k=0}^{l} \frac{(-1)^k}{k!(l-k)!} \prod_{j=0}^{n-1} [l - k + j(m-1)] \mathfrak{Q}$$

$$(5.7.19)$$

式中$\mathfrak{Q}\cdots\mathfrak{Q}$是算符的坐标-动量排序的记号.进一步利用算符的坐标-动量排序与动量-坐标排序间的互换法则

$$\mathfrak{Q} F(Q,P) \mathfrak{Q} = \mathfrak{P} \exp\left(i\frac{\partial^2}{\partial Q \partial P}\right) F(Q,P) \mathfrak{P}$$

我们可以导出$(Q^m P)^n$的动量-坐标排序形式如下:

$$(Q^m P)^n = (-i)^n \mathfrak{Q} Q^{nm-n} \sum_{l=0}^{n} (iQP)^l \sum_{k=0}^{l} \frac{(-1)^k}{k!(l-k)!} \prod_{j=0}^{n-1} [l - k + j(m-1)] \mathfrak{Q}$$

$$= (-i)^n \mathfrak{P} \exp\left(i\frac{\partial^2}{\partial Q \partial P}\right) Q^{nm-n} \sum_{l=0}^{n} (iQP)^l \sum_{k=0}^{l} \frac{(-1)^k}{k!(l-k)!}$$

$$\cdot \prod_{j=0}^{n-1} [l - k + j(m-1)] \mathfrak{P}$$

$$= (-\mathrm{i})^n \mathfrak{P} \sum_{l=0}^{n} \exp\left[-\frac{\partial^2}{\partial Q \partial(\mathrm{i}P)}\right] Q^{nm-n+l} (\mathrm{i}P)^l \sum_{k=0}^{l} \frac{(-1)^k}{k!(l-k)!}$$

$$\cdot \prod_{j=0}^{n-1}\big[l-k+j(m-1)\big]\mathfrak{P}$$

$$= (-\mathrm{i})^n \mathfrak{P} \sum_{l=0}^{n} \mathrm{H}_{l,nm-n+l}(\mathrm{i}P,Q) \sum_{k=0}^{l} \frac{(-1)^k}{k!(l-k)!}$$

$$\cdot \prod_{j=0}^{n-1}\big[l-k+j(m-1)\big]\mathfrak{P} \tag{5.7.20}$$

同样地,基于对易关系式$[Q,(\mathrm{i}P)]=-1=[a^\dagger,a]$,类比(5.7.16)式,可得到算符$(QP^m)^n$的坐标-动量排序展开式,即

$$(QP^m)^n = (-\mathrm{i})^{nm}\big[Q(\mathrm{i}P)^m\big]^n$$

$$= (-\mathrm{i})^{nm}\mathfrak{Q}(\mathrm{i}P)^{nm-n} \sum_{l=0}^{n} (\mathrm{i}QP)^l \sum_{k=0}^{l} \frac{(-1)^k}{k!(l-k)!} \prod_{j=0}^{n-1}\big[l-k+j(m-1)\big]\mathfrak{Q}$$

$$= (-\mathrm{i})^n \mathfrak{Q} P^{nm-n} \sum_{l=0}^{n} (\mathrm{i}QP)^l \sum_{k=0}^{l} \frac{(-1)^k}{k!(l-k)!}$$

$$\cdot \prod_{j=0}^{n-1}\big[l-k+j(m-1)\big]\mathfrak{Q} \tag{5.7.21}$$

及其动量-坐标排序展开式

$$(QP^m)^n = (-\mathrm{i})^{nm}\mathfrak{P} \sum_{l=0}^{n} \mathrm{H}_{l,nm-n+l}(Q,\mathrm{i}P) \sum_{k=0}^{l} \frac{(-1)^k}{k!(l-k)!} \prod_{j=0}^{n-1}\big[l-k+j(m-1)\big]\mathfrak{P}$$

$$\tag{5.7.22}$$

利用算符的坐标-动量排序与外尔编序间的普适的互换法则

$$\mathfrak{Q}F(Q,P)\mathfrak{Q} = \;\vdots\; \exp\left(\frac{\mathrm{i}}{2}\frac{\partial^2}{\partial Q \partial P}\right)F(Q,P) \;\vdots\;$$

还可导出算符$(Q^mP)^n$和$(QP^m)^n$的外尔编序形式等,这里不再详细写出.

基于对易关系式$[a,-a^\dagger]=-1=[a^\dagger,a]$,类比(5.7.12)式可得

$$(a^m a^\dagger)^n = (-1)^n \big[a^m(-a^\dagger)\big]^n = (-1)^n \;\vdots\; (-a^\dagger)^{n(1-m)}\mathscr{T}_n(-aa^\dagger,m) \;\vdots\;$$

$$= (-1)^n \;\vdots\; a^{n(m-1)} \sum_{l=0}^{n} (-aa^\dagger)^l \sum_{k=0}^{l} \frac{(-1)^k}{k!(l-k)!}$$

$$\cdot \prod_{j=0}^{n-1}\big[l-k+j(m-1)\big] \;\vdots\; \tag{5.7.23}$$

这就是算符$(a^m a^\dagger)^n$的反正规乘积排序式.

同样地,基于对易关系式$[-a,a^\dagger]=-1=[a^\dagger,a]$,类比(5.7.16)式可得

$$\left[a(a^\dagger)^m\right]^n = (-1)^n \left[(-a)(a^\dagger)^m\right]^n = (-1)^n \vdots (-a)^{n(1-m)} \mathscr{T}_n(-aa^\dagger, m) \vdots$$

$$= (-1)^n \vdots (a^\dagger)^{n(m-1)} \sum_{l=0}^{n} (-aa^\dagger)^l \sum_{k=0}^{l} \frac{(-1)^k}{k!(l-k)!}$$

$$\cdot \prod_{j=0}^{n-1} \left[l - k + j(m-1)\right] \vdots \tag{5.7.24}$$

这就是算符 $\left[a(a^\dagger)^m\right]^n$ 的反正规乘积排序式.

5.8　算符五种排序的统一描述

到目前为止,我们共讨论了关于算符的五种排序,即正规乘积排序、反正规乘积排序、坐标-动量排序、动量-坐标排序和外尔编序.作为外尔对应规则积分核的维格纳算符的五种排序微分式分别为

$$\Delta(q,p) = \frac{1}{\hbar}\exp\left[\frac{1}{4}\left(\frac{\partial^2}{\partial Q^2} + \frac{\partial^2}{\partial P^2}\right)\right] : \delta(q-Q)\delta(p-P) :$$

$$= \frac{1}{2\hbar}\exp\left(\frac{1}{2}\frac{\partial^2}{\partial a \partial a^\dagger}\right) : \delta(z-a)\delta(z^*-a^\dagger) :$$

$$= \frac{1}{2\hbar}\exp\left(\frac{1}{2}\frac{\partial^2}{\partial a \partial a^\dagger}\right)\delta(z^*-a^\dagger)\delta(z-a)$$

$$\Delta(q,p) = \frac{1}{\hbar}\exp\left[-\frac{1}{4}\left(\frac{\partial^2}{\partial Q^2} + \frac{\partial^2}{\partial P^2}\right)\right] \vdots \delta(q-Q)\delta(p-P) \vdots$$

$$= \frac{1}{2\hbar}\exp\left(-\frac{1}{2}\frac{\partial^2}{\partial a \partial a^\dagger}\right) \vdots \delta(z-a)\delta(z^*-a^\dagger) \vdots$$

$$= \frac{1}{2\hbar}\exp\left(-\frac{1}{2}\frac{\partial^2}{\partial a \partial a^\dagger}\right)\delta(z-a)\delta(z^*-a^\dagger)$$

$$\Delta(q,p) = \frac{1}{\hbar}\exp\left(-\frac{\mathrm{i}}{2}\frac{\partial^2}{\partial Q \partial P}\right)\mathfrak{Q}\delta(q-Q)\delta(p-P)\mathfrak{Q}$$

$$= \frac{1}{\hbar}\exp\left(-\frac{\mathrm{i}}{2}\frac{\partial^2}{\partial Q \partial P}\right)\delta(q-Q)\delta(p-P)$$

$$\Delta(q,p) = \frac{1}{\hbar}\exp\left(\frac{\mathrm{i}}{2}\frac{\partial^2}{\partial Q \partial P}\right)\mathfrak{P}\delta(q-Q)\delta(p-P)\mathfrak{P}$$

$$= \frac{1}{\hbar}\exp\left(\frac{\mathrm{i}}{2}\frac{\partial^2}{\partial Q \partial P}\right)\delta(p-P)\delta(q-Q)$$

$$\Delta(q,p) = \frac{1}{\hbar} \vdots \delta(q-Q)\delta(p-P) \vdots$$

考虑如下 f 参数型维格纳算符：

$$\Delta_f(q,p) = \frac{1}{\hbar}\exp\left\{\frac{f}{24}\left[(f^2-1)\left(\frac{\partial^2}{\partial Q^2} + \frac{\partial^2}{\partial P^2}\right) + 4\mathrm{i}(f^2-4)\frac{\partial^2}{\partial Q\partial P}\right]\right\}$$
$$\cdot \triangleleft \delta(q-Q)\delta(p-P) \triangleright \tag{5.8.1}$$

式中记号 $\triangleleft \triangleright$ 表示该 f 参数型编序. **约定**：在记号 $\triangleleft \triangleright$ 内玻色算符可对易. 显然，当

$$f = 2,1,0,-1,-2$$

时，f 参数型编序依次退化为正规乘积排序、坐标-动量排序、外尔编序、动量-坐标排序及反正规乘积排序. 表 5.8.1 给出了这种对应关系.

表 5.8.1　对应关系

参数 f	算符排序种类	记号 $\triangleleft \triangleright$ 化为
2	正规乘积排序	$\vdots \ \vdots$
1	坐标-动量排序	⤻ ⤻
0	外尔编序	$\vdots\vdots$
−1	动量-坐标排序	⅏ ⅏
−2	反正规乘积排序	$\vdots \ \vdots$

于是任一经典函数 $A(q,p)$ 的外尔量子对应（量子力学算符）$A(Q,P)$ 可表示为

$$A(Q,P) = \exp\left\{\frac{f}{24}\left[(f^2-1)\left(\frac{\partial^2}{\partial Q^2} + \frac{\partial^2}{\partial P^2}\right) + 4\mathrm{i}(f^2-4)\frac{\partial^2}{\partial Q\partial P}\right]\right\}\triangleleft A(Q,P) \triangleright \tag{5.8.2}$$

其结果是 f 参数型编序的，这样就实现了算符五种排序的统一描述.

如经典函数 $q^2 p^2$，它的外尔量子对应的 f 参数型编序式为

$$q^2 p^2 \;\longrightarrow\; \exp\left\{\frac{f}{24}\left[(f^2-1)\left(\frac{\partial^2}{\partial Q^2} + \frac{\partial^2}{\partial P^2}\right) + 4\mathrm{i}(f^2-4)\frac{\partial^2}{\partial Q\partial P}\right]\right\}\triangleleft Q^2 P^2 \triangleright$$
$$= \triangleleft \sum_{n=0}^{\infty}\frac{1}{n!}\left\{\frac{f}{24}\left[(f^2-1)\left(\frac{\partial^2}{\partial Q^2} + \frac{\partial^2}{\partial P^2}\right) + 4\mathrm{i}(f^2-4)\frac{\partial^2}{\partial Q\partial P}\right]\right\}^n Q^2 P^2 \triangleright$$
$$= \triangleleft Q^2 P^2 + \frac{f}{12}\left[(f^2-1)(Q^2+P^2) + 8\mathrm{i}(f^2-4)QP\right] \triangleright$$
$$+ \frac{f^2}{144}\left[(f^2-1)^2 - 8(f^2-4)^2\right]$$

① 当 $f = 2$ 时,经典函数 q^2p^2 的外尔量子对应为

$$q^2p^2 \rightarrow \quad : Q^2P^2 + \frac{1}{2}(Q^2 + P^2) + \frac{1}{4} : = \frac{1}{2}a^{\dagger 2}a^2 - \frac{1}{4}(a^4 + a^{\dagger 4}) + a^\dagger a + \frac{1}{4}$$

② 当 $f = -2$ 时,经典函数 q^2p^2 的外尔量子对应为

$$q^2p^2 \rightarrow \quad \vdots Q^2P^2 - \frac{1}{2}(Q^2 + P^2) + \frac{1}{4} \vdots = \frac{1}{2}a^2a^{\dagger 2} - \frac{1}{4}(a^4 + a^{\dagger 4}) - aa^\dagger + \frac{1}{4}$$

③ 当 $f = 1$ 时,经典函数 q^2p^2 的外尔量子对应为

$$q^2p^2 \rightarrow \quad \mathfrak{O}Q^2P^2 - 2\mathrm{i}QP - \frac{1}{2}\mathfrak{O} = Q^2P^2 - 2\mathrm{i}QP - \frac{1}{2}$$

④ 当 $f = -1$ 时,经典函数 q^2p^2 的外尔量子对应为

$$q^2p^2 \rightarrow \quad \mathfrak{B}Q^2P^2 + 2\mathrm{i}QP - \frac{1}{2}\mathfrak{B} = P^2Q^2 + 2\mathrm{i}PQ - \frac{1}{2}$$

⑤ 当 $f = 0$ 时,经典函数 q^2p^2 的外尔量子对应为

$$q^2p^2 \rightarrow \quad \vdots Q^2P^2 \vdots = \frac{1}{2^2}\sum_{k=0}^{2}\frac{2!}{k!(2-k)!}Q^{2-k}P^2Q^k$$

$$= \frac{1}{4}(Q^2P^2 + 2QP^2Q + P^2Q^2)$$

我们已经知道,量子力学算符与经典函数是外尔型一一对应,这种一一对应关系是通过外尔对应规则及其逆规则建立起来的.利用外尔对应规则的逆规则可以求出任一量子力学算符 $A(Q,P)$ 的外尔经典对应 $\mathscr{A}(q,p)$,然后再将得到的这个经典对应函数 $\mathscr{A}(q,p)$ 代入有序排列形式的外尔对应规则,便会得到此算符 $A(Q,P)$ 的有序排列形式. 外尔对应规则的逆规则有四种方式,即

$$\mathscr{A}(q,p) = \exp\left(-\frac{1}{2}\frac{\partial^2}{\partial z \partial z^*}\right)\langle z \mid A(Q,P) \mid z \rangle$$

$$= \left[-\frac{1}{4}\left(\frac{\partial^2}{\partial q^2} + \frac{\partial^2}{\partial p^2}\right)\right]\langle (q,p) \mid A(Q,P) \mid (q,p) \rangle \tag{5.8.3}$$

$$\mathscr{A}(q,p) = \exp\left(\frac{\mathrm{i}}{2}\frac{\partial^2}{\partial q \partial p}\right)\frac{1}{\langle q \mid p \rangle}\langle q \mid A(Q,P) \mid p \rangle \tag{5.8.4}$$

$$\mathscr{A}(q,p) = \exp\left(-\frac{\mathrm{i}}{2}\frac{\partial^2}{\partial q \partial p}\right)\frac{1}{\langle p \mid q \rangle}\langle p \mid A(Q,P) \mid q \rangle \tag{5.8.5}$$

$$\mathscr{A}(q,p) = 2\pi\hbar\mathrm{tr}\left[\Delta(q,p)A(Q,P)\right] \tag{5.8.6}$$

上面(5.8.3)式中的 $|z=(q+\mathrm{i}p)/\sqrt{2}\rangle\equiv|(q,p)\rangle$ 是正则相干态.究竟选用上面四个计算式中的哪一个来计算给定算符 $A(Q,P)$ 的外尔经典对应 $\mathscr{A}(q,p)$ 较方便,这要视算符 $A(Q,P)$ 的具体情况来定.一旦得到了算符 $A(Q,P)$ 的外尔经典对应 $\mathscr{A}(q,p)$,将其代入(5.8.2)式便可导出算符 $A(Q,P)$ 的 f 参数编序形式.

例如真空投影算符 $|0\rangle\langle0|$,我们已经在第 2 章中得到了它的外尔经典对应,即

$$|0\rangle\langle0| \quad\to\quad \exp\left(-\frac{1}{2}\frac{\partial^2}{\partial z\partial z^*}\right)\langle z|0\rangle\langle0|z\rangle$$

$$= \exp\left(-\frac{1}{2}\frac{\partial^2}{\partial z\partial z^*}\right)\mathrm{e}^{-zz^*}$$

$$= \exp\left(-\frac{1}{2}\frac{\partial^2}{\partial z\partial z^*}\right)\int\frac{\mathrm{d}^2\alpha}{\pi}\mathrm{e}^{-\alpha\alpha^*-\alpha z+\alpha^* z^*}$$

$$= \int\frac{\mathrm{d}^2\alpha}{\pi}\mathrm{e}^{-\frac{1}{2}\alpha\alpha^*-\alpha z+\alpha^* z^*}$$

$$= 2\mathrm{e}^{-2zz^*} = 2\mathrm{e}^{-(q+\mathrm{i}p)(q-\mathrm{i}p)}$$

将其代入(5.8.2)式,则有

$$|0\rangle\langle0| = \exp\left\{\frac{f}{24}\left[(f^2-1)\left(\frac{\partial^2}{\partial Q^2}+\frac{\partial^2}{\partial P^2}\right)+4\mathrm{i}(f^2-4)\frac{\partial^2}{\partial Q\partial P}\right]\right\}\lhd 2\mathrm{e}^{-(Q+\mathrm{i}P)(Q-\mathrm{i}P)}\rhd$$

$$= 2\exp\left\{\frac{f}{24}\left[(f^2-1)\left(\frac{\partial^2}{\partial Q^2}+\frac{\partial^2}{\partial P^2}\right)+4\mathrm{i}(f^2-4)\frac{\partial^2}{\partial Q\partial P}\right]\right\}$$

$$\times\lhd\int\frac{\mathrm{d}^2\alpha}{\pi}\mathrm{e}^{-\alpha\alpha^*-\alpha(Q+\mathrm{i}P)+\alpha^*(Q-\mathrm{i}P)}\rhd$$

$$= 2\lhd\int\frac{\mathrm{d}^2\alpha}{\pi}\exp\left\{-\left[\frac{f}{6}(f^2-1)+1\right]\alpha\alpha^* - \alpha(Q+\mathrm{i}P)\right.$$

$$\left.+ \alpha^*(Q-\mathrm{i}P)-\frac{1}{6}f(f^2-4)\alpha^2+\frac{1}{6}f(f^2-4)\alpha^{*2}\right\}\rhd$$

$$= \frac{12}{\sqrt{[f(f^2-1)+6]^2+4f^2(f^2-4)^2}}\lhd\exp\left\{\frac{6}{[f(f^2-1)+6]^2+4f^2(f^2-4)^2}\right.$$

$$\left.\times\{-[f(f^2-1)+6](Q^2+P^2)+\mathrm{i}4f(f^2-4)QP\}\right\}\rhd \tag{5.8.7}$$

这就是真空投影算符的 f 参数型编序形式,在处理此类问题时可根据实际需要选择参数 f 的值从而得到需要的排序式.例如:

① 当取 $f=0$ 时,会得到真空投影算符的外尔编序式,即

$$|0\rangle\langle0| = 2\,\vdots\,\exp(-Q^2-P^2)\,\vdots$$

② 当取 $f=1$ 时,会得到真空投影算符的坐标-动量排序式,即

$$| 0 \rangle \langle 0 | = \sqrt{2}\, \mathfrak{Q} \exp\left(-\frac{1}{2}Q^2 - \mathrm{i}QP - \frac{1}{2}P^2\right) \mathfrak{Q}$$

$$= \sqrt{2}\exp\left(-\frac{1}{2}Q^2\right)\mathfrak{Q}\exp(-\mathrm{i}QP)\mathfrak{Q}\exp\left(-\frac{1}{2}P^2\right)$$

③ 当取 $f=-1$ 时,会得到真空投影算符的动量-坐标排序式,即

$$| 0 \rangle \langle 0 | = \sqrt{2}\, \mathfrak{P} \exp\left(-\frac{1}{2}Q^2 + \mathrm{i}QP - \frac{1}{2}P^2\right) \mathfrak{P}$$

$$= \sqrt{2}\exp\left(-\frac{1}{2}P^2\right)\mathfrak{P}\exp(\mathrm{i}QP)\mathfrak{P}\exp\left(-\frac{1}{2}Q^2\right)$$

④ 当取 $f=2$ 时,会得到真空投影算符的正规乘积排序式,即

$$| 0 \rangle \langle 0 | = \;:\exp\left(-\frac{1}{2}Q^2 - \frac{1}{2}P^2\right): \;=\; :\exp\left(-aa^\dagger\right):$$

⑤ 当取 $f=-2$ 时,会得到真空投影算符的反正规乘积排序式,即

$$| 0 \rangle \langle 0 | = 2\pi \;\vdots\; \delta(Q)\delta(P)\;\vdots\; = \pi\;\vdots\;\delta(a)\delta(a^\dagger)\;\vdots$$

最后这个结果的推导过程如下:对于取 $f=-2$ 的情况,从(5.8.1)式可知指数上从一开始就没有了 $\dfrac{\partial^2}{\partial Q \partial P}$ 这一项,所以由(5.8.7)式得

$$| 0 \rangle \langle 0 | = \frac{12}{6 + f(f^2 - 1)} \;\vdots\; \exp\left[-\frac{6}{6 + f(f^2 - 1)}(Q^2 + P^2)\right]\;\vdots$$

显然,在该式中取 $f \neq -2$ 则有 $6 + f(f^2-1) > 0$,取 $f = -2$ 会发现 $6 + f(f^2-1) = 0$,从而遇到 $\dfrac{1}{6 + f(f^2-1)} = \infty$ 的情形. 为此,我们令 $t = 6 + f(f^2 - 1)$,于是

$$| 0 \rangle \langle 0 | = \lim_{f \to -2} \frac{12}{6 + f(f^2 - 1)} \;\vdots\; \exp\left[-\frac{6}{6 + f(f^2 - 1)}(Q^2 + P^2)\right]\;\vdots$$

$$= \lim_{t \to 0^+} \frac{12}{t} \;\vdots\; \exp\left[-\frac{6}{t}(Q^2 + P^2)\right]\;\vdots$$

$$= 2\pi \lim_{t \to 0^+} \frac{6}{\pi t} \;\vdots\; \exp\left[-\frac{6}{t}(Q^2 + P^2)\right]\;\vdots$$

$$= 2\pi \;\vdots\; \delta(Q)\delta(P)\;\vdots\; = \pi\;\vdots\;\delta(a)\delta(a^\dagger)\;\vdots$$

5.9 算符的二项式定理与广义二项式定理

普通的二项式定理为

$$(\alpha + \beta)^n = \sum_{m=0}^{n} \begin{bmatrix} n \\ m \end{bmatrix} \alpha^{n-m}\beta^m \tag{5.9.1}$$

式中 n 是正整数，α 和 β 是普通数. 若将 α 和 β 置换成两个不对易的线性算符 A 和 B，相应的二项式定理是什么样？也就是说 $(A + B)^n = ?$ 显然 (5.9.1) 式不再成立，这缘于算符 A 和 B 的不对易性.

基于 (5.1.2) 式，我们有

$$(A + B)^n = \ \vdots\ (A + B)^n\ \vdots \tag{5.9.2}$$

因为在外尔编序记号 $\vdots\ \vdots$ 内算符 A 和 B 是对易的，也就是可以将 A 和 B 视为普通数，所以按照 (5.9.1) 式有

$$\vdots\ (A + B)^n\ \vdots\ = \ \vdots \sum_{m=0}^{n} \begin{bmatrix} n \\ m \end{bmatrix} A^{n-m}B^m\ \vdots\ = \sum_{m=0}^{n} \begin{bmatrix} n \\ m \end{bmatrix} \vdots\ A^{n-m}B^m\ \vdots$$

故可得

$$(A + B)^n = \sum_{m=0}^{n} \begin{bmatrix} n \\ m \end{bmatrix} \vdots\ A^{n-m}B^m\ \vdots \tag{5.9.3}$$

这就是外尔编序下算符的二项式定理，它不同于普通的二项式定理. 如果算符 A 和 B 对易，则 $\vdots\ A^{n-m}B^m\ \vdots\ = A^{n-m}B^m$，那么外尔编序下算符的二项式定理约化为普通的二项式定理. 所以说，普通的二项式定理是外尔编序下算符的二项式定理的一种特殊情况.

尽管算符 A 与 B 不对易，如果 A 与 B 的对易式 $[A, B] = c$ 与 A 和 B 都对易，即

$$[A, c] = [c, B] = 0$$

那么，外尔编序下算符的二项式定理 (5.9.3) 式还可以表达为其他算符排序下的形式.

例如，将算符 A 与 B 分别置换为无量纲坐标算符 Q 与动量算符 P，$[Q, P] = \mathrm{i}$，则有

$$(Q + P)^n = \sum_{m=0}^{n} \begin{bmatrix} n \\ m \end{bmatrix} \vdots\ Q^{n-m}P^m\ \vdots \tag{5.9.4}$$

利用外尔编序算符与正规乘积排序算符的互换法则可得

$$(Q + P)^n = \sum_{m=0}^{n} \begin{bmatrix} n \\ m \end{bmatrix} : \exp\left[\frac{1}{4}\left(\frac{\partial^2}{\partial Q^2} + \frac{\partial^2}{\partial P^2}\right)\right] Q^{n-m} P^m :$$

$$= \frac{1}{(2\mathrm{i})^n} \sum_{m=0}^{n} \begin{bmatrix} n \\ m \end{bmatrix} : \mathrm{H}_{n-m}(\mathrm{i}Q)\, \mathrm{H}_m(\mathrm{i}P) : \tag{5.9.5}$$

这就是正规乘积排序下算符$(Q + P)^n$的二项式定理.在上面的计算中利用了厄米多项式的微分形式 $\exp\left(-\dfrac{1}{4}\dfrac{\partial^2}{\partial x^2}\right)(2x)^n = \mathrm{H}_n(x)$.

在(5.9.4)式的基础上利用外尔编序算符与反正规乘积排序算符的互换法则可得

$$(Q + P)^n = \sum_{m=0}^{n} \begin{bmatrix} n \\ m \end{bmatrix} \vdots \exp\left[-\frac{1}{4}\left(\frac{\partial^2}{\partial Q^2} + \frac{\partial^2}{\partial P^2}\right)\right] Q^{n-m} P^m \vdots$$

$$= \frac{1}{2^n} \sum_{m=0}^{n} \begin{bmatrix} n \\ m \end{bmatrix} \vdots \mathrm{H}_{n-m}(Q)\, \mathrm{H}_m(P) \vdots \tag{5.9.6}$$

这就是反正规乘积排序下算符$(Q + P)^n$的二项式定理.

利用外尔编序算符与坐标-动量排序算符的互换法则可得

$$(Q + P)^n = \sum_{m=0}^{n} \begin{bmatrix} n \\ m \end{bmatrix} \mathfrak{Q}\exp\left(-\frac{\mathrm{i}}{2}\frac{\partial^2}{\partial Q \partial P}\right) Q^{n-m} P^m \mathfrak{Q}$$

$$= \sum_{m=0}^{n} \begin{bmatrix} n \\ m \end{bmatrix} \left(\frac{\mathrm{i}}{2}\right)^m \mathfrak{Q}\, \mathrm{H}_{n-m,m}(Q, -2\mathrm{i}P) \mathfrak{Q} \tag{5.9.7}$$

这就是坐标-动量排序下算符$(Q + P)^n$的二项式定理.在上面的计算中利用了双变量厄米多项式的微分形式 $\exp\left(-\dfrac{\partial^2}{\partial x \partial y}\right) x^n y^m = \mathrm{H}_{n,m}(x, y)$.同样地,还可导出动量-坐标排序下算符$(Q + P)^n$的二项式定理,即

$$(Q + P)^n = \sum_{m=0}^{n} \begin{bmatrix} n \\ m \end{bmatrix} \frac{1}{(2\mathrm{i})^m} \mathfrak{P} \mathrm{H}_{n-m,m}(Q, 2\mathrm{i}P) \mathfrak{P} \tag{5.9.8}$$

再来考虑这样一个问题:将(5.9.1)式右端求和式中的β^m以厄米多项式 $\mathrm{H}_m(\beta)$取代,即

$$\sum_{m=0}^{n} \begin{bmatrix} n \\ m \end{bmatrix} \alpha^{n-m} \mathrm{H}_m(\beta) \tag{5.9.9}$$

其求和结果是什么呢？在(5.9.9)式中把 $H_m(\beta)$ 以 $H_m(Q)$ 替代,利用我们已经熟知的算符公式

$$H_m(Q) = 2^m : Q^m :$$

得到

$$\sum_{m=0}^{n}\begin{bmatrix}n\\m\end{bmatrix}\alpha^{n-m}H_m(Q) = \sum_{m=0}^{n}\begin{bmatrix}n\\m\end{bmatrix}\alpha^{n-m}2^m : Q^m :$$

$$= : (\alpha + 2Q)^n : = \frac{\partial^n}{\partial t^n} : e^{t(\alpha+2Q)} : \Big|_{t=0}$$

再利用 Baker-Campbell-Hausdorff 公式,得

$$\sum_{m=0}^{n}\begin{bmatrix}n\\m\end{bmatrix}\alpha^{n-m}H_m(Q) = \frac{\partial^n}{\partial t^n}\exp\left[-t^2 + 2t\left(\frac{1}{2}\alpha + Q\right)\right]\Big|_{t=0} = H_n\left(\frac{1}{2}\alpha + Q\right)$$

将上式中的坐标算符置换成普通数 β,便得到求和公式

$$\sum_{m=0}^{n}\begin{bmatrix}n\\m\end{bmatrix}\alpha^{n-m}H_m(\beta) = H_n\left(\frac{1}{2}\alpha + \beta\right) \tag{5.9.10}$$

这是一个广义的二项式定理.由此可见,算符的厄米多项式方法可以诱导出一些有用的数学公式.(5.9.10)式的正确性可以用其他方法予以检验,譬如,直接利用厄米多项式的微分式 $H_n(x) = \exp\left(-\frac{1}{4}\frac{\partial^2}{\partial x^2}\right)(2x)^n$ 可得

$$\sum_{m=0}^{n}\begin{bmatrix}n\\m\end{bmatrix}\alpha^{n-m}H_m(\beta) = \sum_{m=0}^{n}\begin{bmatrix}n\\m\end{bmatrix}\alpha^{n-m}\exp\left(-\frac{1}{4}\frac{\partial^2}{\partial\beta^2}\right)(2\beta)^m$$

$$= \exp\left(-\frac{1}{4}\frac{\partial^2}{\partial\beta^2}\right)\sum_{m=0}^{n}\begin{bmatrix}n\\m\end{bmatrix}\alpha^{n-m}(2\beta)^m$$

$$= \exp\left(-\frac{1}{4}\frac{\partial^2}{\partial\beta^2}\right)(\alpha + 2\beta)^n$$

$$= \exp\left(-\frac{1}{4}\frac{\partial^2}{\partial\beta^2}\right)\left[2\left(\frac{1}{2}\alpha + \beta\right)\right]^n = H_n\left(\frac{1}{2}\alpha + \beta\right)$$

总之,在这一节中我们对普通的二项式定理进行了推广,使其进阶为算符的二项式定理,尤其是外尔编序下算符的二项式定理(5.9.3)式具有对任何两个线性算符 A 和 B 都成立的普适性;还利用算符的厄米多项式方法诱导出了一个广义的二项式定理.

271

参考文献

[1] 张全胜，徐世民. 关于 Weyl 编序的讨论[J]. 菏泽学院学报，2021,43(5)：24-28.

[2] Fan H Y. Weyl-ordered operator moyal bracket by virtue of integral within a Weyl ordered product of operators [J]. Communications in Theoretical Physics，2005,45：245-248.

[3] Wigner E. On the quantum correction for thermodynamic equilibrium[J]. Physical Review，1932,40：749-759.

[4] Weyl H. The theory of groups and quantum mechanics [M]. New York：Dover Publications，1931：272.

[5] Weyl H. Quantenmechanik und gruppentheorie[J]. Zeitschrift für Physik，1927，46(1-2)：1-46.

第 6 章

费米体系的 IWOP 技术及其应用

前几章涉及的都是关于玻色算符的内容,本章将扼要介绍费米体系的 IWOP 技术及其应用.

6.1　费米子占有数表象与费米子相干态

费米体系受到泡利不相容原理的限制,在任意单粒子态 φ_i 上的粒子占有数 n_i 只能取 0 与 1 两个值.怎样构造本征值只取 0 与 1 两个值的单粒子态 φ_i 上的粒子占有数算符 $\hat{N}_i$?仿照玻色粒子占有数算符,仍令

$$\hat{N}_i = f_i^\dagger f_i \tag{6.1.1}$$

只要让 f_i 与 $f_i^\dagger$ 满足如下反对易关系式：

$$\{f_i,f_j^\dagger\} = f_i f_j^\dagger + f_j^\dagger f_i = \delta_{ij}, \quad \{f_i,f_j\} = \{f_i^\dagger,f_j^\dagger\} = 0 \tag{6.1.2}$$

$\hat{N}_i$ 的本征值 n_i 就只能取 0 与 1 两个值. 由(6.1.2)式得

$$f_i f_i^\dagger = 1 - f_i^\dagger f_i, \quad (f_i)^2 = (f_i^\dagger)^2 = 0 \tag{6.1.3}$$

$$\hat{N}_i^2 = f_i^\dagger f_i f_i^\dagger f_i = f_i^\dagger (1 - f_i^\dagger f_i) f_i = f_i^\dagger f_i - (f_i^\dagger)^2 (f_i)^2 = f_i^\dagger f_i = \hat{N}_i \tag{6.1.4}$$

设 $\hat{N}_i$ 的归一化本征矢为 $|n_i\rangle$，本征值为 n_i，即

$$\hat{N}_i|n_i\rangle = n_i|n_i\rangle \tag{6.1.5}$$

于是得到

$$\hat{N}_i^2|n_i\rangle = n_i^2|n_i\rangle \tag{6.1.6}$$

又由(6.1.4)式

$$\hat{N}_i^2|n_i\rangle = \hat{N}_i|n_i\rangle = n_i|n_i\rangle \tag{6.1.7}$$

这意味着

$$n_i^2|n_i\rangle = n_i|n_i\rangle, \quad n_i^2 = n_i, \quad n_i = 0,1 \tag{6.1.8}$$

可以证明

$$f_i|n_i\rangle = \sqrt{n_i}|n_i - 1\rangle \tag{6.1.9}$$

$$f_i^\dagger|n_i\rangle = \sqrt{1 - n_i}|n_i + 1\rangle \tag{6.1.10}$$

因此 f_i 称为费米湮灭算符，$f_i^\dagger$ 称为费米产生算符. 我们来证明(6.1.9)式和(6.1.10)式.

证明

$$\hat{N}_i f_i|n_i\rangle = f_i^\dagger f_i f_i|n_i\rangle = (1 - f_i f_i^\dagger) f_i|n_i\rangle = f_i(1 - f_i^\dagger f_i)|n_i\rangle$$

$$= f_i(1 - n_i)|n_i\rangle = (1 - n_i)f_i|n_i\rangle \tag{6.1.11}$$

可见，$f_i|n_i\rangle$ 是 $\hat{N}_i$ 的属于本征值 $1 - n_i$ 的本征态. 考虑到 $\hat{N}_i$ 的本征态是非简并的，$f_i|n_i\rangle$ 与 $|1 - n_i\rangle$ 仅相差一常因子，故可设

$$f_i|n_i\rangle = \lambda|1 - n_i\rangle \tag{6.1.12}$$

对(6.1.12)式取厄米共轭，得

$$\langle n_i | f_i^\dagger = \lambda^* \langle 1 - n_i | \tag{6.1.13}$$

因此得到 $\lambda\lambda^* \equiv |\lambda|^2 = \langle n_i | f_i^\dagger f_i | n_i \rangle = n_i$，取 $\lambda = \sqrt{n_i}$ 并代入(6.1.12)式,得

$$f_i | n_i \rangle = \sqrt{n_i} | 1 - n_i \rangle \tag{6.1.14}$$

考虑到 n_i 只取 0 与 1 两个值,(6.1.14)式与(6.1.9)式等价.

类似地,我们有

$$\hat{N}_i f_i^\dagger | n_i \rangle = f_i^\dagger f_i f_i^\dagger | n_i \rangle = f_i^\dagger (1 - f_i^\dagger f_i) | n_i \rangle = f_i^\dagger (1 - n_i) | n_i \rangle = (1 - n_i) f_i^\dagger | n_i \rangle \tag{6.1.15}$$

这意味着 $f_i^\dagger | n_i \rangle$ 是 $\hat{N}_i$ 的属于本征值 $1 - n_i$ 的本征态.由于 $\hat{N}_i$ 的本征态非简并,$f_i^\dagger | n_i \rangle$ 与 $| 1 - n_i \rangle$ 仅相差一常因子,即有

$$f_i^\dagger | n_i \rangle = \gamma | 1 - n_i \rangle \tag{6.1.16}$$

对(6.1.16)取厄米共轭,得

$$\langle n_i | f_i = \gamma^* \langle 1 - n_i | \tag{6.1.17}$$

由此得到 $\gamma\gamma^* \equiv |\gamma|^2 = \langle n_i | f_i f_i^\dagger | n_i \rangle = \langle n_i | (1 - f_i^\dagger f_i) | n_i \rangle = 1 - n_i$，取 $\gamma = \sqrt{1 - n_i}$ 并代入(6.1.16)式,得

$$f_i^\dagger | n_i \rangle = \sqrt{1 - n_i} | 1 - n_i \rangle \tag{6.1.18}$$

因 n_i 只取 0 与 1 两个值,(6.1.18)式与(6.1.10)式等价.(6.1.9)式与(6.1.10)式分别对应以下两式:

$$f_i | 0_i \rangle = 0, \quad f_i | 1_i \rangle = | 0_i \rangle \tag{6.1.19}$$

$$f_i^\dagger | 0_i \rangle = | 1_i \rangle, \quad f_i^\dagger | 1_i \rangle = 0 \tag{6.1.20}$$

其中 0_i 和 1_i 分别代表 $n_i = 0$ 和 1.证毕.

撤去粒子编号,以一个费米子粒子数态 $|0\rangle$ 和 $|1\rangle$ 为基矢构成的费米子占有数表象简称为 N 表象.在 N 表象中,算符 $\hat{N}, f$ 和 $f^\dagger$ 的矩阵形式分别为

$$N = \begin{bmatrix} 0 & 0 \\ 0 & 1 \end{bmatrix}, \quad f = \begin{bmatrix} 0 & 1 \\ 0 & 0 \end{bmatrix}, \quad f^\dagger = \begin{bmatrix} 0 & 0 \\ 1 & 0 \end{bmatrix} \tag{6.1.21}$$

粒子数态 $|0\rangle$ 和 $|1\rangle$ 分别表示为

$$|0\rangle \sim \begin{bmatrix} 1 \\ 0 \end{bmatrix}, \quad |1\rangle \sim \begin{bmatrix} 0 \\ 1 \end{bmatrix} \tag{6.1.22}$$

容易看出算符 f 和 $f^\dagger$ 可分别表示成

$$f = |0\rangle\langle 1|, \quad f^\dagger = |1\rangle\langle 0| \tag{6.1.23}$$

记费米湮灭算符 f 的本征矢为 $\begin{bmatrix} e_1 \\ e_2 \end{bmatrix}$，则本征方程为

$$f \begin{bmatrix} e_1 \\ e_2 \end{bmatrix} = \begin{pmatrix} 0 & 1 \\ 0 & 0 \end{pmatrix} \begin{bmatrix} e_1 \\ e_2 \end{bmatrix} = \begin{bmatrix} e_1 \\ e_2 \end{bmatrix} \alpha \tag{6.1.24}$$

由此给出

$$e_2 = e_1 \alpha, \quad 0 = e_2 \alpha \tag{6.1.25}$$

其中第二个方程或是取 δ 函数形式的解，或是取 $e_2 = \alpha$，$\alpha^2 = 0$，α 称为格拉斯曼 (Grassmann)数. 这种特殊的数跟费米子的反对易关系相适应，所以也称为反对易 c 数. 因此，当 $e_2 = \alpha$ 时，$e_1 = 1$，本征矢就是

$$\begin{bmatrix} e_1 \\ e_2 \end{bmatrix} = \begin{bmatrix} 1 \\ \alpha \end{bmatrix} = \begin{bmatrix} 1 \\ 0 \end{bmatrix} + \begin{bmatrix} 0 \\ 1 \end{bmatrix} \alpha = |0\rangle + |1\rangle \alpha = \mathrm{e}^{f^\dagger \alpha} |0\rangle \tag{6.1.26}$$

对于多个模式的格拉斯曼数 α_i 有性质

$$\{\alpha_i, \alpha_j\} = \alpha_i \alpha_j + \alpha_j \alpha_i = 0 \tag{6.1.27}$$

但格拉斯曼数与普通数是对易的，即 $[\alpha, c] = \alpha c - c\alpha = 0$. 格拉斯曼数满足积分公式[1]

$$\int \mathrm{d}\alpha_i = 0, \quad \int \mathrm{d}\alpha_i \alpha_i = 1, \quad \int \mathrm{d}\bar{\alpha}_i = 0, \quad \int \mathrm{d}\bar{\alpha}_i \bar{\alpha}_i = 1 \tag{6.1.28}$$

$$\int \prod_i \mathrm{d}\bar{\alpha}_i \mathrm{d}\alpha_i \exp\left[-\sum_{i,j} \bar{\alpha}_i A_{ij} \alpha_j + \sum_i (\bar{\alpha}_i \eta_i + \bar{\eta}_i \alpha_i) \right] = \det A \exp\left[\sum_{i,j} \bar{\eta}_i (A^{-1})_{ij} \eta_j \right] \tag{6.1.29}$$

这里 η_i 及其复共轭 $\bar{\eta}_i$ 也是格拉斯曼数，而 A 是一个复值矩阵.

归一化的费米子相干态[2]是

$$|\alpha_i\rangle = \exp\left(-\frac{1}{2} \bar{\alpha}_i \alpha_i + f_i^\dagger \alpha_i\right) |0\rangle_i = \exp(f_i^\dagger \alpha_i - \bar{\alpha}_i f_i) |0\rangle_i \equiv D(\alpha_i) |0\rangle_i \tag{6.1.30}$$

满足本征方程

$$f_i |\alpha_i\rangle = |\alpha_i\rangle \alpha_i \tag{6.1.31}$$

自洽性要求 α_i 与 $f_i(f_i^\dagger)$ 反对易. 由(6.1.30)式得

$$\langle \alpha_i | = {}_i\langle 0 | \exp\left(-\frac{1}{2}\,\bar\alpha_i\alpha_i + \bar\alpha_i f_i \right) \tag{6.1.32}$$

6.2　费米体系的 IWOP 技术

现在对费米体系引入 IWOP 技术,仍以符号::标记正规乘积排序.**约定**:在正规乘积记号内任何两个费米算符**反对易**,即它们具有格拉斯曼数的性质. 有了该约定,正规乘积则具有如下性质:

(1) 一个"格拉斯曼数-费米算符对(GFOP)"与另一个"格拉斯曼数-费米算符对"在记号::内**对易**. 例如,:$\bar\alpha_i f_i f_i^\dagger \alpha_i$: $=$:$f_i^\dagger \alpha_i \bar\alpha_i f_i$:.

(2) 可以对记号::内的非算符变量积分,如果对格拉斯曼数积分,其积分规则应满足(6.1.28)式和(6.1.29)式.

(3) 费米子真空投影算符的正规乘积形式为

$$| 0 \rangle\langle 0 | = \;: \mathrm{e}^{-f^\dagger f} : \tag{6.2.1}$$

事实上,由泡利原理 $|0\rangle\langle 0| + |1\rangle\langle 1| = 1$ 和 $f = |0\rangle\langle 1|$,$f^\dagger = |1\rangle\langle 0|$,易见

$$| 0 \rangle\langle 0 | = 1 - | 1 \rangle\langle 1 | = 1 - f^\dagger f = \;: \mathrm{e}^{-f^\dagger f} : \tag{6.2.2}$$

作为费米体系 IWOP 技术的一个明显的应用,考虑积分

$$\int \mathrm{d}\,\bar\alpha_i \mathrm{d}\alpha_i | \alpha_i \rangle\langle \alpha_i | = \int \mathrm{d}\,\bar\alpha_i \mathrm{d}\alpha_i : \exp(\bar\alpha_i f_i - f_i^\dagger \alpha_i - \bar\alpha_i \alpha_i - f_i^\dagger f_i) :$$
$$= \;: \exp(f_i^\dagger f_i - f_i^\dagger f_i) : = 1 \tag{6.2.3}$$

或简写为

$$\int \mathrm{d}\,\bar\alpha_i \mathrm{d}\alpha_i \mid \alpha_i \rangle\langle \alpha_i \mid = \int \mathrm{d}\,\bar\alpha_i \mathrm{d}\alpha_i : \exp[-(\bar\alpha_i - f_i^\dagger)(\alpha_i - f_i)] :$$
$$= \int \mathrm{d}\,\bar\alpha_i \mathrm{d}\alpha_i \exp(-\bar\alpha_i \alpha_i) = 1$$

由 $D(\alpha_i)f_i^\dagger D^{-1}(\alpha_i) = f_i^\dagger - \bar\alpha_i$,还可证明态矢 $D(\alpha_i)|\alpha_i\rangle \equiv |\alpha_i, 1\rangle$ 也满足

$$\int d\bar{\alpha}_i d\alpha_i |\alpha_i, 1\rangle\langle\alpha_i, 1|$$

$$= \int d\bar{\alpha}_i d\alpha_i : (f_i^\dagger - \bar{\alpha}_i)(f_i - \alpha_i)\exp[-(\bar{\alpha}_i - f_i^\dagger)(\alpha_i - f_i)] :$$

$$= 1 \tag{6.2.4}$$

(6.2.3)式和(6.2.4)式代表费米子相干态的完备性.

6.3 格拉斯曼数空间中经典变换的量子映射 ——双模情形

在费米子相干态表象中,我们来检验反对易 c 数空间中的经典变换的量子映射是什么.鉴于在(6.1.30)式里同时出现了 α_i 和 $\bar{\alpha}_i$,我们将 $|\alpha_i\rangle$ 重新表达为

$$|\alpha_i\rangle = \left|\begin{pmatrix}\alpha_i \\ \bar{\alpha}_i\end{pmatrix}\right\rangle \tag{6.3.1}$$

于是双模费米子相干态可以表达为

$$|\alpha_1, \alpha_2\rangle = \left|\begin{pmatrix}\alpha_1 \\ \bar{\alpha}_1 \\ \alpha_2 \\ \bar{\alpha}_2\end{pmatrix}\right\rangle = \exp\left[-\frac{1}{2}(\bar{\alpha}_1\alpha_1 + \bar{\alpha}_2\alpha_2) + f_1^\dagger\alpha_1 + f_2^\dagger\alpha_2\right]|00\rangle \tag{6.3.2}$$

构造如下积分型算符:

$$U = -\frac{1}{s}\int d\bar{\alpha}_1 d\alpha_1 \int d\bar{\alpha}_2 d\alpha_2 \left|\begin{pmatrix}-s & 0 & 0 & -r \\ 0 & -s^* & -r^* & 0 \\ 0 & r & -s & 0 \\ r^* & 0 & 0 & -s^*\end{pmatrix}\begin{pmatrix}\alpha_1 \\ \bar{\alpha}_1 \\ \alpha_2 \\ \bar{\alpha}_2\end{pmatrix}\right\rangle\left\langle\begin{pmatrix}\alpha_1 \\ \bar{\alpha}_1 \\ \alpha_2 \\ \bar{\alpha}_2\end{pmatrix}\right|$$

$$= -\frac{1}{s}\int d\bar{\alpha}_1 d\alpha_1 \int d\bar{\alpha}_2 d\alpha_2 | -s\alpha_1 - r\bar{\alpha}_2, r\bar{\alpha}_1 - s\alpha_2\rangle\langle\alpha_1, \alpha_2| \tag{6.3.3}$$

其中参数 s 与 r 满足 $ss^* + rr^* = 1$. 利用 IWOP 技术对上式积分得

$$
\begin{aligned}
U = & -\frac{1}{s}\int \mathrm{d}\,\bar{\alpha}_1 \mathrm{d}\alpha_1 \int \mathrm{d}\,\bar{\alpha}_2 \mathrm{d}\alpha_2 \exp\Big[-\frac{1}{2}(s^*\,\bar{\alpha}_1 + r^*\,\bar{\alpha}_2)(s\alpha_1 + r\bar{\alpha}_2) \\
& -\frac{1}{2}(r^*\,\alpha_1 - s^*\,\bar{\alpha}_2)(r\,\bar{\alpha}_1 - s\alpha_2) - f_1^\dagger(s\alpha_1 + r\,\bar{\alpha}_2) \\
& + f_2^\dagger(r\bar{\alpha}_1 - s\alpha_2)\Big]\,|00\rangle\langle 00|\exp\Big[-\frac{1}{2}(\bar{\alpha}_1\alpha_1 + \bar{\alpha}_2\alpha_2) + \bar{\alpha}_1 f_1 + \bar{\alpha}_2 f_2\Big] \\
= & -\frac{1}{s}\int \mathrm{d}\,\bar{\alpha}_1 \mathrm{d}\alpha_1 \int \mathrm{d}\,\bar{\alpha}_2 \mathrm{d}\alpha_2 : \exp\big[-ss^*(\bar{\alpha}_1\alpha_1 + \bar{\alpha}_2\alpha_2) - r^* s\alpha_2\alpha_1 - s^* r\,\bar{\alpha}_1\,\bar{\alpha}_2 \\
& - f_1^\dagger(s\alpha_1 + r\bar{\alpha}_2) + f_2^\dagger(r\bar{\alpha}_1 - s\alpha_2) + \bar{\alpha}_1 f_1 + \bar{\alpha}_2 f_2 - f_1^\dagger f_1 - f_2^\dagger f_2\big]: \\
= & -s^* : \exp\Big[\frac{r}{s^*}f_1^\dagger f_2^\dagger - \Big(\frac{1}{s^*}+1\Big)(f_1^\dagger f_1 + f_2^\dagger f_2) + \frac{r^*}{s^*}f_1 f_2\Big]: \qquad (6.3.4)
\end{aligned}
$$

为了脱掉有序算符记号 $::$, 注意到费米算符恒等式

$$
\mathrm{e}^{\lambda f^\dagger f} = 1 + (\mathrm{e}^\lambda - 1)f^\dagger f = : \exp[(\mathrm{e}^\lambda - 1)f^\dagger f]: \qquad (6.3.5)
$$

因而(6.3.4)式可以拆写成

$$
U = \exp\Big(\frac{r}{s^*}f_1^\dagger f_2^\dagger\Big)\exp\Big[(f_1^\dagger f_1 + f_2^\dagger f_2 - 1)\ln\Big(\frac{-1}{s^*}\Big)\Big]\exp\Big(\frac{r^*}{s^*}f_1 f_2\Big) \qquad (6.3.6)
$$

进一步,可以导出幺正变换

$$
Uf_1 U^{-1} = -s^* f_1 + rf_2^\dagger, \quad Uf_2 U^{-1} = -s^* f_2 - rf_1^\dagger \qquad (6.3.7)
$$

和算符

$$
U(\Lambda) = \exp\Big[\frac{1}{2}(f_i \Lambda_{ij} f_j - f_i^\dagger \Lambda_{ij}^\dagger f_j^\dagger)\Big] \qquad (6.3.8)
$$

诱导的变换最早被称为费米子博戈留波夫变换,它常被用于处理超流理论、核物理中费米子的对关联. 以上的推导表明,引起博戈留波夫变换的幺正算符可由反对易 c 数的经典变换及 IWOP 技术导出.

6.4　密度矩阵的反正规乘积展开——费米子情况

在第 3 章中,我们将玻色子密度矩阵 ρ 的对角相干态表示纳入了正规乘积形式,阐

述了密度矩阵 ρ 的反正规乘积展开. 现在将其推广到由费米子算符构成的情况[3]. 用费米子相干态(6.1.30)式定义费米算符 ρ_f 的 P 表示

$$\rho_f = \int \mathrm{d}\bar{\eta}\mathrm{d}\eta P(\eta) \mid \eta\rangle\langle\eta \mid \tag{6.4.1}$$

其中 $\mid \eta\rangle$ 是费米子相干态. 由费米子相干态的内积关系

$$\langle \eta' \mid \eta\rangle = \exp\left(-\frac{1}{2}\bar{\eta}'\eta' - \frac{1}{2}\bar{\eta}\eta + \bar{\eta}'\eta\right) \tag{6.4.2}$$

可得

$$\langle -\eta' \mid \rho_f \mid \eta'\rangle = \int \mathrm{d}\bar{\eta}\mathrm{d}\eta P(\eta)\exp(-\bar{\eta}'\eta' - \bar{\eta}\eta + \bar{\eta}\eta' - \bar{\eta}'\eta)$$

$$= \mathrm{e}^{-\bar{\eta}'\eta'}\int \mathrm{d}\bar{\eta}\mathrm{d}\eta P(\eta)\mathrm{e}^{-\bar{\eta}\eta}\exp(\bar{\eta}\eta' - \bar{\eta}'\eta) \tag{6.4.3}$$

把上式看作傅里叶变换, 其逆变换为

$$P(\eta) = \mathrm{e}^{\bar{\eta}\eta}\int \mathrm{d}\bar{\eta}'\mathrm{d}\eta'\langle -\eta' \mid \rho_f \mid \eta'\rangle\exp(\bar{\eta}'\eta' + \bar{\eta}'\eta - \bar{\eta}\eta') \tag{6.4.4}$$

对费米系统也可引入费米算符的反正规乘积排序, 仍以符号 $\vdots\ \vdots$ 标记之. **约定**: 在记号 $\vdots\ \vdots$ 内费米算符反对易, 具有格拉斯曼数的性质. 在此约定下, 费米算符的反正规乘积具有以下性质:

(1) 在记号 $\vdots\ \vdots$ 内, 格拉斯曼数-费米算符对之间相互对易.

(2) 可以对在记号 $\vdots\ \vdots$ 内的 c 数或 G 数积分, 如果对格拉斯曼数积分, 其积分规则应满足(6.1.28)式和(6.1.29)式.

(3) 费米子真空投影算符的反正规乘积形式为

$$\mid 0\rangle\langle 0 \mid = ff^{\dagger} = \int \mathrm{d}\bar{\zeta}\mathrm{d}\zeta \mathrm{e}^{\bar{\zeta}f}\mathrm{e}^{f^{\dagger}\zeta} \tag{6.4.5}$$

而 $\mid \eta\rangle\langle\eta \mid$ 的反正规乘积表达式为

$$\mid \eta\rangle\langle\eta \mid = \int \mathrm{d}\bar{\zeta}\mathrm{d}\zeta \vdots \exp[-2\bar{\eta}\eta + (\zeta + \bar{\eta})f + f^{\dagger}(\bar{\zeta} + \eta) + \eta\zeta + \bar{\zeta}\bar{\eta}] \vdots \tag{6.4.6}$$

将(6.4.4)式和(6.4.6)式代入(6.4.1)式, 得

$$\rho_f = \int \mathrm{d}\bar{\eta}'\mathrm{d}\eta'\langle -\eta' \mid \rho_f \mid \eta'\rangle\mathrm{e}^{\bar{\eta}'\eta'}\int \mathrm{d}\bar{\zeta}\mathrm{d}\zeta \vdots \exp(\zeta f + f^{\dagger}\bar{\zeta})$$

$$\cdot \int \mathrm{d}\bar{\eta}\mathrm{d}\eta\exp[-\bar{\eta}\eta + \bar{\eta}(f - \eta' - \zeta) + (f^{\dagger} + \bar{\eta}' - \bar{\zeta})\eta] \vdots$$

$$= \int d\bar{\eta} d\eta \; \vdots \; \langle - \eta \mid \rho_f \mid \eta \rangle \exp(\bar{\eta}\eta + \bar{\eta}f - f^{\dagger}\eta + f^{\dagger}f) \; \vdots \tag{6.4.7}$$

这是将正规乘积算符转化为反正规乘积的公式. 作为其应用, 可以将算符

$$\exp(f_i^{\dagger} U_{ij} f_j^{\dagger}) \exp(f_i V_{ij} f_j)$$

化为反正规乘积排序, 其中 $\widetilde{U} = -U, \widetilde{V} = -V$, 结果是

$$
\begin{aligned}
\exp(f_i^{\dagger} U_{ij} f_j^{\dagger}) \exp(f_i V_{ij} f_j) = {} & \sqrt{\det(I + 4VU)} \exp\{ f_i \, [\, V \, (I + 4UV)^{-1} \,]_{ij} f_j \} \\
& \times \; \vdots \; \exp\{ - f_i^{\dagger} \, [\, (4UV + I)^{-1} \,]_{ij} f_j + f_i^{\dagger} f_j \} \; \vdots \\
& \times \exp\{ f_i^{\dagger} \, [\, U \, (4VU + I)^{-1} \,]_{ij} f_j^{\dagger} \}
\end{aligned} \tag{6.4.8}
$$

参考文献

[1]   Berezin F A. The method of second quantization[M]. New York: Academic Press, 1966.

[2]   Ohnuki Y, Kashiwa T. Coherent states of Fermi operators and the path integral[J]. Progress of Theoretical Physics, 1978, 60(2):548-564.

[3]   Fan H Y. Antinormally ordering some multimode exponential operators by virtue of the IWOP technique[J]. Journal of Physics A: Mathematical and General, 1992, 25(4):1013-1017.

第 7 章

广义坐标表象中的动量算符与动能算符

许多物理问题,由于其边界的形状和势能函数的具体特点,不宜采用笛卡尔直角坐标系,而应引入并使用广义坐标系.本章讨论如何导出广义坐标表象中广义动量算符与动能算符的解析表示,这种方法适用于任一力学量的量子化.

7.1 广义坐标系

笛卡尔直角坐标系 $O\text{-}xyz$ 是位形空间最基本的正交坐标系,位置矢量为

$$r = xi + yj + zk \tag{7.1.1}$$

式中 i, j, k 分别是 x, y, z 轴正方向上的单位矢量,均为常矢量,满足

$$i \cdot i = j \cdot j = k \cdot k = 1, \quad i \cdot j = j \cdot k = k \cdot i = 0$$
$$i \times j = k, \quad j \times k = i, \quad k \times i = j$$

在笛卡尔直角坐标系 $O\text{-}xyz$ 中,空间体积元为

$$\mathrm{d}V \equiv \mathrm{d}^3 r = \mathrm{d}x\mathrm{d}y\mathrm{d}z$$

有不少物理问题,由于边界的形状和势能函数的具体特点,不宜采用笛卡尔直角坐标系,为方便计算引入并使用广义坐标系. 为书写方便,本章中我们以 $x_1 = x$,$x_2 = y$,$x_3 = z$ 表示笛卡尔直角坐标系的坐标,引入广义坐标 q_1,q_2,q_3,从而建立广义坐标系 $O\text{-}q_1q_2q_3$. 笛卡尔直角坐标与广义坐标之间的变换关系为

$$\begin{cases} x_1 = x_1(q_1, q_2, q_3) \\ x_2 = x_2(q_1, q_2, q_3) \\ x_3 = x_3(q_1, q_2, q_3) \end{cases} \text{和} \quad \begin{cases} q_1 = q_1(x_1, x_2, x_3) \\ q_2 = q_2(x_1, x_2, x_3) \\ q_3 = q_3(x_1, x_2, x_3) \end{cases} \tag{7.1.2}$$

引入雅可比矩阵

$$J = \begin{bmatrix} \partial x_1/\partial q_1 & \partial x_1/\partial q_2 & \partial x_1/\partial q_3 \\ \partial x_2/\partial q_1 & \partial x_2/\partial q_2 & \partial x_2/\partial q_3 \\ \partial x_3/\partial q_1 & \partial x_3/\partial q_2 & \partial x_3/\partial q_3 \end{bmatrix} \tag{7.1.3}$$

其行列式称为雅可比(Jacobian),即

$$\mathscr{J} = \det J = \begin{vmatrix} \partial x_1/\partial q_1 & \partial x_1/\partial q_2 & \partial x_1/\partial q_3 \\ \partial x_2/\partial q_1 & \partial x_2/\partial q_2 & \partial x_2/\partial q_3 \\ \partial x_3/\partial q_1 & \partial x_3/\partial q_2 & \partial x_3/\partial q_3 \end{vmatrix} \tag{7.1.4}$$

空间中两点 $P(x_1, x_2, x_3)$ 和 $P'(x_1 + \mathrm{d}x_1, x_2 + \mathrm{d}x_2, x_3 + \mathrm{d}x_3)$ 之间的距离

$$(\mathrm{d}s)^2 = (\mathrm{d}x_1)^2 + (\mathrm{d}x_2)^2 + (\mathrm{d}x_3)^2$$

$$= \left(\frac{\partial x_1}{\partial q_1}\mathrm{d}q_1 + \frac{\partial x_1}{\partial q_2}\mathrm{d}q_2 + \frac{\partial x_1}{\partial q_3}\mathrm{d}q_3\right)^2 + \left(\frac{\partial x_2}{\partial q_1}\mathrm{d}q_1 + \frac{\partial x_2}{\partial q_2}\mathrm{d}q_2 + \frac{\partial x_2}{\partial q_3}\mathrm{d}q_3\right)^2$$

$$+ \left(\frac{\partial x_3}{\partial q_1}\mathrm{d}q_1 + \frac{\partial x_3}{\partial q_2}\mathrm{d}q_2 + \frac{\partial x_3}{\partial q_3}\mathrm{d}q_3\right)^2$$

$$= \left[\left(\frac{\partial x_1}{\partial q_1}\right)^2 + \left(\frac{\partial x_2}{\partial q_1}\right)^2 + \left(\frac{\partial x_3}{\partial q_1}\right)^2\right](\mathrm{d}q_1)^2$$

$$+ \left[\left(\frac{\partial x_1}{\partial q_2}\right)^2 + \left(\frac{\partial x_2}{\partial q_2}\right)^2 + \left(\frac{\partial x_3}{\partial q_2}\right)^2\right](\mathrm{d}q_2)^2$$

$$+ \left[\left(\frac{\partial x_1}{\partial q_3}\right)^2 + \left(\frac{\partial x_2}{\partial q_3}\right)^2 + \left(\frac{\partial x_3}{\partial q_3}\right)^2\right](\mathrm{d}q_3)^2$$

$$+ 2\left(\frac{\partial x_1}{\partial q_1}\frac{\partial x_1}{\partial q_2} + \frac{\partial x_2}{\partial q_1}\frac{\partial x_2}{\partial q_2} + \frac{\partial x_3}{\partial q_1}\frac{\partial x_3}{\partial q_2}\right)\mathrm{d}q_1\mathrm{d}q_2$$

$$+ 2\left(\frac{\partial x_1}{\partial q_1}\frac{\partial x_1}{\partial q_3} + \frac{\partial x_2}{\partial q_1}\frac{\partial x_2}{\partial q_3} + \frac{\partial x_3}{\partial q_1}\frac{\partial x_3}{\partial q_3}\right)\mathrm{d}q_1\mathrm{d}q_3$$

$$+ 2\left(\frac{\partial x_1}{\partial q_2}\frac{\partial x_1}{\partial q_3} + \frac{\partial x_2}{\partial q_2}\frac{\partial x_2}{\partial q_3} + \frac{\partial x_3}{\partial q_2}\frac{\partial x_3}{\partial q_3}\right)\mathrm{d}q_2\mathrm{d}q_3$$

$$= g_{11}(\mathrm{d}q_1)^2 + g_{22}(\mathrm{d}q_2)^2 + g_{33}(\mathrm{d}q_3)^2 + g_{12}\mathrm{d}q_1\mathrm{d}q_2 + g_{21}\mathrm{d}q_2\mathrm{d}q_1$$

$$+ g_{13}\mathrm{d}q_1\mathrm{d}q_3 + g_{31}\mathrm{d}q_3\mathrm{d}q_1 + g_{23}\mathrm{d}q_2\mathrm{d}q_3 + g_{32}\mathrm{d}q_3\mathrm{d}q_2$$

$$= (\mathrm{d}q_1 \quad \mathrm{d}q_2 \quad \mathrm{d}q_3)\, G \begin{pmatrix} \mathrm{d}q_1 \\ \mathrm{d}q_2 \\ \mathrm{d}q_3 \end{pmatrix} \tag{7.1.5}$$

式中

$$G = \begin{pmatrix} \left(\frac{\partial x_1}{\partial q_1}\right)^2 + \left(\frac{\partial x_2}{\partial q_1}\right)^2 + \left(\frac{\partial x_3}{\partial q_1}\right)^2 & \frac{\partial x_1}{\partial q_1}\frac{\partial x_1}{\partial q_2} + \frac{\partial x_2}{\partial q_1}\frac{\partial x_2}{\partial q_2} + \frac{\partial x_3}{\partial q_1}\frac{\partial x_3}{\partial q_2} & \frac{\partial x_1}{\partial q_1}\frac{\partial x_1}{\partial q_3} + \frac{\partial x_2}{\partial q_1}\frac{\partial x_2}{\partial q_3} + \frac{\partial x_3}{\partial q_1}\frac{\partial x_3}{\partial q_3} \\ \frac{\partial x_1}{\partial q_1}\frac{\partial x_1}{\partial q_2} + \frac{\partial x_2}{\partial q_1}\frac{\partial x_2}{\partial q_2} + \frac{\partial x_3}{\partial q_1}\frac{\partial x_3}{\partial q_2} & \left(\frac{\partial x_1}{\partial q_2}\right)^2 + \left(\frac{\partial x_2}{\partial q_2}\right)^2 + \left(\frac{\partial x_3}{\partial q_2}\right)^2 & \frac{\partial x_1}{\partial q_2}\frac{\partial x_1}{\partial q_3} + \frac{\partial x_2}{\partial q_2}\frac{\partial x_2}{\partial q_3} + \frac{\partial x_3}{\partial q_2}\frac{\partial x_3}{\partial q_3} \\ \frac{\partial x_1}{\partial q_1}\frac{\partial x_1}{\partial q_3} + \frac{\partial x_2}{\partial q_1}\frac{\partial x_2}{\partial q_3} + \frac{\partial x_3}{\partial q_1}\frac{\partial x_3}{\partial q_3} & \frac{\partial x_1}{\partial q_2}\frac{\partial x_1}{\partial q_3} + \frac{\partial x_2}{\partial q_2}\frac{\partial x_2}{\partial q_3} + \frac{\partial x_3}{\partial q_2}\frac{\partial x_3}{\partial q_3} & \left(\frac{\partial x_1}{\partial q_3}\right)^2 + \left(\frac{\partial x_2}{\partial q_3}\right)^2 + \left(\frac{\partial x_3}{\partial q_3}\right)^2 \end{pmatrix}$$

$$= \begin{pmatrix} g_{11} & g_{12} & g_{13} \\ g_{21} & g_{22} & g_{23} \\ g_{31} & g_{32} & g_{33} \end{pmatrix} \tag{7.1.6}$$

称为**度规张量**,其行列式

$$g = \det G \tag{7.1.7}$$

称为**度规量**,g_{ij} 称为**度规系数**. 比较(7.1.3)式和(7.1.6)式可知雅可比矩阵与度规张量存在如下关系:

$$\tilde{J}J = G \tag{7.1.8}$$

其中 $\tilde{J}$ 是 J 的转置矩阵. 由于 $\det \tilde{J} = \det J$ 及 $\det(\tilde{J}J) = \det \tilde{J} \cdot \det J = (\det J)^2 = \mathscr{J}^2$,故可得知

$$|\mathscr{J}| = \sqrt{g} \tag{7.1.9}$$

这是雅可比与度规量的关系.

任一位置矢量可表示为

$$\boldsymbol{r} = x_1\boldsymbol{i} + x_2\boldsymbol{j} + x_3\boldsymbol{k} = x_1(q_1,q_2,q_3)\boldsymbol{i} + x_2(q_1,q_2,q_3)\boldsymbol{j} + x_3(q_1,q_2,q_3)\boldsymbol{k} \tag{7.1.10}$$

那么定义任意一点处广义坐标系 $O\text{-}q_1q_2q_3$ 的三个单位矢量为

$$e_{q_1} = \frac{\partial \boldsymbol{r}}{\partial q_1} \Big/ \left| \frac{\partial \boldsymbol{r}}{\partial q_1} \right| = \frac{1}{H_1}\left(\frac{\partial x_1}{\partial q_1}\boldsymbol{i} + \frac{\partial x_2}{\partial q_1}\boldsymbol{j} + \frac{\partial x_3}{\partial q_1}\boldsymbol{k}\right) \tag{7.1.11}$$

$$e_{q_2} = \frac{\partial \boldsymbol{r}}{\partial q_2} \Big/ \left| \frac{\partial \boldsymbol{r}}{\partial q_2} \right| = \frac{1}{H_2}\left(\frac{\partial x_1}{\partial q_2}\boldsymbol{i} + \frac{\partial x_2}{\partial q_2}\boldsymbol{j} + \frac{\partial x_3}{\partial q_2}\boldsymbol{k}\right) \tag{7.1.12}$$

$$e_{q_3} = \frac{\partial \boldsymbol{r}}{\partial q_3} \Big/ \left| \frac{\partial \boldsymbol{r}}{\partial q_3} \right| = \frac{1}{H_3}\left(\frac{\partial x_1}{\partial q_3}\boldsymbol{i} + \frac{\partial x_2}{\partial q_3}\boldsymbol{j} + \frac{\partial x_3}{\partial q_3}\boldsymbol{k}\right) \tag{7.1.13}$$

式中

$$H_1 = \sqrt{\left(\frac{\partial x_1}{\partial q_1}\right)^2 + \left(\frac{\partial x_2}{\partial q_1}\right)^2 + \left(\frac{\partial x_3}{\partial q_1}\right)^2}$$

$$H_2 = \sqrt{\left(\frac{\partial x_1}{\partial q_2}\right)^2 + \left(\frac{\partial x_2}{\partial q_2}\right)^2 + \left(\frac{\partial x_3}{\partial q_2}\right)^2}$$

$$H_3 = \sqrt{\left(\frac{\partial x_1}{\partial q_3}\right)^2 + \left(\frac{\partial x_2}{\partial q_3}\right)^2 + \left(\frac{\partial x_3}{\partial q_3}\right)^2}$$

这三个单位矢量 $e_{q_1}, e_{q_2}, e_{q_3}$ 的方向分别指向广义坐标 q_1, q_2, q_3 微量增加的方向. 一般来说,单位矢量 $e_{q_1}, e_{q_2}, e_{q_3}$ 未必都是常矢量,尽管它们的大小都等于单位 1,但方向可能会随着空间坐标 q_1, q_2, q_3 的变化而变化,或者说它们的方向可能会随着位矢 $\boldsymbol{r}$ 的改变而改变.

对空间中任意一点,若三个单位矢量 $e_{q_1}, e_{q_2}, e_{q_3}$ 两两正交,也就是有

$$e_{q_1} \cdot e_{q_2} = 0, \quad e_{q_1} \cdot e_{q_3} = 0, \quad e_{q_2} \cdot e_{q_3} = 0 \tag{7.1.14}$$

亦即

$$\frac{\partial x_1}{\partial q_1}\frac{\partial x_1}{\partial q_2} + \frac{\partial x_2}{\partial q_1}\frac{\partial x_2}{\partial q_2} + \frac{\partial x_3}{\partial q_1}\frac{\partial x_3}{\partial q_2} = 0$$

$$\frac{\partial x_1}{\partial q_1}\frac{\partial x_1}{\partial q_3} + \frac{\partial x_2}{\partial q_1}\frac{\partial x_2}{\partial q_3} + \frac{\partial x_3}{\partial q_1}\frac{\partial x_3}{\partial q_3} = 0$$

$$\frac{\partial x_1}{\partial q_2}\frac{\partial x_1}{\partial q_3} + \frac{\partial x_2}{\partial q_2}\frac{\partial x_2}{\partial q_3} + \frac{\partial x_3}{\partial q_2}\frac{\partial x_3}{\partial q_3} = 0$$

那么,由 q_1, q_2, q_3 构成的广义坐标系就是**正交广义坐标系**(或称**正交曲线坐标系**).那么,(7.1.6)式、(7.1.7)式与(7.1.9)式也就分别约化为

$$G = \begin{bmatrix} H_1^2 & 0 & 0 \\ 0 & H_2^2 & 0 \\ 0 & 0 & H_3^2 \end{bmatrix}, \quad g = \det G = H_1^2 H_2^2 H_3^2$$

$$|\mathcal{J}| = \sqrt{g} = H_1 H_2 H_3 \qquad (7.1.15)$$

对空间中任意一点,若三个单位矢量 e_{q_1}, e_{q_2}, e_{q_3} 并不两两正交,即三个标积

$$e_{q_1} \cdot e_{q_2}, \quad e_{q_1} \cdot e_{q_3}, \quad e_{q_2} \cdot e_{q_3}$$

中至少有一个不等于零,那么,由 q_1, q_2, q_3 构成的广义坐标系就**不是正交广义坐标系**,称之为**非正交广义坐标系**(或称**非正交曲线坐标系**).

我们知道,在笛卡尔直角坐标系中的空间体积元为 $dV = dx_1 dx_2 dx_3$. 那么,在广义坐标系 $O\text{-}q_1 q_2 q_3$ 中的空间体积元是什么呢? 如图 7.1.1 所示,取一个微小六面体,它由 q_1, $q_1 + dq_1$; q_2, $q_2 + dq_2$; q_3, $q_3 + dq_3$ 六个曲面围成. 不妨将这六个微小曲面当作平面,那么这六个平面也就围成了一个平行六面体.

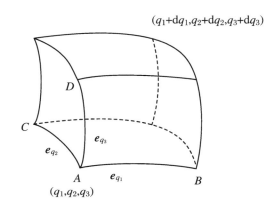

图 7.1.1　微小六面体

下面先计算由此平行六面体的顶点 A 出发的三个棱 AB, AC, AD 的长度. A 点和 B 点具有相同的 q_2 和 q_3,而 q_1 有了微量增加 dq_1,则该两点间的距离(即 AB 的长度)为

$$(ds_1)^2 = (dx_1)^2 + (dx_2)^2 + (dx_3)^2$$
$$= \left(\frac{\partial x_1}{\partial q_1} dq_1\right)^2 + \left(\frac{\partial x_2}{\partial q_1} dq_1\right)^2 + \left(\frac{\partial x_3}{\partial q_1} dq_1\right)^2 = H_1^2 (dq_1)^2$$

这可改写为

$$ds_1 = H_1 dq_1$$

同理,A 点和 C 点具有相同的 q_1 和 q_3,而 q_2 有了微量增加 dq_2,则该两点间的距离(即 AC 的长度)为

$$ds_2 = H_2 dq_2$$

A 点和 D 点具有相同的 q_1 和 q_2，而 q_3 有了微量增加 $\mathrm{d}q_3$，则该两点间的距离（即 AD 的长度）为

$$\mathrm{d}s_3 = H_3 \mathrm{d}q_3$$

所以，该平行六面体的体积为

$$\mathrm{d}V \equiv \mathrm{d}^3 r = \left| \left[(H_1 \mathrm{d}q_1 \boldsymbol{e}_{q_1}) \times (H_2 \mathrm{d}q_2 \boldsymbol{e}_{q_2}) \right] \boldsymbol{\cdot} (H_3 \mathrm{d}q_3 \boldsymbol{e}_{q_3}) \right|$$

$$= \left| \left[\left(\frac{\partial x_1}{\partial q_1} \boldsymbol{i} + \frac{\partial x_2}{\partial q_1} \boldsymbol{j} + \frac{\partial x_3}{\partial q_1} \boldsymbol{k} \right) \times \left(\frac{\partial x_1}{\partial q_2} \boldsymbol{i} + \frac{\partial x_2}{\partial q_2} \boldsymbol{j} + \frac{\partial x_3}{\partial q_2} \boldsymbol{k} \right) \right] \right.$$
$$\left. \boldsymbol{\cdot} \left(\frac{\partial x_1}{\partial q_3} \boldsymbol{i} + \frac{\partial x_2}{\partial q_3} \boldsymbol{j} + \frac{\partial x_3}{\partial q_3} \boldsymbol{k} \right) \right| \mathrm{d}q_1 \mathrm{d}q_2 \mathrm{d}q_3$$

$$= \left| \left[\left(\frac{\partial x_1}{\partial q_1} \frac{\partial x_2}{\partial q_2} - \frac{\partial x_2}{\partial q_1} \frac{\partial x_1}{\partial q_2} \right) \boldsymbol{k} + \left(\frac{\partial x_2}{\partial q_1} \frac{\partial x_3}{\partial q_2} - \frac{\partial x_3}{\partial q_1} \frac{\partial x_2}{\partial q_2} \right) \boldsymbol{i} + \left(\frac{\partial x_3}{\partial q_1} \frac{\partial x_1}{\partial q_2} - \frac{\partial x_1}{\partial q_1} \frac{\partial x_3}{\partial q_2} \right) \boldsymbol{j} \right] \right.$$
$$\left. \boldsymbol{\cdot} \left(\frac{\partial x_1}{\partial q_3} \boldsymbol{i} + \frac{\partial x_2}{\partial q_3} \boldsymbol{j} + \frac{\partial x_3}{\partial q_3} \boldsymbol{k} \right) \right| \mathrm{d}q_1 \mathrm{d}q_2 \mathrm{d}q_3$$

$$= \left| \left[\left(\frac{\partial x_2}{\partial q_1} \frac{\partial x_3}{\partial q_2} - \frac{\partial x_3}{\partial q_1} \frac{\partial x_2}{\partial q_2} \right) \frac{\partial x_1}{\partial q_3} + \left(\frac{\partial x_3}{\partial q_1} \frac{\partial x_1}{\partial q_2} - \frac{\partial x_1}{\partial q_1} \frac{\partial x_3}{\partial q_2} \right) \frac{\partial x_2}{\partial q_3} \right. \right.$$
$$\left. \left. + \left(\frac{\partial x_1}{\partial q_1} \frac{\partial x_2}{\partial q_2} - \frac{\partial x_2}{\partial q_1} \frac{\partial x_1}{\partial q_2} \right) \frac{\partial x_3}{\partial q_3} \right] \right| \mathrm{d}q_1 \mathrm{d}q_2 \mathrm{d}q_3$$

亦即

$$\mathrm{d}V \equiv \mathrm{d}^3 r = |\mathscr{J}| \mathrm{d}q_1 \mathrm{d}q_2 \mathrm{d}q_3 = \sqrt{g} \, \mathrm{d}q_1 \mathrm{d}q_2 \mathrm{d}q_3 \tag{7.1.16}$$

现在我们具体地讨论一种典型的广义坐标系——球极坐标系 $O\text{-}r\theta\varphi$，它与笛卡尔直角坐标系的变换关系式为（$x_1 \equiv x, x_2 \equiv y, x_3 \equiv z; q_1 \equiv r, q_2 \equiv \theta, q_3 \equiv \varphi$）

$$\begin{cases} x = r\sin\theta\cos\varphi \\ y = r\sin\theta\sin\varphi \\ z = r\cos\theta \end{cases} \quad \text{和} \quad \begin{cases} r = \sqrt{x^2 + y^2 + z^2} \\ \cos\theta = \dfrac{z}{\sqrt{x^2 + y^2 + z^2}} \\ \tan\varphi = \dfrac{y}{x} \end{cases} \tag{7.1.17}$$

依据（7.1.11）式～（7.1.13）式，可得

$$\begin{aligned} & H_1 = 1, \quad H_2 = r, \quad H_3 = r\sin\theta \\ & \boldsymbol{e}_r = \boldsymbol{i}\sin\theta\cos\varphi + \boldsymbol{j}\sin\theta\sin\varphi + \boldsymbol{k}\cos\theta \\ & \boldsymbol{e}_\theta = \boldsymbol{i}\cos\theta\cos\varphi + \boldsymbol{j}\cos\theta\sin\varphi - \boldsymbol{k}\sin\theta \\ & \boldsymbol{e}_\varphi = -\boldsymbol{i}\sin\varphi + \boldsymbol{j}\cos\varphi \end{aligned} \tag{7.1.18}$$

易见 $e_r \cdot e_\theta = e_r \cdot e_\varphi = e_\theta \cdot e_\varphi = 0$，也就是说球极坐标系是一种正交坐标系（或正交广义坐标系、正交曲线坐标系），并有

$$|\mathscr{J}| = \sqrt{g} = r^2 \sin\theta, \quad \mathrm{d}V \equiv \mathrm{d}^3 r = r^2 \sin\theta\, \mathrm{d}r \mathrm{d}\theta \mathrm{d}\varphi \tag{7.1.19}$$

再如柱极坐标系 $O\text{-}\rho\varphi z$，它与笛卡尔直角坐标系的变换关系式为（$x_1 \equiv x, x_2 \equiv y,$ $x_3 \equiv z; q_1 \equiv \rho, q_2 \equiv \varphi, q_3 \equiv z$）

$$\begin{cases} x = \rho\cos\varphi \\ y = \rho\sin\varphi \\ z = z \end{cases} \quad \text{和} \quad \begin{cases} \rho = \sqrt{x^2 + y^2} \\ \tan\varphi = \dfrac{y}{x} \\ z = z \end{cases} \tag{7.1.20}$$

依据(7.1.11)式～(7.1.13)式，可得

$$H_1 = 1, \quad H_2 = \rho, \quad H_3 = 1$$
$$e_\rho = i\cos\varphi + j\sin\varphi, \quad e_\varphi = -i\sin\varphi + j\cos\varphi, \quad e_z = k \tag{7.1.21}$$

易见 $e_\rho \cdot e_\varphi = e_\rho \cdot e_z = e_\varphi \cdot e_z = 0$，也就是说柱极坐标系也是一种正交坐标系，并有

$$|\mathscr{J}| = \sqrt{g} = \rho, \quad \mathrm{d}V \equiv \mathrm{d}^3 r = \rho \mathrm{d}\rho \mathrm{d}\varphi \mathrm{d}z \tag{7.1.22}$$

最后，我们再举一个非正交坐标系的例子，即笛卡尔斜角坐标系，如图 7.1.2 所示，它与笛卡尔直角坐标系的变换关系式为（$x_1 \equiv x, x_2 \equiv y, x_3 \equiv z; q_1 \equiv x', q_2 \equiv y', q_3 \equiv z$）

$$\begin{cases} x = x' + y'\cos\alpha \\ y = y'\sin\alpha \\ z = z' \end{cases} \quad \text{和} \quad \begin{cases} x' = x - y\cot\alpha \\ y' = y\,\dfrac{1}{\sin\alpha} \\ z' = z \end{cases} \tag{7.1.23}$$

依据(7.1.11)式～(7.1.13)式，可得

$$H_1 = 1, \quad H_2 = 1, \quad H_3 = 1; \quad e_{x'} = i, \quad e_{y'} = i\cos\alpha + j\sin\alpha, \quad e_{z'} = k$$

易见 $e_{x'} \cdot e_{y'} = \cos\alpha, e_{x'} \cdot e_{z'} = e_{y'} \cdot e_{z'} = 0$，也就是说笛卡尔斜角坐标系不是一种正交坐标系，并有

$$|\mathscr{J}| = \sqrt{g} = \sin\alpha, \quad \mathrm{d}V \equiv \mathrm{d}^3 r = \sin\alpha\, \mathrm{d}x' \mathrm{d}y' \mathrm{d}z' \tag{7.1.24}$$

显然，当 x' 轴与 y' 轴的夹角 $\alpha = \dfrac{\pi}{2}$ 时，它就是笛卡尔直角坐标系.

(7.1.11)式～(7.1.13)式意味着广义坐标系 $O\text{-}q_1 q_2 q_3$ 的三个单位矢量如何用笛卡尔直角坐标系 $O\text{-}xyz$ 的三个单位矢量表示. 反过来，也可以用广义坐标系 $O\text{-}q_1 q_2 q_3$ 的三个

单位矢量来表示笛卡尔直角坐标系 $O\text{-}xyz$ 的三个单位矢量. 为此, 我们把 (7.1.11) 式~ (7.1.13) 式写成矩阵形式, 即

$$
\begin{pmatrix} H_1 e_{q_1} \\ H_2 e_{q_2} \\ H_3 e_{q_3} \end{pmatrix} = \begin{pmatrix} \dfrac{\partial x_1}{\partial q_1} & \dfrac{\partial x_2}{\partial q_1} & \dfrac{\partial x_3}{\partial q_1} \\[2mm] \dfrac{\partial x_1}{\partial q_2} & \dfrac{\partial x_2}{\partial q_2} & \dfrac{\partial x_3}{\partial q_2} \\[2mm] \dfrac{\partial x_1}{\partial q_3} & \dfrac{\partial x_2}{\partial q_3} & \dfrac{\partial x_3}{\partial q_3} \end{pmatrix} \begin{pmatrix} i \\ j \\ k \end{pmatrix} = \tilde{J} \begin{pmatrix} i \\ j \\ k \end{pmatrix}
\tag{7.1.25}
$$

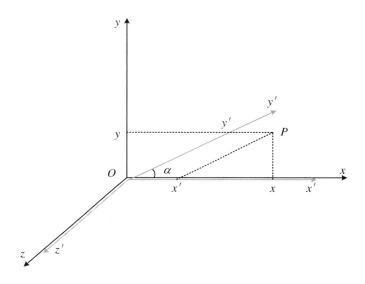

图 7.1.2　笛卡尔斜角坐标系

其中 $\tilde{J}$ 是雅可比矩阵 J 的转置矩阵, 其逆为

$$
\begin{aligned}
\tilde{J}^{-1} &= \begin{pmatrix} A_{11} & A_{12} & A_{13} \\ A_{21} & A_{22} & A_{23} \\ A_{31} & A_{32} & A_{33} \end{pmatrix} \\[3mm]
&= \frac{1}{\mathscr{J}} \begin{pmatrix} \dfrac{\partial x_2}{\partial q_2}\dfrac{\partial x_3}{\partial q_3} - \dfrac{\partial x_3}{\partial q_2}\dfrac{\partial x_2}{\partial q_3} & \dfrac{\partial x_3}{\partial q_1}\dfrac{\partial x_2}{\partial q_3} - \dfrac{\partial x_2}{\partial q_1}\dfrac{\partial x_3}{\partial q_3} & \dfrac{\partial x_2}{\partial q_1}\dfrac{\partial x_3}{\partial q_2} - \dfrac{\partial x_3}{\partial q_1}\dfrac{\partial x_2}{\partial q_2} \\[3mm] \dfrac{\partial x_3}{\partial q_2}\dfrac{\partial x_1}{\partial q_3} - \dfrac{\partial x_1}{\partial q_2}\dfrac{\partial x_3}{\partial q_3} & \dfrac{\partial x_1}{\partial q_1}\dfrac{\partial x_3}{\partial q_3} - \dfrac{\partial x_3}{\partial q_1}\dfrac{\partial x_1}{\partial q_3} & \dfrac{\partial x_3}{\partial q_1}\dfrac{\partial x_1}{\partial q_2} - \dfrac{\partial x_1}{\partial q_1}\dfrac{\partial x_3}{\partial q_2} \\[3mm] \dfrac{\partial x_1}{\partial q_2}\dfrac{\partial x_2}{\partial q_3} - \dfrac{\partial x_2}{\partial q_2}\dfrac{\partial x_1}{\partial q_3} & \dfrac{\partial x_1}{\partial q_3}\dfrac{\partial x_2}{\partial q_1} - \dfrac{\partial x_1}{\partial q_1}\dfrac{\partial x_2}{\partial q_3} & \dfrac{\partial x_1}{\partial q_1}\dfrac{\partial x_2}{\partial q_2} - \dfrac{\partial x_2}{\partial q_1}\dfrac{\partial x_1}{\partial q_2} \end{pmatrix}
\end{aligned}
\tag{7.1.26}
$$

这里 $A_{ij} = \dfrac{1}{J}\tilde{J}^{ji}$，$\tilde{J}^{ji}$ 是 $\tilde{J}_{ji}$ 的代数余子式.用 $\tilde{J}^{-1}$ 左乘(7.1.25)式,得

$$
\begin{pmatrix} \boldsymbol{i} \\ \boldsymbol{j} \\ \boldsymbol{k} \end{pmatrix} = \tilde{J}^{-1} \begin{pmatrix} H_1 \boldsymbol{e}_{q_1} \\ H_2 \boldsymbol{e}_{q_2} \\ H_3 \boldsymbol{e}_{q_3} \end{pmatrix} \tag{7.1.27}
$$

亦即

$$
\begin{aligned}
\boldsymbol{i} =\ & \boldsymbol{e}_{q_1} \frac{H_1}{J}\left(\frac{\partial x_2}{\partial q_2}\frac{\partial x_3}{\partial q_3} - \frac{\partial x_3}{\partial q_2}\frac{\partial x_2}{\partial q_3}\right) + \boldsymbol{e}_{q_2} \frac{H_2}{J}\left(\frac{\partial x_3}{\partial q_1}\frac{\partial x_2}{\partial q_3} - \frac{\partial x_2}{\partial q_1}\frac{\partial x_3}{\partial q_3}\right) \\
& + \boldsymbol{e}_{q_3} \frac{H_3}{J}\left(\frac{\partial x_2}{\partial q_1}\frac{\partial x_3}{\partial q_2} - \frac{\partial x_3}{\partial q_1}\frac{\partial x_2}{\partial q_2}\right) \\
\boldsymbol{j} =\ & \boldsymbol{e}_{q_1} \frac{H_1}{J}\left(\frac{\partial x_3}{\partial q_2}\frac{\partial x_1}{\partial q_3} - \frac{\partial x_1}{\partial q_2}\frac{\partial x_3}{\partial q_3}\right) + \boldsymbol{e}_{q_2} \frac{H_2}{J}\left(\frac{\partial x_1}{\partial q_1}\frac{\partial x_3}{\partial q_3} - \frac{\partial x_3}{\partial q_1}\frac{\partial x_1}{\partial q_3}\right) \\
& + \boldsymbol{e}_{q_3} \frac{H_3}{J}\left(\frac{\partial x_3}{\partial q_1}\frac{\partial x_1}{\partial q_2} - \frac{\partial x_1}{\partial q_1}\frac{\partial x_3}{\partial q_2}\right) \\
\boldsymbol{k} =\ & \boldsymbol{e}_{q_1} \frac{H_1}{J}\left(\frac{\partial x_1}{\partial q_2}\frac{\partial x_2}{\partial q_3} - \frac{\partial x_2}{\partial q_2}\frac{\partial x_1}{\partial q_3}\right) + \boldsymbol{e}_{q_2} \frac{H_2}{J}\left(\frac{\partial x_1}{\partial q_3}\frac{\partial x_2}{\partial q_1} - \frac{\partial x_1}{\partial q_1}\frac{\partial x_2}{\partial q_3}\right) \\
& + \boldsymbol{e}_{q_3} \frac{H_3}{J}\left(\frac{\partial x_1}{\partial q_1}\frac{\partial x_2}{\partial q_2} - \frac{\partial x_2}{\partial q_1}\frac{\partial x_1}{\partial q_2}\right)
\end{aligned} \tag{7.1.28}
$$

这样就用广义坐标系的三个单位矢量把笛卡尔直角坐标系的三个单位矢量表示出来了.

譬如,可用球极坐标系的三个单位矢量将笛卡尔直角坐标系的三个单位矢量表示出来,即

$$
\begin{aligned}
\boldsymbol{i} &= \boldsymbol{e}_r \sin\theta\cos\varphi + \boldsymbol{e}_\theta \cos\theta\cos\varphi - \boldsymbol{e}_\varphi \sin\varphi \\
\boldsymbol{j} &= \boldsymbol{e}_r \sin\theta\sin\varphi + \boldsymbol{e}_\theta \cos\theta\sin\varphi + \boldsymbol{e}_\varphi \cos\varphi \\
\boldsymbol{k} &= \boldsymbol{e}_r \cos\theta - \boldsymbol{e}_\theta \sin\theta
\end{aligned} \tag{7.1.29}
$$

又如,可用柱极坐标系的三个单位矢量将笛卡尔直角坐标系的三个单位矢量表示出来,即

$$
\begin{aligned}
\boldsymbol{i} &= \boldsymbol{e}_\rho \cos\varphi - \boldsymbol{e}_\varphi \sin\varphi \\
\boldsymbol{j} &= \boldsymbol{e}_\rho \sin\varphi + \boldsymbol{e}_\varphi \cos\varphi \\
\boldsymbol{k} &= \boldsymbol{e}_z
\end{aligned} \tag{7.1.30}
$$

上面我们已经指出单位矢量 $\boldsymbol{e}_{q_1}$，$\boldsymbol{e}_{q_2}$，$\boldsymbol{e}_{q_3}$ 未必都是常矢量,它们的方向可能会随着位矢 $\boldsymbol{r}$ 的改变而改变.事实上,可以利用(7.1.11)式～(7.1.13)式以及(7.1.28)式导出

它们随空间坐标 q_1, q_2, q_3 的变化式,但由于结果太过冗长,这里不再给出.实际中,针对具体的广义坐标系可以较为方便地导出结果,关键是掌握基本方法.下面就以球极坐标系和柱极坐标系为例阐述其方法.

对于球极坐标系,利用(7.1.18)式可得

$$\frac{\partial \boldsymbol{e}_r}{\partial r} = \frac{\partial \boldsymbol{e}_\theta}{\partial r} = \frac{\partial \boldsymbol{e}_\varphi}{\partial r} = 0, \quad \frac{\partial \boldsymbol{e}_r}{\partial \theta} = \boldsymbol{i}\cos\theta\cos\varphi + \boldsymbol{j}\cos\theta\sin\varphi - \boldsymbol{k}\sin\theta$$

现在观察(7.1.18)式,或将(7.1.29)式代入,便可得到 $\frac{\partial \boldsymbol{e}_r}{\partial \theta} = \boldsymbol{e}_\theta$.

同样地,可得

$$\frac{\partial \boldsymbol{e}_\theta}{\partial \theta} = -\boldsymbol{i}\sin\theta\cos\varphi - \boldsymbol{j}\sin\theta\sin\varphi - \boldsymbol{k}\cos\theta = -\boldsymbol{e}_r, \quad \frac{\partial \boldsymbol{e}_\varphi}{\partial \theta} = 0$$

$$\frac{\partial \boldsymbol{e}_r}{\partial \varphi} = -\boldsymbol{i}\sin\theta\sin\varphi + \boldsymbol{j}\sin\theta\cos\varphi = \boldsymbol{e}_\varphi\sin\theta$$

$$\frac{\partial \boldsymbol{e}_\theta}{\partial \varphi} = -\boldsymbol{i}\cos\theta\sin\varphi + \boldsymbol{j}\cos\theta\cos\varphi = \boldsymbol{e}_\varphi\cos\theta \tag{7.1.31}$$

$$\frac{\partial \boldsymbol{e}_\varphi}{\partial \varphi} = -\boldsymbol{i}\cos\varphi - \boldsymbol{j}\sin\varphi = -\boldsymbol{e}_r\sin\theta - \boldsymbol{e}_\theta\cos\theta$$

对于柱极坐标系,采用同样方法可以得到

$$\frac{\partial \boldsymbol{e}_\rho}{\partial \rho} = 0, \quad \frac{\partial \boldsymbol{e}_\varphi}{\partial \rho} = 0, \quad \frac{\partial \boldsymbol{e}_z}{\partial \rho} = 0$$

$$\frac{\partial \boldsymbol{e}_\rho}{\partial \varphi} = -\boldsymbol{i}\sin\varphi + \boldsymbol{j}\cos\varphi = \boldsymbol{e}_\varphi, \quad \frac{\partial \boldsymbol{e}_\varphi}{\partial \varphi} = -\boldsymbol{i}\cos\varphi - \boldsymbol{j}\sin\varphi = -\boldsymbol{e}_\rho, \quad \frac{\partial \boldsymbol{e}_z}{\partial \varphi} = 0$$

$$\frac{\partial \boldsymbol{e}_\rho}{\partial z} = 0, \quad \frac{\partial \boldsymbol{e}_\varphi}{\partial z} = 0, \quad \frac{\partial \boldsymbol{e}_z}{\partial z} = 0 \tag{7.1.32}$$

7.2 广义动量算符

考虑质量为 μ 的粒子在势能函数为 $U(\boldsymbol{r})$ 的势场中的运动,其在笛卡尔直角坐标系中的位矢为 $\boldsymbol{r} = (x_1, x_2, x_3)$.选取 q_1, q_2, q_3 为广义坐标,其与笛卡尔直角坐标间的变换关系为

$$x_1 = x_1(q_1, q_2, q_3), \quad x_2 = x_2(q_1, q_2, q_3), \quad x_3 = x_3(q_1, q_2, q_3) \tag{7.2.1}$$

它的逆变换为

$$q_1 = q_1(x_1, x_2, x_3), \quad q_2 = q_2(x_1, x_2, x_3), \quad q_3 = q_3(x_1, x_2, x_3) \tag{7.2.2}$$

那么我们有

$$\dot{x}_k = \sum_i \frac{\partial x_k}{\partial q_i} \dot{q}_i, \quad \mathrm{d}x_k = \sum_i \frac{\partial x_k}{\partial q_i} \mathrm{d}q_i, \quad \frac{\partial}{\partial x_k} = \sum_i \frac{\partial q_i}{\partial x_k} \frac{\partial}{\partial q_i} \tag{7.2.3}$$

这里 $\dot{x}_k$ 和 $\dot{q}_i$ 分别是 x_k 和 q_i 对时间 t 的微商. 坐标变换(7.2.1)式的雅可比矩阵为

$$J = \begin{pmatrix} \dfrac{\partial x_1}{\partial q_1} & \dfrac{\partial x_1}{\partial q_2} & \dfrac{\partial x_1}{\partial q_3} \\[2mm] \dfrac{\partial x_2}{\partial q_1} & \dfrac{\partial x_2}{\partial q_2} & \dfrac{\partial x_2}{\partial q_3} \\[2mm] \dfrac{\partial x_3}{\partial q_1} & \dfrac{\partial x_3}{\partial q_2} & \dfrac{\partial x_3}{\partial q_3} \end{pmatrix} \equiv \begin{pmatrix} j_{11} & j_{12} & j_{13} \\ j_{21} & j_{22} & j_{23} \\ j_{31} & j_{32} & j_{33} \end{pmatrix} \tag{7.2.4}$$

且记其逆矩阵为

$$J^{-1} = \begin{pmatrix} f_{11} & f_{12} & f_{13} \\ f_{21} & f_{22} & f_{23} \\ f_{31} & f_{32} & f_{33} \end{pmatrix} \tag{7.2.5a}$$

式中 $f_{ij} = \dfrac{1}{\det J} J^{ji}$, J^{ji} 是 J_{ji} 的代数余子式. 雅可比为

$$\mathscr{J} = \det J = \begin{vmatrix} \dfrac{\partial x_1}{\partial q_1} & \dfrac{\partial x_1}{\partial q_2} & \dfrac{\partial x_1}{\partial q_3} \\[2mm] \dfrac{\partial x_2}{\partial q_1} & \dfrac{\partial x_2}{\partial q_2} & \dfrac{\partial x_2}{\partial q_3} \\[2mm] \dfrac{\partial x_3}{\partial q_1} & \dfrac{\partial x_3}{\partial q_2} & \dfrac{\partial x_3}{\partial q_3} \end{vmatrix}$$

事实上, 雅可比矩阵的逆矩阵还可表示为

$$J^{-1} = \begin{pmatrix} f_{11} & f_{12} & f_{13} \\ f_{21} & f_{22} & f_{23} \\ f_{31} & f_{32} & f_{33} \end{pmatrix} = \begin{pmatrix} \dfrac{\partial q_1}{\partial x_1} & \dfrac{\partial q_1}{\partial x_2} & \dfrac{\partial q_1}{\partial x_3} \\[2mm] \dfrac{\partial q_2}{\partial x_1} & \dfrac{\partial q_2}{\partial x_2} & \dfrac{\partial q_2}{\partial x_3} \\[2mm] \dfrac{\partial q_3}{\partial x_1} & \dfrac{\partial q_3}{\partial x_2} & \dfrac{\partial q_3}{\partial x_3} \end{pmatrix} \tag{7.2.5b}$$

这两种坐标系的空间体积元变换为

$$dV = dx_1 dx_2 dx_3 \quad \Rightarrow \quad dV = |\det J| dq_1 dq_2 dq_3 \tag{7.2.6}$$

该粒子体系的经典哈密顿量为

$$H = \frac{1}{2}\mu \sum_k \dot{x}_k^2 + U(\boldsymbol{r}) = \frac{1}{2}\mu \sum_k \left(\sum_i \frac{\partial x_k}{\partial q_i} \dot{q}_i \right)^2 + U(\boldsymbol{r}) \tag{7.2.7}$$

于是我们得到与广义坐标 q_1, q_2, q_3 相对应的广义动量分别为

$$p_{q_1} = \frac{\partial H}{\partial \dot{q}_1} = \mu \sum_k \frac{\partial x_k}{\partial q_1} \left(\sum_i \frac{\partial x_k}{\partial q_i} \dot{q}_i \right) = \sum_k \frac{\partial x_k}{\partial q_1} p_{x_k} \tag{7.2.8}$$

$$p_{q_2} = \frac{\partial H}{\partial \dot{q}_2} = \mu \sum_k \frac{\partial x_k}{\partial q_2} \left(\sum_i \frac{\partial x_k}{\partial q_i} \dot{q}_i \right) = \sum_k \frac{\partial x_k}{\partial q_2} p_{x_k} \tag{7.2.9}$$

$$p_{q_3} = \frac{\partial H}{\partial \dot{q}_3} = \mu \sum_k \frac{\partial x_k}{\partial q_3} \left(\sum_i \frac{\partial x_k}{\partial q_i} \dot{q}_i \right) = \sum_k \frac{\partial x_k}{\partial q_3} p_{x_k} \tag{7.2.10}$$

基于(7.2.2)式, 在我们的心目中仍然将 $\dfrac{\partial x_k}{\partial q_i}$ 视为笛卡尔直角坐标系中坐标 x_1, x_2, x_3 的函数. 在本章中, 我们以 $\hat{x}_k$ 和 $\hat{p}_{x_k}$ 表示笛卡尔直角坐标系同一分量方向上的坐标算符和动量算符. 那么, 按照外尔编序形式下的外尔对应规则, 上面三式的外尔量子对应分别为

$$\hat{p}_{q_1} = \sum_k \vdots \frac{\widehat{\partial x_k}}{\partial q_1} \hat{p}_{x_k} \vdots, \quad \hat{p}_{q_2} = \sum_k \vdots \frac{\widehat{\partial x_k}}{\partial q_2} \hat{p}_{x_k} \vdots, \quad \hat{p}_{q_3} = \sum_k \vdots \frac{\widehat{\partial x_k}}{\partial q_3} \hat{p}_{x_k} \vdots \tag{7.2.11}$$

式中算符 $\dfrac{\widehat{\partial x_k}}{\partial q_1}, \dfrac{\widehat{\partial x_k}}{\partial q_2}, \dfrac{\widehat{\partial x_k}}{\partial q_3}$ 都是笛卡尔坐标算符 $\hat{x}_1, \hat{x}_2, \hat{x}_3$ 的函数, 外尔编序就是对笛卡尔坐标算符 $\hat{x}_1, \hat{x}_2, \hat{x}_3$ 和动量算符 $\hat{p}_{x_1}, \hat{p}_{x_2}, \hat{p}_{x_3}$ 的编序. 基于 $[\hat{x}_l, \hat{p}_{x_k}] = \mathrm{i}\hbar \delta_{kl}$, 利用外尔编序算符的等价展开式, 也就是(5.2.8b)式, 有

$$\vdots F(\hat{x}_k) \hat{p}_{x_k} \vdots = \frac{1}{2} \left[F(\hat{x}_k) \hat{p}_{x_k} + \hat{p}_{x_k} F(\hat{x}_k) \right] \tag{7.2.12}$$

(7.2.11)式可改写成

$$\hat{p}_{q_1} = \frac{1}{2} \sum_k \left(\frac{\widehat{\partial x_k}}{\partial q_1} \hat{p}_{x_k} + \hat{p}_{x_k} \frac{\widehat{\partial x_k}}{\partial q_1} \right) = \sum_k \left[\frac{\widehat{\partial x_k}}{\partial q_1} \hat{p}_{x_k} + \frac{\hbar}{2\mathrm{i}} \left(\frac{\partial}{\partial \hat{x}_k} \frac{\widehat{\partial x_k}}{\partial q_1} \right) \right] \tag{7.2.13}$$

$$\hat{p}_{q_2} = \frac{1}{2} \sum_k \left(\frac{\widehat{\partial x_k}}{\partial q_2} \hat{p}_{x_k} + \hat{p}_{x_k} \frac{\widehat{\partial x_k}}{\partial q_2} \right) = \sum_k \left[\frac{\widehat{\partial x_k}}{\partial q_2} \hat{p}_{x_k} + \frac{\hbar}{2\mathrm{i}} \left(\frac{\partial}{\partial \hat{x}_k} \frac{\widehat{\partial x_k}}{\partial q_2} \right) \right] \tag{7.2.14}$$

293

$$\hat{p}_{q_3} = \frac{1}{2}\sum_k \left(\widehat{\frac{\partial x_k}{\partial q_3}} \hat{p}_{x_k} + \hat{p}_{x_k} \widehat{\frac{\partial x_k}{\partial q_3}} \right) = \sum_k \left[\widehat{\frac{\partial x_k}{\partial q_3}} \hat{p}_{x_k} + \frac{\hbar}{2\mathrm{i}} \left(\frac{\partial}{\partial \hat{x}_k} \widehat{\frac{\partial x_k}{\partial q_3}} \right) \right] \quad (7.2.15)$$

在上面的计算中利用了算符对易子公式

$$\left[f(\hat{x}_k), \hat{p}_{x_k} \right] = \mathrm{i}\hbar \frac{\partial f(\hat{x}_k)}{\partial \hat{x}_k} \quad (7.2.16)$$

进一步,我们能够证明(参见附录4)

$$\sum_k \frac{\partial}{\partial x_k} \frac{\partial x_k}{\partial q_i} = \frac{1}{\det J} \frac{\partial \det J}{\partial q_i} \quad (7.2.17)$$

于是,(7.2.13)式～(7.2.15)式可以改写为

$$\hat{p}_{q_1} = \sum_k \widehat{\frac{\partial x_k}{\partial q_1}} \hat{p}_{x_k} + \frac{\hbar}{2\mathrm{i}} \frac{1}{\det J} \widehat{\frac{\partial \det J}{\partial q_1}} \quad (7.2.18a)$$

$$\hat{p}_{q_2} = \sum_k \widehat{\frac{\partial x_k}{\partial q_2}} \hat{p}_{x_k} + \frac{\hbar}{2\mathrm{i}} \frac{1}{\det J} \widehat{\frac{\partial \det J}{\partial q_2}} \quad (7.2.18b)$$

$$\hat{p}_{q_3} = \sum_k \widehat{\frac{\partial x_k}{\partial q_3}} \hat{p}_{x_k} + \frac{\hbar}{2\mathrm{i}} \frac{1}{\det J} \widehat{\frac{\partial \det J}{\partial q_3}} \quad (7.2.18c)$$

(7.2.18a)式～(7.2.18c)式就是广义动量算符 $\hat{p}_{q_1}$, $\hat{p}_{q_2}$ 和 $\hat{p}_{q_3}$ 的计算公式.

进一步利用(7.1.9)式,也就是雅可比与度规量的关系 $|\mathscr{J}| = |\det J| = \sqrt{g}$,上述三式可改写为

$$\hat{p}_{q_1} = \sum_k \widehat{\frac{\partial x_k}{\partial q_1}} \hat{p}_{x_k} + \frac{\hbar}{4\mathrm{i}} \frac{1}{g} \widehat{\frac{\partial g}{\partial q_1}} \quad (7.2.19a)$$

$$\hat{p}_{q_2} = \sum_k \widehat{\frac{\partial x_k}{\partial q_2}} \hat{p}_{x_k} + \frac{\hbar}{4\mathrm{i}} \frac{1}{g} \widehat{\frac{\partial g}{\partial q_2}} \quad (7.2.19b)$$

$$\hat{p}_{q_3} = \sum_k \widehat{\frac{\partial x_k}{\partial q_3}} \hat{p}_{x_k} + \frac{\hbar}{4\mathrm{i}} \frac{1}{g} \widehat{\frac{\partial g}{\partial q_3}} \quad (7.2.19c)$$

如球极坐标系,其与笛卡尔坐标系的变换关系是

$$x = r\sin\theta\cos\varphi, \quad y = r\sin\theta\sin\varphi, \quad z = r\cos\theta \quad (7.2.20)$$

式中 $x = x_1, y = x_2, z = x_3$ 与 $r = q_1, \theta = q_2, \varphi = q_3$.那么我们有

$$\frac{\partial x}{\partial r} = \sin\theta\cos\varphi, \quad \frac{\partial y}{\partial r} = \sin\theta\sin\varphi, \quad \frac{\partial z}{\partial r} = \cos\theta$$

$$\frac{\partial x}{\partial \theta} = r\cos\theta\cos\varphi, \quad \frac{\partial y}{\partial \theta} = r\cos\theta\sin\varphi, \quad \frac{\partial z}{\partial \theta} = -r\sin\theta$$

$$\frac{\partial x}{\partial \varphi} = -r\sin\theta\sin\varphi, \quad \frac{\partial y}{\partial \varphi} = r\sin\theta\cos\varphi, \quad \frac{\partial z}{\partial \varphi} = 0$$

$$\det J = r^2\sin\theta, \quad \frac{1}{\det J}\frac{\partial\det J}{\partial r} = \frac{2}{r}, \quad \frac{1}{\det J}\frac{\partial\det J}{\partial \theta} = \cot\theta, \quad \frac{1}{\det J}\frac{\partial\det J}{\partial \varphi} = 0$$

$$(7.2.21)$$

利用(7.2.20)式及其逆变换,我们将(7.2.21)式改写成

$$\frac{\partial x}{\partial r} = \frac{x}{\sqrt{x^2+y^2+z^2}}, \quad \frac{\partial y}{\partial r} = \frac{y}{\sqrt{x^2+y^2+z^2}}, \quad \frac{\partial z}{\partial r} = \frac{z}{\sqrt{x^2+y^2+z^2}}$$

$$\frac{\partial x}{\partial \theta} = \frac{xz}{\sqrt{x^2+y^2}}, \quad \frac{\partial y}{\partial \theta} = \frac{yz}{\sqrt{x^2+y^2}}, \quad \frac{\partial z}{\partial \theta} = -\sqrt{x^2+y^2}$$

$$\frac{\partial x}{\partial \varphi} = -y, \quad \frac{\partial y}{\partial \varphi} = x, \quad \frac{\partial z}{\partial \varphi} = 0$$

$$\frac{1}{\det J}\frac{\partial\det J}{\partial r} = \frac{2}{\sqrt{x^2+y^2+z^2}}, \quad \frac{1}{\det J}\frac{\partial\det J}{\partial \theta} = \frac{z}{\sqrt{x^2+y^2}}, \quad \frac{1}{\det J}\frac{\partial\det J}{\partial \varphi} = 0$$

$$(7.2.22)$$

基于以上各式便可得到

$$\hat{p}_r = \frac{\hat{x}}{\sqrt{\hat{x}^2+\hat{y}^2+\hat{z}^2}}\hat{p}_x + \frac{\hat{y}}{\sqrt{\hat{x}^2+\hat{y}^2+\hat{z}^2}}\hat{p}_y + \frac{\hat{z}}{\sqrt{\hat{x}^2+\hat{y}^2+\hat{z}^2}}\hat{p}_z + \frac{\hbar}{i}\frac{1}{\sqrt{\hat{x}^2+\hat{y}^2+\hat{z}^2}}$$

$$(7.2.23)$$

$$\hat{p}_\theta = \frac{\hat{x}\hat{z}}{\sqrt{\hat{x}^2+\hat{y}^2}}\hat{p}_x + \frac{\hat{y}\hat{z}}{\sqrt{\hat{x}^2+\hat{y}^2}}\hat{p}_y - \sqrt{\hat{x}^2+\hat{y}^2}\,\hat{p}_z + \frac{\hbar}{2i}\frac{\hat{z}}{\sqrt{\hat{x}^2+\hat{y}^2}} \quad (7.2.24)$$

$$\hat{p}_\varphi = -\hat{y}\hat{p}_x + \hat{x}\hat{p}_y \quad\quad (7.2.25)$$

其中(7.2.23)式可改写为

$$\hat{p}_r = \frac{\hat{\boldsymbol{r}}}{r}\cdot\hat{\boldsymbol{p}} + \frac{\hbar}{i}\frac{1}{r} = \frac{1}{2}\left(\frac{\hat{\boldsymbol{r}}}{r}\cdot\hat{\boldsymbol{p}} + \hat{\boldsymbol{p}}\cdot\frac{\hat{\boldsymbol{r}}}{r}\right) \quad\quad (7.2.26)$$

这里 $r \equiv \sqrt{\hat{x}^2+\hat{y}^2+\hat{z}^2}$. (7.2.26)式正是狄拉克曾使用过的径向动量算符公式,是外尔量子化方案的结果. $\hat{p}_\varphi$ 是角动量算符 $\hat{\boldsymbol{L}}$ 在 z 方向上的分量 $\hat{L}_z$.

再如椭圆柱坐标系,其与笛卡尔坐标系的变换关系式为

$$x = a\xi\cos\theta, \quad y = b\xi\sin\theta, \quad z = z \quad\quad (7.2.27)$$

295

其逆变换为

$$\xi = \sqrt{\frac{x^2}{a^2} + \frac{y^2}{b^2}} = \frac{1}{ab}\sqrt{b^2 x^2 + a^2 y^2}, \quad \tan\theta = \frac{a}{b}\frac{y}{x}, \quad z = z \tag{7.2.28}$$

式中 $x \equiv x_1, y \equiv x_2, z \equiv x_3$ 以及 $\xi \equiv q_1, \theta \equiv q_2, z \equiv q_3$. 于是有

$$J = \begin{pmatrix} a\cos\theta & -a\sin\theta & 0 \\ b\xi\sin\theta & b\xi\cos\theta & 0 \\ 0 & 0 & 1 \end{pmatrix}, \quad \det J = ab\xi, \quad \frac{1}{\det J}\frac{\partial\det J}{\partial\xi} = \frac{1}{\xi} = \frac{ab}{\sqrt{b^2 x^2 + a^2 y^2}}$$

$$\frac{1}{\det J}\frac{\partial\det J}{\partial\theta} = 0, \quad \frac{1}{\det J}\frac{\partial\det J}{\partial z} = 0$$

$$\frac{\partial x}{\partial\xi} = a\cos\theta = \frac{x}{\xi} = \frac{abx}{\sqrt{b^2 x^2 + a^2 y^2}}$$

$$\frac{\partial y}{\partial\xi} = b\sin\theta = \frac{y}{\xi} = \frac{aby}{\sqrt{b^2 x^2 + a^2 y^2}}, \quad \frac{\partial z}{\partial\xi} = 0$$

$$\frac{\partial x}{\partial\theta} = -a\xi\sin\theta = -\frac{a}{b}y, \quad \frac{\partial y}{\partial\theta} = b\xi\cos\theta = \frac{b}{a}x, \quad \frac{\partial z}{\partial\theta} = 0, \quad \frac{\partial z}{\partial z} = 1$$

将以上结果代入(7.2.18)式便得到

$$\hat{p}_\xi = \frac{ab\hat{x}}{\sqrt{b^2 \hat{x}^2 + a^2 \hat{y}^2}}\hat{p}_x + \frac{ab\hat{y}}{\sqrt{b^2 \hat{x}^2 + a^2 \hat{y}^2}}\hat{p}_y + \frac{\hbar}{i}\frac{ab}{2\sqrt{b^2 \hat{x}^2 + a^2 \hat{y}^2}}$$

$$\hat{p}_\theta = -\frac{a}{b}\hat{y}\hat{p}_x + \frac{b}{a}\hat{x}\hat{p}_y, \quad \hat{p}_z = \hat{p}_z \tag{7.2.29}$$

特别地,当 $a = b = 1$ 时,令 $\rho \equiv \xi$,我们有

$$\hat{p}_\rho = \frac{\hat{x}}{\sqrt{\hat{x}^2 + y^2}}\hat{p}_y + \frac{\hat{y}}{\sqrt{\hat{x}^2 + y^2}}\hat{p}_y + \frac{\hbar}{i}\frac{1}{2\sqrt{\hat{x}^2 + y^2}} \tag{7.2.30}$$

$$\hat{p}_\theta = -\hat{y}\hat{p}_x + \hat{x}\hat{p}_y, \quad \hat{p}_z = \hat{p}_z$$

这就是柱极坐标系中用笛卡尔坐标算符与动量算符表示的广义动量算符.

7.3　广义坐标表象中的动量算符

在笛卡尔坐标表象 $|x_1,x_2,x_3\rangle$ 中,笛卡尔动量算符 $\hat{p}_{x_1},\hat{p}_{x_2},\hat{p}_{x_3}$ 表示为

$$\langle x_1,x_2,x_3|\,\hat{p}_{x_k} = \frac{\hbar}{\mathrm{i}}\frac{\partial}{\partial x_k}\langle x_1,x_2,x_3|\quad(k=1,2,3)\tag{7.3.1}$$

利用(7.2.1)式将 $\langle x_1,x_2,x_3|$ 表示成广义坐标表象 $\langle q_1,q_2,q_3|$ 后,则有

$$\langle q_1,q_2,q_3|\,\hat{p}_{x_k} = \frac{\hbar}{\mathrm{i}}\sum_i\frac{\partial q_i}{\partial x_k}\frac{\partial}{\partial q_i}\langle q_1,q_2,q_3|\tag{7.3.2}$$

注意到(7.2.18a)式~(7.2.18c)式,得到

$$\langle q_1,q_2,q_3|\,\hat{p}_{q_i} = \frac{\hbar}{\mathrm{i}}\left(\sum_k\sum_j\frac{\partial x_k}{\partial q_i}\frac{\partial q_j}{\partial x_k}\frac{\partial}{\partial q_j} + \frac{1}{2\det J}\frac{\partial\det J}{\partial q_i}\right)\langle q_1,q_2,q_3|$$

$$= \frac{\hbar}{\mathrm{i}}\left(\frac{\partial}{\partial q_i} + \frac{1}{2\det J}\frac{\partial\det J}{\partial q_i}\right)\langle q_1,q_2,q_3|\tag{7.3.3}$$

在上面的计算中我们已经利用了公式 $\displaystyle\sum_k\frac{\partial x_k}{\partial q_i}\frac{\partial q_j}{\partial x_k} = \delta_{ij}$.(7.3.3)式也可以简单地记为

$$\hat{p}_{q_i} = \frac{\hbar}{\mathrm{i}}\left(\frac{\partial}{\partial q_i} + \frac{1}{2\det J}\frac{\partial\det J}{\partial q_i}\right)\tag{7.3.4a}$$

或写成

$$\hat{p}_{q_i} = \frac{\hbar}{\mathrm{i}}\left(\frac{\partial}{\partial q_i} + \frac{1}{4g}\frac{\partial g}{\partial q_i}\right)\tag{7.3.4b}$$

这是一个便于记忆、相当简单且使用方便的普适性公式,只要根据笛卡尔坐标系与选定的广义坐标系间的变换关系计算出雅可比 $\mathscr{J} = \det J$ 或度规量 g,问题就解决了.

例如,我们以球极坐标系为选定的广义坐标系,前面已经计算出雅可比 $\det J = r^2\sin\theta$,利用(7.3.4)式可立即得到在球极坐标表象 $\langle r,\theta,\varphi|$ 中三个相应的广义动量算符的表达式,即

$$\hat{p}_r = \frac{\hbar}{\mathrm{i}}\left(\frac{\partial}{\partial r} + \frac{1}{r}\right),\quad \hat{p}_\theta = \frac{\hbar}{\mathrm{i}}\left(\frac{\partial}{\partial\theta} + \frac{1}{2}\cot\theta\right),\quad \hat{p}_\varphi = \frac{\hbar}{\mathrm{i}}\frac{\partial}{\partial\varphi}\tag{7.3.5}$$

同理可得,在椭圆柱坐标表象 $\langle r,\theta,\varphi|$ 中三个相应的广义动量算符的表达式分别为

$$\hat{p}_\xi = \frac{\hbar}{\mathrm{i}}\left(\frac{\partial}{\partial\xi}+\frac{1}{2\xi}\right),\quad \hat{p}_\theta = \frac{\hbar}{\mathrm{i}}\frac{\partial}{\partial\theta},\quad \hat{p}_z = \frac{\hbar}{\mathrm{i}}\frac{\partial}{\partial z} \tag{7.3.6}$$

特别是当 $a=b=1$ 时,令 $\rho\equiv\xi$,则有

$$\hat{p}_\rho = \frac{\hbar}{\mathrm{i}}\left(\frac{\partial}{\partial\rho}+\frac{1}{2\rho}\right),\quad \hat{p}_\theta = \frac{\hbar}{\mathrm{i}}\frac{\partial}{\partial\theta},\quad \hat{p}_z = \frac{\hbar}{\mathrm{i}}\frac{\partial}{\partial z} \tag{7.3.7}$$

这就是柱极坐标表象中的三个广义动量算符的表达式.

另外,(7.3.3)式或(7.3.4)式所示的广义动量算符是厄米的,其证明参见附录 5.

7.4 广义坐标表象中的动能算符

将(7.2.18a)式~(7.2.18c)式右端最后一项移至左端,并改写成矩阵形式,得

$$\begin{pmatrix} \hat{p}_{q_1} - \dfrac{\hbar}{\mathrm{i}}\widehat{\dfrac{1}{2\det J}\dfrac{\partial\det J}{\partial q_1}} \\[2ex] \hat{p}_{q_2} - \dfrac{\hbar}{\mathrm{i}}\widehat{\dfrac{1}{2\det J}\dfrac{\partial\det J}{\partial q_2}} \\[2ex] \hat{p}_{q_3} - \dfrac{\hbar}{\mathrm{i}}\widehat{\dfrac{1}{2\det J}\dfrac{\partial\det J}{\partial q_3}} \end{pmatrix} = \begin{pmatrix} \widehat{\dfrac{\partial x_1}{\partial q_1}} & \widehat{\dfrac{\partial x_2}{\partial q_1}} & \widehat{\dfrac{\partial x_3}{\partial q_1}} \\[2ex] \widehat{\dfrac{\partial x_1}{\partial q_2}} & \widehat{\dfrac{\partial x_2}{\partial q_2}} & \widehat{\dfrac{\partial x_3}{\partial q_2}} \\[2ex] \widehat{\dfrac{\partial x_1}{\partial q_3}} & \widehat{\dfrac{\partial x_2}{\partial q_3}} & \widehat{\dfrac{\partial x_3}{\partial q_3}} \end{pmatrix} \begin{pmatrix} \hat{p}_{x_1} \\[2ex] \hat{p}_{x_2} \\[2ex] \hat{p}_{x_3} \end{pmatrix}$$

亦即

$$\begin{pmatrix} \hat{p}_{q_1} - \dfrac{\hbar}{\mathrm{i}}\widehat{\dfrac{1}{2\det J}\dfrac{\partial\det J}{\partial q_1}} \\[2ex] \hat{p}_{q_2} - \dfrac{\hbar}{\mathrm{i}}\widehat{\dfrac{1}{2\det J}\dfrac{\partial\det J}{\partial q_2}} \\[2ex] \hat{p}_{q_3} - \dfrac{\hbar}{\mathrm{i}}\widehat{\dfrac{1}{2\det J}\dfrac{\partial\det J}{\partial q_3}} \end{pmatrix} = \begin{pmatrix} \widehat{J_{11}} & \widehat{J_{21}} & \widehat{J_{31}} \\[2ex] \widehat{J_{12}} & \widehat{J_{22}} & \widehat{J_{32}} \\[2ex] \widehat{J_{13}} & \widehat{J_{23}} & \widehat{J_{33}} \end{pmatrix} \begin{pmatrix} \hat{p}_{x_1} \\[2ex] \hat{p}_{x_2} \\[2ex] \hat{p}_{x_3} \end{pmatrix} = \hat{\tilde{J}} \begin{pmatrix} \hat{p}_{x_1} \\[2ex] \hat{p}_{x_2} \\[2ex] \hat{p}_{x_3} \end{pmatrix} \tag{7.4.1}$$

用雅可比矩阵 $\hat{\tilde{J}}$ 的逆矩阵 $\hat{\tilde{J}}^{-1}$ 左乘(7.4.1)式,得

$$
\begin{pmatrix} \hat{p}_{x_1} \\ \hat{p}_{x_2} \\ \hat{p}_{x_3} \end{pmatrix} = \begin{pmatrix} \widehat{f_{11}} & \widehat{f_{21}} & \widehat{f_{31}} \\ \widehat{f_{12}} & \widehat{f_{22}} & \widehat{f_{32}} \\ \widehat{f_{13}} & \widehat{f_{23}} & \widehat{f_{33}} \end{pmatrix} \begin{pmatrix} \hat{p}_{q_1} - \dfrac{\hbar}{\mathrm{i}} \widehat{\dfrac{1}{2\det J} \dfrac{\partial \det J}{\partial q_1}} \\[2mm] \hat{p}_{q_2} - \dfrac{\hbar}{\mathrm{i}} \widehat{\dfrac{1}{2\det J} \dfrac{\partial \det J}{\partial q_2}} \\[2mm] \hat{p}_{q_3} - \dfrac{\hbar}{\mathrm{i}} \widehat{\dfrac{1}{2\det J} \dfrac{\partial \det J}{\partial q_3}} \end{pmatrix} \tag{7.4.2}
$$

让上式作用在广义坐标表象基左矢 $\langle q_1, q_2, q_3 |$ 上,得到

$$
\langle q_1, q_2, q_3 | \begin{pmatrix} \hat{p}_{x_1} \\ \hat{p}_{x_2} \\ \hat{p}_{x_3} \end{pmatrix} = \frac{\hbar}{\mathrm{i}} \begin{pmatrix} f_{11} & f_{21} & f_{31} \\ f_{12} & f_{22} & f_{32} \\ f_{13} & f_{23} & f_{33} \end{pmatrix} \begin{pmatrix} \dfrac{\partial}{\partial q_1} \\[2mm] \dfrac{\partial}{\partial q_2} \\[2mm] \dfrac{\partial}{\partial q_3} \end{pmatrix} \langle q_1, q_2, q_3 |
$$

也就是

$$
\langle q_1, q_2, q_3 | \hat{p}_{x_1} = \frac{\hbar}{\mathrm{i}} \sum_i f_{i1} \frac{\partial}{\partial q_i} \langle q_1, q_2, q_3 | \tag{7.4.3}
$$

$$
\langle q_1, q_2, q_3 | \hat{p}_{x_2} = \frac{\hbar}{\mathrm{i}} \sum_i f_{i2} \frac{\partial}{\partial q_i} \langle q_1, q_2, q_3 | \tag{7.4.4}
$$

$$
\langle q_1, q_2, q_3 | \hat{p}_{x_3} = \frac{\hbar}{\mathrm{i}} \sum_i f_{i3} \frac{\partial}{\partial q_i} \langle q_1, q_2, q_3 | \tag{7.4.5}
$$

因此,动能算符 $\hat{T} = \sum_k \dfrac{\hat{p}_{x_k}^2}{2\mu}$ 作用在广义坐标表象的基矢 $\langle q_1, q_2, q_3 |$ 上,便得到

$$
\langle q_1, q_2, q_3 | \hat{T} = -\frac{\hbar^2}{2\mu} \sum_k \sum_{i,j} f_{ik} \frac{\partial}{\partial q_i} f_{jk} \frac{\partial}{\partial q_j} \langle q_1, q_2, q_3 | \tag{7.4.6}
$$

或简记为

$$
\hat{T} = -\frac{\hbar^2}{2\mu} \sum_k \sum_{i,j} f_{ik} \frac{\partial}{\partial q_i} f_{jk} \frac{\partial}{\partial q_j} \tag{7.4.7}
$$

由此可见,只要根据广义坐标系与笛卡尔坐标系之间的变换关系计算出 f_{ik},逐一代入(7.4.7)式就能得到在广义坐标表象中动能算符的解析表达式.另外,还可由此得到在

广义坐标表象中的拉普拉斯算子为

$$\Delta \equiv \nabla^2 = \sum_k \sum_{i,j} f_{ik} \frac{\partial}{\partial q_i} f_{jk} \frac{\partial}{\partial q_j} \tag{7.4.8}$$

例如,选取球极坐标表象作为广义坐标表象,依据(7.2.20)式的逆变换

$$r = \sqrt{x^2 + y^2 + z^2}, \quad \cos\theta = \frac{z}{r}, \quad \tan\varphi = \frac{y}{x}$$

可计算得

$$J^{-1} = \begin{pmatrix} f_{11} & f_{12} & f_{13} \\ f_{21} & f_{22} & f_{23} \\ f_{31} & f_{32} & f_{33} \end{pmatrix} = \begin{pmatrix} \dfrac{\partial q_1}{\partial x_1} & \dfrac{\partial q_1}{\partial x_2} & \dfrac{\partial q_1}{\partial x_3} \\ \dfrac{\partial q_2}{\partial x_1} & \dfrac{\partial q_2}{\partial x_2} & \dfrac{\partial q_2}{\partial x_3} \\ \dfrac{\partial q_3}{\partial x_1} & \dfrac{\partial q_3}{\partial x_2} & \dfrac{\partial q_3}{\partial x_3} \end{pmatrix}$$

$$= \begin{pmatrix} \sin\theta\cos\varphi & \sin\theta\sin\varphi & \cos\theta \\ \dfrac{1}{r}\cos\theta\cos\varphi & \dfrac{1}{r}\cos\theta\sin\varphi & -\dfrac{1}{r}\sin\theta \\ -\dfrac{\sin\varphi}{r\sin\theta} & \dfrac{\cos\varphi}{r\sin\theta} & 0 \end{pmatrix} \tag{7.4.9}$$

将此矩阵的元素代入(7.4.7)式并进行整理,便得到

$$\hat{T} = -\frac{\hbar^2}{2\mu}\left[\frac{1}{r^2}\frac{\partial}{\partial r}r^2\frac{\partial}{\partial r} + \frac{1}{r^2}\left(\frac{1}{\sin\theta}\frac{\partial}{\partial\theta}\sin\theta\frac{\partial}{\partial\theta} + \frac{1}{\sin^2\theta}\frac{\partial^2}{\partial\varphi^2}\right)\right]$$

同样地,也可得到椭圆柱坐标表象 $\langle \xi, \theta, z|$ 中的动能算符为

$$\hat{T} = -\frac{\hbar^2}{2\mu}\left[\left(\frac{\cos^2\theta}{a^2} + \frac{\sin^2\theta}{b^2}\right)\frac{\partial^2}{\partial\xi^2} + \left(-\frac{1}{a^2} + \frac{1}{b^2}\right)\frac{\sin 2\theta}{\xi}\frac{\partial^2}{\partial\xi\partial\theta} + \left(\frac{\sin^2\theta}{a^2} + \frac{\cos^2\theta}{b^2}\right)\frac{1}{\xi^2}\frac{\partial^2}{\partial\theta^2}\right.$$

$$\left. + \left(\frac{\sin^2\theta}{a^2} + \frac{\cos^2\theta}{b^2}\right)\frac{1}{\xi}\frac{\partial}{\partial\xi} + \left(\frac{1}{a^2} - \frac{1}{b^2}\right)\frac{\sin 2\theta}{\xi^2}\frac{\partial}{\partial\theta}\right]$$

特别是当 $a = b = 1$ 时,令 $\rho \equiv \xi$,得到 $\hat{T} = -\dfrac{\hbar^2}{2\mu}\left(\dfrac{\partial^2}{\partial\rho^2} + \dfrac{1}{\rho}\dfrac{\partial}{\partial\rho} + \dfrac{1}{\rho^2}\dfrac{\partial^2}{\partial\theta^2}\right)$,这就是柱极坐标表象中的动能算符表达式.

上述利用(7.4.3)式~(7.4.5)式和(7.4.7)式量子化动能的方法可以用来量子化任意经典函数,从而得到表示该经典函数的量子力学算符在广义坐标表象 $\langle q_1, q_2, q_3|$ 中的表示,其步骤如下:首先按照外尔编序下的外尔对应规则将经典函数在笛卡尔坐标表

象中量子化;然后根据笛卡尔坐标与广义坐标的变换关系式计算出雅可比矩阵 J、$\det J$ 及其逆矩阵 J^{-1};最后利用(7.4.3)式~(7.4.5)式得到算符在广义坐标表象 $\langle q_1, q_2, q_3 |$ 中的表达式.

这里以一个简单的例子说明量子化任意经典函数的基本方法和步骤,就是球极坐标表象中角动量算符 z 分量 $\hat{L}_z = \hat{x}\hat{p}_y - \hat{y}\hat{p}_x$ 的表达式,步骤如下:

基于(7.4.3)式~(7.4.5)式和(7.4.9)式,我们有

$$
\begin{aligned}
\hat{L}_z &= \frac{\hbar}{\mathrm{i}} r\sin\theta\cos\varphi \left(f_{12}\frac{\partial}{\partial r} + f_{22}\frac{\partial}{\partial \theta} + f_{32}\frac{\partial}{\partial \varphi} \right) - \frac{\hbar}{\mathrm{i}} r\sin\theta\sin\varphi \left(f_{11}\frac{\partial}{\partial r} + f_{21}\frac{\partial}{\partial \theta} + f_{31}\frac{\partial}{\partial \varphi} \right) \\
&= \frac{\hbar}{\mathrm{i}} r\sin\theta \left[\cos\varphi \left(\sin\theta\sin\varphi\frac{\partial}{\partial r} + \frac{1}{r}\cos\theta\sin\varphi\frac{\partial}{\partial \theta} + \frac{\cos\varphi}{r\sin\theta}\frac{\partial}{\partial \varphi} \right) \right. \\
&\quad \left. - \sin\varphi \left(\sin\theta\cos\varphi\frac{\partial}{\partial r} + \frac{1}{r}\cos\theta\cos\varphi\frac{\partial}{\partial \theta} - \frac{\sin\varphi}{r\sin\theta}\frac{\partial}{\partial \varphi} \right) \right] = \frac{\hbar}{\mathrm{i}}\frac{\partial}{\partial \varphi}
\end{aligned}
$$

显然,这正是我们期待的结果.

第 8 章

复合算符（矩阵）函数的微商法则及其应用

由于算符（矩阵）不满足乘法交换律，复合算符（矩阵）函数的微商法则这一问题一直没有得到很好的解决. 经过深入研究，我们发现复合算符（矩阵）函数的微商也存在着一般性法则. 关于算符的微商法则第 2 章已有一些讨论，本章将着重阐述复合算符（矩阵）函数的微商法则[1]，并给出一些初步的应用.

8.1 复合算符（矩阵）函数的微商法则

我们已经知道，在量子力学中力学量用厄米算符表示. 一般的经典力学量可表示为坐标和动量的经典函数，所以表示一般力学量的算符（狄拉克称之为 q 数）则是坐标算符和动量算符的算符函数. 如我们曾多次讨论过的外尔对应规则

$$H(X, P_x) = \iint_{-\infty}^{\infty} dx dp_x h(x, p_x) \Delta(x, p_x)$$

式中

$$\Delta(x, p_x) = \frac{1}{4\pi^2} \iint_{-\infty}^{\infty} \exp[iu(x - X) + iv(p_x - P_x)] du dv$$

是维格纳算符.在维格纳算符中,令 $iu(x - X) + iv(p_x - P_x) \equiv f$,它是一个初等算符函数,那么上述维格纳算符中的被积函数

$$F = e^f = \exp[iu(x - X) + iv(p_x - P_x)]$$

就是一个**复合算符函数**,该被积函数的指数上同时含有不对易的坐标算符 X 与动量算符 P_x 以及可对易的实变量坐标 x 与动量 $p_x(c$ 数).由于算符的不可对易性,算符函数(尤其是复合算符函数)的运算规则跟普通函数(c 数函数)有很大不同,必须考虑算符的次序.对普通函数显然成立的运算规则,对算符函数来说未必适用,如牛顿-莱布尼茨积分法则、复合函数的微商法则以及乘法交换律等.矩阵函数(也是一种 q 数函数)的微商也是矩阵理论[2-4]的一个重要内容,而矩阵理论又是自动控制理论和现代控制理论[5-6]基本的数学工具,矩阵函数的微分与积分是一个必须面对的数学问题.但是,现有的相关文献还没有很好地解决一般的复合矩阵函数的微商问题,所涉及的都是一些特殊情况.例如,$A(t)$ 是矩阵函数,$t = f(x)$ 是 x 的实值函数而非矩阵函数,则有 $dA(t)/dx = [dA(t)/dt]f'(x)$ 或者 $dA(t)/dx = f'(x)[dA(t)/dt]$[2],但未给出当 $t = f(x)$ 也是一个矩阵函数时如何求得 $dA(t)/dx$ 的值.再如文献[2-4],A 是一个常量方阵,则有 $de^{At}/dt = Ae^{At} = e^{At}A$,但未给出当 A 和 B 是两个不可交换的同阶方阵时,de^{At+B}/dt 的结果等于什么.

算符(矩阵)函数的微商包括两种,一种是参数微商,其定义为

$$\frac{dF(x)}{dx} = \lim_{\Delta x \to 0} \frac{F(x + \Delta x) - F(x)}{\Delta x}$$

式中 x 是一个普通参数,而 $F(x)$ 则是一个算符(矩阵)函数,如 $F(x) = \sin(Ax + B)$,其中 A, B 是算符或者矩阵.形式上这与普通函数的微商定义是相同的,区别在于 $F(x) = F(x; A, B)$ 是算符(矩阵)函数.另一种则是一个算符(矩阵)函数 $F(A_1, A_2, \cdots, A_n, \cdots)$ 对另一个算符(矩阵)A_n 的微商,其定义为

$$\frac{\partial F(A_1, A_2, \cdots, A_n, \cdots)}{\partial A_n} = \frac{\partial F(A_1, A_2, \cdots, A_n + t, \cdots)}{\partial t}\bigg|_{t=0}$$

其中 t 是一个普通参数,而 $A_1, A_2, \cdots, A_n, \cdots$ 都是算符(或矩阵).显然,一个算符(矩阵)函数 $F(A_1, A_2, \cdots, A_n, \cdots)$ 对另一个算符(矩阵)A_n 的微商也是通过参数微商定义的,

易见有

$$\frac{\partial}{\partial A_n}\frac{\partial}{\partial A_m} = \frac{\partial}{\partial A_m}\frac{\partial}{\partial A_n}$$

也就是说,$\dfrac{\partial}{\partial A_n}$ 与 $\dfrac{\partial}{\partial A_m}$ 是可以交换次序的,因为它们是微分运算子而不是量子力学算符(矩阵).

对于复合算符(矩阵)函数的微商问题,尽管文献[7]有所讨论,但未能给出实质性的解决方案.文献[8]也涉及此问题,指出对于指数算符 $e^{f(x)}$,一般来说,有

$$\frac{\partial e^{f(x)}}{\partial x} \neq e^{f(x)}f'(x)$$

但没能给出一般情况下 $\dfrac{\partial e^{f(x)}}{\partial x}$ 的结果.

我们的研究表明,复合算符(矩阵)函数的微商也有着规范的法则,这种法则是高于普通复合函数微商法则的.当复合算符(矩阵)函数中所含算符(矩阵)都两两对易时,该法则也就退化为普通复合函数的微商法则了.或者说普通复合函数的微商法则仅是复合算符(矩阵)函数微商法则的一种特殊情况.本章将解析地导出复合算符函数一般性的微商法则,并给出一些初步应用.

依据表象理论,量子力学算符在具体的量子力学表象中的表示就是方矩阵(有限阶或无限阶的),所以这一复合算符函数的微商法则也适用于复合矩阵函数.

设 F 是参数 t 的初等函数,即 $F = F(t)$,如 $F = e^t$.算符 f 是参数 x 的初等函数,即 $f = f(x; A, B, \cdots)$,式中 $A, B, \cdots$ 是量子力学算符或者方矩阵,如 $f = -Ax + B$.那么,$F = F(f) = e^{-Ax+B}$ 就是一个以 x 为宗量的**复合算符函数**.若 A 与 B 不对易,**普通复合函数**的微商法则不适用于此复合算符函数.也就是说,直接利用普通复合函数的微商法则得到的结果

$$\frac{dF}{dx} = \frac{de^{-Ax+B}}{dx} = -Ae^{-Ax+B} \quad \text{或} \quad \frac{dF}{dx} = \frac{de^{-Ax+B}}{dx} = -e^{-Ax+B}A$$

都不正确.

为了导出复合算符函数的微商法则,不失一般性地假设普通函数 $F = F(t)$ 对 t 的各阶导数都存在,并且幂级数

$$F(t) = \sum_{n=0}^{\infty} \frac{F^{(n)}(0)}{n!} t^n \tag{8.1.1}$$

收敛,式中 $F^{(n)}(0) \equiv \dfrac{\mathrm{d}^n F(t)}{\mathrm{d} t^n}\bigg|_{t=0}$. 令 $t \rightarrow f(x; A, B)$,于是复合算符函数 $F = F(f)$ 就表示

为

$$F = F(f) = \sum_{n=0}^{\infty} \frac{F^{(n)}(0)}{n!} f^n \tag{8.1.2}$$

那么,该复合算符函数对参数 x 的微商为

$$\frac{\mathrm{d}F}{\mathrm{d}x} = \sum_{n=0}^{\infty} \frac{F^{(n)}(0)}{n!} \frac{\mathrm{d}f^n}{\mathrm{d}x} \tag{8.1.3}$$

由此看来,问题的关键是如何处理 $\dfrac{\mathrm{d}f^n}{\mathrm{d}x}$. 尽管 $f = f(x; A, B)$ 是一个简单的初等函数,f^n

却仍是一个复杂的算符函数,$f' \equiv \dfrac{\mathrm{d}f}{\mathrm{d}x}$ 与 f 未必对易,所以一般来说,

$$\frac{\mathrm{d}f^n}{\mathrm{d}x} = nf'f^{n-1} \quad \text{或} \quad \frac{\mathrm{d}f^n}{\mathrm{d}x} = nf^{n-1}f'$$

都不成立. 为了得到 $\dfrac{\mathrm{d}f^n}{\mathrm{d}x}$ 的正确结果,下面我们对 $n = 0, 1, 2, 3, \cdots$ 逐一分析.

① 当 $n = 0$ 时,$\dfrac{\mathrm{d}f^0}{\mathrm{d}x} = \dfrac{\mathrm{d}1}{\mathrm{d}x} = 0$.

② 当 $n = 1$ 时,$\dfrac{\mathrm{d}f^1}{\mathrm{d}x} = \dfrac{\mathrm{d}f}{\mathrm{d}x} = f'$.

③ 当 $n = 2$ 时,$\dfrac{\mathrm{d}f^2}{\mathrm{d}x} = \dfrac{\mathrm{d}(ff)}{\mathrm{d}x} = f'f + ff' = 2ff' + [f', f]$.

④ 当 $n = 3$ 时,有

$$\frac{\mathrm{d}f^3}{\mathrm{d}x} = \frac{\mathrm{d}(fff)}{\mathrm{d}x} = f^2 f' + ff'f + f'f^2 = f^2 f' + ff'f + \{ff' + [f', f]\}f$$

$$= f^2 f' + 2ff'f + [f', f]f = f^2 f' + 2f\{ff' + [f', f]\} + f[f', f] + [[f', f], f]$$

$$= 3f^2 f' + 3f[f', f] + [[f', f], f]$$

⑤ 当 $n = 4$ 时,有

$$\frac{\mathrm{d}f^4}{\mathrm{d}x} = \frac{\mathrm{d}(ffff)}{\mathrm{d}x} = f'f^3 + ff'f^2 + f^2 f'f + f^3 f' = \cdots$$

$$= 4f^3 f' + 6f^2 [f', f] + 4f[[f', f], f] + [[[f', f], f], f]$$

......

观察以上各式,发现$\dfrac{\mathrm{d}f^n}{\mathrm{d}x}$总能表示成$f'$,$[f',f]$,$[[f',f],f]$,$[[[f',f],f],f]$,$\cdots$的组合,共$n$项,关键是找到这些项系数的一般性规律.经过深入分析、归纳和总结,我们发现如下规律:

$$\frac{\mathrm{d}f^n}{\mathrm{d}x} = \sum_{m=0}^{n-1} \frac{1}{(m+1)!}\left(\frac{\mathrm{d}^{m+1}f^n}{\mathrm{d}f^{m+1}}\right)[f',f^{(m)}] \tag{8.1.4}$$

式中多重对易式括号的定义如下:

$$[A,B^{(0)}] = A, \quad [A,B^{(1)}] = [A,B], \quad [A,B^{(2)}] = [[A,B],B]$$
$$[A,B^{(m+1)}] = [[A,B^{(m)}],B]$$
$$[A^{(0)},B] = B, \quad [A^{(1)},B] = [A,B], \quad [A^{(2)},B] = [A,[A,B]]$$
$$[A^{(m+1)},B] = [A,[A^{(m)},B]]$$

(8.1.4)式的正确性可以用数学归纳法证明,其过程如下:

证明 当$n=0,1,2$时,命题显然成立;假设当$n=n$时命题成立,即(8.1.4)式成立,则当对$n=n+1$时,有

$$\frac{\mathrm{d}f^{n+1}}{\mathrm{d}x} = \frac{\mathrm{d}(f^n f)}{\mathrm{d}x} = \frac{\mathrm{d}f^n}{\mathrm{d}x}f + f^n\frac{\mathrm{d}f}{\mathrm{d}x}$$

$$= \sum_{m=0}^{n-1} \frac{1}{(m+1)!}\left(\frac{\mathrm{d}^{m+1}f^n}{\mathrm{d}f^{m+1}}\right)[f',f^{(m)}]f + f^n f'$$

$$= \sum_{m=0}^{n-1} \frac{1}{(m+1)!}\left(\frac{\mathrm{d}^{m+1}f^n}{\mathrm{d}f^{m+1}}\right)\{f[f',f^{(m)}] + [[f',f^{(m)}],f]\} + f^n f'$$

$$= \sum_{m=0}^{n-1} \frac{1}{(m+1)!}\left(\frac{\mathrm{d}^{m+1}f^n}{\mathrm{d}f^{m+1}}\right)\{f[f',f^{(m)}] + [f',f^{(m+1)}]\} + f^n f'$$

$$= \sum_{m=0}^{n-1} \frac{1}{(m+1)!}\left(\frac{\mathrm{d}^{m+1}f^n}{\mathrm{d}f^{m+1}}\right)f[f',f^{(m)}]$$

$$\quad + \sum_{m=0}^{n-1} \frac{1}{(m+1)!}\left(\frac{\mathrm{d}^{m+1}f^n}{\mathrm{d}f^{m+1}}\right)[f',f^{(m+1)}] + f^n f'$$

$$= nf^n f' + \sum_{m=1}^{n-1} \frac{1}{(m+1)!}\left(\frac{\mathrm{d}^{m+1}f^n}{\mathrm{d}f^{m+1}}\right)f[f',f^{(m)}]$$

$$\quad + \sum_{m=0}^{n-1} \frac{1}{(m+1)!}\left(\frac{\mathrm{d}^{m+1}f^n}{\mathrm{d}f^{m+1}}\right)[f',f^{(m+1)}] + f^n f'$$

$$= (n+1)f^n f' + \sum_{m=1}^{n-1} \frac{1}{(m+1)!}\left(\frac{\mathrm{d}^{m+1}f^n}{\mathrm{d}f^{m+1}}\right)f[f',f^{(m)}]$$

$$+ \sum_{m=0}^{n-1} \frac{1}{(m+1)!} \left(\frac{\mathrm{d}^{m+1} f^n}{\mathrm{d} f^{m+1}} \right) [f', f^{(m+1)}]$$

$$= (n+1) f^n f' + \sum_{m=1}^{n} \frac{1}{(m+1)!} \left(\frac{\mathrm{d}^{m+1} f^n}{\mathrm{d} f^{m+1}} \right) f [f', f^{(m)}]$$

$$+ \sum_{m=1}^{n} \frac{1}{m!} \left(\frac{\mathrm{d}^{m} f^n}{\mathrm{d} f^{m}} \right) [f', f^{(m)}]$$

$$= (n+1) f^n f' + \sum_{m=1}^{n} \left\{ \frac{1}{(m+1)!} \left(\frac{\mathrm{d}^{m+1} f^n}{\mathrm{d} f^{m+1}} \right) f + \frac{1}{m!} \left(\frac{\mathrm{d}^{m} f^n}{\mathrm{d} f^{m}} \right) \right\} [f', f^{(m)}]$$

$$= (n+1) f^n f' + \sum_{m=1}^{n} \left\{ \frac{1}{(m+1)!} \left[\left(\frac{\mathrm{d}^{m+1} f^n}{\mathrm{d} f^{m+1}} \right) f + (m+1) \left(\frac{\mathrm{d}^{m} f^n}{\mathrm{d} f^{m}} \right) \right] \right\} [f', f^{(m)}]$$

$$= (n+1) f^n f' + \sum_{m=1}^{n} \left\{ \frac{1}{(m+1)!} \left[\frac{n!(n-m)}{(n-m)!} f^{n-m} + \frac{n!(m+1)}{(n-m)!} f^{n-m} \right] \right\} [f', f^{(m)}]$$

$$= (n+1) f^n f' + \sum_{m=1}^{n} \left\{ \frac{1}{(m+1)!} \left[\frac{(n+1)!}{(n-m)!} f^{n-m} \right] \right\} [f', f^{(m)}]$$

$$= (n+1) f^n f' + \sum_{m=1}^{n} \frac{1}{(m+1)!} \left(\frac{\mathrm{d}^{m+1} f^{n+1}}{\mathrm{d} f^{m+1}} \right) [f', f^{(m)}]$$

$$= \sum_{m=0}^{(n+1)-1} \frac{1}{(m+1)!} \left(\frac{\mathrm{d}^{m+1} f^{n+1}}{\mathrm{d} f^{m+1}} \right) [f', f^{(m)}]$$

证毕.

在上面证明过程中的第八个等号的右边第一个求和号的上限将 $n-1$ 改成了 n 是因为当 $m=n$ 时 $\frac{\mathrm{d}^{m+1} f^n}{\mathrm{d} f^{m+1}} = 0$,第二个求和号的上限将 $n-1$ 改成了 n 是因为进行了求和指标数替换 $m+1 \rightarrow m$.

又因为当 $m \geqslant n$ 时 $\frac{\mathrm{d}^{m+1} f^n}{\mathrm{d} f^{m+1}} = 0$,所以(8.1.4)式中的求和上限可以改成无限大,即

$$\frac{\mathrm{d} f^n}{\mathrm{d} x} = \sum_{m=0}^{\infty} \frac{1}{(m+1)!} \left(\frac{\mathrm{d}^{m+1} f^n}{\mathrm{d} f^{m+1}} \right) [f', f^{(m)}] \tag{8.1.5}$$

把(8.1.5)式代入(8.1.3)式,得

$$\frac{\mathrm{d} F}{\mathrm{d} x} = \sum_{n=0}^{\infty} \frac{F^{(n)}(0)}{n!} \sum_{m=0}^{\infty} \frac{1}{(m+1)!} \left(\frac{\mathrm{d}^{m+1} f^n}{\mathrm{d} f^{m+1}} \right) [f', f^{(m)}]$$

$$= \sum_{m=0}^{\infty} \frac{1}{(m+1)!} \left(\frac{\mathrm{d}^{m+1}}{\mathrm{d} f^{m+1}} \sum_{n=0}^{\infty} \frac{F^{(n)}(0)}{n!} f^n \right) [f', f^{(m)}]$$

$$= \sum_{m=0}^{\infty} \frac{1}{(m+1)!} \left[\frac{\mathrm{d}^{m+1} F(f)}{\mathrm{d} f^{m+1}} \right] [f', f^{(m)}] \tag{8.1.6}$$

这就是我们期待的**复合算符(矩阵)函数的微商法则**. 显然, 这一微商法则与普通复合函数微商法则有很大不同, 要复杂得多.

在为了得到(8.1.4)式而对 $n = 0, 1, 2, 3, \cdots$ 逐一分析 $\dfrac{\mathrm{d}f^n}{\mathrm{d}x}$ 时, 若将 f' 和 $[f^{(m)}, f']$ 安排在 $\dfrac{\mathrm{d}^{m+1}f^n}{\mathrm{d}f^{m+1}}$ 的左侧, 也可得到

$$\frac{\mathrm{d}f^n}{\mathrm{d}x} = \sum_{m=0}^{\infty} \frac{1}{(m+1)!} [f^{(m)}, f'] \left(\frac{\mathrm{d}^{m+1}f^n}{\mathrm{d}f^{m+1}} \right) \tag{8.1.7}$$

进而导出

$$\frac{\mathrm{d}F}{\mathrm{d}x} = \sum_{m=0}^{\infty} \frac{1}{(m+1)!} [f^{(m)}, f'] \frac{\mathrm{d}^{m+1}F(f)}{\mathrm{d}f^{m+1}} \tag{8.1.8}$$

这与复合算符函数微商法则(8.1.6)式是等价的. 若 $F(f) = \mathrm{e}^f$, 则(8.1.6)和(8.1.8)两式约化为

$$\frac{\mathrm{d}\mathrm{e}^f}{\mathrm{d}x} = \mathrm{e}^f \sum_{m=0}^{\infty} \frac{1}{(m+1)!} [f', f^{(m)}] = \sum_{m=0}^{\infty} \frac{1}{(m+1)!} [f^{(m)}, f'] \mathrm{e}^f \tag{8.1.9}$$

这就是复合指数算符(矩阵)函数的微商法则.

特别地, 当 f' 与 f 可对易或 f 是一个普通函数时, 求和中除了 $m = 0$ 这一项外其余项全为零, 故有

$$\frac{\mathrm{d}F}{\mathrm{d}x} = \frac{\mathrm{d}F}{\mathrm{d}f} f'(x) = f'(x) \frac{\mathrm{d}F}{\mathrm{d}f} \tag{8.1.10}$$

这就是人们熟知的普通复合函数的微商法则. 由此可见, 普通复合函数的微商法则仅是复合算符(矩阵)函数微商法则在 f' 与 f 可对易或 f 是一个普通函数时的一个特例.

复合算符(矩阵)函数的微商法则不仅丰富了算符(矩阵)函数微积分理论, 也将在量子物理学和现代控制理论等领域有着一定的用途.

8.2　广义 BCH 算符公式的推导

在量子力学、量子光学、算符排序理论以及矩阵理论中, 经常需要将 e^{A+B} 分解为 e^A

和 e^B 的乘积形式,或者将 e^A 和 e^B 合并成将 e^{A+B} 的形式.较早研究这一问题的有 Baker、Campbell 以及 Hausdorff 等人[9],其方法也有多种.作为复合算符(矩阵)函数微商法则的一个初步应用,我们来证明这类算符(矩阵)恒等公式.

构造算符恒等式

$$e^{t(A+B)} = e^{tA} e^{tB} e^{f(t)} \tag{8.2.1}$$

式中 t 是一个参数,$f(t)$ 是一个待求算符函数,显然有 $f(0) = 2n\pi\mathrm{i}, n = 0, \pm 1, \pm 2, \cdots$,取 $f(0) = 0$.用 $e^{-tB} e^{-tA}$ 左乘上式两端,得

$$e^{f(t)} = e^{-tB} e^{-tA} e^{t(A+B)} \tag{8.2.2}$$

此式两边对 t 求导,得

$$
\begin{aligned}
\frac{\mathrm{d} e^{f(t)}}{\mathrm{d} t} &= - B e^{-tB} e^{-tA} e^{t(A+B)} - e^{-tB} A e^{-tA} e^{t(A+B)} + e^{-tB} e^{-tA} (A + B) e^{t(A+B)} \\
&= \big[- B - e^{-tB} A e^{tB} + e^{-tB} e^{-tA} (A + B) e^{tA} e^{tB} \big] e^{f(t)} \\
&= \big[- B + e^{-tB} e^{-tA} B e^{tA} e^{tB} \big] e^{f(t)} \\
&= \Big[- B + e^{-tB} \sum_{n=0}^{\infty} \frac{1}{n!} [B, A^{(n)}] e^{tB} t^n \Big] e^{f(t)} \\
&= \Big[- B + \sum_{n=0}^{\infty} \sum_{m=0}^{\infty} \frac{1}{n! m!} \big[[B, A^{(n)}], B^{(m)} \big] t^{n+m} \Big] e^{f(t)} \\
&= \sum_{n=1}^{\infty} \sum_{m=0}^{\infty} \frac{1}{n! m!} \big[[B, A^{(n)}], B^{(m)} \big] t^{n+m} e^{f(t)} \tag{8.2.3}
\end{aligned}
$$

在上面计算中使用了算符恒等公式

$$e^X Y e^{-X} = \sum_{n=0}^{\infty} \frac{1}{n!} [X^{(n)}, Y]$$

以及

$$
\begin{aligned}
&[(tA)^{(m)}, B] = t^m [A^{(m)}, B] \\
&[A, (tB)^{(m)}] = t^m [A, B^{(m)}] \\
&[(-A)^{(m)}, B] = (-1)^m [A^{(m)}, B] = [B, A^{(m)}] \\
&[A, (-B)^{(m)}] = (-1)^m [A, B^{(m)}] = [B^{(m)}, A]
\end{aligned}
$$

将(8.2.3)式与(8.1.9)式

$$\frac{\mathrm{d} e^f}{\mathrm{d} x} = \sum_{m=0}^{\infty} \frac{1}{(m+1)!} [f^{(m)}, f'] e^f$$

相比较,可得

$$\sum_{m=0}^{\infty} \frac{1}{(m+1)!} [f^{(m)}, f'(t)] = \sum_{n=1}^{\infty} \sum_{m=0}^{\infty} \frac{1}{n!m!} [[B, A^{(n)}], B^{(m)}] t^{n+m} \tag{8.2.4}$$

设 $f(t)$ 的幂级数展开式为 $f(t) = \sum_{k=0}^{\infty} c_k t^k = c_0 + c_1 t + c_2 t^2 + \cdots + c_k t^k + \cdots$,由 $f(0) = 0$ 知 $c_0 = 0$. 又因(8.2.4)式的右端中 t 的最低次项为一次(即 t),而左端中 t 的最低次项为 $f'(t) = c_1 + 2c_2 t + \cdots + kc_k t^{k-1} + \cdots$ 中的 c_1,这要求 $c_1 = 0$. 所以 $f(t)$ 的幂级数形式为

$$f(t) = \sum_{k=2}^{\infty} c_k t^k, \quad f'(t) = \sum_{k=2}^{\infty} kc_k t^{k-1} \tag{8.2.5}$$

式中 c_k 一般来说是算符. 把(8.2.5)式代入(8.2.4)式会得到一个对任意的 t 值都成立的恒等式,即

$$\sum_{k=2}^{\infty} kc_k t^{k-1} + \frac{1}{2!} [f, f'(t)] + \frac{1}{3!} [f, [f, f'(t)]] + \cdots$$

$$= \sum_{n=1}^{\infty} \sum_{m=0}^{\infty} \frac{1}{n!m!} [[B, A^{(n)}], B^{(m)}] t^{n+m}$$

亦即

$$2c_2 t + 3c_3 t^2 + 4c_4 t^3 + 5c_5 t^4 + 6c_6 t^5 + \cdots$$

$$+ \frac{1}{2!} [c_2 t^2 + c_3 t^3 + c_4 t^4 + c_5 t^5 + \cdots, 2c_2 t + 3c_3 t^2 + 4c_4 t^3 + 5c_5 t^4 + \cdots]$$

$$+ \frac{1}{3!} [c_2 t^2 + c_3 t^3 + c_4 t^4 \cdots, [c_2 t^2 + c_3 t^3 + c_4 t^4 + \cdots, 2c_2 t + 3c_3 t^2 + \cdots]] + \cdots$$

$$= \sum_{n=1}^{\infty} \sum_{m=0}^{\infty} \frac{1}{n!m!} [[B, A^{(n)}], B^{(m)}] t^{n+m}$$

这意味着等式两端 t 的同次幂的系数必须相等. 于是得到

$$c_2 = -\frac{1}{2} [A, B]$$

$$c_3 = \frac{1}{6} [A^{(2)}, B] - \frac{1}{3} [A, B^{(2)}]$$

$$c_4 = -\frac{1}{24} [A^{(3)}, B] + \frac{1}{8} [[A^{(2)}, B], B] - \frac{1}{8} [A, B^{(3)}]$$

$$c_5 = \frac{1}{120} [A^{(4)}, B] - \frac{1}{30} [[A^{(3)}, B], B]$$

$$+ \frac{1}{20}\big[[A^{(2)},B],B^{(2)}\big] + \frac{1}{120}\big[[A,B],[A^{(2)},B]\big]$$

$$- \frac{1}{60}\big[[A,B],[A,B^{(2)}]\big] - \frac{1}{30}[A,B^{(4)}]$$

$$\cdots$$

原则上可以得到所有的 c_k. 把求出的 $c_2,c_3,c_4,c_5,\cdots$ 代入 (8.2.5) 式得到 $f(t)$, 再将 $f(t)$ 代入 (8.2.1) 式并取 $t=1$, 便得到

$$e^{A+B} = e^{A}e^{B}\exp\left\{-\frac{1}{2}[A,B] + \frac{1}{6}[A^{(2)},B] - \frac{1}{3}[A,B^{(2)}]\right.$$

$$- \frac{1}{24}[A^{(3)},B] + \frac{1}{8}\big[[A^{(2)},B],B\big] - \frac{1}{8}[A,B^{(3)}]$$

$$+ \frac{1}{120}[A^{(4)},B] - \frac{1}{30}\big[[A^{(3)},B],B\big]$$

$$+ \frac{1}{20}\big[[A^{(2)},B],B^{(2)}\big] + \frac{1}{120}\big[[A,B],[A^{(2)},B]\big]$$

$$\left.- \frac{1}{60}\big[[A,B],[A,B^{(2)}]\big] - \frac{1}{30}[A,B^{(4)}] + \cdots\right\} \tag{8.2.6}$$

这称为广义 Baker-Campbell-Hausdorff 算符公式, 简称广义 BCH 公式. 特别是当 A,B 都与它们的对易式 $[A,B]$ 对易时, 即

$$[A,[A,B]] = [[A,B],B] = 0$$

时, 则 (8.2.6) 式简化为常用的 Baker-Campbell-Hausdorff 算符公式, 简称 BCH 公式, 即

$$e^{A+B} = e^{A}e^{B}e^{-\frac{1}{2}[A,B]}$$

以及与其等价的算符公式, 也称 BCH 公式, 即

$$e^{A+B} = e^{B}e^{A}e^{\frac{1}{2}[A,B]}, \quad e^{A}e^{B} = e^{B}e^{A}e^{[A,B]}$$

若构造算符恒等式

$$e^{g(t)} = e^{tA}e^{tB} \tag{8.2.7}$$

式中 t 是一个参数, $g(t)$ 是一个待求算符函数, 显然可取 $g(0)=0$. 此式两边对 t 求导, 得

$$\frac{de^{g(t)}}{dt} = Ae^{tA}e^{tB} + e^{tA}Be^{tB}$$

$$= (A + e^{tA}Be^{-tA})e^{g(t)}$$

$$= \left\{ A + B + \sum_{n=1}^{\infty} \frac{1}{n!} [A^{(n)}, B] t^n \right\} e^{g(t)} \tag{8.2.8}$$

又由(8.1.9)式得

$$\frac{de^{g(t)}}{dx} = \sum_{m=0}^{\infty} \frac{1}{(m+1)!} [g^{(m)}, g'(t)] e^{g(t)} \tag{8.2.9}$$

比较(8.2.8)式和(8.2.9)式,可得

$$\sum_{m=0}^{\infty} \frac{1}{(m+1)!} [g^{(m)}, g'(t)] = A + B + \sum_{n=1}^{\infty} \frac{1}{n!} [A^{(n)}, B] t^n \tag{8.2.10}$$

从 $g(0)=0$ 和(8.2.10)式可知 $g'(0)=A+B$,所以 $g(t)$ 和 $g'(t)$ 的幂级数形式为

$$g(t) = (A+B)t + \sum_{k=2}^{\infty} b_k t^k$$

$$g'(t) = A + B + \sum_{k=2}^{\infty} k b_k t^{k-1} \tag{8.2.11}$$

式中 b_k 是算符.把(8.2.11)式代入(8.2.10)式得到一个对任意的 t 都成立的恒等式,这意味着等式两端 t 同次幂的系数必须相等.于是可以得到

$$b_2 = \frac{1}{2} [A, B]$$

$$b_3 = \frac{1}{12} [A^{(2)}, B] + \frac{1}{12} [A, B^{(2)}]$$

$$b_4 = \frac{1}{24} [[A^{(2)}, B], B]$$

$$b_5 = -\frac{1}{720} [A, B^{(4)}] - \frac{1}{720} [A^{(4)}, B]$$

$$\cdots$$

把 $b_2, b_3, b_4, b_5, \cdots$ 代入(8.2.11)式并在(8.2.7)式中令 $t=1$,便得到

$$e^A e^B = \exp\left\{ A + B + \frac{1}{2} [A, B] + \frac{1}{12} [A^{(2)}, B] + \frac{1}{12} [A, B^{(2)}] \right.$$

$$\left. + \frac{1}{24} [[A^{(2)}, B], B] - \frac{1}{720} [A, B^{(4)}] - \frac{1}{720} [A^{(4)}, B] + \cdots \right\} \tag{8.2.12}$$

这是另一种形式的广义 BCH 公式.当 A, B 都与它们的对易式 $[A, B]$ 对易时,(8.2.12)式约化为 BCH 公式,即

$$e^A e^B = e^{A+B+\frac{1}{2}[A,B]}$$

同样地,还可以通过构造算符恒等式

$$\exp[t(A+B)] = \exp(tA)\exp[f(t)]\exp(tB)$$

从而得到

$$\exp(A+B) = \exp(A)\exp\left\{-\frac{1}{2}[A,B] + \frac{1}{6}[A^{(n)},B] + \frac{1}{6}[A,B^{(n)}] + \cdots\right\}\exp(B)$$

$$(8.2.13)$$

当 A,B 都与它们的对易式 $[A,B]$ 对易时,(8.2.13)式也约化为 BCH 公式.

这类例子表明复合算符(矩阵)函数微商法则能够帮助我们导出或证明有着重要用途的算符(包括矩阵)恒等公式.

8.3 形如 $F = \exp(-x^2 + xa^2 + a^{\dagger})$ 的算符(矩阵)函数的参数微商

作为复合算符函数微商法则的另一个初步应用例子,现在我们来计算形如

$$F = \exp(-x^2 + xa + a^{\dagger}) \tag{8.3.1}$$

和

$$F = \exp(-x^2 + xa^2 + a^{\dagger}) \tag{8.3.2}$$

的复合算符(矩阵)函数的参数微商,式中 $a^{\dagger}$, a 和 x 分别是玻色产生算符、湮灭算符和实参数, $[a,a^{\dagger}] = aa^{\dagger} - a^{\dagger}a = 1$.这类复合算符(矩阵)函数在已有的矩阵论文献中也会经常遇到,但由于缺少复合算符(矩阵)函数的参数微商法则,一般只限于处理 $F = \exp(-x^2 + xA + B)$ 在 A 与 B 可交换次序的情况.现在有了复合算符(矩阵)函数的参数微商法则,我们就可以求解这类复合算符(矩阵)函数的微商了.

将(8.3.1)式所示的复合算符(矩阵)函数写成 $F = F(f) = e^f$, $f = -x^2 + xa + a^{\dagger}$,于是有

$$f' \equiv \frac{\mathrm{d}f}{\mathrm{d}x} = -2x + a, \quad [f',f] = [-2x+a, -x^2+xa+a^{\dagger}] = [a,a^{\dagger}] = 1$$

$$[[f',f],f] = [1, -x^2 + xa + a^\dagger] = 0, \quad [f', f^{(m \geqslant 2)}] = 0$$

所以根据复合算符(矩阵)函数的参数微商法则(8.1.9)式,我们有

$$\frac{\mathrm{d}F}{\mathrm{d}x} = \mathrm{e}^f \sum_{m=0}^{\infty} \frac{1}{(m+1)!} [f', f^{(m)}]$$

$$= \mathrm{e}^f \sum_{m=0}^{1} \frac{1}{(m+1)!} [f', f^{(m)}] = \mathrm{e}^f \left(f' + \frac{1}{2!} \right)$$

$$= \exp(-x^2 + xa + a^\dagger) \left(-2x + a + \frac{1}{2} \right) \tag{8.3.3}$$

或者

$$\frac{\mathrm{d}F}{\mathrm{d}x} = \sum_{m=0}^{\infty} \frac{1}{(m+1)!} [f^{(m)}, f'] \mathrm{e}^f$$

$$= \sum_{m=0}^{1} \frac{1}{(m+1)!} [f^{(m)}, f'] \mathrm{e}^f = \left(f' - \frac{1}{2!} \right) \mathrm{e}^f$$

$$= \left(-2x + a - \frac{1}{2} \right) \exp(-x^2 + xa + a^\dagger) \tag{8.3.4}$$

这两个结果是相等的. 比较这两个结果可得

$$a \exp(-x^2 + xa + a^\dagger) = \exp(-x^2 + xa + a^\dagger)(a+1) \tag{8.3.5}$$

(8.3.5)式的正确性可以用其他方法予以证明. 将 $f = (-x^2 + xa + a^\dagger)$ 看作一个整体,因为

$$[a, f] = [a, -x^2 + xa + a^\dagger] = [a, a^\dagger] = 1$$

所以利用算符公式(1.2.2)式可以得到

$$a \exp(-x^2 + xa + a^\dagger) = \exp(-x^2 + xa + a^\dagger)a + \frac{\partial}{\partial f} \mathrm{e}^f$$

$$= \mathrm{e}^{-x^2 + xa + a^\dagger} a + \mathrm{e}^f = \mathrm{e}^{-x^2 + xa + a^\dagger}(a+1)$$

当然,也可利用 Baker-Campbell-Hausdorff 公式将复合算符函数 F 整理成反正规乘积排序的形式,即

$$F = \exp(-x^2 + xa + a^\dagger)$$

$$= \exp\left(-x^2 - \frac{x}{2} + xa \right) \mathrm{e}^{a^\dagger}$$

$$= \vdots \exp\left(-x^2 - \frac{x}{2} + xa + a^\dagger \right) \vdots \tag{8.3.6}$$

于是利用反正规乘积内的微分技术可得

$$\frac{\mathrm{d}F}{\mathrm{d}x} = \vdots \left(-2x + a - \frac{1}{2}\right)\exp\left(-x^2 - \frac{x}{2} + xa + a^\dagger\right)\vdots$$

$$= \left(-2x + a - \frac{1}{2}\right)\vdots \exp\left(-x^2 - \frac{x}{2} + xa + a^\dagger\right)\vdots$$

$$= \left(-2x + a - \frac{1}{2}\right)\exp\left(-x^2 + xa + a^\dagger\right) \tag{8.3.7}$$

在上面计算的最后一步脱掉了记号 $\vdots\ \vdots$ 并再次使用 Baker-Campbell-Hausdorff 公式.

还可以利用 Baker-Campbell-Hausdorff 公式将复合算符函数 F 整理成正规乘积排序的形式,即

$$F = \exp(-x^2 + xa + a^\dagger) = \mathrm{e}^{a^\dagger}\exp\left(-x^2 + \frac{x}{2} + xa\right)$$

$$= \ : \exp\left(-x^2 + \frac{x}{2} + xa + a^\dagger\right): \tag{8.3.8}$$

于是利用正规乘积内的微分技术可得

$$\frac{\mathrm{d}F}{\mathrm{d}x} = \ :\left(-2x + a + \frac{1}{2}\right)\exp\left(-x^2 + \frac{x}{2} + xa + a^\dagger\right):$$

$$= \ :\exp\left(-x^2 + \frac{x}{2} + xa + a^\dagger\right):\left(-2x + a + \frac{1}{2}\right)$$

$$= \mathrm{e}^{a^\dagger}\exp\left(-x^2 + \frac{x}{2} + xa\right)\left(-2x + a + \frac{1}{2}\right)$$

$$= \exp(-x^2 + xa + a^\dagger)\left(-2x + a + \frac{1}{2}\right) \tag{8.3.9}$$

对于(8.3.2)式所示的复合算符函数,由于 $[a^2, a^\dagger] = 2a$,$[2a, a^\dagger] = 2 \neq 0$,不方便利用 Baker-Campbell-Hausdorff 公式将该复合算符函数化成正规乘积或反正规乘积排序的形式,所以也就无法利用有序算符乘积内的微分技术求解该复合算符函数的微商. 但是,利用我们的复合算符(矩阵)函数的微商法则就可以解决这一问题. 将该复合算符函数写成

$$F = \mathrm{e}^f, \quad f(x) = -x^2 + xa^2 + a^\dagger, \quad f'(x) = -2x + a^2$$

则有

$$[f', f] = [a^2, a^\dagger] = 2a, \quad [[f', f], f] = [2a, a^\dagger] = 2, \quad [[[f', f], f], f] = 0$$

$$[f', f^{(m \geqslant 3)}] = 0$$

或

$$[f, f'] = [a^\dagger, a^2] = -2a, \quad [f, [f, f']] = [a^\dagger, -2a] = 2, \quad [f^{(m \geqslant 3)}, f'] = 0$$

由复合算符(矩阵)函数的微商法则,便得到

$$\frac{\mathrm{d}F}{\mathrm{d}x} = \mathrm{e}^f \sum_{m=0}^{2} \frac{1}{(m+1)!} [f', f^{(m)}]$$

$$= \mathrm{e}^{-x^2 + xa^2 + a^\dagger} \left(-2x + a^2 + \frac{1}{2!} \times 2a + \frac{1}{3!} \times 2\right)$$

$$= \mathrm{e}^{-x^2 + xa^2 + a^\dagger} \left(-2x + a^2 + a + \frac{1}{3}\right) \tag{8.3.10}$$

或

$$\frac{\mathrm{d}F}{\mathrm{d}x} = \sum_{m=0}^{2} \frac{1}{(m+1)!} [f^{(m)}, f'] \mathrm{e}^f$$

$$= \left(-2x + a^2 - \frac{1}{2!} \times 2a + \frac{1}{3!} \times 2\right) \mathrm{e}^{-x^2 + xa^2 + a^\dagger}$$

$$= \left(-2x + a^2 - a + \frac{1}{3}\right) \mathrm{e}^{-x^2 + xa^2 + a^\dagger} \tag{8.3.11}$$

这样不仅得到了 $\frac{\mathrm{d}F}{\mathrm{d}x}$,而且意味着

$$(a^2 - a) \mathrm{e}^{-x^2 + xa^2 + a^\dagger} = \mathrm{e}^{-x^2 + xa^2 + a^\dagger} (a^2 + a) \tag{8.3.12}$$

这个算符恒等式是可以用其他方法检验的,过程如下:

因为

$$a \mathrm{e}^{-x^2 + xa^2 + a^\dagger} = \mathrm{e}^{-x^2 + xa^2 + a^\dagger} a + \frac{\partial \mathrm{e}^f}{\partial f} = \mathrm{e}^{-x^2 + xa^2 + a^\dagger} a + \mathrm{e}^{-x^2 + xa^2 + a^\dagger} = \mathrm{e}^{-x^2 + xa^2 + a^\dagger} (a + 1)$$

$$a^2 \mathrm{e}^{-x^2 + xa^2 + a^\dagger} = a \mathrm{e}^{-x^2 + xa^2 + a^\dagger} (a + 1) = \mathrm{e}^{-x^2 + xa^2 + a^\dagger} (a + 1)^2$$

所以有

$$(a^2 - a) \mathrm{e}^{-x^2 + xa^2 + a^\dagger} = \mathrm{e}^{-x^2 + xa^2 + a^\dagger} [(a + 1)^2 - (a + 1)] = \mathrm{e}^{-x^2 + xa^2 + a^\dagger} (a^2 + a)$$

以上两个例子表明了我们的复合算符(矩阵)函数的微商法则的正确性、实用性和有效性.

对于给定的复合算符(矩阵)函数,在利用该复合算符(矩阵)函数微商法则求出其一次微商后还可以继续求出其二次微商.譬如,在(8.3.10)式的基础上可得

$$\frac{\mathrm{d}^2 F}{\mathrm{d}x^2} = \left(\frac{\mathrm{d}\mathrm{e}^f}{\mathrm{d}x}\right)\left(-2x + a^2 + a + \frac{1}{3}\right) + \mathrm{e}^f \frac{\mathrm{d}\left(-2x + a^2 + a + \frac{1}{3}\right)}{\mathrm{d}x}$$

$$= \mathrm{e}^{-x^2 + xa^2 + a^\dagger}\left(-2x + a^2 + a + \frac{1}{3}\right)^2 + \mathrm{e}^{-x^2 + xa^2 + a^\dagger}(-2)$$

$$= \mathrm{e}^{-x^2 + xa^2 + a^\dagger}\left[4x^2 - \frac{4}{3}x - \frac{17}{9} + \left(\frac{2}{3} - 4x\right)(a^2 + a) + (a^2 + a)^2\right] \quad (8.3.13a)$$

在(8.3.11)式的基础上可得

$$\frac{\mathrm{d}^2 F}{\mathrm{d}x^2} = \left(-2x + a^2 - a + \frac{1}{3}\right)\left(\frac{\mathrm{d}\mathrm{e}^f}{\mathrm{d}x}\right) + \frac{\mathrm{d}\left(-2x + a^2 - a + \frac{1}{3}\right)}{\mathrm{d}x}\mathrm{e}^f$$

$$= \left(-2x + a^2 - a + \frac{1}{3}\right)^2 \mathrm{e}^{-x^2 + xa^2 + a^\dagger} - 2\mathrm{e}^{-x^2 + xa^2 + a^\dagger}$$

$$= \left[4x^2 - \frac{4}{3}x - \frac{17}{9} + \left(\frac{2}{3} - 4x\right)(a^2 - a) + (a^2 - a)^2\right] \cdot \mathrm{e}^{-x^2 + xa^2 + a^\dagger} \quad (8.3.13b)$$

在求出复合算符(矩阵)函数二次微商的基础上还可以继续求出其三次、四次等更高次微商,这里不再赘述.

参考文献

[1] 徐世民,徐兴磊,李洪奇,等. 复合函数算符的微商法则及其在量子物理中应用[J]. 物理学报,2014,63(24):240302

[2] 方保镕,周继东,李医民. 矩阵论[M]. 北京:清华大学出版社,2005.

[3] 张凯院,徐仲. 矩阵论[M]. 北京:科学出版社,2013.

[4] 程云鹏,张凯院,徐仲. 矩阵论[M]. 西安:西北工业大学出版社,2006.

[5] 田卫华. 现代控制理论[M]. 北京:人民邮电出版社,2012.

[6] 邹伯敏. 自动控制理论[M]. 成都:机械工业出版社,2007.

[7] 加西欧洛维茨. 量子物理(影印版)[M]. 3 版. 北京:高等教育出版社,2006.

[8] Kardar M. Statistical physics of particles[M]. Cambridge:Cambridge University Press,2010.

[9] Achilles R, Bonfiglioli A. The early proofs of the theorem of Campbell, Baker, Hausdorff, and Dynkin[J]. Arch. Hist. Exact Sci. , 2012, 66:295-358.

第 9 章

光分束器

光分束器(optical beam splitter,BS)能够将输入的非纠缠态制备成量子纠缠态[1-2]，这一特性已被广泛应用于各种基础实验中，如制备 Einstein-Podolsky-Rosen 态[3]、Greenberger-Horne-Zeilinger 态[4]以及离散变量和连续变量隐形传态[5-6]等．目前，光分束器已作为重要的纠缠器件而被广泛研究[7-8]，譬如，Pairs 将压缩态输入 Mach-Zehnder 干涉仪，系统地分析和研究了其输出态的纠缠特性[9]．另外，线性定向耦合器的物理功能也可以用光分束器算符来描述，Lai 等研究了当输入福克态和压缩态时线性定向耦合器输出态的光子统计和非经典特性[10]．为了了解量子催化的作用，Hu 等利用光子对双模压缩真空态进行催化改善了量子纠缠[11]．文献[12-13]通过对相干态进行单光子量子催化从理论上制备了一种单光子催化相干态．Zhang 等构设了一种催化量子剪切装置[14]，实现了输入相干态的量子剪切．

本章基于从经典光学向量子光学过渡的思想，导出光分束器算符和二级级联光分束器算符在相干态表象中的表达，并利用 IWOP 技术[15]得到了单级光分束器算符和二级级联光分束器算符的正规乘积形式及紧致指数形式[16]．此外，我们还从理论上制备一些理想的量子纠缠态，如光子纠缠对和范式纠缠态．在最后一节，我们着重分析二级级联光分束器的量子剪切,并研究不同反射率下量子催化态的概率分布以及理想放大相干态与输出态之间的保真度和相干态幅值的关系.

9.1 光分束器的算符理论

理想的光分束器是一种可逆的、无能量损耗的四端口装置,如图 9.1.1 所示.端口 1 和 2 是输入端口,端口 1′ 和 2′ 是输出端口,确切地说,两束入射光发生干涉从而产生两束出射光.

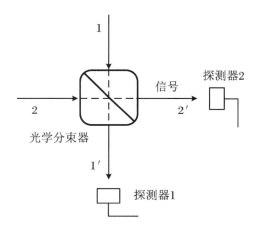

图 9.1.1　光分束器原理示意图

9.1.1　基本光分束器

在经典光学中,从分束器的两个输入端口输入的光波 ψ_1 和 ψ_2(复值波函数)到分束器的两个输出端口输出的光波 ψ'_1 和 ψ'_2(复值波函数)遵从如下线性变换:

$$\begin{bmatrix} \psi'_1 \\ \psi'_2 \end{bmatrix} = M \begin{bmatrix} \psi_1 \\ \psi_2 \end{bmatrix} \tag{9.1.1}$$

式中 M 是变换矩阵,表达为

$$M = \begin{pmatrix} M_{11} & M_{12} \\ M_{21} & M_{22} \end{pmatrix} \tag{9.1.2}$$

在量子光学中,光的量子态用相应的态矢量表示.如果输入光束是双模相干态,则可表示为

$$|z_1\rangle \otimes |z_2\rangle = |z_1, z_2\rangle \equiv \left| \begin{pmatrix} z_1 \\ z_2 \end{pmatrix} \right\rangle \tag{9.1.3}$$

式中

$$|z_1\rangle = \exp\left(-\frac{1}{2} z_1 z_1^* + z_1 a_1^\dagger\right) |0\rangle_1 \quad \text{和} \quad |z_2\rangle = \exp\left(-\frac{1}{2} z_2 z_2^* + z_2 a_2^\dagger\right) |0\rangle_2$$

分别是第一模和第二模相干态,而

$$\left| \begin{pmatrix} z_1 \\ z_2 \end{pmatrix} \right\rangle = \exp\left(-\frac{1}{2} z_1 z_1^* - \frac{1}{2} z_2 z_2^* + z_1 a_1^\dagger + z_2 a_2^\dagger\right) |00\rangle$$

是双模相干态.基于从经典光学向量子光学过渡的思想,经典线性干涉方程(9.1.1)式过渡到量子光学应表示成

$$\left| \begin{pmatrix} z'_1 \\ z'_2 \end{pmatrix} \right\rangle = \left| M \begin{pmatrix} z_1 \\ z_2 \end{pmatrix} \right\rangle \tag{9.1.4}$$

此模型是描述两束输入光发生干涉从而产生两束输出光的无损装置.干涉是一种非常典型的物理现象,在经典领域和量子领域均存在.

光分束器矩阵 M 满足以下关系:

$$\sum_{m=1}^{2} M_{n'm} M_{nm}^* = \delta_{nn'} \quad \text{和} \quad \sum_{n=1}^{2} M_{nm'} M_{nm}^* = \delta_{mm'} \tag{9.1.5}$$

换言之,M 是幺正的,即

$$M^\dagger = M^{-1} \tag{9.1.6}$$

这个条件反映了理想光分束器无能量损耗的事实,因此,总强度 $a_1^\dagger a_1 + a_2^\dagger a_2$ 是一个不变量,这里 $a_n^\dagger$ 和 a_n 分别是第 n 模的光子产生算符和湮灭算符.除幺正条件(9.1.5)式或(9.1.6)式外光分束器的各参数 M_{nm} 的值取决于特定的实验情况.简化模型使我们能够集中于该四端口器件的基本量子特性的分析.

回顾一下 2×2 幺正矩阵的数学结构. 任一 2×2 幺正矩阵 M 可表示为

$$M = \mathrm{e}^{\mathrm{i}\Lambda}\begin{pmatrix} \mathrm{e}^{\mathrm{i}\varphi/2} & 0 \\ 0 & \mathrm{e}^{-\mathrm{i}\varphi/2} \end{pmatrix}\begin{pmatrix} \cos\theta & \sin\theta \\ -\sin\theta & \cos\theta \end{pmatrix}\begin{pmatrix} \mathrm{e}^{\mathrm{i}\phi/2} & 0 \\ 0 & \mathrm{e}^{-\mathrm{i}\phi/2} \end{pmatrix} \tag{9.1.7}$$

式中 Λ, φ, θ 和 ϕ 均为实数. 一般来说, 对于实际的光分束器可以取幺正矩阵 M 为

$$M = \begin{pmatrix} \cos\theta & \mathrm{i}\sin\theta \\ \mathrm{i}\sin\theta & \cos\theta \end{pmatrix} \tag{9.1.8}$$

或者取实矩阵 M, 我们有

$$M = \begin{pmatrix} \cos\theta & \sin\theta \\ -\sin\theta & \cos\theta \end{pmatrix} \tag{9.1.9}$$

从物理上讲, 光分束器对两束入射光的作用可以视为幺正变换, 更确切地说是用一个幺正变换算符来表示光分束器的物理功能, 记此算符为 B, $BB^{\dagger} = B^{\dagger}B = I$, I 是单位算符. 我们的目的是从理论上找到此幺正变换算符.

在薛定谔绘景中, 算符 F 和态矢 $|\psi\rangle$ 的幺正变换式为

$$U^{\dagger}FU = F', \qquad U^{\dagger}|\psi\rangle = |\psi'\rangle$$

那么, 光分束器算符应满足

$$B^{\dagger}\left|\begin{pmatrix} z_1 \\ z_2 \end{pmatrix}\right\rangle = \left|\begin{pmatrix} z'_1 \\ z'_2 \end{pmatrix}\right\rangle = \left|M\begin{pmatrix} z_1 \\ z_2 \end{pmatrix}\right\rangle \tag{9.1.10}$$

注意到双模相干态的超完备性关系

$$\iint \frac{\mathrm{d}^2 z_1 \mathrm{d}^2 z_2}{\pi^2}\left|\begin{pmatrix} z_1 \\ z_2 \end{pmatrix}\right\rangle\left\langle\begin{pmatrix} z_1 \\ z_2 \end{pmatrix}\right| = I \tag{9.1.11}$$

式中

$$\left|\begin{pmatrix} z_1 \\ z_2 \end{pmatrix}\right\rangle \equiv |z_1, z_2\rangle = \exp\left(-\frac{1}{2}z_1 z_1^* - \frac{1}{2}z_2 z_2^* + z_1 a_1^{\dagger} + z_2 a_2^{\dagger}\right)|00\rangle$$

且有 $a_1|z_1, z_2\rangle = z_1|z_1, z_2\rangle$ 和 $a_2|z_1, z_2\rangle = z_2|z_1, z_2\rangle$. 用双模相干态左矢 $\langle z_1, z_2|$ 右乘 (9.1.10)式并对 $\mathrm{d}^2 z_1 \mathrm{d}^2 z_2$ 积分, 得

$$B^{\dagger} = \iint \frac{\mathrm{d}^2 z_1 \mathrm{d}^2 z_2}{\pi^2}\left|M\begin{pmatrix} z_1 \\ z_2 \end{pmatrix}\right\rangle\left\langle\begin{pmatrix} z_1 \\ z_2 \end{pmatrix}\right| \tag{9.1.12}$$

其厄米共轭式为

$$B = \iint \frac{\mathrm{d}^2 z_1 \mathrm{d}^2 z_2}{\pi^2} \left| \begin{pmatrix} z_1 \\ z_2 \end{pmatrix} \right\rangle \left\langle M \begin{pmatrix} z_1 \\ z_2 \end{pmatrix} \right| \tag{9.1.13}$$

(9.1.12)式和(9.1.13)两式就是光分束器的相干态表示,它是一个双模非对称 ket-bra 积分型算符.若将(9.1.8)式代入(9.1.12)式,得

$$B^{\dagger}(\theta) = \iint \frac{\mathrm{d}^2 z_1 \mathrm{d}^2 z_2}{\pi^2} \left| \begin{pmatrix} z_1 \cos\theta + \mathrm{i} z_2 \sin\theta \\ \mathrm{i} z_1 \sin\theta + z_2 \cos\theta \end{pmatrix} \right\rangle \left\langle \begin{pmatrix} z_1 \\ z_2 \end{pmatrix} \right| \tag{9.1.14}$$

若将(9.1.9)式代入(9.1.12)式,会得到

$$B^{\dagger}(\theta) = \iint \frac{\mathrm{d}^2 z_1 \mathrm{d}^2 z_2}{\pi^2} \left| \begin{pmatrix} z_1 \cos\theta + z_2 \sin\theta \\ -z_1 \sin\theta + z_2 \cos\theta \end{pmatrix} \right\rangle \left\langle \begin{pmatrix} z_1 \\ z_2 \end{pmatrix} \right| \tag{9.1.15}$$

注意到双模真空态投影算符的正规乘积展开形式

$$|00\rangle\langle 00| = : \exp(-a_1^{\dagger} a_1 - a_2^{\dagger} a_2) : \tag{9.1.16}$$

利用算符的正规乘积内的积分技术完成(9.1.14)式和(9.1.15)式中的积分运算,会分别得到

$$B^{\dagger}(\theta) = : \exp\left[(a_1^{\dagger} a_1 + a_2^{\dagger} a_2)(\cos\theta - 1) + \mathrm{i}(a_1^{\dagger} a_2 + a_2^{\dagger} a_1)\sin\theta \right] : \tag{9.1.17}$$

和

$$B^{\dagger}(\theta) = : \exp\left[(a_1^{\dagger} a_1 + a_2^{\dagger} a_2)(\cos\theta - 1) + (a_1^{\dagger} a_2 - a_2^{\dagger} a_1)\sin\theta \right] : \tag{9.1.18}$$

式中记号 : : 就是第 2 章中引入的标识正规乘积排序算符的符号.计算中用到了积分公式

$$\int \frac{\mathrm{d}^2 z}{\pi} \exp(-\zeta z z^* + z\eta + z^* \xi) = \frac{1}{\zeta} \exp\left(\frac{\eta \xi}{\zeta}\right), \quad \mathrm{Re}(\zeta) > 0$$

利用第 2 章中给出的正正正乘法定理可以验证(9.1.17)式所示的 $B^{\dagger}(\theta)$ 算符是幺正的,即

$$\begin{aligned}
B^{\dagger} B = &: \exp\left[(a_1^{\dagger} a_1 + a_2^{\dagger} a_2)(\cos\theta - 1) + \mathrm{i}(a_1^{\dagger} a_2 + a_2^{\dagger} a_1)\sin\theta \right] : \\
&\times : \exp\left[(a_1^{\dagger} a_1 + a_2^{\dagger} a_2)(\cos\theta - 1) - \mathrm{i}(a_1^{\dagger} a_2 + a_2^{\dagger} a_1)\sin\theta \right] : \\
= &: \exp\left[(a_1^{\dagger} a_1 + a_2^{\dagger} a_2)(\cos\theta - 1) + \mathrm{i}(a_1^{\dagger} a_2 + a_2^{\dagger} a_1)\sin\theta \right] \\
&\times \exp\left(\frac{\overleftarrow{\partial}}{\partial a_1} \frac{\overrightarrow{\partial}}{\partial a_1^{\dagger}} + \frac{\overleftarrow{\partial}}{\partial a_2} \frac{\overrightarrow{\partial}}{\partial a_2^{\dagger}} \right)
\end{aligned}$$

$$\times \exp\left[(a_1^\dagger a_1 + a_2^\dagger a_2)(\cos\theta - 1) - i(a_1^\dagger a_2 + a_2^\dagger a_1)\sin\theta\right]:$$

$$=: \exp\left[2(a_1^\dagger a_1 + a_2^\dagger a_2)(\cos\theta - 1)\right]$$

$$\times \exp\{[a_1^\dagger(\cos\theta - 1) + ia_2^\dagger\sin\theta][a_1(\cos\theta - 1) - ia_2\sin\theta]$$

$$+ [a_2^\dagger(\cos\theta - 1) + ia_1^\dagger\sin\theta][a_2(\cos\theta - 1) - ia_1\sin\theta]\}:$$

$$=: e^0 := I = BB^\dagger$$

同样可以验证(9.1.18)式所示的 $B^\dagger(\theta)$ 算符也是幺正的. 易见有

$$B^\dagger|00\rangle = |00\rangle \tag{9.1.19}$$

即输入双模真空态则输出仍为双模真空态, 意味着能量守恒, 这是因为理想光分束器是无能量损耗的(亦即能量守恒).

(9.1.17)式所示的幺正变换算符 $B^\dagger$(或说 B)对湮灭算符和产生算符的变换关系可由多种方法导出. 这里利用(9.1.17)式所示的正规乘积式和第2.1节中正规乘积的最后一条性质来推导, 即

$$B^\dagger a_1 B = B^\dagger a_1 : \exp\left[(a_1^\dagger a_1 + a_2^\dagger a_2)(\cos\theta - 1) - i(a_1^\dagger a_2 + a_2^\dagger a_1)\sin\theta\right]:$$

$$= B^\dagger : \exp\left[(a_1^\dagger a_1 + a_2^\dagger a_2)(\cos\theta - 1) - i(a_1^\dagger a_2 + a_2^\dagger a_1)\sin\theta\right]: a_1$$

$$+ B^\dagger : \frac{\partial}{\partial a_1^\dagger}\exp\left[(a_1^\dagger a_1 + a_2^\dagger a_2)(\cos\theta - 1) - i(a_1^\dagger a_2 + a_2^\dagger a_1)\sin\theta\right]:$$

$$= B^\dagger B a_1 + B^\dagger B[a_1(\cos\theta - 1) - ia_2\sin\theta]$$

$$= a_1\cos\theta - ia_2\sin\theta \tag{9.1.20}$$

$$B^\dagger a_1^\dagger B = a_1^\dagger : \exp\left[(a_1^\dagger a_1 + a_2^\dagger a_2)(\cos\theta - 1) + i(a_1^\dagger a_2 + a_2^\dagger a_1)\sin\theta\right]: B$$

$$+ : \frac{\partial}{\partial a_1}\exp\left[(a_1^\dagger a_1 + a_2^\dagger a_2)(\cos\theta - 1) + i(a_1^\dagger a_2 + a_2^\dagger a_1)\sin\theta\right]: B$$

$$= a_1^\dagger B^\dagger B + [a_1^\dagger(\cos\theta - 1) + ia_2^\dagger\sin\theta]B^\dagger B$$

$$= a_1^\dagger\cos\theta + ia_2^\dagger\sin\theta \tag{9.1.21}$$

以及

$$B^\dagger a_2 B = a_2\cos\theta - ia_1\sin\theta \tag{9.1.22}$$

$$B^\dagger a_2^\dagger B = a_2^\dagger\cos\theta + ia_1^\dagger\sin\theta \tag{9.1.23}$$

(9.1.20)式～(9.1.23)式也可表示成

$$Ba_1 B^\dagger = a_1\cos\theta + ia_2\sin\theta \tag{9.1.24}$$

$$Ba_2 B^\dagger = ia_1\sin\theta + a_2\cos\theta \tag{9.1.25}$$

$$Ba_1^\dagger B^\dagger = a_1^\dagger\cos\theta - ia_2^\dagger\sin\theta \tag{9.1.26}$$

$$Ba_2^\dagger B^\dagger = -\,\mathrm{i}a_1^\dagger \sin\theta + a_2^\dagger \cos\theta \tag{9.1.27}$$

(9.1.18)式所示的幺正变换算符 $B^\dagger$(或说 B)对湮灭算符和产生算符的变换关系也可有多种方法导出.这里利用(9.1.18)式所示的正规乘积式和第2.1节中正规乘积的最后一条性质来推导,便会有

$$B^\dagger a_1 B = B^\dagger : \exp\left[(a_1^\dagger a_1 + a_2^\dagger a_2)(\cos\theta - 1) - (a_1^\dagger a_2 - a_2^\dagger a_1)\sin\theta\right] : a_1$$

$$+ B^\dagger : \frac{\partial}{\partial a_1^\dagger} \exp\left[(a_1^\dagger a_1 + a_2^\dagger a_2)(\cos\theta - 1) - (a_1^\dagger a_2 - a_2^\dagger a_1)\sin\theta\right] :$$

$$= B^\dagger B a_1 + B^\dagger B\left[a_1(\cos\theta - 1) - a_2\sin\theta\right]$$

$$= a_1\cos\theta - a_2\sin\theta \tag{9.1.28}$$

$$B^\dagger a_1^\dagger B = a_1^\dagger : \exp\left[(a_1^\dagger a_1 + a_2^\dagger a_2)(\cos\theta - 1) + (a_1^\dagger a_2 - a_2^\dagger a_1)\sin\theta\right] : B$$

$$+ : \frac{\partial}{\partial a_1} \exp\left[(a_1^\dagger a_1 + a_2^\dagger a_2)(\cos\theta - 1) + (a_1^\dagger a_2 - a_2^\dagger a_1)\sin\theta\right] : B$$

$$= a_1^\dagger B^\dagger B + \left[a_1^\dagger(\cos\theta - 1) - a_2^\dagger\sin\theta\right]B^\dagger B$$

$$= a_1^\dagger\cos\theta - a_2^\dagger\sin\theta \tag{9.1.29}$$

以及

$$B^\dagger a_2 B = a_2\cos\theta + a_1\sin\theta \tag{9.1.30}$$

$$B^\dagger a_2^\dagger B = a_2^\dagger\cos\theta + a_1^\dagger\sin\theta \tag{9.1.31}$$

(9.1.28)式～(9.1.31)式也可表示成

$$Ba_1 B^\dagger = a_1\cos\theta + a_2\sin\theta \tag{9.1.32}$$

$$Ba_2 B^\dagger = -\,a_1\sin\theta + a_2\cos\theta \tag{9.1.33}$$

$$Ba_1^\dagger B^\dagger = a_1^\dagger\cos\theta + a_2^\dagger\sin\theta \tag{9.1.34}$$

$$Ba_2^\dagger B^\dagger = -\,a_1^\dagger\sin\theta + a_2^\dagger\cos\theta \tag{9.1.35}$$

由(9.1.17)式,利用算符的正规乘积内的微商方法可得

$$\frac{\mathrm{d}B^\dagger(\theta)}{\mathrm{d}\theta} = : \left[-(a_1^\dagger a_1 + a_2^\dagger a_2)\sin\theta + \mathrm{i}(a_1^\dagger a_2 + a_2^\dagger a_1)\cos\theta\right]$$

$$\times \exp\left[(a_1^\dagger a_1 + a_2^\dagger a_2)(\cos\theta - 1) + \mathrm{i}(a_1^\dagger a_2 + a_2^\dagger a_1)\sin\theta\right] :$$

$$= a_1^\dagger : \exp\left[(a_1^\dagger a_1 + a_2^\dagger a_2)(\cos\theta - 1) + \mathrm{i}(a_1^\dagger a_2 + a_2^\dagger a_1)\sin\theta\right] :$$

$$\times (-a_1\sin\theta + ia_2\cos\theta)$$

$$+ a_2^\dagger : \exp\left[(a_1^\dagger a_1 + a_2^\dagger a_2)(\cos\theta - 1) + \mathrm{i}(a_1^\dagger a_2 + a_2^\dagger a_1)\sin\theta\right] :$$

$$\times (-a_2\sin\theta + ia_1\cos\theta)$$

$$= a_1^{\dagger} B^{\dagger}(- a_1 \sin \theta + \mathrm{i} a_2 \cos \theta) + a_2^{\dagger} B^{\dagger}(- a_2 \sin \theta + \mathrm{i} a_1 \cos \theta) \qquad (9.1.36)$$

一方面,在(9.1.36)式中插入 $B^{\dagger}B = I$ 并利用(9.1.24)式~(9.1.27)式,得

$$\begin{aligned}
\frac{\mathrm{d}B^{\dagger}(\theta)}{\mathrm{d}\theta} &= B^{\dagger} B a_1^{\dagger} B^{\dagger}(- a_1 \sin \theta + \mathrm{i} a_2 \cos \theta) + B^{\dagger} B a_2^{\dagger} B^{\dagger}(- a_2 \sin \theta + \mathrm{i} a_1 \cos \theta) \\
&= B^{\dagger}(a_1^{\dagger} \cos \theta - \mathrm{i} a_2^{\dagger} \sin \theta)(- a_1 \sin \theta + \mathrm{i} a_2 \cos \theta) \\
&\quad + B^{\dagger}(- \mathrm{i} a_1^{\dagger} \sin \theta + a_2^{\dagger} \cos \theta)(- a_2 \sin \theta + \mathrm{i} a_1 \cos \theta) \\
&= \mathrm{i} B^{\dagger}(a_1^{\dagger} a_2 + a_2^{\dagger} a_1) \qquad (9.1.37)
\end{aligned}$$

另一方面,在(9.1.36)式中插入 $BB^{\dagger} = I$ 并利用(9.1.24)式~(9.1.27)式,又得

$$\begin{aligned}
\frac{\mathrm{d}B^{\dagger}(\theta)}{\mathrm{d}\theta} &= a_1^{\dagger} B^{\dagger}(- a_1 \sin \theta + \mathrm{i} a_2 \cos \theta) BB^{\dagger} + a_2^{\dagger} B^{\dagger}(- a_2 \sin \theta + \mathrm{i} a_1 \cos \theta) BB^{\dagger} \\
&= a_1^{\dagger}(- B^{\dagger} a_1 B \sin \theta + \mathrm{i} B^{\dagger} a_2 B \cos \theta) B^{\dagger} \\
&\quad + a_2^{\dagger}(- B^{\dagger} a_2 B \sin \theta + \mathrm{i} B^{\dagger} a_1 B \cos \theta) BB^{\dagger} \\
&= a_1^{\dagger}[-(a_1 \cos \theta - \mathrm{i} a_2 \sin \theta) \sin \theta + \mathrm{i}(a_2 \cos \theta - \mathrm{i} a_1 \sin \theta) \cos \theta] B^{\dagger} \\
&\quad + a_2^{\dagger}[-(a_2 \cos \theta - \mathrm{i} a_1 \sin \theta) \sin \theta + \mathrm{i}(a_1 \cos \theta - \mathrm{i} a_2 \sin \theta) \cos \theta] B^{\dagger} \\
&= \mathrm{i}(a_1^{\dagger} a_2 + a_2^{\dagger} a_1) B^{\dagger} \qquad (9.1.38)
\end{aligned}$$

(9.1.37)式和(9.1.38)式意味着 $(a_1^{\dagger} a_2 + a_2^{\dagger} a_1)$ 与 $B^{\dagger}$ 对易,因此有

$$\frac{\mathrm{d}B^{\dagger}(\theta)}{B^{\dagger}(\theta)} = \mathrm{i}(a_1^{\dagger} a_2 + a_2^{\dagger} a_1) \mathrm{d}\theta \qquad (9.1.39)$$

由于 $B^{\dagger}(0) = 1$,故对微分方程(9.1.39)做积分 $\int_0^{\theta} \mathrm{d}\theta$ 得

$$B^{\dagger}(\theta) = \exp[\mathrm{i}\theta(a_1^{\dagger} a_2 + a_2^{\dagger} a_1)] \qquad (9.1.40)$$

这就是与(9.1.17)式等价的光分束器算符的紧致指数形式,且由此知其幺正性是显然的.

若根据(9.1.18)式,则可得到

$$B^{\dagger}(\theta) = \exp[\theta(a_1^{\dagger} a_2 - a_2^{\dagger} a_1)] \qquad (9.1.41)$$

这是与(9.1.18)式等价的光分束器算符的紧致指数形式,其幺正性亦是显然的.

事实上,我们已经在第2.2节中导出了(9.1.41)式,这里算是又给出了一种不同的方法.(9.1.40)式也可按照第2.2节中讨论的方法予以导出.

若利用 IWOP 技术完成(9.1.12)式的积分,则可得到

$$B^{\dagger} = : \exp\left[(a_1^{\dagger} \quad a_2^{\dagger})(M - I)\begin{bmatrix} a_1 \\ a_2 \end{bmatrix}\right] :$$

$$= \exp\left[(a_1^{\dagger} \quad a_2^{\dagger})(\ln M)\begin{bmatrix} a_1 \\ a_2 \end{bmatrix}\right] \tag{9.1.42}$$

其厄米共轭式为

$$B = : \exp\left[(a_1^{\dagger} \quad a_2^{\dagger})(M^{\dagger} - I)\begin{bmatrix} a_1 \\ a_2 \end{bmatrix}\right] :$$

$$= \exp\left[(a_1^{\dagger} \quad a_2^{\dagger})(\ln M^{\dagger})\begin{bmatrix} a_1 \\ a_2 \end{bmatrix}\right] \tag{9.1.43}$$

在上面的计算中利用了第 2 章里给出的脱去正规乘积记号的(2.2.26)式.关于矩阵对数的计算参见附录 1,这里给出一个例子的结果:

$$\ln\begin{bmatrix} \cos\theta & \sin\theta \\ -\sin\theta & \cos\theta \end{bmatrix} = \begin{bmatrix} 0 & \theta \\ -\theta & 0 \end{bmatrix} \tag{9.1.44}$$

将其代入(9.1.42)式,得到

$$B^{\dagger} = : \exp\left[(a_1^{\dagger} \quad a_2^{\dagger})\begin{pmatrix} \cos\theta - 1 & \sin\theta \\ -\sin\theta & \cos\theta - 1 \end{pmatrix}\begin{bmatrix} a_1 \\ a_2 \end{bmatrix}\right] :$$

$$= \exp\left[(a_1^{\dagger} \quad a_2^{\dagger})\begin{bmatrix} 0 & \theta \\ -\theta & 0 \end{bmatrix}\begin{bmatrix} a_1 \\ a_2 \end{bmatrix}\right]$$

$$= \exp\left[\theta(a_1^{\dagger}a_2 - a_2^{\dagger}a_1)\right] \tag{9.1.45}$$

这与(9.1.41)式是一致的.

9.1.2 二级级联光分束器

本分节分析二级级联光分束器,如图 9.1.2 所示.端口 1,2 和 3 为三个输入端口,端口 $1'$,$2'$ 和 $3'$ 为三个输出端口.

如前小节所述,在经典光学中这两个光分束器的输出光波与输入光波的变换关系为

$$\begin{bmatrix} \psi_1' \\ \psi_2'' \end{bmatrix} = M_1\begin{bmatrix} \psi_1 \\ \psi_2 \end{bmatrix}, \quad \begin{bmatrix} \psi_3' \\ \psi_2' \end{bmatrix} = M_2\begin{bmatrix} \psi_3 \\ \psi_2'' \end{bmatrix} \tag{9.1.46}$$

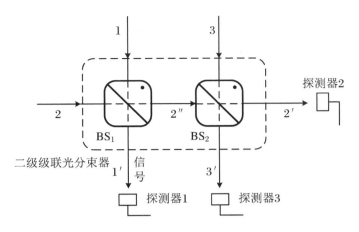

图 9.1.2　二级级联光分束器原理示意图

式中

$$M_1 = \begin{pmatrix} M_{11}^{(1)} & M_{12}^{(1)} \\ M_{21}^{(1)} & M_{22}^{(1)} \end{pmatrix}, \quad M_1^\dagger = M_1^{-1}, \quad M_2 = \begin{pmatrix} M_{11}^{(2)} & M_{12}^{(2)} \\ M_{21}^{(2)} & M_{22}^{(2)} \end{pmatrix}, \quad M_2^\dagger = M_2^{-1}$$

变换关系(9.1.46)式也可写成

$$\begin{pmatrix} \psi_1' \\ \psi_2' \\ \psi_3' \end{pmatrix} = M_{\text{tot-2}} \begin{pmatrix} \psi_1 \\ \psi_2 \\ \psi_3 \end{pmatrix} \tag{9.1.47}$$

这里 $M_{\text{tot-2}}$ 是二级级联光分束器的总变换矩阵,是 3×3 矩阵,即

$$M_{\text{tot-2}} = \begin{pmatrix} M_{11}^{(1)} & M_{12}^{(1)} & 0 \\ M_{22}^{(2)} M_{21}^{(1)} & M_{22}^{(2)} M_{22}^{(1)} & M_{21}^{(2)} \\ M_{12}^{(2)} M_{21}^{(1)} & M_{12}^{(2)} M_{22}^{(1)} & M_{11}^{(2)} \end{pmatrix} = N_2 N_1 \tag{9.1.48}$$

其中

$$N_1 = \begin{pmatrix} M_{11}^{(1)} & M_{12}^{(1)} & 0 \\ M_{21}^{(1)} & M_{22}^{(1)} & 0 \\ 0 & 0 & 1 \end{pmatrix}, \quad N_2 = \begin{pmatrix} 1 & 0 & 0 \\ 0 & M_{22}^{(2)} & M_{21}^{(2)} \\ 0 & M_{12}^{(2)} & M_{11}^{(2)} \end{pmatrix}, \quad M_{\text{tot-2}}^\dagger = M_{\text{tot-2}}^{-1} \tag{9.1.49}$$

那么在量子光学中,当输入光束为三模相干态

$$|z_1\rangle \otimes |z_2\rangle \otimes |z_3\rangle = |z_1, z_2, z_3\rangle \equiv \left| \begin{pmatrix} z_1 \\ z_2 \\ z_3 \end{pmatrix} \right\rangle \tag{9.1.50}$$

时,(9.1.4)式应该写成

$$\left| \begin{pmatrix} z'_1 \\ z'_2 \\ z'_3 \end{pmatrix} \right\rangle = \left| M_{\text{tot-2}} \begin{pmatrix} z_1 \\ z_2 \\ z_3 \end{pmatrix} \right\rangle \tag{9.1.51}$$

此模型是描述三束输入光发生干涉从而产生三束输出光的无损装置. 令 $B_{\text{tot-2}}$ 表示二级级联光分束器的幺正变换算符,即

$$B^{\dagger}_{\text{tot-2}} \left| \begin{pmatrix} z_1 \\ z_2 \\ z_3 \end{pmatrix} \right\rangle = \left| \begin{pmatrix} z'_1 \\ z'_2 \\ z'_3 \end{pmatrix} \right\rangle = \left| M_{\text{tot-2}} \begin{pmatrix} z_1 \\ z_2 \\ z_3 \end{pmatrix} \right\rangle \tag{9.1.52}$$

由此得到

$$B^{\dagger}_{\text{tot-2}} = \iiint \frac{\mathrm{d}^2 z_1 \mathrm{d}^2 z_2 \mathrm{d}^2 z_3}{\pi^3} \left| M_{\text{tot-2}} \begin{pmatrix} z_1 \\ z_2 \\ z_3 \end{pmatrix} \right\rangle \left\langle \begin{pmatrix} z_1 \\ z_2 \\ z_3 \end{pmatrix} \right| \tag{9.1.53}$$

它的厄米共轭式为

$$B_{\text{tot-2}} = \iiint \frac{\mathrm{d}^2 z_1 \mathrm{d}^2 z_2 \mathrm{d}^2 z_3}{\pi^3} \left| \begin{pmatrix} z_1 \\ z_2 \\ z_3 \end{pmatrix} \right\rangle \left\langle M_{\text{tot-2}} \begin{pmatrix} z_1 \\ z_2 \\ z_3 \end{pmatrix} \right| \tag{9.1.54}$$

(9.1.53)式和(9.1.54)式就是二级级联光分束器算符的相干态表示,它是一个幺正变换算符,即

$$B^{\dagger}_{\text{tot-2}} = B^{-1}_{\text{tot-2}} \tag{9.1.55}$$

特别是当取

$$M_1 = \begin{bmatrix} \cos \theta_1 & \sin \theta_1 \\ -\sin \theta_1 & \cos \theta_1 \end{bmatrix}, \quad M_2 = \begin{bmatrix} \cos \theta_2 & \sin \theta_2 \\ -\sin \theta_2 & \cos \theta_2 \end{bmatrix}$$

时,我们有

$$B_{\text{tot-2}} = \iiint \frac{\mathrm{d}^2 z_1 \mathrm{d}^2 z_2 \mathrm{d}^2 z_3}{\pi^3} \left| \begin{pmatrix} z_1 \\ z_2 \\ z_3 \end{pmatrix} \right\rangle \left\langle \begin{pmatrix} z_1 \cos \theta_1 + z_2 \sin \theta_2 \\ -z_1 \sin \theta_1 \cos \theta_2 + z_2 \cos \theta_1 \cos \theta_2 - z_3 \sin \theta_2 \\ -z_1 \sin \theta_1 \sin \theta_2 + z_2 \cos \theta_1 \sin \theta_2 + z_3 \cos \theta_2 \end{pmatrix} \right|$$

$$\tag{9.1.56}$$

进一步利用 IWOP 技术可以导出二级级联光分束器算符的正规乘积形式,即

$$B_{\text{tot-2}}^{\dagger} = : \exp\left[(a_1^{\dagger} \quad a_2^{\dagger} \quad a_3^{\dagger})(M_{\text{tot-2}} - I)\begin{pmatrix} a_1 \\ a_2 \\ a_3 \end{pmatrix} \right] :$$

$$= \exp\left[(a_1^{\dagger} \quad a_2^{\dagger} \quad a_3^{\dagger})(\ln M_{\text{tot-2}})\begin{pmatrix} a_1 \\ a_2 \\ a_3 \end{pmatrix} \right] \tag{9.1.57}$$

其厄米共轭式为

$$B_{\text{tot-2}} = : \exp\left[(a_1^{\dagger} \quad a_2^{\dagger} \quad a_3^{\dagger})(M_{\text{tot-2}}^{\dagger} - I)\begin{pmatrix} a_1 \\ a_2 \\ a_3 \end{pmatrix} \right] :$$

$$= \exp\left[(a_1^{\dagger} \quad a_2^{\dagger} \quad a_3^{\dagger})(\ln M_{\text{tot-2}}^{\dagger})\begin{pmatrix} a_1 \\ a_2 \\ a_3 \end{pmatrix} \right] \tag{9.1.58}$$

在上面的计算中利用了第 2 章里给出的脱去正规乘积记号的公式.

9.2　光分束器的输出态

首先从理论上分析如果两个光子发生干涉会导致什么结果. 假设两束入射光各携带一个光子,即 $|\psi\rangle_{\text{in}} = |1\rangle_1 \otimes |1\rangle_2 \equiv |1,1\rangle$,由 $50:50$ 的光分束器($\cos\theta = \sin\theta = 1/\sqrt{2}$)进行干涉,那么利用(9.1.14)式可得

$$|\psi\rangle_{\text{out}} = B^{\dagger}|\psi\rangle_{\text{in}} = \iint \frac{\mathrm{d}^2 z_1 \mathrm{d}^2 z_2}{\pi^2}\left| \begin{pmatrix} \dfrac{1}{\sqrt{2}}z_1 + \dfrac{\mathrm{i}}{\sqrt{2}}z_2 \\ \dfrac{\mathrm{i}}{\sqrt{2}}z_1 + \dfrac{1}{\sqrt{2}}z_2 \end{pmatrix} \right\rangle \left\langle \begin{pmatrix} z_1 \\ z_2 \end{pmatrix} \right| |1\rangle_1 \otimes |1\rangle_2$$

$$= \iint \frac{\mathrm{d}^2 z_1 \mathrm{d}^2 z_2}{\pi^2} z_1^* z_2^*$$

$$\cdot \exp\left[- z_1 z_1^* - z_2 z_2^* + \left(\frac{1}{\sqrt{2}} z_1 + \frac{\mathrm{i}}{\sqrt{2}} z_2 \right) a_1^\dagger + \left(\frac{\mathrm{i}}{\sqrt{2}} z_1 + \frac{1}{\sqrt{2}} z_2 \right) a_2^\dagger \right] |0,0\rangle$$

$$= \left(\frac{1}{\sqrt{2}} a_1^\dagger + \frac{\mathrm{i}}{\sqrt{2}} a_2^\dagger \right) \left(\frac{\mathrm{i}}{\sqrt{2}} a_1^\dagger + \frac{1}{\sqrt{2}} a_2^\dagger \right) |0,0\rangle = \frac{\mathrm{i}}{\sqrt{2}} \{ |2,0\rangle + |0,2\rangle \} \tag{9.2.1}$$

上面的积分计算采用了如下方法:

$$\iint \frac{\mathrm{d}^2 z_1 \mathrm{d}^2 z_2}{\pi^2} z_1^* z_2^* \exp(- z_1 z_1^* - z_2 z_2^* + \eta z_1 + \xi z_2)$$

$$= \iint \frac{\mathrm{d}^2 z_1 \mathrm{d}^2 z_2}{\pi^2} z_1^* z_2^* \exp(- z_1 z_1^* - z_2 z_2^* + \eta z_1 + \xi z_2 + t z_1^* + \tau z_2^*) \Big|_{t=\tau=0}$$

$$= \frac{\partial^2}{\partial t \partial \tau} \iint \frac{\mathrm{d}^2 z_1 \mathrm{d}^2 z_2}{\pi^2} \exp(- z_1 z_1^* - z_2 z_2^* + \eta z_1 + \xi z_2 + t z_1^* + \tau z_2^*) \Big|_{t=\tau=0}$$

$$= \frac{\partial^2}{\partial t \partial \tau} \exp(\eta t + \xi \tau) \Big|_{t=\tau=0} = \eta \xi$$

上面的(9.2.1)式意味着光子在分束器的某一输出端口仅能成对出现,同时在另一端口输出真空态,而不会在两个输出端口各出现一个光子.换言之,光分束器使得双光子与真空态发生了纠缠,这是一种量子效应.在 Moreau 等近期的一项实验中人们就观察到了这种光子纠缠的现象[17].也就是说,如果在某一输出端口探测到了光子,则在另一输出端口就不会出现光子.两束输出光的光子数关联所表明的这种量子现象已由 Hong、Ou 和 Mandel 首先用实验证实[18].

接下来分析光分束器的一种奇特纠缠性质.光分束器的变换矩阵取

$$M = \begin{pmatrix} \cos\theta & \sin\theta \\ -\sin\theta & \cos\theta \end{pmatrix}$$

从两个输入端口分别输入单光子态 $|1\rangle$ 和相干态 $|\alpha\rangle$,那么利用(9.1.15)式可得

$$|\psi\rangle_{\mathrm{out}} = B^\dagger |\psi\rangle_{\mathrm{in}} = B^\dagger |1\rangle_1 \otimes |\alpha\rangle_2$$

$$= \iint \frac{\mathrm{d}^2 z_1 \mathrm{d}^2 z_2}{\pi^2} \left| \begin{pmatrix} z_1 \cos\theta + z_2 \sin\theta \\ -z_1 \sin\theta + z_2 \cos\theta \end{pmatrix} \right\rangle \left\langle \begin{pmatrix} z_1 \\ z_2 \end{pmatrix} \right| a_1^\dagger |0\rangle_1 \otimes |\alpha\rangle_2$$

$$= \iint \frac{\mathrm{d}^2 z_1 \mathrm{d}^2 z_2}{\pi^2} \left| \begin{pmatrix} z_1 \cos\theta + z_2 \sin\theta \\ -z_1 \sin\theta + z_2 \cos\theta \end{pmatrix} \right\rangle z_1^* \langle z_1 |0\rangle_1 \langle z_2 |\alpha\rangle_2$$

$$= \exp\left(- \frac{1}{2} \alpha \alpha^* \right) \iint \frac{\mathrm{d}^2 z_1 \mathrm{d}^2 z_2}{\pi^2} z_1^* \exp[- z_1 z_1^* - z_2 z_2^*]$$

$$+ z_1 (a_1^\dagger \cos \theta - a_2^\dagger \sin \theta) + z_2 (a_1^\dagger \sin \theta + a_2^\dagger \cos \theta) + z_2^* \alpha] |0,0\rangle$$

$$= \exp\left[-\frac{1}{2}\alpha\alpha^* + \alpha(a_1^\dagger \sin \theta + a_2^\dagger \cos \theta)\right]$$

$$\times \frac{\partial}{\partial t} \int \frac{\mathrm{d}^2 z_1}{\pi} \exp\left[-z_1 z_1^* + z_1 (a_1^\dagger \cos \theta - a_2^\dagger \sin \theta) + t z_1^*\right] |0,0\rangle \Big|_{t=0}$$

$$= \exp\left[-\frac{1}{2}\alpha\alpha^* + \alpha(a_1^\dagger \sin \theta + a_2^\dagger \cos \theta)\right]$$

$$\times \frac{\partial}{\partial t} \exp\left[t(a_1^\dagger \cos \theta - a_2^\dagger \sin \theta)\right] |0,0\rangle \Big|_{t=0}$$

$$= \exp\left[-\frac{1}{2}\alpha\alpha^* + \alpha(a_1^\dagger \sin \theta + a_2^\dagger \cos \theta)\right]\left[a_1^\dagger \cos \theta - a_2^\dagger \sin \theta\right] |0,0\rangle$$

$$= e^{-\frac{1}{2}\alpha\alpha^*} \sum_{m,n=0}^{\infty} \frac{(-\alpha\sigma)^m (\alpha\tau)^n}{m! \, n!} (a_1^\dagger)^m (a_2^\dagger)^n \left[\tau |1,0\rangle + \sigma |0,1\rangle\right]$$

$$= e^{-\frac{1}{2}\alpha\alpha^*} \sum_{m,n=0}^{\infty} \frac{(-\alpha\sigma)^m (\alpha\tau)^n}{\sqrt{m! \, n!}} \left[\tau \sqrt{m+1} |m+1,n\rangle + \sigma \sqrt{n+1} |m,n+1\rangle\right]$$

$$\tag{9.2.2}$$

这显然是一个双模纠缠态,其中 $\sigma = -\sin \theta$, $\tau = \cos \theta$.

在一个输出端口进行量子测量会导致纠缠态塌缩,则在另一输出端口会得到一个确定的态("信号"). 我们的目的是研究在光分束器的第一个输出端口测得与其中一个输入端口相同的量子态时,那么在其第二个输出端口会输出具有什么特征的量子态. 或者说,光分束器起到了什么样的物理作用. 不同于经典直觉,我们发现输出信号与输入相干态有很大不同,即

$$\| \psi \rangle_{\mathrm{signal}} = {}_1\langle 1 | \psi \rangle_{\mathrm{out}}$$

$$= e^{-\frac{1}{2}\alpha\alpha^*} \sum_{m,n=0}^{\infty} \frac{(-\alpha\sigma)^m (\alpha\tau)^n}{\sqrt{m! \, n!}} \left[\tau \, \delta_{m,0} \sqrt{m+1} |n\rangle + \sigma \, \delta_{m,1} \sqrt{n+1} |n+1\rangle\right]$$

$$= e^{-\frac{1}{2}\alpha\alpha^*} \sum_{n=0}^{\infty} \frac{(\alpha\tau)^n}{\sqrt{n!}} \left[\tau |n\rangle - \alpha\sigma^2 \sqrt{n+1} |n+1\rangle\right]$$

$$= e^{-\frac{1}{2}\alpha\alpha^*} \left[\tau \sum_{n=0}^{\infty} \frac{(\alpha\tau)^n}{\sqrt{n!}} |n\rangle - \alpha\sigma^2 \sum_{n=0}^{\infty} \frac{(\alpha\tau)^n}{\sqrt{n!}} \sqrt{n+1} |n+1\rangle\right]$$

$$= e^{-\frac{1}{2}\alpha\alpha^*} \left[\tau \sum_{n=0}^{\infty} \frac{(\alpha\tau)^n}{\sqrt{n!}} |n\rangle - \alpha\sigma^2 \sum_{n=1}^{\infty} \frac{(\alpha\tau)^{n-1}}{\sqrt{(n-1)!}} \sqrt{n} |n\rangle\right]$$

$$= e^{-\frac{1}{2}\alpha\alpha^*} \left[\tau \sum_{n=0}^{\infty} \frac{(\alpha\tau)^n}{\sqrt{n!}} |n\rangle - \tau^{-1}\sigma^2 \sum_{n=1}^{\infty} \frac{(\alpha\tau)^n n}{\sqrt{n!}} |n\rangle\right]$$

$$= \tau^{-1} e^{-\frac{1}{2}\alpha\alpha^*} \sum_{n=0}^{\infty} \frac{(\alpha\tau)^n}{\sqrt{n!}} (\tau^2 - n\sigma^2) \mid n \rangle$$

设归一化系数为 C，将 $\| \psi \rangle_{\text{signal}}$ 归一化，即

$$\mid \psi \rangle_{\text{signal}} = C \| \psi \rangle_{\text{signal}}$$

于是

$$1 = {}_{\text{signal}} \langle \psi \mid \psi \rangle_{\text{signal}} = \mid C \mid_{\text{signal}}^2 \langle \psi \| \psi \rangle_{\text{signal}}$$

$$= \mid C \mid^2 \tau^{-2} e^{-\alpha\alpha^*} \sum_{m,n=0}^{\infty} \frac{(\alpha^*\tau)^m (\alpha\tau)^n}{\sqrt{m!\,n!}} (\tau^2 - m\sigma^2)(\tau^2 - n\sigma^2) \langle m \mid n \rangle$$

$$= \mid C \mid^2 \tau^{-2} e^{-\alpha\alpha^*} \sum_{m,n=0}^{\infty} \frac{(\alpha^*\tau)^m (\alpha\tau)^n}{\sqrt{m!\,n!}} (\tau^2 - m\sigma^2)(\tau^2 - n\sigma^2) \delta_{mn}$$

$$= \mid C \mid^2 \tau^{-2} e^{-\alpha\alpha^*} \sum_{n=0}^{\infty} \frac{(\alpha\alpha^*\tau^2)^n}{n!} (\tau^2 - n\sigma^2)^2$$

$$= \mid C \mid^2 \tau^{-2} e^{-\alpha\alpha^*} \sum_{n=0}^{\infty} \frac{(\alpha\alpha^*\tau^2)^n}{n!} (\tau^4 - 2n\tau^2\sigma^2 + n^2\sigma^4)$$

$$= \mid C \mid^2 [\tau^2 + \rho^2 (\rho^2 - 2\tau^2)\alpha\alpha^* + \tau^2 (\alpha\alpha^*)^2 \rho^4] e^{-\alpha\alpha^* + \alpha\alpha^*\tau^2}$$

在上面的计算中用到了下面的公式：

$$\sum_{n=0}^{\infty} \frac{x^n n^k}{n!} = \frac{\partial^k}{\partial t^k} \sum_{n=0}^{\infty} \frac{x^n e^{tn}}{n!} \bigg|_{t=0} = \frac{\partial^k}{\partial t^k} \exp(x e^t) \bigg|_{t=0}$$

$$= \frac{\partial^k}{\partial t^k} \exp[x(e^t - 1)] \bigg|_{t=0} e^x = T_k(x) e^x$$

式中 $T_k(x)$ 是第 1 章中介绍的图查德多项式，前三个图查德多项式分别为

$$T_0(x) = 1, \quad T_1(x) = x, \quad T_2(x) = x^2 + x$$

于是得到

$$\mid C \mid^2 = \frac{1}{\tau^2 + \sigma^2 (\sigma^2 - 2\tau^2)\alpha\alpha^* + \tau^2 (\alpha\alpha^*)^2 \sigma^4} e^{\alpha\alpha^* - \alpha\alpha^*\tau^2}$$

取

$$C = \frac{1}{\sqrt{\tau^2 + \rho^2 (\rho^2 - 2\tau^2)\alpha\alpha^* + \tau^2 (\alpha\alpha^*)^2 \rho^4}} \exp\left(\frac{1}{2}\alpha\alpha^* - \frac{1}{2}\alpha\alpha^*\tau^2\right)$$

则有

$$|\psi\rangle_{\text{signal}} = \frac{\exp(-\alpha\alpha^*\tau^2/2)}{\tau\sqrt{\tau^2 + \sigma^2(\sigma^2 - 2\tau^2)\alpha\alpha^* + \tau^2(\alpha\alpha^*)^2\sigma^4}}\sum_{n=0}^{\infty}\frac{(\alpha\tau)^n}{\sqrt{n!}}(\tau^2 - n\sigma^2)|n\rangle$$

$$(9.2.3)$$

由此我们得到在光分束器输出端口(信号端口)福克态$|n\rangle$出现的概率为

$$P_{\text{d}}(n) = \frac{(\tau^2 - n\sigma^2)^2}{n!}\frac{(\alpha\alpha^*\tau^2)^n}{\tau^2\left[\tau^2 + \sigma^2(\sigma^2 - 2\tau^2)\alpha\alpha^* + \tau^2(\alpha\alpha^*)^2\sigma^4\right]}\exp(-\alpha\alpha^*\tau^2)$$

$$(9.2.4)$$

显然,输出态$|\psi\rangle_{\text{signal}}$是无数福克态的叠加.这种转换称为量子催化(quantum-optical catalysis),因为单光子在促使输入态(相干态)演化为输出态(福克态的叠加态)的过程中好像其本身未受到任何影响.所以我们说此单光子起到了"催化剂"的作用.

在全反射的极限情况($\tau^2 = 0, \sigma^2 = 1$)下,从(9.2.3)式和(9.2.4)式会得到

$$|\psi\rangle_{\text{signal}} = -\frac{\alpha}{\sqrt{\alpha\alpha^*}}|1\rangle, \quad P_{\text{d}}(1) = 1, \quad P_{\text{d}}(n \neq 1) = 0$$

这正是我们期待的结果。在全透射的极限情况($\tau^2 = 1, \sigma^2 = 0$)下,则会得到

$$|\psi\rangle_{\text{signal}} = \exp\left(-\frac{\alpha\alpha^*}{2}\right)\sum_{n=0}^{\infty}\frac{\alpha^n}{\sqrt{n!}}|n\rangle = \exp\left(-\frac{\alpha\alpha^*}{2}\right)\sum_{n=0}^{\infty}\frac{(\alpha a_2^\dagger)^n}{n!}|0\rangle_2$$

$$= \exp\left(-\frac{1}{2}\alpha\alpha^* + \alpha a_2^\dagger\right)|0\rangle_2 = |\alpha\rangle_2$$

$$P_{\text{d}}(n) = \frac{(\alpha\alpha^*)^n}{n!}\text{e}^{-\alpha\alpha^*}$$

这同样是我们期待的结果.

由(9.2.4)式,我们可以得出各输出福克态$|n\rangle$的出现概率$P_{\text{d}}(n)$随输入相干态复值$\alpha = x + \text{i}y$的变化曲线($\tau^2 = \sigma^2 = 0.5$),如图9.2.1所示.

易见,没有$P_{\text{d}}(1)$的图像,这是因为$P_{\text{d}}(1) = 0$.这意味着在$\tau^2 = \sigma^2 = 0.5$的条件下单光子不会出现在输出端口$2'$,此类有趣的现象称作**量子态减却**(quantum-state subtraction).

同样地,还可得到当透射率和反射率取不同数值时各输出福克态$|n\rangle$出现的概率随输入相干态模值$|\alpha| = \sqrt{x^2 + y^2}$的变化曲线,如图9.2.2所示.

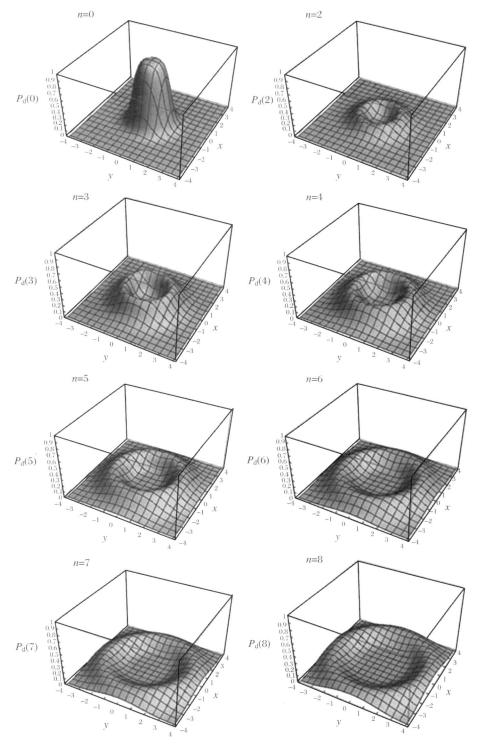

图 9.2.1　当 $\tau^2 = \sigma^2 = 0.5$, n 取不同数值时,输出态的出现概率随 x, y 的变化

基于以上分析并结合图9.2.1和图9.2.2可以看出:① 催化输出态不同于输入相干态.② 一般来说,当$|\alpha|<0.5$时在输出端口$2'$出现真空态的概率非常高,当$|\alpha|>1.5$时在输出端口$2'$出现真空态的概率几乎为零.③ 在高透射率情形下(譬如,$\tau^2>0.8$),催化输出态几乎等于输入相干态.④ 特别是对于一个$50:50$光分束器,单光子不会出现在输出端口$2'$,换言之,发生了量子态减却现象.

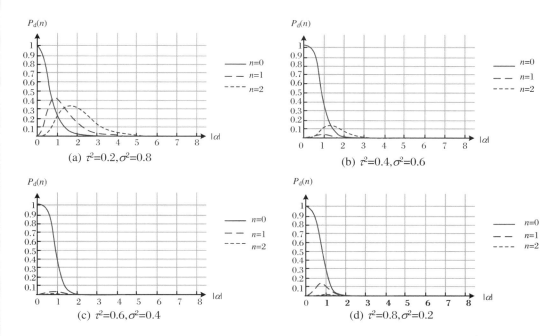

图 9.2.2　当透射率 τ^2 和反射率 σ^2 取不同数值时,输出态出现的概率随$|\alpha|$的变化曲线

为了进一步探索潜在的物理机制,假设输入相干态的模值$|\alpha|$和分束器透射率τ^2都很小,即$|\alpha|$,$\tau^2\ll 1$,二阶小量可忽略.这种情况下,输入相干态近似地写成$|\alpha\rangle\approx|0\rangle+\alpha|1\rangle$.假设光子探测器1探测到了一个光子,此光子从何而来? 如果它来自相干态,那么来自福克态输入的单光子很可能已被反射到了输出端口$2'$.相反,如果探测器1探测到的光子来自从分束器透射的福克态,则输出端口$2'$的输出量子态大概率是真空态$|0\rangle$.光分束器的量子特性表现在这两种可能本质上不可区分.如果这两个初始态是在相同的光学模式下制备的,那就无法知道哪个输入态为探测器1贡献了一个光子.因此,输出端口$2'$输出的量子态不是$|0\rangle$和$|1\rangle$两个态的统计混合而是相干叠加,这可以从(9.2.3)式通过忽略二阶小量得出

$$|\psi\rangle_{\text{signal}} = \frac{1}{\sqrt{\tau^2+\alpha\alpha^*}}\left[\tau|0\rangle-\alpha|1\rangle\right] \tag{9.2.5}$$

显然,此 $|\psi\rangle_{\text{signal}}$ 与弱幅输入相干态 $|\alpha\rangle \approx |0\rangle + \alpha|1\rangle$ 有着相同的组成成分(即真空态和单光子态).但是,它们的占比可以通过调节 α 与 τ 的比率来控制.譬如,对于一个比较小的 τ 值,α 的增幅可导致光态逐渐地转变为高非经典态($|1\rangle$);与之相反,对于一个小幅值的 α,τ 值的增大可导致光态逐渐地转变为高经典态($|0\rangle$).从这种意义上来讲,该 $|\psi\rangle_{\text{signal}}$ 态可以说是电磁场粒子性与波动性之间的渐变过渡桥梁.

现在,假设第一束入射光是正则分量态 $|q_1\rangle$,第二束入射光是正则分量态 $|p_2\rangle$,这里

$$|q_1\rangle \otimes |p_2\rangle = |q_1, p_2\rangle \equiv \left|\begin{pmatrix} q_1 \\ p_2 \end{pmatrix}\right\rangle, \quad a_k = (Q_k + iP_k)/\sqrt{2} \quad (k = 1, 2)$$

由(9.1.15)式可得

$$|\psi'\rangle = B^\dagger \left|\begin{pmatrix} q_1 \\ p_2 \end{pmatrix}\right\rangle$$

$$= \frac{1}{\sqrt{\pi}} \exp\left(-\frac{1}{2}q_1^2 - \frac{1}{2}p_2^2\right) \iint \frac{\mathrm{d}^2 z_1 \mathrm{d}^2 z_2}{\pi^2} \exp\left[-z_1 z_1^* - z_2 z_2^* + a_1^\dagger(z_1 \cos\theta + z_2 \sin\theta)\right.$$

$$\left. + a_2^\dagger(-z_1 \sin\theta + z_2 \cos\theta) + \sqrt{2} q_1 z_1^* + i\sqrt{2} p_2 z_2^* - \frac{1}{2} z_1^{*2} + \frac{1}{2} z_2^{*2}\right]|00\rangle$$

$$= \frac{1}{\sqrt{\pi}} \exp\left[-\frac{1}{2}q_1^2 - \frac{1}{2}p_2^2 + \sqrt{2}(q_1 \cos\theta + ip_2 \sin\theta)a_1^\dagger + \sqrt{2}(-q_1 \sin\theta + ip_2 \cos\theta)a_2^\dagger\right.$$

$$\left. - \frac{1}{\sqrt{2}}(a_1^{\dagger 2} - a_2^{\dagger 2})\cos 2\theta + a_1^\dagger a_2^\dagger \sin 2\theta\right]|00\rangle \tag{9.2.6}$$

易见,在上式的指数上出现了 $(a_1^\dagger a_2^\dagger \sin 2\theta)$ 项,它使得(9.2.6)式无法分解为第一模与第二模的直积形式,除非 $\sin 2\theta = 0$.所以,一般来说 $|\psi'\rangle = B^\dagger \left|\begin{pmatrix} q_1 \\ p_2 \end{pmatrix}\right\rangle$ 是一个双模纠缠态.因此我们说光分束器是一种制备量子纠缠态的可行装置.

特别是当 $\theta = \dfrac{\pi}{4}$ 时,也就是 50:50 的光分束器,(9.2.6)式化为

$$|\psi'\rangle = \frac{1}{\sqrt{\pi}} \exp\left(-\frac{1}{2}\eta\eta^* + \eta a_1^\dagger - \eta^* a_2^\dagger + a_1^\dagger a_2^\dagger\right)|00\rangle \equiv |\eta\rangle \tag{9.2.7}$$

式中 $\eta = q_1 + ip_2$.(9.2.7)式正是范式双模纠缠态[19].所以,我们可以称光分束器为"量子纠缠器",其理论意义在于可以利用光分束器制备纠缠态.

9.3 基于二级级联光分束器的量子态剪切

在图 9.1.2 所示的二级级联光分束器中, 假设第一输入端口输入真空态, 第二输入端口输入单光子, 第三输入端口输入相干态, 即 $|\psi\rangle_{\text{in}} = |0\rangle_1 \otimes |1\rangle_2 \otimes |\alpha\rangle_3$. 利用 (9.1.56)式可得到

$$
|\psi\rangle_{\text{out}} = B_{\text{tot-2}}^{\dagger} |\psi\rangle_{\text{in}}
$$

$$
= \iiint \frac{\mathrm{d}^2 z_1 \mathrm{d}^2 z_2 \mathrm{d}^2 z_3}{\pi^3} \left| \begin{pmatrix} z_1 \cos\theta_1 + z_2 \sin\theta_2 \\ -z_1 \sin\theta_1 \cos\theta_2 + z_2 \cos\theta_1 \cos\theta_2 - z_3 \sin\theta_2 \\ -z_1 \sin\theta_1 \sin\theta_2 + z_2 \cos\theta_1 \sin\theta_2 + z_3 \cos\theta_2 \end{pmatrix} \right\rangle
$$

$$
\times \left\langle \begin{pmatrix} z_1 \\ z_2 \\ z_3 \end{pmatrix} \right| |0\rangle_1 \otimes |1\rangle_2 \otimes |\alpha\rangle_3
$$

$$
= \iiint \frac{\mathrm{d}^2 z_1 \mathrm{d}^2 z_2 \mathrm{d}^2 z_3}{\pi^3} z_2^* \exp\left[-z_1 z_1^* - z_2 z_2^* - z_3 z_3^* - \frac{1}{2}\alpha\alpha^* + \alpha z_3^* \right.
$$

$$
+ (z_1 \cos\theta_1 + z_2 \sin\theta_2) a_1^{\dagger} + (-z_1 \sin\theta_1 \cos\theta_2 + z_2 \cos\theta_1 \cos\theta_2 - z_3 \sin\theta_2) a_2^{\dagger}
$$

$$
+ (-z_1 \sin\theta_1 \sin\theta_2 + z_2 \cos\theta_1 \sin\theta_2 + z_3 \cos\theta_2) a_3^{\dagger} \Big] |0,0,0\rangle
$$

$$
= \exp\left[-\frac{1}{2}\alpha\alpha^* + \alpha(-a_2^{\dagger}\sin\theta_2 + a_3^{\dagger}\cos\theta_2) \right]
$$

$$
\times (a_1^{\dagger}\sin\theta_1 + a_2^{\dagger}\cos\theta_1\cos\theta_2 + a_3^{\dagger}\cos\theta_1\sin\theta_2) |0,0,0\rangle
$$

$$
= \exp\left(-\frac{1}{2}\alpha\alpha^* \right) \sum_{m,n=0}^{\infty} \frac{(-\alpha\sin\theta_2)^m (\alpha\cos\theta_2)^n}{\sqrt{m!n!}}
$$

$$
\times \left[\sin\theta_1 |1,m,n\rangle + \sqrt{m+1}\cos\theta_1\cos\theta_2 |0,m+1,n\rangle \right.
$$

$$
+ \sqrt{n+1}\cos\theta_1\sin\theta_2 |0,m,n+1\rangle \Big] \tag{9.3.1}
$$

这就是二级级联光分束器的输出态, 是一个纠缠态. 如果光子探测器 3 (输出端口 $3'$) 探测到一个光子, 光子探测器 2 (输出端口 $2'$) 没有探测到光子, 则信道端口 (输出端口 $1'$) 的输出量子态为

$$\parallel\psi\rangle_{1'(\text{signal})} =\, _2\langle 0|\bigotimes\, _3\langle 1| \cdot |\psi\rangle_{\text{out}}$$

$$= \exp\left(-\frac{1}{2}\alpha\alpha^*\right) \sum_{m,n=0}^{\infty} \frac{(-\alpha\sin\theta_2)^m (\alpha\cos\theta_2)^n}{\sqrt{m!\,n!}}$$

$$\times \left[\sin\theta_1\,\delta_{m,0}\,\delta_{n,1}\,|1\rangle_1 + \delta_{m,0}\,\delta_{n,0}\cos\theta_1\sin\theta_2\,|0\rangle_1\right]$$

$$= \exp\left(-\frac{1}{2}\alpha\alpha^*\right)\left[\alpha\sin\theta_1\cos\theta_2\,|1\rangle_1 + \cos\theta_1\sin\theta_2\,|0\rangle_1\right]$$

将此量子态归一化后,便得到

$$|\psi\rangle_{1'(\text{signal})} = \frac{1}{\sqrt{\alpha\alpha^*\,\sin^2\theta_1\cos^2\theta_2 + \cos^2\theta_1\,\sin^2\theta_2}}\left[\alpha\sin\theta_1\cos\theta_2\,|1\rangle_1 + \cos\theta_1\sin\theta_2\,|0\rangle_1\right]$$

$$= \frac{1}{\sqrt{C^2\alpha\alpha^* + 1}}\left[|0\rangle_1 + C\alpha\,|1\rangle_1\right] \tag{9.3.2}$$

式中参数 C 的定义如下:

$$C = \frac{\sin\theta_1\cos\theta_2}{\cos\theta_1\sin\theta_2} = \frac{\sigma_1\tau_2}{\sigma_2\tau_1} \tag{9.3.3}$$

其中 $\tau_1 = \cos\theta_1$,$\tau_2 = \cos\theta_2$,$\sigma_1 = -\sin\theta_1$,$\sigma_2 = -\sin\theta_2$. 显然,输出态仅含有真空态和单光子态两种成分. 特别是通过调节两个光分束器的透射率与反射率使得 $C = 1$,则(9.3.2)式退化为

$$|\psi\rangle_{1'(\text{truncated signal})} = \frac{1}{\sqrt{\alpha\alpha^* + 1}}\left[|0\rangle_1 + \alpha\,|1\rangle_1\right] \tag{9.3.4}$$

这意味着从第三输入端口输入的相干态

$$|\alpha\rangle \sim |0\rangle + \alpha|1\rangle + \alpha^2|2\rangle + \alpha^3|3\rangle + \cdots \tag{9.3.5}$$

被该二级级联光分束器剪切成了量子态 $|0\rangle_1 + \alpha\,|1\rangle_1$. 从此物理功能上讲,可称这种量子态制备装置为"量子剪",因此该方案在理论上可被应用于量子态隐形传输[20].

如果 α 是一个小量,二阶及以上小量可忽略. 在此条件下,(9.3.2)式可近似地表示为

$$|\psi\rangle_{1'(\text{signal})} = \frac{1}{\sqrt{C^2\alpha\alpha^* + 1}}\left[|0\rangle_1 + C\alpha\,|1\rangle_1\right] \approx |C\alpha\rangle_1 \tag{9.3.6}$$

式中 $|C\alpha\rangle$ 称为理想放大相干态. 为了比较输出态 $|\psi\rangle_{1'(\text{signal})}$ 与理想放大相干态 $|C\alpha\rangle_1$,引入量子态保真度 F,定义如下:

$$F = |\langle C\alpha \mid \psi\rangle_{1'(\text{signal})}|^2 = (C^2\alpha\alpha^* + 1)e^{-C^2\alpha\alpha^*} \tag{9.3.7}$$

根据(9.3.7)式,可以得到当反射率取不同数值时,输出态与理想放大相干态之间的保真度 F 随 $|\alpha|$ 的变化曲线,如图 9.3.1 所示.

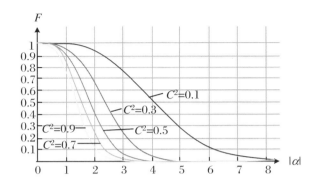

图 9.3.1　当反射率取不同数值时,输出态的保真度 F 随 $|\alpha|$ 的变化曲线

由图 9.3.1 可以看出,当 $|\alpha|$ 很小时保真度接近于 1,且随着 $|\alpha|$ 的增大保真度逐渐减小.值得注意的是,在 $|\alpha|<0.4$ 范围内保真度近似为 1.另外,在 $1.2<|\alpha|<2$ 的范围内,$C^2=0.1\sim0.2$ 时的保真度明显高于 C^2 取其他值时的保真度,并且参数 C 的值越小保真度越高.这些结论表明,通过调节相干态的幅值和光分束器的透射率可以实现理想放大相干态与输出态之间的高保真度.

参考文献

[1] Loock P V,Braunstein S L. Multipartite entanglement for continuous variables:a quantum teleportation network[J]. Physical Review Letters,2000,84(15):3482-3485.

[2] Kim M S,Son W,Buzek V,et al. Entanglement by a beam splitter:Nonclassicality as a prerequisite for entanglement[J]. Physical Review A,2002,65(3):032323.

[3] Ou Z Y,Pereira S F,Kimble H J,et al. Realization of the Einstein-Podolsky-Rose paradox for continuous variables[J]. Physical Review Letters,1992,68(25):3663-3666.

[4] Bouwmeester D,Pan J W,Daniell M,et al. Observation of three-photon Greenberger-Horne-Zeilinger entanglement[J]. Physical Review Letters,1999,82(7):1345-1349.

［5］ Bouwmeester D，Pan J W，Mattle K，et al. Experimental quantum teleportation[J]. Nature，1997，390：575-579.

［6］ Furusawa A，Sorensen J L，Braunstein S L，et al. Unconditional quantum teleportation[J]. Science，1998，282(5389)：706-709.

［7］ Tan S M，Walls D F，Collett M J. Nonlocality of a single photon[J]. Physical Review Letters，1991，66(3)：252-255.

［8］ Sanders B C. Entangled coherent states[J]. Physical Review A，1992，45(9)：6811-6815.

［9］ Paris M G A. Entanglement and visibility at the output of a Mach-Zehder interferometer[J]. Physical Review A，1999，59(2)：1615-1621.

［10］ Lai W K，Buzek V，Knight P L. Nonclassical fields in a linear directional coupler[J]. Physical Review A，1999，59(2)：1615-1621.

［11］ Hu L Y，Liao Z Y，Zubairy M S. Continuous-variable entanglement via multiphoton catalysis[J]. Physical Review A，2017，95 (1)：012310.

［12］ Xu X X，Yuan H C. Generating single-photon catalyzed coherent states with quantum-optical catalysis [J]. Physics Letters A，2016，380(31-32)：2342-2348.

［13］ Zhang S L，Zhang X D. Photon catalysis acting as noiseless linear amplification and its application in coherence enhancement[J]. Physical Review A，2018，97(4)：043830.

［14］ Zhang K Z，Hu L Y，Ye W，et al. Preparation and non-classicality of non-Gaussian quantum states based on catalytic quantum scissors[J]. Laser Physics Letters，2019，16(1)：015204.

［15］ Fan H Y. Operator ordering in quantum optics theory and development of Dirac's symbolic method[J]. J. Opt. B：Quantum Semiclass. Opt.，2003，5(4)：R147-R163.

［16］ Xu S M，Wang Lei，Xu X L，et al. Studying output states generated by optical beam splitter and 2-cascated BS[J]. International Journal of Theoretical Physics，2020，59(10)：3235-3248.

［17］ Morreau P，Toninelli E，Gregory T，et al. Imaging Bell-type nonlocal behavior[J]. Science Advances，2019,5(7)：2563.

［18］ Hong C K，Ou Z Y，Mandel L. Measurement of subpicosecond time intervals between two photons by interference[J]. Physical Review Letters，1987，59(18)：2044-2046.

［19］ Fan H Y，Klauder J R. Eigenvectors of two particles' relative position and total momentum[J]. Physical Review A，1994，49(2)：704-707.

［20］ Koniorczyk M，Kurucz Z，Gabris A，et al. General optical state truncation and its teleportation[J]. Physical Review A，2000，62(1)：013802.

附录

附录 1   矩阵指数、矩阵对数与矩阵的 n 次方根

在量子物理中会遇到矩阵指数和矩阵对数的情况,如演化算符 $U(t) = \mathrm{e}^{-\mathrm{i}Ht}$ 与量子线路的旋转门 $R_y(\theta) = \mathrm{e}^{-\frac{\mathrm{i}}{2}\theta\sigma_y}$,式中 H 是哈密顿算符,σ_y 是泡利矩阵. 又如冯·诺依曼熵(量子熵)$S(\rho) = -\mathrm{tr}[\rho\ln\rho]$,其中 ρ 是量子态的密度矩阵. 还有量子力学算符恒等公式

$$\exp\left[\begin{pmatrix} a_1^\dagger & a_2^\dagger \end{pmatrix} A \begin{bmatrix} a_1 \\ a_2 \end{bmatrix}\right] = :\exp\left[\begin{pmatrix} a_1^\dagger & a_2^\dagger \end{pmatrix}(\mathrm{e}^A - I)\begin{bmatrix} a_1 \\ a_2 \end{bmatrix}\right]:$$

及其逆运算公式

$$:\exp\left[\begin{pmatrix} a_1^\dagger & a_2^\dagger \end{pmatrix} B \begin{bmatrix} a_1 \\ a_2 \end{bmatrix}\right]: = \exp\left[\begin{pmatrix} a_1^\dagger & a_2^\dagger \end{pmatrix}\ln(I + B)\begin{bmatrix} a_1 \\ a_2 \end{bmatrix}\right]$$

式中：：是表示所有产生算符排列在所有湮灭算符左侧的正规乘积排序的记号. 因此, 在量子物理领域也就避免不了处理矩阵指数和矩阵对数的运算问题.

矩阵指数和矩阵对数的运算都是复杂的数学问题. 由于我们水平有限, 不能够全面透彻地讨论这些问题, 仅对量子物理中所涉及的情况进行一些探讨, 出现不足甚至错误在所难免. 关于矩阵理论的更多内容请参阅相关文献或著作, 例如由张凯院、徐仲编著的《矩阵论》等.

1. 矩阵指数

将普通指数函数的幂级数展开式(泰勒展开式)

$$e^x = \sum_{n=0}^{\infty} \frac{1}{n!} x^n = 1 + x + \frac{1}{2!}x^2 + \frac{1}{3!}x^3 + \cdots$$

中的普通参变量 x 置换为 $m \times m$ 的矩阵 A 所得到的矩阵

$$1 + A + \frac{1}{2!}A^2 + \frac{1}{3!}A^3 + \cdots = \sum_{n=0}^{\infty} \frac{1}{n!} A^n$$

仍是 $m \times m$ 的矩阵, 且仍记作

$$e^A = \sum_{n=0}^{\infty} \frac{1}{n!} A^n = 1 + A + \frac{1}{2!}A^2 + \frac{1}{3!}A^3 + \cdots \tag{F1.1}$$

称为**矩阵指数函数**, 简称**矩阵指数**. 也就是说, **矩阵指数运算遵循普通指数函数的泰勒展开式规则**. 所以有: ① e^A 和 A 是同样尺寸的矩阵. ② 泰勒展开式的第一项"1"应视为与 A 同样尺寸的单位矩阵 I, 这意味着 $A^0 = I$.

下面介绍计算 e^A 的三种方法.

方法 1　按照矩阵指数的定义, 已知矩阵 A 时, 原则上计算 e^A 的第一种方法就是按照(F1.1)式进行.

例1　若 2×2 矩阵 $A = \begin{pmatrix} 1 & 1 \\ 0 & 1 \end{pmatrix}$ 时, 按照(F1.1)式则有

$$e^{\begin{pmatrix} 1 & 1 \\ 0 & 1 \end{pmatrix}} = \sum_{n=0}^{\infty} \frac{1}{n!} \begin{pmatrix} 1 & 1 \\ 0 & 1 \end{pmatrix}^n = I + \sum_{n=1}^{\infty} \frac{1}{n!} \begin{pmatrix} 1 & 1 \\ 0 & 1 \end{pmatrix}^n$$

$$= I + \sum_{n=1}^{\infty} \frac{1}{n!} \begin{pmatrix} 1 & n \\ 0 & 1 \end{pmatrix} = \sum_{n=0}^{\infty} \frac{1}{n!} \begin{pmatrix} 1 & n \\ 0 & 1 \end{pmatrix}$$

$$= \begin{pmatrix} \sum\limits_{n=0}^{\infty} \dfrac{1}{n!} & \sum\limits_{n=0}^{\infty} \dfrac{n}{n!} \\ 0 & \sum\limits_{n=0}^{\infty} \dfrac{1}{n!} \end{pmatrix} = \begin{pmatrix} \mathrm{e} & \sum\limits_{n=1}^{\infty} \dfrac{1}{(n-1)!} \\ 0 & \mathrm{e} \end{pmatrix}$$

$$= \begin{pmatrix} \mathrm{e} & \sum\limits_{m=0}^{\infty} \dfrac{1}{m!} \\ 0 & \mathrm{e} \end{pmatrix} = \begin{pmatrix} \mathrm{e} & \mathrm{e} \\ 0 & \mathrm{e} \end{pmatrix}$$

例 2 矩阵 $A = \begin{pmatrix} 1 & 1 & 1 \\ 1 & 1 & 1 \\ 1 & 1 & 1 \end{pmatrix}$ 时，依据(F1.1)式有

$$\mathrm{e}^{\begin{pmatrix} 1 & 1 & 1 \\ 1 & 1 & 1 \\ 1 & 1 & 1 \end{pmatrix}} = \sum_{n=0}^{\infty} \frac{1}{n!} \begin{pmatrix} 1 & 1 & 1 \\ 1 & 1 & 1 \\ 1 & 1 & 1 \end{pmatrix}^n = I + \sum_{n=1}^{\infty} \frac{1}{n!} \begin{pmatrix} 1 & 1 & 1 \\ 1 & 1 & 1 \\ 1 & 1 & 1 \end{pmatrix}^n$$

$$= I + \sum_{n=1}^{\infty} \frac{1}{n!} \begin{pmatrix} 3^{n-1} & 3^{n-1} & 3^{n-1} \\ 3^{n-1} & 3^{n-1} & 3^{n-1} \\ 3^{n-1} & 3^{n-1} & 3^{n-1} \end{pmatrix}$$

$$= I + \frac{1}{3} \begin{pmatrix} \mathrm{e}^3 - 1 & \mathrm{e}^3 - 1 & \mathrm{e}^3 - 1 \\ \mathrm{e}^3 - 1 & \mathrm{e}^3 - 1 & \mathrm{e}^3 - 1 \\ \mathrm{e}^3 - 1 & \mathrm{e}^3 - 1 & \mathrm{e}^3 - 1 \end{pmatrix} = \frac{1}{3} \begin{pmatrix} \mathrm{e}^3 + 2 & \mathrm{e}^3 - 1 & \mathrm{e}^3 - 1 \\ \mathrm{e}^3 - 1 & \mathrm{e}^3 + 2 & \mathrm{e}^3 - 1 \\ \mathrm{e}^3 - 1 & \mathrm{e}^3 - 1 & \mathrm{e}^3 + 2 \end{pmatrix}$$

例 3 $A = \begin{pmatrix} 1 & 0 & 1 \\ 0 & 1 & 0 \\ 1 & 0 & 1 \end{pmatrix}$，我们有

$$\mathrm{e}^{\begin{pmatrix} 1 & 0 & 1 \\ 0 & 1 & 0 \\ 1 & 0 & 1 \end{pmatrix}} = \sum_{n=0}^{\infty} \frac{1}{n!} \begin{pmatrix} 1 & 0 & 1 \\ 0 & 1 & 0 \\ 1 & 0 & 1 \end{pmatrix}^n = I + \sum_{n=1}^{\infty} \frac{1}{n!} \begin{pmatrix} 1 & 0 & 1 \\ 0 & 1 & 0 \\ 1 & 0 & 1 \end{pmatrix}^n$$

$$= I + \sum_{n=1}^{\infty} \frac{1}{n!} \begin{pmatrix} 2^{n-1} & 0 & 2^{n-1} \\ 0 & 1 & 0 \\ 2^{n-1} & 0 & 2^{n-1} \end{pmatrix} = I + \frac{1}{2} \begin{pmatrix} \mathrm{e}^2 - 1 & 0 & \mathrm{e}^2 - 1 \\ 0 & 2\mathrm{e} - 2 & 0 \\ \mathrm{e}^2 - 1 & 0 & \mathrm{e}^2 - 1 \end{pmatrix}$$

$$= \frac{1}{2} \begin{pmatrix} \mathrm{e}^2 + 1 & 0 & \mathrm{e}^2 - 1 \\ 0 & 2\mathrm{e} & 0 \\ \mathrm{e}^2 - 1 & 0 & \mathrm{e}^2 + 1 \end{pmatrix}$$

例 4 $A = \begin{pmatrix} 2 & 1 \\ 1 & 2 \end{pmatrix}$ ，则有

$$\begin{pmatrix} 2 & 1 \\ 1 & 2 \end{pmatrix}^0 = \begin{pmatrix} 1 & 0 \\ 0 & 1 \end{pmatrix}, \quad \begin{pmatrix} 2 & 1 \\ 1 & 2 \end{pmatrix}^1 = \begin{pmatrix} 2 & 1 \\ 1 & 2 \end{pmatrix}$$

$$\begin{pmatrix} 2 & 1 \\ 1 & 2 \end{pmatrix}^{n \geqslant 2} = \begin{pmatrix} 2 + 3 + 3^2 + \cdots + 3^{n-1} & 1 + 3 + 3^2 + \cdots + 3^{n-1} \\ 1 + 3 + 3^2 + \cdots + 3^{n-1} & 2 + 3 + 3^2 + \cdots + 3^{n-1} \end{pmatrix}$$

观察发现，以下表达式对于 $n = 0, 1, 2, 3, \cdots$ 都成立：

$$\begin{pmatrix} 2 & 1 \\ 1 & 2 \end{pmatrix}^n = \frac{1}{2} \begin{pmatrix} 3^n + 1 & 3^n - 1 \\ 3^n - 1 & 3^n + 1 \end{pmatrix}$$

于是，我们有

$$e^{\begin{pmatrix} 2 & 1 \\ 1 & 2 \end{pmatrix}} = \sum_{n=0}^{\infty} \frac{1}{n!} \begin{pmatrix} 2 & 1 \\ 1 & 2 \end{pmatrix}^n = \frac{1}{2} \sum_{n=0}^{\infty} \frac{1}{n!} \begin{pmatrix} 3^n + 1 & 3^n - 1 \\ 3^n - 1 & 3^n + 1 \end{pmatrix}$$

$$= \frac{1}{2} \begin{pmatrix} e^3 + e & e^3 - e \\ e^3 - e & e^3 + e \end{pmatrix}$$

特别是当 A 是一个对角矩阵时，即

$$A = \begin{pmatrix} \lambda_1 & & & \\ & \lambda_2 & & \\ & & \ddots & \\ & & & \lambda_m \end{pmatrix} \equiv \Lambda$$

我们有

$$e^{\Lambda} = \sum_{n=0}^{\infty} \frac{1}{n!} \Lambda^n = \sum_{n=0}^{\infty} \frac{1}{n!} \begin{pmatrix} \lambda_1 & & & \\ & \lambda_2 & & \\ & & \ddots & \\ & & & \lambda_m \end{pmatrix}^n$$

$$= \sum_{n=0}^{\infty} \frac{1}{n!} \begin{pmatrix} \lambda_1^n & & & \\ & \lambda_2^n & & \\ & & \ddots & \\ & & & \lambda_m^n \end{pmatrix}$$

$$= \begin{pmatrix} \sum\limits_{n=0}^{\infty} \dfrac{1}{n!}\lambda_1^n & & & \\ & \sum\limits_{n=0}^{\infty} \dfrac{1}{n!}\lambda_2^n & & \\ & & \ddots & \\ & & & \sum\limits_{n=0}^{\infty} \dfrac{1}{n!}\lambda_m^n \end{pmatrix}$$

$$= \begin{pmatrix} \mathrm{e}^{\lambda_1} & & & \\ & \mathrm{e}^{\lambda_2} & & \\ & & \ddots & \\ & & & \mathrm{e}^{\lambda_m} \end{pmatrix}$$

方法 2 计算 e^A 的第二种方法是幺正对角化法. 如果矩阵 A 能够幺正对角化, 也就是矩阵 A 有 m 个本征值 $\lambda_1, \lambda_2, \cdots, \lambda_m$ 以及 m 个正交归一化的本征函数

$$\varphi_1 = \begin{pmatrix} b_1 \\ b_2 \\ \vdots \\ b_m \end{pmatrix}, \quad \varphi_2 = \begin{pmatrix} c_1 \\ c_2 \\ \vdots \\ c_m \end{pmatrix}, \quad \cdots, \quad \varphi_m = \begin{pmatrix} d_1 \\ d_2 \\ \vdots \\ d_m \end{pmatrix}$$

那么

$$U = (\varphi_1 \quad \varphi_2 \quad \cdots \quad \varphi_m) = \begin{pmatrix} b_1 & c_1 & \cdots & d_1 \\ b_2 & c_2 & \cdots & d_2 \\ \vdots & \vdots & & \vdots \\ b_m & c_m & \cdots & d_m \end{pmatrix}$$

是一个幺正矩阵, 即 $U U^\dagger = U^\dagger U = I$. 将 m 个本征值方程依次放在一起, 本征方程就写成

$$A \begin{pmatrix} b_1 & c_1 & \cdots & d_1 \\ b_2 & c_2 & \cdots & d_2 \\ \vdots & \vdots & & \vdots \\ b_m & c_m & \cdots & d_m \end{pmatrix} = \begin{pmatrix} \lambda_1 b_1 & \lambda_2 c_1 & \cdots & \lambda_m d_1 \\ \lambda_1 b_2 & \lambda_2 c_2 & \cdots & \lambda_m d_2 \\ \vdots & \vdots & & \vdots \\ \lambda_1 b_m & \lambda_2 c_m & \cdots & \lambda_m d_m \end{pmatrix}$$

$$= \begin{bmatrix} b_1 & c_1 & \cdots & d_1 \\ b_2 & c_2 & \cdots & d_2 \\ \vdots & \vdots & & \vdots \\ b_m & c_m & \cdots & d_m \end{bmatrix} \begin{bmatrix} \lambda_1 & & & \\ & \lambda_2 & & \\ & & \ddots & \\ & & & \lambda_m \end{bmatrix}$$

或简写成

$$AU = U\Lambda \tag{F1.2}$$

式中

$$\Lambda = \begin{bmatrix} \lambda_1 & & & \\ & \lambda_2 & & \\ & & \ddots & \\ & & & \lambda_m \end{bmatrix} \tag{F1.3}$$

用 $U^\dagger$ 左乘(F1.2)式,得

$$U^\dagger A U = \Lambda \tag{F1.4}$$

若用 $U^\dagger$ 右乘(F1.2)式,便得到

$$A = U\Lambda U^\dagger \tag{F1.5}$$

于是有

$$\mathrm{e}^A = \sum_{n=0}^{\infty} \frac{1}{n!} A^n = \sum_{n=0}^{\infty} \frac{1}{n!} (U\Lambda U^\dagger)^n$$

$$= \sum_{n=0}^{\infty} \frac{1}{n!} \underbrace{U\Lambda U^\dagger U\Lambda U^\dagger \cdots U\Lambda U^\dagger}_{n次}$$

$$= \sum_{n=0}^{\infty} \frac{1}{n!} U\Lambda^n U^\dagger = U\left(\sum_{n=0}^{\infty} \frac{1}{n!} \Lambda^n\right) U^\dagger = U\mathrm{e}^\Lambda U^\dagger$$

$$= U\mathrm{e}^{\begin{bmatrix} \lambda_1 & & & \\ & \lambda_2 & & \\ & & \ddots & \\ & & & \lambda_m \end{bmatrix}} U^\dagger = U\begin{bmatrix} \mathrm{e}^{\lambda_1} & & & \\ & \mathrm{e}^{\lambda_2} & & \\ & & \ddots & \\ & & & \mathrm{e}^{\lambda_m} \end{bmatrix} U^\dagger \tag{F1.6}$$

若把幺正变换矩阵 U 具体表达出来,就是

$$\mathrm{e}^A = \begin{pmatrix} b_1 & c_1 & \cdots & d_1 \\ b_2 & c_2 & \cdots & d_2 \\ \vdots & \vdots & & \vdots \\ b_m & c_m & \cdots & d_m \end{pmatrix} \begin{pmatrix} \mathrm{e}^{\lambda_1} & & & \\ & \mathrm{e}^{\lambda_2} & & \\ & & \ddots & \\ & & & \mathrm{e}^{\lambda_m} \end{pmatrix} \begin{pmatrix} b_1^* & b_2^* & \cdots & b_m^* \\ c_1^* & c_2^* & \cdots & c_m^* \\ \vdots & \vdots & & \vdots \\ d_1^* & d_2^* & \cdots & d_m^* \end{pmatrix} \quad (\mathrm{F}1.7)$$

这样就可以按照矩阵的乘法规则进行计算了.

例如,$A = \begin{pmatrix} 1 & 0 & 1 \\ 0 & 1 & 0 \\ 1 & 0 & 1 \end{pmatrix}$,它是一个厄米矩阵,其本征值及相应的正交归一化本征函数

分别为

$$\lambda_1 = 0, \quad \lambda_2 = 1, \quad \lambda_3 = 2$$

$$\varphi_1 = \begin{pmatrix} -1/\sqrt{2} \\ 0 \\ 1/\sqrt{2} \end{pmatrix}, \quad \varphi_2 = \begin{pmatrix} 0 \\ 1 \\ 0 \end{pmatrix}, \quad \varphi_3 = \begin{pmatrix} 1/\sqrt{2} \\ 0 \\ 1/\sqrt{2} \end{pmatrix}$$

构造如下幺正变换矩阵:

$$U = U^\dagger = \begin{pmatrix} -1/\sqrt{2} & 0 & 1/\sqrt{2} \\ 0 & 1 & 0 \\ 1/\sqrt{2} & 0 & 1/\sqrt{2} \end{pmatrix}$$

于是得到

$$\mathrm{e}^{\begin{pmatrix} 1 & 0 & 1 \\ 0 & 1 & 0 \\ 1 & 0 & 1 \end{pmatrix}} = \begin{pmatrix} -1/\sqrt{2} & 0 & 1/\sqrt{2} \\ 0 & 1 & 0 \\ 1/\sqrt{2} & 0 & 1/\sqrt{2} \end{pmatrix} \mathrm{e}^{\begin{pmatrix} 0 & 0 & 0 \\ 0 & 1 & 0 \\ 0 & 0 & 2 \end{pmatrix}} \begin{pmatrix} -1/\sqrt{2} & 0 & 1/\sqrt{2} \\ 0 & 1 & 0 \\ 1/\sqrt{2} & 0 & 1/\sqrt{2} \end{pmatrix}$$

$$= \begin{pmatrix} -1/\sqrt{2} & 0 & 1/\sqrt{2} \\ 0 & 1 & 0 \\ 1/\sqrt{2} & 0 & 1/\sqrt{2} \end{pmatrix} \begin{pmatrix} 1 & 0 & 0 \\ 0 & \mathrm{e} & 0 \\ 0 & 0 & \mathrm{e}^2 \end{pmatrix} \begin{pmatrix} -1/\sqrt{2} & 0 & 1/\sqrt{2} \\ 0 & 1 & 0 \\ 1/\sqrt{2} & 0 & 1/\sqrt{2} \end{pmatrix}$$

$$= \begin{pmatrix} -1/\sqrt{2} & 0 & \mathrm{e}^2/\sqrt{2} \\ 0 & \mathrm{e} & 0 \\ 1/\sqrt{2} & 0 & \mathrm{e}^2/\sqrt{2} \end{pmatrix} \begin{pmatrix} -1/\sqrt{2} & 0 & 1/\sqrt{2} \\ 0 & 1 & 0 \\ 1/\sqrt{2} & 0 & 1/\sqrt{2} \end{pmatrix}$$

$$= \frac{1}{2}\begin{pmatrix} e^2+1 & 0 & e^2-1 \\ 0 & 2e & 0 \\ e^2-1 & 0 & e^2+1 \end{pmatrix}$$

这与第一种方法所得结果是相同的.

再如，$A = \begin{pmatrix} 2 & 1 \\ 1 & 2 \end{pmatrix}$ 是幺正的，它的本征值及其相应的正交归一化本征函数分别为

$$\lambda_1 = 3, \quad \lambda_2 = 1; \quad \varphi_1 = \frac{1}{\sqrt{2}}\begin{pmatrix} 1 \\ 1 \end{pmatrix}, \quad \varphi_2 = \frac{1}{\sqrt{2}}\begin{pmatrix} 1 \\ -1 \end{pmatrix}$$

构造幺正变换矩阵 $U = \frac{1}{\sqrt{2}}\begin{pmatrix} 1 & 1 \\ 1 & -1 \end{pmatrix}$，显然有

$$U^{-1}AU = \frac{1}{\sqrt{2}}\begin{pmatrix} 1 & 1 \\ 1 & -1 \end{pmatrix}\begin{pmatrix} 2 & 1 \\ 1 & 2 \end{pmatrix}\frac{1}{\sqrt{2}}\begin{pmatrix} 1 & 1 \\ 1 & -1 \end{pmatrix} = \begin{pmatrix} 3 & 0 \\ 0 & 1 \end{pmatrix} \equiv \Lambda$$

以及

$$A = U\Lambda U^{-1} = \begin{pmatrix} 2 & 1 \\ 1 & 2 \end{pmatrix}$$

于是

$$e^{\begin{pmatrix} 2 & 1 \\ 1 & 2 \end{pmatrix}} = e^{U\Lambda U^\dagger} = Ue^\Lambda U^\dagger = \frac{1}{2}\begin{pmatrix} 1 & 1 \\ 1 & -1 \end{pmatrix}e^{\begin{pmatrix} 3 & 0 \\ 0 & 1 \end{pmatrix}}\begin{pmatrix} 1 & 1 \\ 1 & -1 \end{pmatrix}$$

$$= \frac{1}{2}\begin{pmatrix} 1 & 1 \\ 1 & -1 \end{pmatrix}\begin{pmatrix} e^3 & 0 \\ 0 & e \end{pmatrix}\begin{pmatrix} 1 & 1 \\ 1 & -1 \end{pmatrix} = \frac{1}{2}\begin{pmatrix} e^3+e & e^3-e \\ e^3-e & e^3+e \end{pmatrix}$$

这与第一种方法所得结果是相同的.

方法 3 计算指数矩阵 e^A 的第三种方法是相似对角化法. 如果矩阵 A 仅能相似对角化，譬如，$A = \begin{pmatrix} 1 & 1 \\ 0 & 2 \end{pmatrix}$，其可以相似对角化而不能幺正对角化，因为它不厄米. 矩阵 A 的本征值及相应的归一化本征函数（也可以不归一化，有时不归一化会使得计算更简便）分别为

$$\lambda_1 = 1, \quad \lambda_2 = 2; \quad \varphi_1 = \begin{pmatrix} 1 \\ 0 \end{pmatrix}, \quad \varphi_2 = \begin{pmatrix} 1/\sqrt{2} \\ 1/\sqrt{2} \end{pmatrix}$$

若不归一化本征函数，矩阵 A 的本征函数可取为

$$\varphi_1 = \begin{pmatrix} 1 \\ 0 \end{pmatrix}, \quad \varphi_2 = \begin{pmatrix} 1 \\ 1 \end{pmatrix}$$

显然 φ_1 与 φ_2 线性独立但不正交,缘于该矩阵 A 不厄米.构造变换矩阵

$$S = \begin{pmatrix} 1 & 1/\sqrt{2} \\ 0 & 1/\sqrt{2} \end{pmatrix}$$

可利用矩阵的行初等变换求出其逆矩阵,即

$$\begin{pmatrix} 1 & 1/\sqrt{2} & \vdots & 1 & 0 \\ 0 & 1/\sqrt{2} & \vdots & 0 & 1 \end{pmatrix} \xrightarrow{\text{第二行乘}(-1)\text{加到第一行}} \begin{pmatrix} 1 & 0 & \vdots & 1 & -1 \\ 0 & 1/\sqrt{2} & \vdots & 0 & 1 \end{pmatrix}$$

$$\xrightarrow{\text{第二行乘}\sqrt{2}} \begin{pmatrix} 1 & 0 & \vdots & 1 & -1 \\ 0 & 1 & \vdots & 0 & \sqrt{2} \end{pmatrix}$$

从而知道矩阵 S 的逆矩阵为

$$S^{-1} = \begin{pmatrix} 1 & -1 \\ 0 & \sqrt{2} \end{pmatrix}$$

显然 $S^{-1} \neq S^\dagger$,亦即 S 不是幺正矩阵.易见有

$$S^{-1}AS = \begin{pmatrix} 1 & -1 \\ 0 & \sqrt{2} \end{pmatrix} \begin{pmatrix} 1 & 1 \\ 0 & 2 \end{pmatrix} \begin{pmatrix} 1 & 1/\sqrt{2} \\ 0 & 1/\sqrt{2} \end{pmatrix} = \begin{pmatrix} 1 & 0 \\ 0 & 2 \end{pmatrix} \equiv \Lambda \tag{F1.8}$$

这样矩阵 A 就实现了相似对角化.用 S 和 S^{-1} 夹乘(F1.8)式得

$$A = S\Lambda S^{-1} \tag{F1.9}$$

于是得到

$$\begin{aligned}
e^A &= \sum_{n=0}^{\infty} \frac{1}{n!} A^n = \sum_{n=0}^{\infty} \frac{1}{n!} (S\Lambda S^{-1})^n \\
&= \sum_{n=0}^{\infty} \frac{1}{n!} \underbrace{S\Lambda S^{-1} S\Lambda S^{-1} \cdots S\Lambda S^{-1}}_{n\text{次}} \\
&= \sum_{n=0}^{\infty} \frac{1}{n!} S\Lambda^n S^{-1} = S\left(\sum_{n=0}^{\infty} \frac{1}{n!} \Lambda^n\right) S^{-1} = S e^{\Lambda} S^{-1} \\
&= S e^{\begin{pmatrix} 1 & 0 \\ 0 & 2 \end{pmatrix}} S^{-1} = S \begin{pmatrix} e & 0 \\ 0 & e^2 \end{pmatrix} S^{-1}
\end{aligned}$$

$$= \begin{pmatrix} 1 & 1/\sqrt{2} \\ 0 & 1/\sqrt{2} \end{pmatrix} \begin{pmatrix} \mathrm{e} & 0 \\ 0 & \mathrm{e}^2 \end{pmatrix} \begin{pmatrix} 1 & -1 \\ 0 & \sqrt{2} \end{pmatrix} = \begin{pmatrix} \mathrm{e} & \mathrm{e}^2 - \mathrm{e} \\ 0 & \mathrm{e}^2 \end{pmatrix} \qquad \text{(F1.10)}$$

这一结果也可用第一种方法直接得到,即

$$\mathrm{e}^{\begin{pmatrix} 1 & 1 \\ 0 & 2 \end{pmatrix}} = \sum_{n=0}^{\infty} \frac{1}{n!} \begin{pmatrix} 1 & 1 \\ 0 & 2 \end{pmatrix}^n = I + \sum_{n=1}^{\infty} \frac{1}{n!} \begin{pmatrix} 1 & 1 \\ 0 & 2 \end{pmatrix}^n$$

$$= I + \sum_{n=1}^{\infty} \frac{1}{n!} \begin{pmatrix} 1 & 1 + 2 + 2^2 + \cdots + 2^{n-1} \\ 0 & 2^n \end{pmatrix}$$

$$= I + \sum_{n=1}^{\infty} \frac{1}{n!} \begin{pmatrix} 1 & 2^n - 1 \\ 0 & 2^n \end{pmatrix}$$

$$= \sum_{n=0}^{\infty} \frac{1}{n!} \begin{pmatrix} 1 & 2^n - 1 \\ 0 & 2^n \end{pmatrix}$$

$$= \begin{pmatrix} \mathrm{e} & \mathrm{e}^2 - \mathrm{e} \\ 0 & \mathrm{e}^2 \end{pmatrix}$$

再如,假定 2×2 矩阵 $A = \begin{pmatrix} a & b \\ c & d \end{pmatrix}$ 可相似对角化,记

$$\Delta = \sqrt{4bc + (a-d)^2}, \quad s = a + d, \quad t = a - d$$

那么,此矩阵 A 的本征值及相应的本征函数(不归一化)分别为

$$\lambda_1 = \frac{1}{2}(s + \Delta), \quad \varphi_1 = \begin{pmatrix} 2b \\ \Delta - t \end{pmatrix}; \quad \lambda_2 = \frac{1}{2}(s - \Delta), \quad \varphi_2 = \begin{pmatrix} 2b \\ -\Delta - t \end{pmatrix}$$

构造变换矩阵

$$S = \begin{pmatrix} 2b & 2b \\ \Delta - t & -\Delta - t \end{pmatrix}$$

可利用矩阵的列初等变换求出其逆矩阵,过程如下:

$$\begin{pmatrix} 2b & 2b \\ \Delta - t & -\Delta - t \\ \hdashline 1 & 0 \\ 0 & 1 \end{pmatrix} \xrightarrow{\text{第一列乘}(-1)\text{加到第二列}} \begin{pmatrix} 2b & 0 \\ \Delta - t & -2\Delta \\ \hdashline 1 & -1 \\ 0 & 1 \end{pmatrix}$$

$$\xrightarrow{\text{第二列乘}\frac{\Delta-t}{2\Delta}\text{加到第一列}} \left(\begin{array}{cc} 2b & 0 \\ 0 & -2\Delta \\ \hdashline (\Delta+t)/2\Delta & -1 \\ (\Delta-t)/2\Delta & 1 \end{array}\right)$$

$$\xrightarrow{\text{第一列除以}2b\text{,第二列除以}(-2\Delta)} \left(\begin{array}{cc} 1 & 0 \\ 0 & 1 \\ \hdashline (\Delta+t)/4\Delta b & 1/2\Delta \\ (\Delta-t)/4\Delta b & -1/2\Delta \end{array}\right)$$

从而得到

$$S^{-1} = \begin{pmatrix} (\Delta+t)/4\Delta b & 1/2\Delta \\ (\Delta-t)/4\Delta b & -1/2\Delta \end{pmatrix}$$

于是

$$\mathrm{e}^{\begin{pmatrix} a & b \\ c & d \end{pmatrix}} = \mathrm{e}^{S\begin{pmatrix} \lambda_1 & 0 \\ 0 & \lambda_2 \end{pmatrix}S^{-1}} = S\mathrm{e}^{\begin{pmatrix} \lambda_1 & 0 \\ 0 & \lambda_2 \end{pmatrix}}S^{-1} = S\begin{bmatrix} \mathrm{e}^{\lambda_1} & 0 \\ 0 & \mathrm{e}^{\lambda_2} \end{bmatrix}S^{-1}$$

$$= \begin{bmatrix} 2b & 2b \\ \Delta-t & -\Delta-t \end{bmatrix}\begin{bmatrix} \mathrm{e}^{(s+\Delta)/2} & 0 \\ 0 & \mathrm{e}^{(s-\Delta)/2} \end{bmatrix}\begin{bmatrix} (\Delta+t)/4\Delta b & 1/2\Delta \\ (\Delta-t)/4\Delta b & -1/2\Delta \end{bmatrix}$$

$$= \begin{bmatrix} \dfrac{1}{2\Delta}\Big(\Delta+t+\dfrac{\Delta-t}{\mathrm{e}^{\Delta}}\Big)\mathrm{e}^{\frac{s+\Delta}{2}} & \dfrac{b}{\Delta}\dfrac{\mathrm{e}^{\Delta}-1}{\mathrm{e}^{\Delta}}\mathrm{e}^{\frac{s+\Delta}{2}} \\[3mm] \dfrac{c}{\Delta}\dfrac{\mathrm{e}^{\Delta}-1}{\mathrm{e}^{\Delta}}\mathrm{e}^{\frac{s+\Delta}{2}} & \dfrac{1}{2\Delta}\Big(\Delta-t+\dfrac{\Delta+t}{\mathrm{e}^{\Delta}}\Big)\mathrm{e}^{\frac{s+\Delta}{2}} \end{bmatrix}$$

$$= \mathrm{e}^{\frac{s+\Delta}{2}}\begin{bmatrix} \dfrac{1}{2\Delta}\Big(\Delta+t+\dfrac{\Delta-t}{\mathrm{e}^{\Delta}}\Big) & \dfrac{b}{\Delta}\dfrac{\mathrm{e}^{\Delta}-1}{\mathrm{e}^{\Delta}} \\[3mm] \dfrac{c}{\Delta}\dfrac{\mathrm{e}^{\Delta}-1}{\mathrm{e}^{\Delta}} & \dfrac{1}{2\Delta}\Big(\Delta-t+\dfrac{\Delta+t}{\mathrm{e}^{\Delta}}\Big) \end{bmatrix}$$

事实上,此结论对于不可对角化的矩阵 $\begin{bmatrix} a & b \\ c & d \end{bmatrix}$ 也是适用的,只不过是在计算时应使用求极限的方法.譬如,$\begin{bmatrix} a & b \\ c & d \end{bmatrix} = \begin{bmatrix} 1 & 1 \\ 0 & 1 \end{bmatrix}$,则有 $\Delta=0, s=2, t=0$.于是可得到在 $\Delta\to0$ 的极限时有

$$\mathrm{e}^{\frac{s+\Delta}{2}} = \mathrm{e}, \quad \mathrm{e}^{\Delta} = 1, \quad \frac{1}{2\Delta}\Big(\Delta+t+\frac{\Delta-t}{\mathrm{e}^{\Delta}}\Big) = \frac{1}{2\Delta}(\Delta+t+\Delta-t) = \frac{1}{2\Delta}2\Delta = 1$$

$$\frac{1}{2\Delta}\left(\Delta - t + \frac{\Delta + t}{e^{\Delta}}\right) = \frac{1}{2\Delta}(\Delta - t + \Delta + t) = \frac{1}{2\Delta}2\Delta = 1$$

$$\frac{b}{\Delta}\frac{e^{\Delta}-1}{e^{\Delta}} = \frac{b}{e^{\Delta}}\frac{e^{\Delta}-1}{\Delta} = \frac{e^{\Delta}-1}{\Delta} = 1, \quad \frac{c}{\Delta}\frac{e^{\Delta}-1}{e^{\Delta}} = \frac{c}{e^{\Delta}}\frac{e^{\Delta}-1}{\Delta} = 0$$

由此得到

$$e^{\begin{pmatrix} 1 & 1 \\ 0 & 1 \end{pmatrix}} = e\begin{bmatrix} 1 & 1 \\ 0 & 1 \end{bmatrix} = \begin{bmatrix} e & e \\ 0 & e \end{bmatrix}$$

这与例 1 的结果是相同的.

2. 矩阵对数

矩阵对数是矩阵指数的逆运算,换言之,如果同样尺寸的矩阵 A 和 B 满足 $e^A = B$,则有 $\ln B = A$,$\ln B$ 就是矩阵对数. 若 B 给定,如何计算 $\ln B$?

将普通对数函数的幂级数展开式(在 $x_0 = 1$ 点展开)

$$\ln x = \sum_{n=1}^{\infty} \frac{(-1)^{n-1}}{n}(x-1)^n$$

$$= (x-1) - \frac{1}{2}(x-1)^2 + \frac{1}{3}(x-1)^3 - \frac{1}{4}(x-1)^4 + \cdots$$

中的普通参变量 x 置换为 $m \times m$ 的矩阵 B 所得到的矩阵

$$(B-1) - \frac{1}{2}(B-1)^2 + \frac{1}{3}(B-1)^3 - \frac{1}{4}(B-1)^4 + \cdots = \sum_{n=1}^{\infty} \frac{(-1)^{n-1}}{n}(B-1)^n$$

仍是 $m \times m$ 的矩阵,且仍记作

$$\ln B = \sum_{n=1}^{\infty} \frac{(-1)^{n-1}}{n}(B-1)^n$$

$$= (B-1) - \frac{1}{2}(B-1)^2 + \frac{1}{3}(B-1)^3 - \frac{1}{4}(B-1)^4 + \cdots \quad (\text{F}1.11)$$

特别是当 B 是一个 $m \times m$ 的对角矩阵,即

$$B = \begin{pmatrix} \mu_1 & & & \\ & \mu_2 & & \\ & & \ddots & \\ & & & \mu_m \end{pmatrix}$$

的情况时,有

$$\ln\begin{pmatrix} \mu_1 & & & \\ & \mu_2 & & \\ & & \ddots & \\ & & & \mu_m \end{pmatrix}$$

$$= \sum_{n=1}^{\infty} \frac{(-1)^{n-1}}{n} \begin{pmatrix} \mu_1-1 & & & \\ & \mu_2-1 & & \\ & & \ddots & \\ & & & \mu_m-1 \end{pmatrix}^n$$

$$= \sum_{n=1}^{\infty} \frac{(-1)^{n-1}}{n} \begin{pmatrix} (\mu_1-1)^n & & & \\ & (\mu_2-1)^n & & \\ & & \ddots & \\ & & & (\mu_m-1)^n \end{pmatrix}$$

$$= \begin{pmatrix} \sum_{n=1}^{\infty} \frac{(-1)^{n-1}}{n}(\mu_1-1)^n & & & \\ & \sum_{n=1}^{\infty} \frac{(-1)^{n-1}}{n}(\mu_2-1)^n & & \\ & & \ddots & \\ & & & \sum_{n=1}^{\infty} \frac{(-1)^{n-1}}{n}(\mu_m-1)^n \end{pmatrix}$$

$$= \begin{pmatrix} \ln\mu_1 & & & \\ & \ln\mu_2 & & \\ & & \ddots & \\ & & & \ln\mu_m \end{pmatrix}$$

下面介绍两种计算 $\ln B$ 的方法.

方法 1 按照矩阵对数的定义,已知矩阵 B 时,原则上计算 $\ln B$ 的第一种方法就是按照(F1.11)式进行.

例如,若已知矩阵 $B = \begin{pmatrix} e & e \\ 0 & e \end{pmatrix}$,按照(F1.11)式计算 $\ln B$,则有

$$\ln\begin{pmatrix} e & e \\ 0 & e \end{pmatrix} = \sum_{n=1}^{\infty} \frac{(-1)^{n-1}}{n} \begin{pmatrix} e-1 & e \\ 0 & e-1 \end{pmatrix}^n$$

$$= \sum_{n=1}^{\infty} \frac{(-1)^{n-1}}{n} \begin{pmatrix} (e-1)^n & ne(e-1)^{n-1} \\ 0 & (e-1)^n \end{pmatrix}$$

$$= \begin{pmatrix} \ln e & \dfrac{e}{e-1} \dfrac{\partial}{\partial t} \sum_{n=1}^{\infty} \dfrac{(-1)^{n-1}}{n} e^{tn} (e-1)^n \Big|_{t=0} \\ 0 & \ln e \end{pmatrix}$$

$$= \begin{pmatrix} 1 & \dfrac{e}{e-1} \dfrac{\partial}{\partial t} \ln[e^t(e-1)+1] \Big|_{t=0} \\ 0 & 1 \end{pmatrix}$$

$$= \begin{pmatrix} 1 & \dfrac{e}{e-1} \dfrac{e^t(e-1)}{e^t(e-1)+1} \Big|_{t=0} \\ 0 & 1 \end{pmatrix}$$

$$= \begin{pmatrix} 1 & \dfrac{e}{e-1} \dfrac{e-1}{e} \\ 0 & 1 \end{pmatrix} = \begin{pmatrix} 1 & 1 \\ 0 & 1 \end{pmatrix}$$

再如,矩阵 $B = \begin{pmatrix} e & e^2-e \\ 0 & e^2 \end{pmatrix}$,按照(F1.11)式计算 $\ln B$,则有

$$\ln \begin{pmatrix} e & e^2-e \\ 0 & e^2 \end{pmatrix} = \sum_{n=1}^{\infty} \frac{(-1)^{n-1}}{n} \left[\begin{pmatrix} e & e^2-e \\ 0 & e^2 \end{pmatrix} - I \right]^n$$

$$= \sum_{n=1}^{\infty} \frac{(-1)^{n-1}}{n} \begin{pmatrix} e-1 & e^2-e \\ 0 & e^2-1 \end{pmatrix}^n$$

$$= \sum_{n=1}^{\infty} \frac{(-1)^{n-1}}{n} (e-1)^n \begin{pmatrix} 1 & e \\ 0 & e+1 \end{pmatrix}^n$$

$$= \sum_{n=1}^{\infty} \frac{(-1)^{n-1}}{n} (e-1)^n \begin{pmatrix} 1 & e\sum_{k=0}^{n-1}(e+1)^k \\ 0 & (e+1)^n \end{pmatrix}$$

$$= \sum_{n=1}^{\infty} \frac{(-1)^{n-1}}{n} (e-1)^n \begin{pmatrix} 1 & (e+1)^n-1 \\ 0 & (e+1)^n \end{pmatrix}$$

$$= \sum_{n=1}^{\infty} \frac{(-1)^{n-1}}{n} \begin{pmatrix} (e-1)^n & (e^2-1)^n-(e-1)^n \\ 0 & (e^2-1)^n \end{pmatrix}$$

$$= \begin{bmatrix} \displaystyle\sum_{n=1}^{\infty} \frac{(-1)^{n-1}}{n}(\mathrm{e}-1)^n & \displaystyle\sum_{n=1}^{\infty} \frac{(-1)^{n-1}}{n}(\mathrm{e}^2-1)^n - \sum_{n=1}^{\infty} \frac{(-1)^{n-1}}{n}(\mathrm{e}-1)^n \\ 0 & \displaystyle\sum_{n=1}^{\infty} \frac{(-1)^{n-1}}{n}(\mathrm{e}^2-1)^n \end{bmatrix}$$

$$= \begin{bmatrix} \ln \mathrm{e} & \ln \mathrm{e}^2 - \ln \mathrm{e} \\ 0 & \ln \mathrm{e}^2 \end{bmatrix} = \begin{bmatrix} 1 & 1 \\ 0 & 2 \end{bmatrix}$$

方法 2 计算 $\ln B$ 的第二种方法是对角化法(幺正对角化或相似对角化).如果矩阵 B 能够对角化,也就是矩阵 B 有 m 个本征值 $\lambda_1, \lambda_2, \cdots, \lambda_m$ 以及 m 个线性独立的本征函数

$$\varphi_1 = \begin{bmatrix} b_1 \\ b_2 \\ \vdots \\ b_m \end{bmatrix}, \quad \varphi_2 = \begin{bmatrix} c_1 \\ c_2 \\ \vdots \\ c_m \end{bmatrix}, \quad \cdots, \quad \varphi_m = \begin{bmatrix} d_1 \\ d_2 \\ \vdots \\ d_m \end{bmatrix}$$

那么,我们构造变换矩阵

$$S = \begin{pmatrix} \varphi_1 & \varphi_2 & \cdots & \varphi_m \end{pmatrix} = \begin{bmatrix} b_1 & c_1 & \cdots & d_1 \\ b_2 & c_2 & \cdots & d_2 \\ \vdots & \vdots & & \vdots \\ b_m & c_m & \cdots & d_m \end{bmatrix}$$

求出它的逆矩阵 S^{-1}.需要强调的是,若矩阵 B 的 m 个本征值中有的是多重的,也就是说,矩阵 B 属于某本征值的本征函数有多个,它们可能并不正交,此时可以利用施密特正交化方法或其他方法将这几个本征函数整理成正交的.在计算指数矩阵时也同样存在这个问题.

若上述 $\varphi_1, \varphi_2, \cdots, \varphi_m$ 两两正交且都归一化了,则变换矩阵 S 幺正,即 $S^{\dagger} = S^{-1}$,变换就是幺正变换,厄米矩阵 B 都属于这种情况;若上述 $\varphi_1, \varphi_2, \cdots, \varphi_m$ 并不两两正交,则变换矩阵 S 不幺正,即 $S^{\dagger} \neq S^{-1}$,变换就是相似变换,非厄米矩阵 B 就属于这种情况.事实上,幺正变换也是相似变换,一种特殊的相似变换.

例如,计算 $\ln \begin{bmatrix} 2 & 1 \\ 1 & 2 \end{bmatrix}$,可以采用第一种方法直接计算,我们这里采用幺正对角化方法处理.矩阵 $\begin{bmatrix} 2 & 1 \\ 1 & 2 \end{bmatrix}$ 的本征值及相应的正交归一化本征函数分别为

$$\lambda_1 = 3, \quad \lambda_2 = 1; \quad \varphi_1 = \frac{1}{\sqrt{2}}\begin{bmatrix}1\\1\end{bmatrix}, \quad \varphi_2 = \frac{1}{\sqrt{2}}\begin{bmatrix}1\\-1\end{bmatrix}$$

构造幺正变换矩阵 $S = \dfrac{1}{\sqrt{2}}\begin{bmatrix}1 & 1\\1 & -1\end{bmatrix}$，显然有

$$S^{-1}BS = \frac{1}{\sqrt{2}}\begin{bmatrix}1 & 1\\1 & -1\end{bmatrix}\begin{bmatrix}2 & 1\\1 & 2\end{bmatrix}\frac{1}{\sqrt{2}}\begin{bmatrix}1 & 1\\1 & -1\end{bmatrix} = \begin{bmatrix}3 & 0\\0 & 1\end{bmatrix} \equiv \Lambda$$

以及

$$B = S\Lambda S^{-1} = \begin{bmatrix}2 & 1\\1 & 2\end{bmatrix}$$

于是按照(F1.11)式,得

$$\ln\begin{bmatrix}2 & 1\\1 & 2\end{bmatrix} = \sum_{n=1}^{\infty}\frac{(-1)^{n-1}}{n}\left[\begin{bmatrix}2 & 1\\1 & 2\end{bmatrix} - I\right]^n$$

$$= \sum_{n=1}^{\infty}\frac{(-1)^{n-1}}{n}\left[S\begin{bmatrix}3 & 0\\0 & 1\end{bmatrix}S^{-1} - I\right]^n$$

$$= S\sum_{n=1}^{\infty}\frac{(-1)^{n-1}}{n}\left[\begin{bmatrix}3 & 0\\0 & 1\end{bmatrix} - I\right]^n S^{-1}$$

$$= S\sum_{n=1}^{\infty}\frac{(-1)^{n-1}}{n}\begin{bmatrix}3-1 & 0\\0 & 1-1\end{bmatrix}^n S^{-1}$$

$$= S\sum_{n=1}^{\infty}\frac{(-1)^{n-1}}{n}\begin{bmatrix}(3-1)^n & 0\\0 & (1-1)^n\end{bmatrix}S^{-1}$$

$$= S\begin{bmatrix}\ln 3 & 0\\0 & \ln 1\end{bmatrix}S^{-1}$$

$$= \frac{1}{\sqrt{2}}\begin{bmatrix}1 & 1\\1 & -1\end{bmatrix}\begin{bmatrix}\ln 3 & 0\\0 & 0\end{bmatrix}\frac{1}{\sqrt{2}}\begin{bmatrix}1 & 1\\1 & -1\end{bmatrix} = \frac{\ln 3}{2}\begin{bmatrix}1 & 1\\1 & 1\end{bmatrix}$$

这一结果可以反过来予以检验,即

$$e^{\frac{\ln 3}{2}\begin{pmatrix}1 & 1\\1 & 1\end{pmatrix}} = \sum_{n=0}^{\infty}\frac{1}{n!}\left(\frac{\ln 3}{2}\right)^n\begin{bmatrix}1 & 1\\1 & 1\end{bmatrix}^n$$

$$= I + \sum_{n=1}^{\infty}\frac{1}{n!}\left(\frac{\ln 3}{2}\right)^n\begin{bmatrix}1 & 1\\1 & 1\end{bmatrix}^n$$

$$= I + \sum_{n=1}^{\infty} \frac{1}{n!} \left(\frac{\ln 3}{2} \right)^n \begin{pmatrix} 2^{n-1} & 2^{n-1} \\ 2^{n-1} & 2^{n-1} \end{pmatrix}$$

$$= I + \frac{1}{2} \sum_{n=1}^{\infty} \frac{1}{n!} (\ln 3)^n \begin{pmatrix} 1 & 1 \\ 1 & 1 \end{pmatrix}$$

$$= I + \frac{1}{2} (e^{\ln 3} - 1) \begin{pmatrix} 1 & 1 \\ 1 & 1 \end{pmatrix} = \begin{pmatrix} 2 & 1 \\ 1 & 2 \end{pmatrix}$$

又如,$B = \begin{pmatrix} 1 & 0 & 1 \\ 0 & 1 & 0 \\ 0 & 0 & 2 \end{pmatrix}$,计算 $\ln \begin{pmatrix} 1 & 0 & 1 \\ 0 & 1 & 0 \\ 0 & 0 & 2 \end{pmatrix}$. $B = \begin{pmatrix} 1 & 0 & 1 \\ 0 & 1 & 0 \\ 0 & 0 & 2 \end{pmatrix}$ 的本征值与相应的归一化

本征函数分别为

$$\lambda_1 = \lambda_2 = 1, \quad \lambda_3 = 2; \quad \varphi_1 = \begin{pmatrix} 1 \\ 0 \\ 0 \end{pmatrix}, \quad \varphi_2 = \begin{pmatrix} 0 \\ 1 \\ 0 \end{pmatrix}, \quad \varphi_3 = \frac{1}{\sqrt{2}} \begin{pmatrix} 1 \\ 0 \\ 1 \end{pmatrix}$$

显然 φ_1 与 φ_3 不正交. 构造变换矩阵

$$S = \begin{pmatrix} 1 & 0 & 1/\sqrt{2} \\ 0 & 1 & 0 \\ 0 & 0 & 1/\sqrt{2} \end{pmatrix}, \quad S^{-1} = \begin{pmatrix} 1 & 0 & -1 \\ 0 & 1 & 0 \\ 0 & 0 & \sqrt{2} \end{pmatrix}$$

则有

$$B = \begin{pmatrix} 1 & 0 & 1 \\ 0 & 1 & 0 \\ 0 & 0 & 2 \end{pmatrix} = S\Lambda S^{-1} = \begin{pmatrix} 1 & 0 & 1/\sqrt{2} \\ 0 & 1 & 0 \\ 0 & 0 & 1/\sqrt{2} \end{pmatrix} \begin{pmatrix} 1 & 0 & 0 \\ 0 & 1 & 0 \\ 0 & 0 & 2 \end{pmatrix} \begin{pmatrix} 1 & 0 & -1 \\ 0 & 1 & 0 \\ 0 & 0 & \sqrt{2} \end{pmatrix}$$

于是按照(F1.11)式可得

$$\ln \begin{pmatrix} 1 & 0 & 1 \\ 0 & 1 & 0 \\ 0 & 0 & 2 \end{pmatrix} = \sum_{n=1}^{\infty} \frac{(-1)^{n-1}}{n} \left[\begin{pmatrix} 1 & 0 & 1 \\ 0 & 1 & 0 \\ 0 & 0 & 2 \end{pmatrix} - I \right]^n$$

$$= \sum_{n=1}^{\infty} \frac{(-1)^{n-1}}{n} \left[S \begin{pmatrix} 1 & 0 & 0 \\ 0 & 1 & 0 \\ 0 & 0 & 2 \end{pmatrix} S^{-1} - I \right]^n$$

$$= S \sum_{n=1}^{\infty} \frac{(-1)^{n-1}}{n} \left[\begin{pmatrix} 1 & 0 & 0 \\ 0 & 1 & 0 \\ 0 & 0 & 2 \end{pmatrix} - I \right]^n S^{-1}$$

$$= S \ln \begin{pmatrix} 1 & 0 & 0 \\ 0 & 1 & 0 \\ 0 & 0 & 2 \end{pmatrix} S^{-1}$$

$$= \begin{pmatrix} 1 & 0 & 1/\sqrt{2} \\ 0 & 1 & 0 \\ 0 & 0 & 1/\sqrt{2} \end{pmatrix} \begin{pmatrix} 0 & 0 & 0 \\ 0 & 0 & 0 \\ 0 & 0 & \ln 2 \end{pmatrix} \begin{pmatrix} 1 & 0 & -1 \\ 0 & 1 & 0 \\ 0 & 0 & \sqrt{2} \end{pmatrix}$$

$$= \begin{pmatrix} 0 & 0 & \ln 2 \\ 0 & 0 & 0 \\ 0 & 0 & \ln 2 \end{pmatrix}$$

这一结果同样可以反过来进行验证,即

$$e^{\begin{pmatrix} 0 & 0 & \ln 2 \\ 0 & 0 & 0 \\ 0 & 0 & \ln 2 \end{pmatrix}} = I + \sum_{n=1}^{\infty} \frac{1}{n!} (\ln 2)^n \begin{pmatrix} 0 & 0 & 1 \\ 0 & 0 & 0 \\ 0 & 0 & 1 \end{pmatrix}^n$$

$$= I + \sum_{n=1}^{\infty} \frac{1}{n!} (\ln 2)^n \begin{pmatrix} 0 & 0 & 1 \\ 0 & 0 & 0 \\ 0 & 0 & 1 \end{pmatrix}$$

$$= I + \left[\sum_{n=0}^{\infty} \frac{1}{n!} (\ln 2)^n - 1 \right] \begin{pmatrix} 0 & 0 & 1 \\ 0 & 0 & 0 \\ 0 & 0 & 1 \end{pmatrix}$$

$$= I + (e^{\ln 2} - 1) \begin{pmatrix} 0 & 0 & 1 \\ 0 & 0 & 0 \\ 0 & 0 & 1 \end{pmatrix}$$

$$= I + \begin{pmatrix} 0 & 0 & 1 \\ 0 & 0 & 0 \\ 0 & 0 & 1 \end{pmatrix} = \begin{pmatrix} 1 & 0 & 1 \\ 0 & 1 & 0 \\ 0 & 0 & 2 \end{pmatrix}$$

作为矩阵对数的最后一个例子,可导出如下结果:

$$\ln\begin{pmatrix} A & B \\ C & D \end{pmatrix}$$

$$=\begin{pmatrix} \dfrac{(\Delta-t)\ln\left[(s-\Delta)/2\right]+(\Delta+t)\ln\left[(s+\Delta)/2\right]}{2\Delta} & \dfrac{B}{\Delta}\ln\left[(s+\Delta)/(s-\Delta)\right] \\ \dfrac{C}{\Delta}\ln\left[(s+\Delta)/(s-\Delta)\right] & \dfrac{(\Delta+t)\ln\left[(s-\Delta)/2\right]+(\Delta-t)\ln\left[(s+\Delta)/2\right]}{2\Delta} \end{pmatrix}$$

$$(F1.12)$$

式中 $\Delta=\sqrt{4BC+(A-D)^2}$，$s=A+D$，$t=A-D$．计算过程已在第 4 章最后部分给出，这里不再赘述．

指数函数的泰勒展开式收敛半径无限大，因此计算矩阵指数时应该没什么问题．但是对数函数的泰勒展开式收敛半径不是无限大而是 $R=1$，在上面的计算中并没有顾及此事，从数学上讲可能不妥．不过，这样导出的结果符合 $\mathrm{e}^A=B\Rightarrow\ln B=A$．因此，这仍是一个需要探讨的问题．

同样地，还可以定义其他的矩阵函数，如矩阵正弦与矩阵余弦

$$\sin A=\sum_{n=0}^{\infty}\frac{(-1)^n}{(2n+1)!}A^{2n+1},\quad \cos A=\sum_{n=0}^{\infty}\frac{(-1)^n}{(2n)!}A^{2n}$$

等，这里不再展开讨论．

3. 矩阵开方

接下来讨论**矩阵开方**的问题，换言之，就是求已知矩阵的 n 次方根的问题．这也是一个比较复杂的问题，因为矩阵不是普通数而是一种 q 数．譬如，普通数 1 的二次方根仅有 1 和 -1 两个，而 2×2 单位矩阵 $\begin{pmatrix} 1 & 0 \\ 0 & 1 \end{pmatrix}$ 的二次方根就有好多个，如

$$\begin{pmatrix} 1 & 0 \\ 0 & 1 \end{pmatrix},\quad \begin{pmatrix} -1 & 0 \\ 0 & -1 \end{pmatrix},\quad \begin{pmatrix} 1 & 0 \\ 0 & -1 \end{pmatrix},\quad \begin{pmatrix} -1 & 0 \\ 0 & 1 \end{pmatrix},$$

$$\begin{pmatrix} 0 & 1 \\ 1 & 0 \end{pmatrix},\quad \begin{pmatrix} 0 & -1 \\ -1 & 0 \end{pmatrix},\quad \begin{pmatrix} 1\sqrt{2} & 1\sqrt{2} \\ 1\sqrt{2} & -1\sqrt{2} \end{pmatrix}$$

等都是 2×2 单位矩阵的二次方根．

由于水平有限，我们不能完善处理该类问题，仅对可以对角化的矩阵进行讨论，给出找到已知矩阵的 n 次方根的一种方法，也许仅是部分解．设 A 是一个 $m\times m$ 可以对角化（幺正对角化或相似对角化）的矩阵，它的 m 个本征值为 $\lambda_1,\lambda_2,\cdots,\lambda_m$，相应的 m 个线性独立的本征函数依次为

$$\varphi_1 = \begin{pmatrix} b_1 \\ b_2 \\ \vdots \\ b_m \end{pmatrix}, \quad \varphi_2 = \begin{pmatrix} c_1 \\ c_2 \\ \vdots \\ c_m \end{pmatrix}, \quad \cdots, \quad \varphi_m = \begin{pmatrix} d_1 \\ d_2 \\ \vdots \\ d_m \end{pmatrix}$$

构造变换矩阵

$$S = \begin{pmatrix} \varphi_1 & \varphi_2 & \cdots & \varphi_m \end{pmatrix} = \begin{pmatrix} b_1 & c_1 & \cdots & d_1 \\ b_2 & c_2 & \cdots & d_2 \\ \vdots & \vdots & & \vdots \\ b_m & c_m & \cdots & d_m \end{pmatrix}$$

再求出其逆矩阵 S^{-1},则有

$$S^{-1}AS = \begin{pmatrix} \lambda_1 & & & \\ & \lambda_2 & & \\ & & \ddots & \\ & & & \lambda_m \end{pmatrix} \equiv \Lambda, \quad A = S\Lambda S^{-1}$$

对于同样尺寸的矩阵 A 和 B,如果满足 $B^n = A$,则称矩阵 B 为矩阵 A 的 n 方次根,并记 $B \equiv A^{1/n}$. 因为对于一个对角矩阵,我们有

$$\begin{pmatrix} \lambda_1^{1/n} & & & \\ & \lambda_2^{1/n} & & \\ & & \ddots & \\ & & & \lambda_m^{1/n} \end{pmatrix}^n = \begin{pmatrix} \lambda_1 & & & \\ & \lambda_2 & & \\ & & \ddots & \\ & & & \lambda_m \end{pmatrix} = \Lambda$$

所以若构造如下矩阵:

$$B = S \begin{pmatrix} \lambda_1^{1/n} & & & \\ & \lambda_2^{1/n} & & \\ & & \ddots & \\ & & & \lambda_m^{1/n} \end{pmatrix} S^{-1} \tag{F1.13}$$

则有

$$B^n = \left[S \begin{pmatrix} \lambda_1^{1/n} & & & \\ & \lambda_2^{1/n} & & \\ & & \ddots & \\ & & & \lambda_m^{1/n} \end{pmatrix} S^{-1} \right]^n$$

$$= S \begin{pmatrix} \lambda_1^{1/n} & & & \\ & \lambda_2^{1/n} & & \\ & & \ddots & \\ & & & \lambda_m^{1/n} \end{pmatrix} S^{-1} S \begin{pmatrix} \lambda_1^{1/n} & & & \\ & \lambda_2^{1/n} & & \\ & & \ddots & \\ & & & \lambda_m^{1/n} \end{pmatrix} S^{-1}$$

$$\times \cdots \times S \begin{pmatrix} \lambda_1^{1/n} & & & \\ & \lambda_2^{1/n} & & \\ & & \ddots & \\ & & & \lambda_m^{1/n} \end{pmatrix} S^{-1}$$

$$= S \begin{pmatrix} \lambda_1^{1/n} & & & \\ & \lambda_2^{1/n} & & \\ & & \ddots & \\ & & & \lambda_m^{1/n} \end{pmatrix}^n S^{-1}$$

$$= S \begin{pmatrix} \lambda_1 & & & \\ & \lambda_2 & & \\ & & \ddots & \\ & & & \lambda_m \end{pmatrix} S^{-1}$$

$$= S \Lambda S^{-1} = A$$

所以我们知道矩阵

$$B = S \begin{pmatrix} \lambda_1^{1/n} & & & \\ & \lambda_2^{1/n} & & \\ & & \ddots & \\ & & & \lambda_m^{1/n} \end{pmatrix} S^{-1}$$

一定是矩阵 A 的 n 方次根.

例如,求矩阵

$$A = \begin{bmatrix} 1 & 0 & 2 \\ 0 & 1 & 0 \\ 2 & 0 & 1 \end{bmatrix}$$

的平方根.该矩阵 A 的本征值及相应的本征函数(未归一化)分别为

$$\lambda_1 = -1, \quad \lambda_2 = 1, \quad \lambda_3 = 3; \quad \varphi_1 = \begin{pmatrix} -1 \\ 0 \\ 1 \end{pmatrix}, \quad \varphi_2 = \begin{pmatrix} 0 \\ 1 \\ 0 \end{pmatrix}, \quad \varphi_3 = \begin{pmatrix} 1 \\ 0 \\ 1 \end{pmatrix}$$

构造相似变换矩阵

$$S = \begin{pmatrix} -1 & 0 & 1 \\ 0 & 1 & 0 \\ 1 & 0 & 1 \end{pmatrix}, \quad S^{-1} = \begin{pmatrix} -1/2 & 0 & 1/2 \\ 0 & 1 & 0 \\ 1/2 & 0 & 1/2 \end{pmatrix} = \frac{1}{2} \begin{pmatrix} -1 & 0 & 1 \\ 0 & 2 & 0 \\ 1 & 0 & 1 \end{pmatrix}$$

显然 $\lambda_1 = -1$ 的平方根有两个,即 i 和 $-i$;$\lambda_2 = 1$ 的平方根有两个,即 1 和 -1;$\lambda_3 = 3$ 的平方根有两个即 $\sqrt{3}$ 和 $-\sqrt{3}$.由此可知,按照(F1.13)便可构造出该矩阵 A 的 $2^3 = 8$ 个平方根,现仅写出其中一个,即

$$\begin{aligned}
B &= S \begin{pmatrix} i & & \\ & 1 & \\ & & \sqrt{3} \end{pmatrix} S^{-1} \\
&= \begin{pmatrix} -1 & 0 & 1 \\ 0 & 1 & 0 \\ 1 & 0 & 1 \end{pmatrix} \begin{pmatrix} i & & \\ & 1 & \\ & & \sqrt{3} \end{pmatrix} \frac{1}{2} \begin{pmatrix} -1 & 0 & 1 \\ 0 & 2 & 0 \\ 1 & 0 & 1 \end{pmatrix} \\
&= \frac{1}{2} \begin{pmatrix} \sqrt{3}+i & 0 & \sqrt{3}-i \\ 0 & 2 & 0 \\ \sqrt{3}-i & 0 & \sqrt{3}+i \end{pmatrix}
\end{aligned}$$

容易验证

$$B^2 = \frac{1}{4} \begin{pmatrix} \sqrt{3}+i & 0 & \sqrt{3}-i \\ 0 & 2 & 0 \\ \sqrt{3}-i & 0 & \sqrt{3}+i \end{pmatrix} \begin{pmatrix} \sqrt{3}+i & 0 & \sqrt{3}-i \\ 0 & 2 & 0 \\ \sqrt{3}-i & 0 & \sqrt{3}+i \end{pmatrix} = \begin{pmatrix} 1 & 0 & 2 \\ 0 & 1 & 0 \\ 2 & 0 & 1 \end{pmatrix} = A$$

附录 2 $\exp\left[(a_1^\dagger \quad a_2^\dagger)\mathscr{A}\begin{bmatrix} a_1 \\ a_2 \end{bmatrix}\right] =\, :\exp\left[(a_1^\dagger \quad a_2^\dagger)(e^{\mathscr{A}}-I)\begin{bmatrix} a_1 \\ a_2 \end{bmatrix}\right]: 的 证明

算符 $S = \exp\left[(a_1^\dagger \quad a_2^\dagger)\mathscr{A}\begin{bmatrix} a_1 \\ a_2 \end{bmatrix}\right]$ 的逆算符为 $S^{-1} = \exp\left[-(a_1^\dagger \quad a_2^\dagger)\mathscr{A}\begin{bmatrix} a_1 \\ a_2 \end{bmatrix}\right]$，$\mathscr{A}$ 是

一个 2×2 矩阵. 利用算符恒等公式

$$e^A B e^{-A} = B + [A, B] + \frac{1}{2!}[A, [A, B]] + \frac{1}{3!}[A, [A, [A, B]]] + \cdots$$

$$= \sum_{n=0}^{\infty} \frac{1}{n!}[A^{(n)}, B]$$

对第一模的湮灭算符 a_1 做相似变换，即

$$Sa_1 S^{-1} = \exp\left[(a_1^\dagger \quad a_2^\dagger)\mathscr{A}\begin{bmatrix} a_1 \\ a_2 \end{bmatrix}\right] a_1 \exp\left[-(a_1^\dagger \quad a_2^\dagger)\mathscr{A}\begin{bmatrix} a_1 \\ a_2 \end{bmatrix}\right]$$

$$= a_1 + \left[(a_1^\dagger \quad a_2^\dagger)\mathscr{A}\begin{bmatrix} a_1 \\ a_2 \end{bmatrix}, a_1\right] + \frac{1}{2!}\left[(a_1^\dagger \quad a_2^\dagger)\mathscr{A}\begin{bmatrix} a_1 \\ a_2 \end{bmatrix}, \left[(a_1^\dagger \quad a_2^\dagger)\mathscr{A}\begin{bmatrix} a_1 \\ a_2 \end{bmatrix}, a_1\right]\right]$$

$$+ \frac{1}{3!}\left[(a_1^\dagger \quad a_2^\dagger)\mathscr{A}\begin{bmatrix} a_1 \\ a_2 \end{bmatrix}, \left[(a_1^\dagger \quad a_2^\dagger)\mathscr{A}\begin{bmatrix} a_1 \\ a_2 \end{bmatrix}, \left[(a_1^\dagger \quad a_2^\dagger)\mathscr{A}\begin{bmatrix} a_1 \\ a_2 \end{bmatrix}, a_1\right]\right]\right] + \cdots$$

$$= \left[\begin{bmatrix} a_1 \\ a_2 \end{bmatrix} - \mathscr{A}\begin{bmatrix} a_1 \\ a_2 \end{bmatrix} + \frac{1}{2!}\mathscr{A}^2\begin{bmatrix} a_1 \\ a_2 \end{bmatrix} - \frac{1}{3!}\mathscr{A}^3\begin{bmatrix} a_1 \\ a_2 \end{bmatrix} + \cdots\right]_{\text{取第一行}}$$

$$= e^{-\mathscr{A}}\begin{bmatrix} a_1 \\ a_2 \end{bmatrix}_{\text{取第一行}} \tag{F2.1}$$

同样地，对第二模湮灭算符 a_2 的相似变换为

$$Sa_2 S^{-1} = \exp\left[(a_1^\dagger \quad a_2^\dagger)\mathscr{A}\begin{bmatrix} a_1 \\ a_2 \end{bmatrix}\right] a_2 \exp\left[-(a_1^\dagger \quad a_2^\dagger)\mathscr{A}\begin{bmatrix} a_1 \\ a_2 \end{bmatrix}\right]$$

$$= \left[\begin{pmatrix} a_1 \\ a_2 \end{pmatrix} - \mathscr{A} \begin{pmatrix} a_1 \\ a_2 \end{pmatrix} + \frac{1}{2!} \mathscr{A}^2 \begin{pmatrix} a_1 \\ a_2 \end{pmatrix} - \frac{1}{3!} \mathscr{A}^3 \begin{pmatrix} a_1 \\ a_2 \end{pmatrix} + \cdots \right]_{\text{取第二行}}$$

$$= \mathrm{e}^{-\mathscr{A}} \begin{pmatrix} a_1 \\ a_2 \end{pmatrix}_{\text{取第二行}} \tag{F2.2}$$

上面两式写在一起,则为

$$S \begin{pmatrix} a_1 \\ a_2 \end{pmatrix} S^{-1} = \exp \left[(a_1^\dagger \quad a_2^\dagger) \mathscr{A} \begin{pmatrix} a_1 \\ a_2 \end{pmatrix} \right] \begin{pmatrix} a_1 \\ a_2 \end{pmatrix} \exp \left[- (a_1^\dagger \quad a_2^\dagger) \mathscr{A} \begin{pmatrix} a_1 \\ a_2 \end{pmatrix} \right]$$

$$= \mathrm{e}^{-\mathscr{A}} \begin{pmatrix} a_1 \\ a_2 \end{pmatrix} \tag{F2.3}$$

由此可推断出该变换算符 S 对双模相干态

$$\| z_1, z_2 \rangle = \left\| \begin{pmatrix} z_1 \\ z_2 \end{pmatrix} \right\rangle = \exp(z_1 a_1^\dagger + z_2 a_2^\dagger) \| 0, 0 \rangle$$

的变换为

$$\exp \left[(a_1^\dagger \quad a_2^\dagger) \mathscr{A} \begin{pmatrix} a_1 \\ a_2 \end{pmatrix} \right] \left\| \begin{pmatrix} z_1 \\ z_2 \end{pmatrix} \right\rangle = \left\| \mathrm{e}^{\mathscr{A}} \begin{pmatrix} z_1 \\ z_2 \end{pmatrix} \right\rangle \tag{F2.4}$$

(F2.4)式的正确性可以做如下检验:变换后的算符作用在变换后的态上结果等于本征值乘上该新态,即

$$S \begin{pmatrix} a_1 \\ a_2 \end{pmatrix} S^{-1} S \left\| \begin{pmatrix} z_1 \\ z_2 \end{pmatrix} \right\rangle = \mathrm{e}^{-\mathscr{A}} \begin{pmatrix} a_1 \\ a_2 \end{pmatrix} \left\| \mathrm{e}^{\mathscr{A}} \begin{pmatrix} z_1 \\ z_2 \end{pmatrix} \right\rangle = \mathrm{e}^{-\mathscr{A}} \mathrm{e}^{\mathscr{A}} \begin{pmatrix} z_1 \\ z_2 \end{pmatrix} \left\| \mathrm{e}^{\mathscr{A}} \begin{pmatrix} z_1 \\ z_2 \end{pmatrix} \right\rangle = \begin{pmatrix} z_1 \\ z_2 \end{pmatrix} \left\| \mathrm{e}^{\mathscr{A}} \begin{pmatrix} z_1 \\ z_2 \end{pmatrix} \right\rangle$$

这与变换前的算符作用在变换前的态上等于本征值乘上原态,即

$$\begin{pmatrix} a_1 \\ a_2 \end{pmatrix} \left\| \begin{pmatrix} z_1 \\ z_2 \end{pmatrix} \right\rangle = \begin{pmatrix} z_1 \\ z_2 \end{pmatrix} \left\| \begin{pmatrix} z_1 \\ z_2 \end{pmatrix} \right\rangle$$

一致,跟相似变换不改变算符的本征值相吻合.于是插入双模相干态的超完备性,得

$$\exp \left[(a_1^\dagger \quad a_2^\dagger) \mathscr{A} \begin{pmatrix} a_1 \\ a_2 \end{pmatrix} \right] = \int \frac{\mathrm{d}^2 z_1 \mathrm{d}^2 z_2}{\pi^2} \exp \left[(a_1^\dagger \quad a_2^\dagger) \mathscr{A} \begin{pmatrix} a_1 \\ a_2 \end{pmatrix} \right] \left| \begin{pmatrix} z_1 \\ z_2 \end{pmatrix} \right\rangle \left\langle \begin{pmatrix} z_1 \\ z_2 \end{pmatrix} \right|$$

$$= \int \frac{\mathrm{d}^2 z_1 \mathrm{d}^2 z_2}{\pi^2} \mathrm{e}^{-z_1 z_1^* - z_2 z_2^*} \exp \left[(a_1^\dagger \quad a_2^\dagger) \mathscr{A} \begin{pmatrix} a_1 \\ a_2 \end{pmatrix} \right] \left\| \begin{pmatrix} z_1 \\ z_2 \end{pmatrix} \right\rangle \left\langle \begin{pmatrix} z_1 \\ z_2 \end{pmatrix} \right\|$$

$$= \int \frac{\mathrm{d}^2 z_1 \mathrm{d}^2 z_2}{\pi^2} \mathrm{e}^{-z_1 z_1^* - z_2 z_2^*} \left\| \mathrm{e}^{\mathscr{A}} \begin{pmatrix} z_1 \\ z_2 \end{pmatrix} \right\rangle \left\langle \begin{pmatrix} z_1 \\ z_2 \end{pmatrix} \right\|$$

$$= \int \frac{\mathrm{d}^2 z_1 \mathrm{d}^2 z_2}{\pi^2} \mathrm{e}^{-z_1 z_1^* - z_2 z_2^*} \exp\{ [(\mathrm{e}^{\mathscr{A}})_{11} z_1 + (\mathrm{e}^{\mathscr{A}})_{12} z_2] a_1^\dagger$$

$$+ [(\mathrm{e}^{\mathscr{A}})_{21} z_1 + (\mathrm{e}^{\mathscr{A}})_{22} z_2] a_2^\dagger \} \times |0\rangle\langle 0| \exp(z_1^* a_1 + z_2^* a_2)$$

$$= \int \frac{\mathrm{d}^2 z_1 \mathrm{d}^2 z_2}{\pi^2} \mathrm{e}^{-z_1 z_1^* - z_2 z_2^*} \exp\{ [(\mathrm{e}^{\mathscr{A}})_{11} z_1 + (\mathrm{e}^{\mathscr{A}})_{12} z_2] a_1^\dagger$$

$$+ [(\mathrm{e}^{\mathscr{A}})_{21} z_1 + (\mathrm{e}^{\mathscr{A}})_{22} z_2] a_2^\dagger \} \times : \mathrm{e}^{-a_1 a_1^\dagger - a_2 a_2^\dagger} : \exp(z_1^* a_1 + z_2^* a_2)$$

$$= : \int \frac{\mathrm{d}^2 z_1 \mathrm{d}^2 z_2}{\pi^2} \exp\{ -z_1 z_1^* - z_2 z_2^* + [(\mathrm{e}^{\mathscr{A}})_{11} a_1^\dagger + (\mathrm{e}^{\mathscr{A}})_{21} a_2^\dagger] z_1 + z_1^* a_1$$

$$+ [(\mathrm{e}^{\mathscr{A}})_{12} a_1^\dagger + (\mathrm{e}^{\mathscr{A}})_{22} a_2^\dagger] z_2 + z_2^* a_2 + z_2^* a_2 - a_1 a_1^\dagger - a_2 a_2^\dagger \} :$$

$$= : \exp\{ [(\mathrm{e}^{\mathscr{A}})_{11} a_1^\dagger + (\mathrm{e}^{\mathscr{A}})_{21} a_2^\dagger] a_1 + [(\mathrm{e}^{\mathscr{A}})_{12} a_1^\dagger + (\mathrm{e}^{\mathscr{A}})_{22} a_2^\dagger] a_2$$

$$- a_1 a_1^\dagger - a_2 a_2^\dagger \} :$$

$$= : \exp\left[(a_1^\dagger \quad a_2^\dagger)(\mathrm{e}^{\mathscr{A}} - I) \begin{pmatrix} a_1 \\ a_2 \end{pmatrix} \right] :$$

证毕.

附录 3　多模式矩阵的本征值问题

在常见的《线性代数》《矩阵论》等中所涉及的大都是表示某一数学对象或物理对象性质的矩阵(称之为单模式矩阵),例如:

$$A = \begin{pmatrix} 1 & 1 \\ 1 & 2 \end{pmatrix}, \quad B = \begin{pmatrix} 0 & -\mathrm{i} \\ \mathrm{i} & 0 \end{pmatrix}$$

由于是表示同一对象性质的矩阵,故它们可以按照矩阵的加法规则、乘法规则等进行运算,例如:

$$A + B = \begin{pmatrix} 1 & 1 \\ 1 & 2 \end{pmatrix} + \begin{pmatrix} 0 & -\mathrm{i} \\ \mathrm{i} & 0 \end{pmatrix} = \begin{pmatrix} 1 & 1-\mathrm{i} \\ 1+\mathrm{i} & 2 \end{pmatrix}$$

$$AB + BA = \begin{pmatrix} 1 & 1 \\ 1 & 2 \end{pmatrix}\begin{pmatrix} 0 & -i \\ i & 0 \end{pmatrix} + \begin{pmatrix} 0 & -i \\ i & 0 \end{pmatrix}\begin{pmatrix} 1 & 1 \\ 1 & 2 \end{pmatrix} = \begin{pmatrix} 0 & -3i \\ 3i & 0 \end{pmatrix}$$

无论是求解矩阵 A,B,还是 $A+B,AB+BA$ 的本征值(特征值)与本征函数(特征向量),方法都是一样的,在常见的《线性代数》中均有论述.基本思路就是:设 $n \times n$ 矩阵 $\mathscr{A}$ 的本征值及其相应的本征函数分别为 λ 和 $u = (c_1 \quad c_2 \quad \cdots \quad c_n)^{\mathrm{T}}$,即本征方程为

$$\mathscr{A}\begin{pmatrix} c_1 \\ c_2 \\ \vdots \\ c_n \end{pmatrix} = \lambda \begin{pmatrix} c_1 \\ c_2 \\ \vdots \\ c_n \end{pmatrix} \Rightarrow \begin{pmatrix} \mathscr{A}_{11} - \lambda & \mathscr{A}_{12} & \cdots & \mathscr{A}_{1n} \\ \mathscr{A}_{21} & \mathscr{A}_{22} - \lambda & \cdots & \mathscr{A}_{2n} \\ \vdots & \vdots & & \vdots \\ \mathscr{A}_{n1} & \mathscr{A}_{n2} & \cdots & \mathscr{A}_{nn} - \lambda \end{pmatrix}\begin{pmatrix} c_1 \\ c_2 \\ \vdots \\ c_n \end{pmatrix} = 0 \quad \text{(F3.1)}$$

方程(F3.1)有非零解的条件为

$$\begin{vmatrix} \mathscr{A}_{11} - \lambda & \mathscr{A}_{12} & \cdots & \mathscr{A}_{1n} \\ \mathscr{A}_{21} & \mathscr{A}_{22} - \lambda & \cdots & \mathscr{A}_{2n} \\ \vdots & \vdots & & \vdots \\ \mathscr{A}_{n1} & \mathscr{A}_{n2} & \cdots & \mathscr{A}_{nn} - \lambda \end{vmatrix} = 0 \quad \text{(F3.2)}$$

求解方程(F3.2)会得到 n 个本征值且依次记作 $\lambda_1, \lambda_2, \cdots, \lambda_n$.将这 n 个本征值分别代入本征方程(F3.1)便得到各本征值相应的本征函数,分别记作 $u_1, u_2, \cdots, u_n$.

但是,在实际中往往是多模式情况,譬如氦原子体系,核外两个电子的自旋角动量算符分别为

$$\hat{S}_1 = i\hat{S}_{1x} + j\hat{S}_{1y} + k\hat{S}_{1z}, \quad \hat{S}_2 = i\hat{S}_{2x} + j\hat{S}_{2y} + k\hat{S}_{2z}$$

式中

$$\hat{S}_{1x} = \frac{\hbar}{2}\begin{pmatrix} 0 & 1 \\ 1 & 0 \end{pmatrix}_1, \quad \hat{S}_{1y} = \frac{\hbar}{2}\begin{pmatrix} 0 & -i \\ i & 0 \end{pmatrix}_1, \quad \hat{S}_{1z} = \frac{\hbar}{2}\begin{pmatrix} 1 & 0 \\ 0 & -1 \end{pmatrix}_1$$

$$\hat{S}_{2x} = \frac{\hbar}{2}\begin{pmatrix} 0 & 1 \\ 1 & 0 \end{pmatrix}_2, \quad \hat{S}_{2y} = \frac{\hbar}{2}\begin{pmatrix} 0 & -i \\ i & 0 \end{pmatrix}_2, \quad \hat{S}_{2z} = \frac{\hbar}{2}\begin{pmatrix} 1 & 0 \\ 0 & -1 \end{pmatrix}_2$$

该电子体系就是双模式体系,下标序号为 1 的算符是表示第一个电子(第一模式)自旋角动量的算符,下标序号为 2 的算符是表示第二个电子(第二模式)自旋角动量的算符.

由于这两个电子相互独立存在,所以两模式的算符不能按照矩阵的加法和乘法法则运算,而只能以并排直和或直积的形式出现,并且可以直接交换次序.例如:

$$\hat{S}_1 \cdot \hat{S}_2 = \frac{\hbar^2}{4}\left[\begin{pmatrix} 0 & 1 \\ 1 & 0 \end{pmatrix}_1\begin{pmatrix} 0 & 1 \\ 1 & 0 \end{pmatrix}_2 + \begin{pmatrix} 0 & -i \\ i & 0 \end{pmatrix}_1\begin{pmatrix} 0 & -i \\ i & 0 \end{pmatrix}_2 + \begin{pmatrix} 1 & 0 \\ 0 & -1 \end{pmatrix}_1\begin{pmatrix} 1 & 0 \\ 0 & -1 \end{pmatrix}_2\right]$$

$$= \frac{\hbar^2}{4}\left[\begin{pmatrix} 0 & 1 \\ 1 & 0 \end{pmatrix}_2 \begin{pmatrix} 0 & 1 \\ 1 & 0 \end{pmatrix}_1 + \begin{pmatrix} 0 & -i \\ i & 0 \end{pmatrix}_2 \begin{pmatrix} 0 & -i \\ i & 0 \end{pmatrix}_1 + \begin{pmatrix} 1 & 0 \\ 0 & -1 \end{pmatrix}_2 \begin{pmatrix} 1 & 0 \\ 0 & -1 \end{pmatrix}_1\right]$$

$$= \frac{\hbar^2}{4}\left[\begin{pmatrix} 0 & 1 \\ 1 & 0 \end{pmatrix}_2 \begin{pmatrix} 0 & 1 \\ 1 & 0 \end{pmatrix}_1 - \begin{pmatrix} 0 & -1 \\ 1 & 0 \end{pmatrix}_2 \begin{pmatrix} 0 & -1 \\ 1 & 0 \end{pmatrix}_1 + \begin{pmatrix} 1 & 0 \\ 0 & -1 \end{pmatrix}_2 \begin{pmatrix} 1 & 0 \\ 0 & -1 \end{pmatrix}_1\right]$$

只能如此,不能用矩阵的乘法法则继续简化了,即

$$\hat{\boldsymbol{S}}_1 \cdot \hat{\boldsymbol{S}}_2 \neq \frac{\hbar^2}{4}\left[\begin{pmatrix} 1 & 0 \\ 0 & 1 \end{pmatrix} - \begin{pmatrix} -1 & 0 \\ 0 & -1 \end{pmatrix} + \begin{pmatrix} 1 & 0 \\ 0 & 1 \end{pmatrix}\right]$$

以及

$$\hat{\boldsymbol{S}}_1 \cdot \hat{\boldsymbol{S}}_2 \neq \frac{3\hbar^2}{4}\begin{pmatrix} 1 & 0 \\ 0 & 1 \end{pmatrix}$$

还有,就是每一模式的算符(矩阵)只有作用于自己模式的自旋函数(或本征函数)上才有意义,遇到其他模式的自旋函数(或本征函数)就像遇到了一般"普通的陌生常数"一样.例如:

$$\hat{S}_{1z}\hat{S}_{2x}\begin{pmatrix} 1 \\ 0 \end{pmatrix}_1 \begin{pmatrix} 1 \\ 0 \end{pmatrix}_2 = \left[\hat{S}_{1z}\begin{pmatrix} 1 \\ 0 \end{pmatrix}_1\right]\left[\hat{S}_{2x}\begin{pmatrix} 1 \\ 0 \end{pmatrix}_2\right]$$

$$= \left[\frac{\hbar}{2}\begin{pmatrix} 1 & 0 \\ 0 & -1 \end{pmatrix}_1 \begin{pmatrix} 1 \\ 0 \end{pmatrix}_1\right]\left[\frac{\hbar}{2}\begin{pmatrix} 0 & 1 \\ 1 & 0 \end{pmatrix}_2 \begin{pmatrix} 1 \\ 0 \end{pmatrix}_2\right]$$

$$= \frac{\hbar^2}{4}\begin{pmatrix} 1 \\ 0 \end{pmatrix}_1 \begin{pmatrix} 0 \\ 1 \end{pmatrix}_2$$

由此看来,显然不能再简单地照搬(F3.1)的方法解决如 $\hat{\boldsymbol{S}}_1 \cdot \hat{\boldsymbol{S}}_2$,$\hat{S}_{1z}\hat{S}_{2x}$,$\hat{S}_{1z} - \hat{S}_{2x}$ 这类双模式算符(矩阵)的本征值问题了.那么,如何求解算符(矩阵) $\hat{\boldsymbol{S}}_1 \cdot \hat{\boldsymbol{S}}_2$,$\hat{S}_{1z}\hat{S}_{2x}$,$\hat{S}_{1z} - \hat{S}_{2x}$ 的本征值及本征函数呢?

为了回答这个问题,我们从另一个思路分析单模式算符(矩阵)本征值问题的求解方法.对于 $n \times n$ 矩阵 $\mathscr{A}$ 来说,以下 n 个线性独立的 n 行的列向量:

$$u_1 = \begin{pmatrix} 1 \\ 0 \\ 0 \\ \vdots \end{pmatrix}, \quad u_2 = \begin{pmatrix} 0 \\ 1 \\ 0 \\ \vdots \end{pmatrix}, \quad \cdots, \quad u_n = \begin{pmatrix} 0 \\ 0 \\ \vdots \\ 1 \end{pmatrix}$$

组成完备集,也就是说,任何一个 n 行的列向量总可以用这 n 个列向量展开,即

$$u = \sum_{k=1}^{n} c_k u_k = c_1 \begin{pmatrix} 1 \\ 0 \\ 0 \\ \vdots \end{pmatrix} + c_2 \begin{pmatrix} 0 \\ 1 \\ 0 \\ \vdots \end{pmatrix} + \cdots + c_n \begin{pmatrix} 0 \\ 0 \\ \vdots \\ 1 \end{pmatrix} \tag{F3.3}$$

设 $n \times n$ 矩阵 $\mathscr{A}$ 的本征值及其相应的本征函数分别为 λ 及 $u = \sum_{k=1}^{n} c_k u_k$，则有本征值方程

$$\mathscr{A}u = \lambda u \quad \Rightarrow \quad \begin{pmatrix} \mathscr{A}_{11} & \mathscr{A}_{12} & \cdots & \mathscr{A}_{1n} \\ \mathscr{A}_{21} & \mathscr{A}_{22} & \cdots & \mathscr{A}_{2n} \\ \vdots & \vdots & & \vdots \\ \mathscr{A}_{n1} & \mathscr{A}_{n2} & \cdots & \mathscr{A}_{nn} \end{pmatrix} \sum_{k=1}^{n} c_k u_k = \lambda \sum_{k=1}^{n} c_k u_k$$

$$\Rightarrow \quad \left[(\mathscr{A}_{11} - \lambda)c_1 + \mathscr{A}_{12} c_2 + \cdots + \mathscr{A}_{1n} c_n \right] u_1$$
$$+ \left[\mathscr{A}_{21} c_1 + (\mathscr{A}_{22} - \lambda)c_2 + \cdots + \mathscr{A}_{2h} c_n \right] u_2$$
$$+ \left[\mathscr{A}_{31} c_1 + \mathscr{A}_{32} c_2 + (\mathscr{A}_{33} - \lambda)c_3 + \cdots + \mathscr{A}_{3n} c_n \right] u_3 + \cdots$$
$$+ \left[\mathscr{A}_{n1} c_1 + \mathscr{A}_{n2} c_2 + \mathscr{A}_{n3} c_3 + \cdots + (\mathscr{A}_{nn} - \lambda)c_n \right] u_n = 0 \tag{F3.4}$$

因为 $u_1, u_2, \cdots, u_n$ 线性独立，故必有

$$\begin{cases} (\mathscr{A}_{11} - \lambda)c_1 + \mathscr{A}_{12} c_2 + \cdots + \mathscr{A}_{1n} c_n = 0 \\ \mathscr{A}_{21} c_1 + (\mathscr{A}_{22} - \lambda)c_2 + \cdots + \mathscr{A}_{2n} c_n = 0 \\ \qquad\qquad\qquad \cdots \\ \mathscr{A}_{n1} c_1 + \mathscr{A}_{n2} c_2 + \cdots + (\mathscr{A}_{nn} - \lambda)c_n = 0 \end{cases} \tag{F3.5}$$

写成矩阵形式，则为

$$\begin{pmatrix} \mathscr{A}_{11} - \lambda & \mathscr{A}_{12} & \cdots & \mathscr{A}_{1n} \\ \mathscr{A}_{21} & \mathscr{A}_{22} - \lambda & \cdots & \mathscr{A}_{2n} \\ \vdots & \vdots & & \vdots \\ \mathscr{A}_{n1} & \mathscr{A}_{n2} & \cdots & \mathscr{A}_{nn} - \lambda \end{pmatrix} \begin{pmatrix} c_1 \\ c_2 \\ \vdots \\ c_n \end{pmatrix} = 0$$

这正是本征方程(F3.1)式. 由此我们可以想到，对于双模式算符(矩阵)，由第一模式的组成完备集的两个列向量

$$\begin{pmatrix} 1 \\ 0 \end{pmatrix}_1, \quad \begin{pmatrix} 0 \\ 1 \end{pmatrix}_1$$

与第二模式的组成完备集的两个列向量

$$\begin{pmatrix} 1 \\ 0 \end{pmatrix}_2, \quad \begin{pmatrix} 0 \\ 1 \end{pmatrix}_2$$

组合而成的四个双模式列向量

$$\varphi_1 = \begin{pmatrix} 1 \\ 0 \end{pmatrix}_1 \begin{pmatrix} 1 \\ 0 \end{pmatrix}_2, \quad \varphi_2 = \begin{pmatrix} 1 \\ 0 \end{pmatrix}_1 \begin{pmatrix} 0 \\ 1 \end{pmatrix}_2, \quad \varphi_3 = \begin{pmatrix} 0 \\ 1 \end{pmatrix}_1 \begin{pmatrix} 1 \\ 0 \end{pmatrix}_2, \quad \varphi_4 = \begin{pmatrix} 0 \\ 1 \end{pmatrix}_1 \begin{pmatrix} 0 \\ 1 \end{pmatrix}_2 \qquad \text{(F3.6)}$$

组成双模式列向量的完备集,也就是说,任何一个双模式 2×2 列向量总可以用这四个列向量展开,即

$$\varphi(1,2) = \sum_{k=1}^{4} c_k \varphi_k = c_1 \begin{pmatrix} 1 \\ 0 \end{pmatrix}_1 \begin{pmatrix} 1 \\ 0 \end{pmatrix}_2 + c_2 \begin{pmatrix} 1 \\ 0 \end{pmatrix}_1 \begin{pmatrix} 0 \\ 1 \end{pmatrix}_2 + c_3 \begin{pmatrix} 0 \\ 1 \end{pmatrix}_1 \begin{pmatrix} 1 \\ 0 \end{pmatrix}_2 + c_4 \begin{pmatrix} 0 \\ 1 \end{pmatrix}_1 \begin{pmatrix} 0 \\ 1 \end{pmatrix}_2$$

$$\text{(F3.7)}$$

于是我们也就找到了求解多模式算符(矩阵)本征值问题的方法.

例1 下面以求解双模式算符(矩阵)

$$\hat{\boldsymbol{S}}_1 \cdot \hat{\boldsymbol{S}}_2 = \frac{\hbar^2}{4} \left[\begin{pmatrix} 0 & 1 \\ 1 & 0 \end{pmatrix}_1 \begin{pmatrix} 0 & 1 \\ 1 & 0 \end{pmatrix}_2 - \begin{pmatrix} 0 & -1 \\ 1 & 0 \end{pmatrix}_1 \begin{pmatrix} 0 & -1 \\ 1 & 0 \end{pmatrix}_2 + \begin{pmatrix} 1 & 0 \\ 0 & -1 \end{pmatrix}_1 \begin{pmatrix} 1 & 0 \\ 0 & -1 \end{pmatrix}_2 \right]$$

的本征值问题为第一个例子予以说明.

设 $\hat{\boldsymbol{S}}_1 \cdot \hat{\boldsymbol{S}}_2$ 的本征值为 $\lambda \dfrac{\hbar^2}{4}$,相应的本征函数可设为

$$\chi = c_1 \begin{pmatrix} 1 \\ 0 \end{pmatrix}_1 \begin{pmatrix} 1 \\ 0 \end{pmatrix}_2 + c_2 \begin{pmatrix} 1 \\ 0 \end{pmatrix}_1 \begin{pmatrix} 0 \\ 1 \end{pmatrix}_2 + c_3 \begin{pmatrix} 0 \\ 1 \end{pmatrix}_1 \begin{pmatrix} 1 \\ 0 \end{pmatrix}_2 + c_4 \begin{pmatrix} 0 \\ 1 \end{pmatrix}_1 \begin{pmatrix} 0 \\ 1 \end{pmatrix}_2$$

也就是本征波函数用这四个组成完备集的基线性组合而成.本征方程为

$$\hat{\boldsymbol{S}}_1 \cdot \hat{\boldsymbol{S}}_2 \chi = \lambda \frac{\hbar^2}{4} \chi$$

$$\Rightarrow \left[\begin{pmatrix} 0 & 1 \\ 1 & 0 \end{pmatrix}_1 \begin{pmatrix} 0 & 1 \\ 1 & 0 \end{pmatrix}_2 - \begin{pmatrix} 0 & -1 \\ 1 & 0 \end{pmatrix}_1 \begin{pmatrix} 0 & -1 \\ 1 & 0 \end{pmatrix}_2 \right.$$

$$\left. + \begin{pmatrix} 1 & 0 \\ 0 & -1 \end{pmatrix}_1 \begin{pmatrix} 1 & 0 \\ 0 & -1 \end{pmatrix}_2 \right] \times \left[c_1 \begin{pmatrix} 1 \\ 0 \end{pmatrix}_1 \begin{pmatrix} 1 \\ 0 \end{pmatrix}_2 + c_2 \begin{pmatrix} 1 \\ 0 \end{pmatrix}_1 \begin{pmatrix} 0 \\ 1 \end{pmatrix}_2 \right.$$

$$\left. + c_3 \begin{pmatrix} 0 \\ 1 \end{pmatrix}_1 \begin{pmatrix} 1 \\ 0 \end{pmatrix}_2 + c_4 \begin{pmatrix} 0 \\ 1 \end{pmatrix}_1 \begin{pmatrix} 0 \\ 1 \end{pmatrix}_2 \right]$$

$$= \lambda \left[c_1 \begin{pmatrix} 1 \\ 0 \end{pmatrix}_1 \begin{pmatrix} 1 \\ 0 \end{pmatrix}_2 + c_2 \begin{pmatrix} 1 \\ 0 \end{pmatrix}_1 \begin{pmatrix} 0 \\ 1 \end{pmatrix}_2 + c_3 \begin{pmatrix} 0 \\ 1 \end{pmatrix}_1 \begin{pmatrix} 1 \\ 0 \end{pmatrix}_2 \right.$$
$$\left. + c_4 \begin{pmatrix} 0 \\ 1 \end{pmatrix}_1 \begin{pmatrix} 0 \\ 1 \end{pmatrix}_2 \right]$$

整理得

$$(1-\lambda)c_1 \begin{pmatrix} 1 \\ 0 \end{pmatrix}_1 \begin{pmatrix} 1 \\ 0 \end{pmatrix}_2 + \left[-(1+\lambda)c_2 + 2c_3 \right] \begin{pmatrix} 1 \\ 0 \end{pmatrix}_1 \begin{pmatrix} 0 \\ 1 \end{pmatrix}_2 + \left[2c_2 - (1+\lambda)c_3 \right] \begin{pmatrix} 0 \\ 1 \end{pmatrix}_1 \begin{pmatrix} 1 \\ 0 \end{pmatrix}_2$$
$$+ (1-\lambda)c_4 \begin{pmatrix} 0 \\ 1 \end{pmatrix}_1 \begin{pmatrix} 0 \\ 1 \end{pmatrix}_2 = 0 \tag{F3.8}$$

由于这四个基线性独立,故必有

$$\begin{cases} (1-\lambda)c_1 = 0 \\ -(1+\lambda)c_2 + 2c_3 = 0 \\ 2c_2 - (1+\lambda)c_3 = 0 \\ c_1 + (1-\lambda)c_4 = 0 \end{cases} \Rightarrow \begin{pmatrix} 1-\lambda & 0 & 0 & 0 \\ 0 & -1-\lambda & 2 & 0 \\ 0 & 2 & -1-\lambda & 0 \\ 0 & 0 & 0 & 1-\lambda \end{pmatrix} \begin{pmatrix} c_1 \\ c_2 \\ c_3 \\ c_4 \end{pmatrix} = 0 \tag{F3.9}$$

这就是我们要找到的本征值方程.方程(F3.9)有非零解的条件为

$$\begin{vmatrix} \lambda & 0 & 0 & 0 \\ 0 & -1-\lambda & 2 & 0 \\ 0 & 2 & -1-\lambda & 0 \\ 0 & 0 & 0 & 1-\lambda \end{vmatrix} = 0 \Rightarrow (\lambda-1)^3(\lambda+3) = 0$$

解得 $\lambda_1 = \lambda_2 = \lambda_3 = 1$, $\lambda_4 = -3$,由此得 $\hat{\mathbf{S}}_1 \cdot \hat{\mathbf{S}}_2$ 的本征值依次为 $\dfrac{\hbar^2}{4}$(三重)和 $-\dfrac{3\hbar^2}{4}$.

将 $\lambda_1 = \lambda_2 = \lambda_3 = 1$ 代入方程(F3.9)得 c_1, c_4 取任意值,$c_2 = c_3$.本着大道至简的原则,可以分别取

$$c_1 = 1, \quad c_2 = c_3 = c_4 = 0; \quad c_4 = 1, \quad c_1 = c_2 = c_3 = 0$$
$$c_1 = c_4 = 0, \quad c_3 = c_4 = 1/\sqrt{2}$$

会得到三个正交归一化的本征函数分别为

$$\chi_1^s = \begin{pmatrix} 1 \\ 0 \end{pmatrix}_1 \begin{pmatrix} 1 \\ 0 \end{pmatrix}_2, \quad \chi_2^s = \begin{pmatrix} 0 \\ 1 \end{pmatrix}_1 \begin{pmatrix} 0 \\ 1 \end{pmatrix}_2$$
$$\chi_3^s = \frac{1}{\sqrt{2}} \left[\begin{pmatrix} 1 \\ 0 \end{pmatrix}_1 \begin{pmatrix} 0 \\ 1 \end{pmatrix}_2 + \begin{pmatrix} 0 \\ 1 \end{pmatrix}_1 \begin{pmatrix} 1 \\ 0 \end{pmatrix}_2 \right] \tag{F3.10}$$

说明 $\lambda_1 = \lambda_2 = \lambda_3 = 1$，就是该本征值是三重简并的，应该有三个线性独立的本征函数．上面的取值方案是最为简单的一种，还可以有其他取值方案．无论怎样取值，都应保证所得到的三个本征函数线性无关．

将 $\lambda_4 = -3$ 代入方程（F3.9）得 $c_1 = c_4 = 0, c_2 = -c_3$．取 $c_1 = c_4 = 0$、$c_3 = -c_4 = 1/\sqrt{2}$，便得到归一化的本征函数为

$$\chi^A = \frac{1}{\sqrt{2}}\left[\begin{pmatrix}1\\0\end{pmatrix}_1\begin{pmatrix}0\\1\end{pmatrix}_2 - \begin{pmatrix}0\\1\end{pmatrix}_1\begin{pmatrix}1\\0\end{pmatrix}_2\right] \tag{F3.11}$$

它与前三个都正交．这正是双电子体系总角动量平方算符 $\hat{S}^2$、总角动量 z 分量算符 $\hat{S}_z$、电子 1 角动量平方算符 $\hat{s}_1^2$、电子 2 角动量平方算符 $\hat{s}_2^2$ 的共同本征态，都具有确定的交换对称性，且组成双电子自旋体系的正交归一完备系．

说明 至此，对于双电子体系，我们有了两套组成正交归一完备系的基矢，即

$$\varphi_1 = \begin{pmatrix}1\\0\end{pmatrix}_1\begin{pmatrix}1\\0\end{pmatrix}_2, \quad \varphi_2 = \begin{pmatrix}1\\0\end{pmatrix}_1\begin{pmatrix}0\\1\end{pmatrix}_2, \quad \varphi_3 = \begin{pmatrix}0\\1\end{pmatrix}_1\begin{pmatrix}1\\0\end{pmatrix}_2, \quad \varphi_4 = \begin{pmatrix}0\\1\end{pmatrix}_1\begin{pmatrix}0\\1\end{pmatrix}_2$$

和

$$\chi_1^s = \begin{pmatrix}1\\0\end{pmatrix}_1\begin{pmatrix}1\\0\end{pmatrix}_2, \quad \chi_2^s = \begin{pmatrix}0\\1\end{pmatrix}_1\begin{pmatrix}0\\1\end{pmatrix}_2, \quad \chi_3^s = \frac{1}{\sqrt{2}}\left[\begin{pmatrix}1\\0\end{pmatrix}_1\begin{pmatrix}0\\1\end{pmatrix}_2 + \begin{pmatrix}0\\1\end{pmatrix}_1\begin{pmatrix}1\\0\end{pmatrix}_2\right]$$

$$\chi^A = \frac{1}{\sqrt{2}}\left[\begin{pmatrix}1\\0\end{pmatrix}_1\begin{pmatrix}0\\1\end{pmatrix}_2 - \begin{pmatrix}0\\1\end{pmatrix}_1\begin{pmatrix}1\\0\end{pmatrix}_2\right] \tag{F3.12}$$

这两组基矢是等价的，可根据需要选择使用．

例 2 $\hat{\sigma}_{1z} = \begin{pmatrix}1 & 0\\0 & -1\end{pmatrix}_1$ 和 $\hat{\sigma}_{2z} = \begin{pmatrix}1 & 0\\0 & -1\end{pmatrix}_2$ 分别是表示电子 1 和电子 2 自旋性质的泡利矩阵．求 $\hat{\sigma}_{1z} - \hat{\sigma}_{2z} = \begin{pmatrix}1 & 0\\0 & -1\end{pmatrix}_1 - \begin{pmatrix}1 & 0\\0 & -1\end{pmatrix}_2$ 的本征值及相应的本征函数．

可使用上题中的两组基矢之一，这里我们仍选用第一组．设 $\hat{\sigma}_{1z} - \hat{\sigma}_{2z}$ 的本征值为 λ，相应的本征函数为

$$\chi = c_1\begin{pmatrix}1\\0\end{pmatrix}_1\begin{pmatrix}1\\0\end{pmatrix}_2 + c_2\begin{pmatrix}1\\0\end{pmatrix}_1\begin{pmatrix}0\\1\end{pmatrix}_2 + c_3\begin{pmatrix}0\\1\end{pmatrix}_1\begin{pmatrix}1\\0\end{pmatrix}_2 + c_4\begin{pmatrix}0\\1\end{pmatrix}_1\begin{pmatrix}0\\1\end{pmatrix}_2$$

即有本征方程

$$(\hat{\sigma}_{1z} - \hat{\sigma}_{2z})\chi = \lambda\chi$$

$$\Rightarrow \left[\begin{pmatrix}1 & 0\\ 0 & -1\end{pmatrix}_1 - \begin{pmatrix}1 & 0\\ 0 & -1\end{pmatrix}_2\right]\left[c_1\begin{pmatrix}1\\0\end{pmatrix}_1\begin{pmatrix}1\\0\end{pmatrix}_2 + c_2\begin{pmatrix}1\\0\end{pmatrix}_1\begin{pmatrix}0\\1\end{pmatrix}_2 + c_3\begin{pmatrix}0\\1\end{pmatrix}_1\begin{pmatrix}1\\0\end{pmatrix}_2 + c_4\begin{pmatrix}0\\1\end{pmatrix}_1\begin{pmatrix}0\\1\end{pmatrix}_2\right]$$

$$= \lambda\left[c_1\begin{pmatrix}1\\0\end{pmatrix}_1\begin{pmatrix}1\\0\end{pmatrix}_2 + c_2\begin{pmatrix}1\\0\end{pmatrix}_1\begin{pmatrix}0\\1\end{pmatrix}_2 + c_3\begin{pmatrix}0\\1\end{pmatrix}_1\begin{pmatrix}1\\0\end{pmatrix}_2 + c_4\begin{pmatrix}0\\1\end{pmatrix}_1\begin{pmatrix}0\\1\end{pmatrix}_2\right]$$

$$\Rightarrow \quad -\lambda c_1\begin{pmatrix}1\\0\end{pmatrix}_1\begin{pmatrix}1\\0\end{pmatrix}_2 + (2-\lambda)c_2\begin{pmatrix}1\\0\end{pmatrix}_1\begin{pmatrix}0\\1\end{pmatrix}_2 + (-2-\lambda)c_3\begin{pmatrix}0\\1\end{pmatrix}_1\begin{pmatrix}1\\0\end{pmatrix}_2 - \lambda c_4\begin{pmatrix}0\\1\end{pmatrix}_1\begin{pmatrix}0\\1\end{pmatrix}_2 = 0$$

$$\text{(F3.13)}$$

由于 $\begin{pmatrix}1\\0\end{pmatrix}_1\begin{pmatrix}1\\0\end{pmatrix}_2$，$\begin{pmatrix}1\\0\end{pmatrix}_1\begin{pmatrix}0\\1\end{pmatrix}_2$，$\begin{pmatrix}0\\1\end{pmatrix}_1\begin{pmatrix}1\\0\end{pmatrix}_2$，$\begin{pmatrix}0\\1\end{pmatrix}_1\begin{pmatrix}0\\1\end{pmatrix}_2$ 线性无关,故可从方程(F3.13)式得

$$-\lambda c_1 = 0, \quad (2-\lambda)c_2 = 0, \quad (-2-\lambda)c_3 = 0, \quad -\lambda c_4 = 0$$

将上面四个方程写成矩阵形式,得

$$\begin{pmatrix}-\lambda & 0 & 0 & 0\\ 0 & 2-\lambda & 0 & 0\\ 0 & 0 & -2-\lambda & 0\\ 0 & 0 & 0 & -\lambda\end{pmatrix}\begin{pmatrix}c_1\\c_2\\c_3\\c_4\end{pmatrix} = 0 \qquad \text{(F3.14)}$$

方程(F3.14)有非零解的条件为

$$\begin{vmatrix}-\lambda & 0 & 0 & 0\\ 0 & 2-\lambda & 0 & 0\\ 0 & 0 & -2-\lambda & 0\\ 0 & 0 & 0 & -\lambda\end{vmatrix} = 0 \Rightarrow \lambda^2(2-\lambda)(2+\lambda) = 0$$

解得 $\lambda_1 = 2, \lambda_2 = \lambda_3 = 0, \lambda_4 = -2$.

把 $\lambda_1 = 2$ 代入方程(F3.14)得 $c_1 = c_3 = c_4 = 0, c_2 = 1$,从而得到相应的归一化本征函数

$$\chi_1 = \begin{pmatrix}1\\0\end{pmatrix}_1\begin{pmatrix}0\\1\end{pmatrix}_2$$

把 $\lambda_2 = \lambda_3 = 0$ 代入方程(F3.14)得 c_1, c_4 取任意值,$c_2 = c_3 = 0$.分别取

$$c_1 = 1, \quad c_2 = c_3 = c_4 = 0 \quad \text{和} \quad c_1 = c_2 = c_3 = 0, c_4 = 1$$

从而得到两个相应的正交归一化本征函数

$$\chi_2 = \begin{pmatrix} 1 \\ 0 \end{pmatrix}_1 \begin{pmatrix} 1 \\ 0 \end{pmatrix}_2 \quad 和 \quad \chi_3 = \begin{pmatrix} 0 \\ 1 \end{pmatrix}_1 \begin{pmatrix} 0 \\ 1 \end{pmatrix}_2$$

说明 上面的取值方案是较为简单的,还可以有其他取值方案,譬如,取

$$c_1 = c_4 = 1/\sqrt{2}, \quad c_2 = c_3 = 0 \quad 和 \quad c_1 = -c_4 = 1/\sqrt{2}, \quad c_2 = c_3 = 0$$

从而有

$$\chi_2 = \frac{1}{\sqrt{2}}\left[\begin{pmatrix} 1 \\ 0 \end{pmatrix}_1 \begin{pmatrix} 1 \\ 0 \end{pmatrix}_2 + \begin{pmatrix} 0 \\ 1 \end{pmatrix}_1 \begin{pmatrix} 0 \\ 1 \end{pmatrix}_2 \right] \quad 和 \quad \chi_3 = \frac{1}{\sqrt{2}}\left[\begin{pmatrix} 1 \\ 0 \end{pmatrix}_1 \begin{pmatrix} 1 \\ 0 \end{pmatrix}_2 - \begin{pmatrix} 0 \\ 1 \end{pmatrix}_1 \begin{pmatrix} 0 \\ 1 \end{pmatrix}_2 \right]$$

无论怎样取值,都应保证所得到的两个本征函数 χ_2 和 χ_3 线性无关.

把 $\lambda_4 = -2$ 代入方程(F3.14)得 $c_1 = c_2 = c_4 = 0, c_3 = 1$,从而得到相应的归一化本征函数

$$\chi_4 = \begin{pmatrix} 0 \\ 1 \end{pmatrix}_1 \begin{pmatrix} 1 \\ 0 \end{pmatrix}_2$$

事实上,本问题较为简单,直接观察就能得到以上结果,我们这么解答的目的是给出处理这类问题的基本思路和方法.

以上求解双模式矩阵本征值问题的基本思路和方法应该算是从数学的角度来处理的.事实上,还可从量子力学表象理论的角度求解双模式算符(矩阵)的本征值问题.由(F3.6)式中的四个正交归一完备基张开的希尔伯特空间称为无耦合表象,由(F3.12)式中的四个正交归一完备基张开的希尔伯特空间称为耦合表象.可以将任一双模式 2×2 算符(矩阵)变换到上述无耦合表象或耦合表象,从而得到这一双模式 2×2 算符(矩阵)在无耦合表象或耦合表象中的 4×4 矩阵形式,接下来再求解这个 4×4 矩阵本征值问题.

譬如,已知双模式 2×2 矩阵

$$\mathscr{A} = \begin{pmatrix} 1 & 0 \\ 0 & -1 \end{pmatrix}_1 \begin{pmatrix} 1 & 0 \\ 0 & -1 \end{pmatrix}_2 + \begin{pmatrix} 0 & 1 \\ 1 & 0 \end{pmatrix}_1 \begin{pmatrix} 0 & 1 \\ 1 & 0 \end{pmatrix}_2$$

在无耦合表象中的矩阵元分别为

$$\mathscr{A}_{11} = \varphi_1^\dagger \mathscr{A} \varphi_1$$

$$= (1 \quad 0)_1 (1 \quad 0)_2 \left[\begin{pmatrix} 1 & 0 \\ 0 & -1 \end{pmatrix}_1 \begin{pmatrix} 1 & 0 \\ 0 & -1 \end{pmatrix}_2 + \begin{pmatrix} 0 & 1 \\ 1 & 0 \end{pmatrix}_1 \begin{pmatrix} 0 & 1 \\ 1 & 0 \end{pmatrix}_2 \right] \begin{pmatrix} 1 \\ 0 \end{pmatrix}_1 \begin{pmatrix} 1 \\ 0 \end{pmatrix}_2 = 1$$

$$\mathscr{A}_{12} = \varphi_1^\dagger \mathscr{A} \varphi_2$$

$$= (1 \quad 0)_1 \, (1 \quad 0)_2 \left[\begin{pmatrix} 1 & 0 \\ 0 & -1 \end{pmatrix}_1 \begin{pmatrix} 1 & 0 \\ 0 & -1 \end{pmatrix}_2 + \begin{pmatrix} 0 & 1 \\ 1 & 0 \end{pmatrix}_1 \begin{pmatrix} 0 & 1 \\ 1 & 0 \end{pmatrix}_2 \right] \begin{pmatrix} 1 \\ 0 \end{pmatrix}_1 \begin{pmatrix} 0 \\ 1 \end{pmatrix}_2 = 0$$

$$\mathscr{A}_{13} = \varphi_1^\dagger \mathscr{A} \varphi_3$$

$$= (1 \quad 0)_1 \, (1 \quad 0)_2 \left[\begin{pmatrix} 1 & 0 \\ 0 & -1 \end{pmatrix}_1 \begin{pmatrix} 1 & 0 \\ 0 & -1 \end{pmatrix}_2 + \begin{pmatrix} 0 & 1 \\ 1 & 0 \end{pmatrix}_1 \begin{pmatrix} 0 & 1 \\ 1 & 0 \end{pmatrix}_2 \right] \begin{pmatrix} 0 \\ 1 \end{pmatrix}_1 \begin{pmatrix} 1 \\ 0 \end{pmatrix}_2 = 0$$

$$\mathscr{A}_{14} = \varphi_1^\dagger \mathscr{A} \varphi_4$$

$$= (1 \quad 0)_1 \, (1 \quad 0)_2 \left[\begin{pmatrix} 1 & 0 \\ 0 & -1 \end{pmatrix}_1 \begin{pmatrix} 1 & 0 \\ 0 & -1 \end{pmatrix}_2 + \begin{pmatrix} 0 & 1 \\ 1 & 0 \end{pmatrix}_1 \begin{pmatrix} 0 & 1 \\ 1 & 0 \end{pmatrix}_2 \right] \begin{pmatrix} 0 \\ 1 \end{pmatrix}_1 \begin{pmatrix} 0 \\ 1 \end{pmatrix}_2 = 1$$

$$\mathscr{A}_{21} = \varphi_2^\dagger \mathscr{A} \varphi_1$$

$$= (1 \quad 0)_1 \, (0 \quad 1)_2 \left[\begin{pmatrix} 1 & 0 \\ 0 & -1 \end{pmatrix}_1 \begin{pmatrix} 1 & 0 \\ 0 & -1 \end{pmatrix}_2 + \begin{pmatrix} 0 & 1 \\ 1 & 0 \end{pmatrix}_1 \begin{pmatrix} 0 & 1 \\ 1 & 0 \end{pmatrix}_2 \right] \begin{pmatrix} 1 \\ 0 \end{pmatrix}_1 \begin{pmatrix} 1 \\ 0 \end{pmatrix}_2 = 0$$

$$\mathscr{A}_{22} = \varphi_2^\dagger \mathscr{A} \varphi_2$$

$$= (1 \quad 0)_1 \, (0 \quad 1)_2 \left[\begin{pmatrix} 1 & 0 \\ 0 & -1 \end{pmatrix}_1 \begin{pmatrix} 1 & 0 \\ 0 & -1 \end{pmatrix}_2 + \begin{pmatrix} 0 & 1 \\ 1 & 0 \end{pmatrix}_1 \begin{pmatrix} 0 & 1 \\ 1 & 0 \end{pmatrix}_2 \right] \begin{pmatrix} 1 \\ 0 \end{pmatrix}_1 \begin{pmatrix} 0 \\ 1 \end{pmatrix}_2 = -1$$

$$\mathscr{A}_{23} = \varphi_2^\dagger \mathscr{A} \varphi_3$$

$$= (1 \quad 0)_1 \, (0 \quad 1)_2 \left[\begin{pmatrix} 1 & 0 \\ 0 & -1 \end{pmatrix}_1 \begin{pmatrix} 1 & 0 \\ 0 & -1 \end{pmatrix}_2 + \begin{pmatrix} 0 & 1 \\ 1 & 0 \end{pmatrix}_1 \begin{pmatrix} 0 & 1 \\ 1 & 0 \end{pmatrix}_2 \right] \begin{pmatrix} 0 \\ 1 \end{pmatrix}_1 \begin{pmatrix} 1 \\ 0 \end{pmatrix}_2 = 1$$

$$\mathscr{A}_{24} = \varphi_2^\dagger \mathscr{A} \varphi_4$$

$$= (1 \quad 0)_1 \, (0 \quad 1)_2 \left[\begin{pmatrix} 1 & 0 \\ 0 & -1 \end{pmatrix}_1 \begin{pmatrix} 1 & 0 \\ 0 & -1 \end{pmatrix}_2 + \begin{pmatrix} 0 & 1 \\ 1 & 0 \end{pmatrix}_1 \begin{pmatrix} 0 & 1 \\ 1 & 0 \end{pmatrix}_2 \right] \begin{pmatrix} 0 \\ 1 \end{pmatrix}_1 \begin{pmatrix} 0 \\ 1 \end{pmatrix}_2 = 0$$

$$\mathscr{A}_{31} = \varphi_3^\dagger \mathscr{A} \varphi_1$$

$$= (0 \quad 1)_1 \, (1 \quad 0)_2 \left[\begin{pmatrix} 1 & 0 \\ 0 & -1 \end{pmatrix}_1 \begin{pmatrix} 1 & 0 \\ 0 & -1 \end{pmatrix}_2 + \begin{pmatrix} 0 & 1 \\ 1 & 0 \end{pmatrix}_1 \begin{pmatrix} 0 & 1 \\ 1 & 0 \end{pmatrix}_2 \right] \begin{pmatrix} 1 \\ 0 \end{pmatrix}_1 \begin{pmatrix} 1 \\ 0 \end{pmatrix}_2 = 0$$

$$\mathscr{A}_{32} = \varphi_3^\dagger \mathscr{A} \varphi_2$$

$$= (0 \quad 1)_1 \, (1 \quad 0)_2 \left[\begin{pmatrix} 1 & 0 \\ 0 & -1 \end{pmatrix}_1 \begin{pmatrix} 1 & 0 \\ 0 & -1 \end{pmatrix}_2 + \begin{pmatrix} 0 & 1 \\ 1 & 0 \end{pmatrix}_1 \begin{pmatrix} 0 & 1 \\ 1 & 0 \end{pmatrix}_2 \right] \begin{pmatrix} 1 \\ 0 \end{pmatrix}_1 \begin{pmatrix} 0 \\ 1 \end{pmatrix}_2 = 1$$

$$\mathscr{A}_{33} = \varphi_3^\dagger \mathscr{A} \varphi_3$$

$$= (0 \quad 1)_1 \, (1 \quad 0)_2 \left[\begin{pmatrix} 1 & 0 \\ 0 & -1 \end{pmatrix}_1 \begin{pmatrix} 1 & 0 \\ 0 & -1 \end{pmatrix}_2 + \begin{pmatrix} 0 & 1 \\ 1 & 0 \end{pmatrix}_1 \begin{pmatrix} 0 & 1 \\ 1 & 0 \end{pmatrix}_2 \right] \begin{pmatrix} 0 \\ 1 \end{pmatrix}_1 \begin{pmatrix} 1 \\ 0 \end{pmatrix}_2 = -1$$

$$\mathscr{A}_{34} = \varphi_3^\dagger \mathscr{A} \varphi_4$$

$$= (0 \quad 1)_1 \, (1 \quad 0)_2 \left[\begin{pmatrix} 1 & 0 \\ 0 & -1 \end{pmatrix}_1 \begin{pmatrix} 1 & 0 \\ 0 & -1 \end{pmatrix}_2 + \begin{pmatrix} 0 & 1 \\ 1 & 0 \end{pmatrix}_1 \begin{pmatrix} 0 & 1 \\ 1 & 0 \end{pmatrix}_2 \right] \begin{pmatrix} 0 \\ 1 \end{pmatrix}_1 \begin{pmatrix} 0 \\ 1 \end{pmatrix}_2 = 0$$

$$\mathcal{A}_{41} = \varphi_4^\dagger \mathcal{A} \varphi_1$$

$$= (0 \quad 1)_1 \, (0 \quad 1)_2 \left[\begin{pmatrix} 1 & 0 \\ 0 & -1 \end{pmatrix}_1 \begin{pmatrix} 1 & 0 \\ 0 & -1 \end{pmatrix}_2 + \begin{pmatrix} 0 & 1 \\ 1 & 0 \end{pmatrix}_1 \begin{pmatrix} 0 & 1 \\ 1 & 0 \end{pmatrix}_2 \right] \begin{pmatrix} 1 \\ 0 \end{pmatrix}_1 \begin{pmatrix} 1 \\ 0 \end{pmatrix}_2 = 1$$

$$\mathcal{A}_{42} = \varphi_4^\dagger \mathcal{A} \varphi_2$$

$$= (0 \quad 1)_1 \, (0 \quad 1)_2 \left[\begin{pmatrix} 1 & 0 \\ 0 & -1 \end{pmatrix}_1 \begin{pmatrix} 1 & 0 \\ 0 & -1 \end{pmatrix}_2 + \begin{pmatrix} 0 & 1 \\ 1 & 0 \end{pmatrix}_1 \begin{pmatrix} 0 & 1 \\ 1 & 0 \end{pmatrix}_2 \right] \begin{pmatrix} 1 \\ 0 \end{pmatrix}_1 \begin{pmatrix} 0 \\ 1 \end{pmatrix}_2 = 0$$

$$\mathcal{A}_{43} = \varphi_4^\dagger \mathcal{A} \varphi_3$$

$$= (0 \quad 1)_1 \, (0 \quad 1)_2 \left[\begin{pmatrix} 1 & 0 \\ 0 & -1 \end{pmatrix}_1 \begin{pmatrix} 1 & 0 \\ 0 & -1 \end{pmatrix}_2 + \begin{pmatrix} 0 & 1 \\ 1 & 0 \end{pmatrix}_1 \begin{pmatrix} 0 & 1 \\ 1 & 0 \end{pmatrix}_2 \right] \begin{pmatrix} 0 \\ 1 \end{pmatrix}_1 \begin{pmatrix} 1 \\ 0 \end{pmatrix}_2 = 0$$

$$\mathcal{A}_{44} = \varphi_4^\dagger \mathcal{A} \varphi_4$$

$$= (0 \quad 1)_1 \, (0 \quad 1)_2 \left[\begin{pmatrix} 1 & 0 \\ 0 & -1 \end{pmatrix}_1 \begin{pmatrix} 1 & 0 \\ 0 & -1 \end{pmatrix}_2 + \begin{pmatrix} 0 & 1 \\ 1 & 0 \end{pmatrix}_1 \begin{pmatrix} 0 & 1 \\ 1 & 0 \end{pmatrix}_2 \right] \begin{pmatrix} 0 \\ 1 \end{pmatrix}_1 \begin{pmatrix} 0 \\ 1 \end{pmatrix}_2 = 1$$

于是便得到该双模式 2×2 矩阵 $\mathcal{A}$ 在无耦合表象中的 4×4 矩阵表示,即

$$\mathcal{A} = \begin{pmatrix} 1 & 0 & 0 & 1 \\ 0 & -1 & 1 & 0 \\ 0 & 1 & -1 & 0 \\ 1 & 0 & 0 & 1 \end{pmatrix}$$

设该 4×4 矩阵 $\mathcal{A}$ 的本征值为 λ,相应的本征函数为 $\psi = \begin{pmatrix} c_1 \\ c_2 \\ c_3 \\ c_4 \end{pmatrix}$,则有本征方程

$$\begin{pmatrix} 1-\lambda & 0 & 0 & 1 \\ 0 & -1-\lambda & 1 & 0 \\ 0 & 1 & -1-\lambda & 0 \\ 1 & 0 & 0 & 1-\lambda \end{pmatrix} \begin{pmatrix} c_1 \\ c_2 \\ c_3 \\ c_4 \end{pmatrix} = 0 \qquad (F3.15)$$

其有非零解的条件为

$$\begin{vmatrix} 1-\lambda & 0 & 0 & 1 \\ 0 & -1-\lambda & 1 & 0 \\ 0 & 1 & -1-\lambda & 0 \\ 1 & 0 & 0 & 1-\lambda \end{vmatrix} = 0 \quad \Rightarrow \quad (\lambda - 2)\lambda^2(\lambda + 2) = 0$$

解得 $\lambda_1 = 2$，$\lambda_2 = \lambda_3 = 0$，$\lambda_4 = -2$，相应的本征函数分别为

$$\psi_1 = \begin{pmatrix} 1/\sqrt{2} \\ 0 \\ 0 \\ 1/\sqrt{2} \end{pmatrix}, \quad \psi_2 = \begin{pmatrix} 1/\sqrt{2} \\ 0 \\ 0 \\ -1/\sqrt{2} \end{pmatrix}, \quad \psi_3 = \begin{pmatrix} 0 \\ 1/\sqrt{2} \\ 1/\sqrt{2} \\ 0 \end{pmatrix}, \quad \psi_4 = \begin{pmatrix} 0 \\ 1/\sqrt{2} \\ -1/\sqrt{2} \\ 0 \end{pmatrix}$$

将上述本征函数变换回 $\begin{pmatrix} 1 & 0 \\ 0 & -1 \end{pmatrix}_1$ 与 $\begin{pmatrix} 1 & 0 \\ 0 & -1 \end{pmatrix}_2$ 的共同表象中，便有

$$\psi_1 = \frac{1}{\sqrt{2}} \left[\begin{pmatrix} 1 \\ 0 \end{pmatrix}_1 \begin{pmatrix} 1 \\ 0 \end{pmatrix}_2 + \begin{pmatrix} 0 \\ 1 \end{pmatrix}_1 \begin{pmatrix} 0 \\ 1 \end{pmatrix}_2 \right]$$

$$\psi_2 = \frac{1}{\sqrt{2}} \left[\begin{pmatrix} 1 \\ 0 \end{pmatrix}_1 \begin{pmatrix} 1 \\ 0 \end{pmatrix}_2 - \begin{pmatrix} 0 \\ 1 \end{pmatrix}_1 \begin{pmatrix} 0 \\ 1 \end{pmatrix}_2 \right]$$

$$\psi_3 = \frac{1}{\sqrt{2}} \left[\begin{pmatrix} 1 \\ 0 \end{pmatrix}_1 \begin{pmatrix} 0 \\ 1 \end{pmatrix}_2 + \begin{pmatrix} 0 \\ 1 \end{pmatrix}_1 \begin{pmatrix} 1 \\ 0 \end{pmatrix}_2 \right]$$

$$\psi_4 = \frac{1}{\sqrt{2}} \left[\begin{pmatrix} 1 \\ 0 \end{pmatrix}_1 \begin{pmatrix} 0 \\ 1 \end{pmatrix}_2 - \begin{pmatrix} 0 \\ 1 \end{pmatrix}_1 \begin{pmatrix} 1 \\ 0 \end{pmatrix}_2 \right]$$

以上求解双模式 2×2 矩阵本征值问题的基本思路和方法可以推广为多模式 $n \times n$ 矩阵情形.

附录 4　$\displaystyle\sum_k \frac{\partial}{\partial x_k} \frac{\partial x_k}{\partial q_i} = \frac{1}{\det J} \frac{\partial \det J}{\partial q_i}$ 的证明

证明　为简单起见，我们考虑二维情形. 从坐标变换式

$$\begin{cases} x_1 = x_1(q_1, q_2) \\ x_2 = x_2(q_1, q_2) \end{cases}$$

与它的逆变换

$$\begin{cases} q_1 = q_1(x_1, x_2) \\ q_2 = q_2(x_1, x_2) \end{cases}$$

我们写成 $q_i = q_i[x_1(q_1,q_2),x_2(q_1,q_2)]$. 于是有

$$\delta_{ij} = \frac{\partial q_i}{\partial q_j} = \sum_k \frac{\partial q_i}{\partial x_k}\frac{\partial x_k}{\partial q_j} \tag{F4.1}$$

$$\frac{\partial \det J}{\partial q_1} = \frac{\partial x_2}{\partial q_2}\frac{\partial^2 x_1}{\partial q_1^2} + \frac{\partial x_1}{\partial q_1}\frac{\partial^2 x_2}{\partial q_1 \partial q_2} - \frac{\partial x_2}{\partial q_1}\frac{\partial^2 x_1}{\partial q_1 \partial q_2} - \frac{\partial x_1}{\partial q_2}\frac{\partial^2 x_2}{\partial q_1^2} \tag{F4.2}$$

因为 $\dfrac{\partial}{\partial x_k} = \sum_l \dfrac{\partial q_l}{\partial x_k}\dfrac{\partial}{\partial q_l}$，所以有

$$\left(\sum_k \frac{\partial}{\partial x_k}\frac{\partial x_k}{\partial q_1}\right)\det J = \left(\sum_k \sum_l \frac{\partial q_l}{\partial x_k}\frac{\partial^2 x_k}{\partial q_l \partial q_1}\right)\left(\frac{\partial x_1}{\partial q_1}\frac{\partial x_2}{\partial q_2} - \frac{\partial x_1}{\partial q_2}\frac{\partial x_2}{\partial q_1}\right)$$

$$= \frac{\partial q_1}{\partial x_1}\frac{\partial x_1}{\partial q_1}\frac{\partial x_2}{\partial q_2}\frac{\partial^2 x_1}{\partial q_1^2} + \frac{\partial q_2}{\partial x_1}\frac{\partial x_1}{\partial q_1}\frac{\partial x_2}{\partial q_2}\frac{\partial^2 x_1}{\partial q_1 \partial q_2}$$

$$+ \frac{\partial q_1}{\partial x_2}\frac{\partial x_1}{\partial q_1}\frac{\partial x_2}{\partial q_2}\frac{\partial^2 x_2}{\partial q_1^2} + \frac{\partial q_2}{\partial x_2}\frac{\partial x_1}{\partial q_1}\frac{\partial x_2}{\partial q_2}\frac{\partial^2 x_2}{\partial q_1 \partial q_2}$$

$$- \frac{\partial q_1}{\partial x_1}\frac{\partial x_1}{\partial q_2}\frac{\partial x_2}{\partial q_1}\frac{\partial^2 x_1}{\partial q_1^2} - \frac{\partial q_2}{\partial x_1}\frac{\partial x_1}{\partial q_2}\frac{\partial x_2}{\partial q_1}\frac{\partial^2 x_1}{\partial q_1 \partial q_2}$$

$$- \frac{\partial q_1}{\partial x_2}\frac{\partial x_1}{\partial q_2}\frac{\partial x_2}{\partial q_1}\frac{\partial^2 x_2}{\partial q_1^2} - \frac{\partial q_2}{\partial x_2}\frac{\partial x_1}{\partial q_2}\frac{\partial x_2}{\partial q_1}\frac{\partial^2 x_2}{\partial q_1 \partial q_2}$$

$$= \left[\left(1 - \frac{\partial q_1}{\partial x_2}\frac{\partial x_2}{\partial q_1}\right)\frac{\partial x_2}{\partial q_2} - \frac{\partial q_1}{\partial x_1}\frac{\partial x_1}{\partial q_2}\frac{\partial x_2}{\partial q_1}\right]\frac{\partial^2 x_1}{\partial q_1^2}$$

$$+ \left(- \frac{\partial q_2}{\partial x_2}\frac{\partial x_2}{\partial q_1}\frac{\partial x_2}{\partial q_2} - \frac{\partial q_2}{\partial x_1}\frac{\partial x_1}{\partial q_2}\frac{\partial x_2}{\partial q_1}\right)\frac{\partial^2 x_1}{\partial q_1 \partial q_2}$$

$$+ \left(- \frac{\partial q_1}{\partial x_1}\frac{\partial x_1}{\partial q_2}\frac{\partial x_1}{\partial q_1} - \frac{\partial q_1}{\partial x_2}\frac{\partial x_1}{\partial q_2}\frac{\partial x_2}{\partial q_1}\right)\frac{\partial^2 x_2}{\partial q_1^2}$$

$$+ \left[\left(1 - \frac{\partial q_2}{\partial x_1}\frac{\partial x_1}{\partial q_2}\right)\frac{\partial x_1}{\partial q_1} - \frac{\partial q_2}{\partial x_2}\frac{\partial x_1}{\partial q_2}\frac{\partial x_2}{\partial q_1}\right]\frac{\partial^2 x_2}{\partial q_1 \partial q_2}$$

$$= \left[\frac{\partial x_2}{\partial q_2} - \left(\frac{\partial q_1}{\partial x_2}\frac{\partial x_2}{\partial q_2} + \frac{\partial q_1}{\partial x_1}\frac{\partial x_1}{\partial q_2}\right)\frac{\partial x_2}{\partial q_1}\right]\frac{\partial^2 x_1}{\partial q_1^2}$$

$$- \left(\frac{\partial q_2}{\partial x_2}\frac{\partial x_2}{\partial q_2} + \frac{\partial q_2}{\partial x_1}\frac{\partial x_1}{\partial q_2}\right)\frac{\partial x_2}{\partial q_1}\frac{\partial^2 x_1}{\partial q_1 \partial q_2}$$

$$- \left(\frac{\partial q_1}{\partial x_1}\frac{\partial x_1}{\partial q_1} + \frac{\partial q_1}{\partial x_2}\frac{\partial x_2}{\partial q_1}\right)\frac{\partial x_1}{\partial q_2}\frac{\partial^2 x_2}{\partial q_1^2}$$

$$+ \left[\frac{\partial x_1}{\partial q_1} - \left(\frac{\partial q_2}{\partial x_1}\frac{\partial x_1}{\partial q_1} + \frac{\partial q_2}{\partial x_2}\frac{\partial q_2}{\partial q_1}\right)\frac{\partial x_1}{\partial q_2}\right]\frac{\partial^2 x_2}{\partial q_1 \partial q_2}$$

$$= \frac{\partial x_2}{\partial q_2}\frac{\partial^2 x_1}{\partial q_1^2} - \frac{\partial x_2}{\partial q_1}\frac{\partial^2 x_1}{\partial q_1 \partial q_2} - \frac{\partial x_1}{\partial q_2}\frac{\partial^2 x_2}{\partial q_1^2} + \frac{\partial x_1}{\partial q_1}\frac{\partial^2 x_2}{\partial q_1 \partial q_2} \tag{F4.3}$$

比较(F4.2)和(F4.3)两式,可得

$$\sum_k \frac{\partial}{\partial x_k} \frac{\partial x_k}{\partial q_1} = \frac{1}{\det J} \frac{\partial \det J}{\partial q_1} \tag{F4.4}$$

同样地,可得

$$\sum_k \frac{\partial}{\partial x_k} \frac{\partial x_k}{\partial q_2} = \frac{1}{\det J} \frac{\partial \det J}{\partial q_2} \tag{F4.5}$$

附录5 $\hat{p}_{q_i} = \dfrac{\hbar}{i}\left[\dfrac{\partial}{\partial q_i} + \dfrac{1}{2\det J} \dfrac{\partial \det J}{\partial q_i}\right]$ 的厄米性证明

证明 我们不失一般性地假设 $\det J > 0$,那么

$$\iiint\limits_{\text{全空间}} \psi^*(q_1,q_2,q_3) \hat{p}_{q_i} \varphi(q_1,q_2,q_3) \det J \mathrm{d}q_1 \mathrm{d}q_2 \mathrm{d}q_3$$

$$= \iiint\limits_{\text{全空间}} \psi^*(q_1,q_2,q_3) \frac{\hbar}{i}\left(\frac{\partial}{\partial q_i} + \frac{1}{2\det J} \frac{\partial \det J}{\partial q_i}\right)\varphi(q_1,q_2,q_3) \cdot \det J \mathrm{d}q_1 \mathrm{d}q_2 \mathrm{d}q_3$$

$$= \frac{\hbar}{i} \iiint\limits_{\text{全空间}} \psi^*(q_1,q_2,q_3) \frac{\partial \varphi(q_1,q_2,q_3)}{\partial q_i} \det J \mathrm{d}q_1 \mathrm{d}q_2 \mathrm{d}q_3$$

$$+ \frac{\hbar}{2i} \iiint\limits_{\text{全空间}} \psi^*(q_1,q_2,q_3) \varphi(q_1,q_2,q_3) \frac{\partial \det J}{\partial q_i} \mathrm{d}q_1 \mathrm{d}q_2 \mathrm{d}q_3$$

$$= -\frac{\hbar}{i} \iiint\limits_{\text{全空间}} \frac{\partial[\psi^*(q_1,q_2,q_3)\det J]}{\partial q_i} \varphi(q_1,q_2,q_3) \mathrm{d}q_1 \mathrm{d}q_2 \mathrm{d}q_3$$

$$+ \frac{\hbar}{2i} \iiint\limits_{\text{全空间}} \psi^*(q_1,q_2,q_3) \varphi(q_1,q_2,q_3) \frac{\partial \det J}{\partial q_i} \mathrm{d}q_1 \mathrm{d}q_2 \mathrm{d}q_3$$

$$= -\frac{\hbar}{i} \iiint\limits_{\text{全空间}} \frac{\partial \psi^*(q_1,q_2,q_3)}{\partial q_i} \varphi(q_1,q_2,q_3) \det J \mathrm{d}q_1 \mathrm{d}q_2 \mathrm{d}q_3$$

$$- \frac{\hbar}{2i} \iiint\limits_{\text{全空间}} \psi^*(q_1,q_2,q_3) \varphi(q_1,q_2,q_3) \frac{\partial \det J}{\partial q_i} \mathrm{d}q_1 \mathrm{d}q_2 \mathrm{d}q_3$$

$$= \iiint\limits_{\text{全空间}} \left[\frac{\hbar}{i} \left(\frac{\partial}{\partial q_i} + \frac{1}{2\det J} \frac{\partial \det J}{\partial q_i} \right) \psi(q_1, q_2, q_3) \right]^* \varphi(q_1, q_2, q_3) \det J \mathrm{d}q_1 \mathrm{d}q_2 \mathrm{d}q_3$$

$$= \iiint\limits_{\text{全空间}} \left[\hat{p}_{q_i} \psi(q_1, q_2, q_3) \right]^* \varphi(q_1, q_2, q_3) \cdot \det J \mathrm{d}q_1 \mathrm{d}q_2 \mathrm{d}q_3$$

在上面的证明过程中,我们利用了在无限远处 ψ, $\varphi \to 0$ 的条件. 由此可见 $\hat{p}_{q_i}$ 的确是厄米算符.

后记

    本书介绍的量子力学算符排序研究进展，包括有序算符乘积内的微积分理论、各种有序算符的乘法定理、不同排序算符之间的普适互换法则、形如$(a^\dagger a^m)^n$等若干典型算符的各种有序排列形式以及有序算符内微分形式的外尔对应规则等，都是在有序算符乘积内的积分理论的基础上通过创新性地引入并充分利用算符的参数微商、指数微分算子、算符的参数跟踪法以及定义新的特殊函数(譬如广义图查德多项式与X_n等)来阐述的. 我们的工作一方面得益于由范洪义先生发展的狄拉克符号法，另一方面则是发挥了数学工具的创新思想，使得本书洋溢着数学物理方法的创新思维.

    人的创新思维是基于不断的逻辑思维累积在某一瞬间突然产生的，往往也是稍纵即逝的. 所以，一旦在脑海里产生了某种新的想法或猜到新的结论，就要及时将其记录下来并予以深入研究.

    譬如，我们在利用算符的反正规乘积排序方法探讨维格纳算符与外尔对应规则时，得到了如下结果：

$$\Delta(x, p_x) = \frac{1}{4\pi^2} \vdots \iint_{-\infty}^{\infty} \exp\left[\frac{1}{4\alpha^2}u^2 + \frac{1}{4\beta^2}v^2 + iu(x - X) + iv(p_x - P_x)\right]du\,dv \vdots$$

易见该积分是发散的,也就是说遇到了积分发散的数学困难,这也正是未见有其他文献利用算符的反正规乘积排序方法处理维格纳算符与外尔对应规则的原因.当时,笔者认为既然可以利用算符的正规乘积排序方法处理此问题,算符的正规乘积排序与反正规乘积排序又是可以互换的,那么也就应该可以利用反正规乘积排序方法处理它,积分发散的数学困难应该能够被克服,但一时还是没有想出好的数学方法.有一天又在审视上面这个积分式时,猛然间想到若将被积函数指数上导致积分发散的前两项巧妙运用数学新手段做稍微改变,即

$$
\begin{aligned}
\Delta(x,p_x) &= \frac{1}{4\pi^2} \, \vdots \iint_{-\infty}^{\infty} \exp\left(-\frac{1}{4\alpha^2}\frac{\partial^2}{\partial X^2} - \frac{1}{4\beta^2}\frac{\partial^2}{\partial P_x^2}\right) \\
&\quad \cdot \exp\left[iu(x-X) + iv(p_x - P_x)\right] \mathrm{d}u\,\mathrm{d}v \, \vdots \\
&= \exp\left(-\frac{1}{4\alpha^2}\frac{\partial^2}{\partial X^2} - \frac{1}{4\beta^2}\frac{\partial^2}{\partial P_x^2}\right) \, \vdots \, \delta(x-X)\delta(p_x - P_x) \, \vdots
\end{aligned}
$$

也就是说采用微分与积分相结合的方法把导致积分发散的因素化解掉,这样问题就迎刃而解了.这表明积分发散的困难并非不能克服,积分发散并非真的没有意义.只要善于思考,善于创新,找对方法,总能有所收获.

又如,复合算符(矩阵)函数的微商法则是笔者首创性地导出的.在当时的研究过程中,也是屡屡不得其果,归纳不出期待的好结论.具体来说就是本书第8.1节中归纳总结的 $\dfrac{\mathrm{d}f^n}{\mathrm{d}x} = ?$ 的问题,式中 $f = f(x;A,B)$ 是初等算符函数,x 是普通参数,A 和 B 均是量子力学算符(或矩阵).这个问题一直在脑海里萦回,笔者笃信应该有好的结论.有一天,在分别对 $n = 1,2,3,4,5,6$ 等的情况逐一计算、归纳整理后仍找不出期待规律的情况下止笔去做别的事情时,突然脑海里浮现出了求和式

$$
\frac{\mathrm{d}f^n}{\mathrm{d}x} = \sum_{m=0}^{n-1} c_m [f', f^{(m)}]
$$

里的多重对易式 $[f', f^{(m)}]$ 的系数好像可以表示成 $c_m = \dfrac{1}{(m+1)!}\left(\dfrac{\mathrm{d}^{m+1}f^n}{\mathrm{d}f^{m+1}}\right)$ 的形式.于是赶快回去验算,结果果然如此,这样就得到了(8.1.4)式,即

$$
\frac{\mathrm{d}f^n}{\mathrm{d}x} = \sum_{m=0}^{n-1} \frac{1}{(m+1)!}\left(\frac{\mathrm{d}^{m+1}f^n}{\mathrm{d}f^{m+1}}\right)[f', f^{(m)}]
$$

并从而导出了复合算符(矩阵)函数的微商法则.

写至此,笔者回想起了范洪义先生的一首诗,曰:

感悟悠悠复疏疏,游在脑海眼前无.

似与思者捉迷藏,一绪闪过醒梦处.

就让我们以范先生这首短诗《感悟悠悠》作为本书的结束语吧!